MATLAB 仿真应用精品丛书

详解 MATLAB 在最优化计算中的应用（第 2 版）

李　明　编著

電子工業出版社
Publishing House of Electronics Industry
北京 • BEIJING

内 容 简 介

本书首先介绍 MATLAB 的基本使用方法和程序设计基础，然后将 MATLAB 与最优化计算相结合，基于最优化理论与方法，讲解如何使用 MATLAB 求解最优化领域的实际问题。这些问题涵盖最优化理论与方法中的线性规划问题、整数规划问题、非线性规划问题、二次规划问题、多目标规划问题、图与网络优化问题，以及现代智能优化问题。本书内容循序渐进、由浅入深，并结合大量实例帮助读者理解和掌握最优化问题的建模方法与求解技巧。

本书可供最优化领域和科学计算方向的研究人员参考，也可作为高校该类课程的高年级本科生和研究生教材，还可供读者作为查询最优化数学问题求解方法的手册使用。

图书在版编目（CIP）数据

详解 MATLAB 在最优化计算中的应用 / 李明编著. —2 版. —北京：电子工业出版社，2017.12
（MATLAB 仿真应用精品丛书）
ISBN 978-7-121-32870-1

Ⅰ. ①详… Ⅱ. ①李… Ⅲ. ①Matlab 软件 Ⅳ. ①TP317

中国版本图书馆 CIP 数据核字（2017）第 247647 号

策划编辑：陈韦凯
责任编辑：康　霞
印　　刷：北京七彩京通数码快印有限公司
装　　订：北京七彩京通数码快印有限公司
出版发行：电子工业出版社
　　　　　北京市海淀区万寿路 173 信箱　邮编　100036
开　　本：787×1 092　1/16　印张：28.25　字数：723 千字
版　　次：2011 年 5 月第 1 版
　　　　　2017 年 12 月第 2 版
印　　次：2023 年 9月第 4 次印刷
定　　价：79.00 元

凡所购买电子工业出版社图书有缺损问题，请向购买书店调换。若书店售缺，请与本社发行部联系，联系及邮购电话：（010）88254888，88258888。

质量投诉请发邮件至 zlts@phei.com.cn，盗版侵权举报请发邮件至 dbqq@phei.com.cn。

本书咨询联系方式：chenwk@phei.com.cn。

前 言

人们在处理生产过程、金融投资、工程应用、机械设计、经营管理等实际问题时，都希望以最优的方式求得人力、物力和财力的合理运用。如何运用数学和工程的方法获取这个最佳处理结果的问题称为最优化问题。而针对最优化问题，如何确定一系列可行方案，然后从可行方案中通过分析、比较和判断使所得结果最佳的方法称为最优化方法。

最优化理论和方法自古就有，最典型的实例就是黄金分割，最优化方法成为科学方法则在 17 世纪以后。牛顿和莱布尼茨所创建的微积分理论为最优化问题的解决提供了理论基础，而后产生的变分法和简单的库存模型等精确的解析方法可以称为古典最优化方法。

古典最优化方法虽然出现得比较早，但是由于计算手段的限制导致这些方法在解决实际问题时遇到了瓶颈。到了 20 世纪 40 年代末期，第二次世界大战前后，由于军事上的需要产生了运筹学，此后，因为计算机的兴起和日益普及，使得原来根本制约优化设计方法的大运算量问题得以解决，为数值优化方法的发展提供了有效的手段，于是最优化技术突飞猛进，得到了广泛的应用并创造了巨大的经济效益和社会价值。这个技术热点也促使了近代最优化理论的建立，它主要以数学规划法为基础，研究各种系统的优化途径及方案，为决策者提供科学决策的依据。

与此同时，随着计算机应用技术的发展，各种可用于最优化方法设计与实现的软件层出不穷，丰富了科研技术人员的开发研究手段，提高了解决实际问题的效率，MATLAB 就是其中的一种。MATLAB 是美国 MathWorks 公司出品的商业数学软件，与 Mathematica、Maple 并称为三大数学软件。MATLAB 以其强大的科学计算功能和覆盖面广、专业性强的工具箱发展成为适合多学科、跨平台的大型实用科学计算软件，也为最优化计算问题的解决提供了有力的工具。

在笔者的教学过程中，发现许多非数学专业的学生在学习“数学规划”、“运筹学”等与最优化理论和方法相关的课程时，往往觉得这些数学理论晦涩难懂，且由于拘泥于某些细节，很难形成对最优化理论和方法的全面了解，阻碍了其分析和解决实际问题的能力。因而笔者一直想撰写这么一本书，让读者觉得最优化方法是有趣而且实用的，并且能够运用科学计算的方法，跳出艰深数学理论的囹圄，利用 MATLAB 这个强大的工具实现并验证自己的想法，加深对最优化理论的理解。故本书以工程应用为基础，将最优化理论和方法与 MATLAB 相结合，帮助读者从理论和实践两个方面提高解决最优化问题的能力，让即便是数学基础不够深厚的读者也同样能够利用 MATLAB 解决较难的最优化数学问题，为读者能够快速进入这个领域、设计高效可行的最优化方案奠定扎实的基础。

本书的内容以最优化理论为主线，以最优化方法与实际应用相结合的实例为基础，并结合笔者多年的教学实践经验，介绍各种最优化理论和方法在 MATLAB 中的实现方法。本书的内容涵盖了最优化理论与方法中的杰出成果，例如线性规划、整数规划、非线性规划、二次规划、多目标规划、图与网络优化等，还兼顾了新近发展的近代智能优化方法，例如遗传算法、模拟退火、禁忌搜索等，使读者有机会结合 MATLAB 去接触解决较为复杂最优化问题的启发式搜索方法，通过探索提高读者的自我学习能力。

本书由浅入深、循序渐进地让读者从整体上把握最优化计算的实质，进而可以将实际的问题抽象成易于理解的数学模型，同时转换成 MATLAB 语言进行求解。书中的实例是笔者多年教学中理解和思想的凝练，内容经过精心的考量和裁剪，相信会受到读者的认可。

本书分为 11 章，第 1 章主要讲解 MATLAB 的应用基础，包括 MATLAB 的基本使用方法、MATLAB 的数据类型和各种运算、MATLAB 的图形功能及工具箱的使用；第 2 章介绍 MATLAB 的控制流程、M 文件等基础编程技术及 MATLAB 的接口知识，并结合 VC++讲解如何将 MATLAB 和其他高级编程语言相结合，高效地解决实际应用开发问题；第 3 章针对本书探讨的核心问题——最优化计算，首先介绍最优化问题的概念、最优化理论和方法的产生与发展，然后归纳总结出最优化问题的建模方法；第 4 章至第 10 章将 MATLAB 和最优化理论相结合，分别介绍如何使用 MATLAB 解决线性规划、整数规划、非线性规划、二次规划、多目标规划、图与网络优化和智能优化等最优化领域的实际问题，分析和总结各种最优化问题的建模方法与求解算法，并给出 MATLAB 优化工具箱中相应函数的使用方法，通过大量的实例帮助读者理解最优化计算是如何应用于实际问题的。本书对各种最优化方法的讲解均注重专业知识和 MATLAB 实践应用的结合，都给出了基本的推导和结论，分析了各种最优化问题的理论求解方法和 MATLAB 求解方法，方便读者比照和理解。值得一提的是，笔者在数学理论的完整性和可读性之间作了大量权衡，使得广大读者可以各取所需，既满足了希望深入了解最优化理论的读者的需求，又兼顾了在复杂数学理论上有所困扰的读者在应用方面的需求。第 11 章给出各种最优化方法的综合实例及其 MATLAB 求解方法。

笔者在撰写本书的过程中，得到很多同事、同行和朋友的帮助，他们为本书的编写提供了许多宝贵的意见和建议，使得本书的思路和内容臻于完善，在此表示深深的谢意。本书还从使用者的角度出发，将笔者自身教学和科研中丰富的经验融入书中知识点的讲解，并将 MATLAB 工具箱与最优化实际问题相结合，使读者在学习理论知识的同时可以尝试设计各种最优化方案以解决各领域的实际问题，提高读者将知识转化为能力的水平。

本书在第 1 版的基础上，将 MATLAB 软件平台升级到了 MATLAB R2014a 版本。本书可供最优化领域的研究人员参考，也可作为高校该类课程高年级本科生和研究生的教材，还可作为其他科技工作者在科学计算等方面的参考书。

本书提供案例的源代码及 MATLAB R2014a 基础教学视频下载，读者可登录华信教育资源网（www.hxedu.com.cn），注册成会员后查找本书所在页面免费下载。

本书主要由李明编著，同时参加编写工作的还有张玉兰、高克臻、张云霞、许小荣、王东、王龙、张银芳、周新国、蔡娜、胡书敏、李爽、苏静、张秀梅、贾东永。

由于笔者水平所限，加之时间紧迫，书中疏漏、不当甚至谬误之处在所难免，在此恳请广大读者、同行和各界人士批评和指正。

编 著 者

2017 年 8 月

目 录

第1章　MATLAB 语言基础

本章从最优化计算问题的需要出发，主要帮助读者了解 MATLAB 的相关基础知识，为读者能够进一步使用 MATLAB 进行最优化问题的求解奠定一个良好的基础。为使读者在使用 MATLAB 之前对该软件有一个整体的认识，本章首先概述 MATLAB 的产生、发展及其优势，然后着重介绍 MATLAB 的基本使用方法，包括 MATLAB 的工作环境、MATLAB 的数据类型和各种运算、MATLAB 的图形功能及工具箱的使用。

1.1　MATLAB 简介

MATLAB 是美国 MathWorks 公司出品的商业数学软件，MATLAB 是矩阵实验室（MAtrix LABoratory）的简称，与 Mathematica、Maple 并称为三大数学软件。MATLAB 可以进行矩阵运算、绘制函数和数据、实现算法、创建用户界面、连接其他编程语言的程序等，主要应用于工程计算、控制设计、信号处理与通信、图像处理、信号检测、金融建模设计与分析等领域。

1.1.1　MATLAB 的产生与发展

MATLAB 诞生于 20 世纪 70 年代，其首创者是时任新墨西哥大学教授的 Cleve Moler 及其同事。MATLAB 是集命令翻译、科学计算于一身的一套交互式软件系统，最初作为免费软件在大学里广泛使用，由于在 MATLAB 中矩阵运算变得异常简单，因而受到广大工程专业大学生的青睐。也正是因为工程领域中非常强调矩阵的运算和分析，才促使 Cleve Moler 对 MATLAB 进行继续开发，并于 1984 年与 Jack Little 等一起创办了 MathWorks 公司，把 MATLAB 推向市场，之后 MathWorks 不断致力于版本的更新和软件功能的增强。历经多年的发展，到 20 世纪 90 年代，MATLAB 已成为国际控制界的标准计算软件。

1.1.2　MATLAB 语言的优势

MATLAB 已经发展成为适合多学科、跨平台的大型实用科学计算软件。在高等院校，MATLAB 已经成为线性代数、自动控制理论、数理统计、数字信号处理、动态系统仿真等课程的基本教学工具；在研究单位和工业部门，MATLAB 被广泛用于解决各种具体问题。

1．强大易用的科学计算语言

MATLAB 之所以能迅速发展的一个重要原因就是 MATLAB 的使用简捷直观。MATLAB 的很多运算都是直接针对矩阵的，如果想在 C 语言中实现两个矩阵 Matrix_1 和 Matrix_2 的乘积，计算过程的核心代码要用到复杂的三重循环，而在 MATLAB 中，只要直接表示为 Result_Matrix=Matrix_1*Matrix_2 即可；同样的，矩阵求逆、转置等各种矩阵操作如果要用 C 语言来实现，颇费周章，而在 MATLAB 中只需要一个简单的命令就可以完成。

功能强大是 MATLAB 的一大显著特点，其库函数十分丰富。同时，MATLAB 针对许多专门的领域，将目前工程和科学界重要的问题通过软件制作成工具箱，它们都是由特定领域的专家开发的，深入到科学研究和工程应用的诸多方面，涵盖了工程与科学的大多数领域。

2．全面的图形功能

MATLAB 具有强大的图形处理功能，它自产生之日起就具有数据可视化功能，可以将向量和矩阵用图形表现出来。之后，MATLAB 对整个图形处理功能作了很大的改进，使它不仅具有一般数据可视化软件的功能，而且还添加了一些其他软件所没有的功能，如图形的光照处理、色度处理及四维数据的表现等。

3．独立开放的平台

MATLAB 支持多种计算机操作系统，提供了大量的平台独立措施。在一个平台上编写的程序，可以不做任何修改在其他平台上正常运行；在一个平台上编写的数据文件，在其他平台上一样可以编译。因此，用户可以自由地根据需要把 MATLAB 编写的程序在不同的平台之间移植。

4．实用的程序接口

MATLAB 与 Fortran、C 和 Basic 之间都可以方便地实现连接，以期最大限度地利用各种编程语言的优势。

1.2 MATLAB 入门

本节首先向读者介绍如何使用 MATLAB 中的各种组件，包括 MATLAB 窗口、MATLAB 帮助系统和 MATLAB 的路径搜索等，之后主要讲解 MATLAB 的基本语法知识，如 MATLAB 中的数据类型、矩阵表示、符号和关系逻辑运算等。

1.2.1 MATLAB 工作环境

为了方便使用 MATLAB 的函数和文件，MATLAB 为用户提供了一套完整的开发工具，其中许多工具采用的是图形用户界面，它们包括 MATLAB 桌面、命令窗口、历史命令窗口、编辑调试窗口，以及用于浏览 MATLAB 各种信息的浏览器。

1. MATLAB 窗口

启动 MATLAB R2014a 应用程序，屏幕上显示的是 MATLAB 的默认界面，如图 1-1 所示。可以看到，屏幕被划分成多个子窗口，它们是当前目录窗口（Current Directory）、命令窗口（Command Window）、工作空间管理窗口（Workspace）、历史命令窗口（Command History）。下面对重要的窗口进行一个简要的介绍。

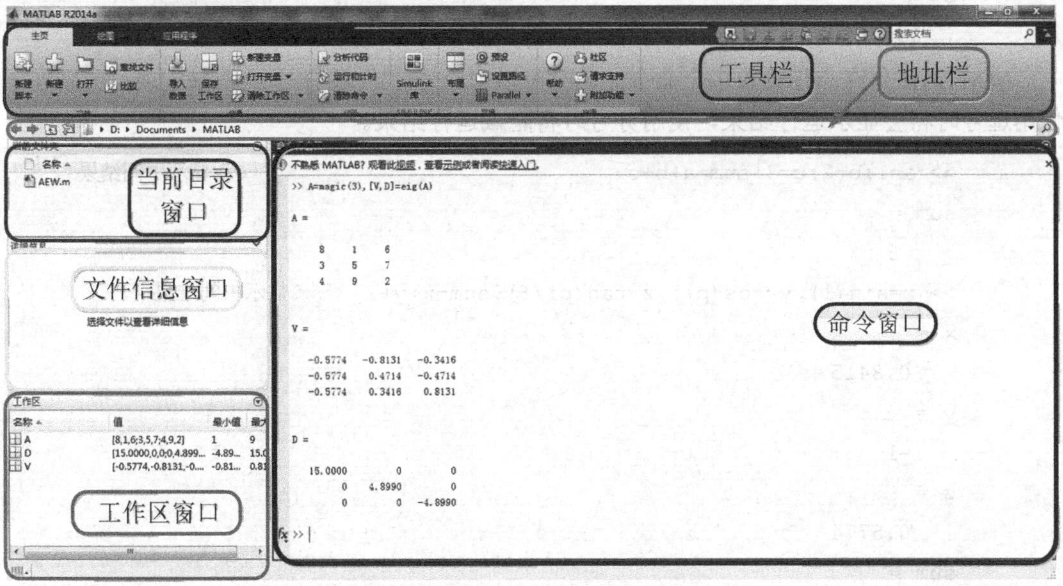

图 1-1　MATLAB 的默认界面

1）命令窗口（Command Window）

命令窗口（Command Window）位于 MATLAB 桌面的中间，MATLAB 的命令提示符为“>>”，表示 MATLAB 处于准备状态，此时可以在 >> 之后输入一些基本命令，如数值运算命令，然后按下 Enter 键，则 MATLAB 会在命令窗口立即显示结果，并将结果自动赋予变量名 ans。例如，求取半径为 3 的圆的面积，可输入如下命令：

```
>> 3.14*3^2
ans =
   28.2600
```

采用上述方法简单易行，当遇到较为复杂的问题时，可以通过赋值运算符“=”给变量赋值，并存储该变量。例如，可以用变量 *r* 来表示圆的半径，用变量 *S* 来表示圆的面积，百分号“%”是 MATLAB 中的注释符，则上例也可以通过下面的方法获得结果：

```
>> r=3              %圆的半径 r=3
r =
     3
>> S=3.14*r^2              %求圆的面积 S
S =
```

```
    28.2600
```

可以看到在命令窗口输入 r=3 并按下 Enter 键后，MATLAB 会在命令窗口直接显示这条命令的计算结果。若要禁止显示计算的中间结果，则可以通过分号“;”来实现：

```
>> r=3;                    %使用分号禁止显示计算的中间结果
>> S=3.14*r^2
S =
    28.2600
```

MATLAB 允许一行输入多个命令，此时可以用逗号“,”和分号“;”来实现，区别在于使用逗号时将会显示运行结果，使用分号时将隐藏运行结果。

```
>> a=1;b=2;c=3;sum=a+b+c                                    %不显示中间结果
sum =
     6
>> x=sin(1),y=cos(pi),z=tan(pi/6),sum=x+y+z            %显示中间结果
x =
    0.8415
y =
    -1
z =
    0.5774
sum =
    0.4188
```

2）工作空间管理窗口（Workspace）

MATLAB 的工作空间是用于存储运算中的各种变量和结果的内存空间，而工作空间窗口（Workspace）则用于显示变量的名称、大小、字节数及数据类型等，可以通过工作空间窗口对变量进行观察、编辑、保存和删除等操作。需要注意的是，MATLAB 函数在运行过程中会调用一些临时变量，这些变量在函数运行结束后将被释放，因此，这些临时变量不会占用工作空间。

为了对某变量进行相关的操作，除了以命令行的方式，还可以使用 MATLAB 提供的变量编辑器（Variable Editor）。通过变量编辑器可以直接观察变量中的各个元素，也可以修改变量中的各个元素。变量编辑器的界面如图 1-2 所示。

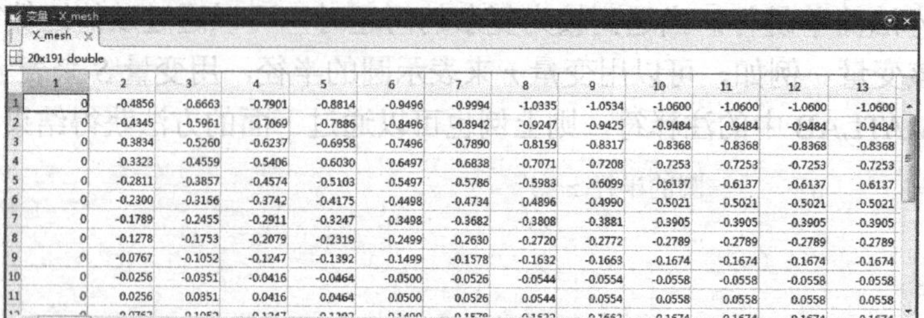

图 1-2　变量编辑器

可以看到，在变量编辑器中数值保存在与数据维数相符的方格中，可以通过快捷键如 Ctrl+C 实现数据的复制、以 Ctrl+V 实现数据的粘贴等；同时，可以双击方格中的数据对数据进行编辑，如修改数据的数值等。还有一种方式是通过工具栏上的图标对相应的数据进行编辑，主要功能如下所示：

（保存）——保存对数据所作的修改；

（剪切）——对所选取的数据进行剪切操作，此后被剪切的相应数据格置零，且可以将所剪切的数据粘贴到变量编辑器中的任一方格中；

（复制）——实现所选取数据的复制，且可以将此数据粘贴到变量编辑器中的任一方格中；

（粘贴）——实现数据的粘贴操作；

（绘图）——绘制所选取数据的图形。

可以通过三种方式打开上述变量编辑器，以编辑 MATLAB 中的变量：

- 在工作空间管理窗口双击该变量名；
- 用鼠标单击变量名后单击工作空间管理窗口工具栏上的打开图标 打开变量 ；
- 用鼠标选中变量名，单击鼠标右键弹出如图 1-3 所示快捷菜单，然后选择菜单中的相关命令。主要功能为：命令“打开所选内容 Ctrl+D”用于打开命令编辑器编辑相应的选择变量；命令“另存为...”用于将所选择的变量进行重命名并保存；命令“复制 Ctrl+C”用于复制所选择的数据；命令“生成副本”用于创建所选择变量的副本，假如所选择的变量名为 var，则 MATLAB 创建一个完全相同的副本 varCopy；命令“删除”用于删除所选择的变量，此后该变量从工作空间消失。

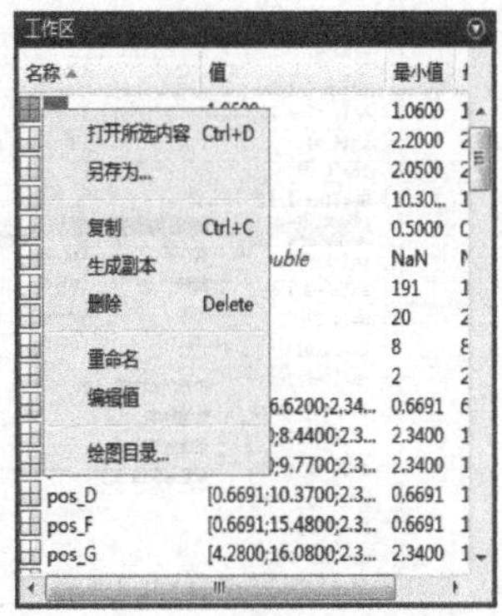

图 1-3　变量编辑快捷菜单

如果用户想以命令行的方式查看工作空间的情况，可以在命令窗口输入相应的命令，管理工作空间的常用命令如表 1-1 所示。

表 1-1　管理工作空间的常用命令

命　令	功　能
who	显示存储在工作空间全部变量的名称
whos	显示存储在工作空间全部变量的名称、大小、数据类型等详细信息
clear	从工作空间中清除变量和函数
save	保存工作空间变量
load	从磁盘文件中读取变量到工作空间
length	length(*A*)，若 *A* 为向量则显示其长度，若 *A* 为矩阵则显示行数与列数中的较大数
size	size(*A*)，得到矩阵 *A* 的行数和列数
disp	显示变量

3）历史命令窗口（Command History）

历史命令窗口（Command History）用于记录用户在命令窗口执行过的命令行，包括已运行过的命令、函数、表达式、使用时间等信息。在历史命令窗口可进行命令历史的查找、检查等工作。用鼠标选中历史命令窗口中的命令行，单击右键弹出如图 1-4 所示操作菜单，可以选择相应菜单项对这些历史命令进行复制（Copy）、执行（Evaluate Selection）、删除（Delete Selection）等操作；双击这些命令可使它再次执行。

4）当前目录窗口（Current Directory）

MATLAB 的当前目录窗口（Current Directory）用于显示及设置当前工作目录，同时显示当前工作目录下的文件名、文件类型及目录的修改时间等信息。用鼠标选中文件，单击右键可以对文件进行相关操作，如图 1-5 所示。

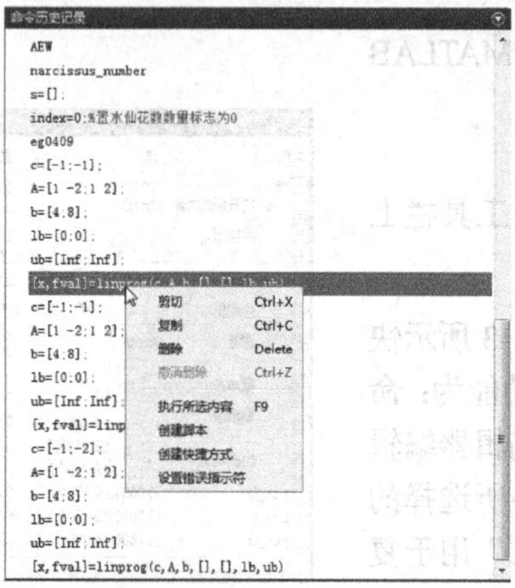

图 1-4　历史命令窗口中对历史命令的操作菜单

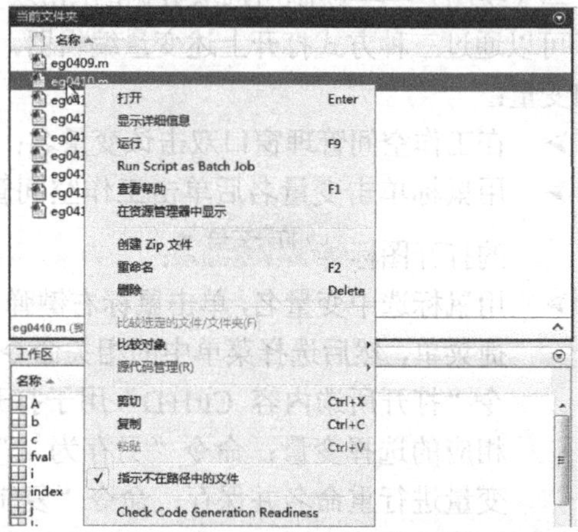

图 1-5　当前目录窗口中对当前工作目录里文件的操作

设置当前目录，可以在当前目录窗口上方的输入栏中直接输入，或单击浏览器下拉按钮进行选择。还可以在命令窗口用 cd 命令设置当前目录，如在命令窗口输入如下命令：

```
>> cd ('D:\Work')
```

则可将 D 盘上的 Work 目录设为当前工作目录。

2．路径搜索

MATLAB 有一个专门用于查找“.m”文件的路径搜索器，MATLAB 定义了一系列文件路径的组合，默认状态下包括当前路径和已安装的全部工具箱的路径。如果调用的函数或文件在搜索路径之外，MATLAB 会认为此函数或文件不存在而返回错误信息。

一般而言，当在命令窗口输入一个字符串时，MATLAB 按下列顺序开始搜索：

（1）在工作空间中搜索是否有以该字符串为变量名的变量，有则返回该变量的值。

（2）搜索是否有同名的 MATLAB 内部函数，如果有，执行该内部函数。

（3）在当前目录中查找与该字符串同名的 M 文件，如果有，执行该文件。

（4）在搜索目录中查找与该字符串同名的 M 文件，如果有，执行该文件。

（5）如果在搜索目录中存在多个同名函数，则只执行搜索路径中的第一个函数，其他函数不再执行。

可以通过选择工具栏中的按钮，设置 MATLAB 的搜索目录，或者在命令窗口输入 pathtool 后回车，均会弹出搜索路径设置对话框，如图 1-6 所示。

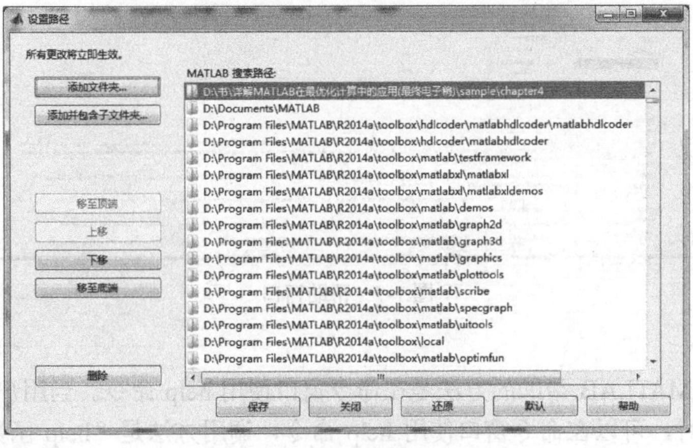

图 1-6 搜索路径设置对话框

用 Add Folder…按钮可以将某一目录加入搜索路径而忽略其子目录，选择 Add with Subfolder…按钮可将选中目录的子目录也包括在搜索路径中。一般情况下选择后者，此时系统会弹出“浏览文件夹”对话框，选择好目录之后单击“确定”按钮，则新目录会出现在搜索路径中。

在命令窗口中可以使用如下设置搜索路径时常用的命令：

```
>> path          %显示所有搜索路径
>> addpath       %增加目录到 MATLAB 搜索路径
>> rmpath        %删除 MATLAB 搜索路径中的目录
>> genpath       %显示由所有搜索路径连接而成的一个长的字符串
>> pathtool      %进入搜索路径设置对话框
```

3. MATLAB 帮助系统

1）帮助窗口

有多种方法可以得到 MATLAB 的帮助，其中最全面的是帮助窗口（Help），该窗口是一个独立的交互式帮助浏览器，如图 1-7 所示。用户可以在命令窗口中输入 doc 或 helpwin 来启动帮助窗口。通过帮助窗口中的帮助主题（Contents）、帮助索引（Index）和联机演示（Demos），可以浏览用户可能需要的内容，在查询结果（Search Results）中可以查看按用户要求得到的帮助信息列表。

假如用户知道某函数命令的名称，则用 doc 命令可以调出帮助窗口，以超文本显示该函数的帮助信息。例如，想在帮助窗口查看 mesh()函数的帮助信息，可以在命令窗口输入如下命令：

```
>> doc mesh
```

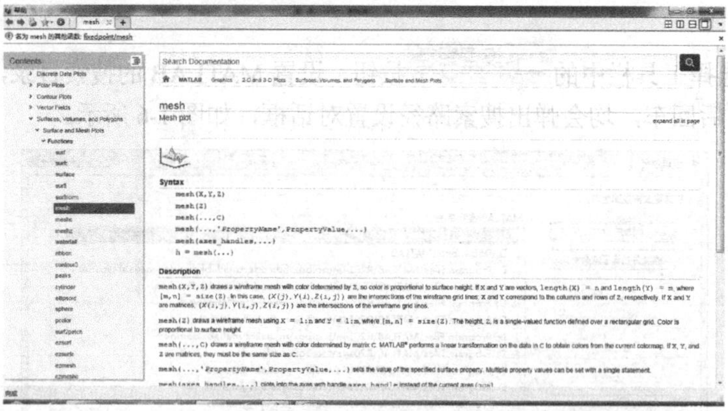

图 1-7　帮助窗口

2）help 命令

第二种获得 MATLAB 帮助的方法是在命令窗口使用 help 命令。当用户知道函数名称想了解其具体用法时，可以在命令窗口使用 help 命令，调用方法是“help 函数名”。例如，想了解矩阵求逆函数 inv()的用法，可以在命令窗口输入 help 命令如下：

```
>> help inv
```

3）lookfor 命令

第三种获得 MATLAB 帮助的方法是在命令窗口使用 lookfor 命令。lookfor 命令与 help 命令不同，help 命令要求函数名的精确匹配，而 lookfor 命令只要求与每个函数中的总结信息有匹配。所以当用户不知道函数的确切名称时可以使用 lookfor 命令，此时只需知道函数的部分关键字，调用格式为“lookfor 关键字”。例如，若用户不知道 MATLAB 中矩阵求逆的函数，而求逆函数的关键字为 inverse，则可以在命令窗口输入如下命令：

```
>> lookfor inverse
```

根据列出命令的总结信息，可以找到矩阵求逆的函数为 inv - Matrix inverse。

1.2.2　MATLAB 中的数据类型

强大的数值运算功能是 MATLAB 最显著的特色。MATLAB 的数据类型主要包括数值型数据、符号型数据、字符串型数据、多维数组、元胞数组、结构型数组等。

1．数值型数据

大部分情况下，MATLAB 的数据都是以双精度数值来表示，不区分整数、实数、复数等，占 8 个字节（64 位），MATLAB 表示为 double()，其值域约为–1.7e308～1.7e308。在 MATLAB 中复数可以像实数一样直接输入和计算，虚数单位可以用 i 或者 j 表示。i=sqrt(-1), 其值在工作空间显示为 0+1.0000i。

MATLAB 中复数可以用下面两种方式表达：$z=a+b$*i 或 $z=r$*exp(i*θ)，其中 r 为复数的模，θ为复数辐角的弧度数。下面是在 MATLAB 中使用复数的一些例子：

```
>> a=1+sqrt(3)i;                          %复数的两种表示方法
>> b=2*exp(i*pi/3);
>> m=[1 3;5 7]+i*[2 4;6 8]                %复数作为矩阵元素的表示方法
>> n=[1+2i 3+4i; 5+6i 7+8i]
```

2. 符号型数据

符号型数据是在 MATLAB 中定义的特殊变量，它以字符串的形式表示，但又不同于普通字符串，其变量、表达式均为符号对象。符号对象使用 sym 或者 syms 生成，语法格式为：

```
syms arg1 arg2 …. arg_props
```

通常，可以将函数包含在成对的单引号内，组成符号表达式，也可以在定义了符号变量以后，用符号变量建立符号表达式。为了方便且易于理解，一般推荐第二种方式。

下面是一些简单的例子：

```
>> syms x y;                        %利用 syms 生成符号对象
>> z=sym('z');                      %利用 sym 生成符号对象
>> m=sym('m','real');               %声明符号对象 m 为实的
>> n=sym('n','positive');           %声明符号对象 n 为正的
>> m=sym('m','unreal');             %去掉 m 的附加属性
>> A=[1 x; y z]                     %生成符号矩阵
>> f=sin(x)+cos(x);                 %建立符号表达式
>> findsym(f);                      %查找符号表达式 f 中的所有自由变量
```

3. 字符串型数据

一个字符串是存储在一个行向量中的文本，由单引号括起来。字符串里的每个字符是数组里的一个元素，字符串中的空格也是字符。由于字符串是以向量的形式来存储的，因而可以通过它的下标对字符串中的任何一个元素进行访问。

```
>> s1='MATLAB STRING';              %生成字符串 s1
>> dim=size(s1)                     %显示 s1 的维数，为 1×13 阶矩阵
dim =
13
>> s2=['MATLAB STRING'];            %生成字符数组 s2，与 s1 等价
>> s1(2);                           %通过下标访问字符串，ans=A
```

4. 多维数组

数组也可以嵌套，一个数组的元素可以是另外一个数组，这样就构成了多维数组。例如，三维数组就是一般矩阵的拓展，图 1-8 所示即为一个三维数组的示意图，数组的第一维称为“行”，第二维称为“列”，第三维称为“页”，运算则与低维的类似。

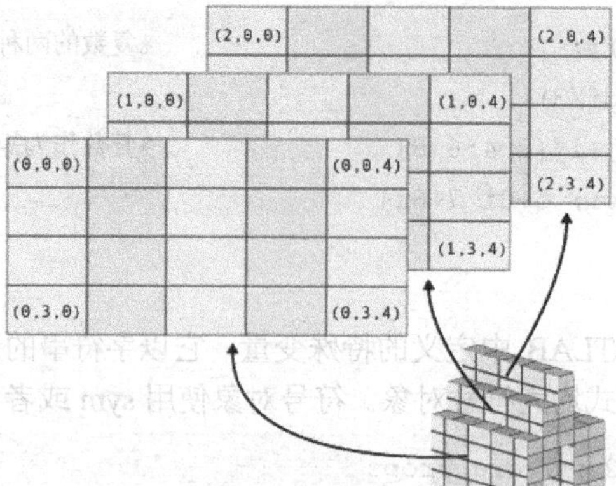

图 1-8　三维数组

可以通过按页输入的方法构造一个三维数组并进行运算。例如：

```
>> A=[1 2; 1 3];
>> B(:,:,1)=A;                       %输入矩阵 B 的第一页
>> B(:,:,2)=A^2;                     %输入矩阵 B 的第二页
>> B(:,:,3)=A^2;                     %输入矩阵 B 的第三页
>> C=ones(2,2,3);                    %矩阵 C 为 2×2×3 维全 1 矩阵
>> D=C./B                            %三维矩阵间的./运算
D(:,:,1) =
    1.0000    0.5000
    1.0000    0.3333
D(:,:,2) =
    0.3333    0.1250
    0.2500    0.0909
D(:,:,3) =
    0.3333    0.1250
    0.2500    0.0909
```

5. 元胞数组

元胞数组是 MATLAB 中的一种特殊数据类型，可以看做多维数组的直接扩展。其存储形式类似于矩阵，若论区别主要有两点：第一是元胞数组自身可以嵌套，即元胞数组的元素还可以是元胞数组；第二是元胞数组的各元素不一定是数值，可以是 MATLAB 支持的任意存储类型，并且各元素的类型也可以不尽相同。元胞数组的元素被称为“元胞”（cell）。元胞数组也用下标标识，但元胞数组中有元胞元素和元胞元素的内容两个概念，用圆括号表示元胞元素，用大括号来包含元胞元素的内容，cell_array $\{i,j\}$ 即表示元胞数组 cell_array 第 i 行、第 j 列的存储内容，亦即元胞元素 cell_array (i,j)的内容。一个直接的例子就是在直接赋值的过程中，与在矩阵的定义中使用的中括号不同，元胞数组元素的内容要用大括号来包含，元素之间由逗号隔开。

```
>> A=[2 5;4 2];                          %矩阵的定义使用的是中括号
>> B={A, [6 9];'test',[1 6;7 4]}         %元胞数组的定义使用的是大括号
B =                                      %仅显示元胞数组中的存储量类型
    [2x2 double]   [1x2 double]
    'test'         [2x2 double]
>>C(1,1)={[1 3;5 7]};                    %C(1,1)代表元胞元素，其内容是一矩阵
>>C{1,2}=[2 4;6 8];                      %C{1,2}代表 C(1,2)的内容，为一矩阵
>>celldisp(C)                            %显示元胞数组 C 的具体内容
C{1} =
     1     3
     5     7
C{2} =
     2     4
     6     8
```

元胞数组的元素不是以指针的形式保存的，如上例中改变矩阵 *A* 的值，并不等于改变了元胞数组 *B* 第一个元素的值。

6. 结构型数组

结构型数组与元胞数组类似，不同之处在于结构型数组利用指针方式传递数据。在结构型数组的直接赋值定义过程中，需要指出结构中的属性名，并且以指针操作符“.”来连接结构型数组与属性名，在命令行提示符后输入结构型数组的名称，可显示其属性及属性值。例如：

```
>> student_1.name='lin hong';            %输入结构型数组 student_1 的 name 属性
                                          值，为一字符串
>> student_1.stature=182;                %输入结构型数组 student_1 的 stature 属
                                          性值，为一实数
>> student_1.weight=79;                  %输入结构型数组 student_1 的 weight 属
                                          性值，为一实数
>> student_1                             %显示结构型数组 student_1
student_1 =
          name:   'lin hong'
          stature:    182
          weight:     79
```

1.2.3 MATLAB 语言中的常量与变量

和其他大多数编程语言类似，变量是 MATLAB 语言的基本元素之一，是数值计算的基本单元。MATLAB 也提供相应的数学表达式，但其用法和其他语言的不同之处在于：

（1）MATLAB 表达式中可以使用矩阵形式。

（2）MATLAB 中不需要预先声明变量的类型和维数，MATLAB 会根据对新变量的操作

创建该变量，确定其类型并为其分配存储空间。

(3) 对已经存在的变量的赋值操作，MATLAB 会以新值代替旧值。如果需要，MATLAB 可以改变该变量的类型（例如，将字符串型数据赋给原数值型数据变量时）或者为其分配新的存储空间（例如，当矩阵维数发生变化时）。

在 MATLAB 中，变量的命名需要遵循如下一些规则：

(1) MATLAB 中的变量名由一个字母导引，后面可以跟字母、数字、下画线等，但不能用空格或者标点符号。例如，var_temp、control_input1、state21 均是合法变量名，而_output、45time、@position 均是非法变量名。

(2) 变量名不能是 MATLAB 的保留字，如 for、end、while、if 等命令名。

(3) MATLAB 中的变量名是大小写敏感的，即 A 和 a 代表不同的变量。

(4) 变量名长度不能超过 63 位（在 MATLAB R2014 中预先定义了变量名长度最大值 namelengthmax 为 63），超过的部分将被忽略，即如果两个变量名的前 63 个字符相同，则 MATLAB 认为其为相同的变量。

(5) 一些常量也可以作为变量来使用，例如，i 和 j 在 MATLAB 中表示虚数单位，但是也可以作为变量，如 i 和 j 还经常作为循环语句中的循环变量。

常量是一些在 MATLAB 中预先定义好数值的变量，既然其本质是变量，就可以对其进行重新赋值，但在编程时，为了避免不必要的麻烦，请尽量避免对这些特定常量重新赋值。表 1-2 所示是一些 MATLAB 中的常量。

表 1-2 MATLAB 中的常量

常量名	用法
pi	圆周率π
eps	机器的浮点运算误差限，2.2204e-016，若$\|x\|$<eps，则可以认为 x=0
i, j	虚数单位
nargin	m 函数入口参数变量，用于 m 函数程序设计
nargout	m 函数出口参数变量，用于 m 函数程序设计
realmin	最小的正浮点数 2.2251e-308
realmax	最大的正浮点数 1.7977e+308
flintmax	最大的正整数 9.0072e+015（MATLAB R2014 类型）
Inf	Infinity，无穷大量+∞
NaN	Not-a-number，通常由 0/0 运算、Inf/Inf 运算或者其他可能的运算得出
ans	默认结果存储变量

在 MATLAB 中，原则上可以使用任何与语法规则相容的名称作为变量名，但是若遇到存在冲突的情况，例如，将 sin 和 cos 用做与三角函数无关的变量名对其赋值，此时需要用 clear 命令将它们清除才能继续将其作为通常意义下的三角函数使用。又如，将 i 或 j 作为非虚数单位的循环变量重新赋值，则需要用语句 i=sqrt(-1)恢复其虚数单位的意义，如果涉及复数计算，应尽量避免将 i、j 作为用户定义的变量使用。

1.2.4 MATLAB 中的矩阵

数学上，一个 m 行 n 列的矩形阵列被称为一个 $m \times n$ 矩阵，矩阵一般由数组成。特别的，标量可看做 1×1 的矩阵，列向量可看做 $n \times 1$ 的矩阵，而行向量则是 $1 \times n$ 的矩阵。

MATLAB 可以根据用户的需要以直接输入、命令行语句、函数构造等方式生成特定的矩阵，同时还可以通过提取或者扩充等方式对已有矩阵进行相关的操作。

1．以直接输入的方式生成矩阵

在 MATLAB 中输入小矩阵最简单的方法是使用直接排列的形式，且遵循如下规则：

（1）矩阵元素必须在“[ ]”内。

（2）矩阵的同行元素之间用空格（或“,”）隔开。

（3）矩阵的行与行之间用“;”（或回车符）隔开。

（4）矩阵的元素可以是数值、变量、表达式或函数。

例如，在命令行窗口输入一个行向量和一个列向量：

```
>> A=[1 2 3 4 5];                          %生成行向量，同行元素之间用空格隔开
>> A=[1,2,3,4,5];                          %生成行向量，同行元素之间用，隔开
>> B=[1;2;3;4;5];                          %生成列向量
```

再如，在命令行窗口输入 3 阶幻方矩阵 $A=\begin{bmatrix}2 & 9 & 4\\ 7 & 5 & 3\\ 6 & 1 & 8\end{bmatrix}$，以下各语句等价：

```
>> A=[2 9 4; 7 5 3; 6 1 8];                %同行元素用空格隔开，行之间用；隔开
>> A=[2,9,4; 7,5,3; 6,1,8];                %同行元素用，隔开，行之间用；隔开
>> A                                       %显示输入的矩阵
A =
    2     9     4
    7     5     3
    6     1     8
```

2．以命令行语句或函数方式生成矩阵

1）冒号表达式产生一个行向量

生成向量的时候可以利用冒号表达式，冒号表达式可以产生一个行向量，一般格式是：Vec=start:step:end，其中 start 为初始值，step 为步长，end 为终止值。需要注意的是，当 end>start 且 step>0 时，行向量的最后一个值为不大于 end 的最大值；当 end<start 且 step<0 时，行向量的最后一个值为不小于 end 的最小值；当不能生成向量时，返回空。特别的，如果不指定 step 的值，则默认 step=1。

```
>> Vec=0:2:10
Vec =
```

```
      0     2     4     6     8    10
>> Vec=1:6                         %默认 step=1
Vec =
      1     2     3     4     5     6
>> Vec=0:1:pi                      %最后一个值为不大于 end 的最大值
Vec =
      0     1     2     3
>> Vec=2:-0.3:1                    %最后一个值为不小于 end 的最小值
Vec =
    2.0000    1.7000    1.4000    1.1000
```

2）linspace()生成线性等间距格式行向量

linspace 函数产生行向量，其调用格式为：linspace(start,end,num)，其中 start 和 end 是生成向量的第一个和最后一个元素，num 是元素总数。可以看出，linspace(a, b, n)与 a:(b-a)/(n-1):b 等价。

```
>> Vec=linspace(0,10,6)            %递增生成线性等间距格式行向量
Vec =
      0     2     4     6     8    10
>> Vec=linspace(5,0,6)             %递减生成线性等间距格式行向量
Vec =
      5     4     3     2     1     0
```

3）logspace()生成等比格式行向量

Vec=logspace(start, end, num)创建从 10^{start} 开始、到 10^{end} 结束、有 num 个元素的对数分隔行向量 Vec。如果不指定 num 的值，则默认 num=50。不难看出，logspace(start, end, num)等价于 10.^ linspace(start, end, num)

例外情况是，Vec=logspace(start, pi, num)创建从 10^{start} 开始、到 pi 结束、有 num 个元素的对数分隔行向量 Vec。

```
>>Vec=logspace(0,4,5)              %生成等比格式行向量
Vec =
      1     10    100   1000  10000
>>Vec=logspace(0,pi,5)             %pi 在命令中的特殊性
Vec =
    1.0000    1.3313    1.7725    2.3597    3.1416
```

4）ones()函数生成全 1 矩阵

全 1 矩阵即元素均为 1 的矩阵，其中 ones(n)生成 $n\times n$ 维的全 1 矩阵，ones(m,n)生成 $m\times n$ 维的全 1 矩阵，ones(m,n,p,⋯)生成 $m\times n\times p\times\cdots$维的全 1 矩阵。

```
>> A=ones(3)                       %生成 3×3 维全 1 矩阵
A =
```

```
        1     1     1
        1     1     1
        1     1     1
>> A=ones(2,3)                              %生成2×3维全1矩阵
A =
        1     1     1
        1     1     1
```

5）zeros()函数生成全0矩阵

全0矩阵即元素均为0的矩阵，其中zeros(*n*)生成$n\times n$维的全0矩阵，zeros(*m*,*n*)生成$m\times n$维的全0矩阵。zeros(*m*, *n*, *p*,⋯)生成$m\times n\times p\times\cdots$维的全0矩阵。

```
>> A=zeros(2)                               %生成2×2维全0矩阵
A =
        0     0
        0     0
>> A=zeros(3,2)                             %生成3×2维全0矩阵
A =
        0     0
        0     0
        0     0
```

6）eye()函数生成单位阵

单位阵即对角线元素为1，其余元素为0的矩阵。eye(*n*)生成$n\times n$维的单位阵。

```
>> A=eye(3)                                 %生成3×3维单位阵
A =
        1     0     0
        0     1     0
        0     0     1
```

7）rand()函数生成随机矩阵，生成矩阵元素满足在(0,1)区间内的均匀分布。

```
>> A=rand(3)                                %生成3×3维rand()随机矩阵
A =
    0.1419    0.7922    0.0357
    0.4218    0.9595    0.8491
    0.9157    0.6557    0.9340
>> A=rand(2,3)                              %生成2×2维rand()随机矩阵
A =
    0.6787    0.7431    0.6555
    0.7577    0.3922    0.1712
```

8）randn()函数生成随机矩阵，矩阵元素满足均值为0，方差为1的标准正态分布。

```
>> A=randn(3)                               %生成3×3维randn()随机矩阵
A =
```

```
      0.8884   -0.8095    0.3252
     -1.1471   -2.9443   -0.7549
     -1.0689    1.4384    1.3703
```

另外，一些常用的矩阵函数如表 1-3 所示。

表 1-3　矩阵函数

函 数 名	生成的矩阵	函 数 名	生成的矩阵
magic	幻方矩阵	compan	伴随矩阵
pascal	帕斯卡矩阵	hadamard	hadamard 矩阵
vander	范德蒙矩阵	gallery	higham 测试矩阵
hilb	希尔伯特矩阵	rosser	经典对称特征值测试矩阵
invhilb	反希尔伯特矩阵	hankel	hankel 矩阵
toeplitz	托普利兹矩阵	wilkinson	wilkinson 特征值测试矩阵

3. 矩阵的访问

在 MATLAB 中，矩阵的单个元素以至于整行整列都能够被访问和引用。本节将对矩阵的访问、拆分和扩展进行讲解和分析。

向量是由多个有序元素组成的，因而可以直接通过向量的下标来对向量中的元素进行访问和修改，Vec(*i*)表示向量 Vec 中的第 *i* 个元素。特别提出的是，可以通过冒号表达式对向量元素进行访问，也可以用中括号方式任意指定多个向量元素进行访问。

```
>> Vec=rand(1,6)                     %生成一个 1×6 的随机行向量
Vec =
    0.8147    0.9058    0.1270    0.9134    0.6324    0.0975
>> Vec(3)                            %通过下标访问向量的第 3 个元素
ans =
    0.1270
>> Vec(5)=0                          %通过下标修改向量第 5 个元素的值，赋值为 0
Vec =
    0.8147    0.9058    0.1270    0.9134         0    0.0975
>> Vec(2:4)                          %通过冒号表达式访问向量第 2 个到第 4 个元素
ans =
    0.9058    0.1270    0.9134
>> Vec(2:2:6)                        %通过冒号表达式访问向量第 2、4、6 个元素
ans =
    0.9058    0.9134    0.0975
>> Vec([1 3 4])                      %通过中括号访问多个指定的向量元素
ans =
    0.8147    0.1270    0.9134
>> Vec([1 3])=[0 0]                  %通过中括号修改多个指定向量元素的值
```

```
Vec =
        0    0.9058         0    0.9134         0    0.0975
>> Vec(4:end)                          %end 参数表示结尾
ans =
   0.9134         0    0.0975
```

对于矩阵元素的访问和修改也类似，不过在使用下标时一般使用二维的，即 *A*(*i*,*j*)，表示 *A* 中第 *i* 行、第 *j* 列的元素（虽然一维下标也可以，但是二维的更为直观）。

```
>> A=[4 1 7;2 5 6;3 8 9]               %生成一个 3×3 的矩阵
A =
     4     1     7
     2     5     6
     3     8     9
>> A(3,3)                               %通过下标访问 A 的第 3 行第 3 列的元素
ans =
     9
>> A(3,2)=0                             %通过下标修改 A 的第 3 行第 2 列的元素
A =
     4     1     7
     2     5     6
     3     0     9
```

4. 矩阵的拆分和提取

在矩阵的拆分中，最常用的方法是利用冒号表达式获得子矩阵。一般用法为：

A*(:,*j*)**——表示 ***A 第 *j* 列的全部元素；

A*(*i*,:)** ——表示 ***A 第 *i* 行的全部元素；

A*(*i*:*i*+*m*,:)** ——表示取 ***A 矩阵第 *i*～*i*+*m* 行的全部元素；

A*(:,*k*:*k*+*m*)** ——表示取 ***A 矩阵第 *k*～*k*+*m* 列的全部元素，

A*(*i*:*i*+*m*,*k*:*k*+*m*)** ——表示取 ***A 矩阵第 *i*～*i*+*m* 行内，并在第 *k*～*k*+*m* 列中的所有元素。

此外，还可利用一般向量和 end 运算符来表示矩阵下标，从而获得子矩阵。end 表示某一维的末尾元素下标。和向量类似，也可通过中括号方式对矩阵元素进行重排，获得新矩阵。下面是一些矩阵拆分的实例：

```
>> A=randn(3,3)                         %生成 3×3 的随机矩阵
A =
  -0.4336    2.7694    0.7254
   0.3426   -1.3499   -0.0631
   3.5784    3.0349    0.7147
>> A(2,:)                               %A(2,:)表示 A 第 2 行的全部元素
ans =
```

```
    0.3426   -1.3499   -0.0631
>> A(:,3)                          %A(:,3)表示A第3列的全部元素
ans =
    0.7254
   -0.0631
    0.7147
>> A(2:3,:)                        %A(2:3,:)表示A第2~3行的全部元素
ans =
    0.3426   -1.3499   -0.0631
    3.5784    3.0349    0.7147
>> A(:,1:2)                        %A(:,1:2)表示A第1~2列的全部元素
ans =
   -0.4336    2.7694
    0.3426   -1.3499
    3.5784    3.0349
>> A(2:3,1:2)                      %A(2:3,1:2)表示A的第2~3行内，并在第1~2列
                                   %中的所有元素
ans =
    0.3426   -1.3499
    3.5784    3.0349
>> A(1:2,2:end)                    %A(1:2,2:end)表示A的第1~2行内，并在第2列到
                                   %最后一列（第3列）中的所有元素
ans =
    2.7694    0.7254
   -1.3499   -0.0631
>> F=A([1,1,2],:)                  %通过中括号复制A的第1行2次，第2行1次
F =
   -0.4336    2.7694    0.7254
   -0.4336    2.7694    0.7254
    0.3426   -1.3499   -0.0631
>> B=eye(3)                        %生成3×3阶单位阵B
B =
     1     0     0
     0     1     0
     0     0     1
>> A(:,[1 3])=B(:,2:3)             %将A的第1、3行用B的第2~3行取代
A =
         0    2.7694         0
    1.0000   -1.3499         0
         0    3.0349    1.0000
```

在 MATLAB 中，定义[]为空矩阵。给变量 *A* 赋空矩阵的语句为 *A*=[]。注意，*A*=[]与 clear *A* 不同，clear 是将 *A* 从工作空间中删除，而空矩阵则存在于工作空间中，只是维数为 0。因此可以利用空矩阵删除矩阵的元素。

```
>> A=[4 1 7;2 5 6;3 8 9];
>> A(2,:)=[]                              %删除A的第2行
A =
     4     1     7
     3     8     9
```

5．矩阵的扩展

在 MATLAB 中可以通过把矩阵 ***B*** 的子块赋值为 ***A*** 来扩展矩阵 ***A***，假设 ***A*** 为 $m\times n$ 维矩阵，一般的命令格式为：***B***($r1$:$r2$,$c1$:$c2$)=***A***，且需注意维数一致，即 $r2-r1+1=m$ 且 $c2-c1+1=n$。对于 ***B*** 中原先并不存在的元素，MATLAB 将自动补 0。

```
>> A=[1 3 5;2 4 6]
A =
     1     3     5
     2     4     6
>> B(2:3,2:4)=A                      %将A矩阵扩充，使得A成为B的一个子块
B =
     0     0     0     0
     0     1     3     5
     0     2     4     6
```

MATLAB 中允许把矩阵合并在一起生成新的矩阵。设 ***A*** 为 $m\times n_1$ 维矩阵、***B*** 是 $m\times n_2$ 维矩阵，注意其行数相同，则将矩阵 ***A***、***B*** 按行连接成 $m\times(n_1+n_2)$维的矩阵 ***C***，可以写成 ***C***=[***A***,***B***]。

```
>> A=[1 3 2; 4 3 2]
A =
     1     3     2
     4     3     2
>> B=[1 7;5 6]
B =
     1     7
     5     6
>> C=[A,B]                          %将矩阵A和B进行横向连接，组成矩阵C
C =
     1     3     2     1     7
     4     3     2     5     6
```

类似的，设 ***A*** 为 $m_1\times n$ 维矩阵、***B*** 为 $m_2\times n$ 维矩阵，注意其列数相同，则将矩阵 ***A***、***B*** 纵向连接成$(m_1+m_2)\times n$ 维的矩阵 ***C***，可以写成 ***C***=[***A***;***B***]。

```
>> A=[3 5;2 1]
A =
     3     5
     2     1
>> B=[7 4;3 6;9 1]
B =
     7     4
     3     6
     9     1
>> C=[A;B]                              %将矩阵 A 和 B 进行纵向连接，组成矩阵 C
C =
     3     5
     2     1
     7     4
     3     6
     9     1
```

1.2.5 符号运算

MATLAB 中符号运算的功能十分丰富，这里简要介绍几种重要的应用，包括符号表达式的化简、因式分解、符号微积分等。

1. 符号表达式的化简

假设符号表达式为 *f*，MATLAB 提供的对符号表达式化简的函数有：

simplify(*f*)——应用函数规则对 *f* 进行化简；

simple(*f*)——调用 MATLAB 的相关函数对表达式进行综合化简，并显示化简过程。

例如，化简 $f=(x^2+y^2)^2+(x^2-y^2)^2+\sin^2 x+\cos^2 x$ 的命令如下：

```
>> syms x y;
>> f=(x^2+y^2)^2+(x^2-y^2)^2+sin(x)^2+cos(x)^2;
>> simplify(f)
ans =
2*x^4 + 2*y^4 + 1
```

2. 因式分解

符号表达式的因式分解函数为 factor(*f*)，其中 *f* 为一个符号多项式，例如：

```
>> syms x;
>> f=x^3-1;                             %生成符号表达式 f=x³-1
>> f1=factor(f)                         %对 f=x³-1 进行因式分解，结果存入 f1
f1 =
(x - 1)*(x^2 + x + 1)
```

3. 符号微积分

1）符号极限

在 MATLAB 中调用 limit()函数可以求取符号表达式的极限，设符号表达式为 *f*，调用函数格式如下：

limit(*f*,*x*,*a*)——计算 *f* 在 $x \to a$ 条件下的极限；

limit(*f*,*a*)——计算 *f* 由默认自变量趋向于 *a* 条件下的极限；

limit(*f*)——计算 *f* 在默认自变量趋向于 0 条件下的极限；

limit(*f*,*x*,*a*,'right')和 limit(*f*,*x*,*a*,'left')——计算 *f* 在 $x \to a$ 条件下的右极限和左极限。

例如，分别计算表达式 1 “$\lim\limits_{x\to 0}\dfrac{\sin(x)}{x}$”和表达式 2 “$\lim\limits_{x\to\infty_-}\left(1+\dfrac{a}{x}\right)^x$”的命令如下：

```
>> syms x a;
>> f=(1+a/x)^x;
>> r1=limit(sin(x)/x)                                %求符号表达式 1 的极限值
r1 =
1
>> r2=limit(f,x,inf,'left')                          %求符号表达式 2 的极限值
r2 =
exp(a)
```

2）符号微分

在 MATLAB 中调用 diff()函数可以求取符号表达式的极限，设符号表达式为 *f*，调用函数格式如下：

diff(*f*)——求 *f* 对于默认自变量的微分；

diff(*f*,*x*)——求 *f* 对于自变量 *x* 的微分；

diff(*f*,*n*)——求 *f* 对于默认自变量的 *n* 次微分。

例如，分别计算表达式 $f = e^x \sin x$ 的一次微分和二次微分，命令如下：

```
>> syms x
>> f=exp(x)*sin(x);
>> r1=diff(f)                                        %求符号表达式 f 的一次微分
r1 =
exp(x)*cos(x) + exp(x)*sin(x)
>> r2=diff(f,2)                                      %求符号表达式 f 的二次微分
r2 =
2*exp(x)*cos(x)
```

3）符号积分

在 MATLAB 中调用 int()函数可以求取符号表达式的积分，设符号表达式为 *f*，调用函数格式如下：

int(*f*) ——求 *f* 对于默认自变量的不定积分；

int(*f*,*x*) ——求 *f* 对于自变量 *x* 的不定积分；

int(*f*,*a*,*b*) ——求 *f* 对于默认自变量从 *a* 到 *b* 的定积分。

例如，求不定积分 1. $\int\frac{-2x}{(1+x^2)^2}\mathrm{d}x$ 和定积分 2. $\int_0^1 x(1+\ln x)\mathrm{d}x$，命令如下：

```
>> syms x;
>> f1=-2*x/(1+x^2)^2;
>> f2=x*log(1+x);
>> r1=int(f1)                    %求符号表达式 1 的不定积分
>> r2=int(f2,0,1)                %求符号表达式 2 的定积分
r1 =
1/(x^2 + 1)
r2 =
1/4
```

1.2.6 关系与逻辑运算

MATLAB 中的关系运算符有：<（小于）、<=（小于或等于，不大于）、>（大于）、>=（大于或等于，不小于）、==（等于）、~=（不等于）。关系运算符的运算法则为：若关系成立，关系表达式结果为 1，否则为 0。

MATLAB 中的逻辑运算符有：&（与）、|（或）、～（非）。0 的逻辑量为“假”，而任意非零数的逻辑量为“真”。逻辑运算真值表如表 1-4 所示。

表 1-4 逻辑运算真值表

a	b	a&b	a|b	~a
0	0	0	0	1
0	1	0	1	1
1	0	0	1	0
1	1	1	1	0

1.3 MATLAB 中的矩阵运算

矩阵是 MATLAB 中的基本运算单元，可以将 MATLAB 处理的所有数据都看做矩阵。以下将从矩阵的代数运算、矩阵的数据变换和矩阵分析等几个方面来说明矩阵运算在 MATLAB 中的应用。

1.3.1 矩阵的代数运算

矩阵的代数运算包括矩阵的基本运算和点运算，在这部分内容里需要重点区分基本运算和点预算的区别。

1．矩阵的基本运算

MATLAB 中矩阵的基本算术运算有＋（加）、–（减）、*（乘）、/（右除）、\（左除）。

1）矩阵的加、减

设有矩阵 ***A*** 和 ***B***，若 ***A*** 和 ***B*** 矩阵的维数相同，则可以由 ***A+B*** 和 ***A–B*** 实现矩阵的加、减运算，即将 ***A*** 和 ***B*** 矩阵的对应元素相加、减。若 ***A*** 与 ***B*** 的维数不同，则 MATLAB 将返回错误信息，提示矩阵的维数不匹配。若参与运算的两矩阵之一为标量，则将标量与矩阵的所有元素分别进行加、减操作。

2）矩阵的乘法

设有矩阵 ***A*** 和 ***B***，若 ***A*** 为 $m \times n$ 维矩阵，***B*** 为 $n \times p$ 维矩阵，注意矩阵 ***A*** 的列数等于矩阵 ***B*** 的行数，则可以由 ***C=A*B*** 实现矩阵的乘法，结果为 $m \times p$ 维矩阵。若不满足维数条件，则 MATLAB 将返回错误信息，提示矩阵的维数不匹配。

标量可与任何矩阵相乘。

3）矩阵的除法

在 MATLAB 中，有两种矩阵除法运算：左除\和右除/。如果 ***A*** 矩阵是非奇异方阵，即 ***A*** 有逆矩阵，则可以由 ***A\B*** 和 ***B/A*** 实现上述两种运算。

其中 ***A\B*** 等价于 inv(***A***)****B***，亦即方程 ***A *x = B*** 的解；而 ***B/A*** 等价于 ***B**** inv(***A***)，亦即方程 ***x*A = B*** 的解。对于含有标量的运算，两种除法运算的结果相同。对于矩阵来说，左除和右除表示两种不同的除数矩阵和被除数矩阵的关系，一般而言 ***A\B≠B/A***。

下面是一些矩阵运算的实例：

```
>> A = [1 2; 3 4];                     %生成 2×2 维矩阵 A
A =
     1     2
     3     4
>> A+2                                 %矩阵与标量相加，将标量与矩阵的所有元素相加
ans =
     3     4
     5     6
>> B = [1 0; 0 1];                     %生成 2×2 维单位阵 B
B =
     1     0
     0     1
>> A'                                  %矩阵转置，若矩阵元素为复数，则为共轭转置
ans =
     1     3
     2     4
>> A+B                                 %矩阵加法，对应元素相加
ans =
```

```
    2    2
    3    5
>> A-B                          %矩阵减法，对应元素相减
ans =
    0    2
    3    3
>> A*B                          %矩阵乘法，由于 B 是单位阵，故仍为 A
ans =
    1    2
    3    4
>> A/B                          %矩阵右除，结果即方程 x*B = A 的解 A*inv(B)
ans =
    1    2
    3    4
>> A\B                          %矩阵左除，结果即方程 A*x = B 的解 inv(A)*B
ans =
   -2.0000    1.0000
    1.5000   -0.5000
```

2. 矩阵的点运算

在 MATLAB 中，有一种特殊的点运算。点运算符有.*（点乘）、./（点右除）、.\（点左除）和.^（点乘方）。两个矩阵进行点运算是指它们的对应元素进行相关运算，要求两矩阵的维参数相同。

```
>> A=[1 2;3 4], B=[5 6;7 8]
>> A.*B                         %.*：A 和 B 对应元素相乘，注意和 A*B 的区别
ans =
     5   12
    21   32
>> A./B                         %./：A 和 B 对应元素相除，注意和 A/B 的区别
ans =
    0.2000    0.3333
    0.4286    0.5000
>> A.^3                         %.^：对应元素和标量的乘方
ans =
     1    8
    27   64
>> A.^A                         %.^：对应矩阵元素之间的乘方
ans =
```

```
    1     4
   27   256
>> A.'                          %.': 非共轭转置，注意.'与'的区别，'为共轭转置
ans =
    1     3
    2     4
```

1.3.2 矩阵的关系与逻辑运算

矩阵的关系运算符和逻辑运算符有<、<=、>、>=、==、~=、&、|、~。在关系与逻辑运算中，“真”用1表示，“假”用0表示；在逻辑运算中，所有的非零元素均按照1来处理，这和一般的关系与逻辑运算是相同的。

矩阵和标量不同，其关系与逻辑运算的规则如下：

- 若参与关系与逻辑运算的是两个同维矩阵，则运算将对矩阵相同位置上的元素按标量规则逐个进行比较或运算。最终运算结果是一个与原矩阵同维的矩阵，其元素由1或0组成。
- 若参与关系与逻辑运算的一个是标量，一个是矩阵，则运算将在标量与矩阵中的每个元素之间按标量规则逐个进行比较或运算。最终运算结果是一个与矩阵同维的矩阵，其元素由1或0组成。

```
>> A=[1 3;6 9];B=[4 2;0 7];A>=B                 %同维矩阵的关系运算
ans =
    0     1
    1     1
>> a=5;A=[2 5;6 1];a==A                         %标量与矩阵的关系运算
ans =
    0     1
    0     0
>> A=[4 3;0 1]; B=[1 0;2 3]; A|B                %同维矩阵的逻辑或运算
ans =
    1     1
    1     1
>> a=2;A=[0 1;3 2];a&A                          %标量与矩阵的逻辑与运算
ans =
    0     1
    1     1
```

1.3.3 矩阵分析

在矩阵运算中，经常需要对矩阵的性质进行分析，获得表征矩阵特征的一些参量，如矩

阵的行列式、矩阵的秩、矩阵的特征值和特征向量等。在 MATLAB 中也提供了相应的功能，下面将简要介绍这方面的函数。

1. 矩阵的行列式运算

对一个方阵可以通过 det 命令求矩阵的行列式，如果参数矩阵为非方阵则会返回维数不匹配的错误信息。若 ***A*** 为数值矩阵，则得出数值计算结果；若 ***A*** 为符号矩阵，则得出解析解。例如，求三阶幻方矩阵的行列式：

```
>> A=magic(3)
A =
    8    1    6
    3    5    7
    4    9    2
>> det(A)
ans =
  -360
```

如果利用符号矩阵的方式来进行矩阵行列式的运算，则可以知道行列式的运算法则。例如，对于二阶行列式：

```
>> syms a b c d;
>> A=[a b;c d]
A =
[ a, b]
[ c, d]
>> det(A)
ans =
a*d - b*c
```

2. 矩阵的秩运算

矩阵的行向量（或列向量）中的最大线性无关组的个数称为矩阵的秩。在 MATLAB 中，求矩阵秩的函数是 rank(***A***)。例如：

```
>> A=rand(3)
A =
    0.8147    0.9134    0.2785
    0.9058    0.6324    0.5469
    0.1270    0.0975    0.9575
>> rank(A)
ans =
    3
>> B=[1 2 3;4 5 6];B(3,:)=2*B(1,:)+3*B(2,:)
```

```
B =
    1     2     3
    4     5     6
   14    19    24
>> rank(B)
ans =
    2
>> C=ones(3)
C =
    1     1     1
    1     1     1
    1     1     1
>> rank(C)
ans =
    1
```

3. 矩阵的求逆运算

若矩阵 ***A*** 为方阵且满秩，存在一个与其同阶的方阵 ***B***，使得 ***AB***=***BA***=**I**（**I** 为单位矩阵），则称 ***A*** 与 ***B*** 互为逆矩阵。求方阵 ***A*** 的逆矩阵可调用函数 inv(***A***)。

若矩阵 ***A*** 不是方阵，或者 ***A*** 是一个非满秩的方阵时，矩阵 ***A*** 没有逆矩阵，但可以找到一个与 ***A*** 的转置矩阵 ***A***'同型的矩阵 ***B***，使得 ***ABA***=***A***，***BAB***=***B***，此时称矩阵 ***B*** 为矩阵 ***A*** 的伪逆，也称为广义逆矩阵。在 MATLAB 中，求一个矩阵伪逆的函数是 pinv(***A***)。

```
>> A=[1 2 3;4 5 6];pinv(A)                          %非方阵的广义逆
ans =
  -0.9444    0.4444
  -0.1111    0.1111
   0.7222   -0.2222
>> B=[1 2 3;4 5 6;5 7 9];pinv(B)                    %非满秩矩阵的广义逆
ans =
  -0.7778    0.6111   -0.1667
  -0.1111    0.1111   -0.0000
   0.5556   -0.3889    0.1667
```

4. 矩阵的特征值和特征向量运算

对矩阵 ***A*** 而言，满足 $P_A(\lambda)=\det(\lambda I-A)=0$ 的根λ为矩阵 ***A*** 的特征值。满足$\lambda_i v=Av$ 的向量 ***v*** 为矩阵 ***A*** 关于特征值λ_i的特征向量，$P_A(\lambda)$称为矩阵 ***A*** 的特征多项式。在 MATLAB 中，矩阵的特征值和特征向量可以调用函数 eig()求得，调用格式如下。

（1）***E***=eig(***A***)：求矩阵 ***A*** 的全部特征值，构成向量 ***E***。

（2）[***V***,***D***]=eig(***A***)：输出参数 ***D*** 为对角阵，其对角线上的元素为矩阵 ***A*** 的特征值，每个

特征值对应的特征向量即为矩阵 ***V*** 的对应列，且特征向量均进行模方归一化处理。

（3）[***V***,***D***]=eig(***A***,'nobalance')：与第 2 种格式类似，但第 2 种格式中先对 ***A*** 作相似变换后求矩阵 ***A*** 的特征值和特征向量，其每个特征向量各元素的平方和均为 1，而格式 3 直接求矩阵 ***A*** 的特征值和特征向量，并不进行归一化处理。

```
>> A=magic(3);[V,D]=eig(A)                %求三阶幻方矩阵的特征值和特征向量
V =
   -0.5774   -0.8131   -0.3416
   -0.5774    0.4714   -0.4714
   -0.5774    0.3416    0.8131
D =
   15.0000         0         0
         0    4.8990         0
         0         0   -4.8990
```

5. 矩阵的迹运算

若矩阵 ***A*** 为方阵，则矩阵 ***A*** 的迹为该矩阵对角线上各元素的和。矩阵的迹与该矩阵的特征值之和是相同的。在 MATLAB 中求矩阵 ***A*** 的迹的函数为 trace(***A***)。

```
>> A=magic(3)                        %生成三阶幻方矩阵 A
A =
    8    1    6
    3    5    7
    4    9    2
>> trace(A)                          %求 A 的迹
ans =
    15
>> v=eig(A)                          %验证矩阵 A 的迹与其特征值的和相等
v =
   15.0000
    4.8990
   -4.8990
>> sum_of_eig_A=v(1)+v(2)+v(3)
sum_of_eig_A =
   15.0000
```

1.4 MATLAB 中的图形功能

MATLAB 在绘图方面的功能比较全面，用户可以简单地实现二维、三维甚至多维图形的可视化。本节主要介绍 MATLAB 中绘图的命令和技术。

1.4.1 二维图形

我们从最简单的二维图形的绘制开始，介绍 MATLAB 中的图形功能。一般而言，在 MATLAB 中绘图包含下面 3 个步骤：

（1）准备绘图数据。例如，对于输入/输出有对应关系的图形，就是确定函数关系和自变量的取值范围。

（2）调用绘图函数，如 flot、plot 等。

（3）定制图形的输出，如线形和标记特性、坐标轴的设置、标记符号、图例等。

对函数图形的绘制，一种方法是使用 fplot 函数实现，该函数将自动生成绘图时自变量的步长间隔，即绘图的点数，为用户产生尽可能精确的图像。调用 fplot 的形式为 fplot('fun', [x_1, x_2])，该命令作出函数 fun 在定义域[x_1, x_2]上的函数图。例如，绘制函数 $f(x)=e^{\sin x}$ 的图像，可以通过如下命令绘制：

```
>> fplot('exp(sin(x))',[-6, 6]);
```

之后 MATLAB 会弹出绘图窗口，显示图形如图 1-9 所示。

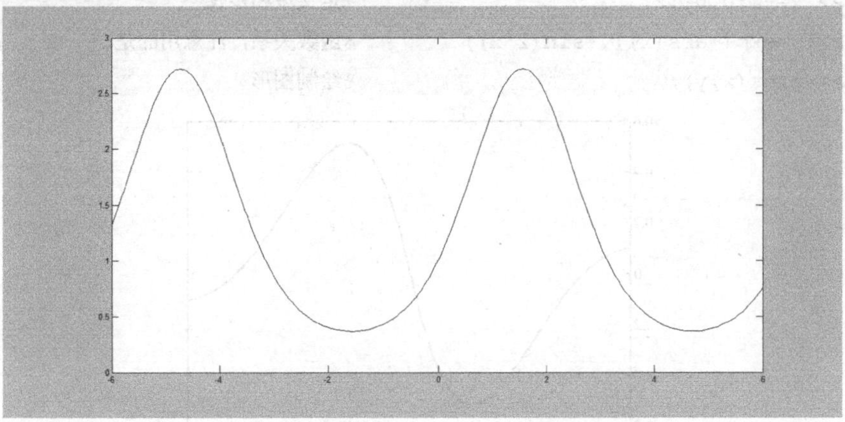

图 1-9 使用 fplot 绘制函数 $f(x)=e^{\sin x}$ 的图像

更为常用的绘图函数是 plot，当 plot 函数仅有一个输入参数时，调用格式为 plot(*y*)，若 ***y*** 为实向量，则以其向量索引作为横坐标，以 ***y*** 向量的元素为纵坐标来绘制图形。例如，下列命令绘制了一个行向量的图形，如图 1-10 所示。

```
>> y=rand(1,100);              %生成 1×100 的实行向量
>> plot(y)                     %绘制 y 向量（向量索引，向量值）的图形
```

若 *y* 为复向量，则以向量实部作为横坐标，向量虚部作为纵坐标来绘制二维图形。当输入变量不止一个时，输入变量的虚部将被忽略，MATLAB 直接绘制各变量实部的图形。例如，构造一维复向量 ***y***，绘图如图 1-11 所示。

```
>> x=-2*pi:pi/100:2*pi;
>> y=sin(x)+cos(x).*i;         %生成复向量
>> plot(y)                     %绘制 y 向量（实部，虚部）的图形
```

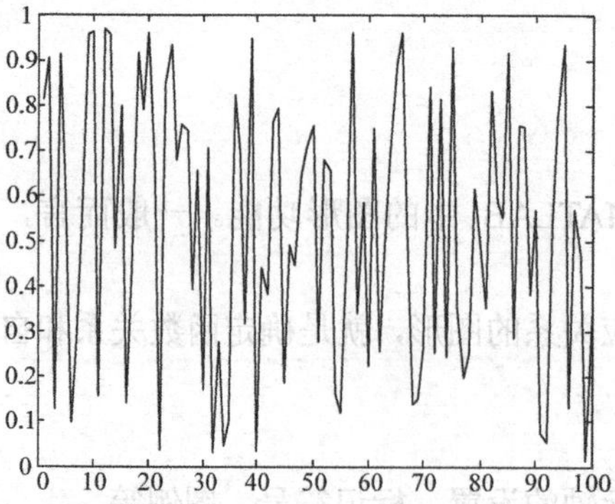

图 1-10　使用 plot(*y*)绘制向量图形（*y* 为实向量）

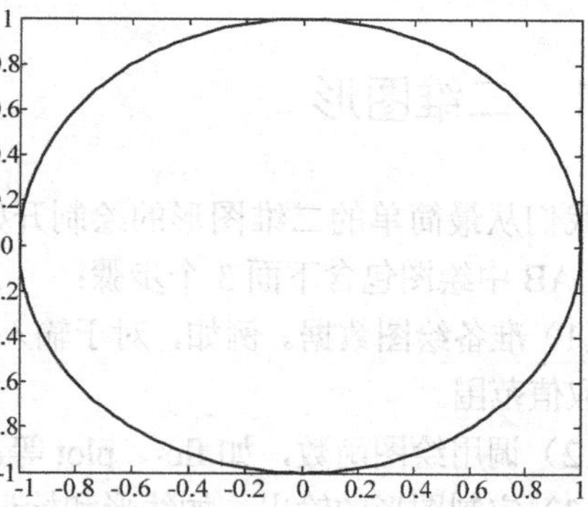

图 1-11　使用 plot(*y*)绘制向量图形（*y* 为复向量）

一般情况下，在绘图时采用自变量和函数值之间的函数关系，且采用自定义的步长，此时 plot 函数将有两个输入参数：自变量和函数值。这两者是两个同长度的向量，为了图形的精确性，需要选择合适的步长进行绘制。例如，绘制函数 $f(x)=\mathrm{e}^{-|x|}\sin(2x)$ 的图像如图 1-12 所示，定义域为[−2,2]，选择步长为 0.01，调用函数 plot 绘图命令如下：

```
>> x=-2:0.01:2;                          %定义域和步长
>> y=exp(-abs(x)).*sin(2*x);             %函数关系，注意用的是.*
>> plot(x,y);                            %绘制图形
```

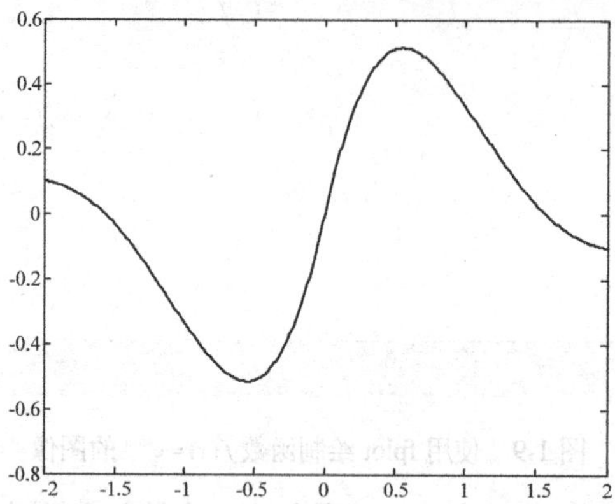

图 1-12　使用 plot 绘制函数 $f(x)=\mathrm{e}^{-|x|}\sin(2x)$的图像

我们经常需要在同一坐标内绘制多个函数的图像，例如，要在同一坐标轴内作出 $f(x)=\mathrm{e}^{-x}\sin(2x)$ 及其微分函数 $\mathrm{d}f(x)/\mathrm{d}x=2\mathrm{e}^{-x}\cos(2x)-\mathrm{e}^{-x}\sin(2x)$ 在[0, 2π]区间内的图像，如图 1-13 所示，利用 plot 函数的格式如下：

```
>> x=0:pi/100:2*pi;
>> y1=sin(2*x)./exp(x);
>> plot(x,y1)
>> y2=(2*cos(2*x))./exp(x)-sin(2*x)./exp(x);
>> plot(x,y1,x,y2);
```

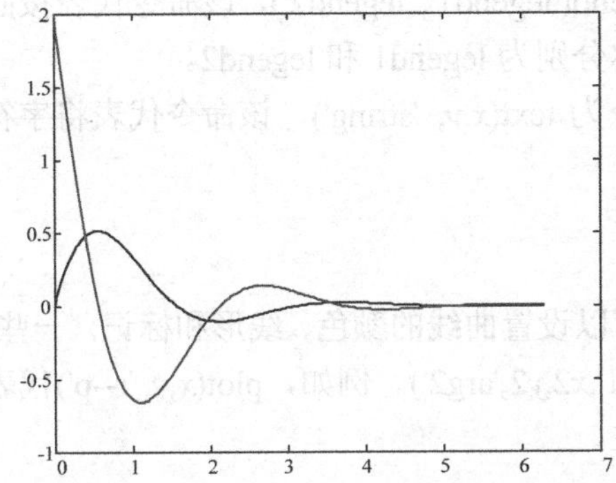

图 1-13 使用 plot 函数绘制 $f(x)=e^{-x}\sin(2x)$及其微分函数在同一坐标系中的图像

在进行一次 plot 操作之后，若再进行一次 plot 操作，则前一次的图形将会被覆盖。在这种情况下，若要实现多个图形的叠放，在 MATLAB 中可以使用 hold 函数实现这个功能。例如，首先绘制 $y1=\sin(x)$在$[-2\pi, 2\pi]$上的图像，然后在这个图形基础上再绘制 $y2=\cos(x)$的图像，如图 1-14 所示，可以通过如下命令实现：

```
>> x=-2*pi:pi/100:2*pi;
>> y1=sin(x);y2=cos(x);
>> plot(x,y1);hold on;          %绘制 y1，并 hold on 允许图像叠放
>> plot(x,y2);hold off;         %在 y1 上绘制 y2 之后取消允许图像叠放
```

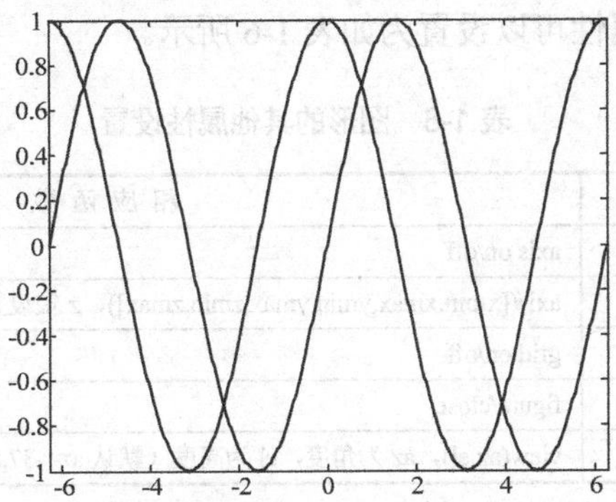

图 1-14 使用 hold on 命令实现多个图像的叠放

在绘制多幅图形的时候，经常需要添加标注并使用不同的线形、不同的颜色等方法使得图像的可读性更强，MATLAB 中也提供了这些选项。这些功能均可在图像窗口的 Editor 选单中实现，这里仅简要介绍命令最基本的用法和具体实例。

1. 添加标注

添加标题标注的命令为 Title('title')，其中 title 是显示在图形标题处的字符串。

添加坐标轴标注的命令为 xlabel('xstring'),ylabel('ystring'),zlabel('zstring')，其中命令 xlabel 代表对 x 轴的标注，命令 ylabel 代表对 y 轴的标注，命令 zlabel 代表对 z 轴的标注，单引号之间的字符串即表示显示在坐标轴处的标注。

添加图例的命令为 legend('legend1', 'legend2')，该命令代表按照绘图的先后顺序为各个图形的线条添加图例，其名称分别为 legend1 和 legend2。

添加字符串注释的命令为 text(*x*,*y*, 'string')，该命令代表将字符串 string 放置于坐标轴的(*x*,*y*)处。

2. 设置选项

在调用 plot 函数时，可以设置曲线的颜色、线形和标记，一些常用的选项如表 1-5 所示，调用方法为：plot(*x*1,*y*1,'arg1',*x*2,*y*2,'arg2')。例如，plot(*x*,*y*, 'r--p')代表用红色的虚线绘制曲线，并用五角星对曲线进行标注。

表 1-5　图形颜色、线形和标记的设置

颜色		线形		标记			
b	蓝色（默认）	-	实线（默认）	无	（默认）	h	六角星
c	青色	--	虚线	*	星	p	五角星
g	绿色	:	点线	.	点	>	▷
k	黑色	-.	点划线	o	圈	<	◁
m	红紫色			x	叉	v	△
r	红色			+	十字	^	▽
w	白色			s	方块		
y	黄色			d	菱形		

另外，还有一些图像属性可以设置为如表 1-6 所示。

表 1-6　图形的其他属性设置

选项属性	相应函数
显示/隐藏坐标轴	axis on/off
定制坐标轴	axis([xmin,xmax,ymin,ymax,zmin,zmax])，z 轴设置可选
显示/隐藏网格	grid on/off
打开/关闭图形窗口	figure/close
调整图像视角	view(az,el)，az 为角度，el 为高度（默认 az=-37.5，el=30）

下面给一个综合实例，图像如图 1-15 所示。

```
>> x=-6:0.05:6;                                    %设置定义域
>> y1=sin(x);                                      %定义函数 y1
>> y2=cos(x);                                      %定义函数 y2
>> plot(x,y1,'r-x',x,y2,'b--o');                   %在同一坐标系绘制 y1 和 y2
                                                   %y1：红色实线，用 x 标注
                                                   %y2：蓝色虚线，用 o 标注
>> title('y=sin(x) and y=cos(x)');                 %设置标题
>> legend('y=sin(x)','y=cos(x)');                  %设置图例
>> xlabel('x-axis'); ylabel('y-axis');             %标记坐标轴
```

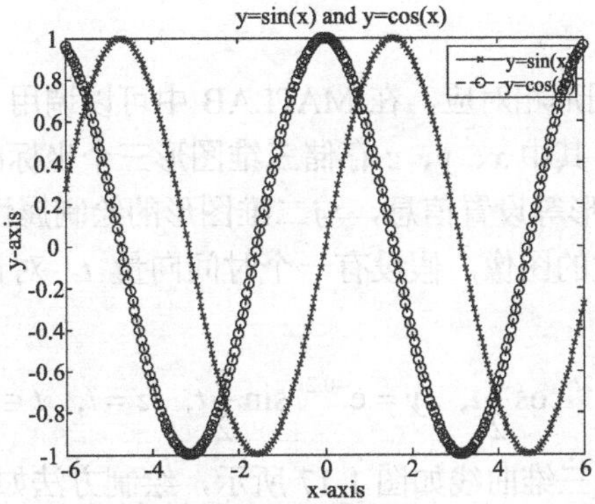

图 1-15 使用 plot()函数的参数实现线形、标题、图例等的设置

如果需要在一个图上显示多于一个图像，可以调用 MATLAB 中绘制子图的函数 subplot(*m*, *n*, *p*)，参数 *m*、*n* 表示将图形窗口分成 *m* 行、*n* 列个子窗口，参数 *p* 表示绘图位置，先行后列。例如，分为 2×2 个子窗口，*p*=1 代表第 1 行第 1 列，*p*=3 则是第 2 行第 1 列，以此类推。下面通过示例说明子图的用法，在这个示例中，窗口被分为 2×2 个子窗口，第一行并排显示 *y*=sin(*x*)和 *y*=cos(*x*)的图像，如图 1-16 所示。

```
>> x=-2*pi:pi/100:2*pi;
>> y1=sin(x);y2=cos(x);
>> subplot(1,2,1);plot(x,y1);                 %在子图 1 绘制 y1
>> title('y=sin(x)');                         %设置子图 1 的标题
>> axis([-2*pi,2*pi,-1,1]);                   %设置子图 1 的坐标轴
>> subplot(1,2,2);plot(x,y2);                 %在子图 2 绘制 y2
>> title('y=cos(x)');                         %设置子图 2 的标题
>> axis([-2*pi,2*pi,-1,1]);                   %设置子图 2 的坐标轴
```

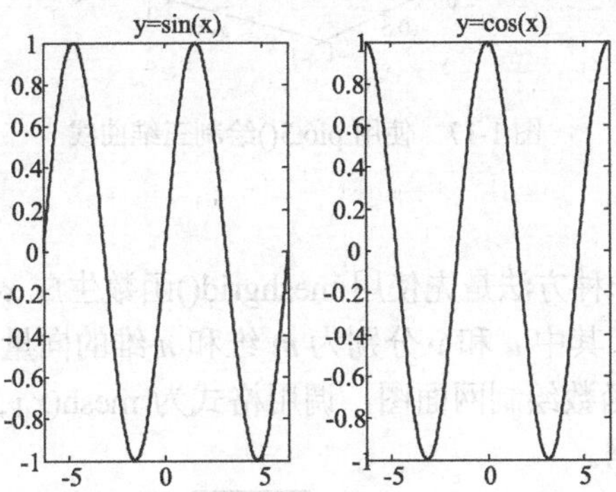

图 1-16 使用 subplot()命令实现子图横排

1.4.2 三维图形

本节介绍 MATLAB 中简单三维图形的绘制方法，包括三维曲线和三维曲面两种类型。

1. 三维曲线

与 plot 函数绘制二维图形相对应，在 MATLAB 中可以调用 plot3()来绘制三维图形，调用方法为 plot3(*x*,*y*,*z*, 'arg')，其中 *x*、*y*、*z* 存储三维图形三个坐标的值，为维数相同的向量，参数 arg 为图形的颜色、线形等设置信息，与二维图形的绘制属性设置类似。

例如，绘制参变量函数的图像，假设有一个时间向量 *t*，对该向量进行下列运算可以构成三个坐标的值向量：

$$x = e^{-0.2t}\cos\frac{\pi}{2}t, \quad y = e^{-0.2t}\sin\frac{\pi}{2}t, \quad z = t, \quad t \in [0,20]$$

则由此三个坐标构成的三维曲线如图 1-17 所示，绘制方法如下：

```
>> t=0:0.05:20;
>> x=exp(-0.2*t).*cos(pi*t/2);
>> y=exp(-0.2*t).*sin(pi*t/2);
>> z=t;
>> plot3(x,y,z);grid on;
>> xlabel('x');ylabel('y');zlabel('z');
>> title('3D-line');
```

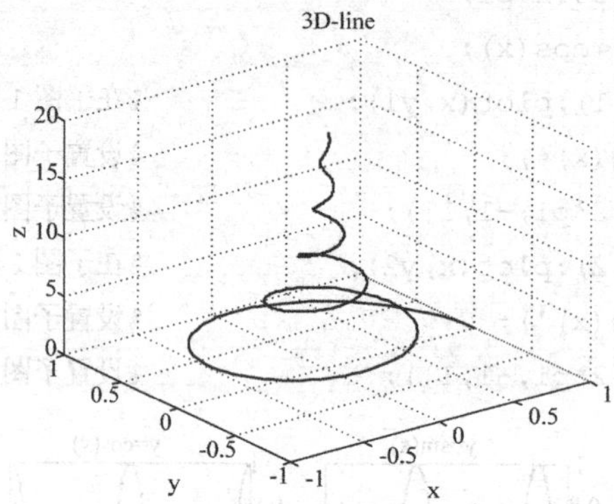

图 1-17　使用 plot3()绘制三维曲线

2. 三维曲面

在绘制三维曲面时，一种方法是先使用 meshgrid()函数生成 *x*-*y* 平面上的网格数据，调用格式为[*x*,*y*]=meshgrid(*u*,*v*)，其中 *u* 和 *v* 分别为 *m* 维和 *n* 维的向量，得到的 *x* 和 *y* 为 $n\times m$ 维的矩阵；然后使用 mesh()函数绘制网面图，调用格式为 mesh(*x*,*y*,*z*)，其中 *x*、*y*、*z* 是同维的矩阵，表示曲面的三维数据。

例如，绘制二元函数图 $z = f(x,y) = \dfrac{\sin(\sqrt{x^2+y^2})}{\sqrt{x^2+y^2}}$，如图 1-18 所示，绘制方法为：

```
>> u=-8:0.5:8;
>> v=-8:0.5:8;
>> [x,y] = meshgrid(u,v);
```

```
>> r = sqrt(x.^2 + y.^2);
>> z = sin(r)./r;
>> mesh(x,y,z);
```

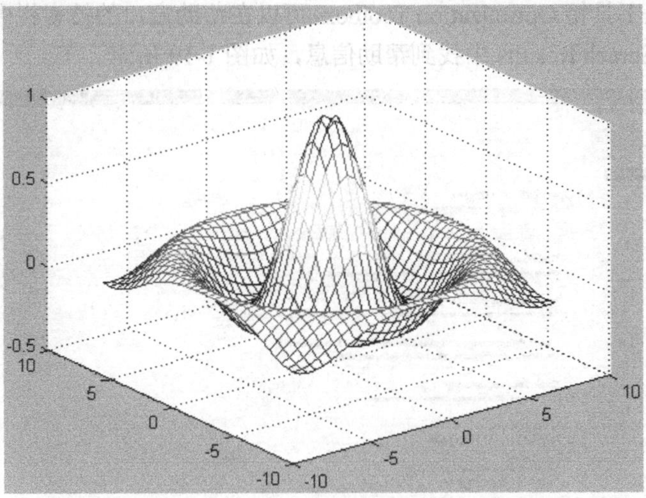

图 1-18　使用 mesh()绘制三维曲面

1.5　MATLAB 工具箱的使用

MATLAB 之所以强大的原因之一就是具有内容丰富的工具箱，这些针对专门的领域开发出来的工具箱极大地方便了科研工作者和工程技术人员深入了解该领域的技术知识，较大程度地提高了广大用户解决相应领域问题的效率。本节将介绍 MATLAB 工具箱的特点和使用方法，在本书后面的章节中，也将大量用到 MATLAB 工具箱之一——优化工具箱中的函数。

1.5.1　MATLAB 工具箱的特点

MATLAB 的工具箱大致可分为两类：功能型工具箱和领域型工具箱。功能型工具箱主要用来扩充 MATLAB 的符号计算功能、图形建模仿真功能、文字处理功能，以及与硬件的实时交互功能，可用于多种学科。而领域型工具箱是专业性很强的、为了解决专门领域中的问题而编写的函数库，如控制系统工具箱（Control System Toolbox）、信号处理工具箱（Signal Processing Toolbox）、财政金融工具箱（Financial Toolbox）等。

所谓 MATLAB 工具箱其实就是放置在同一目录下的一些 M 文件的集合，这些 M 文件往往是为了解决一类问题而专门编写的。用户不但可以修改工具箱中的函数，还可以通过编制 M 文件来任意地添加工具箱中原来没有的工具函数。此功能充分体现了 MATLAB 语言的开放性。许多专业领域在 MATLAB 中都有自己的工具箱。

1.5.2 MATLAB 工具箱的使用方法

可以通过 MATLAB 的帮助窗口获得 MATLAB 相应工具箱的使用方法。例如，在最优化计算时用到的优化工具箱 Optimization Toolbox，可以在帮助窗口的搜索栏中输入 Optimization Toolbox，然后在 Serach Results 中找到帮助信息，如图 1-19 所示。

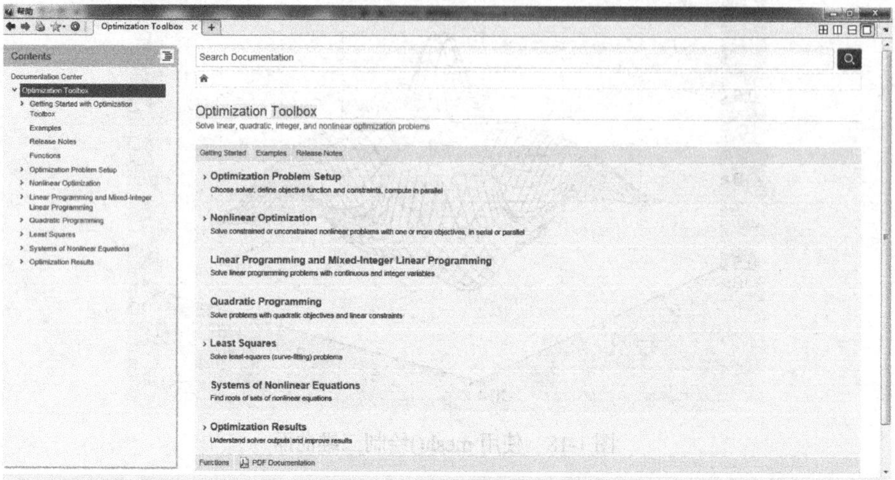

图 1-19 MATLAB 中优化工具箱的帮助信息

可以通过该窗口浏览优化工具箱中的函数（Functions），并且通过函数列表中的超链接直接打开函数的帮助文件进行查看，同时还可以从此处链接到优化工具箱的简介（Getting Started）、用户手册（User's Guide）、工具箱应用实例（Examples in Documentation）等。

另外，还有一种方法可以用于了解 MATLAB 工具箱：在一个工具箱中，应该有一个名为 Contents.m 的概述文件，该文件用于描述工具箱中所提供的 MATLAB 函数的名称和意义，以方便用户对工具箱函数进行查阅。例如，优化工具箱的安装路径为：

```
$MATLAB\toolbox\optim\optim
```

打开该目录，可以看到有一个 Contents.m 文件，截取该文件的前面几行：

```
% Optimization Toolbox
% Version 4.2 (R2009a) 15-Jan-2009
%
% Nonlinear minimization of functions.
%   fminbnd     - Scalar bounded nonlinear function minimization.
%   fmincon     - Multidimensional constrained nonlinear minimization.
%   fminsearch  - Multidimensional unconstrained nonlinear minimization,
%                 by Nelder-Mead direct search method.
```

可以看到，文件的第 1 行给出了该工具箱的名称，文件的第 2 行给出了该工具箱的版本与修改时间等信息，之后分类地给出该工具箱中各类函数的最基本功能描述。需要特别注意的是，该文件中所有的语句都是注释语句，由百分号%引导，而且空行也由%引导。用户在编制自己的工具箱时也应当遵循这些原则。

MATLAB 的所有工具箱都安装在$MATLAB\toolbox 目录中。例如，MATLAB 自带的所有工具箱包括优化工具箱就遵循了该原则，其中$MATLAB 表示 MATLAB 的安装目录。

如果用户想安装自己的工具箱，只需将包含所有 M 函数文件的目录名添加到 MATLAB 的搜索路径中。例如，我们自己编写了一个工具箱，名称为 linear_prog，里面所有的文件也都放在目录 linear_prog 中，则安装该工具箱可以分为如下几个步骤：

（1）将目录 linear_prog 复制到$MATLAB\toolbox\路径下。

（2）将目录$MATLAB\toolbox\linear_prog 添加到当前搜索路径，或永久添加到 MATLAB 搜索路径中。

如果要对 MATLAB 工具箱进行检索，对于安装在$MATLAB\toolbox\下的工具箱名称可以通过 Windows 下由目录检索得到，也可以在 MATLAB 的命令窗口下进入 toolbox 的目录，然后输入 dir 命令得到文件清单。

对于 MATLAB 函数的查阅与定位，可以在命令窗口中输入 which 函数名得到相应函数所在的路径。例如，笔者的 MATLAB 安装在 E:\MATLAB\R2009a\下，要查找 fft 函数所在的目录，命令如下：

```
>> which fft2
E:\MATLAB\R2009a\toolbox\MATLAB\datafun\fft2.m
```

需要注意的是，MATLAB 函数定位的显示，内部命令和外部命令显示格式是不同的。例如，对于内部命令 inv：

```
>> which inv
built-in E:\\MATLAB\R2009a\toolbox\MATLAB\matfun\@single\inv) % single method
```

1.6 本章小结

本章主要介绍了科学计算软件 MATLAB 的使用方法、工作环境、基本语法知识及 MATLAB 中的运算和图形功能，从而为使用 MATLAB 进行工程优化设计奠定基础。熟练掌握 MATLAB 的这些基础知识，对于解决最优化计算问题有事半功倍的效果。

通过本章的学习，读者应该掌握以下几个知识点：

（1）掌握 MATLAB 工作环境中的各种窗口及其使用方法；

（2）熟悉 MATLAB 中的数据类型及其规则；

（3）掌握 MATLAB 中的数值运算、符号运算和矩阵运算中的基本方法；

（4）熟悉 MATLAB 中图形功能的使用方法，能绘制二维和三维图形；

（5）了解 MATLAB 工具箱的使用方法，包括工具箱的安装、使用、查阅和定位。

第2章 MATLAB 程序设计

在第 1 章中介绍了 MATLAB 的基础知识，下面继续学习 MATLAB 的程序设计方法，主要是 MATLAB 的控制和 M 文件的编写。在熟练掌握 MATLAB 程序设计之后，可以利用 MATLAB 提供的接口实现 MATLAB 和其他高级语言的混合扩展编程，以提高编程开发的效率。

2.1 MATLAB 程序设计方法

在前一章中，我们掌握了 MATLAB 的基础知识，学会了如何在 MATLAB 的命令窗口进行科学计算操作，这些语句按照用户输入的固定顺序一个接一个地执行，首先读取输入，然后运算得到所需结果，最后打印出结果。在之前的例子中，不能重复运算程序的某些部分，也不能根据输入的值，有选择地执行程序的某些部分。在下面的内容中，我们将视野扩大至顺序结构以外的流程控制结构，向读者介绍 MATLAB 编程方法。按照循序渐进的原则，首先讲解 MATLAB 编程中的几种流程控制结构，然后介绍 MATLAB 中的脚本文件和 M 函数文件的编写，最后针对已经编好的程序介绍如何调试程序。

2.1.1 MATLAB 中的控制结构

掌握 MATLAB 语言中的控制结构是编写出高质量 MATLAB 程序的基础，在 MATLAB 中最简单的程序控制结构就是顺序结构，它将用户的输入命令依次执行。此外，MATLAB 还提供循环结构、选择结构和子程序结构三种高级的控制结构。

1. 循环结构

MATLAB 中提供两种循环方式：for 循环和 while 循环。两者之间的最大不同在于如何控制代码的重复。在 while 循环中，循环体的重复次数是不能确定的，只要满足用户定义的条件，循环就进行下去。相对地，在 for 循环中，代码的重复次数是确定的，在循环开始之前，就需要确定循环体重复的次数。

1）for 循环

for 循环的循环终止条件通常是对循环次数的判断，达到预先设定好的循环次数则循环结束。for 循环的语法是：

```
for index=expression
  loopbody
end
```

其中，index是循环变量，expression是循环控制表达式，在for和end之间的执行语句为循环体（loopbody）。

for循环执行的顺序是：变量index读取表达式expression，其在一般情况下是一个向量，用冒号表达式表示为start:increment:end，若采用默认的步长1，则表示为start:end；在这种情况下，循环变量index每次从向量expression中读取一个元素，然后程序执行循环体（loopbody），直至向量expression中所有元素读取完毕，故一般而言，向量expression中有多少元素，循环体就执行多少次。

例如，求阶乘6!，可以在MATLAB命令窗口输入如下代码：

```
>> N=6;
>> S=1;
>> for i=N:-1:1
S=S*i;
end
>> S
S =
   720
```

上述for循环的循环控制表达式将会产生行向量[6 5 4 3 2 1]，循环变量i依次读取这些数值实现阶乘运算。

for循环可以嵌套使用，如果一个循环完全出现在另一个循环当中，称这两个循环为带嵌套的循环。下面的例子用两重for循环嵌套来计算九九乘法表并打印结果。

```
>> for i=1:9
for j=1:i
fprintf('%d*%d=%d ',i,j,i*j);
end
fprintf('\n');
end
1*1=1
2*1=2 2*2=4
3*1=3 3*2=6 3*3=9
4*1=4 4*2=8 4*3=12 4*4=16
5*1=5 5*2=10 5*3=15 5*4=20 5*5=25
6*1=6 6*2=12 6*3=18 6*4=24 6*5=30 6*6=36
7*1=7 7*2=14 7*3=21 7*4=28 7*5=35 7*6=42 7*7=49
8*1=8 8*2=16 8*3=24 8*4=32 8*5=40 8*6=48 8*7=56 8*8=64
9*1=9 9*2=18 9*3=27 9*4=36 9*5=45 9*6=54 9*7=63 9*8=72 9*9=81
```

2）while循环

while为条件循环语句。while循环的循环终止条件通常是对循环条件表达式的判断，只要循环条件表达式为真，循环体就重复执行，直到循环条件表达式为假。所以while循环的次数不确定。while循环的语法是：

```
while condition
  loopbody
end
```

如果 condition 的值非零（true），程序将执行循环体（loopbody），然后返回到 while 语句执行，直到 condition 的值变为零（false），这个重复过程结束。当程序执行到 while 语句且 expression 的值为零之后，程序将会执行 end 后面的第一个语句。

```
>> EPS = 1;
while (1+EPS) > 1
EPS = EPS/2;
end
EPS = EPS*2
EPS =
  2.2204e-016
```

这个例子表明了计算特殊 MATLAB 值 eps 的一种方法，eps 是机器的浮点运算误差限，若$|x|$<eps，则在 MATLAB 中认为 x=0。这里用大写 EPS 是为了避免 MATLAB 中常量 eps 的值被覆盖。在这个例子里，EPS 以 1 开始。只要（1+EPS）>1 为真（非零），就一直求 while 循环内的命令值。由于 EPS 不断地被 2 除，EPS 逐渐变小以至于 EPS+1 不大于 1（记住，发生这种情况是因为计算机使用固定数的数值来表示数。MATLAB 用 16 位，因此，我们只能期望 EPS 接近 10^{-16}）。在这一点上，（1+EPS）>1 是假（零），于是 while 循环结束。最后，EPS 与 2 相乘，因为最后除以 2 使 EPS 太小。

再如，求 Fibonacci 数列小于 100 的前 n 项，Fibonacci 数列指的是这样的一个数列：1、1、2、3、5、8、13、21……这个数列从第三项开始，每一项都等于前两项之和。那么可以通过循环的方式来实现这个数列的求解，且终止条件设为要求取数列的最后一项必须小于 100，因而可以在语句段中设置一个 flag，判断已经求得数列的最后两项之和是否超过 100，如果没有，则循环继续，如果已经超过则循环终止。可以在 MATLAB 命令窗口输入如下命令完成这个操作：86770276。

```
>> f(1)=1;f(2)=1;                  %Fibonacci 数列的前两项
>> i=2;                            %项数标志
>> flag=0;                         %循环终止判断标志变量
>> while (flag<100)                %终止条件是循环终止判断标志变量小于 100
i=i+1;
f(i)=f(i-1)+f(i-2);                %Fibonacci 数列项的求取方法
flag=f(i)+f(i-1);                  %循环终止判断变量已求取数列最后两项的和
end
```

这样可以通过命令行查看最后求得的数列为：

```
>> a
a =
     1     1     2     3     5     8    13    21    34    55    89
```

2. 选择结构

选择结构可以使 MATLAB 选择性执行指定区域内的代码（称之为语句块 blocks），而跳过其他区域的代码。选择结构在 MATLAB 中有三种具体的形式：if 结构、switch 结构和 try/catch 结构。

1）if 结构

if 结构是一般程序设计语言都支持的结构。MATLAB 下最基本的 if 结构是以 if 为导引、以 end 为结束的单重选择 if-end 结构，同时也支持扩展的双重和多重选择结构，分别介绍如下：

（1）if-end 结构

if-end 结构的基本语法为：

```
if condition
  statements
end
```

其中，当条件表达式 condition 的值为真（非 0）时执行语句段 statements，否则不执行。例如，判断一个学生是否通过某课程是根据其到课率 attendance 和成绩 grade 来判断，可以设置 if 判断语句如下：

```
>> if ((attendance >= 0.90) && (grade >= 60))
pass = 1;
end
```

（2）if-else-end 结构

if-else-end 结构的基本语法为：

```
if condition
  statements_1
else
  statements_2
end
```

其中，当条件表达式 condition 的值为真（非 0）时执行语句段 statements_1，否则执行语句段 statements_2。例如，利用 rand()函数产生随机数 x，然后判断其与 0.5 相比的大小并打印结果的语句段如下：

```
x=rand();
if x>0.5
  fprintf('x is greater than 0.5\n');
else
  fprintf('x is less than 0.5\n')
end
```

（3）if-elseif-else-end 结构

```
if condition_1
  statements_1
```

```
elseif condition_2              %这里可以有多个 elseif
  statements_2
else
  statements_3
end
```

在这种结构控制下，当运行到程序的某一条件表达式为真（非 0）时，执行与之相关的语句段，而后系统不再检查其他的条件表达式，系统将跳过 if 结构中的其他语句。具体执行顺序为：

如果条件表达式 condition_1 的值非 0，则程序将会执行语句段 statements_1，然后跳转到 end 后面的第一个可执行语句继续执行。否则，程序将会检测条件表达式 condition_2 的值，如果 condition_2 的值非 0，则程序将会执行语句段 statements_2，然后跳转到 end 后面的第一个可执行语句继续执行。如果所有的控制表达式均为 0，则程序将会执行与 else 相关的语句段 statements_3。

需要注意的是，在一个 if 结构中，可以有任意个 elseif 语句，但 else 语句最多有一个或者没有。只要上面每一个控制表达式均为 0，那么下一个控制表达式将会被检测。一旦其中的一个表达式的值非 0，对应的语句段就要被执行，然后跳到 end 后面的第一个可执行语句继续执行。如果所有的条件表达式均为 0，则程序将会执行 else 语句。如果没有 else 语句，程序将会执行 end 后面的语句，而不执行 if 结构中的部分。

if 结构的使用非常灵活，需要注意的是，它必须含有一个 if 语句和一个 end 语句，中间可以有任意个 elseif 语句，也可以有一个 else 语句。这样我们可以根据实际的需要确定选择哪种结构。同时，if 语句也是可以嵌套使用的，如果 if 结构完全是另一个 if 结构的一个语句块，就称两者为嵌套关系。例如，二重嵌套的一般语法格式如下：

```
if condition_1
  statements_1
    if condition_2
      statements_2
    end
end
```

在大多数情况下，执行一个算法，既可以用多个 elseif 语句，也可以用 if 语句的嵌套，用户可以根据喜好选择相应的方式。

2）switch 结构

switch 结构是另一种形式的选择结构，被称为开关结构。用户可以根据一个单精度整型数、字符或逻辑表达式的值来选择执行特定的语句段。其基本语法格式为：

```
switch (switch_expr)
  case case_expr_1,
    statements_1
  case case_expr_1,
    statements_2
```

```
    …
    otherwise,
      statements_other
  end
```

在这个控制结构中，主要是通过对 switch_expr 的值与下面表达式的值是否匹配来决定程序的转向的。如果 switch_expr 的值与 case_expr_1 相符，则第一个语句段 statements_1 将会被执行，然后程序将会跳转到 switch 结构结束语句 end 后的第一个语句。如果 switch_expr 的值与 case_expr_2 相符，则第二个语句段将会被执行，然后程序将会跳到 switch 结构结束语句 end 后的第一个语句。在这个结构中，otherwise 语句段是可选的。如果它存在，则当 switch_expr 的值与其他所有的选项都不相符时，语句段 statements_other 将会被执行；如果它不存在，且 witch_expr 的值与所有的选项都不相符时，结构中的任何一个语句段都不会被执行。

需要注意的是，如果 switch_expr 有很多值可以导致相同代码的执行，那么这些值可以括在同一括号内，如果这个 switch 表达式和括号中任何一个值相匹配，则这个语句段将会被执行。

```
  switch (switch_expr)
    case {case_expr_1, case_expr_2, case_expr_3},
      statements
    otherwise,
      statements_other
  end
```

例如，使用 switch 结构设计 MATLAB 程序，通过输入英文星期单词，将其转换成相应的中文，如输入“Sunday”，输出“星期日”。

```
day=input('请输入英文日期如: Sunday\n','s');
switch day
case {'Sunday', 'sunday'}
disp('星期日');
case {'Monday', 'monday'}
disp('星期一');
case {'Tuesday', 'tuesday'}
disp('星期二');
case {'Wednesday','wednesday'}
disp('星期三');
case {'Thursday','thursday'}
disp('星期四');
case {'Friday','friday'}
disp('星期五');
case {'Saturday','saturday'}
disp('星期六');
otherwise
```

```
        disp('Error');
    end
```

在选择结构中，switch 结构比较适合枚举型的选型，if 结构则适用于各种范围内的选择。而且，switch 结构中匹配的是一个标量、一个字符串或者一个逻辑表达式的值，而非逻辑表达式。例如，诸如下面的方法都是错误的：

```
    case <0
    case switch_expr<0
```

3）try/catch 结构

try/catch 结构是选择结构的一种特殊形式，用于捕捉错误。一般来说，若一个 MATLAB 程序在运行时遇到了一个错误，这个程序就会终止执行。try/catch 结构修改了这个默认行为。

如果一个错误发生在这个结构的 try 语句块中，则程序将会执行 catch 语句块，程序不会中断。它将帮助程序员控制程序中的错误，而不用使程序中断。try/catch 结构的基本语法如下：

```
    try
      statements_try
    catch
      statements_catch
    end
```

当程序运行到 try/catch 语句段时，在 try 语句段 statements_try 中的语句将会被执行。如果没有错误出现，程序将跳过 catch 语句段。如果错误发生在语句段 statements_try，则程序将终止执行 try 语句块，并立即执行 catch 语句段。在 catch 语句段中，可以使用 lasterr 函数获得在 try 语句段中遇到错误而生成的错误信息字符串。这样我们可以根据错误信息进行相应的修改。例如，对于输入一个矩阵 A，对其求逆运算过程中可能遇到的错误进行捕捉的语句段如下：

```
    A=input('Please input a square matrix: ');
    try
      inv_A=inv(A)
    disp('successful inverse operation');
    catch
      disp('The input is not invalid');
    end
```

若输入矩阵 A=[1 2;3 4]，因为 A 为方阵且非奇异，故可对其进行求逆，try 语句段中无错误，故执行完 try 之后跳过 catch 语句段，程序结束。

```
    Please input a square matrix: [1 2;3 4]
    inv_A =
       -2.0000    1.0000
        1.5000   -0.5000
    successful inverse operation
```

但是若输入矩阵 A=[1 2 3;4 5 6]，由于 A 为非方阵，故不存在逆矩阵，try 语句段出错，于是程序终止对 try 语句段的执行，跳转执行 catch 语句段，打印错误信息。

```
Please input a square matrix: [1 2 3;4 5 6]
The input is not invalid
```

我们在命令窗口输入 lasterr，可知错误的原因为在进行 inv()操作时矩阵不是方阵。

```
>> lasterr
ans =
Error using ==> inv
Matrix must be square.
```

try/catch 结构也可以嵌套使用，即在 statements_try 语句段或者在 statements_catch 语句段中均可使用 try/catch 结构。

3. 其他流程控制语句

1）break 语句和 continue 语句

break 语句和 continue 语句用于循环中的流程控制，一般可以和 if 语句配合使用。

break 语句用于终止循环的执行，当在循环体内执行到该语句时，程序将跳出循环，继续执行循环语句的下一语句。continue 语句控制跳过循环体中的某些语句。当在循环体内执行到该语句时，程序将跳过循环体中所有剩下的语句，继续下一次循环。

如果 break 或 continue 语句出现在循环嵌套的内部，则 break 语句和 continue 语句将会在包含它的最内部的循环起作用。

例如，求[200，500]之间第一个能被 53 整除的整数，程序如下：

```
>> for i=200:500
if rem(i,53)~=0
continue
end
break
end
>> i
i =
   212
```

在上述程序中，循环变量 i 从 200 开始每次自增 1，且判断是否能被 53 整除，如果不能，则执行 continue 语句继续下一次循环，一旦能被 53 整除，则会执行 break 语句退出循环，此时记录的正好是第一个能被 53 整除的整数 212。

2）return 语句

当用户需要在文件中进行终止操作时，可以使用 return 命令，执行 return 命令后，进程将返回调用函数或者键盘。运用 return 命令可以提前结束程序的运行。return 和 break 的区别在于 return 一般用于函数或者文件的结束，而 break 用于循环的终止。

2.1.2 MATLAB 中的 M 脚本文件和 M 函数文件

在前面章节中我们解决问题的方法都是在 MATLAB 的命令窗口直接输入相关的命令行或者语句段，这种方法适用于一些简单问题的解决，但是当遇到更为复杂的综合性问题时，命令窗口将不再适合，而需要用到程序编辑与调试的环境，在 MATLAB 中我们称之为 M 文件编辑器。利用它可以实现对 MATLAB 命令行语句段的批处理，或者对 M 文件进行保存和调用，使得 MATLAB 的功能得到极大的扩展，适用于较大规模程序的编制，并以此解决更为复杂的工程问题。

MATLAB 程序大致分为两类：M 脚本文件（M-Script）和 M 函数（M-function），它们均是普通的 ASCII 码构成的文件，后缀均为.m。

对于 M 文件名的命名规则，重要的几条是：文件名必须以字母开头，而后可以是英文、数字和下画线的组合，文件名首字符不能是数字或下画线，M 文件名中不能含有空格；同时，M 文件名不能与 MATLAB 的内部函数名相同，因而我们建议对 M 文件的命名尽量不要是简单的英文单词，简单的单词命名容易与 MATLAB 内部函数同名。还有一点需要注意，虽然 MATLAB 对 M 文件名是大小写敏感的，但 Windows 的文件名是不区分大小写的，为了文件的保存方便，实现不同平台之间的通用性，建议 M 文件名尽量只使用小写。

下面我们将介绍 MATLAB 中集成编辑和调试的环境——M 文件编辑器，以及上面提及 MATLAB 中两种不同形式的 M 文件——M 脚本文件和 M 函数文件的格式和使用方法。

1. M 文件编辑器

用户可以通过 MATLAB 中的 M 文件编辑器编写用户的 M 文件，同时也可以使用编辑器打开和修改 M 文件，观察变量值、调试程序等。M 文件编辑器的界面如图 2-1 所示。

图 2-1 M 文件编辑器的界面

启动 MATLAB 中的 M 文件编辑器有如下几种方法：

- 在命令窗口输入 edit 命令可进入 M 文件编辑器，此时 MATLAB 将建立一个空文件；如果需要查看、编辑或者修改已经存在的 M 文件，如文件名为 test.m，则用户只需在命令窗口输入 edit test 或者 edit test.m。

➢ 单击工具栏上的 M-file 按钮，此时 MATLAB 将建立一个空文件。
➢ 通过 File→New 菜单可以选择建立不同类型的 M-file，包括空 M 文件、函数 M 文件和类 M 文件，当选择建立函数 M 文件或者类 M 文件时，MATLAB 会自动给出相应文件类型的模版。

注意：每次修改程序之后都要存盘。

2. M 脚本文件

M 脚本文件中存储的是可用于自动重复执行的一组 MATLAB 命令和函数组合。建立一个 M 脚本文件等价于从命令窗口中顺序输入文件里的命令，程序不需要预先定义，只要依次将命令编辑在命令文件中，再将程序保存成扩展名为.m 的 M 脚本文件即可。

M 脚本文件的执行方式有两种，第一种方式是在 M 文件编辑器的工具栏中单击 Run 按钮，第二种方式类似于批处理文件。执行 M 脚本文件时不需要输出/输入参数，只需要在命令窗口的命令行提示符>>之后输入 M 脚本文件的文件名即可，这样 MATLAB 将自动执行该 M 脚本文件中的各条语句，并将结果直接返回到 MATLAB 的工作空间。当一个 M 脚本文件被执行时，和直接在命令窗口中输入 MATLAB 语句所产生的结果相同。很重要的一点是，要通过这种方式运行的前提条件是该 M 脚本文件需要存储在 MATLAB 的搜索路径之中。

M 脚本文件分享命令窗口中的工作区，用 M 脚本文件可以调用工作空间已有的变量或创建新的变量。运行过程中产生的变量都是全局变量，所有在脚本文件中创建的变量在脚本文件运行之后仍然存在工作区。

M 脚本文件适用于用户需要立即得到结果的小规模运算。

【例 2-1】 打印出所有的“水仙花数”，所谓“水仙花数”是指一个三位数，其各位数字的立方和等于该数本身。例如，153 是一个“水仙花数”，因为 $153=1^3+5^3+3^3$。

经过对该问题的分析，可以设水仙花数为 $\overline{ijk}$，易得水仙花数需要满足的条件是：$100i+10j+k=i^3+j^3+k^3$。在下面的程序中，设置一个三重循环，分别代表三位数的百位、十位和个位，然后通过对上述条件的判断来得出所有的水仙花数。依据以上思路，编制程序如下，存为 narcissus_number.m，并且加入到 MATLAB 的搜索路径之中。

```
clear
s=[];                                                    %置水仙花数数组为空
index=0;                                                 %置水仙花数数量标志为 0
for i=1:9
        for j=1:9
            for k=1:9
                if (i^3+j^3+k^3==100*i+10*j+k)
                    index=index+1;                       %水仙花数数量标志加 1
                    s(index)=100*i+10*j+k;               %存储找到的水仙花数
                end
            end
        end
end
s
index
```

运行该 M 脚本文件的方法为在 MATLAB 命令窗口中输入如下内容，之后可以看到结果显示在 MATLAB 的命令窗口中。

```
>>narcissus_number
s =
   153   371
index =
     2
```

可知，水仙花数一共有 index=2 个，分别为 153 和 371。

3. M 函数文件

MATLAB 函数是一种特殊形式的 M 文件，它和 M 脚本文件的不同之处在于 M 函数文件运行在独立的工作区，一般要自带参数且返回结果。MATLAB 中的 M 函数文件由 function 语句引导，说明此文件是一个函数，它通过输入参数列表接收输入数据，并将结收果返回给输出参数列表。M 函数文件中所创建的变量都不是全局变量，仅在函数运行时有效，函数运行完毕之后，它所定义的变量将从工作空间中删除。

M 函数文件的基本形式如下：

```
function [outarg1, outarg2, ...] = fname(inarg1, inarg2, ...)
%H1 comment line
%Other comment lines
...
(Executable code)
...
(return)
```

其中，function 语句标志函数的开始，一般情况下会指定函数的名称和输入/输出列表。输入函数列表显示在函数名后面的括号中。输出函数列表显示在等号左边的方括号中，如果只有一个输出参数，则方括号可以省略。如果函数无确定返回值，只是进行某些操作，则也可以没有输出参数。

首先给出一些简单的 M 函数的例子来建立一个直观的印象。

【例 2-2】 编写 M 函数文件，求半径为 r 的圆的周长和面积。

```
function [s,l]=calculate_circle(r)
%CIRCLE  Calculate the area and perimeter of a circle
%  [S,L] = CALCULATE_CIRCLE(R) calculate the area S and the perimeter
%  L of a circle with radius R
s=pi*r^2;
l=2*pi*r;
```

上面的函数具有一个输入参数 r，代表圆的半径，两个输出参数 s 和 l，分别代表圆的面积和周长，将上述函数命名为 calculate_circle.m 并存于 MATLAB 的搜索路径之中，然后在 MATLAB 的命令窗口即可进行调用。例如，求半径为 3 的圆的面积和周长：

```
>> [area, perimeter]=calculate_circle(3)
area =
   28.2743
perimeter =
   18.8496
```

如果只定义一个输出参数，则程序返回的是圆的面积，例如：

```
>> a=calculate_circle(3)
a =
   28.2743
```

当M函数文件不需要返回特定的值，而只是进行某些操作、打印某些信息的时候，可以不需要输出参数。参考下例，函数仅对输入的正整数进行判断，而后在命令窗口打印结果，而不需要函数返回值。

【例2-3】 编写M函数文件，判断一个正整数是否为质数。

```
function primeornot(a)
%PRIMEORNOT True for prime numbers.
%   PRIMEORNOT(X) judges whether a positive integer is a prime number
%   or not, and then prints the results
%
%   Class support for input X:
%      float: double, single
%
%   See also FACTOR, PRIMES.

if ~isreal(a) || round(a)~=a || a<0 || length(a)~=1
   disp('please input an positive integer!')
   return
end
if a==1
   fprintf('%d is not a prime number\n',a);
   return
end

flag=0;
for i=1:fix(sqrt(a))
   if mod(a,i) ==0
      flag=flag+1;
      if flag>1
         fprintf('%d is not a prime number\n',a);
```

```
                return
            end
        end
    end
    fprintf('%d is a prime number\n',a);
```

函数的执行从函数的顶部开始，结束于 return 语句或函数的终点。因为在函数执行到结尾就会结束，所以 return 语句在大部分的程序中没有必要使用。当函数返回时，存储于输出函数列表的值就会返回给调用者，用于下一步的运算。

在命令窗口直接输入函数的名字就可以调用这个函数，同时也可以在脚本文件中或者其他函数中调用。调用一个函数时，第一个实参的值用在第一个形参的位置，而且其余的形参和实参都一一对应。nargin 代表调用函数时实际输入参数的个数，nargout 代表调用函数时实际输出参数的个数。

下面通过 MATLAB 提供的函数 rot90.m 来说明 M 函数文件编写中的规则。rot90.m 位于 $MATLAB\R2014a\toolbox\MATLAB\elmat\ rot90.m.m。

【例 2-4】 对 MATLAB 中 rot90 函数的分析。

```
function B = rot90(A,k)
%ROT90  Rotate matrix 90 degrees.
%   ROT90(A) is the 90 degree counterclockwise rotation of matrix A.
%   ROT90(A,K) is the K*90 degree rotation of A, K = +-1,+-2,...
%
%   Example,
%       A = [1 2 3      B = rot90(A) = [ 3 6
%            4 5 6 ]                     2 5
%                                        1 4 ]
%
%   Class support for input A:
%      float: double, single
%
%   See also FLIPUD, FLIPLR, FLIPDIM.

%   From John de Pillis 19 June 1985
%   Modified 12-19-91, LS.
%   Copyright 1984-2004 The MathWorks, Inc.
%   $Revision: 5.11.4.2 $  $Date: 2004/07/05 17:01:25 $

if ndims(A)~=2
  error('MATLAB:rot90:SizeA', 'A must be a 2-D matrix.');
end
[m,n] = size(A);
```

```
if nargin == 1
    k = 1;
else
    if length(k)~=1
      error('MATLAB:rot90:kNonScalar', 'k must be a scalar.');
    end
    k = rem(k,4);
    if k < 0
        k = k + 4;
    end
end
if k == 1
    A = A.';
    B = A(n:-1:1,:);
elseif k == 2
    B = A(m:-1:1,n:-1:1);
elseif k == 3
    B = A(m:-1:1,:);
    B = B.';
else
    B = A;
end
```

通过分析上面的 M 函数文件，可以总结出 M 函数文件的规律：

（1）函数名和文件名相同。例如，函数 flipud 存储在名为 flipud.m 的文件中。

（2）function 语句的第一个行注释被称为 H1 注释行，它是对函数功能的总结，并且可以通过 lookfor 命令将其搜索到并显示出来。例如，在命令窗口想找到有 rotate 关键字的函数时，输入 lookfor rotate，则会显示一系列函数列表，对函数的说明则正是 H1 注释行。

（3）从 H1 注释行到第一个空行或第一个可执行性语句之间的注释行可以称为帮助文本，应写明函数的使用方法，包括基本功能、调用方式和参数说明、用例等。帮助文本和 H1 注释行可以通过 help 命令显示出来或通过帮助窗口搜索到。

（4）函数应当对输入/输出参数进行判断，以增强函数功能及其健壮性。例如，rot90 函数程序开始即判断输入的矩阵是否为二维矩阵，否则返回错误信息。同时，rot90(A,k)函数代码中加入了对输入参数个数的判断，当输入参数只有一个时，函数将默认 k=1。如果在检测过程中有错误应该返回错误信息，如 rot90(A,k)函数代码中加入了对输入参数 k 的判断，当 k 不是标量时，函数将返回错误信息。

下面再举一个例子来说明 M 函数文件的编写，并以此说明对选择性参数 nargin 和 nargout 的应用。

【例 2-5】 通过创建函数 cart2polar 把直角坐标值(x,y)转化为相应的极坐标(r,θ)，这个函数支持两个输入参数 x 和 y，分别代表直角坐标中的横坐标和纵坐标，如果用户仅定义一个输入参数，则函数认为直角坐标中的纵坐标为 0，并使用它进行运算。函数在一般情况下输出量为模长与幅角（单位为度），如果用户仅定义一个输出参数，则函数只返回极坐标中的模长，即仅当输出参数有两个时，程序才计算幅角。虽然这个工作不是必需的，但是这样可以减少当输出参数减少时函数的工作量，提高函数运行的效率。函数如下所示：

```
function [r, theta] = cart2polar(x, y)
%CART2POLAR Transform Cartesian to polar coordinates.
%   [R,THETA] = CART2POLAR(X,Y) transforms corresponding elements of
%   data stored in Cartesian coordinates X,Y to polar coordinates
%   (angle THETA and radius R).  The arrays X and Y must be the same
%   size (or either can be scalar). TH is returned in radians.

% If the y argument is missing, set it to 0.
if nargin < 2
   y = 0;
end
% Calculate the radius magnitude
r = sqrt(x .^2 + y .^2);
% If the second output argument is present,calculate
% angle in degrees
if nargout == 2
   theta = atan2(y,x) * 180/pi;
end
```

将上述文件命名为 cart2polar.m 并保存于 MATLAB 的搜索路径之中，然后可以在 MATLAB 命令窗口进行测试：

```
>> [r,theta]=cart2polar(1,1)
r =
   1.4142
theta =
   45
>> [r,theta]=cart2polar(-1,1)
r =
   1.4142
theta =
  135
>> r=cart2polar(-1,-1)
r =
   1.4142
>> [r,theta]=cart2polar(1)
```

```
r =

    1

theta =

    0
```

可以在一个 M 函数文件中创建多个函数。如果有超过一个的函数出现在一个文件中，那么最上面的函数称为主函数，下面的函数称为子函数。子函数的语法格式和主函数一样，但其与主函数的区别在于，主函数可以在命令窗口或者其他函数文件中被调用，但是子函数只能被同一文件中的函数调用。

【例 2-6】 求样本数据方差，假设样本数据存储于数组 u 中，数组 u 中有 n 个元素，则求其方差的公式为 $\mathrm{var}=\sum_{i=1}^{n}(v_i-\overline{v})/n$，其中 $\overline{v}$ 代表样本数据的均值。编写程序如下，主函数为 cal_var，因为求方差中要用到均值，故而分解该问题，编写子函数 mean 用于求数据的均值。最后程序如下：

```
function v = cal_var(u)
% CAL_VAR Find the variance of a data set
%   V=CAL_VAR(U) Calculate the variance V of an array U using
%   subfunctions.
n = length(u);
avg = mean(u, n);
s = 0;
for i = 1:n
    s = s + (u(i)-avg)^2;
end
v = s/n;

function a = mean(v, n)
% Subfunction to calculate average.
a = sum(v)/n;
```

将文件命名为 cal_var.m 并保存在 MATLAB 的搜索路径之中，对文件进行测试：

```
>> u=[1 2 3 4 5];
>> cal_var(u)
ans =
    2
```

2.1.3 MATLAB 程序的调试

在开发 MATLAB 程序的过程中，不可避免地会出现各种各样的错误，MATLAB 提供了很多函数和方法，帮助调试函数。

在 MATLAB 表达式中有两类错误：语法错误和运行错误。当 MATLAB 计算一个表达式的值或一个函数被编译到内存时会发现语法错误。一旦发现语法错误，MATLAB 立即标志这些错误，并提供所遇到的错误类型，以及发生错误处 M 文件的行数。给定这些反馈信息，就很容易纠正这些错误。

而另一方面，即使 MATLAB 标志了运行错误，但找出错误一般比较困难。当发现运行错误时，MATLAB 把控制权返回给命令窗口和 MATLAB 的工作空间。失去了对发生错误的函数空间的访问权，因此，用户不能询问函数工作空间中的内容排除问题。

有几种调试函数 M 文件的方法。对于简单的问题，可直接使用下列的方法组合：

（1）去掉文件中所选择的行的分号，以便使中间结果显示在命令窗口中。

（2）分析文件中的关键变量，在文件中加入显示这些变量的语句。

（3）把 keyboard 命令放在文件中所选择的地方，给键盘暂时控制权。这样，可以查询函数空间并按需要改变其值。

（4）在 M 文件开始，在 function 语句前加上%，将函数 M 文件改变为脚本 M 文件。当 MATLAB 执行该脚本 M 文件时，该空间就是 MATLAB 工作空间。这样，当发生错误时可以询问。

当 M 文件较为复杂，递归调用或者多次嵌套（即调用其他 M 文件函数，被调用 M 文件函数又调用其他 M 文件函数，等等）时，更好的方法是利用编辑调试工具，在 M 文件运行之前在文件内设置断点，然后运行程序，当程序运行到断点之后，调试按钮被激活，可以选择 Step/Step in/Step out/Continue/Exit debug mode 等方式，此时还可以在工作空间中查看各变量值的变化，并据此对程序进行跟踪。表 2-1 列出了各种按钮的功能。

表 2-1　MATLAB 调试按钮的功能

按　钮	功　能
Step	执行该命令行
Step in	执行该命令行，若涉及函数调用，则进入被调用函数
Step out	执行完被调用函数且跳出运行
Continue	继续向下执行直到下一断点或者程序结束
Exit debug mode	终止运行该 M 文件

除了上述按钮可用于调试 M 文件之外，MATLAB 还提供了多种调试用的函数，如 dbclear（清除断点）等函数，这些调试函数不要求将有问题的 M 文件进行编辑，使得 M 文件的调试手段更加全面和丰富。表 2-2 列出了这些调试函数，所给出的这些函数类似于其他高级编程语言中所提供的函数。有关调试函数的进一步信息及其使用实例可参阅 MATLAB 帮助。

表 2-2　MATLAB 调试函数

函　数	功　能
dbclear	取消断点
dbcont	在断点后恢复运行
dbdown	工作空间下移

续表

函　数	功　能
dbquit	退出调试模式
dbstack	列出谁调用谁
dbstatus	列出所用的断点
dbstep	执行一行或多行
dbstop	设置断点
dbtype	列出带行号的 M 文件
dbup	工作空间上移

2.2 MATLAB 扩展编程

MATLAB 作为当今世界上应用最为广泛的数学软件，具有非常强大的数值计算、数据分析处理、系统分析、图形显示甚至符号运算的功能，并且其工具箱提供了诸多解决复杂问题和专业问题的算法，大大提高了工程分析计算等工作的效率，但是注意到其*.m 文件只能在 MATLAB 平台上使用，这样 MATLAB 已有的复杂算法应用到高级语言开发环境下时就带来了困难。例如，VC++是当前 Windows 下的主要编程工具之一，用 VC++开发的系统具有容易维护升级、界面友好、代码效率高、执行速度快等一系列优点并直接与系统及底层硬件交换数据，因此已成为目前软件开发中广泛采用的主要工具之一。因此，如何将 MATLAB 编程进行扩展，与 VC++进行有效的混合编程受到了广大工程科研人员的关注。解决这个问题，不仅能更好地发挥 MATLAB 强大的计算优势，还能提高软件开发的效率和质量，尤其涉及复杂的数学算法、图形处理时这种需求就更为迫切。

幸运的是，MATLAB 提供了强大灵活的接口技术，用户可以在 MATLAB 中调用其他高级语言进行程序编写，也可以在其他高级语言中调用 MATLAB 的数值计算和图形功能。灵活地使用 MATLAB 的接口技术，可以帮助用户有针对性地获得问题的有效解决方案。

在此，我们以 MATLAB 和 VC++的混合编程为例，介绍 MATLAB 的接口技术。对于 MATLAB7.x 来说，它与 VC++的接口方式有两种。

1. 直接利用 MATLAB 引擎技术调用 MATLAB 函数

MATLAB 的引擎库提供一些接口函数，用户可以在自己的程序中以计算引擎方式调用 MATLAB 的这些接口函数。在这种类型的应用中，应用程序和 MATLAB 往往运行于各自独立的两个进程，两者通过相关的技术进行通信。

这种方式生成的程序只有安装了 MATLAB 程序编译系统才能正常运行，即程序不能脱离 MATLAB 环境，需要 MATLAB 作为后台。

2. 调用由 MATLAB 文件编译生成的库函数

MATLAB 编译器是一个运行于 MATLAB 环境的独立工具。MATLAB 编译器的主要功能是把 M 程序转变成 C/C++代码，然后再调用外部 C/C++编译器来编译产生的源代码，连接成用户指定的格式。

MATLAB 编译器产生的可执行文件或者组件在运行时只需要一个简化的组件形式运行环境，而并不需要 MATLAB 本身。这个组件形式的 MATLAB 运行环境可以很方便地从 MATLAB 派生并且免费发布，这使得 MATLAB 的应用不再只是局限于程序的原型设计和开发。利用 MATLAB 编译器，完全能够在 MATLAB 环境快速开发可以直接交付用户使用的应用程序，从而极大地缩短应用程序开发周期。

下面就上述这两种扩展方式具体讲述如何实现 MATLAB 和 VC++的混合编程。

2.2.1 调用 MATLAB 引擎

MATLAB 引擎采用客户机/服务器的计算模式，通过 Windows 的 ActiveX 通道和 MATLAB 进行结合，提供一组 MATLAB API 函数用以支持 C/C++、Fortran 等语言。利用这些接口函数，用户可以在其他编程环境中实现对 MATLAB 的控制，其主要功能有：打开/关闭一个 MATLAB 对话、向 MATLAB 发送命令字符串、实现 VC++和 MATLAB 的数据交互等。外部语言可以将 MATLAB 当做一个强大的可编程函数库来开发应用系统，程序的数据处理等功能有选择性地交由 MATLAB 完成，可以达到提高开发效率的目的。

在 VC++中，将 C 语言或 C++语言的程序作为前端客户机，它向 MATLAB 引擎传递命令和数据信息，通过调用 MATLAB 引擎在后台与 MATLAB 服务器建立连接，实现动态通信。

与其他各种接口相比，引擎所提供的 MATLAB 功能支持是最全面的。通过引擎方式，应用程序会打开一个新的 MATLAB 进程，可以控制它完成任何计算和绘图操作。但这种混合编程的方法不能脱离 MATLAB 环境，在一定程度上影响了程序的通用性。

VC++可以利用 engOpen、engClose 接口函数实现 MATLAB 引擎的打开和关闭，通过接口函数 engGetVariable、engPutVariable 从引擎得到或者发送一个 MATLAB 数组，通过函数 engEvalString 使引擎执行按照 MATLAB 语法书写的指令。

下面结合实例来讲解如何使用 Visual Studio 调用 MATLAB 引擎实现两者的混合编程，操作环境为 Microsoft Visual Studio 2013 和 MATLAB R2014a。

1．编程环境设置

第一步需要对编译环境进行相应的设置。假设 MATLAB R2014a 的安装目录为 D:\Program Files\MATLAB\R2014a。

1）注册 MATLAB 控件库

实际上，通过引擎方式建立的对话，是将 MATLAB 以 ActiveX 控件的方式启动。在 MATLAB 初次安装时，会自动执行一次：

```
MATLAB /regserver
```

将自己在系统的控件库中注册。如果因为特殊原因无法打开 MATLAB 引擎，可以在 Dos 命令提示符后执行上述命令，重新注册。

2）创建要调用 MATLAB 引擎的 VC 项目

通过菜单 File（文件）→New（新建）→Project（项目）建立一个新的 Win32 Console Application（Win32 控制台应用程序），命名为 TestEngine，如图 2-2 所示，然后选择 Empty Project 创建该

项目。

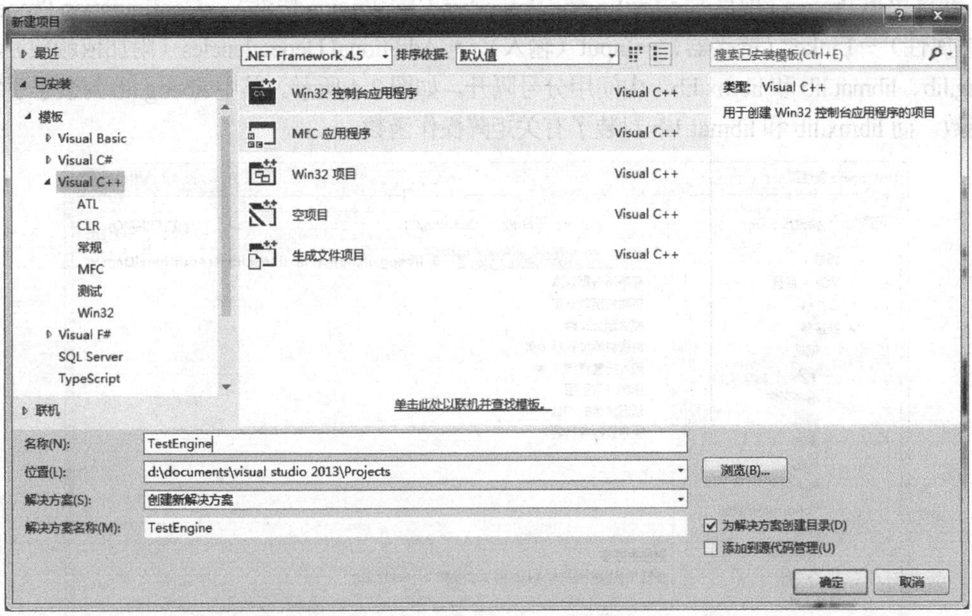

图 2-2　调用 MATLAB 引擎创建项目

3）设置头文件和库文件目录

通过菜单 Project（项目）→Properties（属性）→Configuration Properties（配置属性）→VC++ Directories（VC++目录）设置该项目所要用到的 MATLAB 头文件和库函数文件所在的目录。如图 2-3 所示，需要添加的目录名如下：

- 在 Include Directories（包含目录）中添加 D:\Program Files\MATLAB\R2014a\extern\include。
- 在 Library Directories 中添加 D:\Program Files\MATLAB\R2014a\extern\lib\win64\microsoft。

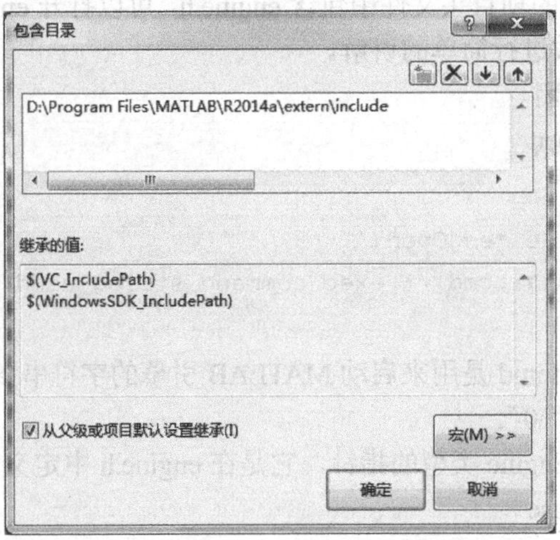

图 2-3　项目头文件和库文件的目录设置

4）设置附加函数库

通过菜单 Project（项目）→TestEngine Properties（TestEngine 属性）→Configuration Properties（配置属性）→Linker（链接器）→Input（输入）→ Additional Dependencies（附加依赖项）添加 libeng.lib、libmat.lib 和 libmx.lib，中间用分号隔开，如图 2-4 所示。其中 libeng.lib 封装了引擎操作函数，而 libmx.lib 和 libmat.1ib 封装了有关矩阵操作函数。

图 2-4　附加函数库的设置

5）添加源文件

在 Solution Explorer 中的 Source File 处单击鼠标右键，选择 Add→New Item，创建一个新的 C++File（.cpp），命名为 TestEngine.cpp。

2. MATLAB 引擎 API 详解

在调用 MATLAB 引擎之前，首先应在相关文件中加入一行：#include "enging.h"，该文件包含了 MATLAB 引擎所能提供的 API 函数的说明和所需数据结构的定义。在本实例中，注意需要 TestEngine.cpp 的项目头文件中包含 engine.h，可以打开 engine.h 查看其接口函数和说明。下面就重要的函数进行简单的讲解。

1）引擎的打开和关闭

打开引擎——engOpen

函数声明：

```
EXTERN_C Engine *engOpen(
const char *startcmd /* exec command string used to start MATLAB */
);
```

函数的输入参数 startcmd 是用来启动 MATLAB 引擎的字符串参数，在 Windows 操作系统中只能为 NULL 或者“\0”。

函数返回值是一个 Engine 类型的指针，它是在 engine.h 中定义的 engine 数据结构。

关闭引擎——engClose

函数声明：

```
EXTERN_C int engClose(
Engine  *ep        /* engine pointer */
);
```

参数 ep 代表要被关闭的引擎指针。函数返回值为 0 表示关闭成功，返回 1 表示发生错误。

例如，通常用来打开/关闭 MATLAB 引擎的代码如下：

```
//定义 MATLAB 引擎指针，即声明一个 Engine 类型的指针变量，赋初值为 NULL
Engine *ep=NULL;
//测试启动 MATLAB 引擎，若失败则退出
if(ep==NULL)
{
    //使用 engOpen 函数开启 MATLAB 引擎，封装在 libeng.lib 中
    if(!(ep=engOpen(NULL)))
    {
        printf("Fail to start MATLAB engine!");
        exit(1);
    }
}. …
//关闭 MATLAB 引擎
engClose(ep);
```

2）向 MATLAB 发送命令

在调用 MATLAB 引擎的混合编程中，可以通过 engEvalString 命令以字符串的形式向 MATLAB 发送命令并让其执行，该函数声明为：

```
EXTERN_C int engEvalString(
Engine  *ep,         /* engine pointer */
const char *string  /* string for MATLAB t execute */
);
```

参数 ep 为函数 engOpen 返回的引擎指针，字符串 string 为需要 MATLAB 执行的命令。函数返回值为 0 表示成功执行，返回 1 说明执行失败。执行失败的原因可能有很多种，如命令不能被 MATLAB 正确识别或者 MATLAB 引擎已经关闭。

3）获取 MATLAB 命令窗口的输出

要在 Visual Studio 中获得函数 engEvalString 发送的命令字符串被 MATLAB 执行后在 MATLAB 窗口中的输出，可以调用 engOutputBuffer 函数，该函数声明为：

```
EXTERN_C int engOutputBuffer(
Engine  *ep,         /* engine pointer */
char        *buffer,    /* character array to hold output */
int     buflen  /* buffer array length */
);
```

参数 ep 为 MATLAB 引擎指针，buffer 为用来保存输出结构的缓冲区，buflen 为最大保存的字符个数，通常就是缓冲区 buffer 的大小。该函数执行后，接下来的 engEvalString 函数所引起的命令行输出结果会在缓冲区 buffer 中保存。如果要停止保存，只需调用代码 engOutputBuffer(ep, NULL, 0)。

4）从 MATLAB 引擎工作空间中获取变量

```
EXTERN_C mxArray *engGetVariable(
Engine  *ep,        /* engine pointer */
const char *name    /* name of variable to get */
);
```

参数 ep 为打开的 MATLAB 引擎指针，name 为以字符串形式指定的数组名。函数返回值是指向 name 数组的指针，类型为 mxArray*。关于 mxArray 数据类型的具体使用方法，在后面的小结会有详细的介绍。

5）向 MATLAB 引擎工作空间写入变量

```
EXTERN_C int engPutVariable(
        Engine   *ep,         /* engine pointer */
        const char *var_name,
        const mxArray *ap     /* array pointer */
        );
```

参数 ep 为打开的 MATLAB 引擎指针，ap 为指向被写入变量的指针，var_name 为变量写入后在 MATLAB 引擎工作空间中的变量名。函数返回值为 0 表示写入变量成功，返回值为 1 表示发生错误。

6）调用引擎时显示/隐藏 MATLAB 主窗口

默认情况下，以 engine 方式调用 MATLAB 的时候，会打开 MATLAB 主窗口，可在其中随意操作。但有时也会干扰应用程序的运行，可用以下设置控制是否显示该窗口。

```
EXTERN_C int engSetVisible(
       Engine *ep,            /* engine pointer */
       bool newVal
       );
```

参数 ep 为打开的 MATLAB 引擎指针，newVal 为是否显示的标志，取值 true（或 1）表示显示 MATLAB 主窗口，取值 false（或 0）表示隐藏 MATLAB 主窗口。函数返回值为 0 表示设置成功，为 1 表示有错误发生。

要获得当前 MATLAB 主窗口的显示/隐藏情况，可以调用函数：

```
EXTERN_C int engGetVisible(
         Engine *ep,        /* engine pointer */
         bool* bVal
         );
```

参数 ep 为打开的 MATLAB 引擎指针，bVal 为用来保存显示/隐藏情况的变量，且采用指针方式传递。函数返回值为 0 表示获取成功，为 1 表示有错误发生。

7）数据类型 mxArray 的操作

在MATLAB引擎函数中，所有与变量有关的数据类型都是mxArray类型。在Visual Studio中，所有和 MATLAB 的数据交互都可以通过 mxArray 来实现。在使用 mxArray 类型的程序中，应包含头文件 matrix.h，不过在引擎程序中，一般会包含头文件 engine.h，该文件里已经包含了 matrix.h，因此无须重复包含。

mxArray 类型数组的建立采用 mxCreate…形式的函数。例如，新建一个 double 类型数组，可用函数 mxCreateDoubleMatrix，函数形式如下：

```
EXTERN_C mxArray *mxCreateDoubleMatrix(mwSize m, mwSize n, mxComplexity flag);
```

参数 m 和 n 为矩阵的函数和列数；flag 为常数，用来区分矩阵中的元素是实数还是复数，取值分别为 mxREAL 和 mxCOMPLEX。

例如，创建一个 2 行 3 列的二维实数数组，可用如下语句：

```
mxArray *T = mxCreateDoubleMatrix(2, 3, mxREAL);
```

对应地，要删除一个数组 mxDestroyArray，该函数声明如下：

```
EXTERN_C void mxDestroyArray(mxArray *pa);
```

参数 pa 为要删除的数组指针。

例如，要删除上面创建的数组 T，可用如下语句：

```
mxDestroyArray(T);
```

类似的创建函数还有：

```
EXTERN_C mxArray *mxCreateString(const char *str);
EXTERN_C mxArray *mxCreateCellMatrix(mwSize m, mwSize n);
```

8）管理 mxArray 数据类型

要获得 mxArray 数组每一维元素的个数，可以用 mxGetM 和 mxGetN 函数。

```
//返回pa对应数组第一维的元素个数，对于矩阵来说是行数
EXTERN_C size_t mxGetM(const mxArray *pa);
//返回pa对应数组其他维的元素个数，对于矩阵来说是列数
EXTERN_C size_t mxGetN(const mxArray *pa);
//获得某一特定维的元素个数，该函数返回pa各维的元素个数，保存在一个int数组中返回
EXTERN_C const mwSize *mxGetDimensions(const mxArray *pa);
```

对于常用的矩阵来说，用 mxGetM 和 mxGetN 两个函数就可以了。

另外，还可以通过 mxGetNumberOfDimensions 来获得数组的总的维数，用 mxSetM、mxSetN 设置矩阵的行数和列数，函数说明如下：

```
//返回数组pa的维数
EXTERN_C mwSize mxGetNumberOfDimensions(const mxArray *pa);
//设置数组pa为m行
EXTERN_C void mxSetM(mxArray *pa, mwSize m);
//设置数组pa为n列
```

```
EXTERN_C void mxSetN(mxArray *pa, mwSize n);
```

在对 mxArray 类型的变量进行操作之前，可以验证其中的数组的数据类型，比如是否为 double 数组、整数、字符串、逻辑值等，以及是否为某种结构、类、特殊类型，是否为空数组，是否为 Inf、NaN 等。常见的判断函数有：

```
EXTERN_C bool mxIsComplex(const mxArray *pa);
EXTERN_C bool mxIsSparse(const mxArray *pa);
EXTERN_C bool mxIsDouble(const mxArray *pa);
EXTERN_C bool mxIsChar(const mxArray *pa);
EXTERN_C bool mxIsEmpty(const mxArray *pa);
EXTERN_C bool mxIsInf(double x);
EXTERN_C bool mxIsNaN(double x);
```

对于常用的 double 类型的数组，可以用 mxGetPr 和 mxGetPi 两个函数分别获得其实部和虚部的数据指针，这两个函数的声明如下：

```
//返回数组 pa 的实部指针
EXTERN_C double *mxGetPr(const mxArray *pa);
//返回数组 pa 的虚部指针
EXTERN_C double *mxGetPi(const mxArray *pa);
```

这样，就可以通过获得的指针对 mxArray 类型数组中的数据进行读/写操作。例如，可以用函数 engGetVariable 从 MATLAB 工作空间读入 mxArray 类型的数组，然后用 mxGetPr 和 mxGetPi 获得数据指针，并对其中的数据进行处理，最后调用 engPutVariable 函数将修改后的数组重新写入 MATLAB 工作空间。具体实现见后面的程序实例。

3. 混合编程的实现

1）编写工程文件

在上面所创建工程中的 TestEngine.cpp 中添加如下代码，可以实现两个矩阵的相加。

```
/*利用 MATLAB 引擎实现在 VC++中的矩阵相加*/
/*M1 和 M2 为相加的两个矩阵，SUM 为两矩阵的和*/

#include "engine.h"
#include <iostream>
#include <string>
using namespace std;

void main()
{
//定义 MATLAB 引擎指针，赋初值为 NULL
Engine *ep=NULL;
//测试启动 MATLAB 引擎，若失败则退出
```

```
if(ep==NULL)
{
    if(!(ep=engOpen("\0")))
    {
        std::cout << "Fail to start MATLAB engine!" << std::endl;
        exit(1);
    }
}

//定义两个数组并初始化
double a[2][2]={1.0,2.0,3.0,4.0};
double b[2][2]={0.0,3.0,5.0,7.0};

//定义 mxArray 类型 M1 和 M2
mxArray *M1=mxCreateDoubleMatrix(2,2,mxREAL);
mxArray *M2=mxCreateDoubleMatrix(2,2,mxREAL);

//通过 memcpy 实现 M1 和 M2 的赋值
memcpy((void*)mxGetPr(M1),(void*)a,4*sizeof(a));
memcpy((void*)mxGetPr(M2),(void*)b,4*sizeof(b));

//向 MATLAB 引擎工作空间写入矩阵变量 M1 和 M2
engPutVariable(ep,"M1",M1);
engPutVariable(ep,"M2",M2);

//向 MATLAB 发送命令求解 M1+M2
engEvalString(ep,"M=M1+M2");

//从 MATLAB 引擎工作空间中获取变量
mxArray *result=engGetVariable(ep,"M");

//通过获得 result 的指针对其数据进行读操作
double *SUM=mxGetPr(result);

//输出计算结果
std::cout << *(SUM) << ",\t" << *(SUM+1) << std::endl;
std::cout << *(SUM+2) << ",\t" << *(SUM+3) << std::endl;
engClose(ep);
}
```

2）编译运行

编译运行程序即可。运行结果如图 2-5 所示。

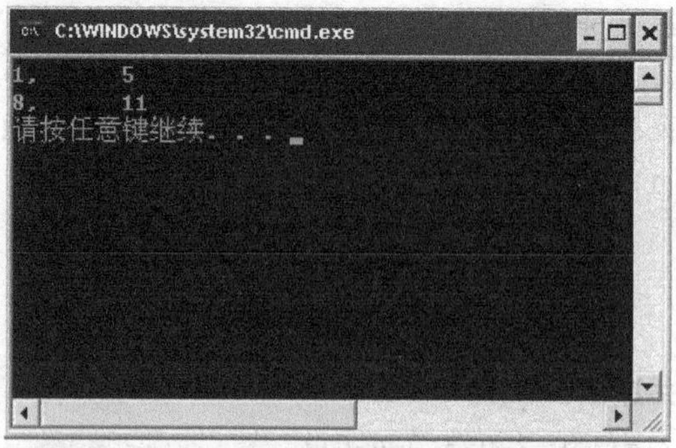

图 2-5　用 MATLAB 引擎实现矩阵相加的程序运行结果

如果要用 MATLAB 引擎实现作图功能，则只需要修改 TestEngine.cpp 中的代码即可。例如，如果要绘制 y=sin(x)的图形，则可以修改代码为：

```
#include "engine.h"
#include <iostream>
#include <string>
using namespace std;

void main()
{
//定义 MATLAB 引擎指针，赋初值为 NULL
Engine *ep=NULL;
//测试启动 MATLAB 引擎，若失败则退出
if(ep==NULL)
{
    if(!(ep=engOpen("\0")))
    {
        std::cout << "Fail to start MATLAB engine!" << std::endl;
        exit(1);
    }
}
engEvalString(ep,"x=0:0.01:10");
engEvalString(ep,"y=sin(x)");
engEvalString(ep,"plot(x,y)");
engClose(ep);
}
```

编译和运行之后可以得到一个 MATLAB 的 Figure 窗口，上面显示了[0,10]区间内正弦函数的曲线，如图 2-6 所示。

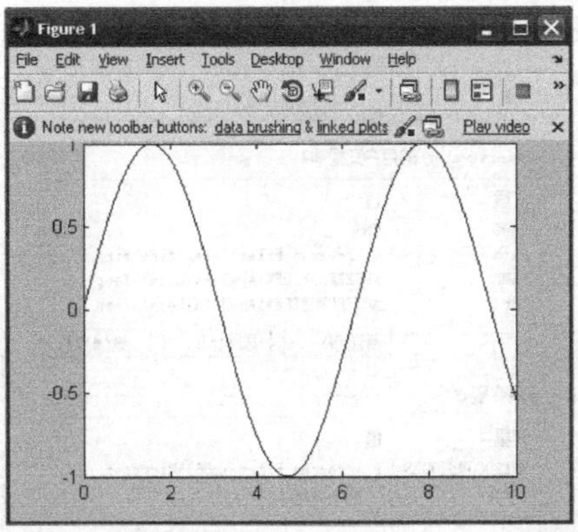

图 2-6　用 MATLAB 实现绘图的程序运行结果

需要注意的是，调用 MATLAB 引擎的程序必须在安装了 VC 和 MATLAB 的计算机上运行。借助于引擎操作函数，用户可以像在 MATLAB 命令窗口中一样在 VC 环境下编写 MATLAB 程序，操作简单、易于掌握，几乎所有命令都可以由 VC 传递给 MATLAB 运行。在科学工程应用中，使用 MATLAB 引擎也是一种很好的选择。

2.2.2　调用动态链接库

MATLAB 可以通过自带的 Compiler 编译器把由 MATLAB 编写的 m 函数文件编译成动态链接库，或者通过 MATLAB 提供的组件功能，运用 VC++向导自动生成 m 文件的动态链接库。然后就可以在 VC++程序中调用这些封装的函数，实现算法的运用。这种方法只需在开发和发布中包含其生成的动态库就可以了，可以使程序脱离 MATLAB，整体减少文件外部存储空间的占有量，并实现代码共享。

MATLAB7.x 所包含的新版编译器较以前的版本有很大的变化。

（1）不再提供 C++数学库和图形库。MATLAB 编译器 4.x 使用 MATLAB 组件运行环境（MCR）。MCR 是一组标准的动态链接库，它提供运行编译后的程序所需的基本环境。MCR 支持 MATLAB 语言的所有功能，而且 MCR 安装文件可以和编译后的程序一起发布给最终用户。

（2）MATLAB 编译器 4.0 不再支持把 M 程序直接转换成 MEX 文件。

（3）MATLAB 编译器 4.x 不再提供可以在 VC++集成开发环境中使用的插件，类似于 MATCOM 的软件在新版本的 MATLAB 中都是不支持的。

下面通过实例讲解如何利用 mcc 命令编译 MATLAB 的 m 文件，以实现 VC++对其动态链接库的调用。

1. 编程环境设置

1）系统变量和环境变量设置

在桌面上右键单击“计算机/我的电脑”图标，出现“高级系统设置/系统特性”对话框，单击“高级”选项卡，单击“环境变量”按钮，出现“环境变量”对话框，本例中系统 MATLAB 的安装目录为 D:\Program Files\MATLAB\R2014a，于是添加系统变量 MATLAB 值为

D:\Program Files\MATLAB\R2014a，如图 2-7 所示。

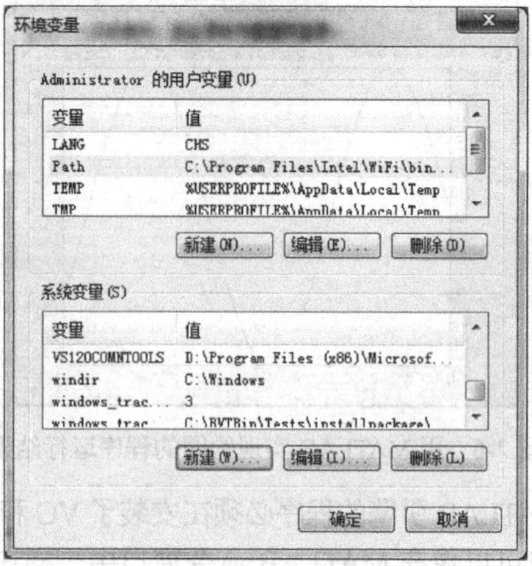

图 2-7　设置环境变量

在环境变量 PATH 中加入 D:\Program Files\MATLAB\R2014a\bin\win32，如图 2-8 所示。

图 2-8　PATH 的设置

按“确定”按钮完成设置后，重启计算机或注销当前用户，即可应用新设置。

2）MATLAB 编译器设置

（1）mex 命令设置

运行 MATLAB，在 MATLAB 的命令窗口（Command Window）中输入“mex -setup”命令并回车，安装 MATLAB 编译器：

```
>> mex -setup
```

之后命令窗口会出现如下提示：

```
Please choose your compiler for building external interface (MEX) files:
Would you like mex to locate installed compilers [y]/n?
```

此时输入“y”并回车，则命令窗口出现如下提示，该提示随用户计算机中存在的编译器的不同而变化，用户只需选择合适的编译器即可：

```
Select a compiler:
[1] Lcc-win32 C 2.4.1 in D:\Program Files\MATLAB\R2014a\sys\lcc
[2] Microsoft Visual C++ 6.0 in C:\Program Files\Microsoft Visual Studio
[0] None
```

此时输入“2”并回车，选择 Microsoft Visual C++6.0 的编译器。

则命令窗口出现如下提示：

```
Please verify your choices:
Compiler: Microsoft Visual C++ 6.0
Location: C:\Program Files\Microsoft Visual Studio
Are these correct [y]/n?
```

此时输入“y”并回车，确认选择 Microsoft Visual C++6.0 的编译器。

（2）mbuild 命令设置

运行 MATLAB，在 MATLAB 的命令窗口（Command Window）中输入“mbuild -setup”命令并回车，安装 MATLAB 编译器：

```
>> mbuild -setup
```

之后命令窗口出现如下提示：

```
Please choose your compiler for building standalone MATLAB applications:
Would you like mbuild to locate installed compilers [y]/n?
```

此时输入“y”并回车。

命令窗口出现如下提示：

```
Select a compiler:
[1] Lcc-win32 C 2.4.1 in D:\Program Files\MATLAB\R2014a\sys\lcc
[2] Microsoft Visual C++ 6.0 in C:\Program Files\Microsoft Visual Studio
[0] None
```

此时输入“2”并回车，选择 Microsoft Visual C++6.0 的编译器。

命令窗口出现如下提示：

```
Please verify your choices:
Compiler: Microsoft Visual C++ 6.0
Location: C:\Program Files\Microsoft Visual Studio
Are these correct [y]/n?
```

此时输入“y”并回车，确认选择 Microsoft Visual C++6.0 的编译器，编译器设置完成。

2. 混合编程实现

在这里，以矩阵相加为例，讲解 VC++和 MATLAB 混合编程的实现。首先编写 MATLAB 中矩阵相加的函数，将其编译生成动态链接库，然后在 VC++中调用该函数，实现 VC++中矩阵的相加，主要步骤如下。

1）创建 MATLAB 函数

编写 matrix_add.m 文件，内容如下：

```
function matrix=matrix_add(A,B)
[m1,n1]=size(A);
[m2,n2]=size(B);
if (m1~=m2||n1~=n2)
    disp('Matrix dimensions must agree.');
    return;
else
    matrix=A+B;
end
```

2）编译 MATLAB 函数生成链接库

在 MATLAB 命令窗口执行编译命令，将 matrix_add.m 编译成 C++动态链接库文件，需要注意的是带图形的和不带图形的编译方式有区别，这里主要是带图形的编译。

```
>> mcc -W cpplib:libmatrixadd -T link:lib matrix_add.m
```

结果会产生 libmatrixadd.h、libmatrixadd.lib、libmatrixadd.dll 等文件。

3）在 Visual Studio 中创建 Win32 Console Application 工程

通过菜单 File→New Project 建立一个 Win32 Console Application 工程，命名为“test_mcc”，如图 2-9 所示。然后接受所有默认设置，单击“Finish”按钮完成工程的创建。

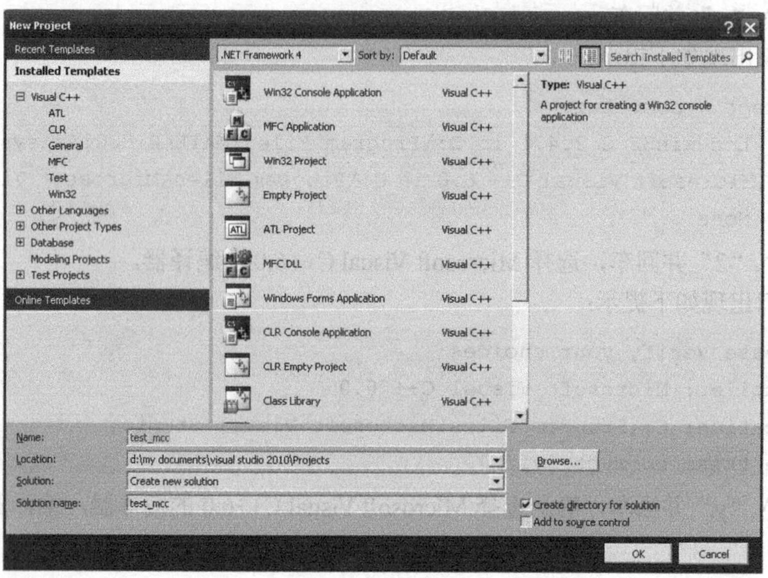

图 2-9　创建 Win32 Console Application 工程

4）编写 Win32 Console Application 工程代码

首先需要给该 VC++工程添加源文件，命名为 test_mcc.cpp。方法为在 Visual Studio 的 Solution Explorer 中的工程名上单击鼠标右键，选择“Add”→“New Item”，如图 2-10 所示。

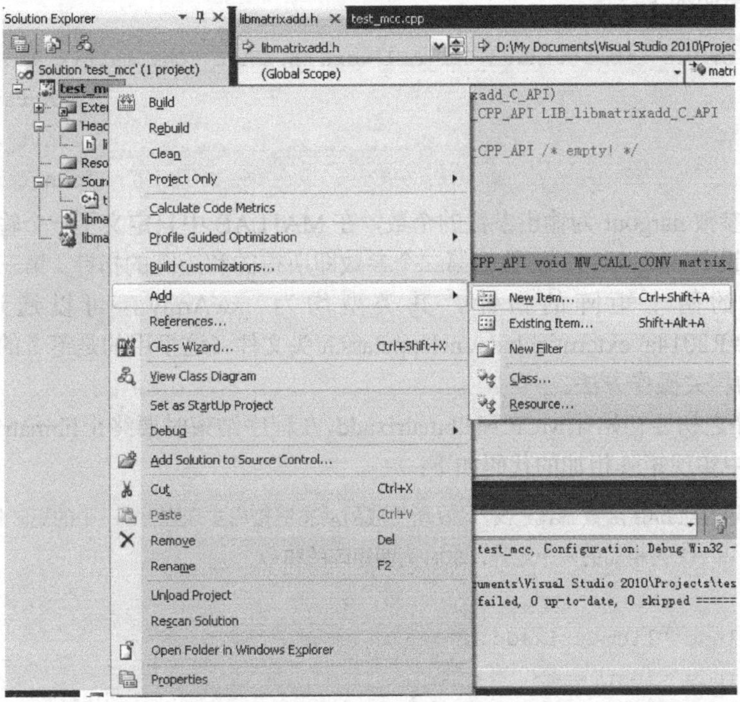

图 2-10　给工程添加源文件

然后建立 test_mcc.cpp，如图 2-11 所示。

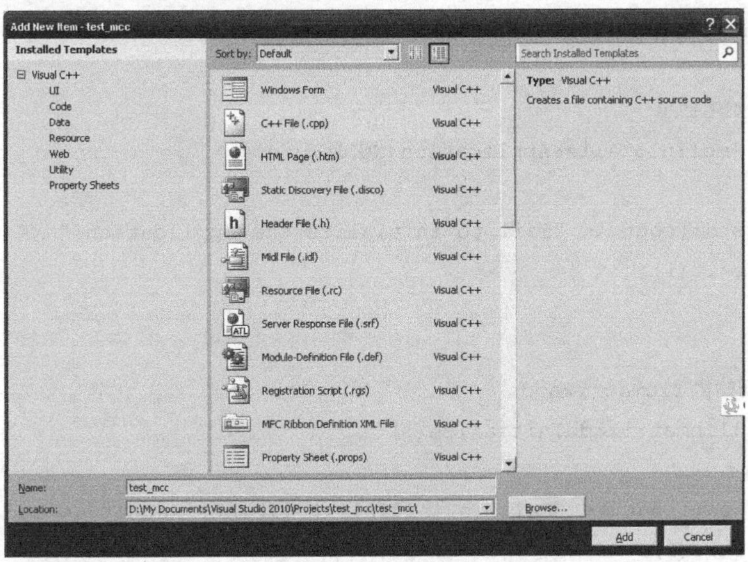

图 2-11　建立源文件

接下来的任务就是在 test_mcc.cpp 中添加代码，实现矩阵的相加，这里的关键是：

（1）需要在 test_mcc.cpp 中包含头文件“libmatrixadd.h”。

（2）注意 MATLAB 生成的动态链接库中函数的使用方法。通过 libmatrixadd.h 可以查看 matrix_add 的声明如下：

```
extern LIB_libmatrixadd_CPP_API void MW_CALL_CONV matrix_add(int nargout,
                                                    mwArray& matrix,
                                                    const mwArray& A,
                                                    const mwArray& B);
```

其中，第一个参数 nargout 为输出参数的个数，在 MATLAB 中只定义了一个输出参数，因而在编程时应当设置 nargout=1；函数的第二个参数即所得的和矩阵的指针；第三个和第四个参数是待相加的两个矩阵的指针，其类型均为 mwArray，可以通过 D:\Program Files\MATLAB\R2014a\ extern\include\mclcppclass.h 头文件（这里用的是笔者的安装目录）得到 mwArray 的相关操作方法。

（3）在程序之初要初始化 MCR 和 libmatrixadd，在程序结束时要终止 libmatrixadd 和 MCR。

在 VC++中实现矩阵相加的代码如下：

```
/*利用 MATLAB 函数 matrix_add 所生成的动态链接库实现在 VC++中的矩阵相加*/
/*M1 和 M2 为相加的两个矩阵，SUM 为两矩阵的和*/

#include "libmatrixadd.h"
#include <iostream>
using namespace std;


void main()
{
//初始化 MCR
if( !mclInitializeApplication(NULL,0) )
{
    std::cout << "Fail to initialize the application!" << std::endl;
    exit(1);
}

// 初始化 libmatrixadd
if( !libmatrixaddInitialize())
{
    std::cout << "Fail to initialize libmatrixadd!" << std::endl;
    exit(1);
}
```

```
//定义矩阵M1和矩阵M2
mwArray M1(2,2, mxDOUBLE_CLASS);
mwArray M2(2,2, mxDOUBLE_CLASS);
mwArray SUM(2,2, mxDOUBLE_CLASS);

//给矩阵M1赋值
double *M1_Data;
M1_Data = new double[4];
int i,j;
for( i=0; i<4; i++)
{
    M1_Data[i] = 1.0*i;
}
M1.SetData(M1_Data, 4);

//给矩阵M2赋值，方法和为M1赋值的方法不同
for (i=1; i<3; i++)
    for (j=1; j<3; j++)
        M2(i,j)=i+j;

//定义调用matrix_add时的输出参数个数
short int nargout = 1;

//调用matrix_add函数
matrix_add(nargout,SUM,M1,M2);

//给输出分配内存空间
double *SUM_Data;
SUM_Data = new double[4];
if( SUM_Data == NULL )
{
    std::cout << "Failed to allocate memory for SUM_Data!" << std::endl;
    exit(1);
}

//将mwArray类型中的数据复制为C++的数据类型
SUM.GetData(SUM_Data, 4);
```

```
//输出结果
std::cout << "SUM of M1 and M2 is: " << std::endl;
std::cout << SUM_Data[0] << ",\t" << SUM_Data[1] << std::endl;
std::cout << SUM_Data[2] << ",\t" << SUM_Data[3] << std::endl;

//释放内存
delete [] M1_Data;
delete [] SUM_Data;

//终止 libmatrixadd
libmatrixaddTerminate();

//终止 MCR
mclTerminateApplication();
}
```

5）设置 VC++环境

此处的设置和在调用 MATLAB Engine 进行混合编程时的设置方法类似，主要有如下几个步骤。

（1）添加工程文件

将在 MATLAB 环境下编译后生成的文件 libmatrixadd.h、libmatrixadd.dll 和 libmatrixadd 复制到当前工程目录下。

（2）设置头文件和库函数路径

通过菜单 Project→Properties→Configuration Properties→VC++ Directories 设置该项目所要用到的 MATLAB 头文件和库函数文件所在的目录。根据之前 MATLAB 的安装目录可以得到，需要添加如下头文件和库函数的目录：

- 在 Include Directories 中添加 D:\Program Files\MATLAB\R2014a \extern\include。
- 在 Library Directories 中添加 D:\Program Files\MATLAB\R2014a\extern\lib\win32\microsoft。

（3）设置附加函数库

通过菜单 Project→TestEngine Properties→Configuration Properties→Linker→Input→Additional Dependencies 添加 libmatrixadd.lib 和 mclmcrrt.lib。

6）编译运行

编译运行工程，可以从控制台看到运行结果，为两矩阵相加的结果，如图 2-12 所示。

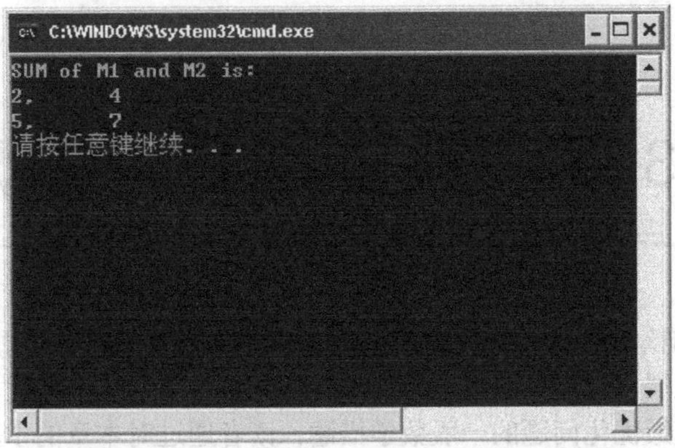

图 2-12　利用 MATLAB 动态链接库实现矩阵相加的程序运行结果

2.3　本章小结

本章主要讲解 MATLAB 的编程技术，主要是针对 MATLAB 的控制接口和 M 文件编写阐述了 MATLAB 编程语言的使用方法，再在此基础上进行拓展，分析了 MATLAB 和其他高级编程语言的混合编程问题。读者通过本章的学习，应掌握如下知识点：

（1）MATLAB 语言中的循环结构、选择结构；

（2）MATLAB 中 M 脚本文件和 M 函数文件的编写和调试方法；

（3）MATLAB 和 VC++混合编程中引擎调用方法和动态链接库调用方法。

第3章　最优化计算问题概论

针对本书探讨的核心问题——最优化计算，本章首先介绍最优化问题的概念、最优化理论和方法的产生与发展，进而由最优化问题的提出入手，给出一些最优化问题的典型实例，由此延伸归纳总结出最优化问题的一般数学描述。读者通过对本章的学习，应当重点掌握最优化问题的建模方法，得到最优化问题的数学表达。

3.1　引言

人们在处理生产过程、金融投资、工程应用、机械设计、经营管理等实际问题时，都希望以最优的方式获得最佳的处理结果，以求得人力、物力和财力的合理运用。如何运用数学和工程的方法获取这个最佳处理结果的问题称为最优化问题。而针对最优化问题，如何确定一系列的可行性方案，然后从可行方案中通过分析、比较和判断选取满足要求的方案，使所得结果最佳的方法称为最优化方法。

3.1.1　最优化问题的提出

在如今“优化”这个词汇日趋热门的时代，在发展宏观经济时讲究的是如何实现资源的优化配置，在进行企业经营管理时要求的是如何优化生产计划，在研发新产品的过程中强调的是如何尽量提升优化性价比。即便是在日常生活中优化问题也比比皆是，在日常消费中，大家都期望能够以尽可能少的钱买到尽可能多且实用的东西，在安排出行时，需要考虑如何搭乘交通工具以寻求交通费和搭乘时间之间的平衡点，等等。最优化问题的来源十分广泛，涉及科学、工程、经济、军事、工业等领域，例如：

（1）生产计划中，在有限的人力、机器、原材料和资金限制条件下，如何安排生产，使生产成本达到最低？

（2）工程施工中，要铺设一条从 A 地到 B 地的输油管道，中间要经过 n 个中间站，而对于每个中间站又有 m_i 个可选方案，如果各个方案在不同两点间所需的经费已知，如何选择一条最佳路线，使得总费用最低？

（3）金融投资中，如何选择和设计证券组合或者投资项目组合，以便在可以接受的风险限度内获得尽可能大的投资回报？

（4）机械设计中，如何在满足工作条件、载荷和工艺要求，并在强度、刚度、寿命、尺寸范围及其他一些技术要求的限制条件下，寻找一组参数，以获得设计指标达到最优的设计方案？

（5）针对化学过程或者机械装置，如何设计控制方案，才能既优化其性能，又能保证其鲁棒性？

（6）在电力分配中，由 N 个火力发电厂 0，1，…，N–1 组成一个供电网，要求输出总负荷为 S，如何分配每个发电厂的发电量，在满足每个电厂发电量约束的条件下，使得总的生产消耗为最小？

上述各类问题尽管限制条件与目标不同，但规划的目的就是使这些资源最大程度地发挥作用，也就是资源的最优利用问题。总而言之，所有类似的这种课题统称为最优化问题，研究解决这些问题的科学一般总称为最优化理论和方法。

用数学语言描述，最优化方法就是在给定的约束条件下，如何在某种范围内选取一些决策变量的取值，使得一个或者多个既定目标达到最优状态（极大、极小或者某种妥协状态）的一门学科。

由于最优化问题的多变，最优化方法也是变化无穷的，运筹学中所处理的问题绝大部分都是最优化问题。用来解决这些问题的方法，如数学规划（其中包括线性和非线性规划、整数规划、动态规划、多目标规划和随机规划等）、排队论、决策分析、组合最优化、模拟技术等，自然也就属于最优化方法这一范畴。除此之外，最优化还包括工程控制、最优控制、系统科学等。

3.1.2 最优化理论和方法的产生与发展

最优化理论和方法自古就有，最典型的实例就是黄金分割。公元前500年古希腊在讨论建筑美学中就已发现了长方形长与宽的最佳比例为1.618，称为黄金分割比。其倒数0.618至今在优选法中仍得到广泛应用。

在微积分出现以前，已有许多学者开始研究如何使用数学方法分析最优化问题并给出相应的解。例如，阿基米德证明：如果给定平面几何图形的周长，则在各种图形中，圆所包围的面积最大。这就是欧洲古代城堡几乎都建成圆形的原因。

最优化方法真正形成为科学方法则是在17世纪以后。牛顿和莱布尼茨在他们所创建的微积分理论中给出了求函数极值的必要条件，提出了求解具有多个自变量实值函数的最大值和最小值的方法，为最优化问题的解决提供了理论基础；而后很长一段时间发展缓慢，在此期间主要考虑了最优化中有约束的复杂情况，又进一步讨论具有未知函数的函数极值，从而形成变分法。同时，一些简单的库存模型的处理也应运而生。然而我们发现，这些方法都属于精确的分析方法，一旦遇到具体的优化问题就会产生很大的困难，因而并没有真正为解决最优化问题提供有效的手段和方法，这一时期的最优化方法可以称为古典最优化方法。

上述优化方法虽然出现都比较早，但是只有到了20世纪40年代末期，第二次世界大战前后，由于军事上的需要产生了运筹学，提出了大量不能用古典方法解决的最优化问题，从而诞生了诸如线性规划、非线性规划、动态规划等新方法以适应新问题的需要，才促进了最优化理论和方法的丰富与发展。

此后，由于计算机的兴起和日益普及，使得原来从根本上制约优化设计方法的大运算量问题得以解决，为数值优化方法的发展提供了有效的手段；同时，随着科学技术和生产的迅速发展，一些复杂的工程设计和管理体系出现，为最优化方法的实际应用提供了可能性，于是最优化方法得到了极大的关注，最优化技术突飞猛进，迅速成为一门热门的新兴学科，得到了广泛的应用并创造了巨大的经济效益和社会价值。这个技术热点也促使近代最优化的数学理论随之建立起来，它主要以数学规划法为理论基础，以电子计算机为主要计算工具，研究各种系统的优化途径及方案，为决策者提供科学决策的依据。

近代最优化方法的形成和发展过程中最重要的事件有：以 Dantzig 为代表的线性规划；以 Kuhn-Tucker 为代表的非线性规划；以 Bellman 为代表的动态规划；以 Pontriagin 为代表的极大值原理和 Kalman 的关于随机控制系统最优滤波器等。这些方法后来都形成体系，成为近代很活跃的学科，对促进运筹学、管理科学、控制论和系统工程等学科的发展起到了重要作用。

3.2 最优化问题的典型实例

在上一节的讲述中，我们对最优化问题的基本概念已经有了一个初步的认识，为了加深读者对这类问题的认识，在这一节给出几个最优化问题的典型实例。虽然它们分属于最优化问题的不同类别，但是通过对这些具体实例的探讨和总结，可以把解决这些问题的描述统一到数学框架之下，即前面所说到的，在给定的约束条件下，如何在某种范围内选取一些设计变量的取值，使得一个或者多个既定目标达到最优状态。不同之处无非就是设计变量、目标函数、约束条件这三要素的不同，而这三要素的不同也就决定了不同问题在解法上的差异。

3.2.1 资源利用问题

【例 3-1】 产品生产。

某工厂生产 A、B 两种产品，制造 1t 产品 A 需要耗煤 8t，耗电 3kW，耗时 2 个工作日；制造 1t 产品 B 需要耗煤 4t，用电 4kW，耗时 9 个工作日。已知制造 1t 产品 A 和 B 分别可以获利 6000 元和 8000 元。现在该厂原料有煤 300t、电 100kW，如果需要在 200 个工作日内生产这两种产品并达到利润最大，应当如何安排 A 和 B 的生产数量（参考数据见表 3-1）？

表 3-1 资源利用问题数据表

活 动 资 源	生产产品 A （t）	生产产品 B （t）	资源的供应量
煤（t）	8	4	300
电力（kW）	3	4	100
工作日	2	9	200
利润（千元）	6	8	—

设 x_1 和 x_2 分别代表 A、B 两种产品的计划生产数（单位：t），f 表示利润（单位：千元），则我们所需要解决的问题就是如何确定 A、B 的生产数量（即确定 x_1 和 x_2 的数值），既可以充分利用资源，又可以使利润最大化。依据题意，生产产品 A 可获利 $6x_1$（千元），生产产品

B 可获利 $8x_2$（千元），则可以得到目标函数为 $f=6x_1+8x_2$，优化设计的目标就是使得函数 f 最大化。

要实现目标的优化必然要考虑到资源供应量的限制，在该问题中就是用煤、用电和用时。例如用煤，生产产品 A 需要消耗煤 $8x_1$（t），生产产品 B 需要消耗煤 $4x_2$（t），而该厂有煤 360t。即煤的消耗总量应该小于 360t，写成约束条件即 $8x_1+4x_2\leqslant 300$。

同理，对电力资源的消耗不得高于其供应量 200kW，对劳动力时间的消耗不得高于 300 个工作日，这些限制可以写成如下约束条件：

$$3x_1+4x_2\leqslant 100$$

$$2x_1+9x_2\leqslant 200$$

同时，每种产品可以生产一定数量或者不生产，故还需要满足非负限制，即

$$x_1\geqslant 0,\ x_2\geqslant 0$$

综合以上几点，该问题可以表述为如下的形式：

$$\begin{cases}\max\quad f=6x_1+8x_2\\ \text{s.t.}\quad 8x_1+4x_2\leqslant 300\\ \qquad\ 3x_1+4x_2\leqslant 100\\ \qquad\ 2x_1+9x_2\leqslant 200\\ \qquad\ x_1\geqslant 0,\ x_2\geqslant 0\end{cases}$$

s.t.是 subject to 的缩写，表示约束条件，该问题的表述即为：在满足资源约束的条件下，求出产品 A、B 的产量 x_1 和 x_2，使得利润总额 f 达到最大。可以看到，目标函数和约束条件均是线性的，故这是一个典型的线性规划问题，在后面的章节会专门介绍这类问题的形式和解法。

3.2.2 分派问题

【例 3-2】 任务分配。

假设某个项目由 4 项连续的任务构成，即完成了任务 1 之后才能开始任务 2，完成了任务 2 之后才能开始任务 3，以此类推；并且规定由项目组中的甲、乙、丙、丁 4 名成员每人完成且仅完成其中的一项任务，4 个项目组成员分别完成 4 项任务的时间如表 3-2 所示。应该如何分配这些任务，即让哪个成员去完成哪个任务，可以使得花费的总时间最短？

表 3-2 各项目组成员完成各任务所需时间

成员 \ 时间	任务1（天）	任务2（天）	任务3（天）	任务4（天）
甲	20	12	33	26
乙	22	15	29	23
丙	21	13	31	24
丁	22	16	32	23

首先，假设设计变量表达成如下形式：

$$x_{ij}=\begin{cases}1 & \text{当指派第}i\text{个成员去完成第}j\text{个任务时}\\ 0 & \text{当不指派第}i\text{个成员去完成第}j\text{个任务时}\end{cases}$$

其中，x_{ij} 为 0-1 变量，i 代表项目组成员的序号，j 代表任务的序号，则该变量代表的意义为：

- x_{11}、x_{12}、x_{13}、x_{14} 分别代表指派甲完成任务 1、任务 2、任务 3、任务 4；
- x_{21}、x_{22}、x_{23}、x_{24} 分别代表指派乙完成任务 1、任务 3、任务 3、任务 4；
- x_{31}、x_{32}、x_{33}、x_{34} 分别代表指派丙完成任务 1、任务 2、任务 3、任务 4；
- x_{41}、x_{42}、x_{43}、x_{44} 分别代表指派丁完成任务 1、任务 2、任务 3、任务 4。

则效率矩阵可以表达为：

$$\boldsymbol{E}=\begin{bmatrix}20 & 12 & 33 & 26\\ 22 & 15 & 29 & 23\\ 21 & 13 & 31 & 24\\ 22 & 16 & 32 & 23\end{bmatrix}$$

该问题的目标就是选择一种合适的一对一的组合，使得最后所花费的时间总和最小。根据上述假设，可以得到目标函数，即所花费的总时间为：

$$f=\sum_{i=1}^{4}\sum_{j=1}^{4}E_{ij}x_{ij}$$

下面探讨约束条件，因为按照题意，每个人只能完成一项任务，故有：

$$\begin{cases}x_{11}+x_{12}+x_{13}+x_{14}=1\\ x_{21}+x_{22}+x_{23}+x_{24}=1\\ x_{31}+x_{32}+x_{33}+x_{34}=1\\ x_{41}+x_{42}+x_{43}+x_{44}=1\end{cases}$$

同时，由于每项工作有且仅有一人去完成，故有：

$$\begin{cases}x_{11}+x_{21}+x_{31}+x_{41}=1\\ x_{12}+x_{22}+x_{32}+x_{42}=1\\ x_{13}+x_{23}+x_{33}+x_{43}=1\\ x_{14}+x_{24}+x_{34}+x_{44}=1\end{cases}$$

综合以上分析，得出该问题可以表述成如下形式：

$$\begin{cases}\min & f=\sum\limits_{i=1}^{4}\sum\limits_{j=1}^{4}\boldsymbol{E}_{ij}x_{ij}\\ \text{s.t.} & \sum\limits_{j=1}^{4}x_{ij}=1\ \ (i=1,2,3,4)\\ & \sum\limits_{i=1}^{4}x_{ij}=1\ \ (j=1,2,3,4)\\ & x_{ij}=0\text{或}1\end{cases}$$

上述问题即是，在设计变量的值要么取 0、要么取 1 和满足限制条件（每个人完成且仅完成一项任务、每项任务有且仅有一人完成的这种一一对应的关系）的前提下，使得目标函

数 f 达到最小。这是一个典型的分派问题，属于整数规划问题中的一类。

3.2.3 投资决策问题

【例 3-3】 企业投资。

某企业有 n 个项目可供选择投资，并且至少要对其中一个项目投资。已知该企业拥有总资金 A 元，投资于第 $i(i=1,2,\cdots,n)$ 个项目需花资金 a_i 元，并预计可收益 b_i 元。试选择最佳投资方案。

要求解上述问题，首先要决定设计变量。可以设定该问题的目标是要在选择相应投资项目之后使得投资收益率最大，在这个过程中要确定的是对于某项目是投资还是不投资。于是令设计变量为 $x_i(i=1,2,\cdots,n)$，当决定投资第 i 个项目时，$x_i=1$；当决定不投资第 i 个项目时，$x_i=0$。

由条件可知，投资的总额可以表示为 $\text{Total\_investment}=\sum_{i=1}^{n}a_ix_i$ 。

而投资第 i 个项目的预计收益为 b_i 元，投资预计的总收益为 $\text{Total\_income}=\sum_{i=1}^{n}b_ix_i$ 。

我们设定的目标是使得投资收益率最大，故目标函数应为总收益和总投资额的比值，即

$$f=\frac{\sum_{i=1}^{n}b_ix_i}{\sum_{i=1}^{n}a_ix_i}$$

那么优化的目标就是使得 f 取得最大值。

下面继续探讨该问题的限制条件，由于该公司至少要对一个项目投资，并且总的投资金额不能超过总资金 A，故有限制条件：

$$0<\sum_{i=1}^{n}a_ix_i\leqslant A$$

另外，由于 $x_i(i=1,\cdots,n)$ 只取值 0 或 1，这个条件还可以写成如下形式：

$$x_i(1-x_i)=0, i=1,\cdots,n$$

最佳投资方案应是在投资额尽可能小的前提下使得总收益额尽可能大的方案，所以这个最佳投资决策问题归结为在总资金及设计变量（取 0 或 1）的限制条件下，极大化总收益和总投资之比。根据上面的各项分析，可以得出其数学模型为：

$$\begin{cases}\max \quad f=\dfrac{\sum_{i=1}^{n}b_ix_i}{\sum_{i=1}^{n}a_ix_i} \\ \text{s.t.} \quad 0<\sum_{i=1}^{n}a_ix_i\leqslant A \\ \qquad x_i(1-x_i)=0, i=1,\cdots,n\end{cases}$$

上面例题是在一组等式或不等式的约束下，求一个函数的最大值（或最小值）问题，其中目标函数或约束条件中至少有一个非线性函数，这类问题称为非线性规划问题，在后面的章节中会专门介绍此类问题的形式和解法。

3.2.4 多目标规划问题

目标规划是以 3.2.1 节中所讲述的线性规划为基础的，是为了适应多目标决策的需要而逐步发展起来的。研究此类问题的时候，可以将目标分为主、次目标，在保证主目标最优的前提下，使得次目标较优。

【例 3-4】 产品生产问题的延伸。

仍然是产品生产问题，某工厂生产 A、B 两种产品，生产 A 产品需要原材料 1kg，工作日 2 日，售价为 20 元，利润为 3 元；生产 B 产品需要原材料 2kg，工作日 1 日，售价为 40 元，利润为 8 元。现在该工厂有 24kg 原料，需要在 30 工作日内使得总产值达到 500 元，并且要求总利润达到 95 元。在这两个目标要求下，该工厂应当如何安排 A、B 两种产品的生产？

在这个例子中，要求实现产值为 500 元，而在实际操作中，可能实现的产值与规定的 500 元有一定的差距，这个差距称为偏差值，为了形式上的统一，我们规定：

d^-——可能实现的值未能达到目标值的负偏差值变量，定义 $d^- \geqslant 0$；

d^+——可能实现的值超过目标值的正偏差值变量，定义 $d^+ \geqslant 0$。

因为不可能既超过同时又未达到目标值，故需要满足 $d^+d^- = 0$。

根据上述定义，假如目标为规定的产值 500 元时，可能出现的情况如下：

当超额完成规定产值 500 元时，有 $d^+ > 0$ 且 $d^- = 0$；

当未完成规定产值 500 元时，有 $d^+ = 0$ 且 $d^- > 0$；

当恰好完成产值 500 元时，有 $d^+ = 0$ 且 $d^- = 0$。

根据上述分析，设置问题的设计变量为：A 产品的计划数量为 $x_1$kg 和 B 产品的计划数量为 $x_2$kg。于是对于产值这个目标的约束可以写成如下形式：

$$20x_1 + 30x_2 + d^- - d^+ = 500$$

由上述的目标推而广之，对于一个目标值的约束可以写成如下的一般形式：

$$f_i(x) + d^- - d^+ = t_i$$

我们的目的就是通过上述目标约束形式，得到目标函数的设定原则如下：

（1）恰好达到目标值，即 $f_i(x) = t_i$，则取 $\min\left\{f(d^+ + d^-)\right\}$。

（2）不超过目标值，但允许不足目标值，即 $f_i(x) \leqslant t_i$，则取 $\min\left\{f(d^+)\right\}$。

（3）要求不低于目标值，但允许超过目标值，即 $f_i(x) \geqslant t_i$，则取 $\min\left\{f(d^-)\right\}$。

同理，针对【例 3-4】中的问题，除了考虑产值这个约束条件以外，还要考虑利润这个约束条件。于是类似地，增加两个表示利润的偏离量 d_2^+ 和 d_2^-，这其实就是目标规划中的第二个目标。于是得到下面的一个规划问题：

产值目标约束：$20x_1 + 30x_2 + d^- - d^+ = 500$

利润目标约束：$3x_1 + 8x_2 + d_2^- - d_2^+ = 95$

资源约束：$x_1+2x_2\leqslant 24$，$2x_1+x_2\leqslant 30$，$x_1,x_2,d^+,d^-,d_2^+,d_2^-\geqslant 0$

目标函数：$\min\ f=d^-+d_2^-$

根据上面的各项分析，可以得出该问题的数学模型为：

$$\begin{cases}\min & f=d^-+d_2^- \\ \text{s.t.} & 20x_1+30x_2+d^--d^+=500 \\ & 3x_1+8x_2+d_2^--d_2^+=95 \\ & x_1+2x_2\leqslant 24 \\ & 2x_1+x_2\leqslant 30 \\ & x_1,x_2,d^+,d^-,d_2^+,d_2^-\geqslant 0\end{cases}$$

如果继续考虑主、次目标的问题，可以在目标函数的不同变量上赋以不同的权重进行求解。如在上述问题中，如果我们认为利润这个目标更为重要，需要优先于产值这个目标来考虑，则可以在目标函数中给利润的部分赋以更高的权重，即设置目标函数为 $\min f=p_1d^-+p_2d_2^-$，且权重 p_1 和 p_2 满足关系式 $p_1<p_2$，这个问题在之后的章节中会涉及。

上述问题是一个典型的多目标规划，后面的章节中会专门介绍此类问题的形式和解法。

3.3 最优化问题的数学描述

由 3.2 节中的各个例子可以看出，最优化问题涉及的领域非常广泛，形式也千变万化，各自有不同的机理和解决方法，但是它们却可以用统一的数学形式表达，简单地说，均可以转化为最小（或最大）化一个 n 维变量 $\boldsymbol{x}$ 的实函数 $f(\boldsymbol{x})$，其中对变量含有多种约束。一般情况下，最优化问题的数学模型可以表达如下：

$$\begin{cases}\min & f(\boldsymbol{x}) \\ \text{s.t.} & h_i(\boldsymbol{x})=0 \quad i=1,2,\cdots,p,\ p<n \\ & g_j(\boldsymbol{x})\leqslant 0 \quad j=1,2,\cdots,m\end{cases}$$

下面对上述数学模型的三要素进行总结和分析。

3.3.1 最优化问题三要素

要获得最优化问题的数学描述，就必须对最优化问题中的要素进行分析，通过对各要素的逐步推导和设计来实现最优化问题的数学建模。在最优化问题中，最重要的三要素为设计变量、目标函数和约束条件，下面对这些要素一一进行讲解。

1. 设计变量

在优化设计过程中，都有一些可变化的并且对优化目标有影响的变量，这些变量的数值在优化设计过程中是可以被调整和优选的，并且这些变量能够描述问题的结构特性，被称为设计变量（或者决策变量）。在数学中把它们用由 $x_1,x_2,\cdots,x_n$ 一组数组成的向量 $\boldsymbol{x}$ 表示，即

$$\boldsymbol{x}=[x_1,x_2,\cdots,x_n]$$

n 是设计变量的个数，称为维数。对不同的问题选取变量的内容是不一样的，变量选取越多，求解的难度就越大。并且需要注意的是，能作为优化设计问题的设计变量不能与其他变量之间存在确定的数学关系，选取变量的原则是变量之间要线性独立。

在选择独立变量时，需要根据实际需求考虑如下几个问题：

（1）首先要区分变量中哪些是可变的，哪些是由已有条件决定的、不可控的，只有可变的参量才可以作为优化的元素，而凡是能由其他设计变量导出的量不能作为设计变量；

（2）建模时应当考虑所有影响系统运行的重要变量，将这些因素均加入到性能指标中，如果遗漏了某些独立变量，可能导致方案的次优解；

（3）在选择变量时应当分清主次，在考虑所有独立变量的过程中，挑选出关键的、对我们的需求即性能指标有决定性影响的，而剔除那些次要的、琐碎的细节，适当地对优化进行简化。

2．目标函数

优化设计的目的，就是要在所有可行的设计方案中找出一个最合适和满意的答案，因此优化设计首先要建立一个由各个设计变量组成的可以评价设计方案好坏程度的函数，称为目标函数，也可称为评价函数。目标函数以设计变量为自变量，以所要达到的某种目标为因变量，按照一定的关系建立数学关系式，其数学表达形式为：

$$f(\boldsymbol{x})=f(x_1,x_2,\cdots,x_n)$$

目标函数的建立直接影响优化方案的质量和优化计算过程，所追求的目标根据实际需求可以是利润最大、效率最高、成本最低、控制精度最高、某项性能最优，等等。优化设计就是要使目标函数的值极大化或者极小化，通常为 $\max f(\boldsymbol{x})$ 或者 $\min f(\boldsymbol{x})$。

3．约束条件

优化过程中必须满足的限制条件称为约束条件。优化设计的约束一般可以分为边界约束和性能约束两大类。边界约束是指设计变量的取值范围，性能约束是指由于工作性能要求所提出的一些限制条件，如工程设计中齿轮的接触强度和弯曲强度条件等。优化设计的约束条件在数学上是关于设计变量的不等式或者等式约束函数。

不等式约束表达：$g_j(\boldsymbol{x})\leqslant 0,\ j=1,2,\cdots,m$

等式约束表达：$h_i(\boldsymbol{x})=0,\ i=1,2,\cdots,p$

在等式约束中，一般满足 $p<n$，否则就失去了设计的自由度，问题就要转化为其他形式。

3.3.2 最优化问题分类

在 3.3.1 节中探讨了最优化问题的三要素，根据三要素特征的不同，可以对最优化问题进行分类。针对不同的要素或者要素之间的组合，有不同的分类方法，以下是最优化问题的几种分类方法。

最优化问题可以根据设计变量的特征进行分类，一种方法是按照设计变量的维数进行分类，如果一个最优化问题仅含有一个设计变量，称为一维优化问题，如果含有四个设计变量，则称为四维优化问题，以此类推。另一种方法是根据设计变量的取值是离散的还是连续的分为离散最优化和连续最优化，离散最优化又被称为组合最优化，如整数规划就是典型的离散最优化问题。在优化问题中，如果选取的设计变量的取值是确定可知的，则此类问题属于确定性优化问题；如果某些变量的取值是不确定的，但是可以根据试验统计的方法获得变量值服从的概率分布，则该类问题属于随机性优化问题。

如果根据目标函数的类型进行分类，则只有一个目标的优化问题称为单目标优化问题，存在两个或者两个以上目标函数的优化问题称为多目标优化问题。目标函数越多评价越周全，计算也越复杂。

如果根据约束条件的类型进行分类，当 $m=0$ 且 $p=0$ 时，称为无约束优化问题，相反则称约束优化问题。当约束条件中所有的约束函数均为线性函数且 $\boldsymbol{x}$ 连续时，叫做线性规划问题。如果约束条件中的所有约束函数均为线性函数且目标函数为 $\boldsymbol{x}$ 的二次函数时称为二次规划，常写成 QP 问题。而当 $\boldsymbol{x}$ 均是整数变量时，叫做整数规划。在整数规划中，如果 $\boldsymbol{x}$ 的各个分量只能取 0、1 两个值，称为 0-1 规划。当目标函数和约束中的任意一个是变量的非线性函数时，这种最优化问题称为非线性规划。

当然，除了根据三要素来分类以外，还可以根据最优化问题的解是否随时间变化来分类。如果最优化问题的解不随时间变化，则称其为静态最优化问题或参数最优化问题；如果最优化问题的解随时间而变化，则称其为动态最优化问题。

3.4　最优化问题的解决方案

上面介绍了最优化问题的数学描述，那么结合最优化问题中的三要素，对于一般的最优化问题，其解决方案可以分为如下几个步骤：

（1）提出需要进行最优化的问题，确定研究问题的范围，并为问题的解决准备一些先决条件，例如与问题相关的数据和资料；

（2）建立能够反映上述实际情况的最优化问题的数学模型，确定设计变量、目标函数和有关约束条件；

（3）对建立的数学模型进行分析和修正，选择合适的优化算法；

（4）运用合适的软件编写优化算法程序，对最优化模型进行求解；

（5）如果是理论问题，对优化结果进行分析和比较，总结规律；如果是实际问题，将所获得的最优解应用到实际问题中进行验证和实施，再进行理论分析。

可以通过上述五个相互独立且互相渗透的步骤，最终求得最优化问题的最优解。

可见在上述步骤中最关键的两个问题就是数学模型的建立和优化算法的编制。最优化问题的三要素为数学模型的建立提供了指导，这一般是属于专门领域的问题，而对于工程技术人员的主要问题则是如何通过不同的求解方法解决寻优的问题。比如本书中使用的 MATLAB 软件，就自带有优化工具箱，可以解决很多最优化问题，用户可以方便地使用其中的函数对特定的优化问题进行求解。一般而言，优化问题的求解大致有以下几种方法。

1. 解析法

对于最优化数学模型中的目标函数和约束条件，如果其具有明确的数学解析表达式，则可以利用数学工具采用解析法对问题进行求解。一般的方法是按照函数求极值的必要条件，用导数方法或者变分法等数学分析的手段求出其解析解，然后按照问题的实际物理意义确定问题的最优解。例如，在优化单变量函数时，往往是利用函数的一阶和二阶导数求取函数平稳点及其类型，而对于多元函数则是利用梯度向量和海赛矩阵来确定平稳点的性质；又如，如果有待优化的函数，其独立变量受到各种约束，则可以用拉格朗日乘子法，这些都是属于解析法的范畴。

2. 数值解法

如果目标函数或约束条件较为复杂，或者并没有明确的数学解析表达式，抑或以现有的解析方法和手段无法求取解析解的优化问题，可以用数值解法来解决，在现在计算机高速发展的时代，数值算法显示出了其优越性。其基本的思想就是用搜索的方法经过一系列的迭代，使得产生的这些序列能够逐步逼近问题的最优解。数值解法常常需要经验或者试验，同时结果也需要通过实际问题验证才是有效的。

3. 混合解法

混合解法即结合了上述 1、2 两种方法的解法。例如，以梯度法为代表的一类解法，这类解法往往是解析法和数值算法相结合的一种方法。

4. 其他优化方法

其他的优化方法诸如以网络图为基础的图论方法，近代发展起来的各种智能优化算法如遗传算法、神经网络方法、蚁群算法、禁忌搜索、粒子群算法等。

3.5 本章小结

本章主要讲述了最优化理论和方法中的基本概念。在概述了最优化问题理论和方法的发展史之后，通过对多个实例的讲解，总结了最优化问题的数学描述并概括了最优化问题的解决方案。

通过本章的学习，读者应掌握以下知识点：

（1）了解最优化问题和最优化方法的定义。

（2）重点掌握最优化问题的建模方法，即如何确定最优化问题的设计变量、目标函数和约束条件，能够用数学语言描述简单的最优化问题。

（3）熟悉最优化问题的分类，了解一些最优化问题的解法。

第4章 线性规划

通过对第3章中实例的学习，我们已经知道如果最优化问题三要素中的目标函数和约束条件都是线性的，则该最优化问题称为线性规划问题。

在本章的学习中，我们会从线性规划的数学描述出发介绍线性规划中的常用术语，在此基础上给出线性规划数学模型的标准形式和标准化方法，进而分析和讲解线性规划的求解方法。同时读者也有机会接触到更多线性规划的实例，并且可以第一次尝试将 MATLAB 和最优化计算结合起来，解决线性规划中的实际问题。

4.1 引言

线性规划（Linear Programming，LP）是最优化理论和方法中的重要领域之一。人们在生产实践中，经常会涉及有限资源的最佳分配问题，从生产能力对产品的分配到国家资源对需求的分配，从生产计划的安排到物资的调运等，此类问题构成了最优化理论与方法中运筹学的一个分支——数学规划，而线性规划则是数学规划的一个重要组成部分，其理论上的完整性、方法上的有效性及应用上的广泛性，较运筹学的其他分支都成熟得多，同时很多运筹学中的实际问题都可以转化为线性规划来解决。

乔治·丹齐格（G. B. Dantzig）被认为是线性规划之父。自从1947年他提出求解线性规划的单纯形方法以来，线性规划在理论上趋向成熟，在应用上也日益深入，成为科学与工程领域广泛应用的数学模型。特别是在计算机能处理海量约束条件和设计变量的线性规划问题之后，线性规划就更加受到青睐。

4.2 线性规划问题的一般提法

在第3章中我们已经接触到了线性规划的实例，下面再来探讨一个有关运输问题的线性规划实例，通过该实例我们将继续有关线性规划标准型的学习。

【例4-1】 运输问题。

设有两个建材厂 C_1 和 C_2，每年沙石的产量分别为35万吨和55万吨，这些沙石需要供应到 W_1、W_2 和 W_3 三个建筑工地，每个建筑工地对沙石的需求量分别为26万吨、38万吨和26万吨，各建材厂到建筑工地之间的运费（万元/万吨）如表4-1所示，问题是应当怎么调运才能使得总运费最少？

表 4-1 建材厂到建筑工地之间的运费

建材厂 \ 运费 \ 工地	W_1	W_2	W_3
C_1	10	12	9
C_2	8	11	13

假设 x_{ij} 代表建材厂 C_i 运往建筑工地 W_j 的数量（万吨），则各建材厂和工地之间的运量可以用表 4-2 来表示。

表 4-2 建材运送分配方案

建材厂 \ 分配量（万吨） \ 工地	W_1	W_2	W_3	输出总量
C_1	x_{11}	x_{12}	x_{13}	35
C_2	x_{21}	x_{22}	x_{23}	55
接收总量	26	38	26	90

可以得出总运费 $f=10x_{11}+12x_{12}+9x_{13}+8x_{21}+11x_{22}+13x_{23}$。

由表 4-2 可知，从建材厂 C_1 运往各个工地的沙石的输出量应为建材厂 C_1 的产量，即 $x_{11}+x_{12}+x_{13}=35$；同样，从建材厂 C_2 运往各个工地的沙石的输出量应为建材厂 C_2 的产量，即 $x_{21}+x_{22}+x_{23}=55$。

同时，各个工地的沙石需求量应当为从各个建材厂接收到沙石的总量，故而有下面的约束条件：

$$x_{11}+x_{21}=26,\ x_{12}+x_{22}=38,\ x_{13}+x_{23}=26$$

注意到，建材厂要么给工地运送沙石，要么就不运送，因此运输量 x_{ij} 为一个非负值，即满足 $x_{ij}\geqslant 0$。

综合以上分析，整个运输问题可以写成如下形式：

$$\begin{cases}\min & f=10x_{11}+12x_{12}+9x_{13}+8x_{21}+11x_{22}+13x_{23}\\ \text{s.t.} & x_{11}+x_{12}+x_{13}=35\\ & x_{21}+x_{22}+x_{23}=55\\ & x_{11}+x_{21}=26\\ & x_{12}+x_{22}=38\\ & x_{13}+x_{23}=26\\ & x_{ij}\geqslant 0\ (i=1,2;\ j=1,2,3)\end{cases}$$

即求取满足约束条件的设计变量 x_{ij} 的值，使得总运费 f 最小。

线性规划问题的具体情景虽然不同，但是在数学上均有以下共同特点：

（1）均可以用一组设计变量来表示一种实施方案；

（2）每个问题都有一定的约束条件，并可以用一组线性等式或者线性不等式表达；

（3）一般都有一个目标函数，该函数用于衡量方案的优劣，可以表达为设计变量的一个线性函数，我们的目的一般为使得目标函数达到最大值或者最小值。

通过后面章节的学习可以发现，本节实例中的线性规划表达形式即为线性规划问题的标准型。下面讲解线性规划问题的标准型。

4.3 线性规划问题的标准型

线性规划的目标函数可以是求最大值，也可以是求最小值，约束条件的不等号可以是小于号也可以是大于号。为了避免这种形式多样性带来的不便，一般采用统一的标准型进行描述。而如果遇到非标准型的线性规划问题，都可以采用相应的方法将其改写成与其等价的线性规划标准型。

4.3.1 线性规划问题的一般标准型

根据线性规划问题的定义，线性规划问题即求取设计变量 $\boldsymbol{x}=[x_1, x_2, \cdots, x_n]^{\mathrm{T}}$ 的值，在线性约束条件下使得线性目标函数达到最大。由此可得，线性规划问题的一般标准型如式（4-1）所示：

$$\begin{cases}\max & f=c_1x_1+c_2x_2+\cdots+c_nx_n \\ \text{s.t.} & a_{11}x_1+a_{12}x_2+\cdots+a_{1n}x_n=b_1 \\ & a_{21}x_1+a_{22}x_2+\cdots+a_{2n}x_n=b_2 \\ & \cdots \\ & a_{m1}x_1+a_{m2}x_2+\cdots+a_{mn}x_n=b_m \\ & x_j\geqslant 0\ \ (j=1,2,\cdots,n)\end{cases} \tag{4-1}$$

其中，$c_i\,(i=1,2,\cdots,n)$、$a_{ij}\,(i=1,2,\cdots,m; j=1,2,\cdots,n)$、$b_i\,(i=1,2,\cdots,m)$均为给定的常数。

由上述数学模型可以总结出，线性规划问题的标准型具有以下特点：

（1）目标函数为设计变量的线性函数，且需要极大化；

（2）约束条件为设计变量的一组线性等式，也称为约束方程组；

（3）设计变量 $x_1, x_2, \cdots, x_n$ 都有非负限制。

4.3.2 线性规划问题的矩阵标准型

利用向量或矩阵符号，线性规划问题的标准型式(4-1)还可以用矩阵形式表达，如式(4-2)所示：

$$\begin{cases}\max & f=\boldsymbol{cx} \\ \text{s.t.} & \boldsymbol{Ax}=\boldsymbol{b} \\ & \boldsymbol{x}\geqslant 0\end{cases} \tag{4-2}$$

其中，$\boldsymbol{c}=[c_1 \quad c_2 \quad \cdots \quad c_n]$，为 n 维行向量；

$$\boldsymbol{A}=\begin{pmatrix} a_{11} & a_{12} & \cdots & a_{1n} \\ a_{21} & a_{22} & \cdots & a_{2n} \\ \cdots & \cdots & \cdots & \cdots \\ a_{m1} & a_{m2} & \cdots & a_{mn} \end{pmatrix}，为 m\times n 矩阵；$$

$\boldsymbol{b}=[b_1 \quad b_2 \quad \cdots \quad b_n]^{\mathrm{T}}$，为 m 维列向量；

$\boldsymbol{x}=[x_1 \quad x_2 \quad \cdots \quad x_n]^{\mathrm{T}}$，为 n 维列向量；$\boldsymbol{x}\geqslant 0$ 是指 x 的各分量 $x_1,x_2,\cdots,x_n\geqslant 0$。

4.3.3 线性规划问题的向量标准型

为了在下面章节中对线性规划问题的解进行探讨，有时还将线性规划问题用向量的形式表示，此时线性规划的向量标准型如式（4-3）所示：

$$\begin{cases} \max & f=\boldsymbol{cx} \\ \text{s.t.} & [\boldsymbol{P}_1,\boldsymbol{P}_2,\cdots,\boldsymbol{P}_n]\boldsymbol{x}=\boldsymbol{b} \\ & \boldsymbol{x}\geqslant 0 \end{cases} \tag{4-3}$$

其中，$\boldsymbol{P}_j$ 为矩阵 $\boldsymbol{A}$ 的第 j 列向量，如式（4-4）所示：

$$\boldsymbol{P}_j=(a_{1j} \quad a_{2j} \quad \cdots \quad a_{mj})^{\mathrm{T}} \tag{4-4}$$

4.3.4 非标准型的标准化

根据实际应用问题建立的线性规划模型在形式上未必是标准型，对于不同类型的非标准型，可以采用相应的方法，通过以下方式将所建立的模型转化为线性规划的标准型。

1. 问题为极小化目标函数

设原有线性规划问题为极小化目标函数：$\min \ f=c_1x_1+c_2x_2+\cdots+c_nx_n$

此时，可设 $f'=-f$，则极小化目标函数问题转化为极大化目标函数问题，即如下问题：

$$\max \ f'=-c_1x_1-c_2x_2-\cdots-c_nx_n$$

2. 约束条件为不等式

如果原有线性规划问题的约束条件为不等式，则可增加一个或减去一个非负变量，使约束条件变为等式，增加或减去的非负变量称为松弛变量。

例如，约束为：$a_{i1}x_1+a_{i2}x_2+\cdots+a_{in}x_n\leqslant b_i$

可在左边增加一个非负变量 x_{n+1}，使其变为等式：$a_{i1}x_1+a_{i2}x_2+\cdots+a_{in}x_n+x_{n+1}=b_i$

如果约束为：$a_{i1}x_1+a_{i2}x_2+\cdots+a_{in}x_n\geqslant b_i$

可在左边减去一个非负变量 x_{n+1}，使其变为等式：$a_{i1}x_1+a_{i2}x_2+\cdots+a_{in}x_n-x_{n+1}=b_i$

3．模型中的某些变量没有非负限制

若对某个变量 x_j 的正负并无限制，可设两个非负变量 x_j' 和 x_j''，令

$$x_j = x_j' - x_j'' \tag{4-5}$$

注意到，因为对原设计变量进行了代换，还需要将式（4-5）代入目标函数和其他约束条件做相应的代换，这样就可以满足线性规划标准型对变量非负的要求。下面通过一个实例来讲解线性规划问题的标准化。

【例 4-2】 将下列线性规划模型标准化。

$$\begin{cases} \min & f = x_1 - 2x_2 + x_3 \\ \text{s.t.} & x_1 + x_2 + x_3 \leqslant 3 \\ & x_1 + x_2 - 2x_3 \geqslant 1 \\ & -x_1 + 2x_2 + 3x_3 = 4 \\ & x_1 \geqslant 0 \\ & x_2 \geqslant 0 \end{cases}$$

按照本节中提到的三种模式，将上述问题转化为等价的线性规划标准型。

原问题的目标函数为求极小，我们将目标函数两边乘以−1 转化为求极大值，即求解目标为：

$$\max \ f = -x_1 + 2x_2 - x_3$$

原问题约束条件中的前两个条件均为不等式，在第一个不等式的左边加上一个松弛变量 x_4，在第二个不等式的左边减去一个松弛变量 x_5，将两者转化为等式约束：

$$x_1 + x_2 + x_3 + x_4 = 3, \ x_1 + x_2 - 2x_3 - x_5 = 1$$

原问题对设计变量 x_3 没有非负限制，故在此引入非负变量 x_3^1 和 x_3^2，令

$$x_3 = x_3^1 - x_3^2 \tag{4-6}$$

并将式（4-6）代入到目标函数和各约束条件中，最后整理可得与原问题等价的线性规划的标准型为：

$$\begin{cases} \max & f = -x_1 + 2x_2 - x_3^1 + x_3^2 \\ \text{s.t.} & x_1 + x_2 + x_3^1 - x_3^2 + x_4 = 3 \\ & x_1 + x_2 - 2x_3^1 + 2x_3^2 - x_5 = 1 \\ & -x_1 + 2x_2 + 3x_3^1 - 3x_3^2 = 4 \\ & x_1, x_2, x_3^1, x_3^2, x_4, x_5 \geqslant 0 \end{cases}$$

4.4 线性规划问题中解的概念

为了帮助分析线性规划求解过程，先介绍线性规划解的概念。仍然考虑式（4-2）中的线性规划的矩阵标准型：

$$\begin{cases} \max & f = \boldsymbol{cx} \\ \text{s.t.} & \boldsymbol{Ax} = \boldsymbol{b} \\ & \boldsymbol{x} \geqslant 0 \end{cases}$$

如果需要求解上述线性规划问题，实际上就是要求出向量 $\boldsymbol{x}=[x_1,x_2,\cdots,x_n]^{\mathrm{T}}$，使得其既能满足约束条件式 $\boldsymbol{Ax}=\boldsymbol{b}$，又能满足 $\boldsymbol{x}\geqslant 0$，且能使目标函数 f 达到最大值，这个向量称为线性规划问题的解。

当求解 $\boldsymbol{Ax}=\boldsymbol{b}$ 时，假设独立方程的个数为 m 个，设计变量的维数为 n，根据线性代数的知识，如果 $m=n$，则方程有唯一解，无优化的自由度；如果 $m>n$，方程个数大于未知数的个数，则有些约束可能不能满足。上述两类问题不在我们探讨的范围之列，也就是我们仅讨论 $m<n$ 的情况，在这个前提下，方程将有无穷多组解，如果直接从这无穷多组解中找出一个非负解使得目标函数取得最大值是很难的。下面将分步骤详细分析如何获得这个线性规划问题的解，同时介绍在这类问题中的几个概念。

4.4.1 基本解

可以证明，如果线性规划问题的解存在，则它必定是从满足 $\boldsymbol{Ax}=\boldsymbol{b}$ 的有限多个“基本解”中选出的，那么我们的第一个任务就是找出满足方程 $\boldsymbol{Ax}=\boldsymbol{b}$ 的基本解。

在这个问题的探讨中，已知独立方程的个数为 m 个，故约束方程组 $\boldsymbol{Ax}=\boldsymbol{b}$ 的系数矩阵 $\boldsymbol{A}$ 的秩为 m，于是 $\boldsymbol{A}$ 中必有 m 个列向量是线性无关的，不妨假设 $\boldsymbol{A}$ 中的前 m 个列向量线性无关，则这 m 个列向量可以构成矩阵 $\boldsymbol{A}$ 的 m 阶非奇异子矩阵，用矩阵 $\boldsymbol{B}$ 表示，如式（4-7）所示：

$$\boldsymbol{B}=\begin{bmatrix} a_{11} & a_{12} & \cdots & a_{1m} \\ a_{21} & a_{22} & \cdots & a_{2m} \\ \cdots & & \ddots & \\ a_{m1} & a_{m2} & \cdots & a_{mm} \end{bmatrix}=\begin{bmatrix}\boldsymbol{P}_1 & \boldsymbol{P}_2 & \cdots & \boldsymbol{P}_m\end{bmatrix} \tag{4-7}$$

$\boldsymbol{B}=(\boldsymbol{P}_1, \boldsymbol{P}_2, \cdots,\boldsymbol{P}_m)$是一个 m 阶的满秩方阵，我们把这个满秩方阵 $\boldsymbol{B}$ 称为线性规划问题的一个基矩阵，简称基。基矩阵 $\boldsymbol{B}$ 的每一个列向量 $\boldsymbol{P}_j(j=1, 2, \cdots ,m)$称为基向量，基向量所对应的设计变量称为基变量，记为：

$$\boldsymbol{x}_B=[x_1 \quad x_2 \quad \cdots \quad x_m]^{\mathrm{T}} \tag{4-8}$$

$\boldsymbol{A}$ 中其余 $n-m$ 个列向量所构成的 $m\times(n-m)$维矩阵称为非基矩阵，记为：

$$\boldsymbol{N}=[\boldsymbol{P}_{m+1} \quad \boldsymbol{P}_{m+2} \quad \cdots \quad \boldsymbol{P}_n]^{\mathrm{T}} \tag{4-9}$$

非基矩阵 $\boldsymbol{N}$ 的每一个列向量称为非基向量，非基向量所对应的设计变量称为非基变量，记为：

$$\boldsymbol{x}_N=[x_{m+1} \quad x_{m+2} \quad \cdots \quad x_N]^{\mathrm{T}} \tag{4-10}$$

根据以上分析和转化，约束方程组 $\boldsymbol{Ax}=\boldsymbol{b}$ 可以转化成如下形式：

$$\begin{bmatrix}\boldsymbol{B} & \boldsymbol{N}\end{bmatrix}\begin{bmatrix}\boldsymbol{x}_B \\ \boldsymbol{x}_N\end{bmatrix}=\boldsymbol{b} \tag{4-11}$$

即

$$\boldsymbol{B}\boldsymbol{x}_B+\boldsymbol{N}\boldsymbol{x}_N=\boldsymbol{b}$$

由于 $\boldsymbol{B}$ 为满秩方阵，故 $\boldsymbol{B}$ 的逆矩阵存在，为 $\boldsymbol{B}^{-1}$，上式两边乘以 $\boldsymbol{B}^{-1}$，可得：

$$\boldsymbol{x}_B+\boldsymbol{B}^{-1}\boldsymbol{N}\boldsymbol{x}_N=\boldsymbol{B}^{-1}\boldsymbol{b} \tag{4-12}$$

上式称为方程组 $\boldsymbol{Ax}=\boldsymbol{b}$ 的“典范式”，如果令非基变量 $\boldsymbol{x}_N=0$，可得：

$$\boldsymbol{x}_B=\boldsymbol{B}^{-1}\boldsymbol{b}$$

故有下式成立：

$$x=\begin{bmatrix}x_B\\x_N\end{bmatrix}=\begin{bmatrix}B^{-1}b\\0\end{bmatrix} \tag{4-13}$$

式（4-13）称为约束方程组 $Ax=b$ 的一个基本解。一般来说，如果线性规划问题中有 n 个设计变量，在 $Ax=b$ 中有 m 个约束方程（$n>m$），则基本解的数量小于或等于 C_n^m 。

需要注意的是，基本解不是线性规划问题的解，而是仅满足约束方程组的解。

4.4.2 可行解、可行域

上面仅考虑了约束方程组 $Ax=b$，下面进一步考虑线性规划问题的非负约束。我们称既满足约束方程组 $Ax=b$，又满足非负约束 $x\geqslant 0$ 的解为线性规划问题的可行解，即可行解满足线性规划问题的所有约束。可行解的集合称为可行域，记做：

$$D=\{x\mid Ax=b, x\geqslant 0\}$$

4.4.3 基本可行解

若线性规划问题的基本解能够满足线性规划问题中的非负约束，即 $x_B=B^{-1}b\geqslant 0$，则称该解 x_B 为基本可行解，简称基可行解，称 B 为可行基。基可行解的数量不会超过 C_n^m 个。显然，基本可行解一定是可行解，基可行解是可行域中一种特殊的解。

4.4.4 最优解

能使得线性规划问题的目标函数值达到最大的可行解称为最优解。线性规划问题中的最优解一定可以在基可行解中找到，而基可行解的数量是有限的，因而这就在理论上保证了可以在有限的步骤之内求出线性规划问题的最优解。

4.4.5 实例

对于上面提出的各种概念，我们通过线性规划中的一个实例对该问题的解进行分析，直观地了解这些概念所代表的意义。

【例 4-3】 有线性规划标准型如下：

$$\begin{cases}\max & f=-x_1+2x_2-x_3\\ \text{s.t.} & x_1+x_2+x_3=3\\ & x_1-x_2-2x_3=1\\ & x_1,x_2,x_3\geqslant 0\end{cases} \tag{4-14}$$

则约束方程组的系数矩阵可以表示如下：

$$A=\begin{bmatrix}1 & 1 & 1\\ 1 & -1 & -2\end{bmatrix}=\begin{bmatrix}P_1 & P_2 & P_3\end{bmatrix}$$

显而易见，矩阵 A 的秩为 2，于是取矩阵 A 的前两个线性无关列 P_1 和 P_2，构成矩阵 A 的 2 阶非奇异子矩阵 B_1 如下：

$$B_1=\begin{bmatrix}P_1 & P_2\end{bmatrix}=\begin{bmatrix}1 & 1\\ 1 & -1\end{bmatrix}$$

由前面的理论分析可知，2 阶满秩矩阵 B_1 是线性规划问题（4-14）的一个基矩阵，与其对应的基变量为 x_1 和 x_2，即 $x_{B_1}=[x_1 \quad x_2]^T$。故而非基矩阵和非基变量分别为：

$$N_1=\begin{bmatrix}P_3\end{bmatrix}=[1 \quad -2]^T,\ x_{N_1}=x_3$$

令非基变量 $x_3=0$，则约束方程组变为：

$$\begin{cases}x_1+x_2=3\\ x_1-x_2=1\end{cases} \tag{4-15}$$

由方程组（4-15）可以求出 $x_1=2$，$x_2=1$。由此可知对应基矩阵 B_1 的基本解为：

$$x_{B_1}=[2 \quad 1 \quad 0] \tag{4-16}$$

由于对应基矩阵 B_1 解向量（4-16）的各分量均为非负，故该解也是线性规划问题的基本可行解。如果这个解可以使得目标函数取得最大值，则该解为最优解。是否为最优解的判断方法将在后续的章节中探讨。

当然，也可以选取矩阵 A 的后两个线性无关列 P_2 和 P_3，构成线性规划的另一个基矩阵如下：

$$B_2=\begin{bmatrix}P_2 & P_3\end{bmatrix}=\begin{bmatrix}1 & 1\\ -1 & -2\end{bmatrix}$$

用相同的方法进行分析，可知，此时的基变量为 x_2 和 x_3，非基变量为 x_1，于是令 $x_1=0$，可以得到对应基矩阵 B_2 的一组基本解为：

$$x_{B_2}=[0 \quad 7 \quad -4] \tag{4-17}$$

由于对应基矩阵 B_2 解向量（4-17）的第二个分量即 x_3 为负，故该解不是线性规划问题的基本可行解。

由理论分析可知，该线性规划问题基本解的个数为 3 个，也就是还可以选取 P_1 和 P_3 构成基矩阵 B_3，求取该问题的第三个基本解。只要有一个基矩阵，就可以求出一个对应的基本解，至于该基本解是否为基本可行解和最优解则需要进一步判断。

4.5 线性规划问题的求解

在这一节的内容中将介绍线性规划问题的求解方法，主要是图形解法和单纯形解法。图形解法主要应用于二维问题的求解，在这里讲述图形解法的原因是让读者能直观地了解线性规划问题的解的类型；在此基础上介绍单纯形算法，它也是 MATLAB 中采用算法的基础。

4.5.1 图形解法

【例 4-4】 用图解法求解如下二维线性规划问题。

$$
\begin{cases}
\max & f = x_1 + x_2 \\
\text{s.t.} & x_1 - 2x_2 \leqslant 4 \\
& x_1 + 2x_2 \leqslant 8 \\
& x_1, x_2 \geqslant 0
\end{cases}
$$

引入平面直角坐标系，以 x_1 作为横轴，以 x_2 作为纵轴，由于线性规划问题满足非负条件 $x_1, x_2 \geqslant 0$，故问题的探讨局限在平面直角坐标系的第一象限。

分析约束条件 $x_1-2x_2 \leqslant 4$，取等式 $x_1-2x_2=4$，这是一条直线，如图 4-1 所示，这条直线将平面分成两个区域，其中直线上的点和直线以上的区域满足不等式 $x_1-2x_2 \leqslant 4$，为可行的区域；同样对于约束条件 $x_1+2x_2 \leqslant 8$，取等式 $x_1+2x_2=8$ 作一条直线，由图 4-1 可见，直线上的点和直线以下的区域为满足不等式 $x_1+2x_2 \leqslant 8$ 的可行区域。同时，问题的讨论局限在第一象限，故而可以根据以上分析得出该线性规划问题的可行区域，即两条直线的可行区域在第一象限的部分。由图中可以看出，假设平面直角坐标系的原点为 O，直线 $x_1-2x_2=4$ 与 x_1 轴的交点为 A，直线 $x_1+2x_2=8$ 与 x_2 轴的交点为 B，两条直线的交点为 C，则该问题的可行域为四边形 $ACBO$ 内的区域（包括边界上的点），在图中用阴影表示出来。该区域即为线性规划的可行域，该可行域中的每一个点可以看做线性规划问题的一个可行解，均满足线性规划问题的约束条件。

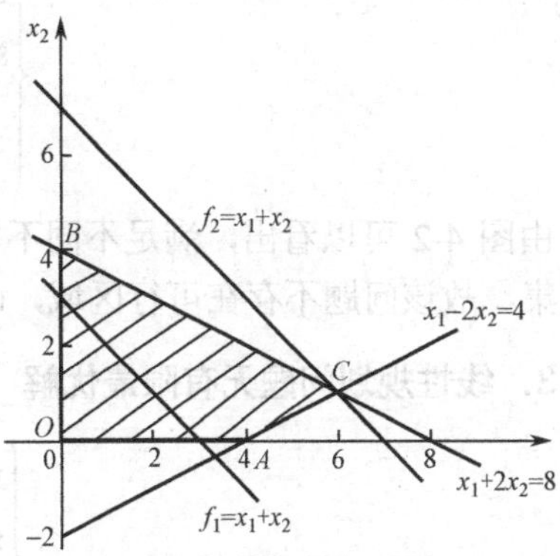

图 4-1 二维线性规划的图解法

在找到了线性规划问题的可行域之后，为了找到线性规划问题的最优解，我们来分析目标函数 $f=x_1+x_2$，可以将其改写为 $x_2=-x_1+f$，可以发现改写后的方程是以 f 为参量，以 -1 为斜率的一族平行的直线，此时可以令目标函数 f 的值等于一系列的常数，作出目标函数的等值线。例如，如果取 $f_1=3$，则有 $x_2=-x_1+f_1=-x_1+3$，如图 4-1 所示。按照类似的方法，可以作出一系列的平行线，在作直线的过程中可以发现，这些平行线越向右上方移动，离原点越远，对应的目标函数值就越大。但是注意到，平行线不能无限远离原点，因为问题还受到可行域的限制，当直线运动到经过点 C 时，即不能继续向上移动，否则将脱离线性规划问题的可行域，故线性规划问题在点 C 达到最大值，此时的直线在图 4-1 上表示为 $f_2=x_1+x_2$，即 $x_2=-x_1+7$，此时有 $x_1=6$，$x_2=1$，目标函数的值为 $f_2=7$。同时进一步总结可以得出，该线性规划问题的可行域为 $ACBO$ 包围成的凸四边形，且目标函数的极值在凸四边形的顶点处取得。

在上面的问题中，求得的最优解是唯一的，但是在不同的目标函数和约束条件下，线性规划问题的可行域还可能出现其他的情况。例如，R 可能是空集也可能是非空集合，当 R 非空时，R 既可能是有界区域，也可能是无界区域。在 R 非空时，线性规划既可以存在有限最优解，也可以不存在有限最优解，即线性规划问题的目标函数值无界。当 R 非空且线性规划问题有有限最优解时，最优解可以唯一或有无穷多个。

针对上面的结论，给出几个简单的例子。

1．线性规划问题具有无穷多最优解

如果将【例 4-4】中的目标函数改为 $f=x_1+2x_2$，则当目标函数对应的一族平行线向右上方移动远离原点时，最终脱离可行域时将与边界线 BC 重合。所以线段 BC 上的所有点都使目标函数取得最大值，此时 R 非空，线性规划问题具有无穷多最优解。

2．线性规划问题无可行解

如果线性规划问题的可行域为空集，则线性规划问题无可行解。此类情况可能出现在约束条件相互矛盾的前提下，例如，对于线性规划问题：

$$\begin{cases} \max & f=3x_1+4x_2 \\ \text{s.t.} & -2x_1+3x_2 \geqslant 1 \\ & x_1-2x_2 \geqslant 3 \\ & x_1,x_2 \geqslant 0 \end{cases}$$

由图 4-2 可以看出，满足不同不等式的两部分可行域（用阴影表示）并无交集，此时 R 为空集，故该问题不存在可行区域，即无可行解。

3．线性规划问题无有限最优解

$$\begin{cases} \max & f=3x_1+4x_2 \\ \text{s.t.} & -x_1+2x_2 \leqslant 4 \\ & x_1-2x_2 \leqslant 4 \\ & x_1,x_2 \geqslant 0 \end{cases}$$

该线性规划问题的可行区域在图 4-3 中用阴影标出，此时 R 非空，但由于两条直线平行，故在线性规划问题的可行域中找不到最大值点，即目标函数值无界，无有限最优解。

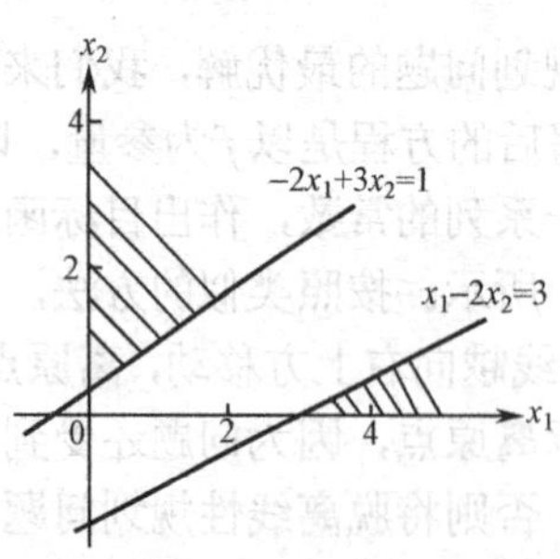

图 4-2　线性规划无可行解时的图示

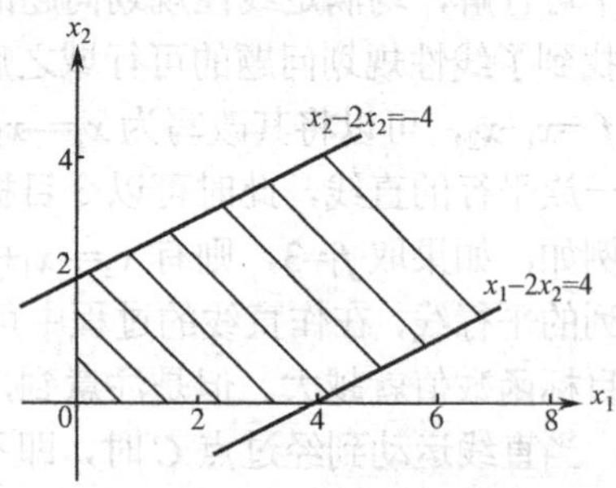

图 4-3　线性规划无有限最优解时的图示

4.5.2　单纯形法

一个线性规划问题的最优解应该对应于可行域内的一个极值点。而每一个极值点都可以由线性规划问题的基本解来确定。因为在线性规划问题中的可行解必须满足设计变量非负的条件，因而可以仅仅研究线性规划问题的基本可行解，从其中寻找最优解。

单纯形法寻找线性规划问题的最优解不是一次完成，而是一个迭代的过程。其方法是，先找到一个满足线性规划问题所有约束的基本可行解，然后下面的每一步迭代的结果都是找到一个新的基本可行解，使得目标函数比上次有所增加。这个迭代过程将一直进行下去，直到目标函数的值不再增加，此时，最优解已经找到。

1．理论基础

我们继续 4.4 节的讨论，探讨一般线性规划问题的单纯形算法，此时需要将目标函数和约束条件相结合。首先给出一个理论基础。由式（4-12）可得：

$$\boldsymbol{x}_B = \boldsymbol{B}^{-1}\boldsymbol{b} - \boldsymbol{B}^{-1}\boldsymbol{N}\boldsymbol{X}_N \tag{4-18}$$

式（4-18）的意义在于用非基变量表达了基变量，相应地，将目标函数改写成类似的形式，令

$$\boldsymbol{c}_B = [c_1 \quad c_2 \quad \cdots \quad c_m],\ \boldsymbol{c}_N = [c_{m+1} \quad c_{m+2} \quad \cdots \quad c_n]$$

于是目标函数可以表示为如下所示：

$$f = \begin{bmatrix}\boldsymbol{c}_B & \boldsymbol{c}_N\end{bmatrix}\begin{bmatrix}\boldsymbol{x}_B \\ \boldsymbol{x}_N\end{bmatrix} \tag{4-19}$$

将（4-18）代入（4-19）可得：

$$f = \boldsymbol{c}_B\left(\boldsymbol{B}^{-1}\boldsymbol{b} - \boldsymbol{B}^{-1}\boldsymbol{N}\boldsymbol{x}_N\right) + \boldsymbol{c}_N\boldsymbol{x}_N = \boldsymbol{c}_B\boldsymbol{B}^{-1}\boldsymbol{b} - \left(\boldsymbol{c}_B\boldsymbol{B}^{-1}\boldsymbol{N} - \boldsymbol{c}_N\right)\boldsymbol{x}_N \tag{4-20}$$

如果可行基 $\boldsymbol{B}$ 满足 $\boldsymbol{c}_B\boldsymbol{B}^{-1}\boldsymbol{N} - \boldsymbol{c}_N \geqslant 0$，则由式（4-20)可得：

$$f = \boldsymbol{c}\boldsymbol{x} \leqslant \boldsymbol{c}_B\boldsymbol{B}^{-1}\boldsymbol{b} \tag{4-21}$$

式（4-21）表明对应于可行基 $\boldsymbol{B}$ 的基本可行解，能使目标函数达到最大值，即最优解。同时注意到：

$$\boldsymbol{c}_B\boldsymbol{B}^{-1}\boldsymbol{A} - \boldsymbol{c} = \boldsymbol{c}_B\boldsymbol{B}^{-1}\begin{bmatrix}\boldsymbol{B} & \boldsymbol{N}\end{bmatrix} - \begin{bmatrix}\boldsymbol{c}_B & \boldsymbol{c}_N\end{bmatrix} = \begin{bmatrix}0 & \boldsymbol{c}_B\boldsymbol{B}^{-1}\boldsymbol{N} - \boldsymbol{c}_N\end{bmatrix}$$

故 $\boldsymbol{c}_B\boldsymbol{B}^{-1}\boldsymbol{N} - \boldsymbol{c}_N \geqslant 0$ 与 $\boldsymbol{c}_B\boldsymbol{B}^{-1}\boldsymbol{A} - \boldsymbol{c} \geqslant 0$ 等价。

于是可以总结得出，对于线性规划的基矩阵 $\boldsymbol{B}$，若满足 $\boldsymbol{B}^{-1}\boldsymbol{b} \geqslant 0$ 且 $\boldsymbol{c}_B\boldsymbol{B}^{-1}\boldsymbol{A} - \boldsymbol{c} \geqslant \boldsymbol{0}$，则对应于基矩阵 $\boldsymbol{B}$ 的基本解是最优解，又叫基本最优解，$\boldsymbol{B}$ 被称为最优基。

那么如何判定一个解是否为线性规划问题的最优解呢？

由式（4-20）可得：$f + \left(\boldsymbol{c}_B\boldsymbol{B}^{-1}\boldsymbol{N} - \boldsymbol{c}_N\right)\boldsymbol{x}_N = \boldsymbol{c}_B\boldsymbol{B}^{-1}\boldsymbol{b}$，即 $f + \begin{bmatrix}0 & \boldsymbol{c}_B\boldsymbol{B}^{-1}\boldsymbol{A} - \boldsymbol{c}\end{bmatrix}\boldsymbol{x} = \boldsymbol{c}_B\boldsymbol{B}^{-1}\boldsymbol{b}$

又由 $\boldsymbol{A}\boldsymbol{x} = \boldsymbol{b}$ 得：$\boldsymbol{B}^{-1}\boldsymbol{A}\boldsymbol{x} = \boldsymbol{B}^{-1}\boldsymbol{b}$，把上面两式写成矩阵形式，得

$$\begin{pmatrix}\boldsymbol{I} & \boldsymbol{c}_B\boldsymbol{B}^{-1}\boldsymbol{A} - \boldsymbol{c} \\ 0 & \boldsymbol{B}^{-1}\boldsymbol{A}\end{pmatrix}\begin{pmatrix}f \\ \boldsymbol{x}\end{pmatrix} = \begin{pmatrix}\boldsymbol{c}_B\boldsymbol{B}^{-1}\boldsymbol{b} \\ \boldsymbol{B}^{-1}\boldsymbol{b}\end{pmatrix}$$

令

$$T(\boldsymbol{B}) = \begin{pmatrix}\boldsymbol{c}_B\boldsymbol{B}^{-1}\boldsymbol{b} & \boldsymbol{c}_B\boldsymbol{B}^{-1}\boldsymbol{A} - \boldsymbol{c} \\ \boldsymbol{B}^{-1}\boldsymbol{b} & \boldsymbol{B}^{-1}\boldsymbol{A}\end{pmatrix} = \begin{pmatrix}b_{00} & b_{01} & b_{02} & \cdots & b_{0n} \\ b_{10} & b_{11} & b_{12} & \cdots & b_{1n} \\ b_{20} & b_{21} & b_{22} & \cdots & b_{22} \\ \cdots & \cdots & \cdots & \cdots & \cdots \\ b_{m0} & b_{m1} & b_{m2} & \cdots & b_{mn}\end{pmatrix} \tag{4-22}$$

称 $T(\boldsymbol{B})$为对应于基 $\boldsymbol{B}$ 的单纯形表，$b_{0j}(j=1,2,\cdots,n)$称为检验数。检验数的作用在于它可以确定线性规划问题的解的性质，举例如下。

（1）线性规划问题最优解的判定

若 $T(\boldsymbol{B})$中所有检验数 $b_{0j}\geqslant 0\ (j=1,2,\cdots,n)$，则 $\boldsymbol{x}_B=\boldsymbol{B}^{-1}\boldsymbol{b}-\boldsymbol{B}^{-1}\boldsymbol{N}\boldsymbol{x}_N$ 是最优解。

（2）线性规划问题无最优解的判定

若 $T(\boldsymbol{B})$中有某一个检验数 $b_{0,m+s}<0$，且在该列中的 $b_{i,m+s}\leqslant 0\ (i=1,2,\cdots,m)$，则线性规划问题无最优解。

2．单纯形迭代

在用单纯形法对线性规划问题进行求解的时候，一般采用单纯形表的方法。下面首先介绍建立单纯形表的方法，然后讲解如何利用单纯形表进行线性规划问题的迭代求解。

在建立初始单纯形表的过程中，需要完成的工作为：首先将线性规划问题转化为标准型，在此基础上找到线性规划问题的一个可行基，即要找到线性规划的一个基本可行解，该基本可行解所对应的基矩阵 $\boldsymbol{B}$ 即是要确定的可行基。

然后从该可行基 $\boldsymbol{B}$ 出发，经如下步骤，求得新基直到求出最优解或无解为止。

1）建立初始单纯形表，算出 $T(\boldsymbol{B})$，确定 $T(\boldsymbol{B})$中的枢点（Pivot）项

首先由可行基 $\boldsymbol{B}$ 按照式（4-22）确定初始的单纯形表，然后根据该初始单纯形表判断 $\boldsymbol{B}$ 对应的基可行解是否为最优解，如果不是最优解，则需要找到一个新的基变量代替原可行基中的某个基变量，其目的是在换基之后使得目标函数值有所增加，向最优的目标靠拢。那么如何确定进基变量和出基变量呢？

（1）确定进基变量

确定进基变量的手段是在初始单纯形表的第一行检验数中进行选择。采用的方法是在所有 $b_{0j}<0$ 的检验数中，选出最小的一个设为 b_{0s}，其对应的非基变量为 x_s，向量 $\boldsymbol{P}_s'=\boldsymbol{B}^{-1}\boldsymbol{P}_s$。此时，即已确定 x_s 为进基变量，即下一次的迭代中将以 x_s 作为基变量。

（2）确定出基变量

既然有新的变量进基，则必有变量出基。确定出基变量的方法是：用 $\boldsymbol{P}_s'$ 列中正的分量 b_{is} 分别去除 b_{i0}，取 $\min\{b_{i0}/b_{is}\}$（若同时有几个相同的最小者，则取其对应的基变量下标最小者），设为 b_{r0}/b_{rs}，即 $\min\{b_{i0}/b_{is}\}=b_{r0}/b_{rs}$。此时，即已确定出基变量为 x_r。

（3）确定枢点项

由确定出基变量时所得的结论可知，b_{rs} 即被称为枢点项，此时需要对枢点项 b_{rs} 进行标注，如在右上角加*或者将枢点项用括号括起来等，以便于后面的讨论和分析。

2）调换基变量，构造新基，构造新的单纯形表 $T(\boldsymbol{B}')$

在基 $\boldsymbol{B}$ 中调入 $\boldsymbol{P}_s$，换出 $\boldsymbol{P}_r$，得到新基：$\boldsymbol{B}'=(\boldsymbol{P}_1,\boldsymbol{P}_2,\cdots,\boldsymbol{P}_{r-1},\boldsymbol{P}_s,\boldsymbol{P}_{r+1},\cdots,\boldsymbol{P}_m)$

在确定了线性规划问题的新基之后，再进一步对单纯形表进行变换，目的是使下一步对基 $\boldsymbol{B}$ 的单纯形表 $T(\boldsymbol{B}')$ 进行适当的变换，使得向量 $\boldsymbol{P}_s'$ 变为单位向量，即使得分量 b_{rs} 取 1，其他分量取 0。在这个过程中运用的是 Gauss-Jordan 消元法，由此可以得到新基 $\boldsymbol{B}'$ 的单纯形表 $T(\boldsymbol{B}')$。Gauss-Jordan 消元法实际上就是下述两次变换。

（1）第一次变换，使 b_{rs}=1

为了使 $b_{rs}=1$，需将原表数用 b_{rs} 去除第 r 行各数，得新表第 r 行各数，即

$$b'_{rj}=\frac{b_{rj}}{b_{rs}}\quad(0\leqslant j\leqslant n)$$

（2）第二次变换，使 $b_{is}=0\,(0\leqslant i\neq r\leqslant m)$

为使新表中 $b_{is}=0\,(0\leqslant i\neq r\leqslant m)$，需将原表中第 i 行减去第 r 行相应数的 b_{is}/b_{rs} 倍，得新表第 i 行的数，即

$$b'_{ij}=b_{ij}-b_{rj}\cdot\frac{b_{is}}{b_{rs}}\,(0\leqslant i\neq j\leqslant m,0\leqslant j\leqslant n)$$

换基后，新基 $\boldsymbol{B}'$ 仍是一个可行基，且目标函数值增加。

（3）按照上面步骤 1）、2）进行重复迭代，循环操作，以求得最优解

需要特别注意的是，如果基 $\boldsymbol{B}$ 对应的单纯形表 $T(\boldsymbol{B})$ 中检验数有负数 $b_{0s}<0$，且对应的列向量 $\boldsymbol{P}'_s=\boldsymbol{B}^{-1}\boldsymbol{P}_s=\begin{pmatrix}b_{1s}\\b_{2s}\\\vdots\\b_{ms}\end{pmatrix}\leqslant 0$，则目标函数无上界，即无最优解。

【例 4-5】 用单纯形法求解下列线性规划问题。

$$\begin{cases}\max & f=4x_1+3x_2\\ & 3x_1+4x_2\leqslant 12\\ & 3x_1+3x_2\leqslant 10\\ & 4x_1+2x_2\leqslant 8\\ & x_1,x_2\geqslant 0\end{cases}$$

首先将上述线性规划模型化为标准型，由于约束条件均为不等式，故加入非负松弛变量 x_3、x_4 和 x_5，令其转化为等式，于是得到的标准型如式（4-23）所示：

$$\begin{cases}\max & f=4x_1+3x_2\\ \text{s.t.} & 3x_1+4x_2+x_3=12\\ & 3x_1+3x_2+x_4=10\\ & 4x_1+2x_2+x_5=8\\ & x_i\geqslant 0\,(i=1,2,\cdots,5)\end{cases}\tag{4-23}$$

此时，约束方程组构成的矩阵 $\boldsymbol{A}$ 为：

$$\boldsymbol{A}=\begin{bmatrix}3&4&1&0&0\\3&3&0&1&0\\4&2&0&0&1\end{bmatrix}$$

各个设计变量对应的列向量为：

$$\boldsymbol{P}_1=\begin{bmatrix}3\\3\\4\end{bmatrix},\ \boldsymbol{P}_2=\begin{bmatrix}4\\3\\2\end{bmatrix},\ \boldsymbol{P}_3=\begin{bmatrix}1\\0\\0\end{bmatrix},\ \boldsymbol{P}_4=\begin{bmatrix}0\\1\\0\end{bmatrix},\ \boldsymbol{P}_5=\begin{bmatrix}0\\0\\1\end{bmatrix}$$

此时线性规划问题有 5 个变量，3 个独立约束方程，即 m=3、n=5，矩阵 $\boldsymbol{A}$ 的秩为 3，故可以选取 3 个线性无关的列向量作为线性规划问题的一个基矩阵。不难发现，由松弛变量对应的列向量构成的矩阵 $\boldsymbol{A}$ 的子矩阵为一个单位阵，此 3 个列向量显然线性无关，于是选择 x_3、x_4 和 x_5 作为初始基，即 $\boldsymbol{x}_B=[x_3 \quad x_4 \quad x_5]$。

此时，由列向量 $\boldsymbol{P}_3$、$\boldsymbol{P}_4$、$\boldsymbol{P}_5$ 所构成的基矩阵 $\boldsymbol{B}_1$ 可以表达如下：

$$\boldsymbol{B}_1=[\boldsymbol{P}_3 \quad \boldsymbol{P}_4 \quad \boldsymbol{P}_5]=\begin{bmatrix}1 & 0 & 0\\0 & 1 & 0\\0 & 0 & 1\end{bmatrix}$$

此时的非基变量为 $\boldsymbol{x}_N=[x_1 \quad x_2]$，令非基变量 x_1=x_2=0，易得一个基本解为：

$$\boldsymbol{x}_{B_1}=\boldsymbol{B}^{-1}\boldsymbol{b}=\boldsymbol{b}=[12 \quad 10 \quad 8]^{\mathrm{T}} \tag{4-24}$$

可见，上述基本解的各个分量均非负，故该基本解为线性规划的一个基本可行解。$\boldsymbol{B}$ 为线性规划问题的一个可行基，故单纯形法的第一步工作已经完成，下面开始迭代，即寻找新的非基变量来代替现有的一个基本变量，使得目标函数值有所增加，直到找到最优解。这个过程可以通过构建单纯形表来完成。单纯形表可以有不同的形式，但其原理都是相同的，这里仅给出一种形式的单纯形表，并给出详细的构造方式和迭代方法。

针对【例 4-5】中的线性规划问题，构建初始单纯形表如表 4-3 所示。从行的角度说，表中的每一行代表一个约束方程（把目标函数也看做约束方程放在第一行）；从列的角度讲，对于约束方程而言，表中的第一列即为约束方程右边的值，而对于目标函数 f 则是填写根据当前基计算出来的目标函数值。其他的每一列则对应于一个变量。

例如，【例 4-5】中的目标函数为 f=4x_1+3x_2，则改写成 f−4x_1−3x_2=0，故表 4-3 的第一行右端系数为 0，Value 处填 0，x_1 和 x_2 处分别填−4 和−3。而对于约束方程 3x_1+4x_2+x_3=12，其方程右端的值为 12，故在 Value 处填 12，在对应变量的位置填 3、4 和 1。

表 4-3　初始单纯形表

	Value	x_1	x_2	x_3	x_4	x_5
f	0	−4	−3	0	0	0
x_3	12	3	4	1	0	0
x_4	10	3	3	0	1	0
x_5	8	4	2	0	0	1

由【例 4-5】求初始基可行解的过程可知，如果线性规划标准型的向量 $\boldsymbol{b}$ 的每一个分量均为正，当令所有的松弛变量为基时，总是可以找到一组基本可行解。这时每个基本变量的值等于其方程右端的常数。由于此时目标函数的系数全都为零，所以对应的目标函数值也为零。我们的目的就是要使用单纯形法，通过变换运算，在每次迭代的最后，使得当前基本变量对应的矩阵 $\boldsymbol{B}$ 形成一个单位阵，并且目标函数中对应于基本变量的系数变为零。具有这种性质的表称为规范型。

下面对单纯形表进行迭代，寻找该线性规划问题的最优解。

1）对基于 $\boldsymbol{B}_1$ 的初始单纯形表的操作

（1）对单纯形表进行判别

单纯形表 4-3 的检验数存在负数，即 b_{01}=–4、b_{03}=–3，可知基 $\boldsymbol{B}_1$ 对应的解不满足最优解条件，又 b_{01}、b_{03} 对应的列向量中的分量有非负数，所以需要进行换基迭代。

（2）确定进基变量、出基变量和枢点项

在两个非负检验数中，取最小者，即 b_{01}=–4，b_{01} 对应设计变量 x_1 所在列，故 x_1 为进基变量，标记进基变量所在列的符号 s=1。下面确定出基变量和枢点项。

设计变量 x_1 对应的列向量为：$P_1'=[3\quad 3\quad 4]^T$

P_1' 中的 3 个分量均为正数，即 b_{11}=3、b_{21}=3、b_{31}=4，此时需要分别计算单纯形表中 $b_{i0}/b_{i1}(i=1,2,3)$ 的值，即将除第一行外 Value 列的值和 x_1 对应列的值相除，然后取其最小值，这样就可以确定出基变量和枢点项，于是：

$$\min\left(\frac{b_{10}}{b_{11}},\frac{b_{20}}{b_{21}},\frac{b_{30}}{b_{31}}\right)=\min\left(\frac{12}{3},\frac{10}{3},\frac{8}{4}\right)=\min\left(4,\frac{10}{3},2\right)=2$$

即选择的是 b_{30}/b_{31}，于是 r=3，枢点项为 b_{31}，枢点项所在行对应的变量为 x_5，故出基变量为 x_5。把枢点项用括号括起来，如表 4-4 所示。

表 4-4　标记枢点项

	Value	x_1	x_2	x_3	x_4	x_5
f	0	–4	–3	0	0	0
x_3	12	3	4	1	0	0
x_4	10	3	3	0	1	0
x_5	8	(4)	2	0	0	1

（3）调换基变量，构造新的基矩阵 $\boldsymbol{B}_2$ 和单纯形表

由上面的推导得，出基变量为 x_5，进基变量为 x_1，故在 $\boldsymbol{B}_1$ 中加入 $\boldsymbol{P}_1$，换出 $\boldsymbol{P}_5$，得到线性规划问题的新的基矩阵 $\boldsymbol{B}_2$：

$$\boldsymbol{B}_2=\begin{bmatrix}\boldsymbol{P}_3 & \boldsymbol{P}_4 & \boldsymbol{P}_1\end{bmatrix}=\begin{bmatrix}1 & 0 & 3\\ 0 & 1 & 3\\ 0 & 0 & 4\end{bmatrix}$$

下一步的任务就是使当前基变量对应的矩阵 $\boldsymbol{B}_2$ 形成一个单位阵，并且目标函数中对应于基本变量的系数变为零。为此，采用 Gauss-Jordan 消元法，这个方法分为两个阶段，在前面的步骤中已经介绍过。

首先为了使 b_{rs}=1，需将枢点项所在行的所有数值除以枢点项的值，即用 b_{rs} 去除第 r 行各数，得新表。第 r 行各数如表 4-5 所示。

表 4-5　Gauss-Jordan 消元(1)

	Value	x_1	x_2	x_3	x_4	x_5
f	0	–4	–3	0	0	0
x_3	12	3	4	1	0	0
x_4	10	3	3	0	1	0
x_1	2	(1)	1/2	0	0	1/4

然后是使得 b_{rs} 所在列的元素除了 b_{rs} 以外，其他的数值均为零，即形成单位阵的一个列向量，并且目标函数中对应于基本变量的系数变为零。在这里采用的方法是将某一行的元素加上或者减去枢点行对应元素的若干倍。例如，为了使 f 所在行、新基变量 x_1 所在列的元素变成零，由表 4-5 可知，应当用 f 所在行的元素减去枢点项所在行的元素的 4 倍，注意是对应元素均采用同样的法则。同时，需要对除枢点行以外的所有行进行类似的操作，即

原表中第 0 行各数减去第 3 行相应数 $b_{01}/b_{31}=-4$ 倍，得新表第 0 行的数；

原表中第 1 行各数减去第 3 行相应数 $b_{11}/b_{21}=3$ 倍，得新表第 1 行的数；

原表中第 2 行各数减去第 3 行相应数 $b_{21}/b_{31}=3$ 倍，得新表第 2 行的数。

经过以上变换，新的基矩阵变成单位阵，且目标函数对应于基本变量的系数变为零，即建立了基于新的基矩阵 $\boldsymbol{B}_2$ 的单纯形表。至此，完成了一次迭代，如表 4-6 所示。

表 4-6　Gauss-Jordan 消元(2)

	Value	x_1	x_2	x_3	x_4	x_5
f	8	0	−1	0	0	1
x_3	6	0	5/2	1	0	−3/4
x_4	4	0	3/2	0	1	−3/4
x_1	2	1	1/2	0	0	1/4

在得到新的单纯形表之后，需要进行判断是否进行再次迭代，采用的方法和上一次的迭代完全相同。

2）对基于 $\boldsymbol{B}_2$ 的单纯形表的操作

（1）对单纯形表进行判别

单纯形表 4-6 的检验数存在负数，即 $b_{02}=-1$，可知基 $\boldsymbol{B}_2$ 对应的解不满足最优解条件，又 b_{02} 对应的列向量中的分量有非负数，故还需要进行换基迭代。

（2）确定进基变量、出基变量和枢点项

由于 b_{02} 对应设计变量 x_2 所在列，故 x_2 为进基变量，标记进基变量所在列的符号 s=2。下面确定出基变量和枢点项。

设计变量 x_2 对应的列向量为：$P_2'=[5/2\quad 3/2\quad 1/2]^{\mathrm{T}}$

$\boldsymbol{P}_2'$ 中的 3 个分量均为正数，则分别计算单纯形表中 $b_{i0}/b_{i2}\,(i=1,2,3)$ 的值，可知：

$$\min\left(\frac{b_{10}}{b_{12}},\frac{b_{20}}{b_{22}},\frac{b_{30}}{b_{32}}\right)=\min\left(\frac{12}{5},\frac{8}{3},4\right)=\frac{12}{5}$$

于是 r=1，枢点项为 b_{12}，枢点项所在行对应的变量为 x_3，故出基变量为 x_3。把枢点项用括号括起来，如表 4-7 所示。

表 4-7　标记枢点项

	Value	x_1	x_2	x_3	x_4	x_5
f	8	0	−1	0	0	1
x_3	6	0	(5/2)	1	0	−3/4
x_4	4	0	3/2	0	1	−3/4
x_1	2	1	1/2	0	0	1/4

（3）调换基变量，构造新的基矩阵 $\boldsymbol{B}_3$ 和单纯形表

出基变量为 x_3，进基变量为 x_2，故在 $\boldsymbol{B}_1$ 中加入 $\boldsymbol{P}_2$，换出 $\boldsymbol{P}_3$，得到线性规划问题的新的基矩阵 $\boldsymbol{B}_3$：

$$\boldsymbol{B}_3=\begin{bmatrix}\boldsymbol{P}_2 & \boldsymbol{P}_4 & \boldsymbol{P}_1\end{bmatrix}=\begin{bmatrix}4 & 0 & 3\\ 3 & 1 & 3\\ 2 & 0 & 4\end{bmatrix}$$

对表 4-7 采用 Gauss-Jordan 消元法，使得括号中的元素 b_{rs}=1，即将枢点行所有元素均除以 b_{rs}，结果如表 4-8 所示。

表 4-8　Gauss-Jordan 消元(1)

	Value	x_1	x_2	x_3	x_4	x_5
f	8	0	–1	0	0	1
x_2	12/5	0	(1)	2/5	0	–3/10
x_4	4	0	3/2	0	1	–3/4
x_1	2	1	1/2	0	0	1/4

然后对表继续作行变换，可以得到基于基矩阵 $\boldsymbol{B}_3$ 的单纯形表，如表 4-9 所示。

表 4-9　Gauss-Jordan 消元(2)

	Value	x_1	x_2	x_3	x_4	x_5
f	52/5	0	0	2/5	0	7/10
x_2	12/5	0	1	2/5	0	–3/10
x_4	2/5	0	0	–3/5	1	–3/10
x_1	4/5	1	0	–1/5	0	2/5

线性规划问题的单纯形表 4-9 中，检验数已没有负数，即所有 $b_{0i}>0\left(i=1,2,3\right)$，故基矩阵 $\boldsymbol{B}_3$ 对应的基本可行解是线性规划问题的最优解。此时线性规划问题的最优解为：

$$\boldsymbol{x}^*=[x_2\quad x_4\quad x_1]^{\mathrm{T}}=[12/5\quad 2/5\quad 4/5]^{\mathrm{T}} \tag{4-25}$$

对应的目标函数的极值为 $f^*=52/5$。

为了验证该方法的结果，由于最后一步选择的基矩阵为：

$$\boldsymbol{B}_3=\begin{bmatrix}4 & 0 & 3\\ 3 & 1 & 3\\ 2 & 0 & 4\end{bmatrix}$$

而 $\boldsymbol{b}=\begin{bmatrix}12 & 10 & 8\end{bmatrix}^{\mathrm{T}}$，故一个基本可行解为 $\boldsymbol{x}_B=\boldsymbol{B}^{-1}\boldsymbol{b}=[12/5\quad 2/5\quad 4/5]^{\mathrm{T}}$，计算结果和式(4-25)相一致。

同时，根据最优解的判定条件，对于该可行基 $\boldsymbol{B}_3$，由 f=4x_1+3x_2 可知：

$$\boldsymbol{c}_B=\begin{bmatrix}3 & 0 & 4\end{bmatrix}$$

由于 $\boldsymbol{B}_3$、$\boldsymbol{A}$ 的值均已知，经过检验，满足不等式 $\boldsymbol{c}_B\boldsymbol{B}^{-1}\boldsymbol{A}-\boldsymbol{c}\geqslant 0$，故该可行解为线性规划问题的一个最优解。

4.5.3 人工变量单纯形法

在【例 4-5】中，不等式约束均有“≤”的形式，这样才可以通过将非负松弛变量加到（而不是减去）每个不等式的左端，将不等式转化为等式，这时，将所加的松弛变量作为初始基变量，所得到的基矩阵为一个单位阵，可以很容易地获得一个初始基本可行解进行单纯形法的迭代。

但是在一般情况下，线性规划问题的约束条件存在等式和不等式，同时不等式也存在“≤”和“≥”，注意到当约束方程组中含有“=”约束时，不需要加入非负松弛变量，当约束方程组中含有“≥”约束时，需要减去一个非负松弛变量，在这两种情况下就无法形成单位阵作为初始的基矩阵进行求解，即不能顺利得到一个初始基本可行解，从而造成迭代的困难。此时，需要用到人工变量，而将人工变量用于单纯形求解中的算法主要有大 M 法和两阶段法，下面逐一介绍。

1. 大 M 法

大 M 法的原理是，先将线性规划问题变换成标准型，然后将新的非负变量加到具有“=”或者“≥”类型约束的方程的左端，于是用这些新的变量作为基变量就可以构成一个初始可行基。人为加入的这些非负变量称为人工变量。人工变量与松弛变量不同，它没有明确的物理意义，只是为了获得一个初始可行基而设置的。

但是，对任何一个约束增加非负变量之后与原约束就是矛盾的，为了解决这个矛盾，使新增加的变量对任一可行解无影响，我们在目标函数中给新增加的变量赋以一个很大的负系数（因为线性规划的标准型为目标函数求极大），这个系数通常用 M 来表示，因而这个方法又叫大 M 法。在目标函数中使用一个大的“$-M$”是迫使新的变量为零，否则目标函数将远不能达到极大值。

【例 4-6】 使用大 M 法求解如下线性规划问题。

$$\begin{cases}\max & f = x_1 + 3x_2 - x_3 \\ \text{s.t.} & x_1 + x_2 + 2x_3 = 4 \\ & -x_1 + 2x_2 + x_3 = 4 \\ & x_j \geqslant 0\ (j = 1,2,3)\end{cases}$$

通过引入人工变量 x_4 和 x_5 到约束等式的左边，同时修改线性规划问题的目标函数，将上述线性规划问题转化为如下形式：

$$\begin{cases}\max & f = x_1 + 3x_2 - x_3 - Mx_4 - Mx_5 \\ \text{s.t.} & x_1 + x_2 + 2x_3 + x_4 = 4 \\ & -x_1 + 2x_2 + x_3 + x_5 = 4 \\ & x_j \geqslant 0\ (j = 1,2,\cdots,5)\end{cases}$$

用单纯形法求解，其中约束方程组的系数矩阵 $\boldsymbol{A}$ 为：

$$\boldsymbol{A} = \begin{bmatrix} 1 & 1 & 2 & 1 & 0 \\ -1 & 2 & 1 & 0 & 1 \end{bmatrix}$$

对应各设计变量的列向量为：

$$\boldsymbol{P}_1=\begin{bmatrix}1\\-1\end{bmatrix},\boldsymbol{P}_2=\begin{bmatrix}1\\2\end{bmatrix},\boldsymbol{P}_3=\begin{bmatrix}2\\1\end{bmatrix},\boldsymbol{P}_4=\begin{bmatrix}1\\0\end{bmatrix},\boldsymbol{P}_5=\begin{bmatrix}0\\1\end{bmatrix}$$

取 x_4 和 x_5 作为初始基变量，则由列向量 $\boldsymbol{P}_4$、$\boldsymbol{P}_5$ 所构成的基矩阵 $\boldsymbol{B}_1$ 可以表达如下：

$$\boldsymbol{B}_1=\begin{bmatrix}\boldsymbol{P}_4 & \boldsymbol{P}_5\end{bmatrix}=\begin{bmatrix}1 & 0\\0 & 1\end{bmatrix}$$

令非基变量 $x_1=x_2=x_3=0$，得该线性规划问题的一个基本解为：

$$\boldsymbol{x}_{B_1}=\boldsymbol{B}^{-1}\boldsymbol{b}=\boldsymbol{b}=[4\quad 4]^{\mathrm{T}}$$

解的各分量均为非负，故该基本解为线性规划的一个基本可行解，可用单纯形法开始迭代。首先构造此线性规划问题的单纯形表，如表 4-10 所示，注意其中含有 M 项，但这并不影响求解过程。

表 4-10　单纯形表（1）

	Value	x_1	x_2	x_3	x_4	x_5
f	0	−1	−3	1	M	M
x_4	4	1	1	2	1	0
x_5	4	−1	2	1	0	1

表 4-10 并非单纯形表的规范型，因为目标函数对应于基变量 x_4 和 x_5 的系数不为零，故采用矩阵的行变换将表 4-10 转化为规范型，如表 4-11 所示。

表 4-11　单纯形表（2）

	Value	x_1	x_2	x_3	x_4	x_5
f	$-8M$	−1	$-3M-3$	$-3M+1$	0	0
x_4	4	1	1	2	1	0
x_5	4	−1	(2)	1	0	1

在单纯形表 4-11 的检验数中含有负数，故不是最优解，需要进行换基迭代。由于 $b_{02}=-3-3M$ 为检验数中最小的负数，故 b_{02} 所在列对应的非基变量 x_2 为进基变量。此后可以根据单纯形法算出基变量为 x_4，枢点元素为 $b_{22}=2$，此时将 x_2 代替 x_5、$\boldsymbol{P}_2$ 代替 $\boldsymbol{P}_5$，得到新的基矩阵为：

$$\boldsymbol{B}_2=\begin{bmatrix}\boldsymbol{P}_4 & \boldsymbol{P}_2\end{bmatrix}=\begin{bmatrix}1 & 1\\0 & 2\end{bmatrix}$$

经过 Gauss-Jordan 消元，使得当前基变量对应的列向量可以构成一个单位阵，同时目标函数对应于这些基变量的系数为零，用如上方法可以建立关于基 $\boldsymbol{B}_2$ 的单纯形表，如表 4-12 所示。

表 4-12　单纯形表（3）

	Value	x_1	x_2	x_3	x_4	x_5
f	$6-2M$	$-3M/2-5/2$	0	$-3M/2+5/2$	0	$3M/2+3/2$
x_4	2	(3/2)	0	3/2	1	−1/2
x_2	2	−1/2	1	1/2	0	1/2

在单纯形表 4-12 的检验数中含有负数，继续迭代。由于 $b_{01}=-3M/2-5/2$ 为检验数中最小的负数，故 b_{01} 所在列对应的非基变量 x_1 为进基变量。此后可以根据单纯形法算出基变量为 x_4，枢点元素为 $b_{11}=2$，此时将 x_1 代替 x_4、$\boldsymbol{P}_1$ 代替 $\boldsymbol{P}_4$，得到新的基矩阵为：

$$\boldsymbol{B}_3=\begin{bmatrix}\boldsymbol{P}_1 & \boldsymbol{P}_2\end{bmatrix}=\begin{bmatrix}1 & 1\\ -1 & 2\end{bmatrix}$$

经过 Gauss-Jordan 消元，可以建立关于基 $\boldsymbol{B}_3$ 的单纯形表，如表 4-13 所示。

表 4-13　单纯形表（4）

	Value	x_1	x_2	x_3	x_4	x_5
f	28/3	0	0	5	M+5/3	M+2/3
x_1	4/3	1	0	1	2/3	−1/3
x_2	8/3	0	1	1	1/3	1/3

线性规划问题的单纯形表 4-13 中，检验数已没有负数，所有 $b_{0i}>0$ (i=1,2,3)，故基矩阵 $\boldsymbol{B}_3$ 对应的基本可行解是线性规划问题的最优解。此时线性规划问题的最优解为：

$$\boldsymbol{x}^*=[x_1\quad x_2]^{\mathrm{T}}=[4/3\quad 8/3]^{\mathrm{T}} \tag{4-26}$$

对应的目标函数的极值为 $f^*=28/3$。

至此，已经用大 M 法完成了线性规划问题的求解，其过程与单纯形法没有什么不同。但是经过分析可以知道，对于规模较大的线性规划问题，如果给 M 赋一个很大的值，设计变量在目标函数中的系数就会显得微不足道，则问题的解对于设计变量的目标系数相对变得不敏感，会造成较大的舍入误差。在这种情况下，一般使用人工变量的另一种重要方法——两阶段法。

2．两阶段法

两阶段法也是用以解决具有“=”或者“⩾”类型约束的线性规划问题的初始可行解问题。顾名思义，该方法分为两个阶段进行。

1）第一阶段

先引入松弛变量和人工变量，而目标函数则由人工变量的和组成。这一步的工作是用单纯形法把目标函数对应的所有人工变量的值变为零。若第一阶段最优解对应的目标函数的最优值为零，则所有人工变量一定都取零值，说明原问题存在基可行解，可以进行第二阶段的计算；否则，原问题无可行解，停止计算。

2）第二阶段

用原问题的目标函数代替人工目标函数，用第一阶段获得的基本可行解作为该阶段迭代的初始点，进行单纯形的换基迭代。

【例 4-7】 用两阶段法求解下面的线性规划问题。

$$\begin{cases}\max & f=3x_1-x_2-x_3\\ \text{s.t.} & x_1-2x_2+x_3\leqslant 11\\ & -4x_1+x_2+2x_3\geqslant 3\\ & -2x_1+x_3=1\\ & x_j\geqslant 0\,(j=1,2,3)\end{cases}$$

首先将该问题转化为线性规划问题的标准型，在原问题的不等式约束中分别加入松弛变量 x_4 和 x_5，可得如下线性规划标准型问题：

$$\begin{cases}\max & f=3x_1-x_2-x_3\\ \text{s.t.} & x_1-2x_2+x_3+x_4=11\\ & -4x_1+x_2+2x_3-x_5=3\\ & -2x_1+x_3=1\\ & x_j\geqslant 0\ (j=1,2,\cdots,5)\end{cases}$$

在上述标准型问题中，由于不存在单位阵基矩阵，故需要引入人工变量人为地构造出单位阵基矩阵，因此采用两阶段法。

第一阶段，构造辅助问题，加入人工变量 x_6 和 x_7，并将目标函数表示为人工变量的和，目的就是为了构造单位阵。辅助问题的形式如下：

$$\begin{cases}\max & f'=-x_6-x_7\\ \text{s.t.} & x_1-2x_2+x_3+x_4=11\\ & -4x_1+x_2+2x_3-x_5+x_6=3\\ & -2x_1+x_3+x_7=1\\ & x_j\geqslant 0\ (j=1,2,\cdots,7)\end{cases}$$

用单纯形法对该问题进行求解，可见，由于加入了人工变量，使得现在的辅助问题的约束方程组中形成了单位阵，即选取 x_4、x_6 和 x_7 为基变量，基矩阵即是一个单位阵。经过上述转化之后，辅助问题的初始单纯形表如表 4-14 所示。

表 4-14　单纯形表（1）

	Value	x_1	x_2	x_3	x_4	x_5	x_6	x_7
f	0	0	0	0	0	0	1	1
x_4	11	1	–2	1	1	0	0	0
x_6	3	–4	1	2	0	–1	1	0
x_7	1	–2	0	1	0	0	0	1

然后需要将表 4-14 中目标函数一行对应的人工变量的系数变为零，于是将 f 这一行数据减去 x_6 所在行和 x_7 所在行的数据之和，结果如表 4-15 所示。

表 4-15　单纯形表（2）

	Value	x_1	x_2	x_3	x_4	x_5	x_6	x_7
f	–4	6	–1	–3	0	1	0	0
x_4	11	1	–2	1	1	0	0	0
x_6	3	–4	1	2	0	–1	1	0
x_7	1	–2	0	(1)	0	0	0	1

可以看出，表 4-15 的检验数中 b_{03} 为最小的负数，故确定 x_3 为进基变量，进而确定枢点元素为 b_{33}，即出基变量为 x_7。之后对表进行 Gauss-Jordan 消元，于是经过一次迭代以后的单

纯形表如表 4-16 所示。

表 4-16　单纯形表（3）

	Value	x_1	x_2	x_3	x_4	x_5	x_6	x_7
f	–1	0	-1	0	0	1	0	3
x_4	10	3	-2	0	1	0	0	–1
x_6	1	0	(1)	0	0	–1	1	–2
x_3	1	–2	0	1	0	0	0	1

同样的，表 4-16 的检验数中 b_{02} 为最小的负数，故确定 x_2 为进基变量，进而确定枢点元素为 b_{22}，即出基变量为 x_6。之后对表进行 Gauss-Jordan 消元，于是经过二次迭代以后的单纯形表如表 4-17 所示。

表 4-17　单纯形表（4）

	Value	x_1	x_2	x_3	x_4	x_5	x_6	x_7
f	0	0	0	0	0	0	1	1
x_4	12	3	0	0	1	–2	2	–5
x_2	1	0	1	0	0	–1	1	–2
x_3	1	–2	0	1	0	0	0	1

由表 4-17 可以看出，所有的检验数已经非负，故已经求得辅助问题最优解：

$$x_0^* = [x_1 \quad x_2 \quad \cdots \quad x_7] = [0 \quad 1 \quad 1 \quad 12 \quad 0 \quad 0 \quad 0]^{\mathrm{T}}$$

此时，目标函数最优值 $f'^* = 0$，且人工变量已全部出基。故第一阶段结束，转入第二阶段，求解原线性规划问题。这时以在第一阶段筛选出来的基变量构成基矩阵作为原线性规划问题的初始可行基，并将辅助问题的最优解删去人工变量的两列，作为原线性规划问题的初始可行解，然后进行单纯形算法的换基迭代。在这个问题中，初始可行基为 $\boldsymbol{B}_1 = [\boldsymbol{P}_4 \quad \boldsymbol{P}_2 \quad \boldsymbol{P}_3]$，初始可行解为 $\boldsymbol{x}_{\boldsymbol{B}_1} = [x_1 \quad x_2 \quad \cdots \quad x_7] = [0 \quad 1 \quad 1 \quad 12 \quad 0]^{\mathrm{T}}$。

在单纯形表中删去人工变量 x_6 和 x_7 这两列，把第一行换成原问题目标函数（消去基变量以后）的系数。

$$\begin{cases} \max \quad f = 3x_1 - x_2 - x_3 \\ \text{s.t.} \quad x_1 - 2x_2 + x_3 + x_4 = 11 \\ \qquad -4x_1 + x_2 + 2x_3 - x_5 = 3 \\ \qquad -2x_1 + x_3 = 1 \\ \qquad x_j \geqslant 0\,(j = 1, 2, \cdots, 5) \end{cases}$$

继续迭代，在这里需要注意的是，因为将原问题的系数带入以后的表 4-18（a）将使得原本的基变量 x_4、x_2 和 x_3 所构成的矩阵不是单位阵，此时先要进行线性变化，例如在本例中就需要将 f 所在行减去 x_2 所在行和 x_3 所在行的和，之后得到表 4-18（b），才可以继续单纯形算法的换基迭代。

表 4-18（a） 单纯形表（5）

	Value	x_1	x_2	x_3	x_4	x_5
f	0	−3	1	1	0	0
x_4	12	3	0	0	1	−2
x_2	1	0	1	0	0	−1
x_3	1	−2	0	1	0	0

表 4-18（b） 单纯形表（6）

	Value	x_1	x_2	x_3	x_4	x_5
f	−2	−1	0	0	0	1
x_4	12	(3)	0	0	1	−2
x_2	1	0	1	0	0	−1
x_3	1	−2	0	1	0	0

表 4-19 单纯形表（7）

	Value	x_1	x_2	x_3	x_4	x_5
f	2	0	0	0	1/3	1/3
x_1	4	1	0	0	1/3	−2/3
x_2	1	0	1	0	0	−1
x_3	9	0	0	1	2/3	−4/3

由表 4-18（b）可知，检验数 b_{01} 为唯一的负数，故进基变量为 x_1，而在进基变量 x_1 所在列中只有 b_{11} 元素为正，进而确定枢点元素为 b_{11}，故出基变量为 x_4。然后使用 Gauss-Jordan 消元法消元，结果如表 4-19 所示，此时检验数已经全部非负，故已找到该问题的最优解。根据表中的数据可知，目标函数的最大值在最优解 x^* 处取得：

$$x^* = \begin{bmatrix}4 & 1 & 9 & 0 & 0\end{bmatrix}^{\mathrm{T}}$$

目标函数的最大值为 $f^* = 2$。

4.6 线性规划问题的 MATLAB 求解方法

与一般的线性规划理论一样，在 MATLAB 中有线性规划的标准型，和前面介绍的一般标准型有类似之处，也有不同之处。在调用 MATLAB 线性规划函数 linprog 时，要遵循 MATLAB 中对标准型的要求。

4.6.1 线性规划问题的 MATLAB 标准型

线性规划问题的 MATLAB 标准型为：

$$\begin{cases}\min & f=\boldsymbol{c}^{\mathrm{T}}\boldsymbol{x}\\ \text{s.t.} & \boldsymbol{Ax}\leqslant\boldsymbol{b}\\ & \boldsymbol{A}_{\mathrm{eq}}\boldsymbol{x}=\boldsymbol{b}_{\mathrm{eq}}\\ & \boldsymbol{lb}\leqslant\boldsymbol{x}\leqslant\boldsymbol{ub}\end{cases}$$

在上述模型中，有一个需要极小化的目标函数 f，以及需要满足的约束条件。

假设 $\boldsymbol{x}$ 为 n 维设计变量，且线性规划问题具有不等式约束 m_1 个，等式约束 m_2 个，那么：$\boldsymbol{c}$、$\boldsymbol{x}$、$\boldsymbol{lb}$ 和 $\boldsymbol{ub}$ 均为 n 维列向量，$\boldsymbol{b}$ 为 m_1 维列向量，$\boldsymbol{b}_{\mathrm{eq}}$ 为 m_2 维列向量，$\boldsymbol{A}$ 为 $m_1 \times n$ 维矩阵，$\boldsymbol{A}_{\mathrm{eq}}$ 为 $m_2 \times n$ 维矩阵。

需要注意的是如下两点：第一，在该 MATLAB 标准型中，目的是对目标函数求极小，这与前面所讲的内容是不同的；第二，MATLAB 标准型中的不等式约束形式为“≤”。

【例 4-8】 对于如下线性规划问题：

$$\begin{cases}\max & f=4x_1-2x_2+x_3\\ \text{s.t.} & 2x_1-x_2+x_3\leqslant 12\\ & -8x_1+2x_2-2x_3\geqslant 8\\ & -2x_1+x_3=3\\ & x_1+x_2=7\\ & x_1,x_2,x_3\geqslant 0\end{cases}$$

要转化为 MATLAB 标准形式，则需要经过如下几个步骤。

（1）原问题是对目标函数求极大，故添加负号使问题目标为 $\min f=-4x_1+2x_2-x_3$。

（2）原问题中存在“≥”的约束条件，故添加负号使其变为 $8x_1-2x_2+2x_3\leqslant -8$。

于是不等式组合约束写成矩阵的形式，即为：

$$\begin{bmatrix}2 & -1 & 1\\ 8 & -2 & 2\end{bmatrix}\begin{bmatrix}x_1\\ x_2\\ x_3\end{bmatrix}\leqslant\begin{bmatrix}12\\ -8\end{bmatrix}$$

将等式写成矩阵的形式，即为：

$$\begin{bmatrix}-2 & 0 & 1\\ 1 & 1 & 0\end{bmatrix}\begin{bmatrix}x_1\\ x_2\\ x_3\end{bmatrix}=\begin{bmatrix}3\\ 7\end{bmatrix}$$

4.6.2 线性规划问题求解的 MATLAB 函数调用

MATLAB 优化工具箱中求解线性规划问题的命令为 linprog，其函数调用方法有多种形式，如下所示。

```
x = linprog(c,A,b)
x = linprog(c,A,b,Aeq,beq)
x = linprog(c,A,b,Aeq,beq,lb,ub)
```

```
x = linprog(c,A,b,Aeq,beq,lb,ub,x0)
x = linprog(c,A,b,Aeq,beq,lb,ub,x0,options)
x = linprog(problem)
[x,fval] = linprog(...)
[x,fval,exitflag] = linprog(...)
[x,fval,exitflag,output] = linprog(...)
[x,fval,exitflag,output,lambda] = linprog(...)
```

下面先对上述函数调用过程中涉及的输入参数和输出参数做一个详细的讲解。

1. 输入参数

MATLAB 工具箱中的 linprog 函数在求解线性规划问题时，提供的参数为模型参数、初始解参数和算法控制参数。其中，模型参数有 $\boldsymbol{x}$、$\boldsymbol{c}$、$\boldsymbol{lb}$、$\boldsymbol{ub}$、$\boldsymbol{b}$、$\boldsymbol{b}_{eq}$、$\boldsymbol{A}$ 和 $\boldsymbol{A}_{eq}$，在 4.6.1 节的 MATLAB 标准型中已经介绍了其具体物理意义和获得方法。

x0 为线性规划问题的初始解，该设置仅在中型规模算法中有效，而在默认的大型规模算法和单纯形算法中，MATLAB 将忽略一切初始解。

options 为包含算法控制参数的结构变量，可以通过 optimset 命令对这些具体的控制参数进行设置。optimset 函数的调用形式如下：

```
options = optimset('param1',value1,'param2',value2,...)
```

该命令格式创建一组控制参数结构变量 options，将参数的具体值赋给单引号之间的参数。任何未被指定的参数将被赋值为[]，参数值为[]的具体含义是将该组控制参数传递给优化函数时将使用 MATLAB 提供的默认值。

上述命令调用方式为所有优化函数中的一般情形，对不同的优化函数 MATLAB 提供不同的优化参数结构变量选项。针对本章的线性优化问题的求解函数 linprog，常用的参数如表 4-20 所示。

表 4-20 linprog 中的控制参数设置

参数名称	参数设置
Diagnostics	设置是否显示函数优化中的诊断信息，可以选择 on 或者 off（默认值），该功能主要显示一些退出信息，即 linprog 函数运算终止的原因
Display	设置显示信息的级别，当该参数值为 off 时，不显示任何输出信息；当参数值为 iter 时，将显示每一步迭代的输出信息，iter 参数值仅对大型规模算法和中型规模的单纯形算法有效；当参数值为 final 时，仅显示最终的输出信息
Simplex	当该参数值为 on 时，函数采用单纯形算法
LargeScale	设置是否采用大型规模算法，当参数值为 on（默认值）时，使用大型规模算法；当参数值为 off 时，使用中型规模算法
MaxIter	算法运行中的最大迭代次数，对于大型规模算法，默认值为 85；对于单纯形算法，默认值为 10×设计变量的个数；对于中型有效集算法，为 10×max（设计变量的个数，不等式约束的个数+边界约束的个数）
TolFun	函数计算终止的误差限，对于大型规模算法其默认值为 1×10^{-8}，对于中型规模的有效集算法无效

2. 输出参数

linprog 函数返回的输出参数有 x、fval、exitflag、lambda 和 output。x 为线性规划问题的最优解，fval 为线性规划问题在最优解 x 处的函数值。

exitflag 返回的是优化函数计算终止时的状态指示，说明算法终止的原因，其取值和其代表的具体原因如表 4-21 所示。

表 4-21　参数 exitflag 的取值和物理意义

取　值	物 理 意 义
1	已经收敛到解 x
0	已经达到最大迭代次数限制 options.MaxIter
−2	没有找到问题的可行点
−3	问题无有限最优解
−4	在算法执行过程中遇到了 NaN 值
−5	原线性规划问题和其对偶问题均不可行
−7	搜索方向变化太小，无法进一步获得更优解，说明原线性规划问题或者约束条件是病态的

输出参数 output 是一个返回优化过程中相关信息的结构变量，它所包含的属性及属性代表的意义如表 4-22 所示。

表 4-22　参数 output 所包含的信息

属 性 名 称	属 性 含 义
output.iterations	优化过程中的实际迭代次数
output.algorithm	优化过程中所采用的具体算法
output.cgiterations	0（仅用于大型规划算法，为了后向兼容性而设置的参数）
output.message	退出信息

输出参数 lambda 是返回线性规划问题最优解 x 处的拉格朗日乘子的一个结构变量，其总维数等于约束条件的个数，其非零分量对应于起作用的约束条件，其属性如表 4-23 所示。

表 4-23　参数 lambda 所包含的信息

属 性 名 称	属 性 含 义
ineqlin	线性不等式约束的拉格朗日乘子
eqlin	线性等式约束的拉格朗日乘子
upper	上界约束的拉格朗日乘子
lower	下界约束的拉格朗日乘子

3. 命令详解

下面结合 linprog 函数的调用方式和具体参数的含义，说明在 MATLAB 中如何使用 linprog 函数求解线性规划问题。

1）x = linprog(c,A,b)

该函数调用格式求解如下形式的线性规划问题：

$$\begin{cases} \min & f = \boldsymbol{c}^{\mathrm{T}}\boldsymbol{x} \\ \text{s.t.} & \boldsymbol{A}\boldsymbol{x} \leqslant \boldsymbol{b} \end{cases}$$

即该函数仅解决具有不等式约束 $\boldsymbol{Ax}\leqslant\boldsymbol{b}$ 的线性规划问题。

2）x = linprog(c,A,b,Aeq,beq)

该函数调用格式求解如下形式的线性规划问题：

$$\begin{cases} \min & f = \boldsymbol{c}^{\mathrm{T}}\boldsymbol{x} \\ \text{s.t.} & \boldsymbol{A}\boldsymbol{x} \leqslant \boldsymbol{b} \\ & \boldsymbol{A}_{\mathrm{eq}}\boldsymbol{x} = \boldsymbol{b}_{\mathrm{eq}} \end{cases}$$

即该函数调用格式解决的是既含有线性等式约束，又含有线性不等式约束的线性规划问题，如果在线性规划问题中无线性不等式约束，则可以设 A=[]、b=[]。

3）x = linprog(c,A,b,Aeq,beq,lb,ub)

该函数调用格式求解如下形式的线性规划问题：

$$\begin{cases} \min & f = \boldsymbol{c}^{\mathrm{T}}\boldsymbol{x} \\ \text{s.t.} & \boldsymbol{A}\boldsymbol{x} \leqslant \boldsymbol{b} \\ & \boldsymbol{A}_{\mathrm{eq}}\boldsymbol{x} = \boldsymbol{b}_{\mathrm{eq}} \\ & \boldsymbol{lb} \leqslant \boldsymbol{x} \leqslant \boldsymbol{ub} \end{cases}$$

即在线性规划问题的求解过程中进一步考虑了对设计变量的约束，其中 $\boldsymbol{lb}$ 和 $\boldsymbol{ub}$ 均是和设计变量维数相同的列向量。如果对设计变量没有上界约束，可以设置 $\boldsymbol{ub}(i)$ = Inf，如果没有下界约束，可以设置 $\boldsymbol{lb}(i)$ = –Inf；和 2）类似，如果问题中没有等式约束，则可以设 Aeq=[]、beq=[]。

4）x = linprog(c,A,b,Aeq,beq,lb,ub,x0)

在前面调用方法的基础上设置线性规划问题求解的初始解为 x0，该参数仅在使用有效集算法时生效，否则当使用默认的内点算法时，将忽略任何初始点，即参数无效。

5）x = linprog(c,A,b,Aeq,beq,lb,ub,x0,options)

用 options 指定的优化参数进行最小化。可以使用 optimset 来设置这些参数。

上面的函数调用格式仅设置了最优解这一个输出参数，如果需要更多的输出参数则可以参照下面的调用格式。

1）[x,fval] = linprog(...)

在优化计算结束之时返回线性规划问题在解 x 处的目标函数值 fval。

2）[x,fval,exitflag] = linprog(...)

在优化计算结束之时返回 exitflag 值，描述函数计算的退出条件。exitflag 的意义如表 4-21 所示。

3）[x,fval,exitflag,output] = linprog(...)

在优化计算结束之时返回结构变量 output，output 的意义如表 4-22 所示。

4）[x,fval,exitflag,output,lambda] = linprog(...)

在优化计算结束之时返回线性规划问题最优解 x 处的拉格朗日乘子 lambda，lambda 的意义如表 4-23 所示。

4. 已给出实例的 MATLAB 求解

下面结合 4.5 节中的实例给出 MATLAB 的求解方法，然后在 4.7 节再根据具体的工程应用给出关于线性规划问题的综合实例。

【例 4-9】 【例 4-4】的 MATLAB 求解。

```
%目标函数，为转化为极小，取目标函数中设计变量的相反数
c=[-1;-1];
%线性不等式约束
A=[1 -2;1 2];
b=[4;8];
%设计变量的边界约束，由于无上界，故设置 ub=[Inf;Inf]
lb=[0;0];
ub=[Inf;Inf];
%求最优解 x 和目标函数值 fval，由于无等式约束，故设置 Aeq=[]，beq=[]
[x,fval]=linprog(c,A,b,[],[],lb,ub)
Optimization terminated.
x =
    6.0000
    1.0000
%原问题极值的相反数
fval =
   -7.0000
```

【例 4-10】 【例 4-5】的 MATLAB 求解。

```
%目标函数，为转化为极小，取目标函数中设计变量的相反数
c=[-4;-3];
%线性不等式约束
A=[3 4;3 3;4 2];
b=[12;10;8];
%设计变量的边界约束，由于无上界，故设置 ub=[Inf;Inf]
lb=[0;0];
ub=[Inf;Inf];
%求最优解 x 和目标函数值 fval，由于无等式约束，故设置 Aeq=[]，beq=[]，且输出参数 exitflag
[x,fval,exitflag]=linprog(c,A,b,[],[],lb,ub)
%最优解向量 x
x =
    0.8000
    2.4000
%在最优解向量 x 处的原线性规划问题的目标函数值的相反数
```

```
fval =
  -10.4000
%优化结束时的状态指示，exitflag 参数的值为 1，代表线性规划问题收敛到了最优解 x
exitflag =
   1
```

【例 4-11】 【例 4-6】的 MATLAB 求解。

```
%目标函数，为转化为极小，取目标函数中设计变量的相反数
c=[-1;-3;1];
%线性等式约束
Aeq=[1 1 2;-1 2 1];
beq=[4;4];
%设计变量的边界约束，由于无上界，故设置 ub=[Inf;Inf;Inf]
lb=[0;0;0];
ub=[Inf;Inf;Inf];
%求最优解 x 和目标函数值 fval，由于无线性不等式约束和边界约束，故设置 A=[]，b=[]，
%且输出参数 exitflag 和 output
[x,fval,exitflag,output]=linprog(c,[],[],Aeq,beq,lb,ub)
Optimization terminated.
%最优解向量 x
x =
    1.3333
    2.6667
    0.0000
%在最优解向量 x 处的原线性规划问题的目标函数值的相反数
fval =
  -9.3333
%优化结束时的状态指示，exitflag 参数的值为 1，代表线性规划问题收敛到了最优解 x
exitflag =
   1
%优化算法的输出信息结构变量
output =                                                %输出信息结构变量
      iterations: 4                                     %说明优化算法迭代 4 次
       algorithm: 'large-scale: interior point'
                                                        %说明采用的是大型规模的内点算法
    cgiterations: 0
         message: 'Optimization terminated.' %退出信息
```

【例 4-12】 【例 4-7】的 MATLAB 求解。

```
%目标函数，为转化为极小，取目标函数中设计变量的相反数
c=[-3;1;1];
%线性不等式约束
```

```
A=[1 -2 1;4 -1 -2];
b=[11;-3];
%线性等式约束
Aeq=[-2 0 1];
beq=[1];
%设计变量的边界约束，由于无上界，故设置 ub=[Inf;Inf;Inf]
lb=[0;0;0];
ub=[Inf;Inf;Inf];
%求最优解 x 和目标函数值 fval，且输出参数 exitflag、output 和 lambda
[x,fval,exitflag,output,lambda]=linprog(c,A,b,Aeq,beq,lb,ub)
Optimization terminated.
%最优解向量 x
x =
    4.0000
    1.0000
    9.0000
%在最优解向量 x 处的原线性规划问题的目标函数值的相反数
fval =
   -2.0000
%优化结束时的状态指示，exitflag 参数的值为 1，代表线性规划问题收敛到了最优解 x
exitflag =
     1
%优化算法的输出信息结构变量
output =                                              %输出信息结构变量
      iterations: 6                                   %说明优化算法迭代 4 次
       algorithm: 'large-scale: interior point'
                                                      %说明采用的是大型规模的内点算法
    cgiterations: 0                                   %取值为 0，为了后向兼容而设定
         message: 'Optimization terminated.' %退出信息
%最优解 x 处的拉格朗日乘子结构变量
lambda =
    ineqlin: [2x1 double]
      eqlin: -0.6667
      upper: [3x1 double]
      lower: [3x1 double]
```

4.7 线性规划实例

本节中的实例将线性规划问题的建模和求解综合在一起，目的是让读者进一步了解典型线性规划问题的建模技巧和 MATLAB 在线性规划问题求解中的使用方法。

4.7.1 生产计划问题

【例 4-13】 工厂工艺流程的安排

某工厂需要生产 A、B 两种产品以满足市场的需求。这两种产品的生产均需要经过两道工艺流程。每生产 1kg 的 A 产品在第一道工艺流程耗时 4 小时，在第二道工艺流程耗时 6 小时；每生产 1kg 的 B 产品在第一道工艺流程耗时 6 小时，在第二道工艺流程耗时 8 小时。由于生产计划的要求，可供用的第一道工艺流程工时为 240 小时，第二道工艺流程工时为 480 小时。

在化学品生产的过程中一般会伴随着副产品的生产，该工厂在生产 B 产品的同时，会产出副产品 C，每生产 1kg 的 B 产品会产生 2kg 的副产品 C，而不需外加任何费用，由于副产品 C 的利用率问题，使得产品 C 中的一部分可盈利，其他部分只能报废。

根据核算，出售 1kg 的 A 产品可以盈利 600 元，出售 1kg 的 B 产品可以盈利 1 000 元，出售 1kg 的 C 产品可以盈利 300 元，而报废 1kg 的 C 产品需要亏损 200 元。

经市场预测，在计划期内，产品 C 最大销售量为 50kg，此时，应当如何安排 A、B 两种产品的产量，使该工厂的预计总盈利可以达到最大？

在本例中，重点是设计变量的选取方法。因为副产品 C 的出现和限制销售量使得问题显得稍复杂。如果用 x_1 和 x_2 分别代表产品 A 和产品 B 的产量，作为该问题的设计变量，由于产品 C 的产量为 $2x_2$，且如果 $2x_2>50$，其小于 50 的部分会产生盈利，但其超出的部分会产生亏损，即产品 C 的单位利润会在 300 和–200 之间变化，在这个前提下，总利润和产量之间就产生了非线性关系，我们会发现在确定目标函数和约束条件时比较困难。于是，我们需要另辟蹊径，寻求设计变量的选择方法，解决这个问题。

由于 MATLAB 为线性规划的求解打开了方便之门，我们选择设计变量的余地就很大，在两个设计变量难以解决的前提下，我们可以设置多个设计变量，使得目标函数和约束条件均为线性。

我们从产品 C 的约束出发，既然 C 产品可能产生盈利，也可能产生亏损，则设置相应的设计变量来表示其产生盈利的部分和产生亏损的部分，即产品 C 的销售量和报废量。故在这个原则下，我们得到问题的设计变量如下。

产品 A 的产量：x_1

产品 B 的产量：x_2

产品 C 的销售量：x_3

产品 C 的报废量：x_4

于是产品 C 的产量即为其销售量和报废量之和，即 x_3+x_4。

进而，由销售产品 A 产生的预计盈利为 $600x_1$，由销售产品 B 产生的预计盈利为 $1000x_2$ 由销售产品 C 产生的预计盈利为 $300x_3$，由报废产品 C 产生的亏损为 $200x_4$，故将预计总盈利作为该问题的目标函数 f，可得：$f = 600x_1 + 1\,000x_2 + 300x_3 - 200x_4$

我们的目的是使得利润最大，即极大化该目标函数的值。

由于产品 C 是伴随产品 B 出现的，其数量之间满足的约束关系为：$x_3 + x_4 = 2x_2$

由于产品 C 的最大销量为 50kg，故问题满足约束条件：$x_3 \leqslant 50$

进而考虑生产产品过程中的耗时，由于每道工艺流程的总工时是确定的，例如在第一道工艺流程上，生产 $x_1$kg 的 A 产品需要耗时 $4x_1$ 小时，生产 $x_2$kg 的 B 产品需要 $6x_2$ 小时，其总和必须小于 240 小时；对第二道工艺流程的分析也一样。故还需满足约束条件：$4x_1 + 6x_2 \leqslant 240$；$6x_1 + 8x_2 \leqslant 480$。

经过上述分析，可以得到该问题的线性规划模型为：

$$\begin{cases} \max & f = 600x_1 + 1\,000x_2 + 300x_3 - 200x_4 \\ \text{s.t.} & -2x_2 + x_3 + x_4 = 0 \\ & x_3 \leqslant 50 \\ & 2x_1 + 3x_2 \leqslant 120 \\ & 3x_1 + 4x_2 \leqslant 240 \\ & x_1, x_2, x_3, x_4 \geqslant 0 \end{cases}$$

用 MATLAB 求解的代码和结果如下：

```
%目标函数，为转化为极小，取目标函数中设计变量的相反数
c=[-600;-1000;-300;200];
%线性不等式约束
A=[2 3 0 0;3 4 0 0;0 0 1 0];
b=[120;240;50];
%线性等式约束
Aeq=[0 -2 1 1];
beq=[0];
%设计变量的边界约束，由于无上界，故设置 ub=[Inf;Inf;Inf;Inf]
lb=[0;0;0;0];
ub=[Inf;Inf;Inf;Inf];
%求最优解 x 和目标函数值 fval
[x,fval]=linprog(c,A,b,Aeq,beq,lb,ub)
Optimization terminated.
%最优解向量 x
x =
   22.5000
   25.0000
   50.0000
    0.0000
%在最优解向量 x 处的原线性规划问题的目标函数值的相反数
fval =
  -5.3500e+004
```

由上述结果可知，当 A 产品的产量为 22.5kg、B 产品的产量为 25kg 时，该工厂预计盈利的最大值为 5.35 万元，其中伴随 B 产品产生的 C 产品恰好为 50kg，为可销售的最大值。

4.7.2 连续投资问题

【例 4-14】 机构为获取最大收益的投资问题。

某机构现在拥有资本 200 万元，为了获取更大的收益，该机构决定将这 200 万元进行投资，以期最大回报。现在共有 4 个方案可供选择，投资的方式为每年年初将机构持有的所有资本都用于投资。

方案 1：从第 1 年到第 4 年的每年年初都需要投资，次年年末收回本利 1.15。

方案 2：第 3 年年初投资，到第 5 年年末收回本利 1.25，最大投资额为 80 万元。

方案 3：第 2 年年初投资，到第 5 年年末收回本利 1.40，最大投资额为 60 万元。

方案 4：每年年初投资，每年年末收回本利 1.06。

则应该采用何种投资组合策略，使得该机构 5 年年末的总资本最大？

由于方案有 4 种可选，且每种开始投资的期限一般也不相同，故选择设计变量时需要考虑这两个因素。最直观的选法，是令 x_{ij} 为第 i 年年初投资方案 j 的资金数，此时，设计变量可以用表 4-24 来表示。

表 4-24 机构投资策略

投资金额 年份 / 方案	第 1 年	第 2 年	第 3 年	第 4 年	第 5 年
1	x_{11}	x_{21}	x_{31}	x_{41}	
2			x_{32}		
3		x_{23}			
4	x_{14}	x_{24}	x_{34}	x_{44}	x_{54}

按照该例中所提出的投资方式和我们对机构投资策略的假设，在第 1 年时，将所有的 100 万元用于投资，可选的方案为方案 1 和方案 2，故满足条件：$x_{11}+x_{14}=200$

由于在第 1 年年末投资方案 4 的资金在第 1 年年末即收回本利 1.11，故该部分资金即 $1.11x_{14}$ 可用于第 2 年的投资，即：$x_{21}+x_{23}+x_{24}=1.06x_{14}$

由于方案 3 的最大投资额为 60 万元，故有：$x_{23}\leqslant 60$

可用于第 3 年投资的资本数来源于第 1 年投资方案 1 收回的本利 $1.15x_{11}$ 和第 2 年投资方案 4 收回的本利 $1.11x_{24}$，故有：$x_{31}+x_{32}+x_{34}=1.15x_{11}+1.06x_{24}$

由于方案 2 的最大投资额为 80 万元，故有：$x_{32}\leqslant 80$

可用于第 4 年投资的资本数来源于第 2 年投资方案 1 收回的本利 $1.15x_{21}$ 和第 3 年投资方案 4 收回的本利 $1.11x_{34}$，故有：$x_{41}+x_{44}=1.15x_{21}+1.06x_{34}$

可用于第 5 年投资的资本数来源于第 3 年投资方案 1 收回的本利 $1.15x_{31}$ 和第 4 年投资方案 4 收回的本利 $1.11x_{44}$，故有：$x_{54}=1.15x_{31}+1.06x_{44}$

通过上述连续投资方式，在第 5 年年末可以获得的本利资本总和为：

$$f=1.15x_{41}+1.25x_{32}+1.40x_{23}+1.06x_{54}$$

我们的目的就是选择最佳的投资策略，极大化目标函数f的值。

综合以上分析，得到该线性规划问题的数学描述为：

$$\begin{cases} \max & f = 1.40x_{23} + 1.25x_{32} + 1.15x_{41} + 1.06x_{54} \\ \text{s.t.} & x_{11} + x_{14} = 200 \\ & 1.06x_{14} - x_{21} - x_{23} - x_{24} = 0 \\ & 1.15x_{11} + 1.06x_{24} - x_{31} - x_{32} - x_{34} = 0 \\ & 1.15x_{21} + 1.06x_{34} - x_{41} - x_{44} = 0 \\ & 1.15x_{31} + 1.06x_{44} - x_{54} = 0 \\ & x_{23} \leqslant 60 \\ & x_{32} \leqslant 80 \\ & x_{ij} \geqslant 0\ (i = 1,2,\cdots,5;\ j = 1,2,3,4) \end{cases}$$

用 MATLAB 求解的代码和结果如下：

```
%目标函数，为转化为极小，取目标函数中设计变量的相反数
c=[0;0;0;-1.40;0;0;-1.25;0;-1.15;0;-1.06];
%线性等式约束
Aeq=[1 1 0 0 0 0 0 0 0 0 0;
   0 1.06 -1 -1 -1 0 0 0 0 0 0;
   1.15 0 0 0 1.06 -1 -1 -1 0 0 0;
   0 0 1.15 0 0 0 0 1.06 -1 -1 0
   0 0 0 0 0 1.15 0 0 0 1.06 -1];
beq=[200;0;0;0;0];
%设计变量的边界约束
lb=[0;0;0;0;0;0;0;0;0;0;0];
ub=[Inf;Inf;Inf;60;Inf;Inf;80;Inf;Inf;Inf;Inf];
%求最优解 x 和目标函数值 fval，由于无不等式约束，故设置 A=[]，b=[]
[x,fval]=linprog(c,[],[],Aeq,beq,lb,ub)
Optimization terminated.
%最优解向量 x
x =
 123.5459
   76.4541
   21.0414
   60.0000
    0.0000
   34.5138
   80.0000
   27.5639
   53.4154
```

```
   0.0000
  39.6909
%在最优解向量 x 处的原线性规划问题的目标函数值的相反数
fval =
 -287.5000
```

由运行结果可知，采取上述最佳投资方案之后，在第 5 年年末所得到的总资本数为 287.5 万元。

4.7.3 配料问题

【例 4-15】 饲养场的配料问题。

某饲养场有 5 种饲料。已知各种饲料的单位价格和每百千克饲料的蛋白质、矿物质、维生素含量如表 4-25 所示，又知该场每日至少需蛋白质 70 单位、矿物质 3 单位、维生素 10 毫单位。问如何混合调配这 5 种饲料，才能使总成本最低？

表 4-25 饲料的成分和单价

饲料种类	成分			饲料单价
	蛋白质/单位	矿物质/单位	维生素/毫单位	
1	0.30	0.10	0.05	2
2	2.20	0.05	0.10	7
3	1.00	0.02	0.02	4
4	0.60	0.20	0.20	3
5	1.80	0.05	0.08	5

设第 i 种饲料的用量为 x_i（百千克），i=1,2, ⋯ ,5，则对应的总成本（元）为：

$$f = 2x_1 + 7x_2 + 4x_3 + 3x_4 + 5x_5$$

要求蛋白质的总含量不少于 70 单位，则：$0.3x_1 + 2.2x_2 + x_3 + 0.6x_4 + 1.8x_5 \geqslant 70$

要求矿物质的总含量不少于 3 单位，则：$0.1x_1 + 0.05x_2 + 0.02x_3 + 0.2x_4 + 0.05x_5 \geqslant 3$

要求维生素的含量不少于 10 毫单位，则：$0.05x_1 + 0.1x_2 + 0.02x_3 + 0.2x_4 + 0.08x_5 \geqslant 10$

而且各饲料的用量应当满足非负约束，即：$x_j \geqslant 0\ (j = 1,2,\cdots,5)$

因而该配料问题的数学模型如下：

$$\begin{cases} \min & f = 2x_1 + 7x_2 + 4x_3 + 3x_4 + 5x_5 \\ \text{s.t.} & 0.3x_1 + 2.2x_2 + x_3 + 0.6x_4 + 1.8x_5 \geqslant 70 \\ & 0.1x_1 + 0.05x_2 + 0.02x_3 + 0.2x_4 + 0.05x_5 \geqslant 3 \\ & 0.05x_1 + 0.1x_2 + 0.02x_3 + 0.2x_4 + 0.08x_5 \geqslant 10 \\ & x_j \geqslant 0\ (j = 1,2,\cdots,5) \end{cases}$$

用 MATLAB 求解的代码和结果如下：

```
%目标函数
c=[2;7;4;3;5];
```

```
%线性不等式约束
A=[-0.3 -2.2 -1 -0.6 -1.8
   -0.1 -0.05 -0.02 -0.2 -0.05
   -0.05 -0.1 -0.02 -0.2 -0.08];
b=[-70;-3;-10];
%设计变量的边界约束
lb=[0;0;0;0;0];
ub=[Inf;Inf;Inf;Inf;Inf];
%求最优解 x 和目标函数值 fval，由于无等式约束，故设置 Aeq=[]，beq=[]
[x,fval]=linprog(c,A,b,[],[],lb,ub)
Optimization terminated.
%最优解向量 x
x =
    0.0000
    0.0000
    0.0000
   39.7436
   25.6410
%在最优解向量 x 处的目标函数值 fval
fval =
  247.4359
```

由运行结果可知，只需要后两种饲料即可，其中饲料 4 需要 3 974.36kg，饲料 5 需要 2 564.1kg，且此时的最低成本为 247.4 元。

4.7.4 运输问题

回顾【例 4-1】，这是一个相当典型的线性规划问题。关于运输问题，在线性规划领域有很多讨论，在这里先给出【例 4-1】的 MATLAB 求解，然后给出运输问题的一般形式和一些结论。

【例 4-1】最后给出的线性规划问题的数学模型为：

$$\begin{cases}\min & f=10x_{11}+12x_{12}+9x_{13}+8x_{21}+11x_{22}+13x_{23} \\ \text{s.t.} & x_{11}+x_{12}+x_{13}=35 \\ & x_{21}+x_{22}+x_{23}=55 \\ & x_{11}+x_{21}=26 \\ & x_{12}+x_{22}=38 \\ & x_{13}+x_{23}=26 \\ & x_{ij}\geqslant 0\ \ (i=1,2;\ j=1,2,3)\end{cases}$$

该问题符合 MATLAB 的标准型，其求解代码和运行结果如下：

```
%目标函数
c=[10;12;9;8;11;13];
%线性等式约束
Aeq=[1 1 1 0 0 0;
     0 0 0 1 1 1
     1 0 0 1 0 0
     0 1 0 0 1 0
     0 0 1 0 0 1];
beq=[35;55;26;38;26];
%设计变量的边界约束，由于无上界约束，故设置 ub=[Inf;Inf;Inf;Inf;Inf;Inf]
lb=[0;0;0;0;0;0];
ub=[Inf;Inf;Inf;Inf;Inf;Inf];
%求最优解 x 和目标函数值 fval，由于无不等式约束，故设置 A=[]，b=[]
[x,fval]=linprog(c,[],[],Aeq,beq,lb,ub)
Optimization terminated.
%最优解向量 x
x =
    0.0000
    9.0000
   26.0000
   26.0000
   29.0000
    0.0000
%最优解向量 x 处的目标函数值
fval =
  869.0000
```

将上述运输问题推广到一般形式可以描述为：

设某种物资有 m 个产地 $A_1, A_2, \cdots, A_m$ 和 n 个销地 $B_1, B_2, \cdots, B_n$，各产地的产量分别为 $a_1, a_2, \cdots, a_m$，各销地的需求量分别为 $b_1, b_2, \cdots, b_n$。且由 A_i 到 B_j 的单位物资的运价为 c_{ij}，问应该如何调运才能使由各产地调出的物资总量满足各销地的需求并使得总运费最省？

为了建立该线性规划问题的数学模型，引入变量 x_{ij}，其取值为由产地 A_i 运往销地 B_j 的该商品数量，则产、销地之间的运量和单位物资的运价可以由表 4-26 来描述。

表 4-26　产地和销地之间的运量和单位运费

产地 \ 运量和运价 \ 销地	B_1	B_2	…	B_n	产　量
A_1	x_{11} c_{11}	x_{12} c_{12}	…	x_{1n} c_{1n}	a_1
A_2	x_{21} c_{21}	x_{22} c_{22}	…	x_{2n} c_{2n}	a_2

续表

销地 运量和运价 产地	B_1	B_2	…	B_n	产　量
⋮	⋮	⋮	…	⋮	⋮
A_m	x_{m1} c_{m1}	x_{m2} c_{m2}	…	x_{mn} c_{mn}	a_m
销量	b_1	b_2	…	b_n	

根据与【例 4-1】一样的分析过程，可得该优化问题的数学描述为：

$$\begin{cases} \min & \sum_{i=1}^{m}\sum_{j=1}^{n} c_{ij}x_{ij} \\ \text{s.t.} & \sum_{j=1}^{n} x_{ij} = a_i \ (i=1,2,\cdots,m) \\ & \sum_{i=1}^{m} x_{ij} = b_j \ (j=1,2,\cdots,n) \\ & x_{ij} \geqslant 0 \ (i=1,2,\cdots,m;\ j=1,2,\cdots,n) \end{cases} \tag{4-27}$$

显然是一个线性规划问题，进一步地，对产销平衡的运输问题，由于有以下关系式存在：

$$\sum_{j=1}^{n} b_j = \sum_{i=1}^{m}\left(\sum_{j=1}^{n} x_{ij}\right) = \sum_{j=1}^{n}\left(\sum_{i=1}^{m} x_{ij}\right) = \sum_{i=1}^{m} a_i \tag{4-28}$$

可以证明，式（4-28）是式（4-27）有可行解的充分必要条件，该结论的一个推论是任何产销平衡问题都有最优解。

运输问题的约束条件的系数矩阵相当特殊，可用比较简单的计算方法，习惯上称为表上作业法。该方法是单纯形法在求解运输问题时的一种简化方法，它是由康托洛维奇和希奇柯克两人独立提出的，在这里不作详述，有兴趣的读者可以自行了解相关的内容。

4.7.5　绝对值问题

【例 4-16】　求解如下优化问题：

$$\begin{cases} \min & f = |x| + |y| + |z| \\ \text{s.t.} & x + y \leqslant 1 \\ & 2x + z = 3 \end{cases}$$

乍一看，该问题并非线性规划问题，因为目标函数中含有变量的绝对值，于是需要将上述问题转化成我们可以求解的线性规划问题。

事实上，如果设计两个与 x 相关的非负变量 m 和 n，使得满足如下关系式：

$$m = \frac{x + |x|}{2},\ n = \frac{|x| - x}{2}$$

根据以上两个式子，可以得到：$x = m - n;\ |x| = m + n$。于是，相同的代换方式，令：$|x| = x_1 + x_2$，$x = x_1 - x_2$；$|y| = x_3 + x_4$，$y = x_3 - x_4$；$|z| = x_5 + x_6$，$y = x_5 - x_6$，将问题转化为如下形式：

$$\begin{cases} \min & f = x_1 + x_2 + x_3 + x_4 + x_5 + x_6 \\ \text{s.t.} & x_1 - x_2 + x_3 - x_4 \leqslant 1 \\ & 2x_1 - 2x_2 + x_5 - x_6 = 3 \\ & x_j \geqslant 0\ (j = 0,1,\cdots,6) \end{cases}$$

用 MATLAB 求解的代码和结果如下：

```
%目标函数
c=[1;1;1;1;1;1];
%线性不等式约束
A=[1 -1 1 -1 0 0];
b=[1];
%线性等式约束
Aeq=[2 -2 0 0 1 -1];
beq=[3];
%设计变量的边界约束，由于无上界约束，故设置 ub=[Inf;Inf;Inf;Inf;Inf;Inf];
lb=[0;0;0;0;0;0];
ub=[Inf;Inf;Inf;Inf;Inf;Inf];
%求最优解 x 和目标函数值 fval
[x,fval]=linprog(c,A,b,Aeq,beq,lb,ub)
Optimization terminated.
%最优解向量 x
x =
    1.0936
    0.0000
    0.0000
    0.0936
    0.8129
    0.0000
%在最优解向量 x 处的目标函数值
fval =
    2.0000
```

更为一般地，对于存在绝对值的极值问题，事实上，对于任意的 x_i，都可以取非负数 p_i 和 q_i，使得：

$$p_i = \frac{x_i + |x_i|}{2},\ q_i = \frac{|x_i| - x_i}{2}$$

经过上述变换，可以将原问题进行代换：$x_i = p_i - q_i,\ |x_i| = p_i + q_i$，就可以将含有绝对

值问题的非线性规划问题转化为线性规划问题来进行求解。

4.8 本章小结

本章主要讲解的是最优化计算理论中最成熟的分支——线性规划的相关理论知识和实际应用，并结合具体的案例，详细讲解了如何使用 MATLAB 求解线性规划问题。在学习完本章之后，读者应当掌握如下知识点：

（1）线性规划问题的建模方法；

（2）线性规划问题的标准型及标准化方法；

（3）线性规划问题中解的概念，包括基本解、可行解、基本可行解和最优解；

（4）线性规划问题求解的方法——图解法、单纯形法、大 M 法和两阶段法；

（5）线性规划 MATLAB 的标准型；

（6）用 MATLAB 优化工具箱 linprog 求解线性规划问题的具体方法。

习　题

1．求解线性规划问题

$$\begin{cases} \min & f = 2x_1 + 3x_2 + 5x_3 + 2x_4 + 3x_5 \\ \text{s.t.} & x_1 + x_2 + 2x_3 + x_4 + 3x_5 \geqslant 4 \\ & 2x_1 - x_2 + 3x_3 + x_4 + x_5 \geqslant 3 \\ & x_j \geqslant 0, \quad j = 1,2,\cdots,5 \end{cases}$$

2．农场种植计划问题

某农场Ⅰ、Ⅱ、Ⅲ等耕地的面积分别为 100 km^2、300 km^2 和 200 km^2，计划种植水稻、大豆和玉米，要求三种作物的最低收获量分别为 190 000kg、130 000kg 和 350 000kg。Ⅰ、Ⅱ、Ⅲ等耕地种植三种作物的单产如表 4-27 所示。若三种作物的售价分别为水稻 1.20 元/kg，大豆 1.50 元/kg，玉米 0.80 元/kg。那么：

（1）如何制订种植计划，才能使总产量最大？

（2）如何制订种植计划，才能使总产值最大？

表 4-27　不同等级耕地种植不同作物的单产（单位：kg/km^2）

作物＼耕地	Ⅰ等耕地	Ⅱ等耕地	Ⅲ等耕地
水稻	11 000	9 500	9 000
大豆	8 000	6 800	6 000
玉米	14 000	12 000	10 000

3．厂址选择问题

考虑 A、B、C 三地，每地都出产一定数量的原料，也消耗一定数量的产品，如表 4-28

所示。已知制成每吨产品需 3 吨原料，各地之间的距离为：A-B，150km；A-C，100km；B-C，200km。假定每万吨原料运输 1km 的运价是 5 000 元，每万吨产品运输 1km 的运价是 6 000 元。由于地区条件的差异，在不同地点设厂的生产费用也不同。

问究竟在哪些地方设厂，规模多大，才能使总费用最小？

另外，由于其他条件限制，在 B 处建厂的规模（生产的产品数量）不能超过 5 万吨。

表 4-28　A、B、C 三地出产原料、消耗产品情况表

地　点	年产原料/万吨	年销产品/万吨	生产费用/万元/万吨
A	20	7	150
B	16	13	120
C	24	0	100

4．生产计划问题

某机床厂生产甲、乙两种机床，每台销售后的利润分别为 4 000 元与 3 000 元。生产甲机床需用 A、B 机器加工，加工时间分别为每台 2 小时和 1 小时；生产乙机床需用 A、B、C 三种机器加工，加工时间为每台各 1 小时。若每天可用于加工的机器时数分别为 A 机器 10 小时、B 机器 8 小时和 C 机器 7 小时。

问该厂应生产甲、乙机床各几台，才能使总利润最大？

5．军事方案问题

某战略轰炸机群奉命摧毁敌人军事目标。已知该目标有 4 个要害部位，只要摧毁其中之一即可达到目的。为完成此项任务的汽油消耗量限制为 48 000L、重型炸弹 48 枚、轻型炸弹 32 枚。飞机携带重型炸弹时每升汽油可飞行 2km，带轻型炸弹时每升汽油可飞行 3km。又知每架飞机每次只能装载一枚炸弹，每出发轰炸一次除来回路程汽油消耗（空载时每升汽油可飞行 4km）外，起飞和降落每次各消耗 100L。

和方案设计有关的数据如表 4-29 所示。为了使摧毁敌方军事目标的可能性最大，应如何确定飞机轰炸的方案？要求建立这个问题的线性规划模型。

表 4-29　任务数据表

要害部位	离机场距离（km）	摧毁可能性	
		每枚重型炸弹	每枚轻型炸弹
1	450	0.10	0.08
2	480	0.20	0.16
3	540	0.15	0.12
4	600	0.25	0.20

6．检验员聘用问题

某厂每日 8 小时的产量不低于 1 800 件。为了进行质量控制，计划聘请两种不同水平的检验员。一级检验员的标准为：速度 25 件/小时，正确率 98%，计时工资 4 元/小时；二级检验员的标准为：速度 15 小时/件，正确率 95%，计时工资 3 元/小时。检验员每错检一次，工

厂要损失 2 元。为使总检验费用最省，该工厂应聘一级、二级检验员各几名？

7．投资问题

某厂生产甲、乙两种口味的饮料，每百箱甲饮料需用原料 6kg，工人 10 名，可获利 10 万元；每百箱乙饮料需用原料 5kg，工人 20 名，可获利 9 万元。今工厂共有原料 60kg，工人 150 名，又由于其他条件所限甲饮料产量不超过 800 箱。

问如何安排生产计划，即两种饮料各生产多少可使获利最大？

进一步讨论：

（1）若投资 0.8 万元可增加原料 1kg，问应否作这项投资？

（2）若每百箱甲饮料获利可增加 1 万元，问应否改变生产计划？

第5章 整数规划

在第 4 章中已经讨论了最优化计算中的线性规划问题，其设计变量都是连续变量，但当以劳动力人数、设备的台数、货物的箱数等作为设计变量时，其取值则必须为非负整数，此时一般的线性规划求解方法就可能失效，我们称要求设计变量的部分分量或者全部分量取整数值的最优化问题为整数规划问题。在本章主要讲解此类问题的数学模型和求解方法，并以 MATLAB 为计算工具探讨相关算法。

5.1 引言

整数规划（Integer Programming，IP）是在 1958 年由 R. E. Gomory 提出割平面法之后形成独立分支的。之后在该领域虽然也发展出很多解决此类问题的方法，如目前比较成功又流行的分枝定界法和割平面法，但它仍是数学规划中稍弱的一个分支，目前的方法仅适合解中等规模的整数线性规划问题。

整数规划问题根据对设计变量的取值要求的不同可以分为如下几类：

（1）纯整数规划——全部设计变量都取整数；

（2）混合整数规划——部分设计变量取整数；

（3）0-1 规划——设计变量仅取 0 或 1 两个值。

5.2 整数规划的数学模型

现实中许多具体问题都和整数密切相关，此时就必须用整数规划来表达。事实上，在设计变量的取值比较大时，整数规划的问题可以用线性规划来近似描述，对应的，在设计变量取值较小时，实际问题就必须用整数规划描述，如每年仅造几艘战舰的生产计划安排问题等。这里，通过几个典型的整数规划实例来总结整数规划的数学模型。

5.2.1 典型的整数规划问题

【例 5-1】 装载问题。

有一列用于运货的火车，其最大承载能力为 b。现在有 n 种不同的货物 $p_1,p_2,\cdots,p_n$ 可供装载，设每件 p_i 的质量为 a_i，装载收费为 $c_i\ (i=1,2,\cdots,n)$，则应采用何种装载方案，能够使得该列火车载货的收入最大？

设 x_j 为列车上装载 p_j 的数量，则 x_j 必为非负整数，根据该货船最大可承载 b 的货物可知，所有集装箱的质量之和必须小于货船的最大承载能力，故有约束条件：

$$\sum_{j=1}^{n} a_j x_j \leqslant b \tag{5-1}$$

由对每个 j 种货物收费为 c_j，可知载货的总收入为：

$$f = \sum_{j=1}^{n} c_j x_j \tag{5-2}$$

该例的目标即使目标函数 f 最大化。综合上述分析，可得如下整数规划问题：

$$\begin{cases} \max \quad f = \sum_{i=1}^{n} c_j x_j \\ \text{s.t.} \quad \sum_{j=1}^{n} a_j x_j \leqslant b \\ \qquad x_j \geqslant 0, \text{ 且取整数值 } (j = 1,2,\cdots,n) \end{cases}$$

上述问题要求所有的设计变量均取整数值，故为纯整数规划问题。

【例 5-2】 工厂选址问题。

某地区有 m 座铁矿 $A_1, A_2, \&, \cdots, A_m$，$A_i$ 每年的产量为 a_i (i=1,2,⋯,m)，该地区已有一个钢铁厂 B_0，每年铁的用量为 p_0，每年固定运营费用为 r_0。由于当地经济的发展，政府拟建立一个新的钢铁厂，于是今后该地区的 m 座铁矿将全部用于支持这两个钢铁厂的生产运营。现在有 n 个备选的厂址，分别为 $B_1,B_2,\cdots,B_n$，若在 B_j (j=1,2,⋯,n）处建厂，则每年固定的运营费用为 r_j。由 A_i 向 B_j 每运送 1t 钢铁的运输费用为 c_{ij} (i=1,2,⋯,m; j=0,1,⋯,n)。则应当如何选择新厂厂址，铁矿所开采出来的铁矿石又当如何分配给两个钢铁厂，才能使每年的总费用（固定运营费用和煤的运费）最低？

钢铁厂 B_0 每年需要用铁 p_0，而且今后该地区 m 座铁矿将全部用于支持这两个钢铁厂的生产，故新的钢铁厂每年用铁量 p 为该 m 座铁矿的总产量减去 B_0 的用铁量：

$$p = \sum_{i=1}^{m} a_i - p_0 \tag{5-3}$$

令设计变量为 v_i，若 v_i=1 则表示选择 B_i 作为新厂厂址，否则 v_i=0：

$$v_i = \begin{cases} 1 & B_i \text{作为新厂厂址} \\ 0 & B_i \text{不作为新厂厂址 } (i = 1,2,\cdots,n) \end{cases}$$

再设 x_{ij} 为每年从 A_i 运往 B_j 的钢铁数量(i=1,2,⋯,m; j=0,1,⋯,n)，于是每年的总费用为：

$$f = \sum_{i=1}^{m}\sum_{j=0}^{n} c_{ij} x_{ij} + \sum_{j=1}^{n} r_j v_j + v_0$$

由铁矿 A_i 运出的所有钢铁将等于铁矿 A_i 的产量 a_i，故有约束：$\sum_{j=0}^{n} x_{ij} = a_i \ (i = 1,2,\cdots,m)$

原钢铁厂 B_0 钢铁的用量 p_0 由 m 座铁矿为其供应，故其收量应当等于 m 座铁矿分别对其供应量的总和，即 $\sum_{i=1}^{m} x_{i0} = p_0$。

同样的，对于备选的铁矿 B_j，由式（5-3）可知其钢铁的用量为 p，且由 m 座铁矿供应。

由于备选的铁矿只有一座，故在 p 前面需要乘以系数 v_j，即代表如果选择 B_j 为备选厂址，则用铁矿；否则，该厂不存在，不需要使用铁矿，此时，对应的 x_{ij} 将全部取零值，故：

$$\sum_{i=1}^{m} x_{ij} = pv_j \ (j=1,2,\cdots,n)$$

同时，由铁矿 A_i 向钢铁厂 B_j 钢铁的运输量均为非负实数，故有约束：

$$x_{ij} \geqslant 0 \ (i=1,2,\cdots,m;\ j=0,1,\cdots,n)$$

由于备选的钢铁厂只有一处，故对于设计变量 v_j 还有约束：$\sum_{j=1}^{n} v_j = 1$

根据以下分析，根据设计变量的取值规则，要么建厂取 0，要么不建厂取 1，同时该问题还要确定如果选择了厂址，应当如何分配 m 座铁矿对两个钢铁厂的钢铁供应量 x_{ij}，而该变量的取值为非负实数即可，故该问题为一混合整数规划问题，且为混合 0-1 规划，可以归纳为如下形式：

$$\begin{cases} \min \quad f = \sum_{i=1}^{m}\sum_{j=0}^{n} c_{ij}x_{ij} + \sum_{j=1}^{n} r_j v_j + v_0 \\ \text{s.t.} \quad \sum_{j=0}^{n} x_{ij} = a_i \ (i=1,2,\cdots,m) \\ \qquad \sum_{i=1}^{m} x_{i0} = p_0 \\ \qquad \sum_{i=1}^{m} x_{ij} = pv_j \ (j=1,2,\cdots,n) \\ \qquad \sum_{j=1}^{n} v_j = 1 \ (v_j \text{ 取0或1}) \\ \qquad x_{ij} \geqslant 0 \ (i=1,2,\cdots,m;\ j=0,1,\cdots,n) \end{cases} \tag{5-4}$$

【例 5-3】 背包问题。

夫妇两人要赴 A 地进行长途旅行，需要整理行李，现有 3 个旅行包，其容积大小分别为 10L、15L 和 20L，两人在列出物品清单后根据需要已经整理出了 10 个包装袋，其中一些包装袋中装的是必带物品，共有 7 件，其体积大小分别为 4L、3L、1.5L、2.5L、4.5L、7.6L 和 1.9L。尚有 8 个包装袋可带可不带，不带则可在 A 地购买，这些可选包装袋的容积和其对应物品在 A 地的价格如表 5-1 所示。

表 5-1 可选物品的容积和在 A 地的价格

物品	1	2	3	4	5	6	7	8
容积/L	2.5	4	5.5	4.8	3.7	1.6	7.5	4.5
价格/元	20	50	105	75	55	80	200	100

试根据上述信息给出一个合理的打包方案。

在这个问题中，需要确定选带哪几个可选的包装袋，且将必带物品和选带物品放到哪个旅行包中。为此设第 i 个包装袋是否放在第 j 个旅行包中，并以此作为设计变量。同时，设

第 i 个包装袋的容积可以用 w_i (i=1,2,3,⋯,15）来表示，可选包装袋对应的价格用 p_i (i=8,9,10,⋯,15）来表示。

由于第 i 个包装袋要么在第 j 个旅行包中，要么不在，故设只取 0 和 1，且表述如下：

$$x_{ij}=\begin{cases}包装袋\,i\,在旅行包\,j\,中\\ 包装袋\,i\,不在旅行包\,j\,中\end{cases}\quad (i=1,2,\cdots,15;\ j=1,2,3)$$

由于每个旅行包的容积确定，故装入第 j 个旅行包中的所有包装袋的容积总和必须小于第 j 个旅行包的容积，即需要满足约束条件：$\sum_{i=1}^{15} w_i x_{ij} \leqslant r_j\ (j=1,2,3)$

由于旅行袋中有 7 件为必带，故这 7 个包装袋必然在 3 个旅行包中的其一，设包装袋的编号为 i，则在设计变量 x_{i1}、x_{i2} 和 x_{i3} 中必有一个取值为 1，另外两个取值为 0，其和为 1。根据上述分析，对于 7 件必带的包装袋必须满足约束：$\sum_{j=1}^{3} x_{ij}=1\ (i=1,2,\cdots,7)$

对于可选的包装袋，则其要么在某个旅行包中，要么不在旅行包中，设包装袋的编号为 i，如果它在某个旅行包中，则设计变量 x_{i1}、x_{i2} 和 x_{i3} 取值之和为 1，如果它不在旅行包之中，则设计变量 x_{i1}、x_{i2} 和 x_{i3} 取值之和为 0，故对于可选的包装袋必须满足如下约束：$\sum_{j=1}^{3} x_{ij} \leqslant 1\ (i=8,2\cdots,15)$

从经济的角度来考虑，我们的目标就是使得在到达 A 地之后，所买物品的价格最低，即不在旅行包中的包装袋的总价格最低。如果某个包装袋 i 不在旅行包中，则可知 $\sum_{j=1}^{3} x_{ij}=0$，故其价格可以用 $p_i\left(1-\sum_{j=1}^{3} x_{ij}\right)$ 来表示，所以所有不在旅行包中的包装袋的价值 f 可以表达为：

$$f=\sum_{i=8}^{15} p_i\left(1-\sum_{j=1}^{3} x_{ij}\right)$$

我们确定打包方案的原则就是使得 f 取得最小值，故综合以上分析，该背包问题的数学模型为：

$$\begin{cases}\min\quad f=\sum_{i=8}^{15} p_i\left(1-\sum_{j=1}^{3} x_{ij}\right)\\ \text{s.t.}\quad \sum_{i=1}^{15} w_i x_{ij} \leqslant r_j\ (j=1,2,3)\\ \qquad \sum_{j=1}^{3} x_{ij}=1\ (i=1,2,\cdots,7)\\ \qquad \sum_{j=1}^{3} x_{ij} \leqslant 1\ (i=8,2,\cdots,15)\\ \qquad x_{ij}=1,0\ (i=1,2,\cdots,15;\ j=1,2,3)\end{cases}\tag{5-5}$$

可见，该问题的所有设计变量均要求取 0 或者 1，故是一个 0-1 规划问题。

5.2.2 整数规划问题的数学模型

在整数规划中还有许多其他典型的问题，如在第 3 章中提到的分派问题，还有旅行商问题、下料问题等，这些问题均可以归结为如下的一般形式：

$$\begin{cases}\max & f = \boldsymbol{cx} & (1)\\ \text{s.t.} & \boldsymbol{Ax} = \boldsymbol{b} & (2)\\ & \boldsymbol{x} \geqslant 0,\text{ 且全部或者部分取整数值} & (3)\end{cases} \tag{5-6}$$

上述形式是仿照线性规划中的标准型给出的，其中设计变量 $\boldsymbol{x}$ 为 n 维的列向量，$\boldsymbol{c}$ 为 n 维的行向量，$\boldsymbol{A}$ 为 $m\times n$ 的矩阵，且 $\boldsymbol{A}$ 行满秩，$\boldsymbol{b}$ 为 m 维列向量。

在模型（5-6）中，（1）可以是最大化也可以是最小化；对于约束（2），可以是等式的形式也可以是不等式的形式。对于对设计变量的约束（3），如果要求 $\boldsymbol{x}$ 全部分量为整数，则为纯整数规划；如果要求 $\boldsymbol{x}$ 的部分分量为整数，则为混合整数规划；如果要求 $\boldsymbol{x}$ 分量的取值只能为 0 和 1，则为 0-1 规划。

5.3 整数规划的求解

对于求解整数规划问题，大家往往会有如下两种想法。

（1）通过枚举法对结果进行比较总能求出最好方案这种想法对于维数很低的整数规划问题行得通，但是随着设计变量维数的增加，该方法的计算量是不可想象的，因而此种想法不可行。

（2）考虑先忽略整数约束，解一个线性规划问题，然后用四舍五入法取得其整数解事实证明，这样经过四舍五入的结果甚至不是问题的可行解。下面看一个例子。

【例 5-4】 求解如下整数规划问题：

$$\begin{cases}\max & f = 5x_1 + 8x_2\\ \text{s.t.} & x_1 + x_2 \leqslant 6\\ & 5x_1 + 9x_2 \leqslant 45\\ & x_1, x_2 \geqslant 0,\text{且取整数值}\end{cases} \tag{5-7}$$

若忽略整数约束，可得最优解和目标函数值为 $\boldsymbol{x}^* = [9/4 \quad 15/4]^{\mathrm{T}}$；$f^* = 165/4$，对其进行四舍五入，可得一组整数解 $x^{(1)}=[2\ 4]^{\mathrm{T}}$，发现其不满足 $5x_1+9x_2\leqslant 45$，故不是整数规划式（5-7）的可行解；我们再尝试一下舍位归整，得到另一组整数解 $x^{(2)}=[2\ 3]^{\mathrm{T}}$，它是原整数规划的可行解，目标函数取值 $f^{(2)}=34$，但 $x^{(2)}$ 不是最优解，因为若令 $x^{(3)}=[0\ 5]^{\mathrm{T}}$，可以验证 $x^{(3)}$ 为原整数规划的可行解，且 $f^{(3)}=40>f^{(2)}$。所以上述两种想法均不可行。下面继续探讨整数规划的求解方法。

5.3.1 理论基础

在对整数规划进行求解之前，为了掌握利用分解技术求解此类问题的思想，我们先给出如下几个有关的概念。

1．分解

对于任何整数规划问题 P，令 $F(P)$ 表示 P 的可行域。对问题 P 的子问题 $P_1, \cdots, P_m$，若满足条件 $\bigcup_{i=1}^{m} F(P_i)=F(P),\ F(P_i)\bigcap F(P_j)=\varnothing\ (1\leqslant i\leqslant m, 1\leqslant j\leqslant m, i\neq j)$，则称 P 问题被分解成为子问题 $P_1, \cdots, P_m$ 之和。

最常用的分解方法就是两分法，例如，若 x_j 是 P 的 0-1 变量，则问题 P 可以按照条件 x_j=0 和 x_j=1 分解成两个问题之和。

2．松弛

对于任何整数规划问题，凡是放弃 P 的某些约束条件后所得到的问题 Q 都称为 P 的松弛问题。最通常的松弛方式是放弃设计变量的整数约束，如果 P 是一个整数规划，则 Q 是一个线性规划。

由于对于 P 的任何松弛问题 Q，都有 $F(P)\subset F(Q)$，故问题 P 与其松弛问题 Q 之间的关系如下：

（1）若 Q 没有可行解，则 P 也没有可行解；

（2）对于最大化的目标函数而言，P 的最大值小于或者等于 Q 的最大值，对于最小化的目标函数而言，P 的最小值大于或者等于 Q 的最小值；

（3）如果 Q 的一个最优解 $\boldsymbol{x}$ 是 P 的可行解，则 $\boldsymbol{x}$ 也是 P 的一个最优解。

3．探测

假设按照某种规则，已经将问题 P 分解为子问题 $P_1, \cdots, P_m$ 之和，P_i 对应的松弛问题为 Q_i，且问题需要最大化目标函数，则有如下结论：

（1）如果 Q_i 没有可行解，则 P_i 也无可行解，因此可将 P_i 从 P 的分解表上删去；

（2）假设已知 P 的一个可行解 $\boldsymbol{x}^*$，其对应的目标函数值为 f^*，若 Q_i 的目标函数的最大值小于或者等于 f^*，则说明 P_i 中没有比 $\boldsymbol{x}^*$ 更好的可行解，因此可将 P_i 从 P 的分解表上删去；

（3）如果 Q_i 的最优解是 P_i 的可行解，则已求得 P_i 的最优解，故无须进一步考虑 P_i，可从表上删去，若 P_i 的最优解比 $\boldsymbol{x}^*$ 好，则以 P_i 的最优解代替 $\boldsymbol{x}^*$；

（4）如果分解表上各个 Q_i 的目标函数值均不大于 $\boldsymbol{x}^*$，则 $\boldsymbol{x}^*$ 便是 P 的一个最优解。

第（1）条通常被称为可行性探测，后面三条称为最优性探测。

按照上述分析，求解一个整数规划的步骤为：首先按照某种方式确定 P 的松弛问题 Q，若 Q 无可行解则 P 也无可行解，若 Q 的最优解为 P 的可行解，则也是 P 的最优解。若 Q 的最优解不是 P 的可行解，则要么以一种更好的方式确定松弛问题 Q，继续探测 P，要么将 P 分解成几个子问题之和，然后逐个探测，当某个子问题已被探明时，就从表中删除，否则继续对子问题进行分解。

5.3.2 分枝定界法

根据上面的理论基础，我们知道若整数规划问题为 P，则除去整数约束对应的松弛问题

Q 为线性规划，在介绍具体的算法之前，首先根据 5.3.1 中的理论基础，给出下面几个推论：

（1）若 Q 无可行解，则 P 也一定无可行解。

（2）若 Q 的一个最优解是整数解，则这个解也是整数规划 P 的最优解。

（3）若 Q 的最优解不是整数解，则 P 的最优目标函数值不会好于 Q 的最优值。因此，Q 的最优目标函数值是 P 的最优目标函数值的一个界，在最大化目标函数值时为上界，在最小化目标函数值时为下界。

（4）如果在求解过程中已经找到一个整数解，则最优整数解一定不会劣于该整数解，因此，它也是最优目标函数值的一个界，在最大化目标函数值时为下界，在最小化目标函数值时为上界。

如果用 f 表示 Q 的最优值，用 f_i 表示已经找到的最佳整数解的最优值，f^* 为 P 的最优值，lb 表示下界，ub 表示上界，则对于最大化目标函数的问题，$\text{lb} = f_i \leqslant f^* \leqslant f = \text{ub}$；而对于最小化目标函数的问题，则为 $\text{lb} = f \leqslant f^* \leqslant f_i = \text{ub}$。

分枝定界法的思想就是不断降低上界、提高下界，最后使得下界接近或者等于上界，通过这个方法来缩小搜索的范围，进而找到问题的最优整数解。我们以最大化目标函数为例，简要说明分枝定界法的求解步骤。

（1）初始求解整数规划的松弛问题：求解其松弛线性规划，如果得到的解是整数解，该解即为整数规划的最优解。否则，所得到的线性规划解可作为该问题最优整数解的初始上界，而此时，初始下界一般设为$-\infty$。

（2）建立分枝树：在任何一个（子）问题中，从不满足整数要求的变量中选出一个进行处理，通过加入一对互斥的约束将一个（子）问题分枝成两个受到进一步约束的子问题，并强迫不为整数的变量进一步逼近整数值，一次去掉两个整数之间的非整数域，缩小搜索的区域。由此，子问题若不满足整数要求则继续向下进行分枝，可以形成一个分枝树。

（3）定界与剪枝：通过不断地分枝和求解各个子问题，分枝定界法将不断修正上、下界。上界通常由子问题的最大目标函数值确定，而下界则由已经得到的最优的整数解来确定。

求解任何一个（子）问题都有可能出现以下结果：

- 无可行解，此时无须继续向下分枝；
- 得到一个整数解，则不必继续向下分枝，如果该整数解是目前得到的最好的整数解，则被记录下来，并用它的值作为新的下界；
- 得到一个非整数解，如果目标函数值大于剪枝界，则继续向下分枝，否则该子问题被剪枝。

（4）按照上述步骤搜索迭代，在每次搜索的过程中，每当下界被修改以后，都应检查所有还没有求解过的子问题并剪去那些目标函数值小于新的下界的子问题。此时，如果没有找到任何整数解，则该问题没有整数解；否则，搜索过程中已经得到的最优的整数解就是该问题的最优解。

对于步骤（4），特别说明如下：如果在计算过程中已得到某一个分枝的整数最优解，其最优值为 f_0，而此时在其他分枝过程中，如果求得某一线性规划所得的目标函数值小于 f_0，即可停止该枝的计算。因为进一步求解的结果的最优值也只可能比 f_0 更差，这也是如何检查下界对分枝树进行剪枝的原则。

如何选择分枝的节点和分枝变量对分枝定界法的搜索效率有着显著的影响，一般有如下的方法可供选择（仍然以最大化目标函数值为例）。

1．分枝节点的选择

1）深度优先搜索

先选择最后的还没有求解过的子问题并剪去那些目标函数值小于新下界的子问题。在搜索的过程中，如果某子节点的上界小于当前原问题的某一可行解的值，则将该子节点删去不再进行分枝。该方法可以较早实现剪枝的过程，很快搜索到分枝树的较底层找到一个整数解，且存储空间小，缺点是未顾及其他分枝，找到的整数解的质量未必高。

2）广度优先搜索

始终选择最大目标函数值的子问题继续向下分枝，在搜索的过程中，如果某子节点的上界小于当前原问题的某一可行解的值，则将该子节点删去不再进行分枝。因为它每次都以最大上界的子问题进行处理，故用该搜索方法找到整数解的质量较高，缺点是该方法要在整个分枝树上搜索，故存储空间比深度优先搜索大，求解时间也较长。

3）预估法

利用一些先验知识和相关技巧预先估计还未求解过的子问题的最好可能整数解，并选择最好预估值的子问题向下分枝，该方法是上述两种方法的折中选择。

2．分枝变量的选择

1）选择目标函数中对应系数绝对值最大的设计变量进行分枝

2）选择与整数值相差最大的非整数变量首先进行分枝

3）按人为给定的顺序选择

综合以上分析，可以描述分枝定界法的算法如表 5-2 所示。

表 5-2　分枝定界法的算法步骤

步骤 1	求 P 的松弛线性规划问题 Q，若 Q 无可行解，则 P 也无可行解，算法结束；若其最优解符合整数条件，则找到最优解，算法结束，若不满足转步骤 3 中的（2）
步骤 2	按照分枝节点和分枝变量的原则选择不符合整数约束条件的设计变量 $x_i=b_i$，令$[b_i]$为 b_i 的整数部分（向下取整），构造两个互斥的约束条件 $x_i\leqslant[b_i]$和 $x_i\geqslant[b_i]+1$，形成两个整数规划子问题 P_1 和 P_2，转步骤 3
步骤 3	求解 P_1 和 P_2 的松弛线性规划问题 Q_1 和 Q_2，根据如下情况进一步求解： （1）Q_1 无可行解，Q_2 无可行解，则整数规划 P 无可行解，算法结束 （2）Q_1 无可行解，Q_2 有整数解，则该解为 P 的最优解，算法结束 （3）Q_1 无可行解，Q_2 有非整数解，则对 Q_2 进行分枝，转步骤 2 （4）Q_1 有整数解，Q_2 有整数解，则较优的一个为 P 的最优解，算法结束 （5）Q_1 有整数解且目标函数值优于 Q_2，Q_2 有非整数解，则 Q_1 的整数解为 P 的最优解 （6）Q_1 有整数解，Q_2 有非整数解且目标函数值优于 Q_1，则 Q_1 停止分枝，其整数解为新的界，对 Q_2 转步骤 2 （7）Q_1 无整数解，Q_2 也无整数解，可以按照设定的规则选取一枝先进行分枝计算，其中一枝若计算得到的最优解为整数解，且最优值优于另一枝，则所得的整数解就是 P 的最优解，无须对另一枝进行分枝；若得到的最优值劣于另一枝，则对另一枝进行分枝，转步骤 2

下面通过一个实例来分析如何用分枝定界法求解整数规划问题。

【例 5-5】 求解整数规划问题 P。

$$\begin{cases} \max & f = x_1 + x_2 \\ \text{s.t.} & 4x_1 - 2x_2 \geqslant 1 \\ & 4x_1 + 2x_2 \leqslant 11 \\ & 2x_2 \geqslant 1 \\ & x_1, x_2 \geqslant 0,\ \text{且取整数值} \end{cases}$$

首先求解 P 的松弛线性规划问题 Q，可知其最优解为：$x_Q = [3/2 \quad 5/2]^{\mathrm{T}}$

在最优解处取得的函数最大值为 f_Q=4，此时上界为 4。

由于 x_Q 的两个分量均不为整数，故需要对问题 P 进行分枝，在此，人为取 x_1 进行分枝，对 x_{P1}=1.5 向下取整得 1，故加上互斥的约束条件 $x_1 \leqslant 1$ 和 $x_1 \geqslant 2$，则加入该组互斥条件的作用在于：①排除区间（1,2）之内的非整数解，缩小搜索的范围；②形成整数规划 P 的两个子问题 P_1 和 P_2。

问题 P_1 和 P_2 的数学模型分别表述如下：

$$(P_1)\begin{cases} \max & f = x_1 + x_2 \\ \text{s.t.} & 4x_1 - 2x_2 \geqslant 1 \\ & 4x_1 + 2x_2 \leqslant 11 \\ & 2x_2 \geqslant 1 \\ & x_1 \leqslant 1 \\ & x_1, x_2 \geqslant 0,\ \text{且取整数值} \end{cases} ; \quad (P_2)\begin{cases} \max & f = x_1 + x_2 \\ \text{s.t.} & 4x_1 - 2x_2 \geqslant 1 \\ & 4x_1 + 2x_2 \leqslant 11 \\ & 2x_2 \geqslant 1 \\ & x_1 \geqslant 2 \\ & x_1, x_2 \geqslant 0,\ \text{且取整数值} \end{cases}$$

问题 P_1 的松弛问题 Q_1 为线性规划问题，其最优解为：$x_{Q_1} = [1 \quad 3/2]^{\mathrm{T}}$，$f_{Q_1} = 5/2$

问题 P_2 的松弛问题 Q_2 的最优解为：$x_{Q_2} = [2 \quad 3/2]^{\mathrm{T}}$，$f_{Q_2} = 7/2$

此目标函数 f_{Q_2} 值也为整数规划问题新的上界。

由于现在已经存在两个子节点 P_1 和 P_2，下一步选取哪个节点进行分枝需要采用合适的策略，在前面的介绍中提供了三种分枝节点的选择策略，在此采用广度优先搜索的方法。由于 Q_2 的目标函数值较大，故对问题 P_2 进行分枝，加入互斥的约束 $x_2 \leqslant 1$ 和 $x_2 \geqslant 2$，形成 P_2 的两个子问题 P_3 和 P_4。当加入新的约束之后，有可能出现三种情况：

（1）新加入的条件和原问题的条件独立，此时直接将约束加入到问题中；

（2）新加入的条件和原问题的条件相矛盾，此时新的问题无可行解；

（3）新加入的约束和原约束存在交集，则选择其交集作为新问题的约束条件。

根据上述分析，在子问题 P_4 中，可以看到新增加的约束 $x_2 \geqslant 2$ 是 $2x_2 \geqslant 1$ 的一个子集，强于原有约束 $2x_2 \geqslant 1$，故可以将较弱的约束删去。此时两个问题分别表述如下：

$$(P_3)\begin{cases} \max & f = x_1 + x_2 \\ \text{s.t.} & 4x_1 - 2x_2 \geqslant 1 \\ & 4x_1 + 2x_2 \leqslant 11 \\ & 2x_2 \geqslant 1 \\ & x_2 \leqslant 1 \\ & x_1 \geqslant 2 \\ & x_1, x_2 \geqslant 0,\ \text{且取整数值} \end{cases} ; \quad (P_4)\begin{cases} \max & f = x_1 + x_2 \\ \text{s.t.} & 4x_1 - 2x_2 \geqslant 1 \\ & 4x_1 + 2x_2 \leqslant 11 \\ & x_2 \geqslant 2 \\ & x_1 \geqslant 2 \\ & x_1, x_2 \geqslant 0,\ \text{且取整数值} \end{cases}$$

问题 P_3 的松弛问题 Q_3 的最优解为：$x_{Q_3}=[9/4 \quad 1]^{\mathrm{T}}$，$f_{Q_3}=13/4$

问题 P_4 的松弛问题 Q_4 无可行解，由于 Q_4 无可行解，则 P_4 也无可行解，停止对 P_4 的分枝。

由于 Q_3 的目标函数值 f_{Q_3} 大于 Q_1 的目标函数值 f_{Q_1}，故下一步对 P_3 进行分枝，加入互斥的约束 $x_1 \leqslant 2$ 和 $x_1 \geqslant 3$，形成 P_3 的两个子问题 P_5 和 P_6。对于 P_5，我们发现 P_3 中已有约束 $x_1 \leqslant 2$，故综合对 x_1 的约束，选择两个约束的交集 $x_1=2$ 为 P_5 的约束条件；对于 P_6，取较强的条件 $x_1 \geqslant 3$。此时两个问题分别表述如下：

$$
(P_5)\begin{cases}\max & f=x_1+x_2\\ \text{s.t.} & 4x_1-2x_2\geqslant 1\\ & 4x_1+2x_2\leqslant 11\\ & 2x_2\geqslant 1\\ & x_2\leqslant 1\\ & x_1=2\\ & x_1,x_2\geqslant 0,\text{ 且取整数值}\end{cases};\quad (P_6)\begin{cases}\max & f=x_1+x_2\\ \text{s.t.} & 4x_1-2x_2\geqslant 1\\ & 4x_1+2x_2\leqslant 11\\ & 2x_2\geqslant 1\\ & x_2\leqslant 1\\ & x_1\geqslant 3\\ & x_1,x_2\geqslant 0,\text{ 且取整数值}\end{cases}
$$

问题 P_5 的松弛问题 Q_5 的最优解为：$x_{Q_5}=[2 \quad 1]^{\mathrm{T}}$，$f_{Q_5}=3$

此时出现了一组整数解，记录下这组解 $\mathbf{x}^*$，于是问题 P 新的下界为函数的最优值 3。在此需要重申的是，在求解过程中的上下界的确定原则，一般而言，对于最大化目标函数值的问题来说，新的上界是由松弛问题的最优值确定的，而新的下界则是由当前的最优整数解确定的。

分析 P_6，由于已有条件 $x_1 \geqslant 3$，故有 $4x_1 \geqslant 12$，由于 x_2 为非负，故约束 $4x_1+2x_2 \leqslant 11$ 无法满足，故 P_6 无可行解，对问题 P_6 进行剪枝，即停止对 P_6 的分枝。

现在我们已经在 P_2 的分枝上找到了一组整数解，现在比较 f_{Q_5} 和 f_{Q_1}，由于已有整数解的目标函数值 $f_{Q_5}>f_{Q_1}$，而 P_1 的最优目标函数值不会大于 f_{Q_1}，故该分枝的解不会对目标函数值有任何的改善，所以对 P_1 进行剪枝，即停止对 P_1 的向下分枝，我们已经搜索到了最优解。

这里需要注意的是，如果我们发现已经求得整数解的最优值 f_{Q5} 要小于 f_{Q1}，则 P 的上界并未确定，于是问题还需要继续分解下去。

上述求解的具体过程可以用分枝树如图 5-1 表示。

5.3.3 隐枚举法

由【例 5-3】背包问题数学模型的描述中可知，0-1 规划是一种特殊的纯整数规划，求解 0-1 规划的常用且有效的方法是隐枚举法，它是由 E Balas 在 1965 年提出的。该方法只检查一部分变量组合，在这个过程中根据已有信息自动舍弃许多不可能成为最优解的组合以求得最优解，从而大大减少了工作量。隐枚举法只需比较目标函数在一小部分组合点上的取值大小就能求得最优解和最优值。

隐枚举法可以看做分枝定界法的特殊情况，在求解的过程中，它不需要求解其松弛线性规划问题，利用变量只能取 0 或 1 对问题进行分枝。其思路是先将 0-1 规划问题转化为既定的标准型，该标准型一般是要最小化目标函数的值，在此前提下，首先令全部变量取0值（当求最大值时，令全部变量取1值），检验解是否满足约束条件，若均满足，已得最优解；若不全满足，则令一个变量分枝取值为0或1，该分枝变量称为固定变量，将模型分成两个子模型，其余未被指定取值的变量称为自由变量，通过这种方法，依次指定一些变量为1，直至得到一个可行解，并将它作为目前最好的可行解并记录下来。此后，经过几次检验后，或者停止分枝，或者将另一个自由变量转为固定变量，令其值为0或1，如此继续进行，依次试探变量等于0或1的某些组合，使目前最好的可行解不断逼近最优值，直至没有自由变量或全部子问题停止分枝为止，就求出了0-1规划的最优解。

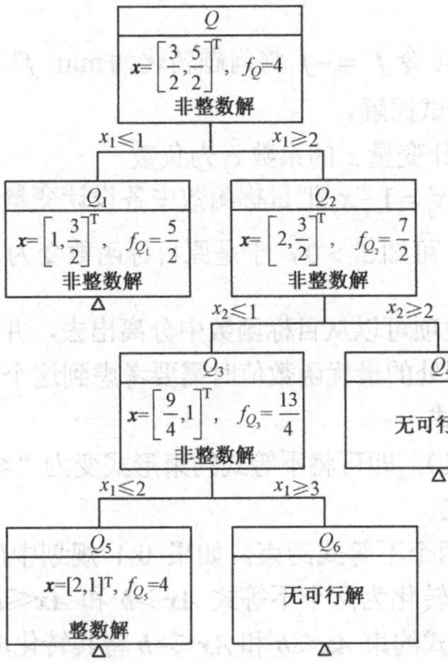

图5-1　分枝定解法求解【例5-5】

隐枚举法和穷举法不同，穷举法需要将所有可行的变量组合逐个列举，而隐枚举法通过试探、分析和判断，排除了许多变量组合作为最优解的可能性。也就是说，它们被隐含枚举了，这也是称其为隐枚举法的原因。

为什么从全0作出初始的试探解？这是因为0-1规划的标准型要求对目标函数求最小值，而对于最小化目标函数的问题，由于在后面我们会提到0-1规划标准型中$c_j \geqslant 0$，因此自由变量为0与固定变量组成的子模型能够使得目标函数值最小。同理，如果不用标准型求解，例如，对目标函数求最大值的问题，则是将全1作为初始的试探解进行分枝计算。

从上述算法描述可以看出，隐枚举法的实质也是分枝定界法，隐枚举法在求解过程中与一般分枝定界法的不同之处只在于，在分枝产生子问题时变量被固定为0或1，而不是两个范围之值的形式。

1．隐枚举法的0-1规划标准型

在用隐枚举法求解0-1规划时，需要将0-1规划模型转化为相应的标准型：

$$\begin{cases} \min \quad f=\sum_{j=1}^{n} c_j x_j \ (c_j \geqslant 0) \\ \text{s.t.} \quad \sum_{j=1}^{n} a_{ij} x_j \leqslant b_i \ (i=1,2,\cdots,m) \\ \qquad x_j = 0 \text{或} 1 \ (j=1,2,\cdots,n) \end{cases}$$

需要特别注意的是，在此标准型中需要满足 $c_j \geqslant 0$，且约束的形式必须为“≤”。如果根据实际问题建立的 0-1 规划模型与标准型不一致，可以通过相应的方法，将非标准型转化为标准型。

1）目标函数求最大

若原问题为求 $\max \ f$，则可令 $f'=-f$ 将问题转化为 $\min \ f'$；或者不改变求最值的属性，将全 1 作为 0-1 规划的初始试探解。

2）目标函数中对应某个设计变量 x_j 的系数 c_j 为负数

当某个系数 $c_j<0$ 时，可令 $x_j'=1-x_j$ 把目标函数中各设计变量前面的系数变成正数，此时有 $c_j x_j = c_j - c_j x_j'$，取 $c_j'=-c_j$ 可知 $c_j'>0$，于是原目标函数变为 $f=\sum_{i\neq j} c_i x_i + c_j' x_j' + c_j$。

由于变量代换而产生的常数项可以从目标函数中分离出去，并不影响原问题的最优解，只是在最后确定原问题在最优解处的最优函数值时需要考虑到这个常数项。

3）当某个约束为“≥”形式

只需将不等式两端乘以（–1），即可将不等式约束形式变为“≤”。

4）当某个约束为“=”形式

一个等式约束其实相当于两个不等式约束，如果 0-1 规划中所有的等式约束可以用矩阵形式表达为 $\boldsymbol{Ax}=\boldsymbol{b}$，则可将其转化为两个不等式 $\boldsymbol{Ax}\geqslant\boldsymbol{b}$ 和 $\boldsymbol{Ax}\leqslant\boldsymbol{b}$，然后将 $\boldsymbol{Ax}\geqslant\boldsymbol{b}$ 转化成 $-\boldsymbol{Ax}\leqslant-\boldsymbol{b}$，即通过加入两个不等式约束 $\boldsymbol{Ax}\leqslant\boldsymbol{b}$ 和 $\boldsymbol{Ax}\leqslant-\boldsymbol{b}$ 将其转化成标准型。

在此需要说明的是，在用隐枚举法设计变量分枝时，同样面临选取分枝节点和分枝变量的问题。在选择分枝节点时，如果没有先验考察，则我们常按照目标函数中设计变量的系数从小到大排列进行顺序分枝（如果是求最大值，则按照从大到小的顺序）。除此之外，还可以按照自然序或者人为设定的序列选取。

2. 隐枚举法的算法实施

根据上述标准型，隐枚举法的求解过程和分枝定界法类似，可以采用枚举树来表示，用该方法求解 0-1 规划问题的一般步骤如下。

（1）将 P 转化为标准型。

（2）令所有设计变量均为自由变量，且均为 0，即初始试探解为 x=0，检验该解是否为 P 的可行解，即是否满足 P 的各个约束条件。如果为可行解，则 x=0 为 P 的最优解，算法结束；否则，转（3）。

（3）按照既定的法则选取一个自由变量 x_k，将其转化为固定变量进行分枝，加入互斥的条件 x_k=0 和 x_k=1，将 P 分为两个子问题，其他的自由变量取值不变，仍为 0。然后针对各个分枝进行试探，转（4）。

（4）检查已有的子问题，如果有某一个子问题满足下列条件之一，就可对该子问题进行剪枝，即该子问题停止向下分枝，可以在分枝树中用相应的符号来表示，如△。此时继续检查其他子问题，转（3）。

- 试探解为自由变量均取0值、固定变量取设定的值，一起代入约束条件方程中，若满足所有约束条件，则为可行解，该解对应的目标函数值为 P 的目标函数值的一个上界，同时该子问题停止向下分枝。
- 若该子问题所有试探解均不是可行解，即自由变量任取0或1时，都不能满足某一个或者多个约束条件，则该子问题无可行解，也停止向下分枝。例如，将子问题固定变量的值代入约束条件方程中，令不等式左端的自由变量当系数为负时取值为1，系数为正时取值为0，此时不等式左端的值为能取到的最小值，若此最小值大于不等式右端的值，说明此子问题无可行解。
- 设自由变量均取0值，与固定变量的值一起代入目标函数，得到的目标值为 f，此时对应的自由变量的系数为列向量 $\boldsymbol{c}$。若 f 与 $\boldsymbol{c}$ 中任一分量的和大于已经记录的上界中的最小值，则说明在该子问题中固定任何自由变量都不可能对 P 的最优值有所改善，已无更好的可行解，则该子问题被剪枝，停止向下分枝。
- 试探解不是 P 的可行解，且此时所有变量均已设为固定变量，则该子问题也应该被剪枝，停止向下分枝。

直到所有子问题检查完毕，转（5）。

（5）在探明所有的分枝之后算法终止。比较记录下来的可行解的上界，其中最小者所对应的可行解即为 P 的最优解，相应的目标函数值即为最优目标值。如果该问题没有记录任何上界，则说明 P 无可行解，即该0-1规划无解。

3．实例

【例5-6】 求解如下0-1规划 P。

$$\begin{cases}\max & f=20x_1+6x_2+8x_3+9x_4\\ \text{s.t.} & 10x_1+6x_2+5x_3+2x_4\leqslant 19\\ & 7x_1+2x_2+2x_3+4x_4\leqslant 11\\ & 2x_1+x_2+x_3+10x_4\leqslant 12\\ & x_4\leqslant x_2+x_3\\ & x_i=0\text{或}1\ (i=1,2,3,4)\end{cases}$$

（1）按照求解步骤，首先将上述0-1规划转换成标准型：

$$\begin{cases}\min & f=20x_1+6x_2+8x_3+9x_4\\ \text{s.t.} & -10x_1-6x_2-5x_3-2x_4\leqslant -4\\ & -7x_1-2x_2-2x_3-4x_4\leqslant -4\\ & -2x_1-x_2-x_3-10x_4\leqslant -2\\ & x_2+x_3-x_4\leqslant 1\\ & x_i=0\text{或}1\ (i=1,2,3,4)\end{cases}$$

（2）令所有设计变量为0，此时试探解为 $\boldsymbol{x}=[0\ 0\ 0\ 0]^{\mathrm{T}}$，不满足前三个约束条件，故不是 P 的可行解，需要分枝。

（3）在这里按照目标函数中各设计变量的系数从大到小的顺序选择分枝固定变量，即以 x_1、x_4、x_3、x_2 的顺序设置固定变量进行问题的试探。同时根据试探的顺序把求解的过程用图 5-2 表示，读者可以将图与求解过程进行对照分析。

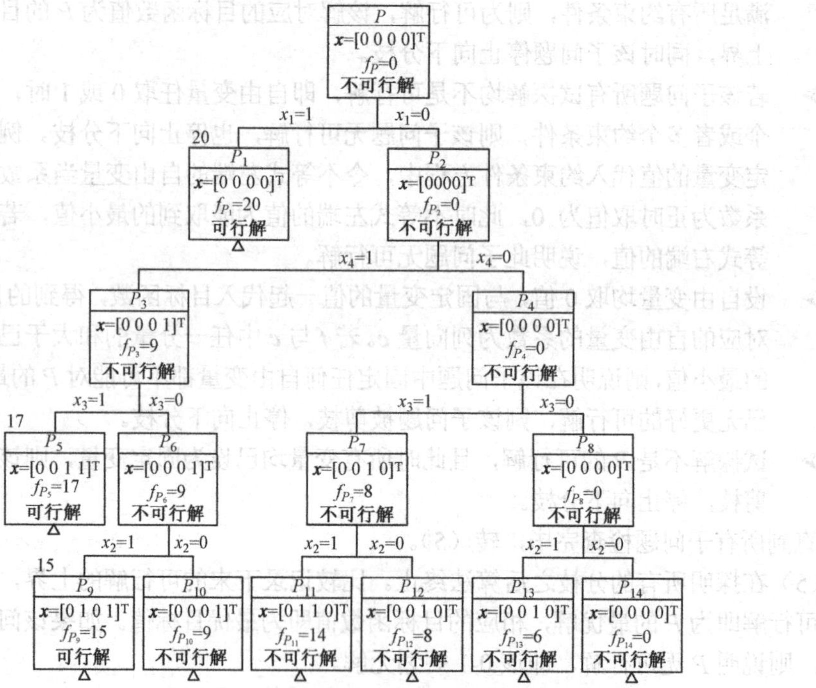

图 5-2 用隐枚举法求解【例 5-6】

首先以 x_1 作为固定变量，加入互斥的条件 $x_1=1$ 和 $x_1=0$，将 P 分枝成两个子问题 P_1 和 P_2。下面对子问题进行探查。

P_1 的试探解为 $\boldsymbol{x}_{P1}=[1\ 0\ 0\ 0]^{\mathrm{T}}$，它满足 P 的所有约束条件，为 P 的可行解，此时目标函数值为 $f_{P_1}=20$，将其记录下来，作为 P 的一个上界。此时，对子问题 P_1 进行剪枝，停止向下分枝。则 P_1 已经探明。

P_2 与 P 相同，故 x_{P_2} 为不可行解，以 x_4 作为固定变量，加入互斥的条件 $x_4=1$ 和 $x_4=0$，将 P_2 分枝成两个子问题 P_3 和 P_4。

P_3 的试探解为 $\boldsymbol{x}_{P_3}=[0\ 0\ 0\ 1]^{\mathrm{T}}$ 不满足第一个约束条件，为不可行解。P_4 与 P 相同，故 $\boldsymbol{x}_{P_4}$ 为不可行解。两个问题都需要继续分枝，以 x_3 作为固定变量，加入互斥的条件 $x_3=1$ 和 $x_3=0$，将 P_3 分枝成两个子问题 P_5 和 P_6，将 P_4 分枝成两个子问题 P_7 和 P_8。

P_5 的试探解为 $\boldsymbol{x}_{P_5}=[0\ 0\ 1\ 1]^{\mathrm{T}}$，它满足 P 的所有约束条件，为 P 的可行解，此时目标函数值为 $f_{P_5}=17$，对应的自由变量为 x_2，x_2 对应的系数为 $c_2=6$，而此时记录下来的 P 的上界为 $f_{P_1}=20$，由 $f_{P_5}+c_2>f_{P_1}$，故满足本节 2 中的第三条剪枝条件，停止向下分枝。

按照上述方法不断试探，最后可得所有可行解中，P_9 所对应的 $\boldsymbol{x}_{P_9}=[0\ 1\ 0\ 1]^{\mathrm{T}}$ 所取得的目标函数值最小，为 $f_{P_9}=15$，故 $\boldsymbol{x}_{P_9}$ 为 P 的最优解。

由上面的例子可以看出来，由于每一个父问题的分枝里面右边的分枝实际上与父问题相同，故上述算法在实施的过程中一共搜索了 8 个节点，而如果用穷举法，则一共需要搜索 $2^4=16$ 个节点，说明隐枚举法的有效性。这是仅对只有 4 个设计变量的 0-1 规划而言的，随着设计变量维数的增大，隐枚举法可能提升的效率就会更加明显，这里就需要我们对问题有所熟悉，从而选择最佳的分枝策略和分枝变量。

5.3.4 匈牙利算法

在第 3 章的【例 3-2】中我们给出了一个分派问题的实例，它是一种特殊形式的整数规划，下面来系统讨论这个问题及其解法。该问题可以总结为，有 n 项任务需要 n 个人分别去完成，每个人只能完成其中的一项，而每项工作也只能由一个人完成，在问题中会以各种形式给出各个人的专长和工作效率，需要求解的问题是考虑分配哪个人去完成哪项任务才能使得总效率最高或者花费的总时间最短。

由于分派问题属于 0-1 规划，故可以用隐枚举法进行求解，但是鉴于上述问题的特殊性，可以有更简便的方法求解此类问题，由于这种方法是基于匈牙利数学家狄·柯尼格（D König）证明的两个定理而发展的，故称为匈牙利法。

1. 匈牙利算法的 0-1 规划标准型

匈牙利算法是解决最优模型可归结为与分派问题结构一致的最优化问题的有效算法，首先回顾一下分派问题的数学模型，假设由第 i 个人完成第 j 项工作的时间为 E_{ij}，又设问题中的设计变量为 x_{ij}，其意义如下：

$$x_{ij}=\begin{cases}1 & \text{当指派第 } i \text{ 个人去完成第 } j \text{ 项任务时}\\ 0 & \text{当不指派第 } i \text{ 个人去完成第 } j \text{ 项任务时}\end{cases}$$

则分派问题的数学模型可由式（5-8）描述：

$$\begin{cases}\min \quad f=\sum_{i=1}^{n}\sum_{j=1}^{n}E_{ij}x_{ij}\\ \text{s.t.}\ \sum_{j=1}^{n}x_{ij}=1\ (i=1,2,\cdots,n)\\ \sum_{i=1}^{n}x_{ij}=1\ (j=1,2,\cdots,n)\\ x_{ij}=0 \text{ 或 } 1\ (i=1,2,\cdots,n;\ j=1,2,\cdots,n)\end{cases} \tag{5-8}$$

需要注意的是，在式（5-8）的标准型中，要求的是最小化目标函数的值，且对应于各设计变量的系数均不小于零。这是应用匈牙利算法的前提条件。

如果 0-1 规划不是匈牙利算法的标准型，则可通过如下方法将其转化为相应的标准型来进行求解。

1）设计变量对应的系数为负数

若目标函数中对应某个设计变量 x_{mn} 的系数 E_{mn} 为负数，即当 $E_{mn}<0$ 时，可令 $x'_{mn}=1-x_{mn}$，此时有 $E_{mn}x_{mn}=E_{mn}-E_{mn}x'_{mn}$，取 $E'_{mn}=-E_{mn}$ 可知 $E'_{mn}>0$。

于是原目标函数变为：$f=\sum\limits_{(i,j)\neq(m,n)}E_{ij}x_{ij}+E'_{mn}x'_{mn}+E_{mn}$

经过上述转换，可以将目标函数中所有设计变量的系数变成正数，符合匈牙利算法的要求。

2）目标函数求最大

匈牙利算法只适用于对目标函数求最小值的情形，而对于目标函数最大化的问题，需要将问题转换成求最小值的情形。假设问题的目标函数为：$\max\ f=\sum\limits_{i=1}^{n}\sum\limits_{j=1}^{n}E_{ij}x_{ij}$

在上述情况下，可令 $F_{ij}=M-E_{ij}$，其中 M 是足够大的常数，一般方法是令 M 为效率矩阵元素 E_{ij} 中的最大值，即 $M=\max(E_{ij})\ (i=1,2,\cdots,n;\ j=1,2,\cdots,n)$。

由于对于任意的 $i,j\ (i=1,2,\cdots,n; j=1,2,\cdots,n)$，均可满足 $\max(E_{ij})-E_{ij}\geqslant 0$，故可以保证 $F_{ij}\geqslant 0$。

这时，系数矩阵变为：$\boldsymbol{F}=(F_{ij})$，且满足 $F_{ij}\geqslant 0$，对应效率矩阵 $\boldsymbol{F}$ 的分派问题的目标函数满足：

$$f'=\sum_{i=1}^{n}\sum_{j=1}^{n}F_{ij}x_{ij}=\sum_{i=1}^{n}\sum_{j=1}^{n}\left(M-E_{ij}\right)x_{ij}=\sum_{i=1}^{n}\sum_{j=1}^{n}Mx_{ij}-\sum_{i=1}^{n}\sum_{j=1}^{n}E_{ij}x_{ij}=nM-\sum_{i=1}^{n}\sum_{j=1}^{n}E_{ij}x_{ij}$$

显然可以表达成如下形式：$f'=nM-f$，因为 nM 为一个常数，故当 f 取得最小值时，f' 可以取到最大值，即通过这种变换将原分派问题目标函数由最小化变成最大化，以符合匈牙利法的实施条件。

2．匈牙利算法的理论基础

在分派问题的数学模型中，目标函数的系数可以写成 $n\times n$ 维的矩阵形式，可以用效率矩阵 $\boldsymbol{E}$ 来表示这组参量：

$$\boldsymbol{E}=\begin{bmatrix}E_{11} & E_{12} & \cdots & E_{1n}\\ E_{21} & E_{22} & \cdots & E_{2n}\\ \vdots & \vdots & \ddots & \vdots\\ E_{n1} & E_{n2} & \cdots & E_{nn}\end{bmatrix}$$

而匈牙利法就是通过对效率矩阵 $\boldsymbol{E}$ 的处理来获得分派问题的最优解。在匈牙利法中，要求矩阵 $\boldsymbol{E}$ 的所有元素均为非负，即 $E_{ij}\geqslant 0$。其基本的思想就是如果在矩阵 $\boldsymbol{E}$ 中存在一组（n 个）位于不同行且不同列的零元素，则最优方案就是令对应于这些零元素位置的 $x_{ij}=1$，其他位置的 $x_{ij}=0$。但是很显然的，我们建立的分派模型的效率矩阵 $\boldsymbol{E}$ 中几乎没有零元素，要实现上述设想就必须找到合适的方法对矩阵 $\boldsymbol{E}$ 进行变换，来获得这一组位于不同行且不同列的零元素。

为了推导基于该思想的算法步骤，我们先给出两个引理及其推论。

引理 1：如果将效率矩阵 $\boldsymbol{E}$ 的第 i 行每个元素减去一个常数 u_i，将第 j 列每个元素减去一个常数 v_j，由此得到一个新的效率矩阵 $\boldsymbol{F}$，其第 i 行第 j 列的元素为 $F_{ij}=a_{ij}-u_i-v_j$，则分别对应于 $\boldsymbol{E}$ 和 $\boldsymbol{F}$ 的两个分派问题的最优解等价，其最优值相差 $\sum\limits_{i=1}^{n}u_i+\sum\limits_{j=1}^{n}v_j$。

推论 1：如果将效率矩阵 $\boldsymbol{E}$ 的每一行（或每一列）各元素分别减去该行（或该列）的最小元素，由此得到新的效率矩阵 $\boldsymbol{F}$，则分别对应于 $\boldsymbol{E}$ 和 $\boldsymbol{F}$ 的两个分派问题的最优解等价。

引理 2：若矩阵 $\boldsymbol{E}$ 的元素可以分成“零”元素和“非零”元素两部分，则覆盖所有“零”元素的最少直线（将直线上的元素全部划去之后矩阵就不再有“零”元素，这样所需直线数的最小值）等于位于不同行且不同列的“零”元素的最大个数。

根据上面的结论，用匈牙利法求解分派问题的原理即通过对原效率矩阵 $\boldsymbol{E}$ 各行各列元素的同加或者同减运算，构造出等价最优解的效率矩阵 $\boldsymbol{F}$，且 $\boldsymbol{F}$ 的所有元素非负且具有 n 个不同行且不同列的“零”元素。这样，n 个“零”元素所对应的人做对应的工作就是分派问题的最优解。

为了演示算法的操作过程，仍然选取第 3 章中【例 3-2】的分派问题，其数学模型表达如下：

$$\begin{cases} \min \quad f=\sum_{i=1}^{4}\sum_{j=1}^{4}E_{ij}x_{ij} \\ \text{s.t.} \quad \sum_{j=1}^{4}x_{ij}=1 \ \ (i=1,2,3,4) \\ \qquad \sum_{i=1}^{4}x_{ij}=1 \ \ (j=1,2,3,4) \\ \qquad x_{ij}=0 \text{ 或 } 1 \end{cases}$$

其中效率矩阵为：

$$\boldsymbol{E}=\begin{bmatrix} 20 & 12 & 33 & 26 \\ 22 & 15 & 29 & 23 \\ 21 & 13 & 31 & 24 \\ 22 & 16 & 32 & 23 \end{bmatrix} \tag{5-9}$$

3. 匈牙利算法的实施

求解分派问题的匈牙利算法的步骤如下：

1）使每一行和每一列都出现 0 元素

（1）将效率矩阵 $\boldsymbol{E}$ 的每行元素减去该行中的最小元素，使得每一行至少出现一个零元素。

（2）将所得矩阵的每列元素减去该列中的最小元素，使得每一列至少出现一个零元素。

（3）如果某行或者某列已经有零元素，则不必再减。

则对矩阵（5-9）采用相应的操作如下：

$$\begin{bmatrix} 20 & 12 & 33 & 26 \\ 22 & 15 & 29 & 23 \\ 21 & 13 & 31 & 24 \\ 22 & 16 & 32 & 23 \end{bmatrix} \xrightarrow{(1)} \begin{bmatrix} 8 & 0 & 21 & 14 \\ 7 & 0 & 14 & 8 \\ 8 & 0 & 18 & 11 \\ 6 & 0 & 16 & 7 \end{bmatrix} \xrightarrow{(2)} \begin{bmatrix} 2 & 0 & 7 & 7 \\ 1 & 0 & 0 & 1 \\ 2 & 0 & 4 & 4 \\ 0 & 0 & 2 & 0 \end{bmatrix}$$

2）最优性检验，进行试指派，即找出不同行不同列的零元素

（1）给只有一个零元素的行中的零加上括号，记做“(0)”，并划去与其同列的其余零元素，记做“⊗”。

（2）给只有一个零元素的列中的零打加括号，记做“(0)”，并划去与其同行的其余零元素，记做“⊗”。

（3）反复进行（1）和（2），直至所有的零都被标记为止。

（4）若仍有没有被标记的零元素，则可从剩余的零元素最少的行（列）开始，选择零元素少的那列（行）的零元素加括号（表示选择性多的要礼让选择性少的）。然后，划去同行同列的其他零元素，反复进行，直到所有零元素都已被标记为止。

（5）若“(0)”元素的数目 m 等于矩阵的阶数 n，则该指派问题的最优解已经找到，若 $m<n$，转下一步。

根据上述，对示例的矩阵操作如下：

$$\begin{bmatrix} 2 & 0 & 7 & 7 \\ 1 & 0 & 0 & 1 \\ 2 & 0 & 4 & 4 \\ 0 & 0 & 2 & 0 \end{bmatrix} \xrightarrow{(1)} \begin{bmatrix} 2 & (0) & 7 & 7 \\ 1 & \otimes & 0 & 1 \\ 2 & \otimes & 4 & 4 \\ 0 & \otimes & 2 & 0 \end{bmatrix} \xrightarrow{(2)} \begin{bmatrix} 2 & (0) & 7 & 7 \\ 1 & \otimes & (0) & 1 \\ 2 & \otimes & 4 & 4 \\ \otimes & \otimes & 2 & (0) \end{bmatrix}$$

3）矩阵变换

（1）作能覆盖所有零元素的最少直线。

a. 对没有“(0)”的行标记“*”；

b. 对标记“*”行上含有零元素的列标记“*”；

c. 对标记“*”列上有“(0)”的行标记“*”；

d. 重复 b、c，直到无法标记“*”为止；

e. 对标记“*”的列画纵线，未标记“*”的行画横线，这就是能覆盖所有零元素的最少直线。

按照上述规则，先根据矩阵中的零元素，采用相应的方法，对示例矩阵的行和列进行相应的标记：

$$\begin{bmatrix} 2 & (0) & 7 & 7 \\ 1 & \otimes & (0) & 1 \\ 2 & \otimes & 4 & 4 \\ \otimes & \otimes & 2 & (0) \end{bmatrix} \xrightarrow{a} \begin{bmatrix} 2 & (0) & 7 & 7 \\ 1 & \otimes & (0) & 1 \\ 2 & \otimes & 4 & 4 \\ \otimes & \otimes & 2 & (0) \end{bmatrix}\begin{matrix} \\ \\ * \\ \\ \end{matrix} \xrightarrow{b} \begin{matrix}\begin{bmatrix} 2 & (0) & 7 & 7 \\ 1 & \otimes & (0) & 1 \\ 2 & \otimes & 4 & 4 \\ \otimes & \otimes & 2 & (0) \end{bmatrix}\begin{matrix} \\ \\ * \\ \\ \end{matrix} \\ \quad\ \ * \qquad\qquad \end{matrix}$$

$$\xrightarrow{c} \begin{matrix}\begin{bmatrix} 2 & (0) & 7 & 7 \\ 1 & \otimes & (0) & 1 \\ 2 & \otimes & 4 & 4 \\ \otimes & \otimes & 2 & (0) \end{bmatrix}\begin{matrix} * \\ \\ * \\ \\ \end{matrix} \\ \quad\ \ * \qquad\qquad \end{matrix}$$

然后作出覆盖零元素的最少的直线：

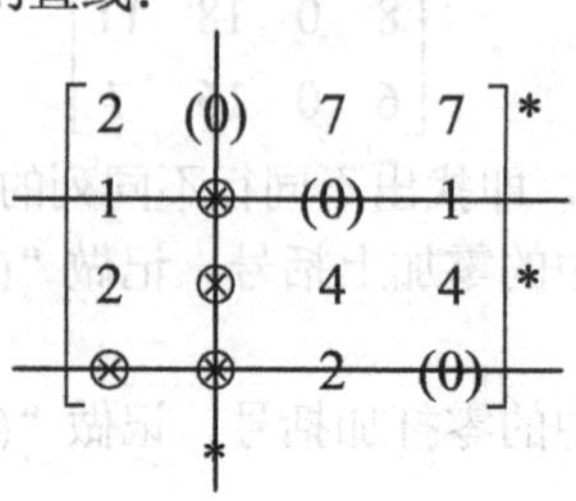

（2）移动零元素。

a. 在未被划去的元素中找出最小元素 s，将其作为矩阵变换的调整量；

b. 将标记“*”行的所有元素都减去 s；

c. 将标记“*”列的所有元素都加上 s。

结果将得到一个新的效率矩阵，转 2）。

对于本例的示例矩阵，未被划去的元素中最小者为 2，故首先将第 1 行和第 3 行减去 2，然后将第 2 列加上 2，获得新的效率矩阵：

$$\begin{bmatrix} 2 & 0 & 7 & 7 \\ 1 & 0 & 0 & 1 \\ 2 & 0 & 4 & 4 \\ 0 & 0 & 2 & 0 \end{bmatrix} \xrightarrow{\text{b}} \begin{bmatrix} 0 & -2 & 5 & 5 \\ 1 & 0 & 0 & 1 \\ 0 & -2 & 2 & 2 \\ 0 & 0 & 2 & 0 \end{bmatrix} \xrightarrow{\text{c}} \begin{bmatrix} 0 & 0 & 5 & 5 \\ 1 & 0 & 0 & 1 \\ 0 & 0 & 2 & 2 \\ 0 & 0 & 2 & 0 \end{bmatrix}$$

返回步骤 2)，对该矩阵进行检验，即尝试在上述矩阵中找到不同行且不同列的 n 个零元素：

$$\begin{bmatrix} 0 & 0 & 5 & 5 \\ 1 & 0 & 0 & 1 \\ 0 & 0 & 2 & 2 \\ 0 & 0 & 2 & 0 \end{bmatrix} \text{试指派} \begin{cases} M_1: \begin{bmatrix} \otimes & (0) & 5 & 5 \\ 1 & \otimes & (0) & 1 \\ (0) & \otimes & 2 & 2 \\ \otimes & \otimes & 2 & (0) \end{bmatrix} \\ M_2: \begin{bmatrix} (0) & \otimes & 5 & 5 \\ 1 & \otimes & (0) & 1 \\ \otimes & (0) & 2 & 2 \\ \otimes & \otimes & 2 & (0) \end{bmatrix} \end{cases}$$

由以上求解结果，可以知道有两种最优的指派方式，相应的分派方案为：1 号成员完成 2 号任务，2 号成员完成 3 号任务，3 号成员完成 1 号任务，4 号成员完成 4 号任务；或者 1 号成员完成 1 号任务，2 号成员完成 3 号任务，3 号成员完成 2 号任务，4 号成员完成 4 号任务，且最优方案耗时均为 85。

5.4 整数规划问题的 MATLAB 求解方法

在本节中，将主要讲解如何用 MATLAB 求解一般整数规划中的问题，其中包括一般混合整数规划问题和 0-1 规划问题。

5.4.1 用 MATLAB 求解一般混合整数规划问题

由于 MATLAB 优化工具箱中并未提供求解纯整数规划和混合整数规划的函数，因此需要自行根据需求和设定相关的算法来实现。这里我们给出开罗大学的 Sherif 和 Tawfik 在 MATLAB Central 上发布的一个用于求解一般混合整数规划的程序，在此命名为 intprog。笔者在原程序的基础上做了简单的修改，将其选择分枝变量的算法由自然序改造成按照本章 5.3.2 节中所述分枝变量选择原则中的一种，即选择与整数值相差最大的非整数变量首先进行分枝。intprog 函数的调用格式如下：

```
[x,fval,exitflag]=intprog(c,A,b,Aeq,beq,lb,ub,M,TolXInteger)
```

该函数所解决的整数规划问题为：

$$\begin{cases} \min & f=\boldsymbol{c}^{\mathrm{T}}\boldsymbol{x} \\ \text{s.t.} & \boldsymbol{A}\boldsymbol{x}\leqslant \boldsymbol{b} \\ & \boldsymbol{A}_{\mathrm{eq}}\boldsymbol{x}=\boldsymbol{b}_{\mathrm{eq}} \\ & \mathbf{lb}\leqslant \boldsymbol{x}\leqslant \mathbf{ub} \\ & x_i\geqslant 0\ \ (i=1,2,\cdots,n) \\ & x_j \text{ 取整数值 } (j\in M) \end{cases}$$

在上述标准问题中，假设 $\boldsymbol{x}$ 为 n 维设计变量，且线性规划问题具有不等式约束 m_1 个，等式约束 m_2 个，则：$\boldsymbol{c}$、$\boldsymbol{x}$ 均为 n 维列向量，$\boldsymbol{b}$ 为 m_1 维列向量，$\boldsymbol{b}_{\mathrm{eq}}$ 为 m_2 维列向量，$\boldsymbol{A}$ 为 $m_1\times n$ 维矩阵，$\boldsymbol{A}_{\mathrm{eq}}$ 为 $m_2\times n$ 维矩阵。

在该函数中，输入参数有 c,A,b,Aeq,beq,lb,ub,M 和 TolXInteger。其中，c 为目标函数所对应设计变量的系数，A 为整数规划对应的不等式约束条件方程组构成的系数矩阵，b 为不等式约束条件方程组右边的值构成的向量。Aeq 为整数规划对应的等式约束方程组构成的系数矩阵，beq 为等式约束条件方程组右边的值构成的向量。lb 和 ub 为设计变量对应的上界和下界。M 为具有整数约束条件限制的设计变量的序号，例如，问题中设计变量为 $x_1, x_2,\cdots, x_6$，要求 x_2, x_3 和 x_6 为整数，则 M=[2;3;6]；若要求全为整数，则 M=1:6，或者 M=[1;2;3;4;5;6]。TolXInteger 为判定整数的误差限，即若某数 x 和最邻近整数相差小于该误差限，则认为 x 即为该整数。

该函数的输出参数有 x, fval 和 exitflag。其中，x 为整数规划问题的最优解向量，fval 为整数规划问题的目标函数在最优解向量 x 处的函数值，exitflag 为函数计算终止时的状态指示变量。

在 MATLAB 中实现 intprog 的代码和分析如下：

```
%整数规划的 MATLAB 实现
%Originally Designed By Sherif A. Tawfik, Faculty of Engineering, Cairo University
%Revised By LiMing, 2009-12-29
%函数调用形式[x,fval,exitflag]=intprog(f,A,b,Aeq,beq,lb,ub,M,TolXInteger)
%函数求解如下形式的整数规划问题
%min f'*x
%subject to
%           A*x<=b
%           Aeq*x=beq
%           lb<=x<=ub
%           M 存储有整数约束的变量编号的向量
%           TolXInteger 是判定整数的误差限
%
%函数返回变量
```

```
%x:整数规划的最优解
%fval:目标函数在最优解处的函数值
%exitflag = 1    收敛到解 x
%            0    达到线性规划的最大迭代次数
%           -1    无解
%
function [x,fval,exitflag]=intprog(f,A,b,Aeq,beq,lb,ub,M,TolXInteger)
%设置不显示求解线性规划过程中的提示信息
options = optimset('display','off');
%上界的初始值
bound=inf;
%求解原问题 P0 的松弛线性规划 Q0，首先获得问题的初始解
[x0,fval0]=linprog(f,A,b,Aeq,beq,lb,ub,[],options);
%利用递归法进行二叉树的遍历，实现分枝定界法对整数规划的求解
[x,fval,exitflag,b]=rec_BranchBound(f,A,b,Aeq,beq,lb,ub,x0,fval0,M,
TolXInteger,bound);

%分枝定界法的递归算法
%x 为问题的初始解，v 是目标函数在 x 处的取值
function [xx,fval,exitflag,bb]=rec_BranchBound(f,A,b,Aeq,beq,lb,ub,x,
v,M,TolXInteger,bound)
options = optimset('display','off');
%求解不考虑整数约束的松弛线性规划
[x0,fval0,exitflag0]=linprog(f,A,b,Aeq,beq,lb,ub,[],options);
%如果算法结束状态指示变量为负值，即表示无可行解，返回初始输入
%或者所有目标函数值大于已经获得的上界，返回初始输入
if exitflag0<=0 | fval0>bound
   xx=x;
   fval=v;
   exitflag=exitflag0;
   bb=bound;
   return;
end

%确定所有变量是否均为整数，如果是，则返回
%该条件表示 x0(M) 不是整数
ind=find(abs(x0(M)-round(x0(M)))>TolXInteger);
%如果都是整数
if isempty(ind)
```

```
    exitflag=1;
%如果当前的解优于已知的最优解，则将当前解作为最优解
    if fval0<bound
        x0(M)=round(x0(M));
        xx=x0;
        fval=fval0;
        bb=fval0;
%否则，返回原来的解
    else
        xx=x;
        fval=v;
        bb=bound;
    end
    return;
end

%程序运行至此，说明松弛线性规划的解是一个可行解且目标函数值比当前记录的上界要小，
%只是某些变量的值并非整数，于是在此选择合适的变量进行分枝，形成两个子问题，分别
%进行递归求解

%该处选择与整数值相差最大的非整数变量首先进行分枝，形成两个子问题
%第一个非整数变量的序号，且记录该变量与其最邻近的整数之差的绝对值
[row col]=size(ind);
br_var=M(ind(1));
br_value=x(br_var);
flag=abs(br_value-floor(br_value)-0.5);
%用于查找非整数设计变量中整数值相差最大的设计变量，即每当遇到与其最邻近的整数差
%别更大的非整数设计变量之时，即记录下该设计变量的序号，直至遍历所有非整数变量
for i=2:col
    tempbr_var=M(br_var);
    tempbr_value=x(br_var)
    temp_flag=abs(tempbr_value-floor(tempbr_value)-0.5);
    if temp_flag>flag
        br_var=tempbr_var;
        br_value=tempbr_value;
        flag=temp_flag;
    end
end
```

```
if isempty(A)
    [r c]=size(Aeq);
else
    [r c]=size(A);
end

%分枝后第一个子问题的参数设置
%添加约束条件 Xi <= floor(Xi)，i 为上面找到的最接近整数的非整数设计变量的序号
A1=[A;zeros(1,c)];
A1(end,br_var)=1;
b1=[b;floor(br_value)];

%分枝后第二个子问题的参数设置
%添加约束条件 Xi >= ceil(Xi) ，i 为上面找到的最接近整数的非整数设计变量的序号
A2=[A;zeros(1,c)];
A2(end,br_var)=-1;
b2=[b;-ceil(br_value)];

%分枝后的第一个子问题的递归求解
[x1,fval1,exitflag1,bound1]=rec_BranchBound(f,A1,b1,Aeq,beq,lb,ub,
x0,fval0,M,TolXInteger,bound);
exitflag=exitflag1;
if exitflag1>0 & bound1<bound
    xx=x1;
    fval=fval1;
    bound=bound1;
    bb=bound1;
else
    xx=x0;
    fval=fval0;
    bb=bound;
end

%分枝后的第二个子问题的递归求解
[x2,fval2,exitflag2,bound2]=rec_BranchBound(f,A2,b2,Aeq,beq,lb,ub,
x0,fval0,M,TolXInteger,bound);
if exitflag2>0 & bound2<bound
    exitflag=exitflag2;
    xx=x2;
```

```
        fval=fval2;
        bb=bound2;
    end
```

5.4.2 用 MATLAB 求解 0-1 规划问题

在 MATLAB 优化工具箱中，提供了专门用于求解 0-1 规划问题的函数 bintprog，其算法基础即为我们在前面章节讨论过的分枝定界法。在 MATLAB 中调用 bintprog 函数求解 0-1 规划时，需要遵循 MATLAB 中对 0-1 规划标准型的要求。

0-1 规划问题的 MATLAB 标准型为：

$$\begin{cases} \min \quad f = \boldsymbol{c}^{\mathrm{T}}\boldsymbol{x} \\ \text{s.t.} \quad \boldsymbol{A}\boldsymbol{x} \leqslant \boldsymbol{b} \\ \qquad \boldsymbol{A}_{\text{eq}}\boldsymbol{x} = \boldsymbol{b}_{\text{eq}} \\ \qquad \boldsymbol{x} = 0,1 \end{cases} \tag{5-10}$$

在上述模型中，有一个需要极小化的目标函数 f，以及需要满足的约束条件。

假设 $\boldsymbol{x}$ 为 n 维设计变量，且线性规划问题具有不等式约束 m_1 个，等式约束 m_2 个，则：$\boldsymbol{c}$、$\boldsymbol{x}$ 均为 n 维列向量，$\boldsymbol{b}$ 为 m_1 维列向量，$\boldsymbol{b}_{\text{eq}}$ 为 m_2 维列向量，$\boldsymbol{A}$ 为 $m_1 \times n$ 维矩阵，$\boldsymbol{A}_{\text{eq}}$ 为 $m_2 \times n$ 维矩阵。

与在 MATLAB 中使用 linprog 求解线性规划问题相类似，对于非 MATLAB 标准型，要采用相应的方法将其转化成标准型之后才能将相关参数传递给 bintprog 进行求解。需要注意的有两点，一点是要对目标函数求极小，另一点是不等式约束形式为“≤”，如果不满足这两点要求，则需要对原问题进行转化。

1. 输入参数

MATLAB 工具箱中的 bintprog 函数在求 0-1 规划问题时，提供的参数为模型参数、初始解参数和算法控制参数。其中模型参数 x、c、b、beq、A 和 Aeq 在 5.4.1 节的 MATLAB 标准型中已经介绍过。

x0 为线性规划问题的初始解，options 为包含算法控制参数的结构变量，我们可以通过 optimset 命令对这些具体的控制参数进行设置。由于在第 3 章的内容中已经涉及了一些共同参数的设置，故针对本章中 0-1 规划问题的求解函数 bintprog，仅介绍其特有的一些参数及其设置方法，如表 5-3 所示。

表 5-3　bintprog 中的控制参数设置

参数名称	参数设置
BranchStrategy	设置算法中分枝变量的选择策略，当该参数值为 mininfeas 时，选择最可能为整数的变量进行分枝，即分枝变量最接近 0 或 1，但不等于 0 或 1；当该参数值为 maxinfeas（默认）时，选择最不可能为整数的变量进行分枝，即分枝变量最接近 0.5
MaxIter	设置算法运行中的最大迭代次数，默认值为 100 000×设计变量的个数

续表

参数名称	参数设置
MaxNodes	设置算法搜索的最大节点数，默认值为1 000×设计变量的个数
MaxRLPIter	设置算法在求解各个节点的松弛线性规划问题时的最大迭代次数，默认值为100×设计变量的个数
MaxTime	设置算法运行的最大CPU时间，以秒为单位，默认值为7 200s
NodeDisplayInterval	设置节点显示区间，即在每次显示迭代报告之前搜索节点的数目，默认值为20
NodeSearchStrategy	设置算法中分枝节点的选择策略，当该参数值为df时，为深度优先搜索，即选择最下层的子节点进行分枝；当该参数值为bn（默认）时，为广度优先搜索，即选择目标函数值最优的节点进行分枝
TolFun	函数计算终止的误差限，其默认值为1×10^{-3}
TolXInteger	设置判断一个数值是否为正整数的误差限，默认值为1.0×10^{-8}，即如果一个数和与其最邻近的正整数之差小于1.0×10^{-8}，则被认为是该正整数
TolRLPFun	设置求解松弛线性规划问题的目标函数计算终止误差限，默认值为1.0×10^{-6}
Diagnostics	设置是否显示函数优化中的诊断信息，可以选择on或者off（默认值），该功能主要显示一些退出信息，即bintprog函数运算终止的原因
Display	设置显示信息的级别，当该参数值为off时，不显示任何输出信息；当参数值为iter时，显示每一步迭代的输出信息，iter参数值仅对大型规模算法和中型规模的单纯形算法有效；当参数值为final时，仅显示最终的输出信息

2. 输出参数

bintprog函数返回的输出参数有$\boldsymbol{x}$、fval、exitflag和output。$\boldsymbol{x}$为0-1问题的最优解，fval为0-1规划问题在最优解$\boldsymbol{x}$处的函数值。

exitflag返回的是bintprog计算终止时的状态指示，说明算法终止的原因，其取值和其代表的具体原因如表5-4所示。

表5-4 参数exitflag的物理意义

取　值	物理意义
1	已经收敛到解x
0	已经达到最大迭代次数限制options.MaxIter
–2	优化问题无可行解
–4	搜索节点数超过设置的最大节点数
–5	搜索时间超过设置的最大CPU时间options.MaxTime
–6	在求解某节点的线性松弛问题时进行迭代的次数超过算法设置的在求解各个节点的松弛线性规划问题时的最大迭代次数options.MaxRLP

输出参数output是一个返回优化过程中相关信息的结构变量，它所包含的属性及属性代表的意义如表5-5所示。

表 5-5 参数 output 所包含的信息

属性名称	属性含义
output.iterations	优化过程中的实际迭代次数
output.algorithm	优化过程中所采用的具体算法
output.nodes	优化过程中搜索过的节点数目
output.time	优化过程中执行算法消耗的 CPU 时间
output.branchStrategy	优化过程中选择分枝变量的策略
output.nodeSearchStrategy	优化过程中选择分枝节点的策略
output.message	退出信息

3．命令详解

下面结合 bintprog 函数的调用方式和具体参数的含义，说明在 MATLAB 中如何使用 bintprog 函数求解线性规划问题。

1）x = bintprog(f)

该函数调用格式求解如下形式的 0-1 规划问题：

$$\begin{cases}\min & f=\boldsymbol{c}^{\mathrm{T}}\boldsymbol{x}\\ \text{s.t.} & \boldsymbol{x}=0,1\end{cases}$$

2）x = bintprog(c,A,b)

该函数调用格式求解如下形式的 0-1 规划问题：

$$\begin{cases}\min & f=\boldsymbol{c}^{\mathrm{T}}\boldsymbol{x}\\ \text{s.t.} & \boldsymbol{Ax}\leqslant\boldsymbol{b}\\ & \boldsymbol{x}=0,1\end{cases}$$

即求解在 1）的基础之上添加了不等式约束 $\boldsymbol{Ax}\leqslant\boldsymbol{b}$ 的 0-1 规划问题。

3）x = bintprog (c,A,b,Aeq,beq)

该函数调用格式求解如下形式的 0-1 规划问题：

$$\begin{cases}\min & f=\boldsymbol{c}^{\mathrm{T}}\boldsymbol{x}\\ \text{s.t.} & \boldsymbol{Ax}\leqslant\boldsymbol{b}\\ & \boldsymbol{A}_{\mathrm{eq}}\boldsymbol{x}=\boldsymbol{b}_{\mathrm{eq}}\\ & \boldsymbol{x}=0,1\end{cases}$$

即求解在 2）的基础之上添加了等式约束 $\boldsymbol{A}_{\mathrm{eq}}\boldsymbol{x}=\boldsymbol{b}_{\mathrm{eq}}$ 的 0-1 规划问题。

4）x = bintprog (c,A,b,Aeq,beq,x0)

该函数调用格式求解如下形式的 0-1 规划问题：

$$\begin{cases}\min & f=\boldsymbol{c}^{\mathrm{T}}\boldsymbol{x}\\ \text{s.t.} & \boldsymbol{Ax}\leqslant\boldsymbol{b}\\ & \boldsymbol{A}_{\mathrm{eq}}\boldsymbol{x}=\boldsymbol{b}_{\mathrm{eq}}\\ & \boldsymbol{x}=0,1\end{cases}$$

同时设置求解算法的初始解为 x0，如果初始解 x0 不在 0-1 规划问题的可行域中，算法将采用默认的初始解。

5）x = bintprog (c,A,b,Aeq,beq,x0,options)

用 options 指定的优化参数进行最小化。可以使用 optimset 来设置这些参数，其中常用的可设置参数如表 5-3 所示。

上面的函数调用格式仅设置了最优解这一个输出参数，如果需要更多的输出参数，则可以参照下面的调用格式：

➢ [x,fval] = bintprog(...)

在优化计算结束之时返回整数规划问题在解 x 处的目标函数值 fval。

➢ [x,fval,exitflag] = bintprog(...)

在优化计算结束之时返回 exitflag 值，描述函数计算的退出条件。exitflag 的意义如表 5-4 所示。

➢ [x,fval,exitflag,output] = bintprog(...)

在优化计算结束之时返回结构变量 output，output 的意义如表 5-5 所示。

5.4.3 已给出实例的 MATLAB 求解

【例 5-7】 用 MATLAB 求解【例 5-4】。

该问题是整数规划问题，故调用 MATLAB 中的 intprog 函数进行求解，代码和运行结果如下：

```
%目标函数所对应的设计变量的系数，为求极小，取原目标函数系数的相反数
c=[-1;-1];
%不等式约束
A=[-4 2;4 2;0 -2];
b=[-1;11;-1];
%设计变量的边界约束，无上界约束
lb=[0;0];
%均要求为整数变量
M=[1;2];
%判断是否整数的误差限
Tol=1e-8;
%求解原问题松弛线性规划的最优解 x1 和在 x 处的目标函数值
[x,fval]=linprog(c,A,b,[],[],lb,[])
%求最优解整数解 x1 和目标函数在 x1 处的值，结果为原问题最优值的相反数
[x1,fval1]=intprog(c,A,b,[],[],lb,[],M,Tol)

Optimization terminated.
x =
   2.2500
   3.7500
fval =
```

```
   -41.2500
x1 =
     0
     5
fval1 =
  -40.0000
```

上例中 x 和 fval 为整数规划问题对应松弛线性规划的最优解和最优值，x1 和 fval1 为整数规划的最优解和最优值。可见，在本例中，无论如何对 x 进行取整操作都无法得到整数规划问题的最优解。

【例 5-8】 用 MATLAB 求解【例 5-5】。

该问题是为了说明对整数规划对应的松弛线性规划的解进行取整操作并不能使整数规划的函数值达到最优，甚至可能为不可行解。由于原问题是一个整数规划问题，故调用 MATLAB 中的 intprog 函数进行求解，代码和运行结果如下：

```
%目标函数所对应的设计变量的系数，为求极小，取原目标函数系数的相反数
c=[-1;-1];
%不等式约束
A=[-4 2;4 2;0 -2];
b=[-1;11;-1];
%设计变量的边界约束，无上界约束
lb=[0;0];
%均要求为整数变量
M=[1;2];
%判断是否整数的误差限
Tol=1e-8;
%求解原问题松弛线性规划的最优解 x 和目标函数在 x 处的值 fval
[x,fval]=linprog(c,A,b,[],[],lb,[])
%求最优解整数解 x1 和目标函数在 x1 处的值 fval1，结果为原问题最优值的相反数
[x1,fval1]=intprog(c,A,b,[],[],lb,[],M,Tol)
%松弛线性规划问题的最优解
x =
    1.5000
    2.5000
fval =
   -4.0000
%整数规划的最优解，注意与松弛线性规划的最优解的取整解进行分析和比较
x1 =
     2
     1
fval2 =
   -3.0000
```

【例 5-9】 用 MATLAB 求解【例 5-6】。

该问题是一个 0-1 规划问题，因此可以用 MATLAB 提供的专门用于求解 0-1 规划的函数 bintprog 进行求解，也可以用一般整数规划的 intprog 函数进行求解。唯一不同的地方在于，用 bintprog 在求解本例的时候只需要给定参量 c、A 和 b 即可，而由于 intprog 是针对一般的整数规划，如果要用于 0-1 规划，必须设定设计变量的边界为[0, 1]，这样才能使算法限制设计变量取 0 和 1 两个值。相应的代码和运行结果如下：

```
%目标函数所对应的设计变量的系数
c=[20;6;8;9];
%不等式约束
A=[-10 -6 -5  -2;
    -7 -2 -2  -4;
    -2 -1 -1 -10;
     0  1  1  -1];
b=[-4;-4;-2;1];
%用于 intprog 函数的设计变量的边界约束，由于为 0-1 规划，故设置上界为全 1
lb=[0;0;0;0];
ub=[1;1;1;1];
%均要求为整数变量
M=1:4;
%判断是否整数的误差限
Tol=1e-8;
%调用 intprog 函数求最优解整数解 x 和目标函数在 x 处的值 fval
[x,fval]=intprog(c,A,b,[],[],lb,ub,M,Tol)
%调用 bintprog 函数求最优解整数解 x1 和目标函数在 x1 处的值 fval1
[x1,fval1]=bintprog(c,A,b)
%用 intprog 函数求解 0-1 规划的结果
x =
     0
     1
     0
     1
fval =
   15.0000
%用 bintprog 函数求解 0-1 规划的结果
Optimization terminated.
x1 =
     0
     1
     0
```

```
        1
fval1 =
        15
```

可见，由两者求出来的最优解向量和目标函数值相同。

【例 5-10】 求解效率矩阵为式（5-9）所示的分派问题。

为了建模过程易于理解，在 5.3.4 节 1 中给出的分派问题的数学模型中，用 x_{ij} 表示分派第 i 个人去完成第 j 项工作，得到的最优化问题为：

$$\begin{cases} \min \quad f=\sum_{i=1}^{n}\sum_{j=1}^{n}E_{ij}x_{ij} \\ \text{s.t.} \quad \sum_{j=1}^{n}x_{ij}=1 \ (i=1,2,\cdots,n) \\ \qquad \sum_{i=1}^{n}x_{ij}=1 \ (j=1,2,\cdots,n) \\ \qquad x_{ij}=0 \text{ 或 } 1 \ (i=1,2,\cdots,n;\ j=1,2,\cdots,n) \end{cases} \quad \text{且 } \boldsymbol{E}=\begin{bmatrix} 20 & 12 & 33 & 26 \\ 22 & 15 & 29 & 23 \\ 21 & 13 & 31 & 24 \\ 22 & 16 & 32 & 23 \end{bmatrix}$$

为了程序的可读性，我们对其做一个简单的转换，用一维下标来表示，即用 x_1～x_4 表示 x_{11}～x_{14}，用 x_5～x_8 表示 x_{21}～x_{24}，用 x_9～x_{12} 表示 x_{31}～x_{34}，用 x_{13}～x_{16} 表示 x_{41}～x_{44}。经过此种代换，得到的约束条件为：

$$\begin{cases} x_1+x_2+x_3+x_4=1 \\ x_5+x_6+x_7+x_8=1 \\ x_9+x_{10}+x_{11}+x_{12}=1 \\ x_{13}+x_{14}+x_{15}+x_{16}=1 \\ x_1+x_5+x_9+x_{13}=1 \\ x_2+x_6+x_{10}+x_{14}=1 \\ x_3+x_7+x_{11}+x_{15}=1 \\ x_4+x_8+x_{12}+x_{16}=1 \\ x_i=0,1 \ (i=1,2,\cdots,16) \end{cases}$$

目标函数为：

$$f=E_{11}x_1+E_{12}x_2+E_{13}x_3+E_{14}x_4+E_{21}x_5+E_{22}x_6+\cdots+E_{44}x_{16}$$

经过上述分析和转换，用 MATLAB 中的 bintprog 函数求解该问题，代码和运行结果为：

```
%目标函数所对应的设计变量的系数
c=[20;12;33;26;22;15;29;23;21;13;31;24;22;16;32;23];
%等式约束
Aeq=[1 1 1 1 0 0 0 0 0 0 0 0 0 0 0 0;
     0 0 0 0 1 1 1 1 0 0 0 0 0 0 0 0;
     0 0 0 0 0 0 0 0 1 1 1 1 0 0 0 0;
     0 0 0 0 0 0 0 0 0 0 0 0 1 1 1 1;
     1 0 0 0 1 0 0 0 1 0 0 0 1 0 0 0;
     0 1 0 0 0 1 0 0 0 1 0 0 0 1 0 0;
```

```
    0 0 1 0 0 0 1 0 0 0 1 0 0 0 1 0;
    0 0 0 1 0 0 0 1 0 0 0 1 0 0 0 1;
    ];
beq=ones(1,8);
%求最优解 x 和目标函数在 x 处的值 fval
[x,fval]=bintprog(c,[],[],Aeq,beq);
%由于 x 是一列元素，为了使结果更加直观，故排成与效率矩阵 E 相对应的形式
B=reshape(x,4,4);
B'
Fval

Optimization terminated.
ans =
    0    1    0    0
    0    0    1    0
    1    0    0    0
    0    0    0    1
fval =
   85
```

5.5 整数规划的应用实例

5.5.1 计划排班问题

【例 5-11】 宾馆的排班问题。

某连锁宾馆在一天的各时间区段内所需服务员的人数如表 5-6 所示。假设服务员上班的时间在各时间段的开始时刻，并且连续工作 8 个小时。问题是，该宾馆应该至少配备多少名服务员？

表 5-6 宾馆各时间段需要服务员人数

班　次	时 间 段	需要服务员人数
1	08:00—12:00	100
2	12:00—16:00	120
3	16:00—20:00	80
4	20:00—24:00	60
5	00:00—04:00	30
6	04:00—08:00	50

根据题意，假设 x_i 为从第 i 个班次开始上班的服务员人数，则该宾馆共需要服务员的人数为 $f = x_1 + x_2 + x_3 + x_4 + x_5 + x_6$，该问题的目标是使 f 值最小。

约束条件为在每一时间段至少需要配备的服务员人数如表 5-6 所示。根据分析，在班次 1 开始时刻即 8:00 开始上班的服务员，需要连续上班 8 个小时到 16:00，即该服务员可以上两个班次，所以在时间段 08:00—12:00 之间在岗的服务员为班次 6 和班次 1 的服务员。以此类推，在时间段 12:00—16:00 之间在岗的服务员为班次 1 和班次 2 的服务员，在时间段 16:00—20:00 之间在岗的服务员为班次 2 和班次 3 的服务员。

根据上述分析，假设在班次 n 所在时间段需要的服务员人数为 s_n，则 s_n (n=1,2,⋯,6)和 x_i (n=1,2,⋯,6) 需要满足的约束条件为：

$$\begin{cases} x_n + x_{n-1} \geqslant s_n \ (n = 2,3,\cdots,6) \\ x_1 + x_6 \geqslant s_1 \end{cases} \tag{5-11}$$

由此可以得到该问题的数学描述为：

$$\begin{cases} \min & f = x_1 + x_2 + x_3 + x_4 + x_5 + x_6 \\ \text{s.t.} & x_1 + x_2 \geqslant 120 \\ & x_2 + x_3 \geqslant 80 \\ & x_3 + x_4 \geqslant 60 \\ & x_4 + x_5 \geqslant 30 \\ & x_5 + x_6 \geqslant 50 \\ & x_6 + x_1 \geqslant 100 \\ & x_i \geqslant 0 \text{ 且取整数值 } (i = 1,2,\cdots,6) \end{cases} \tag{5-12}$$

用 MATLAB 求解上述问题的代码和运行结果为：

```
%目标函数所对应的设计变量的系数
f=ones(1,6);
%不等式约束
A=[-1 -1  0  0  0  0;
    0 -1 -1  0  0  0;
    0  0 -1 -1  0  0;
    0  0  0 -1 -1  0;
    0  0  0  0 -1 -1;
   -1  0  0  0  0 -1];
b=[-120;-80;-60;-30;-50;-100];
%边界约束，由于无上界，故设置 ub=[Inf;Inf;Inf;Inf;Inf;Inf];
lb=[0;0;0;0;0;0];
ub=[Inf;Inf;Inf;Inf;Inf;Inf];
%所有变量均为整数变量，故将所有序号组成向量 M
M=[1;2;3;4;5;6];
%判定为整数的误差限
Tol=1e-8;
```

```
%求最优解 x 和目标函数值 fval，并返回状态指示
[x,fval,exitflag]=intprog(f,A,b,[],[],lb,ub,M,Tol)
%最优解向量 x
x =
    50
    70
    23
    37
     0
    50
%在最优解 x 处的目标函数值
fval =
   230
%算法终止的状态指示变量
exitflag =
     1
```

由此可知，按照运行结果中的人数进行排班，即在各时间段的开始时刻分别安排50、70、23、37、0、50个服务员上班，所需要的总人数最少，一共为230个服务员。

在这里需要指出的是，根据实际的需求，我们在问题中设置不等式约束是符合实际情况的，即并不一定要求恰好为限定的人数，多于此人数也是可以的。如果将不等式约束变为等式约束，即设定每个时间段的服务员人数为固定值，将不等号换成等号，此时可能出现如下情况。

（1）问题不一定有可行解，当有效等式约束的个数大于或者等于设计变量的个数时，就可能出现矛盾方程组导致失去优化的自由度。例如，若将本例中的不等式约束变为等式约束，为下述方程组：

$$x_1 + x_2 = 120; x_2 + x_3 = 80; x_3 + x_4 = 60; x_4 + x_5 = 30; x_5 + x_6 = 50; x_6 + x_1 = 100$$

该方程组未知数的个数为6个，方程的个数也为6个，且根据线性代数的知识，该方程组的系数矩阵满足rank(A)=5，rank(A,b)=6，由于rank(A)≠rank(A,b)，故该线性方程组无解，则原问题无可行解。

由简单的运算也可知该方程组为矛盾方程组，通过前5个方程已经可以推出关系式$x_1+x_6=120$，和已知方程$x_6+x_1=100$矛盾，方程组无解，该问题无可行解。

（2）即便有可行解，也不一定会优于我们设定约束为不等式时的目标函数值，最多等于设定约束为不等式时的目标函数值。

5.5.2 合理下料问题

【例5-12】 特制钢管的合理下料问题。

某厂商只有一种规格的特质钢管，其固定长度为17m。现在需要根据客户对长度的要求对其生产的钢管进行切割，如果客户需要20根8m长、40根6m长和80根4m长的该种特制钢管，则应当如何对钢管进行切割才能使用料最省？

对于合理下料问题的关键问题在于确定合适的切割方案。所谓切割方案，是指按照客户要求的长度在原料钢管上安排切割的一种组合。在这个过程中我们需要找出所有可行的切割方案，然后建立数学模型找到符合客户要求的最佳组合方式。在即使不能穷尽所有方案的前提下，需要收集尽可能多的切割方案以考虑更多的情况。例如，可以将 17m 长的钢管切割成 4 根 4m 长的钢管，余料为 1m；或者切割成 8m 长和 6m 长的钢管各 1 根，余料为 3m。

在此需要指出，切割模式必须合理，尽可能最大限度地使用原材料，即余料应当小于客户要求的最小尺寸，否则原料则可以继续被切割满足客户的一种需要。例如，将 17m 长的钢管切割成 2 根 6m 长的钢管是可行的，但余料为 5m，可以进一步将 5m 的余料切割成 4m 长的钢管，余料为 1m。

对于上述问题，可以得到所有合理可行的切割方案，如表 5-7 所示。

表 5-7 钢管切割模式

	方 案 1	方 案 2	方 案 3	方 案 4	方 案 5
8m	0	0	0	1	1
6m	0	1	2	0	1
4m	4	2	1	2	0
余料/m	1	3	1	1	3

接下来是确定设计目标，所谓的用料最省，可以有两种理解：

（1）所用的钢管数量最少，这种情况适用于余料不能用做他用；

（2）余料最少，例如，余料可以用于别的用途。

在这两种前提下的目标函数不同，解也可能不同。

假设用第 i 种方案切割的钢管根数为 x_i (i=1,2,⋯,5)，则所需要的原钢管的数量为切割的钢管数总和，即

$$S=\sum_{i=1}^{5}x_i=x_1+x_2+x_3+x_4+x_5 \tag{5-13}$$

根据表格中的数据和上述假设，可以知道经过切割以后获得符合客户要求的各种规格的钢管数目如下，设用 p_i 表示 i m 长的钢管的数量，即

$$p_8=x_4+x_5;\quad p_6=x_2+2x_3+x_5;\quad p_4=4x_1+2x_2+x_3+2x_4 \tag{5-14}$$

切割后所剩余料的总长度 l 为：

$$l=x_1+3x_2+x_3+x_4+3x_5 \tag{5-15}$$

由于客户需要 50 根 8m 长、60 根 6m 长和 30 根 4m 长的钢管，故我们最后得到的各种规格的钢管数目应当不小于客户的要求，即需要满足 $p_8 \geqslant 20$、$p_6 \geqslant 40$、$p_4 \geqslant 80$，结合式（5-14）可得约束条件为：

$$x_4+x_5 \geqslant 20;\quad x_2+2x_3+x_5 \geqslant 40;\quad 4x_1+2x_2+x_3+2x_4 \geqslant 80$$

由于钢管的数量是非负整数值，故所采用的切割方案中的各设计变量也均为非负整数。

对于该问题的目标，如果采用（1）中的理解，即要求所用的钢管数最少，目标函数 f=S 如式（5-13）所示；若采用（2）中的理解，则目标函数为 f=l 如式（5-13）所示。两种理解对应的整数规划的数学模型 P_1 和 P_2 分别为：

$$(P_1)\begin{cases}\min & f = x_1+x_2+x_3+x_4+x_5 \\ & x_4+x_5 \geqslant 20 \\ & x_2+2x_3+x_5 \geqslant 40 \\ & 4x_1+2x_2+x_3+2x_4 \geqslant 80 \\ & x_i \geqslant 0 \text{ 且取数数值}\end{cases};\quad (P_2)\begin{cases}\min & f = x_1+3x_2+x_3+x_4+3x_5 \\ & x_4+x_5 \geqslant 20 \\ & x_2+2x_3+x_5 \geqslant 40 \\ & 4x_1+2x_2+x_3+2x_4 \geqslant 80 \\ & x_i \geqslant 0 \text{ 且取数数值}\end{cases}$$

用 intprog 函数分别对 P_1 和 P_2 进行求解的 MATLAB 代码和运行结果如下。

➢ 求解 P_1

```
%目标函数所对应的设计变量的系数
c=ones(1,5);
%不等式约束
A=[ 0   0  0  -1  -1;
     0 -1 -2   0  -1;
    -4 -2 -1 -2   0];
b=[-20;-40;-80];
%设计变量的边界约束
lb=zeros(1,5);
%所有变量均为整数变量，故将所有序号组成向量 M
M=[1;2;3;4;5];
%判定为整数的误差限
Tol=1e-8;
%求最优解 x 和目标函数值 fval，并返回状态指示
[x,fval]=intprog(c,A,b,[],[],lb,[],M,Tol)
%求出此时的余料长度
l=[1 3 1 1 3]*x
%最优解向量 x
x =
     5
     0
    20
    20
     0
%在最优解处的目标函数值
fval =
   45.0000
l =
    45
```

根据上述结果可以知道，所用钢管的最少数目为 45 根，其中采用各个方案切割钢管的数目如最优解向量 $\boldsymbol{x}$ 中的各分量值，此时的余料为 45m。

➢ 求解 P_2

```
%目标函数所对应的设计变量的系数
c=[1;3;1;1;3]
%不等式约束
A=[ 0  0  0 -1 -1;
    0 -1 -2  0 -1;
   -4 -2 -1 -2  0];
b=[-20;-40;-80];
%设计变量的边界约束
lb=zeros(1,5);
%所有变量均为整数变量，故将所有序号组成向量 M
M=[1;2;3;4;5];
%判定为整数的误差限
Tol=1e-8;
%求最优解 x 和目标函数值 fval，并返回状态指示
[x,fval]=intprog(c,A,b,[],[],lb,[],M,Tol)
%求出此时所用钢管的数目
s=sum(x)
x =
     5
     0
    20
    20
     0
fval =
   45.0000
%钢管数量
s =
    45
```

根据上述结果可以知道，所剩余料最少为 45m，其中采用各个方案切割钢管的数目如最优解向量 $\boldsymbol{x}$ 中的各分量值，此时所用钢管的数目为 45 根。

对于该问题，两种目标函数的取法所得的结果相同。但是对于具体的问题需要具体分析，不一定能获得相一致的结果。

5.5.3　生产计划问题

【例 5-13】　电器的生产计划问题。

某工厂生产某种电器用以满足某地区市场的需求。经该工厂市场销售部门对该地区销售情况的统计，估计该电器在明年 4 个季度的需求量分别为 1 500 台、2 000 台、4 000 台和 1 000

台。而经该厂生产计划部门的预估，该厂生产能力能满足市场的需求，即不用考虑工厂的生产能力。

如果该厂决定在某一季度开工，需要工程准备费2万元，每台电器的生产成本为500元，如果在满足需求以后季度末有库存产品剩余，则每台电器的存储费为10元。假设开始工厂无库存，则应当如何安排生产，在既能满足市场需求的前提下可以使得总费用最省？

在这里共有4个季度，用i来表示，i=1,2,3,4。假设在第i个季度内，第i个季度的需求量为r_i，电器的产量为x_i，第i个季度末的库存为s_i。同时引入0-1变量v_i表示某个季度是否开工，即

$$v_i=\begin{cases}1 & 第i个季度开工\\ 0 & 第i个季度不开工\end{cases}(i=1,2,3,4)$$

故在这个生产销售的过程中，由于只有开工才会有产量，故当v_i=1时，第i季度才需要支出工程准备费20 000元，当v_i=0时，第i季度的该笔支出为零。故可知，这部分的费用如式（5-16）所示：

$$f_{\text{prepare}}=\sum_{i=1}^{4}20\,000v_i \tag{5-16}$$

由于每件电器的生产成本为500元，故第i季度的生产成本为$500x_i$，则一年中的生产成本如式（5-17）所示：

$$f_{\text{cost}}=\sum_{i=1}^{4}500x_i \tag{5-17}$$

易知由于库存而产生的保管费用为：

$$f_{\text{custody}}=\sum_{i=1}^{4}10s_i \tag{5-18}$$

综合式（5-16）、式（5-17）和式（5-18），产生的总费用为上述三种费用之和：

$$f=\sum_{i=1}^{4}\left(20\,000v_i+500x_i+10s_i\right) \tag{5-19}$$

将其作为目标函数，对其最小化。下面探讨本问题的约束条件。

由于只有某季度开工才可能有新的产品生产出来，即在v_i和x_i之间存在约束关系：

$$v_i=\begin{cases}1 & x_i>0\\ 0 & x_i=0\end{cases}(i=1,2,3,4) \tag{5-20}$$

此时可以看出v_i和x_i并非线性关系，所以需要对该约束条件进行转化。由于x_i不可能无限制增大，故可以设置线性关系$x_i \leqslant Mv_i$，M为足够大的正整数，使得x_i取值不可能超过M。例如，将M设置成大于明年总产量的一个数值，在本例中我们使用20 000。则该线性关系在式（5-20）的条件下成立，用此线性关系进行替代之后将与原整数规划具有相同的最优解。因此，确定了一组不等式约束：

$$x_i \leqslant 20\,000v_i\ (i=1,2,3,4) \tag{5-21}$$

再来考虑供需限制，由于在问题中假设了产量和库存量及需求量，故每个季度电器的产量与上个季度的库存量之和应当等于本季度的需求量与库存量之和。即有：

$$s_{i-1}+x_i=r_i+s_i \tag{5-22}$$

且需要注意的是，r_i 为已知的需求量数据，可从表中读出代入。由于假设工厂开始无库存，故 $s_0=0$。由此根据式（5-22）又确定了一组等式约束。

另外，问题中涉及的变量均满足非负的要求，且 v_i 必须取值为 0 或 1。

由上述分析可知，该问题对某些设计变量要求取值为整数，对某些设计变量要求取值为 0 或者 1，因而这是一个混合整数规划问题，其数学模型为：

$$\begin{cases}\min \quad f=\sum_{i=1}^{4}\left(20\,000 v_i+500 x_i+10 s_i\right)\\ \text{s.t.} \quad x_i \leqslant 20\,000 v_i \ (i=1,2,3,4)\\ \qquad s_{i-1}+x_i=r_i+s_i \ (i=1,2,3,4)\\ \qquad s_0=0; s_i \geqslant 0 \ (i=1,2,3,4)\\ \qquad x_i \geqslant 0 \ \text{且取数数值} \quad (i=1,2,3,4)\\ \qquad v_i=0,1 \ (i=1,2,3,4)\end{cases}$$

为了增加数学模型的可读性，我们作一个简单的变量代换，将 s_1～s_4 用 x_5～x_8 代表，将 v_1～v_4 用 x_9～x_{12} 代表。

根据目标函数式（5-19）和约束关系式（5-21）、式（5-22），且注意到此时所有的设计变量都必须取非负的整数值，可得该问题的整数规划数学模型为：

$$\begin{cases}\min \quad f=\sum_{i=1}^{4}\left(500 x_i+10 x_{i+4}+20\,000 x_{i+8}\right)\\ \text{s.t.} \quad x_1-x_5=1\,500\\ \qquad x_2+x_5-x_6=2\,000\\ \qquad x_3+x_6-x_7=4\,000\\ \qquad x_4+x_7-x_8=1\,000\\ \qquad x_1-20\,000 x_9 \leqslant 0\\ \qquad x_2-20\,000 x_{10} \leqslant 0\\ \qquad x_3-20\,000 x_{11} \leqslant 0\\ \qquad x_4-20\,000 x_{12} \leqslant 0\\ \qquad x_i \geqslant 0 \ \text{且取数数值} \ (i=1,2,\cdots,8)\\ \qquad x_j=0,1 \ (j=9,10,11,12)\end{cases}$$

根据上述模型就可以调用 intprog 函数来进行求解，这里需要注意的是，在这个问题的设计变量中，有的要求是整数，有的要求是 0-1 型变量，故需要区别对待。总结一下在 intprog 中设置不同类型变量的方法：

（1）如果某些设计变量为一般变量，则无须在 $\boldsymbol{M}$ 中有任何的体现；

（2）如果某些设计变量为整数，则在 intprog 中可以通过设置 $\boldsymbol{M}$ 向量的值来将某些变量设置为整数值，即将这些设计变量的序号加入向量 $\boldsymbol{M}$ 中；

（3）如果某些设计变量只能取 0 或 1，则在（2）的基础上需要进一步设置其下界为 0，上界为 1，这样就实现了将此类变量设置成只能取 0 或 1。

故该问题的 MATLAB 代码和运行结果如下：

```
%目标函数所对应的设计变量的系数
c=[500;500;500;500;10;10;10;10;20000;20000;20000;20000];
%不等式约束
A=[1 0 0 0 0 0 0 0 -20000 0 0 0;
   0 1 0 0 0 0 0 0 0 -20000 0 0;
   0 0 1 0 0 0 0 0 0 0 -20000 0;
   0 0 0 1 0 0 0 0 0 0 0 -20000];
b=[0;0;0;0];
%等式约束
Aeq=[ 1 0 0 0 -1 0 0 0 0 0 0 0;
     0 1 0 0 1 -1 0 0 0 0 0 0;
     0 0 1 0 0 1 -1 0 0 0 0 0;
     0 0 0 1 0 0 1 -1 0 0 0 0];
beq=[1500;2000;4000;1000];
%设计变量的边界约束，其中设置 0-1 型变量的上界为 1
lb=zeros(1,12);
ub=[Inf;Inf;Inf;Inf;Inf;Inf;Inf;Inf;1;1;1;1];
%要求所有变量均为整数，故将所有序号构成向量 M
M=1:12;
Tol=1e-8;
%求最优解 x 和在 x 处的函数值 fval
[x,fval]=intprog(c,A,b,Aeq,beq,lb,ub,M,Tol)
%最优解向量
x =
        3500
           0
        5000
           0
        2000
           0
        1000
           0
           1
           0
           1
           0
fval =
    4.32000000000278e+006
```

根据上述结果，可知该工厂的计划应为，在第一季度开工，生产可以满足前两个季度市场需求的 3 500 台电器，而后第二个季度停工，第三个季度继续开工，生产可以满足第三季度和第四季度市场需求的 3 000 台电器，第四个季度停工。此时的所有花费为 432 万元。

5.5.4 背包问题

【例 5-14】 旅行者的背包问题。

一个旅行者为了出行需要整理其行李，但是他的背包最多只能承受 25kg 的物品。该旅行者共有 6 件物品可供携带，物品的对应编号、质量及其价值如表 5-8 所示。由于背包的限制，该旅行者决定携带尽可能高价值的物品，那么他应该如何选择可使携带物品的总价值最大？

表 5-8 背包问题中物品对应的质量和价值

物品编号	1	2	3	4	5	6
质量/kg	4.8	6.2	5.7	3.6	4.4	8.5
价值/元	120	180	150	100	90	230

设 w_j 为物品 j 的质量，p_j 为物品 j 的价值。

选取设计变量为 x_j (j=1,2,⋯,10)，x_j=1 表示携带物品 j，x_j=0 表示不携带物品 j，则所带物品的总质量为：

$$w=\sum_{i=1}^{6} w_j x_j = 4.8x_1+6.2x_2+5.7x_3+3.6x_4+4.4x_5+8.5x_6$$

由于背包最多能承受 25kg 的物品，故必须满足 $W \leqslant 25$，将此作为该问题的一个约束条件：

$$4.8x_1+6.2x_2+5.7x_3+3.6x_4+4.4x_5+8.5x_6 \leqslant 25 \tag{5-23}$$

同时，可根据每件物品的价值来计算带物品的总价值为：

$$p=\sum_{i=1}^{6} p_j x_j = 120x_1+180x_2+150x_3+100x_4+90x_5+230x_6$$

该问题是要使得旅行者携带物品的总价值最大，即将 p 的值极大化，结合该目标和式（5-23）中的约束，得到该问题的数学模型为：

$$\begin{cases} \max & f=120x_1+180x_2+150x_3+100x_4+90x_5+230x_6 \\ \text{s.t.} & 4.8x_1+6.2x_2+5.7x_3+3.6x_4+4.4x_5+8.5x_6 \leqslant 25 \\ & x_i=0,1 \ (i=1,2,\cdots,6) \end{cases}$$

这是一个 0-1 规划模型，可以用 MATLAB 中的 bintprog 函数求解，代码和运行结果如下：

```
%目标函数所对应的设计变量的系数，为转化为极小，取原目标函数的相反数
c=[-120;-180;-150;-100;-90;-230];
%不等式约束
A=[4.8 6.2 5.7 3.6 4.4 8.5];
b=[25];
%求最优解 x 和目标函数值 fval，并返回状态指示变量和输出信息结构变量
```

```
[x,fval,exitflag,output]=bintprog(c,A,b)
Optimization terminated.
%最优解向量，即备选物品序号处的向量值为1
x =
    0
    1
    1
    1
    0
    1
%在最优解向量x处的目标函数值fval，即所选物品的总价值
fval =
  -660
%算法结束状态指示标志
exitflag =
    1
%输出信息结构变量
output =
          iterations: 20                                    %优化过程迭代20次
               nodes: 14                                    %搜索了14个节点
                time: 0.046875000000000                     %所花的CPU时间
           algorithm: 'LP-based branch-and-bound'           %所使用的具体算法
      branchStrategy: 'maximum integer infeasibility'%分枝变量选择策略
   nodeSrchStrategy: 'best node search'                    %分枝节点选择策略
             message: 'Optimization terminated.'            %退出信息
```

根据上述结果，当所选择物品的序号为2、3、4、6时，相应物品的价值之和为660元。

上述背包问题的一般描述为：有 n 种物品，物品 j 的质量为 w_j，价格为 p_j，假定所有物品的质量和价格都是非负的；背包所能承受的最大质量为 W。如果限定每种物品只能选择0个或1个，则问题称为0-1背包问题，其数学模型为：

$$\begin{cases} \max \quad f=\sum_{j=1}^{n} p_j x_j \\ \text{s.t.} \quad \sum_{j=1}^{n} w_j x_j \leqslant W \\ \qquad\quad x_j = 0,1\ (j=1,2,\cdots,n) \end{cases}$$

与上述问题相似的情况经常出现在商业、组合数学、计算复杂性理论、密码学和应用数学等领域中。背包问题是一个组合优化问题中的NP完全问题。如果采用动态规划的方法，背包问题存在一个伪多项式时间的算法，作为NP完全问题，背包问题没有一种既准确又快速能在多项式时间内求解该问题的算法。当设计变量维数较低时，可以采用整数规划的分枝定界法来求解。

5.6 本章小结

作为第 4 章线性规划的延伸，本章主要讨论的是整数线性规划问题的建模及其求解。本章在给出几个典型的整数规划问题之后，总结了整数规划的数学模型，并针对不同类型的整数规划给出了相应的解法，同时结合 MATLAB 语言及优化工具箱给出的函数，讲解如何使用 MATLAB 对这些问题进行求解。通过本章的学习，读者应当掌握如下知识点：

（1）整数规划问题的建模方法，包括一般混合整数规划和 0-1 规划；

（2）求解整数规划问题的分枝定界法的原理和具体算法；

（3）求解 0-1 规划问题的隐枚举法的原理和具体算法；

（4）求解分派问题的匈牙利算法的原理和求解步骤；

（5）MATLAB 中求解整数规划的函数 intprog 的理解和应用；

（6）MATLAB 优化工具箱中求解 0-1 规划的 bintprog 的使用方法。

习　　题

1．宿舍建造问题

某公司计划建造两种类型的宿舍，甲种每幢占地 $0.25\times10^3\text{m}^2$，乙种每幢占地 $0.4\times10^3\text{m}^2$。该公司拥有土地 $3\times10^3\text{m}^2$，计划甲种宿舍不超过 8 幢，乙种宿舍不超过 4 幢。甲种宿舍每幢利润为 10 万元，乙种宿舍每幢利润为 20 万元。

问该公司应计划甲、乙两种类型宿舍各建多少幢时，能使公司获利最大？

2．商场雇工问题

某中型百货商场对售货人员（周工资 200 元）的需求经统计如表 5-9 所示。

表 5-9　商场售货人员需求表

星期	一	二	三	四	五	六	日
人数	12	15	12	14	16	18	19

为了保证售货人员充分休息，售货人员每周工作 5 天，休息 2 天。问应如何安排售货人员的工作时间，使得所配售货人员的总费用最少？

其中售货人员的工作安排满足如下几个条件：

（1）每天工作 8 小时，不考虑夜班的情况；

（2）每个人的休息时间为连续的 2 天时间；

（3）每天安排的人员数不得低于需求量，但可以超过需求量。

3．投资问题

某工厂有资金 13 万元，用于购置新机器，可在 A、B 两种机器中任意选购。已知机器 A、B 的购置费每台分别为 2 万元和 4 万元。该厂维修能力只能维修 7 台机器 B；若维修机器A，1台机器A折算为2台机器B。已知1台机器A可增加产值6万元，1台机器B可增加产值4万元，问应购置机器A、B各几台，才能使产值增加最多？

4．背包问题

一个旅行者的背包最多只能装12kg的物品，待装的有5件物品，其质量和价值如表5-10所示。他应在背包中携带哪几样物品，可使携带的价值最大？

表5-10 背包问题数据表

物品编号	1	2	3	4	5
质量/kg	3	4	3	4	6
价值/元	12	12	9	16	30

5．指派问题

要指派4个工人分别完成4项工作，每人做各项工作所耗时间如表5-11所示。问如何指派可使总耗时最少？

表5-11 指派问题数据表

工　人	工　作			
	A	B	C	D
甲	3	3	5	3
乙	3	2	5	2
丙	1	5	1	6
丁	4	6	4	10

6．服装公司决策问题

时代服装公司生产一款新的时装，据测今后6个月的需求量如表5-12所示。每件时装用工2小时和10元的原材料，售价40元。该公司1月初有4个工人，每人每月可工作200小时，月薪2 000元。该公司可于任何一个月初新雇工人，但每雇1人需要一次额外支出1 500元，也可辞退工人，但每辞退1人需要补偿1 000元。如当月生产数超过需求，可留到后面月份销售，但需付库存每件每月5元。当供不应求时，短缺数不需要补上。试帮助该公司决策，如何使6个月的总利润最大。

表5-12 今后6个月的时装需求量

月份	1	2	3	4	5	6
需求	500	600	300	400	500	800

7．货轮装载问题

一艘货轮分前、中、后三个舱位，它们的容积与最大允许载重量如表5-13所示。现有三种货物待运，已知有关数据如表5-14所示。

表 5-13　货轮容积与最大允许载重量

	前　舱	中　舱	后　舱
最大允许载重量/t	2 000	3 000	1 500
容　　积/m^3	4 000	5 400	1 500

表 5-14　待运货物数据

商　　品	数量/件	每件体积/（m^3/件）	每件质量/（t/件）	运价/（元/件）
A	600	10	8	1 000
B	1 000	5	6	700
C	800	7	5	600

为了航运安全，前、中、后舱的实际载重量应保持各舱最大允许载重量的比例关系。具体要求为：前、后舱分别与中舱之间载重量比例上偏差不超过 15%，前、后舱之间不超过 10%。请问该货轮应装载 A、B、C 各多少件运费收入才最大？

第 6 章　非线性规划

在第 4 章和第 5 章的内容中讲解的线性规划问题和整数规划问题，其共同的特征是最优化问题中的目标函数和约束条件均为设计变量的线性函数。但在实际建模过程中还有大量的问题，其目标函数或约束条件很难用线性函数来表达，当目标函数或约束条件中有一个以上是非线性函数时，称这种问题为非线性规划问题。

本章首先介绍非线性规划问题的数学模型，并基于此模型给出非线性规划的一些基本概念和基本性质，然后详细阐述非线性规划的求解方法。

6.1　引言

非线性规划（Nonlinear Programming）是最优化理论和方法中的一个重要分支，主要研究极值问题和约束极值问题的理论和算法，自从 1951 年 H. W. Kuhn 及 A. W. Tucker 探讨了非线性规划解的最优性条件，为非线性规划奠定了理论基础之后，非线性规划逐渐形成了一门十分重要且比较活跃的新兴学科，出现了许多解非线性规划问题的有效算法。由 20 世纪 70 年代开始，该分支得到迅速发展：在理论方面，非线性规划借鉴了数学理论中其他分支的成果，逐步形成自身的学科特色；在应用方面，非线性规划为系统的优化和管理提供了有力的工具。

6.2　非线性规划问题的数学模型

在科学研究和工程设计中，很多实际问题的目标函数或约束条件中包含有设计变量的非线性函数，为了引入非线性规划的数学模型，我们先来看几个简单的非线性规划实例。

6.2.1　典型的非线性规划问题

【例 6-1】　选址问题。

一家大型连锁超市在某地有 n 家分店 $A_i\ (i=1,2,\cdots,n)$，为了数学语言描述的方便，可在平面直角坐标系上用坐标的形式给出其位置表述：A_1 的坐标为 (x_1,y_1)，A_2 的坐标为 (x_2,y_2)，以此类推，A_n 的坐标为 (x_n,y_n)。现在超市拟在当地选择一个理想的位置建立一个供货点，由于该超市各分店在经营规模上的不同，出货量也不同，导致供货点对各分店的送货频率不同，假设供货点每周给 A_i $(i=1,2,\cdots,n)$ 送货的次数为 c_i $(i=1,2,\cdots,n)$，同时假设每千米的运输费保持定值 m 元/千米。则超市应当把供货点设在什么地方可以使得运输成本最低？

为了求解该问题，假设该供货点的坐标为 (x,y)，则由供货点到某分店 A_i 的距离为：

$$s_i=\sqrt{(x-x_i)^2}+\sqrt{(y-y_i)^2}$$

由此产生的运输费用为：$f_i=c_i m\left(\sqrt{(x-x_i)^2}+\sqrt{(y-y_i)^2}\right)$

故运输的总成本为对各个分店运输成本的总和，整个问题的数学模型可表达为：

$$\min\ f=\sum_{i=1}^{n}f_i=\sum_{i=1}^{n}c_i m\left(\sqrt{(x-x_i)^2}+\sqrt{(y-y_i)^2}\right)$$

上述问题的目标函数为设计变量 x 和 y 的非线性函数，故为非线性规划问题，由于设计变量 x 和 y 不受任何条件的约束，故为无约束非线性规划。

【例 6-2】 营业计划制订问题。

某公司销售两种建材 A 和 B 以满足市场的需要，生产建材 A 和 B 均要消耗原材料 M 和 N，其中每吨建材 A 需要消耗 10t M 和 18t N，每吨 B 需要消耗 20t M 和 12t N，已知产品的利润是销售量的函数。现有原材料 200t M 和 100t N，产品的售价和资源的对应关系如表 6-1 所示，则该公司应当如何制定生产销售计划使得销售额最大？

表 6-1 生产 A 和 B 的资源消耗和售价

	消耗资源 M/t	消耗资源 N/t	单位售价/（万元/t）
A	1	1.8	$p_1=5-0.01x_1$
B	2	1.2	$p_2=6-0.03x_2$
资源限制	200	100	

设 x_1 和 x_2 为产品 A 和产品 B 的销售量，由 A 的单价为 p_1、B 的单价为 p_2，可知公司的销售收入为 $f=p_1x_1+p_2x_2$，由表 6-1 中公式得 $f=(5-0.01x_1)x_1+(6-0.03x_2)x_2$。最优化的目标为使得销售额最大，即 f 取得最大值。

由原材料的限制，可得约束条件为：$x_1+2x_2\leqslant 200,\ 1.8x_1+1.2x_2\leqslant 100$

且考虑到 A 和 B 的产量应当为非负实数，故该问题的数学模型为：

$$\begin{cases}\max & f=(5-0.01x_1)x_1+(6-0.03x_2)x_2\\ \text{s.t.} & x_1+2x_2\leqslant 200\\ & 1.8x_1+1.2x_2\leqslant 100\\ & x_1,x_2\geqslant 0\end{cases}$$

上述问题的目标函数为设计变量 x_1 和 x_2 的非线性函数，约束条件为设计变量 x_1 和 x_2 的线性函数，为有约束的非线性规划问题。

【例 6-3】 容器设计问题。

某工厂按照客户的要求定制专门的储藏用容器，订货合同要求该工厂制造一种敞口的长方体容器，容积为 10m^3，该种容器的底必须为正方形，容器总质量不超过 56kg。已知用做容器四壁的材料为 20 元/m^2，质量为 3kg；用做容器底的材料为 30/m^2，质量为 2kg。则制造该容器所需的最小成本是多少？

由于该容器的底为正方形，故设底边长为 x_1，高为 x_2，则该容器底部的面积为 x_1^2 m^2，四壁的侧面积为 $4x_1x_2$。

故由该容器的容积为 10m^3 可得到约束关系：$x_1^2x_2=10$

根据题意，容器底部的质量为 $2x_1^2$ kg，侧面的质量为 $12x_1x_2$ kg，由于容器的总质量不得超过 56kg，故可得约束关系：$2x_1^2+12x_1x_2\leqslant 56$

打造该容器的成本为底部的材料费和四壁的材料费之和，即：$f=80x_1x_2+30x_1^2$

我们设计的目标是使得制造该容器的成本最小，即使 f 取得最小值；且考虑到容器的底和高均为非负实数，故综合上述各式，得到该最优化问题的数学模型为：

$$\begin{cases}\min & f=80x_1x_2+30x_1^2\\ \text{s.t.} & x_1^2x_2=10\\ & 2x_1^2+12x_1x_2\leqslant 56\\ & x_1,x_2\geqslant 0\end{cases}$$

上述问题的目标函数为设计变量 x_1 和 x_2 的非线性函数，约束条件也为设计变量 x_1 和 x_2 的非线性函数，为有约束的非线性规划问题。

6.2.2 非线性规划问题的数学模型

非线性规划问题实际上就是求一个 n 维变量 $\boldsymbol{x}$ 的实函数 $f(\boldsymbol{x})$ 的最大值或者最小值，同时受到一组约束的限制，这些约束可以是等式约束，也可以是不等式约束，其形式可以表达如下：

$$\begin{cases}\min & f(\boldsymbol{x})\\ \text{s.t.} & h_i(\boldsymbol{x})=0 \quad i=1,2,\cdots,p,p<n\\ & g_j(\boldsymbol{x})\leqslant 0 \quad j=1,2,\cdots,m\end{cases} \tag{6-1}$$

式中，设计变量 $\boldsymbol{x}=[x_1\ x_2\cdots x_n]^{\mathrm{T}}$ 是 n 维欧氏空间 R^n 中的向量，$f(\boldsymbol{x})$ 为目标函数，$h_i(\boldsymbol{x})=0,\ g_j(\boldsymbol{x})\leqslant 0$ 为约束条件。非线性规划要求目标函数 $f(\boldsymbol{x})$ 和约束条件 $h_i(\boldsymbol{x}), g_j(\boldsymbol{x})$ 中至少有一个是 $\boldsymbol{x}$ 的非线性函数。若令 D 为非线性规划问题的可行解集合，即满足所有约束关系的解的集合，则式（6-1）也可以写成如下形式：

$$\begin{cases}\min\limits_{x\in D} & f(\boldsymbol{x})\\ \text{s.t.} & D=\{\boldsymbol{x}\mid h_i(\boldsymbol{x})=0,i=1,2,\cdots,p,\ p<n;\ g_j(\boldsymbol{x})\leqslant 0,\ j=1,2,\cdots,m\}\end{cases} \tag{6-2}$$

6.3 理论基础

在探讨解决非线性规划问题的方法之前，首先需要引入关于非线性规划问题中目标函数的基本性质及其数学分析，这些内容主要包括目标函数解的性质及非线性规划问题的极值条件。

6.3.1 全局最优解和局部最优解

定义 6-1 （非线性规划问题的可行域）把满足问题（6-1）中条件的解 $\boldsymbol{x}\in R^n$ 称为可行解（或可行点），所有可行点的集合称为可行集（或可行域），记为 D。即

$$D=\left\{\boldsymbol{x}\mid g_i\left(\boldsymbol{x}\right)\geqslant 0,\ h_j\left(\boldsymbol{x}\right)=0,\ \boldsymbol{x}\in R^n\right\} \tag{6-3}$$

定义 6-2 （局部极小值点）对于问题（6-1），设 $\boldsymbol{x}^*\in D$，若存在 $\delta>0$，使得对一切 $\boldsymbol{x}\in D$，且 $\left\|X-X^*\right\|<\delta$，都有 $f\left(\boldsymbol{x}^*\right)\leqslant f\left(\boldsymbol{x}\right)$，则称 $\boldsymbol{x}^*$ 是 $f\left(\boldsymbol{x}\right)$ 在 D 上的局部极小值点（局部最优解）。特别地，当 $\boldsymbol{x}\neq\boldsymbol{x}^*$ 时，若 $f\left(\boldsymbol{x}^*\right)<f\left(\boldsymbol{x}\right)$，则称 $\boldsymbol{x}^*$ 是 $f\left(\boldsymbol{x}\right)$ 在 D 上的严格局部极小值点（严格局部最优解）。

定义 6-3 （全局极小值点）对于问题（6-1），设 $\boldsymbol{x}^*\in D$，对任意的 $\boldsymbol{x}\in D$，都有 $f\left(\boldsymbol{x}^*\right)\leqslant f\left(\boldsymbol{x}\right)$，则称 $\boldsymbol{x}^*$ 是 $f\left(\boldsymbol{x}\right)$ 在 D 上的全局极小值点（全局最优解）。特别地，当 $\boldsymbol{x}\neq\boldsymbol{x}^*$ 时，若 $f\left(\boldsymbol{x}^*\right)<f\left(\boldsymbol{x}\right)$，则称 $\boldsymbol{x}^*$ 是 $f\left(\boldsymbol{x}\right)$ 在 D 上的严格全局极小值点（严格全局最优解）。

下面在给出凸函数和凸规划的概念之后分析非线性规划问题的极值条件。

6.3.2 凸函数和凸规划

对于一个非线性规划的目标函数，有局部极小值和全局极小值的概念，则我们提出凸集和凸函数的概念就是为了区分目标函数的极小值在什么情况下是局部极小值，什么情况下是全局极小值。

1．凸集

凸集在数学上的定义如下。

定义 6-4 （凸集）设 $\boldsymbol{x}^{(1)},\boldsymbol{x}^{(2)}\in T\subset R^n$，若对于 $\forall\lambda\in[0,1]$ 都有：

$$\boldsymbol{x}=\lambda\boldsymbol{x}^{(1)}+\left(1-\lambda\right)\boldsymbol{x}^{(2)}\in T$$

则称 T 为凸集。

用形象一点的语言描述就是，凸集的特征是集合中任意两点连成的线段必属于这个集合。任意多个凸集的交集也是凸集（空集也是凸集）。图 6-1 是二维空间中具有典型特征的凸集和非凸集的例子。

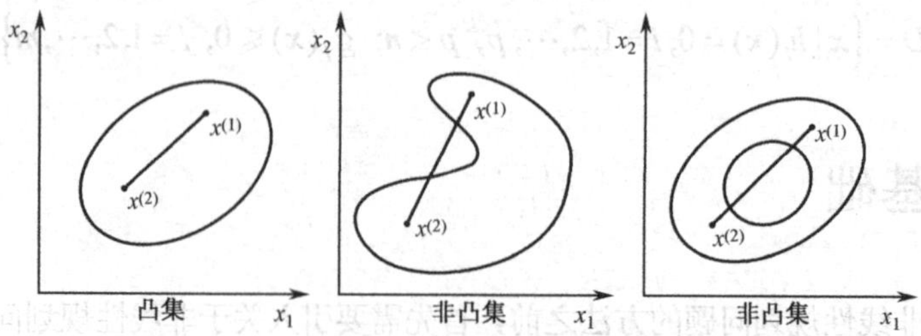

图 6-1 二维的凸集和非凸集

2. 凸函数

目标函数的凸性表现在其单峰性。对于具有凸性特点的函数来说，其极值点只有一个，这种具有凸性或只具有唯一的局部最优值的函数，称为凸函数或单峰函数。

定义 6-5 （凸函数）设$f(\boldsymbol{x})$是定义在非空凸集$\Omega \subset R^n$上的函数，若对于任意$\boldsymbol{x}_1, \boldsymbol{x}_2 \in \Omega$，以及$\lambda \in [0,1]$，都有$f(\lambda \boldsymbol{x}_1 + (1-\lambda)\boldsymbol{x}_2) \leqslant \lambda f(\boldsymbol{x}_1) + (1-\lambda) f(\boldsymbol{x}_2)$，则称$f(\boldsymbol{x})$为$\Omega$上的凸函数。若对于任意$\boldsymbol{x}_1, \boldsymbol{x}_2 \in \Omega$，$\boldsymbol{x}_1 \neq \boldsymbol{x}_2$以及$\lambda \in [0,1]$，都有$f(\lambda \boldsymbol{x}_1 + (1-\lambda)\boldsymbol{x}_2) < \lambda f(\boldsymbol{x}_1) + (1-\lambda) f(\boldsymbol{x}_2)$，则称$f(\boldsymbol{x})$为$\Omega$上的严格凸函数。

同样地，可以通过将上面条件中的不等号变为$\geqslant$或者$>$，定义Ω上的凹函数和严格凹函数。换一种表述方法，如果$-f$为Ω上的凸函数，则称f为Ω上的凹函数。

一元凸函数$f(\boldsymbol{x})$有明显的几何意义：过函数图像上任意两点A, B的弦线段，处处都在函数图像的上方，而凹函数的情形则正好相反，参见图 6-2。

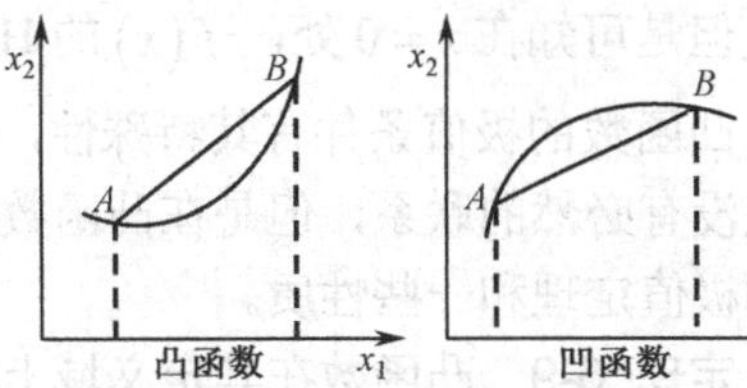

图 6-2 一元凸函数和凹函数的示意图

下面不加证明地给出有关凸函数性质的几个重要定理和推论。

定理 6-1 设$f(\boldsymbol{x})$为定义在凸集Ω上的凸函数，则对于实数$\lambda \geqslant 0$，$\lambda f(\boldsymbol{x})$也为定义在凸集$\Omega$上的凸函数。

定理 6-2 设$f_1(\boldsymbol{x}), f_2(\boldsymbol{x})$为定义在凸集$\Omega$上的凸函数，则$f_1(\boldsymbol{x}) + f_2(\boldsymbol{x})$也为定义在凸集$\Omega$上的凸函数。

推论 6-1 设$f_1(\boldsymbol{x}), f_2(\boldsymbol{x}), \cdots, f_n(\boldsymbol{x})$为定义在凸集$\Omega$上的凸函数，则对于任意的实数$\lambda_1, \lambda_2, \cdots, \lambda_n \geqslant 0$，所有凸函数的线性组合$\sum \lambda_i f_i(\boldsymbol{x})$也为凸函数。

定理 6-3 设Ω为R^n中的一个非空凸集，$f(\boldsymbol{x})$为定义在凸集Ω上的凸函数，λ是一个实数，则水平集$S_\lambda = \{\boldsymbol{x} \mid \boldsymbol{x} \in \Omega, f(\boldsymbol{x}) \leqslant \lambda\}$是凸集。

定理 6-4 设Ω为R^n中的一个内部非空的凸集，$f(\boldsymbol{x})$为定义在凸集Ω上的凸函数，则$f(\boldsymbol{x})$在Ω内连续。

当函数一阶或二阶可微时，除了可以根据定义判断其是否为凸（凹）函数外，更常用的办法是使用即将介绍的一阶和二阶判别条件。这些条件中，有的是充要条件，有的仅仅是充分条件，在使用时要注意条件的性质。

定理 6-5 （凸函数的一阶充要条件）设Ω是R^n中的非空开凸集，$f(\boldsymbol{x})$是定义在Ω上的可微函数。那么，$f(\boldsymbol{x})$是Ω上的凸函数的充要条件是，对$\forall \boldsymbol{x}_1, \boldsymbol{x}_2 \in \Omega$恒有：

$$f(\boldsymbol{x}_2) \geqslant f(\boldsymbol{x}_1) + \nabla^{\mathrm{T}} f(\boldsymbol{x}_1)(\boldsymbol{x}_2 - \boldsymbol{x}_1)$$

定理 6-6 （严格凸函数的一阶充要条件）设Ω是R^n中的非空开凸集，$f(\boldsymbol{x})$是定义在Ω上的可微函数。那么，$f(\boldsymbol{x})$是Ω上的严格凸函数的充要条件是，对$\forall \boldsymbol{x}_1, \boldsymbol{x}_2 \in \Omega, \boldsymbol{x}_1 \neq \boldsymbol{x}_2$恒有：

$$f(\boldsymbol{x}_2) > f(\boldsymbol{x}_1) + \nabla^{\mathrm{T}} f(\boldsymbol{x}_1)(\boldsymbol{x}_2 - \boldsymbol{x}_1)$$

定理 6-7 （凸函数的二阶充要条件）设Ω是R^n中的非空开凸集，$f(\boldsymbol{x}) \in C^2$。那么，$f(\boldsymbol{x})$

是Ω上的凸函数的充要条件是：$\forall \boldsymbol{x}\in\Omega$，$f(\boldsymbol{x})$在$\boldsymbol{x}$处的 Hessian 矩阵$\nabla^2 f(\boldsymbol{x})$为半正定。

定理 6-8 （严格凸函数的二阶充分条件）设Ω是R^n中的非空开凸集，$f(\boldsymbol{x})\in C^2$。那么，如果$\forall \boldsymbol{x}\in\Omega$，$f(\boldsymbol{x})$在$\boldsymbol{x}$处的 Hessian 矩阵$\nabla^2 f(\boldsymbol{x})$正定，则$f(\boldsymbol{x})$是$\Omega$上的严格凸函数。

需要注意的是，定理 6-8 的逆定理并不成立，因为对于凸集上的凸函数而言，只能保证其 Hessian 矩阵为半正定，而不一定都是正定的。

【例 6-4】 判断函数$f(x)=x^2, x\in(-\infty,+\infty)$的凸性。

由于函数$f(x)$的梯度为$\nabla f(x)=2x$，故对于$\forall x_1,x_2\in R, x_1\neq x_2$，均有：

$$f(x_2)-f(x_1)+\nabla^{\mathrm{T}} f(x_1)(x_2-x_1)=x_2^2-x_1^2-2x_1(x_2-x_1)=(x_2-x_1)^2>0$$

于是根据定理 6-6 可知$f(x)$为严格凸函数。

但是可知在$x=0$处，$f(x)$的 Hessian 矩阵$\nabla^2 f(x)=0$，不是正定的。

凸函数的极值条件有其特殊性，表现在：一般情况下，函数的局部极小值点和全局极小值点没有必然的联系，但是在凸函数的条件下，它们之间有确定的关系。下面介绍有关凸函数的极值定理和一些性质。

定理 6-9 凸函数在其定义域上的任一极小点都是其在定义域上的全局极小点，且全体极小点的集合是凸集。

定理 6-10 （凸函数极小点的充分条件）设Ω是R^n中的非空开凸集，$f(\boldsymbol{x})$是定义在Ω上的凸函数，且在点$\boldsymbol{x}^*\in\Omega$存在梯度$\nabla f(\boldsymbol{x}^*)$。如果对于$\forall \boldsymbol{x}^*\in\Omega$，都有：

$$\nabla^{\mathrm{T}} f(\boldsymbol{x}^*)(\boldsymbol{x}-\boldsymbol{x}^*)\geqslant 0$$

则$\boldsymbol{x}^*$必是$f(\boldsymbol{x})$在Ω上的全局极小点。

定理 6-11 设$f(\boldsymbol{x})$是定义在R^n上的可微凸函数，$\boldsymbol{x}^*\in R^n$，则$\boldsymbol{x}^*$为全局极小点的充要条件是$\nabla f(\boldsymbol{x}^*)=0$。

于是，关于凸函数的极值及其性质可以归纳为：

（1）凸函数$f(\boldsymbol{x})$的极小点就是最小点、最优点；

（2）凸函数$f(\boldsymbol{x})$有多个极小点时，这些极小点必定相等，即这些极小点的集合构成凸集；

（3）严格凸函数只有唯一的一个极小点；

（4）如果凸函数$f(\boldsymbol{x})$可微，则其梯度为零就是最小点存在的充要条件，而不再需要检验 Hessian 矩阵是否正定。

3. 凸规划

对于非线性规划问题：

$$\begin{cases}\min\ f(\boldsymbol{x}) \\ \text{s.t.}\quad h_i(\boldsymbol{x})=0 \quad i=1,2,\cdots,p,\quad p<n \\ \qquad\ \ g_j(\boldsymbol{x})\leqslant 0 \quad j=1,2,\cdots,m\end{cases}$$

如果$f(\boldsymbol{x}), g_j(\boldsymbol{x})\ (j=1,2,\cdots,m)$均为$R^n$上的凸函数，$h_i(\boldsymbol{x})\ (i=1,2,\cdots,p)$为线性函数，则这样的问题称为凸规划问题。

由上述条件，可知该凸规划的可行域：

$$D=\left\{\boldsymbol{x} \mid h_i(\boldsymbol{x})=0, i=1,2,\cdots,p,\ p<n;\ g_j(\boldsymbol{x})\leqslant 0, j=1,2,\cdots,m\right\}$$

必定为凸集。

故凸规划的可行域为凸集，凸规划问题可以视为求凸函数 $f(\boldsymbol{x})$ 在其可行域 D 上的极小点问题，凸规划的任一极小点均为全局极小点，其局部最优解即为全局最优解，而且其最优解的集合形成一个凸集。当凸规划的目标函数 $f(\boldsymbol{x})$ 为严格凸函数时，若假定最优解存在，则最优解必定唯一。

由此可见，凸规划是一类比较简单而又具有重要理论意义的非线性规划。

6.3.3 无约束非线性规划问题的极值条件

由上面对于局部最优解和全局最优解的定义，对于多变量复杂的目标函数，当其不是单峰函数时，则可能有几个极值点，各个极值点称为局部最优点。这种局部最优点及其目标函数值称为局部最优解。若某一个局部最优解为全域中所有局部最优解中的最小或最大者，则称这个解为全局最优解，该极值点为全局最优点。

由于一元函数比多元函数简单得多，故我们先给出一元函数的极值条件，然后推广至多元函数。

定理 6-12 （一元函数极值点存在的必要条件和充分条件）对于二阶可微的一元函数 $f(x)$ 的极值点存在的必要条件是 $f'(x)=0$；充分条件是：对于极小点有 $f'(x)=0$ 且 $f''(x)>0$，对于极大点有 $f'(x)=0$ 且 $f''(x)<0$。

对于多元的可微函数，其极值点存在的必要条件和充分条件与一元函数极值点的条件类似，只是表达形式不同。

设 $f(\boldsymbol{x})$ 是 n 元函数，其自变量 $\boldsymbol{x}$ 为一个 n 维向量，如果函数 $f(\boldsymbol{x})$ 可微，则其梯度可以由其一阶偏导数组成的 n 维向量表示：

$$\nabla f(\boldsymbol{x})=\boldsymbol{\Lambda}(\boldsymbol{x})=\begin{bmatrix}\dfrac{\partial f}{\partial x_1} & \dfrac{\partial f}{\partial x_2} & \cdots & \dfrac{\partial f}{\partial x_n}\end{bmatrix}^{\mathrm{T}} \tag{6-4}$$

目标函数的梯度 $\nabla f(\boldsymbol{x})$ 有如下基本性质：

（1）如果设计变量的取值不同，即设计点的位置不同，则目标函数在该点的梯度也不同，即目标函数的梯度仅反映该点附近的函数性质，为局部性质。

（2）梯度为一个向量，函数 $f(\boldsymbol{x})$ 的梯度方向 ∇f 是指函数 $f(\boldsymbol{x})$ 的最速上升方向，负梯度方向 $-\nabla f$ 为函数 $f(\boldsymbol{x})$ 的最速下降方向。

（3）目标函数 $f(\boldsymbol{x})$ 在点 $\boldsymbol{x}^{(k)}$ 处的梯度 ∇f 方向与过点 $\boldsymbol{x}^{(k)}$ 的等值线（或等值面）的切线正交，因为函数沿等值线切线方向的变化率为零。也就是说，目标函数的梯度向量是目标函数等值线或等值面在该点的法向量。

为了讨论多元目标函数的极值问题，需要用简单函数作局部逼近，即用泰勒（Taylor）展开式得到目标函数在某点邻域内的近似表达式。

设多元目标函数 $f(\boldsymbol{x})$ 在 $\boldsymbol{x}^{(k)}$ 点有连续的二阶导数，则在这一点邻近的 Taylor 展开式取到二次项，且写成向量矩阵形式为：

$$f(\boldsymbol{x}) \approx f\left(\boldsymbol{x}^{(k)}\right)+\left[\frac{\partial f\left(\boldsymbol{x}^{(k)}\right)}{\partial x_1} \ \frac{\partial f\left(\boldsymbol{x}^{(k)}\right)}{\partial x_2} \ \cdots \ \frac{\partial f\left(\boldsymbol{x}^{(k)}\right)}{\partial x_n}\right]\left[\Delta x_1 \ \Delta x_2 \cdots \Delta x_n\right]^{\mathrm{T}}$$
$$+\frac{1}{2}\left[\Delta x_1 \ \Delta x_2 \cdots \Delta x_n\right]\begin{bmatrix} \frac{\partial^2 f}{\partial x_1^2} & \frac{\partial^2 f}{\partial x_1 \partial x_2} & \cdots & \frac{\partial^2 f}{\partial x_1 \partial x_n} \\ \frac{\partial^2 f}{\partial x_1 \partial x_2} & \frac{\partial^2 f}{\partial x_2^2} & \cdots & \frac{\partial^2 f}{\partial x_2 \partial x_n} \\ \vdots & \vdots & \ddots & \vdots \\ \frac{\partial^2 f}{\partial x_1 \partial x_n} & \frac{\partial^2 f}{\partial x_2 \partial x_n} & \cdots & \frac{\partial^2 f}{\partial x_n^2} \end{bmatrix}\left[\Delta x_1 \ \Delta x_2 \cdots \Delta x_n\right]^{\mathrm{T}} \tag{6-5}$$

式（6-5）可以简写成：

$$f(\boldsymbol{x}) \approx f\left(\boldsymbol{x}^{(k)}\right)+\left(\nabla f\left(\boldsymbol{x}^{(k)}\right)\right)^{\mathrm{T}} \Delta \boldsymbol{x}+\frac{1}{2} \Delta \boldsymbol{x}^{\mathrm{T}} \nabla^2 f\left(\boldsymbol{x}^{(k)}\right) \Delta \boldsymbol{x} \tag{6-6}$$

从式（6-6）中可见，若函数还具有二阶偏导数，则其二阶偏导数 $\boldsymbol{H}(\boldsymbol{x})$ 可以表示为 n 阶对称矩阵：

$$\boldsymbol{H}(\boldsymbol{x})=\begin{bmatrix} \frac{\partial^2 f}{\partial x_1^2} & \frac{\partial^2 f}{\partial x_1 \partial x_2} & \cdots & \frac{\partial^2 f}{\partial x_1 \partial x_n} \\ \frac{\partial^2 f}{\partial x_1 \partial x_2} & \frac{\partial^2 f}{\partial x_2^2} & \cdots & \frac{\partial^2 f}{\partial x_2 \partial x_n} \\ \vdots & \vdots & & \vdots \\ \frac{\partial^2 f}{\partial x_1 \partial x_n} & \frac{\partial^2 f}{\partial x_2 \partial x_n} & \cdots & \frac{\partial^2 f}{\partial x_n^2} \end{bmatrix} \tag{6-7}$$

函数 $f(\boldsymbol{x})$ 的二阶偏导数 $\boldsymbol{H}(\boldsymbol{x})$ 常被称为 Hessian 矩阵，在对称阵 $\boldsymbol{H}(\boldsymbol{x})$ 中，偏导数的求导次序是无关的，即

$$\frac{\partial^2 f}{\partial x_i \partial x_j}=\frac{\partial^2 f}{\partial x_j \partial x_i}, \ i, j=0,1,2,\cdots,n$$

在给出目标函数 Hessian 矩阵的定义之后，可以得出函数极值存在的充分条件是：函数 $f(\boldsymbol{x})$ 可微并且具有连续的一阶偏导数 $\boldsymbol{\Lambda}(\boldsymbol{x})$ 和二阶偏导数 $\boldsymbol{H}(\boldsymbol{x})$。但是这并不足以判断某点是否为函数的极值点。下面给出多元函数极大值点和极小值点的充要条件。

定理 6-13 （多元函数极大值点的充要条件）$\boldsymbol{x}^*$ 是 $f(\boldsymbol{x})$ 的一个极大值点的充分必要条件为：在点 $\boldsymbol{x}^*$ 处，函数 $f(\boldsymbol{x})$ 的一阶偏数等于零，且 Hessian 矩阵是负定的。

定理 6-14 （多元函数极小值点的充要条件）$\boldsymbol{x}^*$ 是 $f(\boldsymbol{x})$ 的一个极小值点的充分必要条件为：在点 $\boldsymbol{x}^*$ 处，函数 $f(\boldsymbol{x})$ 的一阶偏数等于零，且 Hessian 矩阵是正定的。

判断 Hessian 矩阵 $\boldsymbol{H}(\boldsymbol{x})$ 是否正定或者负定的方法一般是检验矩阵 $\boldsymbol{H}(\boldsymbol{x})$ 的各阶顺序主子式，其定义如下：

$$D_i = \begin{vmatrix} H_{11} & H_{12} & \cdots & H_{1i} \\ H_{21} & H_{21} & \cdots & H_{2i} \\ \vdots & \vdots & \ddots & \vdots \\ H_{i1} & H_{i2} & \cdots & H_{ii} \end{vmatrix}$$

其中，$\boldsymbol{H}_{ij}$ 代表 Hessian 矩阵 $\boldsymbol{H}(\boldsymbol{x})$ 中第 i 行第 j 列的元素。

如果各阶顺序主子式均为正数，即对于所有 i 都有 $D_i > 0$，则 $\boldsymbol{H}(\boldsymbol{x})$ 正定；如果各阶顺序主子式呈负、正交替变化，即当 i 为奇数时，$D_i > 0$，当 i 为偶数时，$D_i < 0$，则 $\boldsymbol{H}(\boldsymbol{x})$ 负定。

【例 6-5】　求函数 $f(\boldsymbol{x}) = 2x_1^2 + 5x_2^2 + x_3^2 + 2x_2x_3 + 2x_3x_1 - 6x_2$ 的极值点和极值。

由函数取得极值的必要条件得到联立方程组如下：

$$\begin{cases} \dfrac{\partial f(\boldsymbol{x})}{\partial x_1} = 4x_1 + 2x_3 = 0 \\ \dfrac{\partial f(\boldsymbol{x})}{\partial x_2} = 10x_2 + 2x_3 - 6 = 0 \\ \dfrac{\partial f(\boldsymbol{x})}{\partial x_3} = 2x_3 + 2x_2 + 2x_1 = 0 \end{cases}$$

于是求得目标函数的驻点为：$\boldsymbol{x}^* = [1 \quad 1 \quad -2]^{\mathrm{T}}$

现在根据极值的判据来确定该驻点是否为函数的极值点，方法是求出 $f(\boldsymbol{x})$ 在点 $\boldsymbol{x}^*$ 处的 Hessian 矩阵 $\boldsymbol{H}(\boldsymbol{x})$，然后通过判断其正定性来确定该点是否为极值点。

分别求出 $f(\boldsymbol{x})$ 在 $\boldsymbol{x}^*$ 处的二阶偏导数可得：

$$\boldsymbol{H}(\boldsymbol{x}) = \begin{bmatrix} \dfrac{\partial^2 f}{\partial x_1^2} & \dfrac{\partial^2 f}{\partial x_1 \partial x_2} & \cdots & \dfrac{\partial^2 f}{\partial x_1 \partial x_n} \\ \dfrac{\partial^2 f}{\partial x_1 \partial x_2} & \dfrac{\partial^2 f}{\partial x_2^2} & \cdots & \dfrac{\partial^2 f}{\partial x_2 \partial x_n} \\ \vdots & \vdots & & \vdots \\ \dfrac{\partial^2 f}{\partial x_1 \partial x_n} & \dfrac{\partial^2 f}{\partial x_2 \partial x_n} & \cdots & \dfrac{\partial^2 f}{\partial x_n^2} \end{bmatrix} = \begin{bmatrix} 4 & 0 & 2 \\ 0 & 10 & 2 \\ 2 & 2 & 2 \end{bmatrix}$$

其各阶顺序主子式为：

$$D_1 = 4 > 0,\ D_2 = \begin{vmatrix} 4 & 0 \\ 0 & 10 \end{vmatrix} = 40 > 0,\ D_3 = \begin{vmatrix} 4 & 0 & 2 \\ 0 & 10 & 2 \\ 2 & 2 & 2 \end{vmatrix} = 24 > 0$$

即 Hessian 矩阵的各阶顺序主子式均大于零，所以矩阵 $\boldsymbol{H}(\boldsymbol{x})$ 正定，故稳定点 $\boldsymbol{x}^*$ 是目标函数的极小值点，其极小值为 $f(\boldsymbol{x}^*) = -3$。

6.3.4　多维有约束非线性规划问题的极值条件

由 6.2 节中所述，一般的非线性规划问题可以表述为：

$$\begin{cases}\min & f(\boldsymbol{x})\\ \text{s.t.} & h_i(\boldsymbol{x})=0 \quad i=1,2,\cdots,p, \quad p<n\\ & g_j(\boldsymbol{x})\leqslant 0 \quad j=1,2,\cdots,m\end{cases}$$

求解上述问题的实质是在所有的约束条件所形成的可行域内，求得目标函数的极值点。由于约束最优点不仅与目标函数本身的性质有关，还与约束函数的性质有关，因此约束条件下的优化问题比无约束条件下的优化问题更为复杂和难以求解。

库恩-塔克（Kuhn-Tucker）条件（简称 K-T 条件）是非线性规划领域中最重要的理论成果之一，它是由 H. W. Kuhn 和 A. W. Tucker 在 1951 年提出的。我们通常借助库恩-塔克条件来判断和检验约束优化问题中某个可行点是否为约束极值点，即将 K-T 条件作为确定一般非线性规划问题中某点是否为极值点的必要条件，对于凸规划问题，K-T 条件同时也是一个充分条件。但是如何判别所找到的极值点是全域最优点还是局部极值点，至今还没有一个统一而有效的判别方法。

下面介绍 K-T 条件。

在优化设计中的非线性规划问题，如果可以表达为如下形式：

$$\begin{cases}\min & f(\boldsymbol{x})\\ \text{s.t.} & g_j(\boldsymbol{x})\leqslant 0 \quad j=1,2,\cdots,m\end{cases} \tag{6-8}$$

首先引入乘子形式：

$$L(\boldsymbol{x})=f(\boldsymbol{x})+\sum_{i=1}^{m}\lambda_i g_i(\boldsymbol{x}) \tag{6-9}$$

之后我们要用到的拉格朗日乘子法求解非线性规划中也要用到上述形式。

定理 6-15 如果 $\boldsymbol{x}^*$ 是式（6-8）的最优解，则 $\boldsymbol{x}^*$ 必定满足式（6-8）中的 m 个约束条件，且必定存在满足下述条件的乘子 $\lambda_j^*\ (j=1,2,\cdots,m)$：

$$\begin{cases}\dfrac{\partial f(\boldsymbol{x}^*)}{\partial x_i}+\displaystyle\sum_{j=1}^{m}\lambda_j^*\dfrac{\partial g_j(\boldsymbol{x}^*)}{\partial x_i}=0,\ (i=1,2,\cdots,n)\\ -\lambda_j^* g_j(\boldsymbol{x}^*)=0,\ (j=1,2,\cdots,m)\\ \lambda_j^*\geqslant 0,\ (j=1,2,\cdots,m)\end{cases}$$

上述即是针对所有不等式约束的 K-T 条件，但是需要指出的是，在这 m 个约束条件中，可能只有部分的约束起了作用。在这里给出“起作用”的定义，假设 $\boldsymbol{x}_D$ 为问题的可行点，即 $\boldsymbol{x}_D\in D$，定义：

$$I(\boldsymbol{x}_D)=\{i\,|\,g_i(\boldsymbol{x}_D)=0,i=1,2,\cdots,m\}$$

当 $i\in I(\boldsymbol{x}_D)$ 时，对应的约束 $g_i(\boldsymbol{x})\leqslant 0$ 称为在 $\boldsymbol{x}_D$ 处的紧约束，或者是起约束作用的条件，而 $I(\boldsymbol{x}_D)$ 被称为 $\boldsymbol{x}_D$ 点紧约束的指标集。显然有：$I(\boldsymbol{x}_D)\subset\{1,2,\cdots,m\}$

设起约束作用的条件有 l 个，则必有 $l\geqslant m$，记为：

$$g_1(\boldsymbol{x}^*)=g_2(\boldsymbol{x}^*)=\cdots=g_l(\boldsymbol{x}^*)=0;\ s_1^*=s_2^*=\cdots=s_l^*;\ \lambda_1^*\neq 0,\ \lambda_2^*\neq 0,\cdots,\lambda_l^*\neq 0$$

其他 $m-l$ 个约束不起作用，记为：

$$g_{l+1}(\boldsymbol{x}^*),\ g_{l+2}(\boldsymbol{x}^*),\cdots g_m(\boldsymbol{x}^*);\ \lambda_{l+1}^*=\lambda_{l+2}^*=\cdots=\lambda_m^*=0$$

由于这 $m-l$ 个约束条件属于多余约束，故在该点处计算函数的极值时可以忽略这些多余约束，对计算结果并无影响。以上的结论可以表达为：

$$\begin{cases}\lambda_j^*=0 & g_j\left(\boldsymbol{x}^*\right)<0 \\ \lambda_j^*\geqslant 0 & g_j\left(\boldsymbol{x}^*\right)=0\end{cases} \tag{6-10}$$

式（6-10）指出了对于点 $\boldsymbol{x}^*$，约束 $g_i\left(\boldsymbol{x}^*\right)$ 是否有效。$g_i\left(\boldsymbol{x}^*\right)=0$ 意味着 $\boldsymbol{x}^*$ 落在第 i 号约束上，这样的约束为主动约束，也称有效约束。此时的拉格朗日乘子应当非负。$g_j\left(\boldsymbol{x}^*\right)=0$ 意味着 $\boldsymbol{x}^*$ 未落在第 j 号约束上，这样的约束为无效约束，它相应的乘子 $\lambda_j^*=0$。

根据上述分析，当目标函数取极值时，有：

$$\frac{\partial f}{\partial x_i}+\sum_{j=1}^{l}\lambda_j^*\frac{\partial g_j}{\partial x_i}=0,\ (i=1,2,\cdots,n) \tag{6-11}$$

即

$$-\nabla f=\sum_{j=1}^{l}\lambda_j^*\nabla g_j \tag{6-12}$$

式（6-12）的几何意义为，在极值点 $\boldsymbol{x}^*$ 处，目标函数 f 的梯度向量 ∇f 必须是有效约束 g_j 的梯度向量 $\nabla g_j\ (j=1,2,\cdots,l)$ 的线性组合。但反过来讲，当式（6-12）得到满足时，$\boldsymbol{x}^*$ 点可能是极值点，也可能是驻点或鞍点。因而还需另行建立极值点的检验条件。

现以二维空间中目标函数 f 的极小点 $\boldsymbol{x}^*$ 为例，设有两个起作用的约束条件 $g_1=0$ 和 $g_2=0$，相应的 $s_1=s_2=0$，表现为两个曲线，并相交于一点 P。在 P 处，曲线 $g_1=0$ 和 $g_2=0$ 的梯度向量 ∇g_1 和 ∇g_2 定义了一个平面，图 6-3 表示了这个平面上的情况。

目标函数 $f\left(\boldsymbol{x}\right)$ 在 P 点的负梯度向量 $-\nabla f$ 有三种可能的位置。

（1）$-\nabla f$ 在 ∇g_1 和 ∇g_2 所定义的平面外。

这时 $-\nabla f$ 不可能表达为 ∇g_1 和 ∇g_2 的线性组合，因而式（6-12）得不到满足，所以 P 点不是 f 的极值点。

（2）$-\nabla f$ 在 ∇g_1 和 ∇g_2 所定义的平面内，但位于 ∇g_1 和 ∇g_2 所形成的夹角之外。

如图 6-3（a）所示，这时 $-\nabla f$ 可表达为 ∇g_1 和 ∇g_2 的线性组合，式（6-12）得到满足，但 λ_1^*,λ_2^* 中至少有一个为负值。P 还不是 f 的极小点，因为从 $-\nabla f$ 中总可以分解出指向可行域的分量（即与 $-\nabla f$ 成锐角，而与 ∇g_1 及 ∇g_2 均成钝角的分量）。沿这个分量前进可以得到更优的 f 值，并仍在可行域内。

（3）$-\nabla f$ 在 ∇g_1 和 ∇g_2 所定义的平面内，并且位于 ∇g_1 和 ∇g_2 形成的夹角之间。

如图 6-3（b）所示，这时式（6-12）得到满足，且 λ_1^*,λ_2^* 均为正值。由于从 $-\nabla f$ 中不可能分解出指向可行域的分量，所以可以认为 P 点是目标函数 f 的一个极小点。故在定义紧约束的条件下，K-T 条件可以描述成如下形式，即

$$\begin{cases}\nabla f+\sum\limits_{j=1}^{l}\lambda_j^*\nabla g_j=0 \\ \lambda_j^*>0\ (j=1,2,\cdots,l)\end{cases} \tag{6-13}$$

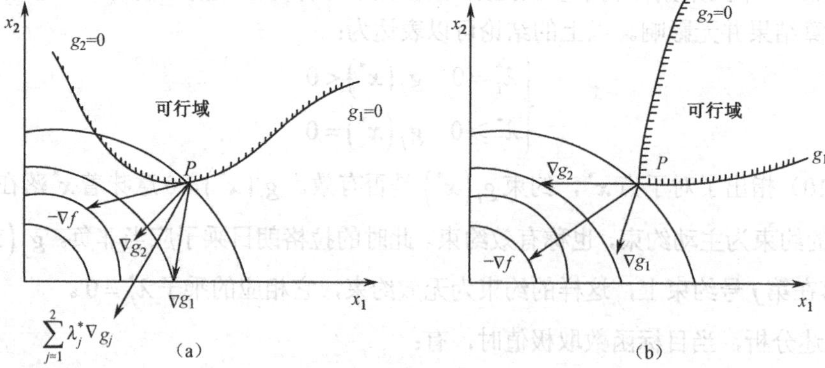

图 6-3　∇f 的几何意义

当检验极大点时，需要与式（6-13）相同，但要求 $\lambda_j^* < 0\ (j=1,2,\cdots,l)$。

式（6-13）即为库恩-塔克条件，应当指出的是，在检验极值的时候，K-T 条件仍然只是一个必要条件，作为充分条件来讲，还要求可行域为凸域，在凸域内，任何两点之间的直线连线将全部落在域内。对于凸规划问题，K-T 条件是全局极小化的充要条件。

下面给出凸规划中 K-T 条件的相关定理。

定理 6-16　若凸规划中 $f(\boldsymbol{x}), g_i(\boldsymbol{x})$。$(i=1,2,\cdots,m)$ 均是具有一阶连续偏微商的凸函数，$\boldsymbol{x}^*$ 和 $\lambda_i^*\ (i=1,2,\cdots,m)$ 满足 K-T 条件，即

$$\begin{cases}\dfrac{\partial f(\boldsymbol{x}^*)}{\partial x_i}+\displaystyle\sum_{j=1}^{m}\lambda_j^*\dfrac{\partial g_j(\boldsymbol{x}^*)}{\partial x_i}=0 \quad (i=1,2,\cdots,n)\\ g_i(\boldsymbol{x}^*)\leqslant 0\\ \lambda_i^*\geqslant 0 \quad i=1,2,\cdots,m\\ \lambda_i^* g_i(\boldsymbol{x}^*)=0 \quad i=1,2,\cdots,m\end{cases} \tag{6-14}$$

则 $\boldsymbol{x}^*$ 为凸规划 P 的最优解。

定理 6-17　（Slater 条件）若凸规划 P 中 $f(\boldsymbol{x}), g_i(x)\ (i=1,2,\cdots,m)$ 均是具有一阶连续偏微商的凸函数，且存在 $\boldsymbol{x}^0\in R^n$，有 $g_i(\boldsymbol{x}^0)<0, i=1,2,\cdots,m$，若 $\boldsymbol{x}^*$ 为凸规划 P 的最优解，则必存在 $\lambda_i^*\ (i=1,2,\cdots,m)$，使得 $\boldsymbol{x}^*$ 和 $\lambda_i^*\ (i=1,2,\cdots,m)$ 满足 K-T 条件。

【例 6-6】　求解下述凸规划问题：

$$\begin{cases}\min\ f(\boldsymbol{x})=-x_1-x_2\\ \text{s.t.}\quad 3x_1{}^2+x_2{}^2\leqslant 1\end{cases}$$

引入乘子 λ 得到乘子函数：$L(x,\lambda)=f(\boldsymbol{x})+\lambda g(\boldsymbol{x})=(-x_1-x_2)+\lambda(3x_1^2+x_2^2-1)$

K-T 条件可以表述为：

$$
\begin{cases}
\dfrac{\partial L(\boldsymbol{x}^*,\lambda^*)}{\partial x_1}=-1+6\lambda^* x_1^*=0 \\
\dfrac{\partial L(\boldsymbol{x}^*,\lambda^*)}{\partial x_2}=-1+2\lambda^* x_2^*=0 \\
\dfrac{\partial L(\boldsymbol{x}^*,\lambda^*)}{\partial \lambda}=3(x_1^*)^2+(x_2^*)^2-1\leqslant 0 \\
\lambda^*\geqslant 0 \\
\lambda^*\dfrac{\partial L(\boldsymbol{x}^*,\lambda^*)}{\partial \lambda}=\lambda^*\left(3(x_1^*)^2+(x_2^*)^2-1\right)=0
\end{cases}
$$

在求解上述问题时，假定该约束为松约束，即不起作用的约束，则有 $\lambda^*=0$；很显然，当 $\lambda^*=0$ 时，$-1+6\lambda^* x_1^*=-1$，故不能满足 $-1+6\lambda^* x_1^*=0$，即 K-T 条件的第一个方程。由此矛盾可知 $\lambda^*>0$，于是最后一个方程可以写为：

$$3(x_1^*)^2+(x_2^*)^2-1=0$$

由 K-T 条件的前两个方程很容易得出 $x_2^*=3x_1^*$，且 x_1^*,x_2^* 和 λ^* 同号，即均为正数，所以联立上面得到的条件，可知问题的最优解为：

$$\boldsymbol{x}^*=\begin{bmatrix}x_1^* & x_2^*\end{bmatrix}=\begin{bmatrix}\dfrac{\sqrt{3}}{6} & \dfrac{\sqrt{3}}{2}\end{bmatrix}^{\mathrm{T}}$$

此时，乘子 λ 的值为 $\lambda^*=\dfrac{\sqrt{3}}{3}$，进而由定理 6-16 可知，$\boldsymbol{x}^*$ 为 P 的最优解。

6.4 非线性规划问题的求解

在研究了非线性规划问题的极值条件之后，我们可以进一步探讨求解非线性规划问题的算法。通常情况下，涉及非线性函数的问题均比线性函数的问题复杂和难于求解，对于最优化问题也如此。

一般非线性规划问题的求解主要分为 4 类。

1．直接法

直接法是一种数值方法，其原理是利用函数在某一局部区域的性质和一些已知点的函数值，来确定下一步的迭代点，循环往复，以一定的条件作为迭代结束条件，求取函数极值。此类方法的典型代表有基于梯度信息的一类迭代方法，如牛顿法、变尺度算法等。对于目标函数难以或无法用解析式表达的一类问题，这种方法较适用。

2．解析法

解析法是按照函数极值的必要条件，用数学分析的方法求出其相应的解析解，再按照充分条件确定最优解，如梯度投影法、容许方向法等。对于目标函数是设计变量的显函数，且解析性质较好的一类问题，这种方法较适合。

3．用线性规划或二次规划逼近的方法

这是一种近似求解的方法。前者是将非线性规划问题在某个近似解处将约束条件和目标函数展开成泰勒级数，略去其二次项及二次以上的项，使约束条件和目标函数都成为线性的，原来的问题就用这个线性问题来近似代替。这种算法比较适合求解变量和约束较多，但只有少量约束是非线性的规划问题；二次规划适合于约束为线性的而目标函数是二次函数这种简单的非线性规划问题。

4．用转化的方法

把非线性规划问题转化为无约束极值问题，通过一系列无约束问题的求解来逼近非线性规划的解，如罚函数法等。这种方法通常用于求解目标函数和约束条件的表达式较复杂的一类问题。

在上面介绍的算法中，有一大类是基于迭代的算法。当问题的求解很难写成解析形式时，在计算机日益发展的今天，这种方法显示了巨大的优势。迭代法的基本思想是，在给出 $f(\boldsymbol{x})$ 的极小点位置的一个初始估计 $\boldsymbol{x}^{(0)}$（称为初始点）后，计算一系列的 $\boldsymbol{x}^{(k)}$，希望点列 $\{\boldsymbol{x}^{(k)}\}$ 的极限 $\boldsymbol{x}^*$ 就是 $f(\boldsymbol{x})$ 的一个极小点。$\boldsymbol{x}^{(k+1)}$ 与 $\boldsymbol{x}^{(k)}$ 之差是一个向量，为一个从 $\boldsymbol{x}^{(k)}$ 出发指向 $\boldsymbol{x}^{(k+1)}$ 的向量。

该向量由其长度和方向确定，即

$$\boldsymbol{x}^{(k+1)} - \boldsymbol{x}^{(k)} = \lambda_k \boldsymbol{p}^{(k)} \tag{6-15}$$

或者

$$\boldsymbol{x}^{(k+1)} = \lambda_k \boldsymbol{p}^{(k)} + \boldsymbol{x}^{(k)} \tag{6-16}$$

其中，$\boldsymbol{p}^{(k)}$ 为单位向量，通常被称为第 k 次迭代的搜索方向，λ_k 为实数（称为步长）。

当 λ_k 和 $\boldsymbol{p}^{(k)}$ 确定之后，由 $\boldsymbol{x}^{(k)}$ 就可以求出唯一的 $\boldsymbol{x}^{(k+1)}$，依次类推，从给定的 $\boldsymbol{x}^{(0)}$ 便可以求出 $\boldsymbol{x}^{(1)}$，由 $\boldsymbol{x}^{(1)}$ 确定 $\boldsymbol{x}^{(2)}$，等等，从而也就确定了一个点列 $\{\boldsymbol{x}^{(k)}\}$。如果这个点列逼近要求的极小点 $\boldsymbol{x}^*$，便称这个序列 $\{\boldsymbol{x}^{(k)}\}$ 为极小化序列。所以对于每一个迭代点 $\boldsymbol{x}^{(k)}$，若能设法给出 λ_k 和 $\boldsymbol{p}^{(k)}$，算法也就确定了。各种迭代法的区别就在于得出方向 $\boldsymbol{p}^{(k)}$ 和步长 λ_k 的方式不同。

选取方向 $\boldsymbol{p}^{(k)}$ 和步长 λ_k 的原则有两个：

第一，与点列 $\{\boldsymbol{x}^{(k)}\}$ 相对应的函数值应当逐步减小，对于求极小值问题，应该使得：

$$f\left(\boldsymbol{x}^{(0)}\right) \geqslant f\left(\boldsymbol{x}^{(1)}\right) \geqslant \cdots \geqslant f\left(\boldsymbol{x}^{(n)}\right)$$

这种算法称为下降法。

第二，算法应有收敛性，即所得 $\boldsymbol{x}^{(n)}$ 点就是极小点或者序列 $\{\boldsymbol{x}^{(n)}\}$ 有一个极限点，该极限点即为 $f(\boldsymbol{x})$ 的极小点。

迭代法大致分如下几个步骤。

（1）选取初始数据

选择一个靠近最优点的初始点 $\boldsymbol{x}^{(0)}$。在实际问题中，选择初始点并不一定困难，在一般情况下，如果 $x^{(0)}$ 不够理想，只是迭代过程稍慢一些而已。

（2）确定搜索方向

如果得到一个 $x^{(k)}$，且 $x^{(k)}$ 不是最优点，则按照一定的规则选定一个方向 $p^{(k)}$，使目标函数值沿 $p^{(k)}$ 方向下降。

（3）确定搜索步长

在射线 $x^{(k)}+\lambda_k p^{(k)}$ 上选定一个步长 λ_k，使得：

$$f\left(x^{(k)}+\lambda_k p^{(k)}\right) \leqslant f\left(x^{(k)}\right) \tag{6-17}$$

并得到下一点：

$$x^{(k+1)}=x^{(k)}+\lambda_k p^{(k)} \tag{6-18}$$

（4）最优性检验

检验 $x^{(k+1)}$ 是否为最优解或近似最优解的方法随算法的不同可能有所不同，如果已经得到最优解或者近似最优解，则迭代终止；否则令 $k=k+1$，执行（2）之后的步骤，直到得到最优解或者近似最优解为止。

6.5 一维搜索

当用迭代法求函数的极小点时，常常要用到一维搜索，即沿某一已知方向求目标函数的极小点。下面首先给出一维搜索算法的基本思想，然后对一些经典的算法进行探讨。

6.5.1 一维搜索的基本思想

在非线性规划的算法步骤中，一维搜索有极其重要的作用。大多数非线性规划的算法可以归结为一个基本格式：从某个初始点 $x^{(0)}$ 出发，沿某个适当选择的方向（通常是目标函数的下降方向）$p^{(0)}$ 进行一维搜索，得到目标值较小的点 $x^{(0)}$；再从 $x^{(1)}$ 出发，沿选择的方向 $p^{(1)}$ 进行一维搜索，得到目标函数值更小的点 $x^{(2)}$……如此进行下去，在每次迭代寻求下一点 $x^{(k+1)}$ 时，都需在已经确定的搜索方向 $p^{(k)}$ 上求一个步长因子 λ_k，使得新点的目标函数值下降最多，即 $f\left(x^{(k+1)}\right)<f\left(x^{(k)}\right)$，这样的步长因子被称为最优步长因子。求解最优步长因子实质上是求单变量 λ_k 的极值问题，这是一个求解一元函数的极值问题，即

$$f\left(x^{(k)}+\lambda_k p^{(k)}\right)=\min_{\lambda} f\left(x^{(k)}+\lambda p^{(k)}\right)=\min \varphi(\lambda) \tag{6-19}$$

式（6-19）的含义为沿着确定的方向求目标函数的极小点，这个过程被称为一维搜索。实际上在大多数非线性规划的算法中，主要的工作其实就是两点：一是寻找适当的搜索方向，二是进行一维搜索。由于每次迭代都要进行一次一维搜索，所以一维搜索贯穿于整个迭代过程，每一次一维搜索就是对函数 $\varphi(\lambda)$ 进行一次求极值，极值 λ^* 就是本次迭代的最优步长 $\lambda^{(k)}$，由此来确定下一个点 $x^{(k+1)}$。因此，求多元函数 $f(x)=f\left(x_1,x_2,\cdots,x_n\right)$ 的极值点问题常常要化为一系列沿逐次确定的直线求极值点的问题。

由上述过程可知，要研究多元函数的优化设计问题，首先需要研究一维优化搜索方法。同时，由实际问题抽象出来的数学模型很多也只有一个变量，故一维搜索也可以用于一维函数的寻优问题。

一维函数的寻优问题可以描述为如下形式：

$$\min\ f(x) \quad x\in[a,b]$$

解决上述优化问题的一维搜索方法的基本思想为：

首先，确定一维搜索问题$\varphi(\lambda)$的搜索区间（单峰区间），即确定函数极值点所在的区间；

然后，利用逐步缩小区间或者函数逼近的方法，确定函数的极值点。

基于上述思想的一维搜索方法有很多，常见的算法有：

（1）试探法，如斐波那契法、0.618法等；

（2）插值法，如抛物线插值、三次插值法等；

（3）微积分中的求根法，如牛顿法、二分法等。

1．确定搜索区间

设$f(x)$为定义在区间L上的一元函数，x^*为$f(x)$的一个局部极小点，$[a,b]\subset L$是包含x^*的一个区间，则称区间$[a,b]$是函数$f(x)$的极小点x^*的一个搜索区间。

在一维搜索所涉及的函数中，最常见的是单峰函数。假设$f(x)$是定义在区间L上的一元函数，x^*是$f(x)$在L上的全局极小点。在L上任取两个点$x_1<x_2$，如果当$x_2\leqslant x^*$时，必有$f(x_1)>f(x_2)$，当$x_1\geqslant x^*$时，必有$f(x_1)<f(x_2)$，则称$f(x)$为L上的一个单峰函数，其示意图如图6-4所示。

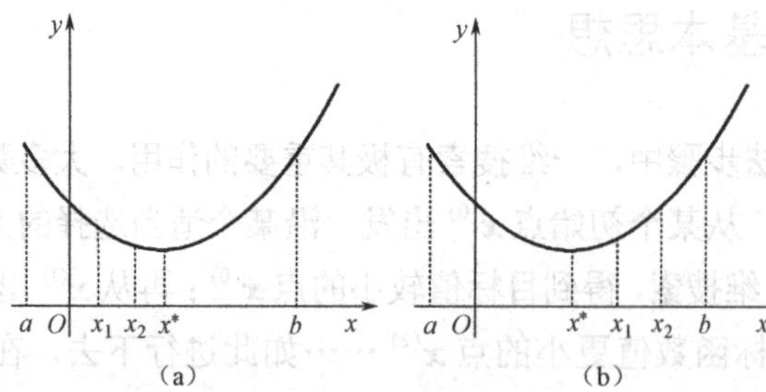

图6-4　单峰函数示意图

不难理解，任意一元函数在其极小点附近都是单峰函数。如果$f(x)$是连续的单峰函数，要确定$f(x)$的搜索区间，只需要找到三个点$x_1<x_2<x_3$满足：

$$f(x_1)>f(x_2)\text{且}f(x_2)<f(x_3)$$

则$[x_1,x_3]$便是$f(x)$的一个搜索区间，如图6-5所示。

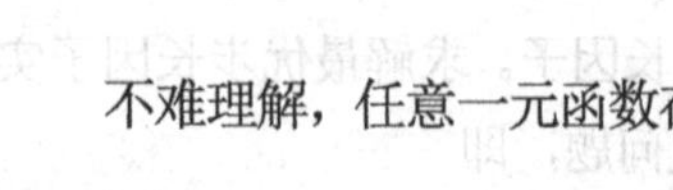

图6-5　搜索区间示意图

从几何图形上看，$f(x)$在区间$[x_1,x_3]$上形成了“高—低—高”的趋势，所以$f(x)$在$[x_1,x_3]$上必有极小值点。

根据上面的分析，确定搜索区间的进退法的基本思路就是：按照一定的规律给出若干个试探点，依次比较各试探点函数值的大小，直到找到函数按“高—低—高”分布的单峰区间为止。

例如，给定初始点 x_1 和步长 h，确定搜索区间 $[a,b]$ 的方法为：首先计算 $f(x_1)$ 和 $f(x_1+h)$，可能出现如下两种情况。

1）$f(x_1)>f(x_1+h)$

表明极小点在试探点的右侧，从 x_1+h 出发，将步长 h 加倍变为 $2h$ 向右搜索，计算 $f(x_1+3h)$，如果 $f(x_1+h)\leqslant f(x_1+3h)$，则搜索区间可以设置为 $[x_1,\ x_1+3h]$；否则，说明极小点在 x_1+h 的右侧，从 x_1+3h 出发，步长再加倍向右搜索，计算 $f(x_1+7h)$。然后重复上述的判断和计算过程。

2）$f(x_1)<f(x_1+h)$

表明极小点在试探点的左侧，试探方向错误，故此时应将步长 h 调整为 $-h$，从 x_1 出发向左搜索计算 $f(x_1-h)$，如果 $f(x_1)\leqslant f(x_1-h)$，说明极小点在 x_1-h 的右侧，则搜索区间可以设置为 $[x_1-h,\ x_1+h]$；如果 $f(x_1)>f(x_1-h)$，则从 x_1-h 出发，步长加倍向左搜索，方法和1）中相同。

由上述分析得到的确定搜索区间的算法如图6-6所示。

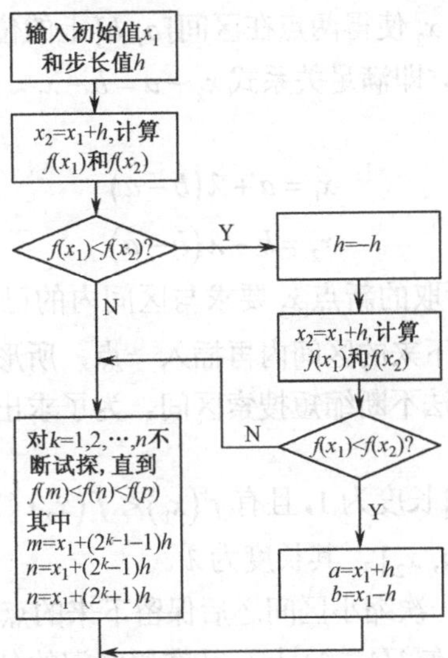

图6-6 用进退法确定搜索区间

2．逐步缩小搜索区间

要使得区间缩小可以采用区间消去法，即在初始单峰区间内任意取两点，计算和比较其函数值的大小，消去函数值较大一边的区间，剩下的区间中一定包含极小点。假设初始单峰区间为 $[a,\ b]$，取两点 $x_1<x_2$，则有如下结论成立：

（1）如果 $f(x_1)<f(x_2)$，则缩小的新区间为 $[a,\ x_2]$；

（2）如果 $f(x_1)>f(x_2)$，则缩小的新区间为 $[x_1,\ b]$；

（3）如果$f(x_1)=f(x_2)$，则缩小的新区间为$[x_1,x_2]$。

之后在缩小了的搜索区间中重复使用该方法使得搜索区间不断缩小，这就是逐步缩小搜索区间的基本方法。

在实际应用该方法的时候面临的问题是如何选择x_1,x_2，以及在缩小后的新区间中如何选择新的x_3。该类算法主要有 Fibonacci 法和 0.618 法，下面介绍试探法中的 0.618 法。

6.5.2 试探法——黄金分割法

0.618 法又称为黄金分割法，它是一种等比例缩短区间的直接搜索方法。其基本思想是通过比较单峰区间内两点的函数值，不断舍弃单峰区间的左端或右端的一部分，使区间按固定区间缩小率逐步缩小，直到极小点所在区间缩小到给定的误差范围内而得到近似最优解。由于前面的内容已经涉及了如何逐步缩小搜索区间，故本方法的关键就是如何保证区间缩小率不变。

1. 黄金分割法算法分析

该算法的做法是选择x_1和x_2使得两点在区间$[a, b]$上的位置是对称的，这样新的搜索区间$[a, x_2]$和$[x_1, b]$的长度相等，即满足关系式$x_2-a=b-x_1$，则首次插入时点x_1和x_2的坐标可以表示为：

$$\begin{aligned}x_1&=a+\lambda(b-a)\\x_2&=b-\lambda(b-a)\end{aligned}\tag{6-20}$$

再次缩短搜索区间时，所取的新点x_3要求与区间内的已有点相对于搜索区间也是对称的。黄金分割法还要求在保留下来的区间内再插入一点，所形成的新三段与原来区间的三段具有相同的比例分布。依此方法不断缩短搜索区间。为了求出λ，我们进一步分析上述迭代过程。

由图 6-7 假设原区间$[a, b]$长度为 1，且有$f(x_1)<f(x_2)$（同理可以分析$f(x_1)>f(x_2)$的情况），则保留下来的区间为$[a, x_2]$，其长度为λ。

则在下一轮的迭代中，上一次缩小区间之后保留下来的点x_1成为新点x_2'，为了保持相同的比例分布，新插入的点x_1'应在$\lambda(1-\lambda)$上，x_2'在原区间的$(1-\lambda)$位置，于是由比例相同这个条件，可得：

$$\frac{\lambda}{1}=\frac{1-\lambda}{\lambda}$$

即得到关于λ的一个一元二次方程$\lambda^2+\lambda-1=0$，取其正根，得

$$\lambda=\frac{\sqrt{5}-1}{2}\approx 0.618$$

如果保留下来的区间为$[x_1, b]$，根据插入点的对称性，也可以推导出相同的结果。用此方法，使得两次相邻的搜索的缩短率为 0.618，故该法被称为 0.618 法，由于在工程中 0.618 是一个经常被使用的数，称为黄金分割数，因此该寻优方法也被称为黄金分割法。

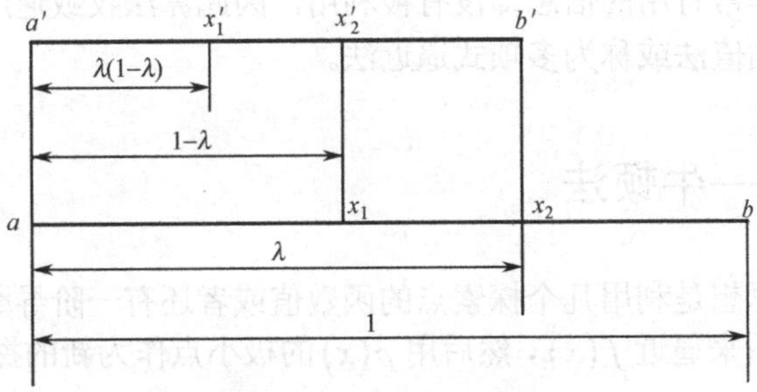

图 6-7 黄金分割法示意图

2. 黄金分割法算法流程

根据上述分析，黄金分割法的算法流程图如图 6-8 所示。

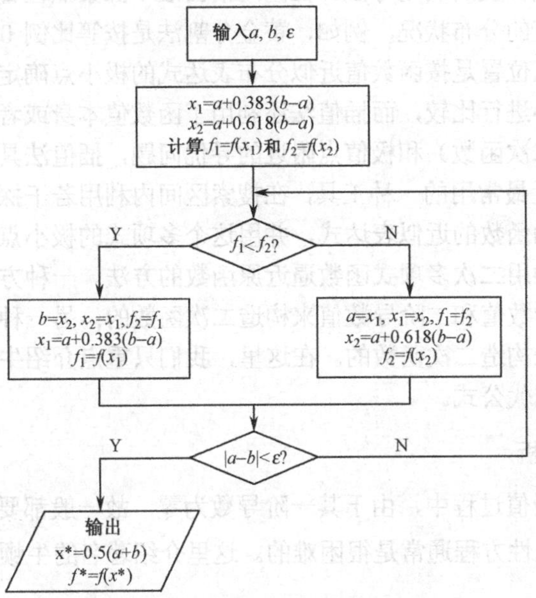

图 6-8 黄金分割法的算法流程图

其搜索过程是：

（1）给出初始搜索区间$[a, b]$，以及收敛精度ε，令$\lambda = 0.618$；

（2）按坐标点计算公式（6-20）计算x_1, x_2，并计算其对应的函数值$f(x_1), f(x_2)$；

（3）比较$f(x_1), f(x_2)$的大小，缩小搜索区间，进行区间名称的代换；

（4）检查区间是否缩短到足够小或函数值收敛到足够接近，如果条件不满足，则转（5），否则转（6）；

（5）在保留区间中计算一个新的试探点及其相应的函数值，转（3）；

（6）取最后两个试探点的平均值作为极小点的数值近似解，并计算该点的函数值，作为目标函数的最优解。

对于 0.618 法，对所计算的各个探索点上的函数值，仅用来比较其大小，而在各试探点的具体函数值等这些非常有用的信息却没有被利用，因此算法收敛速度较慢，为了充分利用有用的信息，我们用插值法或称为多项式逼近法。

6.5.3 插值法——牛顿法

插值方法的基本思想是利用几个探索点的函数值或者还有一阶导数的值，产生一个二次或三次多项式 $p(x)$，用来逼近 $f(x)$，然后用 $p(x)$ 的极小点作为新的探索点，用来逼近 $f(x)$ 的极小点。

由相关数学理论知道，函数在极值点附近具有二次函数的特性，可见，在函数的极值点近旁，用二次插值方法可以较好地逼近原函数的最优解。

插值方法和区间消去方法都是不断缩短初始搜索区间，从而求得极小点的数值近似解。二者的不同在于探索点位置的确定方法。在区间消去法中探索点位置是由某种给定的规律确定的，它不考虑函数值的分布状况，例如，黄金分割法是按等比例 0.618 的缩短率确定的；而在插值法中，探索点位置是按函数值近似分布表达式的极小点确定的。区间消去法仅利用了探索点函数值的大小进行比较，而插值法还利用了函数值本身或者其导数的信息。这样，对于简单的函数（如二次函数）和极值点附近的寻优问题，插值法具有较快的收敛速度。

多项式是函数逼近最常用的一种工具，在搜索区间内利用若干探索点处的函数值来构造低次多项式，用它作为函数的近似表达式，并用这个多项式的极小点作为原函数极小点的近似值。在这里介绍两种用二次多项式函数逼近原函数的方法。一种方法是牛顿法，它是利用一点的函数值、一阶导数值和二阶导数值来构造二次函数的；另一种方法是抛物线法，它是利用三个点的函数值来构造二次函数的。在这里，我们只重点介绍牛顿法，然后在下一小节简要介绍抛物线法的迭代公式。

1. 牛顿法算法分析

在求非线性函数极值过程中，由于其一阶导数为零，故一般都要求解形如 $f(x)=0$ 的非线性方程，而求解非线性方程通常是很困难的。这里介绍著名的牛顿拉夫申方法（简称牛顿法）。

牛顿法的基本思路是将非线性方程 $f(x)=0$ 线性化，如果 $f(x)$、$f'(x)$ 和 $f''(x)$ 在根 x^* 附近连续，则可将它作为 $f(x)$ 的特性，推导出收敛到 x^* 的序列 $\{x^{(k)}\}$。牛顿法依赖于 $f'(x)$ 和 $f''(x)$ 的连续性。在这里我们通过理论方法和图形分析对牛顿法进行介绍。

取 x_0 作为初始近似值，将 $f(x)$ 在 x_0 做泰勒展开：

$$f(x)=f(x_0)+f'(x_0)(x-x_0)+\frac{f''(\xi)}{2!}(x-x_0)^2 \tag{6-21}$$

若要取函数的零点，则由 $f(x^*)=0$，结合上述泰勒展开式，函数 $f(x)$ 在其零点估计值 x_k 邻域的一阶展开式为：

$$f\left(x^*\right)\approx f\left(x^{(k)}\right)+f'\left(x^{(k)}\right)\left(x^*-x^{(k)}\right)$$

$$f(x^*)=0$$

通过上式可得计算 x^* 的近似表达式：

$$x^* \approx x^{(k)} - \frac{f\left(x^{(k)}\right)}{f'\left(x^{(k)}\right)}$$

通常每一次迭代只能得到更接近真值 x^* 的估计值 $x^{(k+1)}$，则如果将 $x^{(1)} = x^{(0)} - \alpha \frac{f\left(x^{(0)}\right)}{f'\left(x^{(0)}\right)}$ 作为第一次的近似值，重复上述方法，可得如下迭代表达式：

$$x^{(k+1)} = x^{(k)} - \alpha \frac{f\left(x^{(k)}\right)}{f'\left(x^{(k)}\right)},\ k = 0,1,2,\cdots \tag{6-22}$$

上式中 α 被称为搜索因子，用于保证算法收敛或者调整收敛速度，常用值为 1。

2．牛顿法算法流程

由上述推导可以得到牛顿法的计算步骤为：

（1）选取区间 (a,b)，使得 $f(a)f(b)<0$，且在区间内 $f'(x) \neq 0$；

（2）选取初始零点估计值 $a < x^{(0)} < b$，允许误差 ε；

（3）计算 $f\left(x^{(k)}\right)$ 和 $f'\left(x^{(k)}\right)$；

（4）收敛性检查，如果 $\left|f\left(x^{(k)}\right)\right| \leqslant \varepsilon$（或者可以要求 $\left|x^{(k)} - x^{(k-1)}\right| \leqslant \varepsilon'$），则 $x^* = x^{(k)}$，终止计算，否则继续；

（5）计算 $x^{(k+1)} = x^{(k)} - \alpha \frac{f\left(x^{(k)}\right)}{f'\left(x^{(k)}\right)}$；

（6）返回步骤（3）。

牛顿法的迭代过程可以用示意图 6-9 来表示。

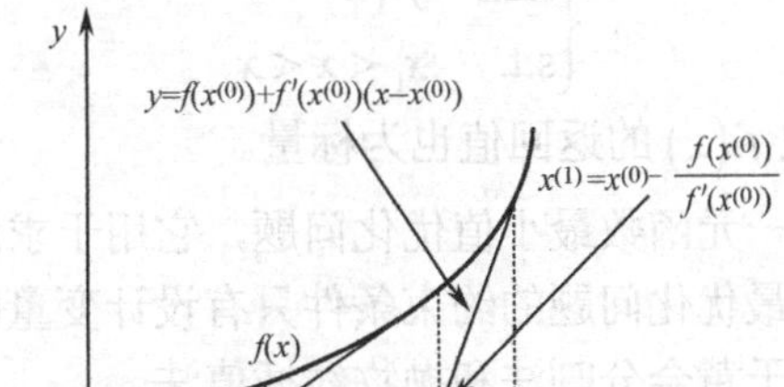

图 6-9　牛顿法示意图

从任意初始点开始的牛顿法产生的点列 $\{x^{(k)}\}$，一般来说，不一定收敛，即使收敛，其极限点也不一定是 $f(x)$ 的极小点，而只能保证它是 $f(x)$ 的驻点。但是当初始点 $x^{(0)}$ 充分接近于 x^* 时，可以证明牛顿法是收敛的，且收敛速度很快。因而牛顿法是一个具有局部收敛性的算法。

由上述分析可知，牛顿法的优点是收敛速度快，缺点是迭代的收敛性取决于初始点的选择，且需要计算函数的一阶和二阶导数，因而增加了每次迭代的工作量。如果用数值微分计算函数的二阶导数，其舍入误差将严重影响牛顿法的收敛速度，$f'(x)$ 的值越小，这个问题就越严重。

6.5.4 抛物线法

在牛顿法中，迭代公式采用：

$$x^{(k+1)} = x^{(k)} - \alpha \frac{f\left(x^{(k)}\right)}{f'\left(x^{(k)}\right)}$$

而在抛物线法中，迭代公式采用：

$$\begin{aligned} x^{(k)} &= \frac{A}{2B} \\ A &= \left(\left(x^{(k-1)}\right)^2 - \left(x^{(k-2)}\right)^2\right) f\left(x^{(k-3)}\right) + \left(\left(x^{(k-3)}\right)^2 - \left(x^{(k-1)}\right)^2\right) f\left(x^{(k-2)}\right) \\ &\quad + \left(\left(x^{(k-2)}\right)^2 - \left(x^{(k-3)}\right)^2\right) f\left(x^{(k-1)}\right) \\ B &= \left(x^{(k-1)} - x^{(k-2)}\right) f\left(x^{(k-3)}\right) + \left(x^{(k-3)} - x^{(k-1)}\right) f\left(x^{(k-2)}\right) \\ &\quad + \left(x^{(k-2)} - x^{(k-3)}\right) f\left(x^{(k-1)}\right) \end{aligned} \tag{6-23}$$

当函数具有比较好的解析性质时，牛顿法与抛物线法通常比 0.618 法的效果更好。

6.5.5 一维搜索的 MATLAB 求解

在 MATLAB 优化工具箱中提供了求解一维搜索问题的优化函数 fminbnd，该函数用于求解下列问题

$$\begin{cases} \min & f(x) \\ \text{s.t.} & x_1 < x < x_2 \end{cases}$$

x, x_1, x_2 均为标量，函数 $f(x)$ 的返回值也为标量。

fminbnd 函数可以计算一元函数最小值优化问题，它用于求解一维设计变量在固定区间内的目标函数的最小值，即最优化问题的约束条件只有设计变量的上、下界。其求解的算法是前面小结中重点讲述的基于黄金分割法和抛物线插值法。

在使用 fminbnd 进行优化的过程中，除非 x_1 和 x_2 十分接近，否则算法将不会在区间的端点评价目标函数，因而设计变量的限制条件需要指定为开区间（x_1, x_2）。如果目标函数的最小值恰好在 x_1 处或者 x_2 处取得，fminbnd 将返回该区间的一个内点，且其与端点 x_1 或者 x_2 的距离不超过 2TolX，其中 TolX 为最优解 x 处的误差限。

下面对上述函数调用过程中涉及的输入参数和输出参数做一个详细的讲解。

1．输入参数和输出参数

在 fminbnd 中参数 fun 为需要最小化的目标函数，在 fun 函数中需要输入标量参数 x，返回 x 处的目标函数值。fun 可以是一个在 M-函数中定义的函数句柄，例如：

```
x = fminbnd(@myfun,x1,x2)
```

M-函数文件 myfun.m 必须有下面的形式：

```
function f = myfun(x)
f = ...          % 目标函数
```

fun 还可以是匿名函数句柄和字符串，例如：

```
x = fminbnd(@(x)sin(x^2),x1,x2);
x = fminbnd('sin(x^2)',x1,x2);
```

fminbnd 的输出参数和线性规划的 linprog 及 0-1 规划的 bintprog 类似，其中 exitflag 中各值代表的物理意义如表 6-2 所示。

表 6-2 参数 exitflag 的物理意义

取 值	物 理 意 义
1	已经收敛到解 x
0	已经达到最大迭代次数限制 options.MaxIter，或者已经达到函数评价次数的最大允许值 options.FunEvals
–1	算法被输出函数终止
–3	设计变量的边界矛盾

参数 output 结构变量中所包含的信息如表 6-3 所示。

表 6-3 参数 output 所包含的信息

属 性 名 称	属 性 含 义
output.iterations	优化过程中的实际迭代次数
output.algorithm	优化过程中所采用的具体算法
output.funcCount	目标函数的评价次数
output.message	退出信息

2. 控制参数设置

fminbnd 函数在求解过程中的控制参数设置如表 6-4 所示。

表 6-4 fminbnd 函数的优化控制参数设置

参 数 名 称	参 数 设 置
Display	设置显示信息的级别，当该参数值为 off 时，不显示任何输出信息；当参数值为 iter 时，将显示每一步迭代的输出信息，iter 参数值仅对大型规模算法和中型规模的单纯形算法有效；当参数值为 final 时，仅显示最终的输出信息
FunValCheck	检查目标函数值是否合法。当参数值为 on 时，若目标函数值为一个复数、Inf 或者 NaN，则返回错误信息；当参数值为 off（默认值）时，不返回该错误信息
MaxFunEvals	目标函数评价的最大允许次数，默认值为 500
MaxIter	算法运行中的最大迭代次数，默认值为 500

续表

参数名称	参数设置
OutputFcn	在优化计算的过程中按用户要求指定在一次迭代中需要调用的一个或者多个函数，函数形式可以是函数句柄，或者以元胞数组形式出现的函数句柄，默认值为[]
PlotFcns	在算法执行过程中按照不同的标准绘制优化进程，可以是预定义的方案或者用户自定义的方案，默认值为[]。如果设定为'@optimplotx'则绘制迭代过程中的当前点，设定为'@optimplotfunccount'则绘制函数的评价次数，设定为'@optimplotfval'则绘制目标函数值
TolX	解 x 处的误差限

3．命令详解

（1）x = fminbnd(fun,x1,x2)

返回标量函数 fun 在满足 x1<x<x2 条件下取最小值时设计变量 x 的值。

（2）x = fminbnd(fun,x1,x2,options)

在求解问题的同时用 options 指定的优化参数进行目标函数的最小化，options 的常用值如表 6-4 所示。

（3）[x,fval] = fminbnd(...)

返回最优解 x 处的目标函数值 fval。

（4）[x,fval,exitflag] = fminbnd(...)

在优化计算结束之时返回 exitflag 值，描述函数计算的退出条件，即 fminbnd 的退出条件。

（5）[x,fval,exitflag,output] = fminbnd(...)

在优化计算结束之时返回结构变量 output。

fminbnd 函数在求解最优化问题时有其局限性，读者在使用该命令的过程中需要特别注意。例如，fminbnd 只能解决设计变量为实变量的最优化问题，所求解最优化问题的目标函数必须是连续的，且 fminbnd 给出的可能只是目标函数的局部最优解。

当最优化问题的解位于区间边界附近时，fminbnd 算法可能收敛得很慢，此时使用 fmincon 函数求解问题时的计算速度更快，计算精度更高。fmincon 的用法我们将在后面讲解。

【例 6-7】 求解下述最优化问题：

$$\begin{cases}\min & f(x)=\sin x \\ \text{s.t.} & x\in(0,2\pi)\end{cases}$$

该问题的目标函数为 MATLAB 中已经定义过的 sin 函数，故可直接调用其句柄@sin，由于其求解的区间为(0, 2*pi)，所以求解该最优化问题的 MATLAB 代码和运行结果为：

```
[x,fval,exitflag,output] = fminbnd(@sin,0,2*pi)
%最优解
x =
    4.7124
%最优解 x 处的目标函数值
fval =
   -1.0000
exitflag =
     1
```

```
output =
   iterations: 8
    funcCount: 9
    algorithm: 'golden section search, parabolic interpolation'
      message: [1x112 char]To find the minimum of the function
```

【例 6-8】 求解下述最优化问题：

$$\begin{cases}\min & f(x)=(x-5)^2+7 \\ \text{s.t.} & x\in(0,10)\end{cases}$$

首先用 M-函数定义目标函数：

```
function f=myfun(x)
f=(x-5)^2+7;
```

然后调用 fminbnd 函数求解

```
[x,fval] = fminbnd(@myfun,0,10)
x =
     5
fval =
     7
```

如果用匿名函数的形式，则可以写成如下形式：

```
[x,fval] = fminbnd(@(x)(x-5)^2+7,0,10)
x =
     5
fval =
     7
```

如果用字符串的形式，则可以写成如下形式：

```
[x,fval] = fminbnd('(x-5)^2+7',0,10)
x =
     5
fval =
     7
```

如果参数 fun 还有参数，可以使用匿名函数来处理这些和最优化问题相关的参数。例如，最优化问题的目标函数含有参数 a，如下 M-函数所示：

```
function f = myfun(x,a)
f = (x - a)^2;
```

在这种情况下，不能将参数 a 直接传递给 fminbind，假设需要优化的函数的参数值 a=1.5，则可以通过如下方法调用 fminbnd 函数。

```
% 定义参数值
a = 1.5;
%调用 fminbnd 时使用设计变量 x 的匿名函数，且在其中调用的 myfun 中具有两个参数
x = fminbnd(@(x) myfun(x,a),0,1)
```

6.6 多维无约束非线性优化

多维无约束优化问题是指在没有任何限制条件下寻求目标函数的极小点，其表达形式为：

$$\min_{x\in R^n} f(x) \tag{6-24}$$

从最优化理论和方法可以知道，对于一般的工程优化设计问题，都是在一定的约束条件下追求某一指标为最小（或最大）的优化设计问题，所以它们都属于有约束优化问题。那么为什么还要研究无约束的优化方法呢？以下是研究无约束优化问题的意义。

（1）在求解有约束优化问题的解时，有一大类解法是通过对约束条件的处理，把有约束问题变成一系列无约束的问题进行求解。研究无约束优化问题的解，也为研究约束优化问题的解法打下了基础。

（2）在实际问题中，某些实际问题的数学模型本身也可能是一个无约束优化问题。

可见，在研究最优化问题时，通常首先要研究无约束问题的最优化问题。无约束优化问题求解的方法有多种，它们的主要不同点在于如何构造搜索方向。

6.6.1 最速下降法

最速下降法由法国数学家 Cauchy 于 1847 年首先提出。该算法在每次迭代中，沿最速下降方向（负梯度方向）进行搜索，每步沿负梯度方向取最优步长，因此这种方法也称为最优梯度法。最速下降法方法简单，只以一阶梯度的信息确定下一步的搜索方向，收敛速度慢；越是接近极值点，收敛越慢；它是其他许多无约束、有约束最优化方法的基础。该方法一般用于最优化开始的几步搜索。

1．算法分析

为了求得 $f(\boldsymbol{x})$ 的最小值，一个很自然的想法就是从初始点 $\boldsymbol{x}^{(0)}$ 出发，使其在该点附近下降最快。则现在的问题就是要确定这个下降最快的方向。由泰勒公式：

$$f(\boldsymbol{x}+\lambda\boldsymbol{p})=f(\boldsymbol{x})+\lambda\boldsymbol{\Lambda}^{\mathrm{T}}(\boldsymbol{x})\boldsymbol{p}+o(\lambda\|\boldsymbol{p}\|)\ (\lambda>0)$$

由于 $\boldsymbol{\Lambda}^{\mathrm{T}}(\boldsymbol{x})\boldsymbol{p}=-\|\boldsymbol{\Lambda}(\boldsymbol{x})\|\|\boldsymbol{p}\|\cos\theta$，其中 θ 为 $\boldsymbol{p}$ 与 $-\boldsymbol{\Lambda}(\boldsymbol{x})$ 的夹角，当 λ 和 $\|\boldsymbol{p}\|$ 固定时，取 $\cos\theta=1$ 可使 $\boldsymbol{\Lambda}^{\mathrm{T}}(\boldsymbol{x})\boldsymbol{p}$ 达到最小值，从而 $f(\boldsymbol{x})$ 下降最多，即当 $\theta=0$ 时，$f(\boldsymbol{x})$ 下降最快，此时有 $\boldsymbol{p}=-\nabla f(\boldsymbol{x})$。

则算法的搜索方向 $\boldsymbol{p}^{(k)}$ 应为该点的负梯度方向 $-\nabla f(\boldsymbol{x})$，这将使函数值在该点附近的范围内下降速度最快，故算法的迭代形式为：

$$\boldsymbol{x}^{(k+1)}=\boldsymbol{x}^{(k)}-\lambda_k\nabla f(\boldsymbol{x}^{(k)}) \tag{6-25}$$

由式（6-25）所确定的最速下降法由初始点向最优点的迭代过程可用图 6-10 来表示。

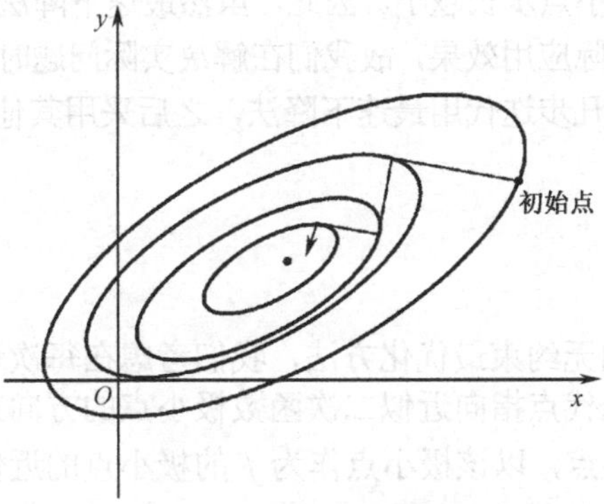

图 6-10 最速下降法示意图

2. 迭代步骤

由于该迭代算法直接用到函数的梯度信息，故又称为梯度法，按此规律形成的迭代算法的具体步骤如下：

（1）选取初始点估计值 $\boldsymbol{x}^{(0)}$，确定允许误差 ε，令 $k=0$；

（2）计算目标函数在 $\boldsymbol{x}^{(k)}$ 处的负梯度 $-\boldsymbol{\Lambda}\left(\boldsymbol{x}^{(k)}\right)$；

（3）收敛性检查，若 $\left\|\boldsymbol{\Lambda}\left(\boldsymbol{x}^{(k)}\right)\right\| \leqslant \varepsilon$，则 $\boldsymbol{x}^{*}=\boldsymbol{x}^{(k)}$，终止计算，否则继续；

（4）确定搜索方向；

确定负梯度方向的单位向量：

$$\boldsymbol{p}^{(k)}=\frac{-\boldsymbol{\Lambda}\left(\boldsymbol{x}^{(k)}\right)}{\left\|\boldsymbol{\Lambda}\left(\boldsymbol{x}^{(k)}\right)\right\|}$$

（5）一维搜索；

以 $\boldsymbol{x}^{(k)}$ 为起点，沿负梯度方向 $\boldsymbol{p}^{(k)}$ 进行一维搜索，求得最优步长 λ_k，使得：

$$f\left(\boldsymbol{x}^{(k)}+\lambda_k \boldsymbol{p}^{(k)}\right)=\min_{\lambda>0} f\left(\boldsymbol{x}^{(k)}+\lambda \boldsymbol{p}^{(k)}\right)$$

于是点列的下一个迭代点为：$\boldsymbol{x}^{(k+1)}=\boldsymbol{x}^{(k)}+\lambda_k \boldsymbol{p}^{(k)}$

（6）令 $k=k+1$，转（2）。

使用最速下降法求解最优化问题时，具有如下几个特点：

（1）最速下降法有很好的全局收敛性，对初始点的选取没有特别的要求。即对于任意初始点 $\boldsymbol{x}^{(0)} \in R^n$ 开始迭代，所产生的点列 $\{\boldsymbol{x}^{(k)}\}$ 均收敛。

（2）最速下降法的收敛速度是比较慢的，这似乎与“最速下降”这个名称相矛盾。实际上，所谓最速下降方向 $\boldsymbol{p}^{(k)}=-\boldsymbol{\Lambda}\left(\boldsymbol{x}^{(k)}\right)=-\nabla f\left(\boldsymbol{x}^{(k)}\right)$，仅反映函数 $f(\boldsymbol{x})$ 在点 $\boldsymbol{x}^{(k)}$ 的局部性质，对局部来说下降最快，但对整体来说却不一定是下降最快的方向。

（3）由最优步长 λ_k 的意义可知：

$$\left(\boldsymbol{p}^{(k)}\right)^{\mathrm{T}} \nabla f\left(\boldsymbol{x}^{(k+1)}\right)=0$$

故在前后两次迭代中，搜索方向是相互正交的。这就意味着最速下降法逼近极小点的路线是锯齿形的，并且越靠近极小点步长越小。因此，虽然最速下降法有很好的整体收敛性，但是收敛速度的问题影响了其实际应用效果，故我们在解决实际问题时，一般将最速下降法和其他的算法相结合。例如，最初几步迭代用最速下降法，之后采用其他的迭代算法。

6.6.2　牛顿法

为了寻找收敛速度快的无约束最优化方法，我们考虑在每次迭代时，用适当的二次函数去近似目标函数 f，并用迭代点指向近似二次函数极小点的方向来构造搜索方向，然后精确地求出近似二次函数的极小点，以该极小点作为 f 的极小点的近似值。这就是牛顿切线法的基本思想，它是 6.5.3 节中牛顿切线法的推广。

1. 算法分析

假设非线性规划问题中的目标函数具有二阶连续偏导数，$\boldsymbol{x}^{(k)}$ 是 f 的极小点的第 k 次近似，将 f 在 $\boldsymbol{x}^{(k)}$ 处作 Taylor 展开，并取二阶近似，得

$$f(\boldsymbol{x}) \approx \varphi(\boldsymbol{x}) = f\left(\boldsymbol{x}^{(k)}\right) + \boldsymbol{\Lambda}\left(\boldsymbol{x}^{(k)}\right)^{\mathrm{T}}\left(\boldsymbol{x}-\boldsymbol{x}^{(k)}\right) + \frac{1}{2}\left(\boldsymbol{x}-\boldsymbol{x}^{(k)}\right)^{\mathrm{T}}\boldsymbol{H}\left(\boldsymbol{x}^{(k)}\right)\left(\boldsymbol{x}-\boldsymbol{x}^{(k)}\right)$$

由假设条件可知，$\nabla^2 f\left(\boldsymbol{x}^{(k)}\right)$ 是对称矩阵，因此 $\varphi(\boldsymbol{x})$ 是二次函数，容易求得：

$$\nabla\varphi(\boldsymbol{x}) = \boldsymbol{\Lambda}\left(\boldsymbol{x}^{(k)}\right) + \boldsymbol{H}\left(\boldsymbol{x}^{(k)}\right)\left(\boldsymbol{x}-\boldsymbol{x}^{(k)}\right)$$

为求 $\varphi(x)$ 的极小值，可令 $\nabla\varphi(\boldsymbol{x})=0$，即

$$\boldsymbol{\Lambda}\left(\boldsymbol{x}^{(k)}\right) + \boldsymbol{H}\left(\boldsymbol{x}^{(k)}\right)\left(\boldsymbol{x}-\boldsymbol{x}^{(k)}\right) = 0 \tag{6-26}$$

若 f 在点 $\boldsymbol{x}^{(k)}$ 处的 Hessian 矩阵 $\boldsymbol{H}\left(\boldsymbol{x}^{(k)}\right)$ 正定，则式（6-26）解出的 $\varphi(\boldsymbol{x})$ 的驻点就是 $\varphi(\boldsymbol{x})$ 的极小点，以它作为 f 的极小点的第 $k+1$ 次近似，记为 $\boldsymbol{x}^{(k+1)}$，即

$$\boldsymbol{x}^{(k+1)} = \boldsymbol{x}^{(k)} - \boldsymbol{H}^{-1}\left(\boldsymbol{x}^{(k)}\right)\boldsymbol{\Lambda}\left(\boldsymbol{x}^{(k)}\right) \tag{6-27}$$

式（6-27）就是牛顿法的迭代公式。

2. 迭代步骤

（1）选取初始点估计值 $\boldsymbol{x}^{(0)}$，确定允许误差 ε，令 $k=0$；

（2）计算目标函数在 $\boldsymbol{x}^{(k)}$ 处的梯度 $\boldsymbol{\Lambda}\left(\boldsymbol{x}^{(k)}\right)$；

（3）收敛性检查，若 $\left\|\boldsymbol{\Lambda}\left(\boldsymbol{x}^{(k)}\right)\right\| \leqslant \varepsilon$，则 $\boldsymbol{x}^* = \boldsymbol{x}^{(k)}$，终止计算，否则继续；

（4）构造牛顿方向 $\boldsymbol{p}^{(k)} = -\boldsymbol{H}^{-1}\left(\boldsymbol{x}^{(k)}\right)\boldsymbol{\Lambda}\left(\boldsymbol{x}^{(k)}\right)$；

（5）更新点列 $\boldsymbol{x}^{(k+1)} = \boldsymbol{x}^{(k)} + \boldsymbol{p}^{(k)}$；

（6）令 $k=k+1$，转（2）。

【例 6-9】 用牛顿法求 $f(\boldsymbol{x}) = x_1^2 + 25x_2^2$ 的极小点。

函数 $f(\boldsymbol{x}) = x_1^2 + 25x_2^2$ 的梯度和 Hessian 矩阵分别为：

$$\boldsymbol{\Lambda}(\boldsymbol{x}) = \nabla f(\boldsymbol{x}) = \begin{bmatrix}2x_1 & 50x_2\end{bmatrix}^{\mathrm{T}};\ \boldsymbol{H}(\boldsymbol{x}) = \nabla^2 f(\boldsymbol{x}) = \begin{bmatrix}2 & 0\\ 0 & 50\end{bmatrix}$$

取初始点 $\boldsymbol{x}^{(0)}=\begin{bmatrix}2 & 2\end{bmatrix}^{\mathrm{T}}$，则可得：

$$\nabla f\left(\boldsymbol{x}^{(0)}\right)=\begin{bmatrix}4 & 100\end{bmatrix}^{\mathrm{T}};\ \nabla^2 f\left(\boldsymbol{x}^{(0)}\right)=\begin{bmatrix}2 & 0\\0 & 50\end{bmatrix}$$

$$\boldsymbol{x}^{(1)}=\boldsymbol{x}^{(0)}-\left(\nabla^2 f\left(\boldsymbol{x}^{(0)}\right)\right)^{-1}\nabla f\left(\boldsymbol{x}^{(0)}\right)=\begin{bmatrix}2\\2\end{bmatrix}-\begin{bmatrix}\frac{1}{2} & 0\\0 & \frac{1}{50}\end{bmatrix}\begin{bmatrix}1\\100\end{bmatrix}=\begin{bmatrix}0\\0\end{bmatrix}$$

此时 $\nabla f\left(\boldsymbol{x}^{(1)}\right)=0$，故迭代结束，一次收敛到最优解，问题的最优解为 $\boldsymbol{x}^*=[0\quad 0]^{\mathrm{T}}$。这与我们直观的分析相一致。

3．收敛性质

设 $\boldsymbol{x}^*$ 为 $f(\boldsymbol{x})$ 的极小点，则可以证明在适当的条件下，牛顿法收敛速度的估计式为：

$$\left\|\boldsymbol{x}^{(k+1)}-\boldsymbol{x}^*\right\|\leqslant M\left\|\boldsymbol{x}^{(k)}-\boldsymbol{x}^*\right\|^2 \tag{6-28}$$

由式（6-28）可知，在一定条件下牛顿法至少是二阶收敛的。

在用牛顿法求解【例 6-9】时，只经一轮迭代即求得其全局最优解，这一结果并不偶然，因为该例题中的目标函数是二次凸函数，无论 $\boldsymbol{x}^{(0)}$ 取何值，牛顿方向就是指向其极小点的方向，因而只需作一轮迭代就可得其最优解。这说明牛顿法是一个具有二次终止性的方法。

但是牛顿法在实际应用中，也有其明显的缺点，主要表现在如下几个方面。

（1）要求 $f(\boldsymbol{x})$ 是二阶连续可微函数，同时在迭代的过程中，要计算 Hessian 矩阵的逆矩阵是十分困难的。

（2）由式（6-28）可以看出，初始点 $\boldsymbol{x}^{(0)}$ 不能离极小点 $\boldsymbol{x}^*$ 太远，如果离极小点较远，其 Hessian 矩阵 $\nabla^2 f\left(\boldsymbol{x}^{(k)}\right)$ 常常也是奇异的，故此时牛顿方向可能不存在，迭代可能不收敛，甚至连其下降性也不能保证。

因此在牛顿法的实际操作中必须选择一个具有较优目标值的初始点，但这往往是困难的。为了克服这个缺点，人们提出了“阻尼牛顿法”对此进行修正。

4．阻尼牛顿法

在牛顿法中，总是假定 $\lambda_k=1$，但是在阻尼牛顿法中，仍然按照一般迭代的思想，为了保证算法的收敛或者加快收敛速度，引入最优步长，即在每一次的迭代中都要计算搜索因子 λ_k，进行一次一维搜索，方法如下。

首先确定搜索方向：$\boldsymbol{p}^{(k)}=-\nabla^2 f\left(\boldsymbol{x}^{(k)}\right)^{-1}\nabla\left(f\left(\boldsymbol{x}^{(k)}\right)\right)$

然后求解一元函数的寻优问题：$f\left(\boldsymbol{x}^{(k)}+\lambda_k\boldsymbol{p}^{(k)}\right)=\min\limits_{\lambda>0} f\left(\boldsymbol{x}^{(k)}+\lambda\boldsymbol{p}^{(k)}\right)$

进而得到阻尼牛顿法确定新的迭代点 $\boldsymbol{x}^{(k+1)}$ 的公式：

$$\boldsymbol{x}^{(k+1)}=\boldsymbol{x}^{(k)}+\lambda_k\boldsymbol{p}^{(k)} \tag{6-29}$$

阻尼牛顿法保持了牛顿法收敛速度快的特点，同时也降低了对初始点的选择要求，因而在实际问题中取得了较好的效果。其具体的迭代步骤为：

（1）选取初始点估计值 $x^{(0)}$，确定允许误差 ε，令 $k=0$；

（2）计算目标函数在 $x^{(k)}$ 处的梯度 $\Lambda\left(x^{(k)}\right)$；

（3）收敛性检查，若 $\left\|\Lambda\left(x^{(k)}\right)\right\|\leqslant\varepsilon$，则 $x^{*}=x^{(k)}$，终止计算，否则继续；

（4）构造牛顿方向：

$$p^{(k)}=-H^{-1}\left(x^{(k)}\right)\Lambda\left(x^{(k)}\right)=-\left(\nabla^{2}f\left(x^{(k)}\right)\right)^{-1}\nabla\left(f\left(x^{(k)}\right)\right)$$

并沿着 $p^{(k)}$ 进行一维搜索求得最优搜索因子 λ_k：

$$f\left(x^{(k)}+\lambda_k p^{(k)}\right)=\min_{\lambda>0} f\left(x^{(k)}+\lambda p^{(k)}\right)$$

（5）更新点列 $x^{(k+1)}=x^{(k)}+\lambda_k p^{(k)}$；

（6）令 $k=k+1$，转（2）。

由于阻尼牛顿法含有一维搜索，故每次迭代的目标函数值一般都会有所下降。可以证明，阻尼牛顿法在适当的条件下具有全局收敛性，且为二阶收敛，其收敛性质可以表述如下。

若 $f(x)$ 为二阶连续可微函数，其 Hessian 矩阵 $H(x)$ 为正定矩阵，且水平集 $\left\{x \mid f(x)\leqslant f\left(x^{(0)}\right)\right\}$ 有界，则由阻尼牛顿法得到的点列 $\{x^{(k)}\}$ 具有如下性质：

（1）$\left\{f\left(x^{(k)}\right)\right\}$ 为严格单调下降数列；

（2）$\{x^{(k)}\}$ 的任一极限点 $\tilde{x}$ 必为 $f(x)$ 的极小点。

【例 6-10】 利用阻尼牛顿法求解下述非线性规划问题：

$$\min\ f(x)=x_1^2+2x_2^2-2x_1x_2-4x_1$$

取初始点 $x^{(0)}=[1\quad 1]^{\mathrm{T}}$，则 $f\left(x^{(0)}\right)=-3$。

该二次型函数的梯度和 Hessian 矩阵为：

$$\Lambda(x)=\left[2x_1-2x_2-4\quad -2x_1+4x_2\right]^{\mathrm{T}};\ H(x)=\begin{bmatrix}2 & -2\\ -2 & 4\end{bmatrix}$$

故
$$H^{-1}(x)=\left(\nabla^{2}f(x)\right)^{-1}=\begin{bmatrix}2 & -2\\ -2 & 4\end{bmatrix}^{-1}=\begin{bmatrix}1 & \frac{1}{2}\\ \frac{1}{2} & \frac{1}{2}\end{bmatrix}$$

按照上述结果构造牛顿方向：

$$p^{(0)}=-H^{-1}\left(x^{(0)}\right)\Lambda\left(x^{(0)}\right)=[3\quad 1]^{\mathrm{T}}$$

进行一维搜索，需要求解的一元函数为：

$$\varphi(\lambda)=f\left(x^{(0)}+\lambda p^{(0)}\right)=5\lambda^2-10\lambda-3$$

由 $\varphi'(\lambda)=10\lambda-10=0$ 得 $\lambda_0=1$，故更新点列为：

$$x^{(1)}=x^{(0)}+\lambda_0 p^{(0)}=[1\quad 1]^{\mathrm{T}}+[3\quad 1]^{\mathrm{T}}=[4\quad 2]^{\mathrm{T}}$$

进行收敛性检查，计算函数在 $x^{(1)}$ 的梯度值为：

$$\Lambda\left(x^{(1)}\right)=\nabla f\left(x^{(1)}\right)=\left[2x_1-2x_2-4\quad -2x_1+4x_2\right]^{\mathrm{T}}\Big|_{(4,2)}=[0\quad 0]^{\mathrm{T}}$$

故迭代一次已经达到了函数的极小点：$x^*=[4\quad 2]^{\mathrm T}$，$f\left(x^*\right)=-8$

一般地，对于正定的二次型函数：

$$f(\boldsymbol{x})=\frac{1}{2}\boldsymbol{x}^{\mathrm T}\boldsymbol{A}\boldsymbol{x}+\boldsymbol{b}^{\mathrm T}\boldsymbol{x}+c$$

其中，矩阵 $\boldsymbol{A}$ 是正定常数矩阵，无论采用牛顿法或者阻尼牛顿法，都有：

$$\boldsymbol{A}\left(\boldsymbol{x}\right)=\boldsymbol{A}\boldsymbol{x}+\boldsymbol{b};\ \boldsymbol{H}\left(\boldsymbol{x}\right)=\boldsymbol{A}$$

若初始点为 $\boldsymbol{x}_0$，应用相应的迭代公式，得

$$\boldsymbol{x}_1=\boldsymbol{x}_0-\boldsymbol{A}^{-1}\left(\boldsymbol{A}\boldsymbol{x}_0+\boldsymbol{b}\right)=-\boldsymbol{A}^{-1}\boldsymbol{b}$$

故有：

$$\boldsymbol{x}^*=-\boldsymbol{A}^{-1}\boldsymbol{b}$$

上式表明：用牛顿法求解二次函数极值点时，无论初始点取何值，只需一次迭代就能得到极值点。

6.6.3 共轭方向法

牛顿法可以很快地收敛于极值点 $\boldsymbol{x}^*$，但计算逆矩阵 $\boldsymbol{H}^{-1}\left(\boldsymbol{x}^{(k)}\right)$ 很困难，最速下降法虽然计算较简便，但收敛速度较慢。结合这两种算法的优点，就有了共轭方向法，此类方法中包括共扼梯度法和变尺度算法。在这部分内容中首先介绍共轭方向理论，给出一般的迭代算法之后，再根据具体的方向确定方法讲解共轭梯度法和变尺度算法。

1. 理论基础

由于非线性目标函数在极小点附近可以用正定二次函数去逼近，因此二次函数的极小化的有效算法是构造一般非线性目标函数极小化算法的基础。为此，首先讨论正定二次函数的共轭方向法。

设二次正定函数为：

$$f(\boldsymbol{x})=\frac{1}{2}\boldsymbol{x}^{\mathrm T}\boldsymbol{A}\boldsymbol{x}+\boldsymbol{b}^{\mathrm T}\boldsymbol{x}+c \tag{6-30}$$

设 $\boldsymbol{A}$ 为 n 阶对称矩阵，$\boldsymbol{p}_i\ (i=1,2,\cdots,m;\ m<n)$ 为 n 维列向量组，若满足：

$$\left(\boldsymbol{p}_i,\boldsymbol{p}_j\right)_{\mathbf A}=\boldsymbol{p}_i^{\mathrm T}\boldsymbol{A}\boldsymbol{p}_j=0\ (i\neq j) \tag{6-31}$$

则称向量 $\boldsymbol{p}_i\ (i=1,2,\cdots,m;\ m<n)$ 为 $\boldsymbol{A}$-共轭向量系。

很显然，如果 $\boldsymbol{A}$ 为单位阵，即 $\boldsymbol{A}=\boldsymbol{I}$，则式（6-31）变为 $\boldsymbol{p}_i^{\mathrm T}\boldsymbol{q}_j=0$，这就是通常意义下的正交的定义，可见共轭是正交的推广，可以称为 $\boldsymbol{A}$-共轭或者 $\boldsymbol{A}$-正交。

定理 6-18 如果 $\boldsymbol{A}$ 为 n 阶对称正定阵，$\boldsymbol{p}_i\neq 0\ (i=0,1,\cdots,m,\ m<n)$ 为 $\boldsymbol{A}$-共轭向量系，则向量系 $\boldsymbol{p}_i\ (i=0,1,\cdots,m,\ m<n)$ 彼此线性独立。

定理 6-19 如果 $\boldsymbol{A}$ 为 n 阶对称正定阵，$\boldsymbol{p}_i\neq 0\ (i=0,1,\cdots,n-1)$ 为 $\boldsymbol{A}$-共轭向量系，此时若有向量 $\boldsymbol{v}$ 与 $\boldsymbol{p}_i\neq 0\ (i=0,1,\cdots,n-1)$ 为 $\boldsymbol{A}$-共轭，则 $\boldsymbol{v}=0$。

定理 6-19 的意义为，如果 $\boldsymbol{A}$ 为对称正定阵，则在 R^n 中至多有 n 个不同的 $\boldsymbol{A}$-共轭方向。

定理 6-20 如果 $\boldsymbol{A}$ 为 n 阶对称正定阵，$\boldsymbol{p}_i \neq 0\ (i=0,1,\cdots,n-1)$ 为 $\boldsymbol{A}$-共轭向量系，对于 $\forall \boldsymbol{v} \in R^n$，有

$$\boldsymbol{v} = \sum_{i=0}^{n-1}\left(\frac{\boldsymbol{p}_i^{\mathrm{T}}\boldsymbol{A}\boldsymbol{v}}{\boldsymbol{p}_i^{\mathrm{T}}\boldsymbol{A}\boldsymbol{p}_i}\boldsymbol{p}_i\right)$$

定理 6-21 如果 $\boldsymbol{A}$ 为 n 阶对称正定阵，$\boldsymbol{p}_i \neq 0\ (i=0,1,\cdots,m-1)$ 与 $\boldsymbol{A}$ 共轭，且二次函数式（6-30）从 n 维欧氏空间中的任何初始点 $\boldsymbol{x}^{(0)}$ 开始，顺次沿着 $\boldsymbol{p}_i$ 方向作 m 次搜索得到 $\boldsymbol{x}^{(m)}$，则

（1）$\boldsymbol{p}_i^{\mathrm{T}} \Lambda\left(\boldsymbol{x}^{(m)}\right) = 0,\ (i=0,1,\cdots,m-1)$；

（2）如果 $m=n$，则 $\boldsymbol{x}^{(n)}$ 就是 $f(\boldsymbol{x})$ 的极小值点。

即对任意选取的初始值 $\boldsymbol{x}^{(0)}$，至多迭代 n 步就可以收敛到 $f(\boldsymbol{x})$ 的全局极小点 $\boldsymbol{x}^*$。

那么共轭方向法就是顺次沿着矩阵 $\boldsymbol{A}$ 的 n 个共轭向量 $\boldsymbol{p}_i \neq 0\ (i=0,1,\cdots,m-1)$，进行线性搜索，通过 n 次迭代达到函数的极小点。于是问题的关键就变成如何求取矩阵 $\boldsymbol{A}$ 的共轭向量组。

可以由任意的一组线性无关向量组 $\boldsymbol{v}_i\ (i=0,1,\cdots,n-1)$ 得到一组 $\boldsymbol{A}$ 的共轭向量 $\boldsymbol{p}_i\ (i=0,1,\cdots,n-1)$，具体方法如下。

选取共轭向量 $\boldsymbol{p}_0, \boldsymbol{p}_1$ 的表达形式为：$\boldsymbol{p}_0 = \boldsymbol{v}_0$；$\boldsymbol{p}_1 = \boldsymbol{v}_1 + \beta_{10}\boldsymbol{p}_0$，其中 β_{10} 为待定的系数，根据共轭的定义可以得到：

$$\boldsymbol{p}_0^{\mathrm{T}}\boldsymbol{A}\boldsymbol{p}_1 = \boldsymbol{p}_0^{\mathrm{T}}\boldsymbol{A}\boldsymbol{v}_1 + \beta_{10}\boldsymbol{p}_0^{\mathrm{T}}\boldsymbol{A}\boldsymbol{p}_0 = 0$$

则可以得到待定的系数为：

$$\beta_{10} = -\frac{\boldsymbol{p}_0^{\mathrm{T}}\boldsymbol{A}\boldsymbol{v}_1}{\boldsymbol{p}_0^{\mathrm{T}}\boldsymbol{A}\boldsymbol{p}_0}$$

再取下一个共轭向量 $\boldsymbol{p}_2$ 表示为 $\boldsymbol{p}_1 = \boldsymbol{v}_2 + \beta_{20}\boldsymbol{p}_0 + \beta_{21}\boldsymbol{p}_1$，由于 $\boldsymbol{p}_2$ 也是 $\boldsymbol{A}$ 的共轭向量，仍根据定义有：

$$\boldsymbol{p}_0^{\mathrm{T}}\boldsymbol{A}\boldsymbol{p}_2 = \boldsymbol{p}_0^{\mathrm{T}}\boldsymbol{A}\boldsymbol{v}_2 + \beta_{20}\boldsymbol{p}_0^{\mathrm{T}}\boldsymbol{A}\boldsymbol{p}_0 + \beta_{21}\boldsymbol{p}_0^{\mathrm{T}}\boldsymbol{A}\boldsymbol{p}_1 = \boldsymbol{p}_0^{\mathrm{T}}\boldsymbol{A}\boldsymbol{v}_2 + \beta_{20}\boldsymbol{p}_0^{\mathrm{T}}\boldsymbol{A}\boldsymbol{p}_0 = 0$$
$$\boldsymbol{p}_1^{\mathrm{T}}\boldsymbol{A}\boldsymbol{p}_2 = \boldsymbol{p}_1^{\mathrm{T}}\boldsymbol{A}\boldsymbol{v}_2 + \beta_{20}\boldsymbol{p}_1^{\mathrm{T}}\boldsymbol{A}\boldsymbol{p}_0 + \beta_{21}\boldsymbol{p}_1^{\mathrm{T}}\boldsymbol{A}\boldsymbol{p}_1 = \boldsymbol{p}_1^{\mathrm{T}}\boldsymbol{A}\boldsymbol{v}_2 + \beta_{21}\boldsymbol{p}_1^{\mathrm{T}}\boldsymbol{A}\boldsymbol{p}_1 = 0$$

得到待定系数的表达式为：

$$\beta_{20} = -\frac{\boldsymbol{p}_0^{\mathrm{T}}\boldsymbol{A}\boldsymbol{v}_2}{\boldsymbol{p}_0^{\mathrm{T}}\boldsymbol{A}\boldsymbol{p}_0},\ \beta_{21} = -\frac{\boldsymbol{p}_1^{\mathrm{T}}\boldsymbol{A}\boldsymbol{v}_2}{\boldsymbol{p}_1^{\mathrm{T}}\boldsymbol{A}\boldsymbol{p}_1}$$

同理，对于任意的 i，取 $\boldsymbol{p}_i = \boldsymbol{v}_i + \sum_{j=0}^{i-1}\beta_{ij}\boldsymbol{p}_j,\ (i=1,2,\cdots,n-1)$

则相关的待定系数可以表达为：$\beta_{ij} = -\frac{\boldsymbol{p}_j^{\mathrm{T}}\boldsymbol{A}\boldsymbol{v}_i}{\boldsymbol{p}_j^{\mathrm{T}}\boldsymbol{A}\boldsymbol{p}_j}\quad (j=0,1,\cdots,i-1)$

根据上述分析，由任何一组线性无关向量 $\boldsymbol{v}_i\ (i=0,1,\cdots,n-1)$ 求取矩阵 $\boldsymbol{A}$ 的一组共轭向量 $\boldsymbol{p}_i\ (i=0,1,\cdots,n-1)$ 的算法为：

$$\boldsymbol{p}_0 = \boldsymbol{v}_0,\ \boldsymbol{p}_i = \boldsymbol{v}_i - \sum_{j=0}^{i-1}\frac{\boldsymbol{p}_j^{\mathrm{T}}\boldsymbol{A}\boldsymbol{v}_i}{\boldsymbol{p}_j^{\mathrm{T}}\boldsymbol{A}\boldsymbol{p}_j}\boldsymbol{p}_j\quad (j=1,2,\cdots,n-1) \tag{6-32}$$

共轭方向法的原理就是利用计算出来的矩阵 $\boldsymbol{A}$ 的共轭向量组作为搜索方向，故算法在执行的过程中可以先选取 R^n 上的一组线性无关向量 $\boldsymbol{v}_i$。为了计算的简便，一种方法是令 $\boldsymbol{v}_i$ 的第 i 个元素为 1，其余为 0，即单位阵中的列向量，例如，对于 3 阶矩阵 $\boldsymbol{A}$，则令：

$$\boldsymbol{v}_0=\begin{bmatrix}1\\0\\0\end{bmatrix},\boldsymbol{v}_2=\begin{bmatrix}0\\1\\0\end{bmatrix},\boldsymbol{v}_3=\begin{bmatrix}0\\0\\1\end{bmatrix}$$

此时按照算法（6-32）可以得到 A 的共轭向量组 $\boldsymbol{p}_i\ (i=0,1,\cdots,n-1)$。

令下降方向为 $\boldsymbol{p}^{(k)}=\boldsymbol{p}_k\ (k=0,1,\cdots,n-1)$，并且 λ_k 由一维搜索来确定，注意到在算法中由于函数 $f(\boldsymbol{x})$ 是用二阶泰勒展开式近似的，即得到的最优解可能还不是极小点。因此可将该最优解作为初始值再进行一轮迭代，一般要重复多次，逐步达到极小点。

共轭方向法的迭代步骤为：

（1）选取初始点 $\boldsymbol{x}^{(0)}$，确定允许误差 ε，令 $k=0$；

（2）令 $\boldsymbol{p}^{(0)}=\boldsymbol{p}_0=\boldsymbol{v}_0$，计算 $\boldsymbol{\Lambda}\left(\boldsymbol{x}^{(0)}\right)$；

（3）一维搜索，计算 λ_k，满足：

$$f\left(\boldsymbol{x}^{(k)}+\lambda_k\boldsymbol{p}^{(k)}\right)=\min_{\lambda>0}f\left(\boldsymbol{x}^{(k)}+\lambda\boldsymbol{p}^{(k)}\right)$$

并计算得到下一个迭代点 $\boldsymbol{x}^{(k+1)}$：

$$\boldsymbol{x}^{(k+1)}=\boldsymbol{x}^{(k)}+\lambda_k\boldsymbol{p}^{(k)}$$

（4）令 $k=k+1$，计算 $\boldsymbol{\Lambda}\left(\boldsymbol{x}^{(k)}\right)$；

（5）收敛性检查，若 $\left\|\boldsymbol{\Lambda}\left(\boldsymbol{x}^{(k)}\right)\right\|\leqslant\varepsilon$，则 $\boldsymbol{x}^*=\boldsymbol{x}^{(k)}$，终止计算，否则继续；

（6）循环变量检查，若 $k=n$，则转（8），否则继续；

（7）计算 $\boldsymbol{p}^{(k)}=\boldsymbol{p}_k=\boldsymbol{v}_k-\sum\limits_{j=0}^{k-1}\dfrac{\boldsymbol{p}_j^{\mathrm{T}}\boldsymbol{A}\boldsymbol{v}_k}{\boldsymbol{p}_j^{\mathrm{T}}\boldsymbol{A}\boldsymbol{p}_j}\boldsymbol{p}_j$，转（3）；

（8）开始下一轮迭代，令 $\boldsymbol{x}^{(0)}=\boldsymbol{x}^{(n)}$，$\boldsymbol{p}^{(0)}=\boldsymbol{p}_0=\boldsymbol{v}_0$，$\boldsymbol{\Lambda}\left(\boldsymbol{x}^{(0)}\right)=\boldsymbol{\Lambda}\left(\boldsymbol{x}^{(n)}\right)$，转步骤（3）。

在上述算法的第（5）步求解中，如果目标函数是如式（6-30）所示的二次型，则将二次函数 $f(\boldsymbol{x})$ 在 $\boldsymbol{x}^{(k)}$ 处展开，有

$$f\left(\boldsymbol{x}^{(k)}+\lambda\boldsymbol{p}^{(k)}\right)=f\left(\boldsymbol{x}^{(k)}\right)+\lambda\left(\boldsymbol{p}^{(k)}\right)^{\mathrm{T}}\boldsymbol{\Lambda}_k+\frac{1}{2}\lambda^2\left(\boldsymbol{p}^{(k)}\right)^{\mathrm{T}}\boldsymbol{A}\boldsymbol{p}^{(k)}=\varphi(\lambda)$$

由 $\varphi'(\lambda_k)=0$ 可以得到：

$$\left(\boldsymbol{p}^{(k)}\right)^{\mathrm{T}}\boldsymbol{\Lambda}_k+\lambda_k\left(\boldsymbol{p}^{(k)}\right)^{\mathrm{T}}\boldsymbol{A}\boldsymbol{p}_k=0$$

故最优步长 λ_k 可由如下公式表示：

$$\lambda_k=-\frac{\left(\boldsymbol{p}^{(k)}\right)^{\mathrm{T}}\boldsymbol{\Lambda}_k}{\left(\boldsymbol{p}^{(k)}\right)^{\mathrm{T}}\boldsymbol{A}\boldsymbol{p}_k}\tag{6-33}$$

2．共轭梯度法

在使用共轭方向法的过程中，如果选取不同的初始线性无关向量组 $\boldsymbol{v}_i$，则可以得到不同

的 $\boldsymbol{A}$ -共轭向量组。而共轭梯度法是将目标函数在各点的负梯度 $-\boldsymbol{\varLambda}\left(\boldsymbol{x}^{(i)}\right)(i=0,1,\cdots,n-1)$ 作为共轭方向法中的线性无关向量组 $\boldsymbol{v}_i\ (i=0,1,\cdots,n-1)$，从而构成 $\boldsymbol{A}$ 的共轭向量组 $\boldsymbol{p}_i\ (i=0,1,\cdots,n-1)$。因为该方法在共轭方向的计算中使用了梯度信息，故称为共轭梯度法。

用共轭梯度法求解函数的极值的迭代步骤如下：

（1）选取初始点 $\boldsymbol{x}^{(0)}$，确定允许误差 ε，令 $k=0$；

（2）计算 $\boldsymbol{\varLambda}\left(\boldsymbol{x}^{(0)}\right)$，令 $\boldsymbol{p}^{(0)}=-\boldsymbol{\varLambda}\left(\boldsymbol{x}^{(0)}\right)$；

（3）一维搜索，计算 λ_k，满足：

$$f\left(\boldsymbol{x}^{(k)}+\lambda_k\boldsymbol{p}^{(k)}\right)=\min_{\lambda>0} f\left(\boldsymbol{x}^{(k)}+\lambda\boldsymbol{p}^{(k)}\right)$$

并计算得到下一个迭代点：$\boldsymbol{x}^{(k+1)}=\boldsymbol{x}^{(k)}+\lambda_k\boldsymbol{p}^{(k)}$；

（4）令 $k=k+1$，计算 $\boldsymbol{\varLambda}\left(\boldsymbol{x}^{(k)}\right)$；

（5）收敛性检查，若 $\left\|\boldsymbol{\varLambda}\left(\boldsymbol{x}^{(k)}\right)\right\|\leqslant\varepsilon$，则 $\boldsymbol{x}^{*}=\boldsymbol{x}^{(k)}$，终止计算，否则继续；

（6）循环变量检查，若 $k=n$，则转步骤（8），否则继续；

（7）计算 $\boldsymbol{p}^{(k)}=-\boldsymbol{\varLambda}\left(\boldsymbol{x}^{(k)}\right)+\dfrac{\left(\boldsymbol{\varLambda}\left(\boldsymbol{x}^{(k)}\right)\right)^{\mathrm{T}}\boldsymbol{A}\boldsymbol{p}^{(k-1)}}{\left(\boldsymbol{p}^{(k-1)}\right)^{\mathrm{T}}\boldsymbol{A}\boldsymbol{p}^{(k-1)}}\boldsymbol{p}^{(k-1)}$，转步骤（3）；

（8）开始下一轮迭代，令 $\boldsymbol{x}^{(0)}=\boldsymbol{x}^{(n)}$，$\boldsymbol{p}^{(0)}=-\boldsymbol{\varLambda}\left(\boldsymbol{x}^{(0)}\right)$，转步骤（3）。

需要注意的是，在共轭方向法中，在步骤（7）的计算中要使用矩阵 $\boldsymbol{A}$，对于二次型函数 $\boldsymbol{A}$ 即是式（6-30）中的 $\boldsymbol{A}$，而对于非二次型函数 $f(\boldsymbol{x})$，则可用 $\boldsymbol{H}\left(\boldsymbol{x}^{(k)}\right)$ 来代替矩阵 $\boldsymbol{A}$，这样在每一次迭代前都需要计算 Hessian 矩阵，计算量较大，不是很方便。下面介绍的 FR 公式可以有效避免 Hessian 矩阵的计算。

假如将步骤（7）中的计算式改写为：

$$\boldsymbol{p}^{(k)}=-\boldsymbol{\varLambda}\left(\boldsymbol{x}^{(k)}\right)+\beta_{k-1}\boldsymbol{p}^{(k-1)}$$

则经过推导，可以得到 Fletcher-Reeves（FR）公式为：

$$\beta_{k-1}=\frac{\left(\boldsymbol{\varLambda}\left(\boldsymbol{x}^{(k)}\right)\right)^{\mathrm{T}}\boldsymbol{\varLambda}\left(\boldsymbol{x}^{(k)}\right)}{\left(\boldsymbol{\varLambda}\left(\boldsymbol{x}^{(k-1)}\right)\right)^{\mathrm{T}}\boldsymbol{\varLambda}\left(\boldsymbol{x}^{(k-1)}\right)}=\frac{\left\|\boldsymbol{\varLambda}\left(\boldsymbol{x}^{(k)}\right)\right\|^2}{\left\|\boldsymbol{\varLambda}\left(\boldsymbol{x}^{(k-1)}\right)\right\|^2} \tag{6-34}$$

此时，步骤（7）改写成为：按照式（6-34）计算 β_{k-1}，计算 $\boldsymbol{p}^{(k)}=-\boldsymbol{\varLambda}\left(\boldsymbol{x}^{(k)}\right)+\beta_{k-1}\boldsymbol{p}^{(k-1)}$，转（3）。

公式（6-34）形式简单且实现起来比较容易，故可以作为共轭梯度法的代表。在这类方法中还可以采用 Polak-Ribilere-Polyak（PRP）公式和 Dixon-Myers 公式，其形式分别如式（6-35）和式（6-36）所示：

$$\beta_{k-1}=\frac{\left(\boldsymbol{\varLambda}\left(\boldsymbol{x}^{(k)}\right)\right)^{\mathrm{T}}\left(\boldsymbol{\varLambda}\left(\boldsymbol{x}^{(k)}\right)-\boldsymbol{\varLambda}\left(\boldsymbol{x}^{(k-1)}\right)\right)}{\left(\boldsymbol{\varLambda}\left(\boldsymbol{x}^{(k)}\right)\right)^{\mathrm{T}}\boldsymbol{\varLambda}\left(\boldsymbol{x}^{(k-1)}\right)}\quad\text{（PRP）} \tag{6-35}$$

$$\beta_{k-1}=-\frac{\left(\boldsymbol{\varLambda}\left(\boldsymbol{x}^{(k)}\right)\right)^{\mathrm{T}}\boldsymbol{\varLambda}\left(\boldsymbol{x}^{(k)}\right)}{\left(\boldsymbol{p}^{(k-1)}\right)^{\mathrm{T}}\boldsymbol{\varLambda}\left(\boldsymbol{x}^{(k-1)}\right)}\quad\text{（Dixon-Myers）} \tag{6-36}$$

这三个公式对于二次型函数问题的求解效果相同，对于非二次型函数在数值计算上会有差异，结果也会有所不同。

【例 6-11】 利用 FR 共轭梯度法求解如下无约束非线性规划问题：

$$\min\ f(\boldsymbol{x}) = 4x_1^2 + 3x_2^2 - 4x_1x_2 + x_1$$

该二次型函数的梯度可以表示为：$\Lambda(\boldsymbol{x}) = [8x_1 - 4x_2 + 1\ \ 6x_2 - 4x_1]^{\mathrm{T}}$

取初始点为 $\boldsymbol{x}^{(0)} = [0\ \ 0]^{\mathrm{T}}$，进行第一次迭代 $\boldsymbol{p}^{(0)} = \Lambda_0 = -[1\ \ 0]^{\mathrm{T}}$，一维搜索问题为：

$$f\left(\boldsymbol{x}^{(0)} + \lambda_0 \boldsymbol{p}^{(0)}\right) = \min_{\lambda>0} f\left(\boldsymbol{x}^{(0)} + \lambda \boldsymbol{p}^{(0)}\right)$$

求解该问题可得：

$$\lambda_0 = \frac{1}{8};\ \boldsymbol{x}^{(1)} = \begin{bmatrix} -\frac{1}{8} & 0 \end{bmatrix}^{\mathrm{T}};\ \Lambda_1 = \begin{bmatrix} 0 & \frac{1}{2} \end{bmatrix}^{\mathrm{T}}$$

令 $k=1$，进行下一步迭代：

$$\boldsymbol{p}^{(1)} = -\Lambda_1 + \frac{\|\Lambda_1\|^2}{\|\Lambda_0\|^2}\Lambda_0 = -\begin{bmatrix} 0 & \frac{1}{2} \end{bmatrix}^{\mathrm{T}} + -\frac{1}{4}[1\ \ 0]^{\mathrm{T}} = -\begin{bmatrix} \frac{1}{4} & \frac{1}{2} \end{bmatrix}^{\mathrm{T}}$$

一维搜索问题为：

$$f\left(\boldsymbol{x}^{(1)} + \lambda_1 \boldsymbol{p}^{(1)}\right) = \min_{\lambda>0} f\left(\boldsymbol{x}^{(1)} + \lambda \boldsymbol{p}^{(1)}\right)$$

求解该问题可得：

$$\lambda_1 = \frac{1}{4};\ \boldsymbol{x}^{(2)} = \begin{bmatrix} -\frac{3}{16} & -\frac{1}{8} \end{bmatrix}^{\mathrm{T}};\ \Lambda_2 = [0\ \ 0]^{\mathrm{T}}$$

由于 $\Lambda_2 = [0\ \ 0]^{\mathrm{T}}$，说明已经搜索到最优解，最优解为：

$$\boldsymbol{x}^{*} = \boldsymbol{x}^{(2)} = \begin{bmatrix} -\frac{3}{16} & -\frac{1}{8} \end{bmatrix}^{\mathrm{T}}$$

由于 $f(\boldsymbol{x})$ 是二次函数，故两次即收敛到了函数的最优解。

共轭梯度法程序简单，容易实现；它具有最速下降法的优点，而收敛速度又比最速下降法快，但不如牛顿法；计算工作量比最速下降法多，但比牛顿法少。共扼梯度法是解决最优控制问题的有效方法，特别是用二次泛函指标的系统。

应当指出，当 n 维目标函数 $f(\boldsymbol{x})$ 为二次函数时，理论上证明经过 n 次一维搜索就可以达到极小点。但在实际中，由于数据尾数的舍入误差及计算误差的积累，往往要多找几次以后才能找到极小点。这时由于 n 维问题的共轭方向最多只能有 n 个，在 n 次搜索后继续进行是没有意义的，可用最终点作为新的初始点，重新开始迭代。重新开始后的第一个搜索方向仍为一阶梯度方向，这也有利于非二次型目标函数的收敛，同时减少误差的积累。

3. 变尺度算法

变尺度算法又称 Davidon-Fletcher-Powell（DFP）算法，这是因为该算法在 1959 年由 Davidon 提出，后来经 Fletcher 和 Powell 解释并改进而得名。它是变尺度算法中提得最早的一个，该算法超线性收敛，对解多元函数的无约束极小是一个比较好的方法。

该算法属于拟牛顿法的一种。所谓拟牛顿法，是指用梯度差分或一个近似矩阵 $\boldsymbol{H}_k$ 去代替$\left(\nabla^2 f\left(\boldsymbol{x}^{(k)}\right)\right)^{-1}$，以克服牛顿法中需计算$\left(\nabla^2 f\left(\boldsymbol{x}^{(k)}\right)\right)^{-1}$的缺点的一种计算方法，不同构造$\boldsymbol{H}_k$的方法，就产生不同的拟牛顿法。

拟牛顿法有下列优点：

（1）仅需一阶导数（牛顿法需二阶导数）；

（2）$\boldsymbol{H}_k$保持正定，使得方法具有下降性质；

（3）每次迭代需$o\left(n^2\right)$次乘法运算（牛顿法需$o\left(n^4\right)$次乘法运算）；

（4）搜索方向是相互共轭的，从而具有二次终止性。

变尺度法是求解无约束极值问题的一种有效方法，由于它避免了计算二阶导数矩阵及其求逆计算，又比梯度法的收敛速度快，特别是对高维问题具有显著的优越性，因而使变尺度法获得了很高的声誉，被称为在算法上有“突破”。例如，在 1962 年以前，由于原有各种算法计算耗时太多，因而求解非线性函数的极小值一般只能计算 10 个变量以下的问题，而应用了 DFP 法，可以在几分钟内计算出 100 个变量的函数极小值，有的问题只用半分钟即可解出。而相应的问题用其他算法求解，则要 30 分钟才能解出。

变尺度法和共轭梯度法一样，都是为了克服最速下降法收敛慢和牛顿法计算工作量大的缺点而提出来的一种算法。

在最速下降法中，以$f(\boldsymbol{x})$在$\boldsymbol{x}^{(k)}$处的最速下降方向$\boldsymbol{p}^{(k)}=-\boldsymbol{\varLambda}\left(\boldsymbol{x}^{(k)}\right)$作为搜索方向。这种搜索是局部性的，搜索会产生拉锯现象，使得收敛放慢。若要快速收敛，搜索方向应取$\boldsymbol{x}^{(k)}$处的牛顿方向，即

$$\boldsymbol{p}^{(k)}=-\boldsymbol{H}^{-1}\left(\boldsymbol{x}^{(k)}\right)\boldsymbol{\varLambda}\left(\boldsymbol{x}^{(k)}\right)$$

式中，$\boldsymbol{H}\left(\boldsymbol{x}^{(k)}\right)$是$\boldsymbol{x}=\boldsymbol{x}^{(k)}$处的 Hessian 矩阵。显然，要得到牛顿方向，需要计算二阶导数及 Hessian 矩阵的逆矩阵，增加了计算的难度。如果$\boldsymbol{H}(\boldsymbol{x})=\boldsymbol{I}$，则梯度方向和牛顿方向一致，为了克服梯度法和牛顿法各自的不足，可以构造矩阵$\boldsymbol{H}_k$，按照如下方法选择搜索方向：

$$\boldsymbol{p}^{(k)}=-\boldsymbol{H}_k\boldsymbol{\varLambda}\left(\boldsymbol{x}^{(k)}\right)\tag{6-37}$$

构造$\boldsymbol{H}_k$时，为了保证向下降方向且计算方便，要求矩阵$\boldsymbol{H}_k$正定且具有递推关系$\boldsymbol{H}_{k+1}=\boldsymbol{H}_k+\Delta\boldsymbol{H}_k$（$\Delta\boldsymbol{H}_k$被称为校正矩阵）。

构造$\boldsymbol{H}_k$的方法有很多种，DFP 变尺度算法的基本原理是假定无约束极值问题的目标函数$f\left(\boldsymbol{x}\right)$二次连续可微，$\boldsymbol{x}^{(k)}$为其极小点的近似，这个点附近取$f\left(\boldsymbol{x}\right)$的二阶 Taylor 多项式逼近：

$$f\left(\boldsymbol{x}\right)\approx f\left(\boldsymbol{x}^{(k)}\right)+\boldsymbol{\varLambda}^{\mathrm{T}}\left(\boldsymbol{x}^{(k)}\right)\Delta\boldsymbol{x}+\frac{1}{2}\left(\Delta\boldsymbol{x}\right)^{\mathrm{T}}\boldsymbol{H}\left(\boldsymbol{x}^{(k)}\right)\Delta\boldsymbol{x}\tag{6-38}$$

则上式近似的梯度可以表示为：

$$\nabla f\left(\boldsymbol{x}\right)\approx\boldsymbol{\varLambda}\left(\boldsymbol{x}^{(k)}\right)+\boldsymbol{H}\left(\boldsymbol{x}^{(k)}\right)\Delta\boldsymbol{x}\tag{6-39}$$

这个近似函数的极小点需要满足$\boldsymbol{\varLambda}\left(\boldsymbol{x}^{(k)}\right)+\boldsymbol{H}\left(\boldsymbol{x}^{(k)}\right)\left(\boldsymbol{x}-\boldsymbol{x}^{(k)}\right)=0$，于是：

$$\boldsymbol{x}=\boldsymbol{x}^{(k)}-\left(\boldsymbol{H}\left(\boldsymbol{x}^{(k)}\right)\right)^{-1}\nabla f\left(\boldsymbol{x}^{(k)}\right)\tag{6-40}$$

下面来研究如何构造近似矩阵$\boldsymbol{H}_k$。我们要求，在每一步都能以现有的信息来确定下一个搜索方向，每做一次迭代，目标函数均有下降，而且这些近似矩阵应最后收敛于解点处的

Hessian 阵。

当 $f(\boldsymbol{x})$ 是二次函数时，其 Hessian 阵为常数，另外在式（6-39）中令 $\boldsymbol{x}=\boldsymbol{x}^{(k+1)}$，则有：

$$\boldsymbol{x}^{(k+1)}-\boldsymbol{x}^{(k)}=\left(\boldsymbol{H}\left(\boldsymbol{x}^{(k)}\right)\right)^{-1}\left(\boldsymbol{\Lambda}\left(\boldsymbol{x}^{(k+1)}\right)-\boldsymbol{\Lambda}\left(\boldsymbol{x}^{(k)}\right)\right) \tag{6-41}$$

对于非二次函数，仿照二次函数的情形，要求其 Hessian 矩阵的第 $k+1$ 次近似 $\boldsymbol{H}_{k+1}$ 满足关系式：

$$\boldsymbol{x}^{(k+1)}-\boldsymbol{x}^{(k)}=\boldsymbol{H}_{k+1}\left(\boldsymbol{\Lambda}\left(\boldsymbol{x}^{(k+1)}\right)-\boldsymbol{\Lambda}\left(\boldsymbol{x}^{(k)}\right)\right) \tag{6-42}$$

此式就是常说的拟牛顿条件。

若令：

$$\begin{cases}\boldsymbol{q}_k=\boldsymbol{\Lambda}\left(\boldsymbol{x}^{(k+1)}\right)-\boldsymbol{\Lambda}\left(\boldsymbol{x}^{(k)}\right)\\ \Delta\boldsymbol{x}^{(k)}=\boldsymbol{x}^{(k+1)}-\boldsymbol{x}^{(k)}\end{cases}$$

则式（6-42）变为：$\Delta\boldsymbol{x}^{(k)}=\boldsymbol{H}_{k+1}\boldsymbol{q}_k$

现假设 $\boldsymbol{H}_k$ 已知，并用下式来求取 $\boldsymbol{H}_{k+1}$（$\boldsymbol{H}_k$ 和 $\boldsymbol{H}_{k+1}$ 均为正定的对称阵）：

$$\boldsymbol{H}_{k+1}=\boldsymbol{H}_k+\Delta\boldsymbol{H}_k$$

其中，$\boldsymbol{H}_k$ 为第 k 次校正矩阵。由于 $\boldsymbol{H}_{k+1}$ 必须满足拟牛顿条件，而要求：

$$\Delta\boldsymbol{x}^{(k)}=\left(\boldsymbol{H}_k+\Delta\boldsymbol{H}_k\right)\boldsymbol{q}_k \tag{6-43}$$

或者：

$$\Delta\boldsymbol{H}_k\boldsymbol{q}_k=\Delta\boldsymbol{x}^{(k)}-\boldsymbol{H}_k\boldsymbol{q}_k \tag{6-44}$$

由此可以假定 $\Delta\boldsymbol{H}_k$ 具有如下简单的形式：

$$\Delta\boldsymbol{H}_k=\Delta\boldsymbol{x}^{(k)}\boldsymbol{M}_k^{\mathrm{T}}-\boldsymbol{H}_k\boldsymbol{q}_k\boldsymbol{N}_k^{\mathrm{T}} \tag{6-45}$$

其中，$\boldsymbol{M}_k,\boldsymbol{N}_k$ 为待定的向量。

将表达式（6-45）代入式（6-44）中，可得：

$$\Delta\boldsymbol{x}^{(k)}\boldsymbol{M}_k^{\mathrm{T}}\boldsymbol{q}_k-\boldsymbol{H}_k\boldsymbol{q}_k\boldsymbol{N}_k^{\mathrm{T}}\boldsymbol{q}_k=\Delta\boldsymbol{x}^{(k)}-\boldsymbol{H}_k\boldsymbol{q}_k$$

为了使上式能够成立，应该满足下列条件：

$$\boldsymbol{M}_k^{\mathrm{T}}\boldsymbol{q}_k=\boldsymbol{N}_k^{\mathrm{T}}\boldsymbol{q}_k=1 \tag{6-46}$$

考虑到应该为对称阵，一个最简单的方法就是取：

$$\begin{cases}\boldsymbol{M}_k=\eta_k\Delta\boldsymbol{x}^{(k)}\\ \boldsymbol{N}_k=\xi_k\boldsymbol{H}_k\boldsymbol{q}_k\end{cases} \tag{6-47}$$

由式（6-46）可得：

$$\eta_k\left(\Delta\boldsymbol{x}^{(k)}\right)^{\mathrm{T}}\boldsymbol{q}_k=\xi_k\boldsymbol{q}_k^{\mathrm{T}}\boldsymbol{H}_k\boldsymbol{q}_k=1$$

如果满足 $\left(\Delta\boldsymbol{x}^{(k)}\right)^{\mathrm{T}}\boldsymbol{q}_k$ 和 $\boldsymbol{q}_k^{\mathrm{T}}\boldsymbol{H}_k\boldsymbol{q}_k$ 都不为零，则可得到待定的系数为：

$$\begin{cases}\eta_k=\dfrac{1}{\left(\Delta\boldsymbol{x}^{(k)}\right)^{\mathrm{T}}\boldsymbol{q}_k}\\ \xi_k=\dfrac{1}{\boldsymbol{q}_k^{T}\boldsymbol{H}_k\boldsymbol{q}_k}\end{cases} \tag{6-48}$$

注意到η_k,ξ_k均为标量，可以得到其校正矩阵为：

$$\Delta \boldsymbol{H}_k = \frac{\Delta \boldsymbol{x}^{(k)} \left(\Delta \boldsymbol{x}^{(k)}\right)^{\mathrm{T}}}{\left(\Delta \boldsymbol{x}^{(k)}\right)^{\mathrm{T}} \boldsymbol{q}_k} - \frac{\boldsymbol{H}_k \boldsymbol{q}_k \boldsymbol{q}_k^{\mathrm{T}} \boldsymbol{H}_k}{\boldsymbol{q}_k^{\mathrm{T}} \boldsymbol{H}_k \boldsymbol{q}_k} \tag{6-49}$$

20 世纪 60 年代后期，很多人在大量的计算实践中发现，DFP 法在数值稳定方面存在一些问题。产生数值不稳定的原因是多方面的，例如，计算机的舍入误差，目标函数中存在非二次项，一维搜索精度不足，等等，从而会使得搜索方向不是共轭的，甚至不是函数下降的方向。1970 年，由 Broyden、Fletcher、Goldfarb 和 Shanon 提出了一种更为稳定的算法——Broyden-Fletcher-Goldfarb-Shanon（BFGS）算法，它较 DFP 算法的稳定性更好，其校正矩阵的形式为：

$$\begin{aligned}\Delta \boldsymbol{H}_k &= \frac{\boldsymbol{q}_k^{\mathrm{T}} \boldsymbol{H}_k \boldsymbol{q}_k \Delta \boldsymbol{x}^{(k)} \left(\Delta \boldsymbol{x}^{(k)}\right)^{\mathrm{T}}}{\left(\left(\Delta \boldsymbol{x}^{(k)}\right)^{\mathrm{T}} \boldsymbol{q}_k\right)^2} - \frac{\Delta \boldsymbol{x}^{(k)} \boldsymbol{q}_k^{\mathrm{T}} \boldsymbol{H}_k}{\left(\Delta \boldsymbol{x}^{(k)}\right)^{\mathrm{T}} \boldsymbol{q}_k} - \frac{\boldsymbol{H}_k \boldsymbol{q}_k \left(\Delta \boldsymbol{x}^{(k)}\right)^{\mathrm{T}}}{\left(\Delta \boldsymbol{x}^{(k)}\right)^{\mathrm{T}} \boldsymbol{q}_k} + \frac{\Delta \boldsymbol{x}^{(k)} \left(\Delta \boldsymbol{x}^{(k)}\right)^{\mathrm{T}}}{\left(\Delta \boldsymbol{x}^{(k)}\right)^{\mathrm{T}} \boldsymbol{q}_k} \\ &= \left(\boldsymbol{I} - \frac{\Delta \boldsymbol{x}^{(k)} \boldsymbol{q}_k^{\mathrm{T}}}{\left(\Delta \boldsymbol{x}^{(k)}\right)^{\mathrm{T}} \boldsymbol{q}_k}\right) \boldsymbol{H}_k \left(\boldsymbol{I} - \frac{\Delta \boldsymbol{x}^{(k)} \boldsymbol{q}_k^{\mathrm{T}}}{\left(\Delta \boldsymbol{x}^{(k)}\right)^{\mathrm{T}} \boldsymbol{q}_k}\right) + \frac{\Delta \boldsymbol{x}^{(k)} \left(\Delta \boldsymbol{x}^{(k)}\right)^{\mathrm{T}}}{\left(\Delta \boldsymbol{x}^{(k)}\right)^{\mathrm{T}} \boldsymbol{q}_k}\end{aligned} \tag{6-50}$$

上面两个公式中，$\boldsymbol{q}_k$的计算方法为：

$$\boldsymbol{q}_k = \boldsymbol{\varLambda}\left(\boldsymbol{x}^{(k+1)}\right) - \boldsymbol{\varLambda}\left(\boldsymbol{x}^{(k)}\right) \tag{6-51}$$

需要特别注意的是，在计算$\boldsymbol{H}_k$的过程中，必须保证$\boldsymbol{H}_k$的对称性和正定性，否则会导致算法的失败。而判断$\boldsymbol{H}_k$的正定性，可以利用$f(\boldsymbol{x})$的函数值是否下降来代为检查，如果$f\left(\boldsymbol{x}^{(k+1)}\right) > f\left(\boldsymbol{x}^{(k)}\right)$，则需要将$\boldsymbol{x}^{(k)}$作为新的初始点，重新选择$\boldsymbol{H}_0$进行算法迭代。

用变尺度法求解函数极值的计算步骤为：

（1）选取初始点$\boldsymbol{x}^{(0)}$，确定允许误差ε，选取初始矩阵$\boldsymbol{H}_0 = \boldsymbol{I}$；

（2）计算$f_0 = f\left(\boldsymbol{x}^{(0)}\right)$，$\boldsymbol{\varLambda}_0 = \boldsymbol{\varLambda}\left(\boldsymbol{x}^{(0)}\right)$，令$\boldsymbol{p}^{(0)} = -\boldsymbol{\varLambda}_0$，$k=0$；

（3）收敛性检查，如果$\|\boldsymbol{\varLambda}_0\| \leqslant \varepsilon$，则$\boldsymbol{x}^* = \boldsymbol{x}^{(0)}$，算法终止，否则继续；

（4）一维搜索，计算最优步长λ_k，满足：

$$f\left(\boldsymbol{x}^{(k)} + \lambda_k \boldsymbol{p}^{(k)}\right) = \min_{\lambda>0} f\left(\boldsymbol{x}^{(k)} + \lambda \boldsymbol{p}^{(k)}\right)$$

并计算得到下一个迭代点$\boldsymbol{x}^{(k+1)}$：$\boldsymbol{x}^{(k+1)} = \boldsymbol{x}^{(k)} + \lambda_k \boldsymbol{p}^{(k)}$

之后计算$f_{k+1} = f\left(\boldsymbol{x}^{(k+1)}\right)$，$\boldsymbol{\varLambda}_{k+1} = \boldsymbol{\varLambda}\left(\boldsymbol{x}^{(k+1)}\right)$；

（5）收敛性检查，如果$\|\boldsymbol{\varLambda}_{k+1}\| \leqslant \varepsilon$，则$\boldsymbol{x}^* = \boldsymbol{x}^{(k+1)}$，算法终止，否则继续；

（6）正定检查，即检查函数值是否下降，如果$f_{k+1} \geqslant f_k$，则令$\boldsymbol{x}^{(0)} = \boldsymbol{x}^{(k)}, f_0 = f_k, \boldsymbol{\varLambda}_0 = \boldsymbol{\varLambda}_k$，$\boldsymbol{H}_0 = \boldsymbol{I}, k=0$，转（4），否则继续；

（7）检查迭代次数，如果$k=n-1$，则转（9），否则继续；

（8）计算$\boldsymbol{q}_k = \boldsymbol{\varLambda}\left(\boldsymbol{x}^{(k+1)}\right) - \boldsymbol{\varLambda}\left(\boldsymbol{x}^{(k)}\right)$，计算$\boldsymbol{H}_{k+1}$；

若使用 DFP 算法，则用式（6-49）；若使用 BFGS 算法，则用式（6-50）。

确定搜索方向$\boldsymbol{p}^{(k+1)} = -\boldsymbol{H}_{k+1}\boldsymbol{\varLambda}_{k+1}$，令$k=k+1$，转（3）；

（9）令 $\boldsymbol{x}^{(0)}=\boldsymbol{x}^{(n)}, f_0=f_n, \boldsymbol{\varLambda}_0=\boldsymbol{\varLambda}_n, \boldsymbol{H}_0=\boldsymbol{I}, k=0$，转（4）。

在适当的假设条件下，可以证明DFP法和BFGS法均是具有全局收敛性的方法，通过大量数值实验结果的比较，BFGS法是较好的变尺度算法，比DFP法的性能有较大提升。在理论上已经证明，在适当条件下BFGS法具有超线性收敛速度，但对DFP法没有建立同样的结果。

【例6-12】 利用变尺度DFP算法求解如下无约束非线性规划问题：

$$\min\ f(\boldsymbol{x})=4x_1^2+3x_2^2-4x_1x_2+x_1$$

函数的梯度和Hessian矩阵为：

$$\boldsymbol{\varLambda}(\boldsymbol{x})=\begin{bmatrix}8x_1-4x_2+1 & 6x_2-4x_1\end{bmatrix}^{\mathrm{T}};\ \boldsymbol{H}(\boldsymbol{x})=\begin{bmatrix}8 & -4\\ -4 & 6\end{bmatrix}$$

取初始点为 $\boldsymbol{x}^{(0)}=[0\quad 0]^{\mathrm{T}}$，$\boldsymbol{\varLambda}_0=[1\quad 0]^{\mathrm{T}}$，进行第一次迭代：$\boldsymbol{p}^{(0)}=-\boldsymbol{\varLambda}_0=-[1\quad 0]^{\mathrm{T}}$。

一维搜索问题为：

$$f\left(\boldsymbol{x}^{(0)}+\lambda_0\boldsymbol{p}^{(0)}\right)=\min_{\lambda>0} f\left(\boldsymbol{x}^{(0)}+\lambda\boldsymbol{p}^{(0)}\right)$$

求解该问题可得：$\lambda_0=\dfrac{1}{8}$；$\boldsymbol{x}^{(1)}=\begin{bmatrix}-\dfrac{1}{8} & 0\end{bmatrix}^{\mathrm{T}}$；$\boldsymbol{\varLambda}_1=\begin{bmatrix}0 & \dfrac{1}{2}\end{bmatrix}^{\mathrm{T}}$

令 $k=1$，进行下一步迭代，令 $\boldsymbol{H}_0=\begin{bmatrix}1 & 0\\ 0 & 1\end{bmatrix}$，$\boldsymbol{H}_1=\boldsymbol{H}_0+\Delta\boldsymbol{H}_0$。

由于：

$$\Delta\boldsymbol{x}^{(0)}=\boldsymbol{x}^{(1)}-\boldsymbol{x}^{(0)}=\begin{bmatrix}-\dfrac{1}{8} & 0\end{bmatrix}^{\mathrm{T}};\ \boldsymbol{q}_0=\boldsymbol{\varLambda}_1-\boldsymbol{\varLambda}_0=\begin{bmatrix}-1 & \dfrac{1}{2}\end{bmatrix}$$

于是校正矩阵 $\Delta\mathbf{H}_0$ 为：

$$\Delta\boldsymbol{H}_0=\frac{\Delta\boldsymbol{x}^{(0)}\left(\Delta\boldsymbol{x}^{(0)}\right)^{\mathrm{T}}}{\left(\Delta\boldsymbol{x}^{(0)}\right)^{\mathrm{T}}\boldsymbol{q}_0}-\frac{\boldsymbol{H}_0\boldsymbol{q}_0\boldsymbol{q}_0^{\mathrm{T}}\boldsymbol{H}_0}{\boldsymbol{q}_0^{\mathrm{T}}\boldsymbol{H}_0\boldsymbol{q}_0}=\begin{bmatrix}-\dfrac{27}{40} & \dfrac{2}{5}\\ \dfrac{2}{5} & -\dfrac{1}{5}\end{bmatrix}$$

故

$$\boldsymbol{H}_1=\boldsymbol{H}_0+\Delta\boldsymbol{H}_0=\frac{\Delta\boldsymbol{x}^{(0)}\left(\Delta\boldsymbol{x}^{(0)}\right)^{\mathrm{T}}}{\left(\Delta\boldsymbol{x}^{(0)}\right)^{\mathrm{T}}\boldsymbol{q}_0}-\frac{\boldsymbol{H}_0\boldsymbol{q}_0\boldsymbol{q}_0^{\mathrm{T}}\boldsymbol{H}_0}{\boldsymbol{q}_0^{\mathrm{T}}\boldsymbol{H}_0\boldsymbol{q}_0}=\begin{bmatrix}1-\dfrac{27}{40} & \dfrac{2}{5}\\ \dfrac{2}{5} & 1-\dfrac{1}{5}\end{bmatrix}=\begin{bmatrix}\dfrac{13}{40} & \dfrac{2}{5}\\ \dfrac{2}{5} & \dfrac{4}{5}\end{bmatrix}$$

由此进行第二次迭代：

$$\boldsymbol{p}^{(1)}=-\boldsymbol{H}_1\boldsymbol{\varLambda}_1=-\begin{bmatrix}\dfrac{13}{40} & \dfrac{2}{5}\\ \dfrac{2}{5} & \dfrac{4}{5}\end{bmatrix}\begin{bmatrix}0 & \dfrac{1}{2}\end{bmatrix}^{\mathrm{T}}=\begin{bmatrix}-\dfrac{1}{5} & \dfrac{2}{5}\end{bmatrix}^{\mathrm{T}}$$

一维搜索问题为 $f\left(\boldsymbol{x}^{(1)}+\lambda_1\boldsymbol{p}^{(1)}\right)=\min\limits_{\lambda>0} f\left(\boldsymbol{x}^{(1)}+\lambda\boldsymbol{p}^{(1)}\right)$，求解该问题可得：

$$\lambda_1=\frac{5}{16};\ \boldsymbol{x}^{(2)}=\left[-\frac{3}{16}\quad -\frac{1}{8}\right]^{\mathrm{T}};\ \boldsymbol{\Lambda}_2=\left[0\quad 0\right]^{\mathrm{T}}$$

由于$\boldsymbol{\Lambda}_2=\left[0\quad 0\right]^{\mathrm{T}}$，说明已经搜索到最优解，此时最优解为：

$$\boldsymbol{x}^*=\left[-\frac{3}{16}\quad -\frac{1}{8}\right]^{\mathrm{T}}$$

这与共轭梯度法中求解的结果相同。

值得注意的是，我们使用共轭梯度法和变尺度算法求解一个相同的二次型函数的寻优问题，在两者求解的过程中产生的搜索方向$\left\{\boldsymbol{p}^{(k)}\right\}$是相同的，且均关于例子中的 Hessian 矩阵共轭。即我们通过计算可以发现，两步迭代中的方向满足$\boldsymbol{p}^{(1)}\boldsymbol{H}\boldsymbol{p}^{(2)}=0$。也就是说，在变尺度算法迭代中选取的搜索方向是共轭的，故将变尺度算法和共轭梯度法归结为一类算法，即基于共轭方向的算法是有其理论基础的。

同时我们可以得出，在迭代过程中，产生的估计矩阵$\left\{\boldsymbol{H}_k\right\}$将收敛于例子中的 Hessian 矩阵$\boldsymbol{H}$的逆矩阵：

$$\boldsymbol{H}^{-1}=\begin{bmatrix}8 & -4\\ -4 & 6\end{bmatrix}^{-1}=\begin{bmatrix}\frac{3}{16} & \frac{1}{8}\\ \frac{1}{8} & \frac{1}{4}\end{bmatrix}$$

例如，在本例中，我们可以进一步计算：

$$\Delta\boldsymbol{x}^{(1)}=\boldsymbol{x}^{(2)}-\boldsymbol{x}^{(1)}=\left[-\frac{1}{16}\quad -\frac{1}{8}\right]^{\mathrm{T}};\ \boldsymbol{q}_1=\boldsymbol{\Lambda}_2-\boldsymbol{\Lambda}_1=\left[0\quad -\frac{1}{2}\right]^{\mathrm{T}}$$

故有校正矩阵$\Delta\boldsymbol{H}_1$为：

$$\Delta\boldsymbol{H}_1=\frac{\Delta\boldsymbol{x}^{(1)}\left(\Delta\boldsymbol{x}^{(1)}\right)^{\mathrm{T}}}{\left(\Delta\boldsymbol{x}^{(1)}\right)^{\mathrm{T}}\boldsymbol{q}_1}-\frac{\boldsymbol{H}_1\boldsymbol{q}_1\boldsymbol{q}_1^{\mathrm{T}}\boldsymbol{H}_1}{\boldsymbol{q}_1^{\mathrm{T}}\boldsymbol{H}_1\boldsymbol{q}_1}=\begin{bmatrix}-\frac{11}{80} & -\frac{11}{40}\\ -\frac{11}{40} & -\frac{11}{20}\end{bmatrix}$$

故

$$\boldsymbol{H}_2=\boldsymbol{H}_1+\Delta\boldsymbol{H}_1=\begin{bmatrix}\frac{13}{40} & \frac{2}{5}\\ \frac{2}{5} & \frac{4}{5}\end{bmatrix}+\begin{bmatrix}-\frac{11}{80} & -\frac{11}{40}\\ -\frac{11}{40} & -\frac{11}{20}\end{bmatrix}=\begin{bmatrix}\frac{3}{16} & \frac{1}{8}\\ \frac{1}{8} & \frac{1}{4}\end{bmatrix}=\boldsymbol{H}^{-1}$$

6.6.4 Powell 算法

上面介绍的方法都是基于函数的导数，但是在求解无约束非线性规划问题时，当我们遇到问题的目标函数$f\left(\boldsymbol{x}\right)$不可导或导函数的解析式难以获得时，一般需要使用直接搜索方法。同时，由于这些方法一般都比较直观和易于理解，因而在实际应用中常为人们所采用。下面介绍经典的直接搜索算法——Powell 方法及其改进方法。

1. Powell 基本算法

Powell 基本算法是逐次沿着不同的方向进行一维搜索，一步步逼近最优点。它是在坐标轮换法和模式搜索法的基础上发展起来的。

所谓坐标轮换法是通过依次沿着各坐标轴方向寻优来逼近最优点的方法。设坐标轴方向分别为$\{e_1, e_2, \cdots, e_n\}$，则从初始点$x^{(0)}$出发，先沿着$e_1$方向搜索求得函数值的极小点$x^{(1)}$，然后由$x^{(1)}$点出发，沿着$e_2$方向搜索求得函数值的极小点$x^{(2)}$，以此循环往复，从$x^{(n-1)}$点出发沿着$e_n$搜索求得函数值的极小点$x^{(n)}$，这样完成一轮搜索以后，以$x^{(n)}$作为$x^{(0)}$又进行一轮新的搜索，直到满足收敛准则为止。

模式搜索法除了在基本的坐标方向轮换搜索的基础上又加上考虑在搜索过程中发现的有利方向进行模式搜索。Powell 基本算法的基本思想则是要沿着共轭方向进行搜索。对该方法的求解步骤描述如下：

（1）设定求解过程的初始点$x^{(0)}$，终止误差$\varepsilon > 0$，并设置初始的搜索方向组$\left\{p^{(i)}\right\}$，一般情况下，可设初始方向为n维欧式空间中的n个方向，即

$$\{p^{(i)}\} = \{e^{(i)}\},\ i = 1, 2, \cdots, n$$

（2）令$i = 1$，在$p^{(1)} = e^{(1)}$方向上进行一维搜索，确定λ_1和$x^{(1)}$：

$$f\left(x^{(0)} + \lambda_1 p^{(1)}\right) = \min_{\lambda \geqslant 0} f\left(x^{(0)} + \lambda p^{(1)}\right);\ x^{(1)} = x^{(0)} + \lambda p^{(1)}$$

（3）类似地，令$i = 2, 3, \cdots, n$，在$\left\{p^{(i)}\right\}$方向上进行一维搜索，确定λ_i和$x^{(i)}$：

$$f\left(x^{(i-1)} + \lambda_i p^{(i)}\right) = \min_{\lambda \geqslant 0} f\left(x^{(i-1)} + \lambda p^{(i)}\right);\ x^{(i)} = x^{(i-1)} + \lambda_i p^{(i)}$$

（4）去掉$p^{(1)}$方向，并在方向组中添加始末点的连线方向$p^{(n)} = x^{(n)} - x^{(0)}$，以此建立新的方向组$\left\{p^{(i)}\right\},\ i = 1, 2, \cdots, n$，表达如下：

$$p^{(i)} = p^{(i+1)},\ i = 1, 2, \cdots, n-1;\ p^{(n)} = x^{(n)} - x^{(0)}$$

（5）再以$x^{(n)}$为起点，在$p^{(n)} = x^{(n)} - x^{(0)}$方向上进行一次一维搜索，确定$x^{(n+1)}$：

$$f\left(x^{(n)} + \lambda_n p^{(n)}\right) = \min_{\lambda \geqslant 0} f\left(x^{(n)} + \lambda p^{(n)}\right);\ x^{(n+1)} = x^{(n)} + \lambda_n p^{(n)}$$

经过以上步骤，即完成一次搜索过程。

（6）仿照以前的步骤，令$x^{(0)} = x^{(n+1)}$，以新的n个方向进行n次一维搜索，然后去掉第一个方向$p^{(1)}$，增补第n个方向$p^{(n)} = x^{(n)} - x^{(0)}$并沿着$p^{(n)}$进行一次一维搜索。这样总共进行$n$次搜索过程，此时即完成一轮迭代。

在完成了上述n次搜索过程之后，方向组将完全由新产生的连线方向组成。显然，如果最优化问题的目标函数为二次函数，则所有连线方向关于二次目标函数的 Hessian 矩阵共轭，且从共轭方向的性质可知，它们应是线性无关的。

对于n维的二次函数，按上述方法迭代一轮以后，实际上是沿n个共轭方向都进行了一维搜索，由共轭方向性质可知，此时已到达了目标函数的理论极小点。

若目标函数是非二次的，则迭代需继续，一般可重复上面的做法，直到某轮的始末两点距离达到预期的精度为止。具体方法为：在完成一轮迭代之后，检验终止条件$\left\|x^{(n+1)} - x^{(0)}\right\| < \varepsilon$，如果满足则停止迭代；否则应用重新开始策略，令

$$x^{(0)} = x^{(n+1)};\ \{p^{(i)}\} = \{e^{(i)}\},\ i = 1,2,\cdots,n$$

转（2）开始新一轮的迭代。

以上就是 Powell 基本算法的搜索过程。

但是，很不理想的是，经一轮迭代产生的新的方向组往往发生线性相关或近似线性相关的情况。例如，在进行某轮搜索时，由于在第一个分量这个特定方向搜索没有进展而迭代点的位移基本为零，则可能形成两个搜索方向基本共线。在新的一轮搜索中，方向组成为线性相关，以后的各次搜索在维数下降了的空间进行，真正的极小点可能被漏掉，这种现象称为“退化”，因而，原始 Powell 方法的有效性受到了限制。针对基本算法中可能出现的“退化”现象，人们又提出了 Powell 修正算法。

2. Powell 修正算法

在 Powell 基本算法中，每一轮迭代都用连接始点和终点所产生的搜索方向去替换原向量组中的第一个向量，而不管其优劣或者说是否合适，这是产生向量线性相关的原因所在。因此，在修正算法中，并不一定总是去掉第一个方向而增补一个新方向，而是看沿每一搜索方向函数的变化，首先判断原向量是否需要替换。如果需要替换，还要进一步判断原向量组中哪个向量最坏，把函数变化最大的方向剔除，然后再用新产生的向量替换这个最坏的向量，以保证逐次生成的搜索方向为共轭方向。甚至在有些情况下，并不改变搜索方向组。

这个修正算法主要由基本搜索、加速搜索和调整搜索方向三部分组成，具体步骤如下。

（1）选取初始数据。

选取求解过程的初始点 $x^{(0)}$，选择 n 个线性无关初始方向，组成初始搜索方向组 $\{p^{(0)}, p^{(1)}, \cdots, p^{(n-1)}\}$，一般可以选取坐标轴单位向量 $\{e^{(0)}, e^{(1)}, \cdots, e^{(n-1)}\}$；给定终止误差 $\varepsilon > 0$，令 $k = 0$。

（2）进行基本搜索。

令 $y^{(0)} = x^{(k)}$，依次沿事先确定的方向组 $\{p^{(0)}, p^{(1)}, \cdots, p^{(n-1)}\}$ 中的方向进行一维搜索。得到辅助迭代点 $y^{(1)}, y^{(2)}, \cdots, y^{(n)}$，其中辅助点的迭代公式为 $y^{(j)} = y^{(j-1)} + \lambda_{j-1} p^{(j-1)}$，计算系数 λ_{j-1} 的方法实际就是进行一次一维搜索：

$$f\left(y^{(j-1)} + \lambda_{j-1} p^{(j-1)}\right) = \min_{\lambda \geqslant 0} f\left(y^{(j-1)} + \lambda p^{(j-1)}\right) \quad j = 1,2,\cdots,n$$

（3）构造加速方向。

构造一个新的方向 $p^{(n)} = y^{(n)} - y^{(0)}$，若 $\left\|p^{(n)}\right\| \leqslant \varepsilon$，则算法终止，停止迭代，输出 $x^* = x^{(k+1)} = y^{(n)}$；否则转（4）。

（4）确定调整方向。

首先按下式确定 m：$f\left(y^{(m-1)}\right) - f\left(y^{(m)}\right) = \max\{f\left(y^{(j-1)}\right) - f\left(y^{(j)}\right) \big| 1 \leqslant j \leqslant n\}$；然后根据如下判别条件来决定是否对原方向组进行替换：

$$f\left(y^{(0)}\right) - 2f\left(y^{(n)}\right) + f\left(2y^{(n)} - y^{(0)}\right) < 2[f\left(y^{(m-1)}\right) - f\left(y^{(m)}\right)]$$

如果上述不等式成立，则转（5）进行方向组替换之后进行新一轮的迭代；否则，转（6）不改变方向组进行新一轮的迭代。

（5）调整搜索方向组进行新一轮迭代。

令 $\boldsymbol{x}^{(k+1)}=\boldsymbol{y}^{(n)}+\lambda_n\boldsymbol{p}^{(n)}$，其中 λ_n 由一维搜索确定：

$$f\left(\boldsymbol{y}^{(n)}+\lambda_n\boldsymbol{p}^{(n)}\right)=\min_{\lambda\geqslant 0}f\left(\boldsymbol{y}^{(n)}+\lambda\boldsymbol{p}^{(n)}\right)$$

将第 $k+1$ 次迭代的方向设置为 $\{\boldsymbol{p}^{(0)},\boldsymbol{p}^{(1)},\cdots,\boldsymbol{p}^{(n+1)}\}_{k+1}=\{\boldsymbol{p}^{(0)},\cdots,\boldsymbol{p}^{(m-1)},\boldsymbol{p}^{(m+1)},\cdots,\boldsymbol{p}^{(n-1)},\boldsymbol{p}^{(n)}\}$，即在函数值有最大变化的第 m 个方向 $\boldsymbol{p}^{(m)}$ 之前，第 $k+1$ 轮迭代与第 k 轮迭代的方向相同。然后将第 m 个方向 $\boldsymbol{p}^{(m)}$ 去掉，将 $\boldsymbol{p}^{(n)}=\boldsymbol{y}^{(n)}-\boldsymbol{y}^{(0)}$ 方向加到最后，构成新的一组 n 个方向。令 $k=k+1$，转（2）。

（6）不调整搜索方向组进行新一轮迭代。

令 $\boldsymbol{x}^{(k+1)}=\boldsymbol{y}^{(n)},k=k+1$，转（2）。

Powell 修正算法虽然计算稍微复杂一些，但它保证了非线性函数寻优计算可靠的收敛性。

6.6.5 多维无约束优化的 MATLAB 求解函数 fminunc

MATLAB 优化工具箱中提供了多维无约束非线性优化的求解函数 fminunc，该求解函数中用到了我们前面提到的多种算法，例如，利用梯度信息或者 Hessian 矩阵信息的迭代算法，或者如果用户不提供梯度信息，可能会用到有限差分形式去估计相应值的方法。在下面函数使用过程中的算法和参数设置中，会重点讲述这些问题。

下面讲解调用 fminunc 函数求解最优化问题时的输入参数和输出参数。

1. 输入参数和输出参数

fminunc 的输入参数主要包括 fun、xo 和 options。其中 fun 为需要最小化的目标函数，在 fun 函数中需要输入设计变量 x，为一个列向量，结果返回 x 处的目标函数值。fun 可以是一个在 M 函数中定义的函数句柄，例如：

```
x = fminunc (@myfun,x0)
```

M-函数文件 myfun.m 必须有下面的形式：

```
function f = myfun(x)
f = ...          % 目标函数
```

fun 还可以是匿名函数句柄和字符串，例如：

```
x = fminunc(@(x)norm(x)^2,x0);
```

如果函数一阶可微，则该函数具有梯度向量，如果此时优化参数 GradObj 的值为'on'，设置方法为：

```
options = optimset('GradObj','on')
```

则 fun 必须在函数的第二个输出参数中返回函数在 x 处的梯度向量 g。

如果函数二阶可微，则该函数具有 Hessian 矩阵，如果此时优化参数 Hessian 的值为'on'，设置方法为：

```
options = optimset('Hessian','on'),
```

则 fun 必须在函数的第三个输出参数中返回函数在 $\boldsymbol{x}$ 处的 Hessian 矩阵 $\boldsymbol{H}$。

例如，考虑 Rosenbrock 函数 $f(\boldsymbol{x})=100(x_2-x_1^2)^2+(1-x_1)^2$，其梯度向量和 Hessian 矩阵可以表示为：

$$\nabla f(\boldsymbol{x})=\begin{bmatrix}-400(x_2-x_1^2)x_1-2(1-x_1)\\200(x_2-x_1^2)\end{bmatrix}$$

$$\boldsymbol{H}(\boldsymbol{x})=\begin{bmatrix}1\,200x_1^2-400x_2+2 & -400x_1\\-400x_1 & 200\end{bmatrix}$$

如果需要在函数中返回其梯度向量和 Hessian 矩阵，则可以使用如下的形式定义函数，当被调用函数 fun 值需要一个或者两个输出变量时，可以通过判断 nargout 的值来确定究竟需要计算哪些参量的值。例如，nargout=2，则只需要计算目标函数值和梯度向量的值：

```
function [f g H] = rosenboth(x)
% 目标函数
f = 100*(x(2) - x(1)^2)^2 + (1-x(1))^2;

if nargout > 1 % 需要返回函数的梯度向量
    g = [-400*(x(2)-x(1)^2)*x(1)-2*(1-x(1)); 200*(x(2)-x(1)^2)];

    if nargout > 2 % 需要返回函数的 Hessian 矩阵
        H = [1200*x(1)^2-400*x(2)+2, -400*x(1); -400*x(1), 200];
    end
end
```

fmimunc 的输出参数主要包括 x、fval、grad、hessian、exitflag、output，其中 grad 和 hessian 分别返回 x 处的梯度和 Hessian 矩阵信息。

算法终止时状态指示结构变量 exitflag 取值代表的物理意义如表 6-5 所示。

表 6-5　参数 exitflag 的物理意义

取　值	物 理 意 义
1	梯度的模小于函数计算终止的误差限 TolFun
2	x 的变化小于 x 处的误差限 TolX
3	目标函数值的变化小于函数计算终止的误差限 TolFun
5	目标函数值的预计降低量小于函数计算终止的误差限 TolFun
0	已经达到最大迭代次数限制 options.MaxIter 或者已经达到函数评价次数的最大允许值 options.FunEvals
–1	算法被输出函数终止

参数 output 结构变量中所包含的信息如表 6-6 所示。

表 6-6　参数 output 所包含的信息

属 性 名 称	属 性 含 义
output.iterations	优化过程中的实际迭代次数
output.algorithm	优化过程中所采用的具体算法

续表

属 性 名 称	属 性 含 义
output.funcCount	目标函数的评价次数
output.firstorderopt	一阶最优测度
output.cgiterations	PCG 迭代的次数（仅对大型规划算法有效）
output.stepsize	x 的最终位移（仅对中型规划算法有效）
output.message	退出信息

2. 控制参数设置

函数 fminunc 在求解过程中的一般控制参数设置方法如表 6-7 所示。

表 6-7 fminunc 中的控制参数设置

参 数 名 称	参 数 设 置
Diagnostics	显示诊断信息，值为 on 或者 off（默认值）
DerivativeCheck	比较有限差分法的梯度信息和用户提供的目标函数的梯度信息。值为 on 或者 off（默认值）
DiffMaxChange	变量有限差分法梯度的最大变化值，为一个正数，默认值为 0.1
DiffMinChange	变量有限差分法梯度的最小变化值，为一个正数，默认值为 1×10^{-8}
Display	输出信息级别 off：无输出信息 iter：显示每一次迭代的输出信息，并显示默认退出信息 iter-detailed：显示每一次迭代的输出信息，并显示技术退出信息 notify：仅当目标函数不收敛时显示输出信息和默认的退出信息 notify-detailed：仅当目标函数不收敛时显示输出信息和技术退出信息 final 默认值：显示最终输出信息和默认的退出信息 final-detailed：显示最终输出信息和技术退出信息
FunValCheck	检查目标函数值是否合法。当参数值为 on 时，若目标函数值为一个复数、Inf 或者 NaN，则返回错误信息；当参数值为 off（默认值）时，不返回该错误信息
GradObj	用户定义的目标函数的梯度向量，如果参数值为 on，则 fminunc 使用用户定义的目标函数梯度向量；如果参数值为 off（默认值），则 fminunc 使用有限差分来估计函数的梯度。对于大型规模算法，用户必须提供梯度向量且设置 GradObj 的值为 on，对中型规模算法则无要求
MaxFunEvals	目标函数评价的最大允许次数，100×设计变量的个数
MaxIter	算法运行中的最大迭代次数，默认值为 400
OutputFcn	在优化计算的过程中按用户要求指定在一次迭代中需要调用的一个或者多个函数，函数形式可以是函数句柄，或者以元胞数组形式出现的函数句柄，默认值为[]
PlotFcns	在算法执行过程中按照不同的标准绘制优化进程，可以是预定义的方案或者用户自定义的方案。默认值为[]，设置值为 @optimplotx：绘制迭代过程中的当前点 @optimplotfunccount：绘制函数评价次数 @optimplotfval：绘制目标函数值 @optimplotstepsize：绘制步长值 @optimplotfirstorderopt：绘制一阶最优测度
TolFun	函数计算终止的误差限，对于大型规模算法其默认值为 1×10^{-6}
TolX	最优解 x 处的误差限，默认值为 1×10^{-6}
TypicalX	典型 x 的值，其维数与初始点 x0 相同，默认值为全 1 向量。fminunc 使用 TypicalX 来衡量梯度的有限差分估计

同时，由于 MATLAB 函数 fminunc 中可以使用不同的算法对非线性规划问题进行求解，故针对不同的算法，该函数还提供了一些专有的参数进行设置，其中仅用于大型规划算法的控制参数如表 6-8 所示。

表 6-8 fminunc 中仅用于大型规划算法的控制参数设置

参 数 名 称	参 数 设 置
Hessian	若参数值为 on，fminunc 使用用户定义 Hessian 矩阵。Hessian 矩阵可以在目标函数中定义，也可以在使用 HessMult 时直接定义。若参数值为 off（默认值），则 fminunc 使用有限差分方法估计 Hessian 矩阵的值
HessMult	Hessian 乘子函数的函数句柄。对于大型规模算法，该函数计算 H*Y 而并非直接构造 Hessian 矩阵 H。函数的形式如下 W = hmfun(Hinfo,Y) 其中 Hinfo 包含计算 H*Y 的矩阵 hmfun 的第一个参数必须和目标函数的第三个输出参数相同，例如： [f,g,Hinfo] = fun(x) Y 是一个矩阵，其行数和最优化问题的维数相同
HessPattern	用于有限差分的 Hessian 矩阵的稀疏形式。若不方便求取函数 fun 的稀疏 Hessian 矩阵 H，可以通过梯度的有限差分获得 H 的稀疏结构（如非零值的位置）来得到近似的 H；若不知道矩阵的稀疏结构，可以将 HessPattern 设置为密集矩阵，在每一次迭代的过程中，都将进行密集矩阵的有限差分近似（默认值）。对于大型规模算法，该过程十分麻烦，故如果可能，能得到 Hessian 矩阵的稀疏结构还是值得的
MaxPCGIter	预处理共轭梯度法（PCG）迭代的最大次数，其默认值为 max(1,floor（设计变量的个数/2）)
PrecondBandWidth	PCG 预处理的上带宽，为一个非负整数，默认值为 0。对一些最优化问题而言，增大上带宽可以减少 PCG 迭代的次数。如果设置 PrecondBandWidth 为 Inf，则算法使用 Cholesky 直接分解法来代替共轭梯度。直接分解比共轭梯度运算代价更高，但是可以更好地向最优解收敛
TolPCG	PCG 迭代的终止误差限，为一个正数，默认值为 0.1

fminunc 中仅用于中型规划算法的控制参数如表 6-9 所示。

表 6-9 fminunc 中仅用于中型规划算法的控制参数设置

参 数 名 称	参 数 设 置
FinDiffType	用于估计梯度有限差分方法，参数值可以设置为 forward（默认值）或 central。其中 central 需要两倍的函数评价次数，但是数值更为准确
HessUpdate	在拟牛顿法中确定搜索方向的方法参数值可以设为 bfgs：BFGS 迭代算法（默认值） dfp：DFP 迭代算法 steepdesc：最速下降法
InitialHessMatrix	该参数为拟牛顿法的初始矩阵，仅当用户设置 InitialHessType 参数值为 user-supplied 时有效。在上述前提下，用户可以设置 InitialHessMatrix 为 一个正数：初始矩阵为该正数乘以 identity 元素值为正值的向量：初始矩阵对角线上的元素为该向量中的元素。该向量与初始点 x0 的维数相同

续表

参数名称	参数设置
InitialHessType	拟牛顿法的初始矩阵类型，其取值可以为 identity、scaled-identity（默认值）和 user-supplied
PrecondBandWidth	PCG 预处理的上带宽，为一个非负整数，默认值为 0。对一些最优化问题而言，增大上带宽可以减少 PCG 迭代的次数。如果设置 PrecondBandWidth 为 Inf，则算法使用 Cholesky 直接分解法来代替共轭梯度。直接分解比共轭梯度运算代价更高，但是可以更好地向最优解收敛。
TolPCG	PCG 迭代的终止误差限，为一个正数，默认值为 0.1

3. 命令详解

（1）x = fminunc(fun,x0)

从初始点 x0 开始寻找目标函数 fun 的局部极小点 x，x0 可以是标量、向量或者矩阵。

（2）x = fminunc(fun,x0,options)

在求解问题的同时用 options 指定的优化参数进行目标函数的最小化。

（3）[x,fval] = fminunc(...)

返回最优解 x 处的目标函数值 fval。

（4）[x,fval,exitflag] = fminunc(...)

在优化计算结束之时返回 exitflag 值，描述函数计算的退出条件。

（5）[x,fval,exitflag,output] = fminunc(...)

在优化计算结束之时返回结构变量 output。

（6）[x,fval,exitflag,output,grad] = fminunc(...)

在优化计算结束之时返回解 x 处的梯度。

（7）[x,fval,exitflag,output,grad,hessian] = fminunc(...)

在优化计算结束之时返回解 x 处的 Hessian 矩阵。

fminunc 可以根据用户选择的不同参数，选用不同的优化方法。

1）大型优化算法

若用户在 fun 函数中提供梯度信息，则默认时函数将选择大型优化算法。该算法是基于内部映射牛顿法的子空间置信域法，计算中的每一次迭代涉及用 PCG 法求解大型线性系统得到的近似解。

2）中型优化算法

当不使用大型规划算法，即通过 optimset 将 options.LargeScale 设置为 off 时，fminunc 在优化过程中选用 BFGS 拟牛顿法，即通过 BFGS 校正来更新对目标函数 Hessian 矩阵的估计值。

可以将参数 HessUpdate 设置为 dfp，使得 fminunc 采用 DFP 校正来更新对目标函数 Hessian 矩阵的逆的估计；将 HessUpdate 设置为 steepdesc 同时将 LargeScale 设置为 off，则此时使用最速下降法，但是一般不推荐使用最速下降法。

在此强调一下，当使用大型规划算法时，必须在定义目标函数的 M-函数文件中给出梯度向量的解析形式，同时设置控制参数 GradObj 的值为 on。当没有设置控制参数 LargeScale 为 off，且用户没有提供梯度向量的计算公式时，MATLAB 将返回一个警告信息。

fminunc 在求解无约束最优化问题时有以下局限性。

（1）最优化问题的目标函数必须是连续的，且 fminunc 不能保证给出的是全局最优解，有时会给出局部最优解。

（2）fminunc 只能对实数进行优化，即设计变量 x 的值只能为实数，且 f(x)必须返回实数。当 x 为复数时，必须将其分解成实部和虚部。

【例 6-13】 求解无约束最优化问题：

$$\min f(\boldsymbol{x}) = 4x_1^2 + 2x_1x_2 + x_2^2 + 6$$

首先建立描述目标函数的 M-函数 myfun.m 如下：

```
function f = myfun(x)
f = 4*x(1)^2 + 2*x(1)*x(2) + x(2)^2+6;
```

然后设置初始点 x0，对目标函数进行寻优：

```
x0 = [1,1];
[x,fval] = fminunc(@myfun,x0)
Warning: Gradient must be provided for trust-region method;
 using line-search method instead.
> In fminunc at 356
Local minimum found.
Optimization completed because the size of the gradient is less than
the default value of the function tolerance.
<stopping criteria details>
x =
  1.0e-005 *
    0.1621   -0.2007
fval =
    6.0000
```

此时，如果采用用户自定义的梯度向量，则 myfun.m 可以写为：

```
function [f,g] = myfun(x)
f = 4*x(1)^2 + 2*x(1)*x(2) + x(2)^2+6;
if nargout > 1
   g(1) = 8*x(1)+2*x(2);
   g(2) = 2*x(1)+2*x(2);
end
```

同时。设置 GradObj 参数的值为 on，来暗示算法使用我们已经提供的梯度信息。则优化求解的方法如下：

```
options = optimset('GradObj','on');
x0 = [1,1];
[x,fval] = fminunc(@myfun,x0,options)
Local minimum found.
```

```
Optimization completed because the size of the gradient is less than
the default value of the function tolerance.
<stopping criteria details>
x =
  1.0e-015 *
    0.2220    0.6661
fval =
     6
```

【例6-14】 求解下述无约束最优化问题：

$$\min\ f(\mathbf{x})=\sum_{i=1}^{n-1}\left(\left(x_i^2\right)\left(x_{i+1}^2+1\right)+\left(x_{i+1}^2\right)^{\left(x_i^2+1\right)}\right)，其中 n=1\ 000$$

方法一：利用梯度向量和Hessian矩阵的精确计算公式

首先建立M-函数文件brownfgh.m，该文件中需要定义上述目标函数、目标函数的梯度及目标函数的稀疏矩阵形式。由于在MATLAB中已经编写了该文件，用户可以通过下列命令查看该文件：

```
>> Type brownfgh
function [f,g,H] = brownfgh(x)
%BROWNFGH  Nonlinear minimization problem (function, its gradients
% and Hessian).
% Documentation example.

%   Copyright 1990-2008 The MathWorks, Inc.
%   $Revision: 1.1.6.3 $  $Date: 2008/02/29 12:47:39 $

% Evaluate the function.
  n=length(x); y=zeros(n,1);
  i=1:(n-1);
  y(i)=(x(i).^2).^(x(i+1).^2+1)+(x(i+1).^2).^(x(i).^2+1);
  f=sum(y);
%
% Evaluate the gradient.
  if nargout > 1
     i=1:(n-1); g = zeros(n,1);
     g(i)= 2*(x(i+1).^2+1).*x(i).*((x(i).^2).^(x(i+1).^2))+...
             2*x(i).*((x(i+1).^2).^(x(i).^2+1)).*log(x(i+1).^2);
     g(i+1)=g(i+1)+...
              2*x(i+1).*((x(i).^2).^(x(i+1).^2+1)).*log(x(i).^2)+...
              2*(x(i).^2+1).*x(i+1).*((x(i+1).^2).^(x(i).^2));
  end
```

```
%
% Evaluate the (sparse, symmetric) Hessian matrix
  if nargout > 2
    v=zeros(n,1);
    i=1:(n-1);
    v(i)=2*(x(i+1).^2+1).*((x(i).^2).^(x(i+1).^2))+...
          4*(x(i+1).^2+1).*(x(i+1).^2).*(x(i).^2).*((x(i).^2)
         .^((x(i+1).^2)-1))+...
          2*((x(i+1).^2).^(x(i).^2+1)).*(log(x(i+1).^2));
    v(i)=v(i)+4*(x(i).^2).*((x(i+1).^2).^(x(i).^2+1)).*((log(x(i+1)
         .^2)).^2);
    v(i+1)=v(i+1)+...
            2*(x(i).^2).^(x(i+1).^2+1).*(log(x(i).^2))+...
            4*(x(i+1).^2).*((x(i).^2).^(x(i+1).^2+1))
            .*((log(x(i).^2) .^2)+...
            2*(x(i).^2+1).*((x(i+1).^2).^(x(i).^2));
    v(i+1)=v(i+1)+4*(x(i).^2+1).*(x(i+1).^2).*(x(i).^2).*((x(i+1).^2)
            .^(x(i).^2-1));
    v0=v;
    v=zeros(n-1,1);
    v(i)=4*x(i+1).*x(i).*((x(i).^2).^(x(i+1).^2))+...
          4*x(i+1).*(x(i+1).^2+1).*x(i).*((x(i).^2).^(x(i+1).^2))
         .*log(x(i).^2);
    v(i)=v(i)+4*x(i+1).*x(i).*((x(i+1).^2).^(x(i).^2)).*log(x(i+1).^2);
    v(i)=v(i)+4*x(i).*((x(i+1).^2).^(x(i).^2)).*x(i+1);
    v1=v;
    i=[(1:n)';(1:(n-1))'];
    j=[(1:n)';(2:n)'];
    s=[v0;2*v1];
    H=sparse(i,j,s,n,n);
    H=(H+H')/2;
  end
```

然后调用 fminunc 函数，从初始点 xstart 开始寻优。由于在目标函数文件 brownfgh.m 中已经提供了函数的梯度向量和 Hessian 矩阵的计算方式，故需要通过指定控制参数 options.GradObj 和 options.Hessian 的值来设定 fminunc 在优化过程中获得目标函数的梯度向量和 Hessian 矩阵的方式，即直接使用 brownfgh 文件中的计算结果。

```
n = 1000;
xstart = -ones(n,1);
xstart(2:2:n,1) = 1;
```

```
options = optimset('GradObj','on','Hessian','on');
[x,fval,exitflag,output] = fminunc(@brownfgh,xstart,options);
```

上述程序的运行结果如下，由 exitflag=1 可知，优化过程经过 7 次迭代和 7 次共轭梯度迭代收敛到了目标函数的极小点 x。

```
Local minimum found.
Optimization completed because the size of the gradient is less than
the default value of the function tolerance.
<stopping criteria details>
exitflag =
    1
fval =
  2.8709e-017
output =
       iterations: 7
        funcCount: 8
     cgiterations: 7
    firstorderopt: 4.7948e-010
        algorithm: 'large-scale: trust-region Newton'
          message: [1x539 char]
```

方法二：利用梯度向量和 Hessian 矩阵的稀疏形式

方法一直接应用了梯度向量和 Hessian 矩阵的精确计算公式，但是我们可以换一种方式，即通过稀疏有限差分的形式来估计目标函数的 Hessian 矩阵，代替精确运算。需要特别注意的是，在使用大型规模算法时，必须指定梯度向量的计算公式，这和中型规模算法不同，因为在中型规模算法中，是否指定梯度向量的计算方法是可选的。

按此要求，首先建立 M-函数文件 brownfg.h 来设定目标函数及其梯度向量。

```
% 设定目标函数
 n=length(x); y=zeros(n,1);
 i=1:(n-1);
 y(i)=(x(i).^2).^(x(i+1).^2+1)+(x(i+1).^2).^(x(i).^2+1);
 f=sum(y);
% 设定目标函数的梯度向量
 if nargout > 1
    i=1:(n-1); g = zeros(n,1);
    g(i)= 2*(x(i+1).^2+1).*x(i).*((x(i).^2).^(x(i+1).^2))+...
            2*x(i).*((x(i+1).^2).^(x(i).^2+1)).*log(x(i+1).^2);
    g(i+1)=g(i+1)+...
             2*x(i+1).*((x(i).^2).^(x(i+1).^2+1)).*log(x(i).^2)+...
             2*(x(i).^2+1).*x(i+1).*((x(i+1).^2).^(x(i).^2));
 end
```

为了得到估计目标函数 Hessian 矩阵的稀疏有限差分近似，必须先给出 Hessian 矩阵的稀疏结构。因而假定其稀疏矩阵形式为 Hstr，可以使用 spy 命令来检查 Hstr 的稀疏性，可发现仅有 2 998 个非零元素。而后使用 optimset 命令设定 HessianPattern 的值为 Hstr。若一个优化问题和上述问题的规模相当，其 Hessian 矩阵必定具有稀疏形式，如果不设定 HessianPattern，由于 fminunc 将在整个 Hessian 矩阵上使用有限差分，故会导致过多不必要的计算和内存空间的浪费。

由于在 brownfg.m 中已经给出了梯度向量的计算公式，因此还必须设定控制参数 GradObj 的值为 on。则调用 fminunc 函数从初始点 xstart 开始寻优的代码如下：

```
fun = @brownfg;
% 获取 Hessian 矩阵的稀疏结构
load brownhstr
% 检查 Hstr 的稀疏性
spy(Hstr)
n = 1000;
xstart = -ones(n,1);
xstart(2:2:n,1) = 1;
options = optimset('GradObj','on','HessPattern',Hstr);
[x,fval,exitflag,output] = fminunc(fun,xstart,options);
```

优化过程中运行结果如下：

```
Local minimum found.
Optimization completed because the size of the gradient is less than
the default value of the function tolerance.
<stopping criteria details>
exitflag =
    1
fval =
  7.4738e-017
output =
       iterations: 7
        funcCount: 8
     cgiterations: 7
    firstorderopt: 7.9822e-010
        algorithm: 'large-scale: trust-region Newton'
          message: [1x539 char]
```

这个具有 1 000 个变量的大型问题通过 8 次迭代和 7 次共轭梯度迭代收敛于最优解处。

下面给出一个使用匿名函数调用 fminunc 的例子。

【例 6-15】 求解下述无约束最优化问题：

$$\min\ f(\boldsymbol{x})=\left(a-bx_1^2+\sqrt[3]{x_1^4}\right)x_1^2+x_1x_2+\left(-c+cx_2^2\right)x_2^2$$

其中，a=3，b=2，c=5。

首先建立 M-函数文件 parameterfun.m，定义目标函数：

```
function f = parameterfun(x,a,b,c)
f = (a - b*x(1)^2 + x(1)^4/3)*x(1)^2 + x(1)*x(2) + (-c + c*x(2)^2)*x(2)^2;
```

然后给参数赋值，并定义一个匿名函数句柄，将参数的值传递给该句柄：

```
% 给参数赋值
a = 3; b = 2; c = 5;
% 匿名函数句柄
f = @(x)parameterfun(x,a,b,c);
```

进而定义初始点，调用 fminunc 函数求解最优化问题的解：

```
x0 = [0.5,0.5];
[x,fval] = fminunc(f,x0)
Warning: Gradient must be provided for trust-region method;
  using line-search method instead.
> In fminunc at 356
  In Untitled2 at 9
Local minimum found.
Optimization completed because the size of the gradient is less than
the default value of the function tolerance.
<stopping criteria details>
x =
   -0.1212    0.7131
fval =
   -1.2924
```

6.6.6 多维无约束优化的 MATLAB 求解函数 fminsearch

MATLAB 中求解无约束优化问题还可以调用 fminsearch 函数，该函数和 fminunc 不同，因为 fminsearch 进行寻优的算法基于不使用梯度的单纯形法。其应用范围也是无约束的多维非线性规划问题。

fminsearch 和 fminbnd 类似，不同之处在于 fminsearch 解决的是多维函数的寻优问题，而且在 fminsearch 中指定的是初始点，而在 fminbnd 中指定的是一个搜索区间。fminsearch 的寻优过程实际上就是在初始点附近找到最优化问题目标函数的一个局部极小点。

由于函数 fminseach 的输入/输出参数及函数使用方法很多地方均和 fminunc 类似，故在此不再详细介绍。本节在进行一个简单的用法总结之后，给出 fminsearch 的几个应用实例。

函数 fminsearch 的输入参数有 fun、x0 和 options；输出参数有 x、fval、exitflag 和 output；其可以设置的控制参数包括 Display、FunValCheck、MaxFunEvals、MaxIter、OutputFcn、PlotFcns、TolFun、TolX，具体方法与 fminunc 类似，读者可自行翻阅帮助信息。

函数 fminsearch 的调用方法如下：

（1）x = fminsearch(fun,x0)

从初始点 x0 开始寻找目标函数 fun 的局部极小点 x，x0 可以是标量、向量或矩阵。

（2）x = fminsearch(fun,x0,options)

在求解问题的同时用 options 指定的优化参数进行目标函数的最小化。

（3）[x,fval] = fminsearch(...)

返回最优解 x 处的目标函数值 fval。

（4）[x,fval,exitflag] = fminsearch(...)

在优化计算结束之时返回 exitflag 值，描述函数计算的退出条件。

（5）[x,fval,exitflag,output] = fminsearch(...)

在优化计算结束之时返回结构变量 output。

【例 6-16】 求解最优化问题：

$$\min\ f(x,y,z) = x^2 + 2.5\sin y - x^2y^2z^2$$

分析该问题，实际上是一个三维的无约束非线性规划，可以定义一个新的三维列向量 v，其元素分别代表 x、y 和 z，并据此定义目标函数的 M-函数 three_var.m 如下：

```
function f = three_var(v)
x = v(1);
y = v(2);
z = v(3);
f = x.^2 + 2.5*sin(y) - z^2*x^2*y^2;
```

然后选取优化问题的初始点，并调用 fminsearch 函数，求解该问题的主函数代码和运行结果为：

```
v0 = [-0.6 -1.2 0.135];
[x,fval,exitflag,output] = fminsearch(@three_var,v0)
x =
    0.0000   -1.5708    0.1803
fval =
   -2.5000
exitflag =
     1
output =
    iterations: 50
     funcCount: 93
     algorithm: 'Nelder-Mead simplex direct search'
       message: [1x196 char]
```

【例 6-17】 求解最优化问题：

$$\min\ f(\boldsymbol{x}) = 100\left(x_2 - x_1^2\right)^2 + \left(a - x_1\right)^2\text{，其中 } a = \sqrt{2}$$

该函数被称为 banana 函数，求解该问题，首先定义需要求解的目标函数，然后设置相关参数，如优化计算终止的设计变量误差限等，最后调用 fminsearch 函数进行求解。代码和运行结果如下：

```
a = sqrt(2);
banana = @(x)100*(x(2)-x(1)^2)^2+(a-x(1))^2;
%Then the statement
options=optimset('TolX',1e-8)
[x,fval,exitflag,output] = fminsearch(banana, [-1.2, 1], options)
x =
   1.4142   2.0000
fval =
  4.2065e-018
exitflag =
   1
output =
    iterations: 131
     funcCount: 249
     algorithm: 'Nelder-Mead simplex direct search'
       message: [1x196 char]
```

【例 6-18】 求解最优化问题：

$$\min\ f(\boldsymbol{x}) = x_1^2 + ax_2^2$$

在这个例子中，我们巩固一下用匿名函数传递函数参数的方法，定义二参数的目标函数文件如下：

```
function f = myfun(x,a)
f = x(1)^2 + a*x(2)^2;
```

然后指定参数 a 的值，以匿名函数的形式调用 fminsearch 函数进行求解：

```
a = 1.5; % define parameter first
x = fminsearch(@(x) myfun(x,a),[0;1])
x =
  1.0e-003 *

    0.9298
    0.0312
fval =
  8.6595e-007
exitflag =
    1
output =
    iterations: 28
     funcCount: 54
```

```
    algorithm: 'Nelder-Mead simplex direct search'
      message: [1x196 char]
```

6.7 多维约束非线性优化

解有约束非线性规划的方法大致可以分为三类。

（1）将约束合并到目标函数中，间接地加以处理，把有约束的非线性规划问题转化为一个无约束的非线性规划问题，然后再用无约束问题的方法求解，惩罚函数法、碰壁函数法、广义乘子法等均属于此类解法。

（2）利用适当调整搜索方向和步长的方法把无约束方法推广到有约束问题中，即以直接方式处理约束。但在迭代过程中应时时考虑迭代点的位置不要超出约束函数的允许范围（即不要越出可行域），可行方向法、梯度投影法、共轭梯度法等均属于此类解法。

（3）利用线性函数逼近方法，把非线性规划问题归结为解一系列线性规划问题。将非线性问题转化为线性问题是常用方法之一。

下面给出几种求解有约束非线性规划问题的经典解法。

6.7.1 拉格朗日乘子法

拉格朗日乘子法的基本思路是将有约束的非线性规划问题的求解过程，转化为求解无约束的极值问题。

1．等式约束下的拉格朗日乘子法

考虑如下形式的非线性规划问题：

$$\begin{cases}\min & f(\boldsymbol{x})\\ \text{s.t.} & h_i(\boldsymbol{x})=0 \quad i=1,2,\cdots,m\end{cases}$$

其中，$\boldsymbol{x}$ 为 n 维设计变量。

则可以将 m 个等式约束方程中的每一个分别乘以 $\lambda_1,\lambda_2,\cdots,\lambda_m$，然后将它们并入到目标函数 f 中，可得：

$$L=f(\boldsymbol{x})-\sum_{i=1}^{m}\lambda_i h_i(\boldsymbol{x}) \tag{6-52}$$

这种形式的目标函数叫做拉格朗日函数，用 L 来表示，$\lambda_i\ (i=1,2,\cdots,m)$ 被称为拉格朗日乘子。如果把 L 看做带有 $m+n$ 个变量的目标函数，并设 $m+n$ 个偏导数等于零，则可以得到如下方程组：

$$\begin{cases}\dfrac{\partial L}{\partial x_j}=\dfrac{\partial f}{\partial x_j}-\sum_{i=1}^{m}\lambda_i\dfrac{\partial h_i}{\partial x_j}=0 & j=1,2,\cdots,n\\[2ex] \dfrac{\partial L}{\partial \lambda_i}=h_i(\boldsymbol{x})=0 & i=1,2,\cdots,m\end{cases} \tag{6-53}$$

为了方便在计算机上利用直接寻优法进行迭代计算，一般引入新的函数：

$$\min\ s=\sum_{j=1}^{n}\left(\frac{\partial L}{\partial x_j}\right)^2+\sum_{i=1}^{m}\left(h_i\left(\boldsymbol{x}\right)\right)^2$$

很显然，因为在引入的函数 s 中的各项满足：

$$\left(\frac{\partial L}{\partial x_j}\right)^2\geqslant 0;\ \left(h_i\left(\boldsymbol{x}\right)\right)^2\geqslant 0$$

故只有当两者都等于零时 s 的最小值为零，实际上就强制了两者都等于零，与式（6-53）相一致，这样有约束的原问题就转化为无约束的问题。然后利用无约束的多变量函数寻优方法对 s 求极小值，即可得到原问题的最优解。

【例 6-19】 求解下述非线性规划问题：

$$\begin{cases}\min & f\left(\boldsymbol{x}\right)=x_1^2+x_2^2-x_1x_2-10x_1-4x_2+60\\ \text{s.t.} & h\left(\boldsymbol{x}\right)=x_1+x_2-8\end{cases}$$

该问题是等式约束下的非线性规划问题，可以使用拉格朗日乘子法，引入拉格朗日乘子函数：$L\left(\boldsymbol{x}\right)=f\left(\boldsymbol{x}\right)-\lambda h\left(\boldsymbol{x}\right)=x_1^2+x_2^2-x_1x_2-10x_1-4x_2+60-\lambda\left(x_1+x_2-8\right)$

则由最优的必要条件可得：

$$\begin{cases}\dfrac{\partial L}{\partial x_1}=2x_1-x_2+10-\lambda=0\\ \dfrac{\partial L}{\partial x_2}=-x_1+2x_2-4-\lambda=0\\ \dfrac{\partial L}{\partial \lambda}=-\left(x_1+x_2-8\right)=0\end{cases}$$

由此联立方程组可以解得问题的最优解为 $\boldsymbol{x}^*=\left[5\quad 3\right]^{\mathrm{T}}$，$f\left(\boldsymbol{x}^*\right)=17$，此时，拉格朗日乘子的值为 $\lambda=-3$。

2．不等式约束下的拉格朗日乘子法

拉格朗日乘子法不仅可以用于解具有等式约束的非线性规划问题，而且也可以求解具有不等式约束的非线性规划问题。

对于不等式约束条件，可设法引入松弛变量，使不等式变为等式，然后按等式约束下的拉格朗日乘子法求解。

考虑如下形式的非线性规划问题：

$$\begin{cases}\min & f(\boldsymbol{x})\\ \text{s.t.} & g_i(\boldsymbol{x})\leqslant 0\quad (i=1,2,\cdots,m)\end{cases}$$

为此，引进变量 E_i，将不等式约束转化成等式约束。由于在非线性规划中，变量可正可负，为了保证不等式的成立，引进变量均用平方项来表示，由此可以得到：

$$g_i(\boldsymbol{x})+E_i^2=0\quad (i=1,2,\cdots,m)$$

拉格朗日乘子法的计算步骤如下：

（1）引进松弛变量，使不等式约束变换为等式约束；

（2）引进拉格朗日函数：

$$L(\boldsymbol{x},\lambda)=f(\boldsymbol{x})-\sum_{i=1}^{m}\lambda_i g_i(\boldsymbol{x}) \tag{6-54}$$

（3）如果用求导的方法直接求取上式的极值，需要联立若干偏导方程式，这样求解是比较困难的，为了便于在计算机上直接应用迭代寻优法，在建立拉格朗日乘子函数 $L(\boldsymbol{x},\lambda)$ 之后，立即引入新函数 s：

$$\min\ s=\sum_{j=1}^{n}\left(\frac{\partial L}{\partial x_j}\right)^2+\sum_{i=1}^{m}\left(g_i(\boldsymbol{x})\right)^2 \tag{6-55}$$

然后利用无约束的多变量函数寻优方法对 s 求极小值，即可得到原问题的最优解。

【例 6-20】　用拉格朗日乘子法求解下列非线性规划问题：

$$\begin{cases}\min & f(\boldsymbol{x})=2x_1^2-2x_1x_2+2x_2^2-6x_1\\ \text{s.t.} & g_1(\boldsymbol{x})=3x_1+4x_2-6\leqslant 0\\ & g_2(\boldsymbol{x})=-x_1+4x_2-2\leqslant 0\end{cases}$$

首先需要引入松弛变量 x_3,x_4，为了保证加入的数值为非负，在不等式的左边分别加上 x_3^2,x_4^2，将不等式约束变为等式约束后问题变为：

$$\begin{cases}\min & f(\boldsymbol{x})=2x_1^2-2x_1x_2+2x_2^2-6x_1\\ \text{s.t.} & g_1'(\boldsymbol{x})=3x_1+4x_2+x_3^2-6=0\\ & g_2'(\boldsymbol{x})=-x_1+4x_2+x_4^2-2=0\end{cases}$$

于是拉格朗日函数为：

$$L(\boldsymbol{x})=2x_1^2-2x_1x_2+2x_2^2-6x_1-\lambda_1\left(3x_1+4x_2+x_3^2-6\right)-\lambda_2\left(-x_1+4x_2+x_4^2-2\right)$$

如果对 $L(\boldsymbol{x})$ 用极值的必要条件进行解析求解，比较困难，因而我们构造新的目标函数进行迭代求解，此时新的目标函数为：

$$\begin{aligned}s&=\sum_{j=1}^{4}\left(\frac{\partial L}{\partial x_j}\right)^2+\sum_{i=1}^{2}\left(g_i(\boldsymbol{x})\right)^2\\ &=\left(4x_1-2x_2-6-3\lambda_1+\lambda_2\right)^2+\left(-2x_1+4x_2-4\lambda_1-4\lambda_2\right)^2+\left(2\lambda_1x_3\right)^2+\left(2\lambda_2x_4\right)^2\\ &\quad+\left(3x_1+4x_2-6+x_3^2\right)^2+\left(-x_1+4x_2-2+x_4^2\right)^2\end{aligned}$$

先确定一个初值 $\boldsymbol{x}^{(0)}$，然后用计算机迭代求解，可以求得最优解为：

$$\boldsymbol{x}^*=\begin{bmatrix}1.4594 & 0.4054 & 0 & 1.3557\end{bmatrix}^{\mathrm{T}},\ f(\boldsymbol{x}^*)=-5.3513$$

此时拉格朗日乘子的值为：

$$\boldsymbol{\lambda}=\begin{bmatrix}\lambda_1 & \lambda_2\end{bmatrix}=\begin{bmatrix}-0.3245 & 0\end{bmatrix}$$

6.7.2　序列无约束极小化法

考虑如下约束非线性规划问题：

$$\begin{cases} \min & f(\boldsymbol{x}) \\ \text{s.t.} & h_i(\boldsymbol{x})=0 \quad i=1,2,\cdots,p, \quad p<n \\ & g_j(\boldsymbol{x})\leqslant 0 \quad j=1,2,\cdots,m \end{cases} \tag{6-56}$$

在本节重点介绍的惩罚函数法和障碍（碰壁）函数法是早期求解约束非线性优化问题（6-56）的一类重要而常用的方法，其基本思想是把约束问题（6-56）转化为一个或一系列无约束问题来求解，所以也称为序列无约束极小化技术，简称为SUMT法。通常把惩罚函数法称为SUMT外点法，障碍（碰壁）函数法称为SUMT内点法。

1. 外点惩罚函数法

对非线性规划问题（6-56）定义惩罚函数，其形式为：

$$F(\boldsymbol{x},M)=f(x)+Mp(x) \tag{6-57}$$

其中，$M>0$为常数，称为惩罚因子。$p(x)$是定义在R^n上的一个函数，称为惩罚项，它满足：

（1）$p(\boldsymbol{x})$是连续的；

（2）对任意$\boldsymbol{x}\in R^n$，均有$p(\boldsymbol{x})\geqslant 0$；

（3）当且仅当$\boldsymbol{x}\in D$时，$p(\boldsymbol{x})\geqslant 0$，$D$是非线性规划问题（6-56）的可行域。

通常对等式约束，定义：

$$g_j^+(\boldsymbol{x})=\left(h_j(x)\right)^2,\ j=1,2,\cdots,p \tag{6-58}$$

对于不等式约束：当$g_i(\boldsymbol{x})>0$，即不满足约束条件时，加上惩罚；当$g_i(\boldsymbol{x})\leqslant 0$，即满足约束条件时，不惩罚。为此定义阶跃函数：

$$u_j(g_j)=\begin{cases} 0 & g_j(\boldsymbol{x})\leqslant 0 \\ 1 & g_j(\boldsymbol{x})>0 \end{cases} \tag{6-59}$$

则定义惩罚项为：

$$g_{i+p}^+(\boldsymbol{x})=u_i(g_i)\left(g_i(x)\right)^2, i=1,2,\cdots,m \tag{6-60}$$

令$L=p+m$，于是惩罚函数可以定义为$F(\boldsymbol{x},M_k)=f(x)+M_k\sum\limits_{i=1}^{L}g_i^+(x)$，其中$M_k>0$，$M_0<M_1<\cdots<M_k<M_{k+1}\cdots$且有$\lim\limits_{k\to\infty}M_k=+\infty$，即

$$F(\boldsymbol{x},M_k)=f(x)+M_k\left(\sum_{i=1}^{p}\left(h_i(x)\right)^2+\sum_{j=1}^{m}u_j(g_j)\left(g_j(x)\right)^2\right) \tag{6-61}$$

容易验证，这样定义的惩罚项$p(\boldsymbol{x})=\sum\limits_{i=1}^{L}g_i^+(\boldsymbol{x})$，满足上面所叙述的三个条件。

由上述假设可以看出，当$\boldsymbol{x}$满足问题的约束条件，即$\boldsymbol{x}\in D$时，$g_i^+(\boldsymbol{x})=0$；当$\boldsymbol{x}$不能满足问题的约束条件，即$\boldsymbol{x}\notin D$时，则至少有一个$i\ (i=1,2,\cdots,L)$使得$g_i^+(\boldsymbol{x})>0$，从而$p(\boldsymbol{x})>0$。如果$\boldsymbol{x}$离约束条件的偏差越大，即约束条件越不能满足、被破坏的越厉害，则$p(\boldsymbol{x})$取值越大，从而惩罚函数$F(\boldsymbol{x},M_k)=f(x)+Mp(x)$的值也就越大，即对于约束条件被破坏是一种惩罚，$M$越大，则惩罚的越厉害。反之，当约束条件满足时，不受到惩罚，由此可见惩

罚项及惩罚函数的意义。

关于惩罚因子的取法，根据计算经验可以选取 $M_{k+1}=cM_k,\ c\in[2,50]$。

用惩罚函数法求解约束优化问题的计算步骤为：

（1）选取 $M_0>0$，选取 $c\geqslant 2$，确定允许误差 ε，初始点 $\boldsymbol{x}^{(0)}$，令 $k=1$；

（2）以 $\boldsymbol{x}^{(k-1)}$ 作为起点，采用适合的方法求解无约束优化问题：

$$\min\ F(\boldsymbol{x},M_k)=f(\boldsymbol{x})+M_k\sum_{i=1}^{L}g_i^+(\boldsymbol{x}) \tag{6-62}$$

设其最优解为 $\boldsymbol{x}^{(k)}=\boldsymbol{x}(M_k)$；

（3）计算 $\mu_1=\max\limits_{1\leqslant i\leqslant p}\left\{\left|h_i\left(\boldsymbol{x}^{(k)}\right)\right|\right\},\ \mu_2=\max\limits_{1\leqslant i\leqslant m}\left\{\left|g_i\left(\boldsymbol{x}^{(k)}\right)\right|\right\},\ \mu=\max\{\mu_1,\mu_2\}$；

（4）若 $\mu\leqslant\varepsilon$，输出 $\boldsymbol{x}^*=\boldsymbol{x}^{(k)}$，算法终止，否则令 $M_{k+1}=cM_k$，$k=k+1$，转（2）。

在式（6-62）中，惩罚项 $p(\boldsymbol{x})=\sum\limits_{i=1}^{L}g_i^+(\boldsymbol{x})$，当然也可以使用其他的方法来定义惩罚项，只要保证满足前面所述的三个条件即可。

上述迭代算法的终止准则为 $\mu\leqslant\varepsilon$，也可以改为 $M_k p\left(\boldsymbol{x}^{(k)}\right)\leqslant\varepsilon$。

下面分析惩罚函数法的收敛性。

设 $\boldsymbol{x}^{(k)}=\boldsymbol{x}(M_k)$ 为无约束优化问题（6-62）的最优解，那么：

（1）如果对于某一个 $M_{k_0},k_0\geqslant 1$ 对应的无约束优化问题的最优解 $\boldsymbol{x}^{(k_0)}\in D$，则 $\boldsymbol{x}^{(k_0)}$ 为原来的约束优化问题（6-56）的最优解；

（2）如果第一种情况总不发生，这时就得到一个无穷点列 $\{\boldsymbol{x}^{(k)}\},\boldsymbol{x}^{(k)}\notin D,k=1,2,\cdots$，可以证明在某些条件下，$\left\{\boldsymbol{x}^{(k)}\right\}$ 的任何极限点 $\boldsymbol{x}^*$ 都是原来约束优化问题（6-56）的最优解。

【例 6-21】 用惩罚函数法求解如下非线性规划问题：

$$\begin{cases}\min & f(\boldsymbol{x})=(x_1-1)^2+(x_2+1)^2+x_3^2\\ \text{s.t.} & h(\boldsymbol{x})=x_2+x_3-5=0\\ & g(\boldsymbol{x})=x_1+x_2-4\geqslant 0\end{cases}$$

在本例中，不等式约束为“≥”形式，故将其转换为“≤”得：

$$g'(\boldsymbol{x})=-g(\boldsymbol{x})=-x_1-x_2+4\leqslant 0$$

构造惩罚函数为：

$$F(\boldsymbol{x},M_k)=(x_1-1)^2+(x_2+1)^2+x_3^2+M_k\left((x_2+x_3-5)^2+u(g')(x_1+x_2-4)^2\right)$$

由于阶跃函数 $u(g')$ 只可能取 0 和 1，故首先设 $u(g')=0$，即不考虑不等式约束，求解等式约束下的非线性最优化问题：

$$\begin{cases}\min & f(\boldsymbol{x})=(x_1-1)^2+(x_2+1)^2+x_3^2\\ \text{s.t.} & h(\boldsymbol{x})=x_2+x_3-5=0\end{cases}$$

用拉格朗日乘子法：$L(\boldsymbol{x})=(x_1-1)^2+(x_2+1)^2+x_3^2+\lambda(x_2+x_3-5)$，故得方程组：

$$\begin{cases}\dfrac{\partial L}{\partial x_1}=2(x_1-1)=0\\ \dfrac{\partial L}{\partial x_2}=2(x_2+1)+\lambda=0\\ \dfrac{\partial L}{\partial x_3}=2x_3+\lambda=0\\ \dfrac{\partial L}{\partial \lambda}=x_2+x_3-5=0\end{cases} \tag{6-63}$$

求得 $\lambda=-6$，该问题的解为 $x=[1\quad 2\quad 3]^{\mathrm{T}}$。很显然，该解不符合不等式约束条件，故 $u(g')=1$，于是惩罚函数应为：

$$F(\boldsymbol{x},M_k)=(x_1-1)^2+(x_2+1)^2+x_3^2+M_k\left((x_2+x_3-5)^2+(x_1+x_2-4)^2\right)$$

该惩罚函数取得极值的必要条件为 $\nabla f(\boldsymbol{x})=0$，即

$$\begin{cases}\dfrac{\partial F}{\partial x_1}=2\left((x_1-1)+M_k(x_1+x_2-4)\right)=0\\ \dfrac{\partial F}{\partial x_2}=2\left((x_2+1)+M_k\left((x_2+x_3-5)+(x_1+x_2-4)\right)\right)=0\\ \dfrac{\partial F}{\partial x_3}=2\left(x_3+M_k(x_2+x_3-5)\right)=0\end{cases}$$

由上述方程组可得：

$$x_1=\frac{1+M_k(4-x_2)}{1+M_k};\ x_2=\frac{7M_k-1}{3M_k+1};\ x_3=\frac{M_k(5-x_2)}{1+M_k}$$

令 $M_k\to\infty$，则可以得到最优解 $\boldsymbol{x}^*=\begin{bmatrix}\dfrac{5}{3} & \dfrac{7}{3} & \dfrac{8}{3}\end{bmatrix}^{\mathrm{T}}, f(\boldsymbol{x}^*)=\dfrac{56}{3}$。

2．内点障碍函数法

考虑具有如下形式的非线性规划问题：

$$\begin{cases}\min & f(\boldsymbol{x})\\ \text{s.t.} & \boldsymbol{x}\in D\end{cases} \tag{6-64}$$

其中可行域 D 的内部（用 int$D$ 表示）非空，而且 int$D$ 中的点可以任意地接近于 D 的任一点，从直观上来看，就是 D 不能包含孤立点和孤立的线段，这样的集合 D 称为健集。在这种要求下，显然 D 中不能有等式约束，即 D 只能是形如式（6-65）所示的约束集：

$$D=\left\{\boldsymbol{x}\mid g_i(\boldsymbol{x})\leqslant 0, i=1,2,\cdots,m\right\} \tag{6-65}$$

障碍函数法就是从一个可行点 $\boldsymbol{x}^{(0)}$ 出发，在可行点之间进行迭代的一种方法。为了使迭代点在迭代的过程中保持为可行点，可在约束集的边界上建造一道“围墙”，它阻挡迭代点列离开可行域 D。障碍项是定义在 int$D$ 的一个函数 $B(\boldsymbol{x})$，它满足条件：

（1）$B(\boldsymbol{x})$ 是连续的；

（2）$B(\boldsymbol{x})\geqslant 0$；

（3）当 $\boldsymbol{x}$ 趋近于 D 的边界时，$B(\boldsymbol{x})\to\infty$。

通常定义障碍项为：$B(\boldsymbol{x})=\sum_{i=1}^{m}g_i^+(\boldsymbol{x})$; $g_i^+(\boldsymbol{x})=-\dfrac{1}{g_i(\boldsymbol{x})}\quad i=1,2,\cdots,m$

或者：$g_i^+(\boldsymbol{x})=-\ln(-g_i(\boldsymbol{x}))\quad i=1,2,\cdots,m$

则障碍函数定义为：$F(\boldsymbol{x},r_k)=f(\boldsymbol{x})+r_kB(\boldsymbol{x})$，其中 $r_k>0$，$r_1>r_2>\cdots>r_k>r_{k+1}\cdots$ 且有 $\lim\limits_{k\to\infty}r_k=0$。

根据上述定义容易看出，当 $\boldsymbol{x}$ 靠近可行域 D 的边界时，$g_1(\boldsymbol{x}),g_2(\boldsymbol{x}),\cdots,g_m(\boldsymbol{x})$ 中，至少有一个 $i\,(1\leqslant i\leqslant m)$，使得 $g_i(\boldsymbol{x})=0$，因此 $g_i^+(\boldsymbol{x})\to\infty$，从而 $B(\boldsymbol{x})\to\infty$，这样求解非线性规划问题（6-64），就可以转化为求解问题：

$$\begin{cases}\min & F(\boldsymbol{x},r)=f(\boldsymbol{x})+rB(\boldsymbol{x})\\ \text{s.t.} & \boldsymbol{x}\in\operatorname{int}D\end{cases}\tag{6-66}$$

其中 r>0。虽然从形式上看，问题（6-66）仍然是一个约束问题，但是由于在 D 的边界附近，它的目标函数值趋于无穷大，所以只要从 D 的一个内点开始迭代，并注意控制一维搜索的步长，就可以使 $\boldsymbol{x}^{(k)}$ 不越出可行域，因而不必直接和约束打交道，也就是说从计算的观点来看，它是无约束问题。

迭代步骤如下：

（1）选取 $r_1>0$，$c\geqslant2$，允许误差精度 ε；

（2）求可行域 D 中的一个内点 $\boldsymbol{x}^{(0)}\in D$，令 $k=1$；

（3）以 $\boldsymbol{x}^{(k-1)}$ 为初始点，求解无约束优化问题：

$$\begin{cases}\min & F(\boldsymbol{x},r_k)=f(\boldsymbol{x})+r_kB(\boldsymbol{x})\\ \text{s.t.} & \boldsymbol{x}\in\operatorname{int}D\end{cases}$$

设其最优解为 $\boldsymbol{x}^{(k)}=\boldsymbol{x}(r_k)$；

（4）收敛性检查：若 $r_kB(\boldsymbol{x}^{(k)})\leqslant\varepsilon$，则输出 $\boldsymbol{x}^*=\boldsymbol{x}^{(k)}$，算法终止；否则取 $r_{k+1}=r_k/c$，$k=k+1$，转（3）。

关于收敛性检查的准则，还有其他的一些形式可供参考，例如

- $\left\|\boldsymbol{x}^{(k)}-\boldsymbol{x}^{(k-1)}\right\|\leqslant\varepsilon$；
- $\left|f(\boldsymbol{x}^{(k)})-f(\boldsymbol{x}^{(k-1)})\right|\leqslant\varepsilon$；
- $\left|f(\boldsymbol{x}^{(k)})-f(\boldsymbol{x}^{(k-1)})\right|/\left|f(\boldsymbol{x}^{(k)})\right|\leqslant\varepsilon$。

【例 6-22】 用内点障碍函数法求解下述非线性规划问题：

$$\begin{cases}\min & f(\boldsymbol{x})=(x_1+1)^3+x_2\\ \text{s.t.} & g_1(\boldsymbol{x})=x_1-1\geqslant0\\ & g_2(\boldsymbol{x})=x_2\geqslant0\end{cases}$$

构造惩罚函数：$F(\boldsymbol{x},r_k)=(x_1+1)^3+x_2+r_k\dfrac{1}{x_1-1}+r_k\dfrac{1}{x_2}$

则惩罚函数取得极值的必要条件为：

$$\begin{cases}\dfrac{\partial F}{\partial x_1}=3\left(x_1+1\right)^2-\dfrac{r_k}{\left(x_1-1\right)^2}=0\\ \dfrac{\partial F}{\partial x_2}=1-\dfrac{r_k}{x_2^2}=0\end{cases}$$

于是最优解需要满足：

$$\begin{cases}x_1=\sqrt{1+\sqrt{\dfrac{r_k}{3}}}\\ x_2=\sqrt{r_k}\end{cases}$$

令 $r_k\to 0$ 即得到该非线性规划的最优解为：$\boldsymbol{x}=\begin{bmatrix}1 & 1\end{bmatrix}^{\mathrm{T}}$

3. 混合惩罚函数法

下面对外点罚函数法和内点障碍函数法作一个简单的比较，如表 6-10 所示。

表 6-10 外点罚函数法和内点障碍函数法的比较

	外点罚函数法	内点障碍函数法
约束条件	可以为等式和不等式	只能为不等式
初始点 $\boldsymbol{x}^{(0)}$	任取 $\boldsymbol{x}^{(0)}\in R^n$	必须在可行域中，$\boldsymbol{x}^{(0)}\in D$
迭代点 $\boldsymbol{x}^{(k)}$	$\boldsymbol{x}^{(k)}\notin D$	$\boldsymbol{x}^{(k)}\in D$
算法终止准则	$M_k p\left(\boldsymbol{x}^{(k)}\right)\leqslant\varepsilon$	$r_k B\left(\boldsymbol{x}^{(k)}\right)\leqslant\varepsilon$

由表可以看出，两种方法有不同的适用范围。因此，可以将两者结合起来使用，对于具有等式和不等式两种约束的非线性规划问题，在给出 $\boldsymbol{x}^{(k)}$ 之后，对等式约束和不能满足的不等式约束使用惩罚函数，对可以满足的不等式约束使用障碍函数。用数学语言表述，仿造内点法的表达形式，就是引进新的目标函数：

$$F(\boldsymbol{x},r)=f(\boldsymbol{x})+B(\boldsymbol{x},r) \tag{6-67}$$

惩罚项可以表达为 $B(\boldsymbol{x},r)=rB_1(\boldsymbol{x})+B_2(\boldsymbol{x})/r$，其中 $rB_1(\boldsymbol{x})$ 表示满足不等式约束的区域的内点障碍函数，$B_2(\boldsymbol{x})/r$ 表示不满足等式约束区域和等式约束区域的外点惩罚函数，即

$$B_1(\boldsymbol{x})=-\sum_{i\in I_1}\frac{1}{g_i(\boldsymbol{x})};\ B_2(\boldsymbol{x})=\sum_{i\in I_2}\left(g_i(\boldsymbol{x})\right)^2+\sum_{j=1}^{p}\left(h_j(\boldsymbol{x})\right)^2$$

$$B(\boldsymbol{x},r)=rB_1(\boldsymbol{x})+\frac{1}{r}B_2(\boldsymbol{x})=-r\sum_{i\in I_1}\frac{1}{g_i(\boldsymbol{x})}+\frac{1}{r}\sum_{i\in I_2}\left(g_i(\boldsymbol{x})\right)^2+\frac{1}{r}\sum_{j=1}^{p}\left(h_j(\boldsymbol{x})\right)^2 \tag{6-68}$$

其中，$I_1=\{i\mid g_i\left(\boldsymbol{x}^{(k)}\right)\leqslant 0,\ i=1,2,\cdots,m\}$；$I_2=\{i\mid g_i\left(\boldsymbol{x}^{(k)}\right)>0,\ i=1,2,\cdots,m\}$。

可以看出，区域 I_1 是满足不等式约束的部分，故采用内点障碍法；而 I_2 是不能满足不等式约束的部分，故采用外点惩罚函数法；而第三项代表等式约束，采用外点惩罚函数法。则在算法的迭代过程中，将式（6-66）作一个简单的代换，即将原非线性规划问题变为如下形式：

$$\begin{cases}\min\ F(\boldsymbol{x},r)=f(\boldsymbol{x})+B(\boldsymbol{x},r)\\ \text{s.t.}\ \ h_i(\boldsymbol{x})=0 \quad i=1,2,\cdots,p,\ \ p<n\\ \qquad g_j(\boldsymbol{x})\leqslant 0 \quad j=1,2,\cdots,m\end{cases}$$

同时，在迭代的过程中取消了 $\boldsymbol{x}^{(0)}\in D$ 的限制，这种方法称为混合惩罚函数法，可以用于等式和不等式同时存在的情况。混合惩罚函数法的算法终止准则可以设为：

$$\left|\frac{1}{r}B_2\left(\boldsymbol{x}^{(k)}\right)\right|\leqslant\varepsilon；\ \left|rB_1\left(\boldsymbol{x}^{(k)}\right)\right|\leqslant\varepsilon；\ \left|\frac{1}{r}B_2\left(\boldsymbol{x}^{(k)}\right)\right|\leqslant\varepsilon\text{ 且 }\left|rB_1\left(\boldsymbol{x}^{(k)}\right)\right|\leqslant\varepsilon$$

混合惩罚函数法的迭代步骤为：

（1）选取 $r_1>0$，$c\geqslant 2$，允许误差精度 ε；

（2）选取初始点 $\boldsymbol{x}^{(0)}$，满足 $h_j\left(\boldsymbol{x}^{(0)}\right)\neq 0$，$g_i\left(\boldsymbol{x}^{(0)}\right)<0$，令 k=1；

（3）以 $\boldsymbol{x}^{(k-1)}$ 为初始点，求解无约束优化问题 $\min\ F\left(\boldsymbol{x},r_k\right)=f\left(\boldsymbol{x}\right)+r_kB\left(\boldsymbol{x}\right)$，设其最优解为 $\boldsymbol{x}^{(k)}=\boldsymbol{x}\left(r_k\right)$；

（4）利用极小点的已知近似值进行外推，以提高搜索效率，定义下述极小点的一阶估计和二阶估计：

$$\hat{\boldsymbol{x}}=\frac{\sqrt{c}\boldsymbol{x}^{(k)}-\boldsymbol{x}^{(k-1)}}{\sqrt{c}-1}\tag{6-69}$$

$$\hat{\boldsymbol{x}}=\frac{\boldsymbol{x}^{(k-2)}-\left(c+\sqrt{c}\right)\boldsymbol{x}^{(k-1)}+\sqrt{c^3}\boldsymbol{x}^{(k)}}{\left(c-1\right)\left(\sqrt{c}-1\right)}\tag{6-70}$$

如果有 $g_i\left(\hat{\boldsymbol{x}}\right)<0\quad(i=1,2,\cdots,m)$，则更新 $\boldsymbol{x}^{(k)}=\hat{\boldsymbol{x}}$，否则舍弃 $\hat{\boldsymbol{x}}$，继续；

（5）收敛性检查：若 $r_kB\left(\boldsymbol{x}^{(k)}\right)\leqslant\varepsilon$，则输出 $\boldsymbol{x}^*=\boldsymbol{x}^{(k)}$，算法终止；否则取 $r_{k+1}=r_k/c$，k=k+1，转（3）。

6.7.3 近似规划法

用一系列线性规划问题的求解来解决非线性规划的问题，近似规划法就是基于这样的考虑而提出来的。在求解的过程中，反复将非线性规划问题进行线性化，或者说是线性逼近，用线性规划的方法来求解。我们希望线性规划的解逐步收敛到非线性规划问题的解上去。

考虑非线性规划问题的标准型：

$$\begin{cases}\min\ f(\boldsymbol{x})\\ \text{s.t.}\quad h_i(\boldsymbol{x})=0\quad i=1,2,\cdots,p\quad p<n\\ \qquad\ g_j(\boldsymbol{x})\leqslant 0\quad j=1,2,\cdots,m\end{cases}$$

为了得到上述非线性规划问题的线性近似式，将上述问题中的非线性函数在 $\boldsymbol{x}^{(k)}$ 处作泰勒展开，并忽略二次以上项，这样可以得到近似规划问题如下：

$$\begin{cases}\min\ \tilde{f}\left(\boldsymbol{x}\right)=f\left(\boldsymbol{x}^{(k)}\right)+\nabla^{\mathrm{T}}f\left(\boldsymbol{x}^{(k)}\right)\left(\boldsymbol{x}-\boldsymbol{x}^{(k)}\right)\\ \text{s.t.}\quad \tilde{h}_i\left(\boldsymbol{x}^{(k)}\right)=h_i\left(\boldsymbol{x}^{(k)}\right)+\nabla^{\mathrm{T}}h_i\left(\boldsymbol{x}^{(k)}\right)\left(\boldsymbol{x}-\boldsymbol{x}^{(k)}\right)=0\quad i=1,2,\cdots,p\quad p<n\\ \qquad\ \tilde{g}_j\left(\boldsymbol{x}\right)=g_j\left(\boldsymbol{x}^{(k)}\right)+\nabla^{\mathrm{T}}g_j\left(\boldsymbol{x}^{(k)}\right)\left(\boldsymbol{x}-\boldsymbol{x}^{(k)}\right)\leqslant 0\quad j=1,2,\cdots,m\end{cases}\tag{6-71}$$

在式（6-71）表达的最优化问题中，由于 $f\left(\boldsymbol{x}^{(k)}\right)$、$\nabla^{\mathrm{T}}f\left(\boldsymbol{x}^{(k)}\right)$、$h_i\left(\boldsymbol{x}^{(k)}\right)$、$\nabla^{\mathrm{T}}h_i\left(\boldsymbol{x}^{(k)}\right)$、

$g_j\left(\boldsymbol{x}^{(k)}\right)$、$\nabla^{\mathrm{T}} g_j\left(\boldsymbol{x}^{(k)}\right)$ 都是在迭代点 $\boldsymbol{x}^{(k)}$ 处计算出来的常数或者常向量，所以这个最优化问题实际上是一个线性规划问题，其形式可以表达如下：

$$\begin{cases} \min & \tilde{f}(\boldsymbol{x}) \\ \text{s.t.} & \tilde{h}_i(\boldsymbol{x})=0 \\ & \tilde{g}_j(\boldsymbol{x})\leqslant 0 \end{cases} \tag{6-72}$$

可以利用已有的方法，如单纯形法对式（6-72）进行求解，现假设在最优解的近似点 $\boldsymbol{x}^{(k)}$ 处展开后得到的线性规划问题的解为 $\boldsymbol{x}^{(k+1)}$，如果 $\boldsymbol{x}^{(k+1)}$ 不是原问题的可行解或者不满足算法终止准则 $\left\|\boldsymbol{x}^{(k+1)}-\boldsymbol{x}^{(k)}\right\|\leqslant\varepsilon$，则需要在 $\boldsymbol{x}^{(k+1)}$ 处再次线性展开 $f(\boldsymbol{x})$、$h_i(\boldsymbol{x})$ 和 $g_i(\boldsymbol{x})$，进行下一轮迭代。

用这种近似方法得出的仅仅是局部最优解，而且计算量一般比较大，但是由于它充分运用了线性规划的知识，有很多可用的计算机方法实现其求解过程，故而应用范围比较广。通常情况下，凡是涉及非线性的问题总是比较困难的，理论上和实践中最常用的方法就是在一定的范围内化非线性为线性问题来求解，虽然可能比较复杂，但是难度相对较低，易于理解和接受。

【例 6-23】 求解下述非线性规划问题：

$$\begin{cases} \max & f(\boldsymbol{x})=2x_1+x_2 \\ \text{s.t.} & g_1(\boldsymbol{x})=x_1^2-6x_1+x_2\leqslant 0 \\ & g_2(\boldsymbol{x})=x_1^2+x_2^2-80\leqslant 0 \\ & x_1\geqslant 3 \\ & x_2\geqslant 0 \end{cases}$$

由约束函数可以求出其梯度表达式为：$\nabla g_1(\boldsymbol{x})=\begin{bmatrix}2x_1-6 & 1\end{bmatrix}^{\mathrm{T}}$；$\nabla g_2(\boldsymbol{x})=\begin{bmatrix}2x_1 & 2x_2\end{bmatrix}^{\mathrm{T}}$

取初始点 $\boldsymbol{x}^{(0)}=\begin{bmatrix}5 & 8\end{bmatrix}^{\mathrm{T}}$，且在非线性约束函数处进行线性化，执行第一次迭代过程，有

$$\nabla g_1\left(\boldsymbol{x}^{(0)}\right)=\begin{bmatrix}4 & 1\end{bmatrix}^{\mathrm{T}};\ \nabla g_2\left(\boldsymbol{x}^{(0)}\right)=\begin{bmatrix}10 & 16\end{bmatrix}^{\mathrm{T}}$$

于是得到一次迭代的线性规划为：

$$\begin{cases} \max & \tilde{f}(\boldsymbol{x})=2x_1+x_2 \\ \text{s.t.} & \tilde{g}_1(\boldsymbol{x})=4x_1+x_2-25\leqslant 0 \\ & \tilde{g}_2(\boldsymbol{x})=10x_1+16x_2-169\leqslant 0 \\ & x_1\geqslant 3 \\ & x_2\geqslant 0 \end{cases}$$

利用线性规划方法可以求得该问题的最优解为：

$$\boldsymbol{x}^{(1)}=[4.2778 \quad 7.8889]^{\mathrm{T}},\ f\left(\boldsymbol{x}^{(1)}\right)=16.4444$$

重复上述过程，在 $\boldsymbol{x}^{(1)}$ 处对问题进行线性化，可得二次迭代的线性规划为：

$$\begin{cases} \max & \tilde{f}(\boldsymbol{x})=2x_1+x_2 \\ \text{s.t.} & \tilde{g}_1(\boldsymbol{x})=2.556x_1+x_2-18.267\leqslant 0 \\ & \tilde{g}_2(\boldsymbol{x})=8.556x_1+15.776x_2-160.278\leqslant 0 \\ & x_1\geqslant 3 \\ & x_2\geqslant 0 \end{cases}$$

该问题的最优解为：$\boldsymbol{x}^{(2)}=[4.0262\quad 7.9760]^{\mathrm{T}}$，$f\left(\boldsymbol{x}^{(2)}\right)=16.0284$

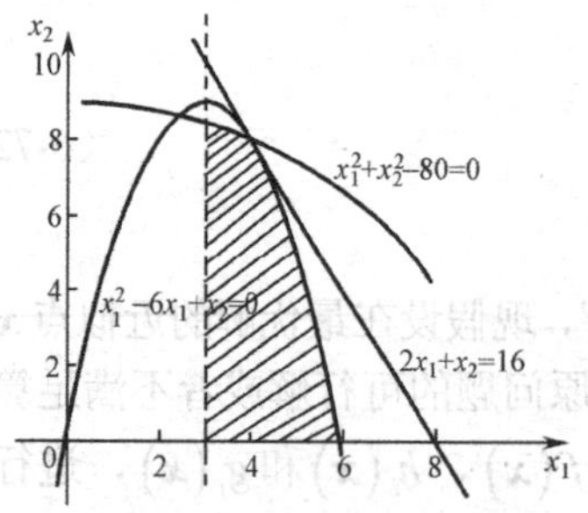

图 6-11　非线性规划的解区域示意图

根据题意，画出非线性规划的解的区域，由图 6-11 可以看出，可行域为阴影部分，等值线族 $2x_1+x_2=y$ 经过两曲线的交点处（4,8）时目标函数达到的最大值，当 $y>16$ 时，即脱离了问题的可行域，故该问题的最优解为：$\boldsymbol{x}^*=[4\quad 8]^{\mathrm{T}}$，$f\left(\boldsymbol{x}^*\right)=16$。

我们用图解法给出问题的最优解是为了验证线性化方法的解，可以知道，我们得到迭代的点列 $\{\boldsymbol{x}^{(0)},\boldsymbol{x}^{(1)},\boldsymbol{x}^{(2)},\cdots\}$ 已经逐步向 $\boldsymbol{x}^*$ 逼近，其中 $\boldsymbol{x}^{(2)}$ 已经和 $\boldsymbol{x}^*$ 非常接近。

6.7.4　多维约束优化的 MATLAB 求解

MATLAB 中提供了求解有约束的多维非线性规划问题的求解函数 fmincon，它用于求解如下形式的最优化问题：

$$\begin{cases}\min & f(\boldsymbol{x})\\ \text{s.t.} & c(\boldsymbol{x})\leqslant 0\\ & c_{\mathrm{eq}}(\boldsymbol{x})=0\\ & \boldsymbol{A}\boldsymbol{x}\leqslant \boldsymbol{b}\\ & \boldsymbol{A}_{\mathrm{eq}}\boldsymbol{x}=\boldsymbol{b}_{\mathrm{eq}}\\ & \mathbf{lb}\leqslant \boldsymbol{x}\leqslant \mathbf{ub}\end{cases}$$

其中，$\boldsymbol{x},\boldsymbol{b},\boldsymbol{b}_{\mathrm{eq}},\mathbf{lb}$ 为 n 维列向量，$\boldsymbol{b}$ 为 m_1 维列向量，$\boldsymbol{b}_{\mathrm{eq}}$ 为 m_2 维列向量，这说明该最优化问题的维数为 n 维，含有 m_1 个线性不等式和 m_2 个线性等式约束。$c(\boldsymbol{x})$和 $c_{\mathrm{eq}}(\boldsymbol{x})$为返回向量的非线性函数。**ub** 和 **lb** 与 $\boldsymbol{x}$ 同维，为设计变量 $\boldsymbol{x}$ 的上、下界约束。

下面讲解上述调用过程中涉及的输入参数和输出参数。

1．输入参数和输出参数

fun 为需要最小化的目标函数，在 fun 函数中需要输入设计变量 x，为一个列向量，结果返回 x 处的目标函数值。fun 可以是一个在 M 函数中定义的函数句柄，例如：

```
x = fmincon(@myfun,x0,A,b)
```

M-函数文件 myfun.m 必须有下面的形式：

```
function f = myfun(x)
f = ...          % 目标函数
```

fun 还可以是匿名函数句柄和字符串，例如：

```
x = fmincon(@(x)norm(x)^2,x0,A,b);
```

如果函数一阶可微，则该函数具有梯度向量，如果此时优化参数 GradObj 的值为'on'，设置方法为：

```
options = optimset('GradObj','on')
```

则 fun 必须在函数的第二个输出参数中返回函数在 x 处的梯度向量 g。

如果函数二阶可微，则该函数具有 Hessian 矩阵，如果此时控制参数 Hessian 的值为'on'，设置方法为：

```
options = optimset('Hessian','user-supplied'),
```

同时，如果 fmincon 使用基于牛顿映射的置信域算法，则 fun 必须在函数的第三个输出参数中返回函数在 x 处的 Hessian 矩阵 ***H***。

在使用 fmincon 求解最优化问题时，可选的算法有三种，这三种算法处理 Hessian 矩阵的方式各有不同。

1）有效集算法

并不使用用户提供的有关 Hessian 矩阵的信息，而是利用拟牛顿法取 Hessian 矩阵的近似值。

2）基于映射牛顿法的置信域算法

使用用户提供目标函数的 Hessian 矩阵的解析形式，该解析形式由目标函数的第三个输出参数给出。由于该算法的约束形式仅限于边界约束和线性约束，故其在拉格朗日乘子处的 Hessian 矩阵和目标函数的 Hessian 矩阵形式相同。通过下述命令使得 fmincon 在求解过程中使用 Hessian 矩阵的解析形式：

```
options = optimset('Hessian','user-supplied');
```

如果不设置该参数，则算法采用有限差分近似。

3）内点算法

使用用户提供的 Hessian 矩阵的信息，但是方式和置信域算法不同，它不是由目标函数的第三个输出参数得到的，而是需要建立单独的描述 Hessian 矩阵的文件，文件的形式为：

```
hessian = hessianfcn(x, lambda)
```

如果最优化问题的设计变量是 *n* 维列向量，则 hessian 是一个 *n* 维方阵，稀疏形式或者稠密形式均可。lambda 是非线性约束的拉格朗日乘子结构变量，它是与最优化问题的非线性约束相关的向量，其中包含 lambda.ineqnonlin 和 lambda.eqnonlin。

```
options = optimset('Hessian','user-supplied',.'HessFcn',@hessianfcn);
```

内点算法还有其他多种传递 Hessian 矩阵的方法，例如：

- 算法采用拟牛顿近似计算 Hessian 矩阵的值。设置方法为：

```
options = optimset('Hessian','bfgs');
```

- 算法采用有限记忆的大规模拟牛顿近似，positive integer 代表算法中需要记忆多少次之前迭代的结果。设置方法为：

```
options = optimset('Hessian',{'lbfgs',positive integer});
```

- 算法使用梯度的有限差分计算 Hessian 矩阵和向量的乘积，在这种情况下需要在目标函数的 M-函数文件中提供梯度向量的计算公式，如果非线性约束也具有梯度，需要一并提供。

```
options = optimset('Hessian','fin-diff-grads', 'SubproblemAlgorithm',
        'cg','GradObj','on',...
'GradConstr','on');
```

输入参数中还包括约束函数 nonlcon。

约束函数 nonlcon 包括不等式约束 c(x)≤0 和等式约束 ceq(x) = 0，它实际上是计算在 x 处约束函数的值。nonlcon 必须是函数句柄，可以是以 M-函数文件的形式出现或者以匿名函数的形式出现，例如：

```
x = fmincon(@myfun,x0,goal,weight,A,b,Aeq,beq,lb,ub,@mycon)
```

其中 mycon.m 是一个 M-函数文件形式，如下所示：

```
function [c,ceq] = mycon(x)
c = ...      % 计算 x 处非线性不等式约束函数的值
ceq = ...    % 计算 x 处非线性等式约束函数的值
```

如果约束函数存在梯度向量，同时通过如下方法设置控制参数 GradConstr 的值为 on：

```
options = optimset('GradConstr','on')
```

则 nonlcon 必须在第三个和第四个输出参数返回相应的梯度值，即不等式约束函数的梯度值 GC 和等式约束函数的梯度值 GCeq。

函数 fmincon 的输出参数 exitflag 的物理意义如表 6-11 所示。

表 6-11　参数 exitflag 的物理意义

取　值	物 理 意 义
1	一维最优测度小于 options.TolFun，同时最大的约束破坏不能超过 options.TolCon 梯度
2	x 的变化小于 x 处的误差限 TolX
3	目标函数值的变化小于函数计算终止的误差限 TolFun
4	搜索方向向量的模长小于 2×options.TolX，且约束破坏不能超过 options.TolCon
5	搜索方向上偏导数的模长要小于 2×options.TolFun 约束函数的偏离值小于 options.TolCon
0	已经达到最大迭代次数限制 options.MaxIter 或者已经达到函数评价次数的最大允许值 options.FunEvals
–1	算法被输出函数终止
–2	无可行解

输出参数和 fminunc 相似，不同的地方有 lambda 和 output 的相关属性。

lambda 给出了在解 x 处的拉格朗日乘子信息，该结构变量中所包含的属性及其相应的含义如表 6-12 所示。

表 6-12　lambda 中包含的属性及其含义

属 性 名 称	属 性 含 义
lower	下边界处的拉格朗日乘子
upper	上边界处的拉格朗日乘子
ineqlin	线性不等式约束的拉格朗日乘子

续表

属性名称	属性含义
eqlin	线性等式约束的拉格朗日乘子
ineqnonlin	非线性不等式约束的拉格朗日乘子
eqnonlin	非线性等式约束的拉格朗日乘子

输出参数 output 结构变量中所包含的信息如表 6-13 所示。

表 6-13 参数 output 所包含的信息

属性名称	属性含义
output.iterations	优化过程中的实际迭代次数
output.algorithm	优化过程中所采用的具体算法
output.funcCount	目标函数的评价次数
Output.lssteplength	搜索方向上的线性搜索步长（仅对有效集算法有效）
output.constrviolation	不满足的约束的偏离最大值（仅对有效集算法和内点算法有效）
output.firstorderopt	一阶最优测度
output.cgiterations	PCG 迭代的次数（仅对有效集算法和内点算法有效）
output.stepsize	x 的最终位移（仅对有效集算法和内点算法有效）
output.message	退出信息

2. 控制参数设置

fmincon 中提供的优化算法有有效集算法、内点算法和基于牛顿映射的置信域算法，默认的算法为基于牛顿映射的置信域算法。如果希望函数采用有效集算法进行搜索迭代，可以通过 optimset 命令设置如下：

```
options=optimset('Algorithm','active-set');
```

如果采用默认的置信域算法，则需要所给出的最优化问题满足下列条件：

（1）在目标函数中必须给出其梯度向量的解析形式。

（2）控制参数'GradObj'的值必须为 on。

（3）边界约束或者线性等式约束必具其一，但非两者均具备。

如果上述三个条件不能同时满足，则 fmincon 函数的默认算法为有效集算法。注意，有效集算法不是一种大型规模的优化算法。

fmincon 函数中有较多的参数需要设置，其中有些针对的是可能用到的所有算法，有些是针对某些特定算法的参数，下面分别讲述。表 6-14 所示为通用参数的设置。

表 6-14 fmincon 中的通用控制参数的设置

参数名称	参数设置
Algorithm	选择优化过程中使用的算法 interior-point：内点算法 active-set：有效集算法 trust-region-reflective：基于牛顿映射的置信域算法

续表

参数名称	参数设置
DerivativeCheck	比较有限差分法的梯度信息和用户提供的目标函数的梯度信息。值为 on 或者 off（默认值）
Diagnostics	设置是否显示诊断信息，值为'on'或者'off'（默认值）
DiffMaxChange	变量有限差分法梯度的最大变化值，为一个正数，默认值为 0.1
DiffMinChange	变量有限差分法梯度的最小变化值，为一个正数，默认值为 1×10^{-8}
Display	输出信息级别 off：无输出信息 iter：显示每一次迭代的输出信息，并显示默认退出信息 iter-detailed：显示每一次迭代的输出信息，并显示技术退出信息 notify：仅当目标函数不收敛时显示输出信息和默认的退出信息 notify-detailed：仅当目标函数不收敛时显示输出信息和技术退出信息 Final 默认值：显示最终输出信息和默认的退出信息 final-detailed：显示最终输出信息和技术退出信息
FunValCheck	检查目标函数值是否合法。当参数值为 on 时，若目标函数值为一个复数、Inf 或者 NaN，则返回错误信息；当参数值为 off（默认值）时，不返回该错误信息
GradConstr	用户定义的非线性约束函数的梯度。如果值为 on，则要求目标函数返回 4 个输出参数，其中第三个和第四个参数为非线性不等式约束函数和非线性等式约束函数的梯度信息；如果值为 off(默认值)，则 fmincon 使用有限差分近似计算梯度信息，且基于牛顿映射的置信域算法不处理任何非线性约束
GradObj	用户定义的目标函数的梯度向量。如果参数值为 on，则 fmincon 使用用户定义的目标函数梯度向量；如果参数值为 off（默认值），则 fmincon 使用有限差分来估计函数的梯度；如果使用基于牛顿映射的置信域算法，用户必须提供梯度向量且设置 GradObj 的值为 on
MaxFunEvals	目标函数评价的最大允许次数。对于有效集算法，默认值为 100×设计变量的个数；对于内点算法，默认值为 3 000
MaxIter	算法运行中的最大迭代次数，默认值为 400
OutputFcn	在优化计算的过程中按用户要求指定在一次迭代中需要调用的一个或者多个函数，函数形式可以是函数句柄，或者以元胞数组形式出现的函数句柄，默认值为[]
PlotFcns	在算法执行过程中按照不同的标准绘制优化进程，可以是预定义的方案或者用户自定义的方案。默认值为[]，设置值为 @optimplotx：绘制迭代过程中的当前点 @optimplotfunccount：绘制函数评价次数 @optimplotfval：绘制目标函数值 @optimplotstepsize：绘制步长值 @optimplotfirstorderopt：绘制一阶最优测度
TolFun	函数计算终止的误差限，对于大型规模算法其默认值为 1×10^{-6}
TolCon	约束函数破坏值计算误差限，默认值为 1×10^{-6}
TolX	最优解 x 处的误差限，默认值为 1×10^{-6}
TypicalX	典型 x 的值，其维数与初始点 x0 相同，默认值为全 1 向量。fminunc 使用 TypicalX 来衡量梯度的有限差分估计
UseParallel	如果值为 always，则用并行算法估计梯度值；如果值为 never（默认值）则不使用

针对不同的算法，MATLAB 还提供了专有算法的控制参数设置，如表 6-15、表 6-16 和表 6-17 所示。

表 6-15 基于牛顿映射的置信域算法中的控制参数设置

Hessian	若参数值为 on，fminunc 使用用户定义 Hessian 矩阵。Hessian 矩阵可以在目标函数中定义，也可以在使用 HessMult 时直接定义。若参数值为 off(默认值)，则 fmincon 使用有限差分方法估计 Hessian 矩阵的值
HessMult	Hessian 乘子函数的函数句柄。对于大型规模算法，该函数计算 H*Y 而并非直接构造 Hessian 矩阵 H。函数的形式如下 W = hmfun(Hinfo,Y) 其中 Hinfo 包含计算 H*Y 的矩阵 hmfun 的第一个参数必须和目标函数的第三个输出参数相同，例如 [f,g,Hinfo] = fun(x) Y 是一个矩阵，其行数和最优化问题的维数相同
HessPattern	用于有限差分的 Hessian 矩阵的稀疏形式。若不方便求取函数 fun 的稀疏 Hessian 矩阵 H，可以通过梯度的有限差分获得 H 的稀疏结构（如非零值的位置）来得到近似的 H。若不知道矩阵的稀疏结构则可以将 HessPattern 设置为密集矩阵，在每一次迭代的过程中，都进行密集矩阵的有限差分近似（默认值）。对于大型规模算法，该过程十分麻烦，故如果可能，能得到 Hessian 矩阵的稀疏结构还是值得的
MaxPCGIter	预处理共轭梯度法（PCG）迭代的最大次数，其默认值为 max(1,floor(设计变量的个数/2))
PrecondBandWidth	PCG 预处理的上带宽，为一个非负整数，默认值为 0。对一些最优化问题而言，增大上带宽可以减少 PCG 迭代的次数。如果设置 PrecondBandWidth 为 Inf，则算法使用 Cholesky 直接分解法来代替共轭梯度。直接分解比共轭梯度运算代价更高，但是可以更好地向最优解收敛
TolPCG	PCG 迭代的终止误差限，为一个正数，默认值为 0.1

表 6-16 有效集算法中的控制参数设置

参 数 名 称	参 数 设 置
FinDiffType	用于估计梯度有限差分方法。参数值可以设置为 forward(默认值)或者 central。其中 central 需要两倍的函数评价次数，但是数值更为准确
MaxSQPIter	SQP 迭代的最大允许次数。默认值为 10×max（设计变量的个数，不等式约束的个数，边界约束的个数）
RelLineSrchBnd	设置优化搜索时 x 的变化满足 $\vert\Delta x(i)\vert \leq relLineSrchBnd \cdot \max(\vert x(i)\vert,\vert typicalx(i)\vert)$。该参数是为了避免优化求解时 x 的步长变化太大，默认值为[]
RelLineSrchBndDuration	设定控制参数 RelLineSrchBnd 生效的迭代次数，默认值为 1
TolConSQP	SQP 迭代中所允许的约束偏离的误差限，默认值为 1×10^{-6}

表 6-17 内点算法中的控制参数设置

参 数 名 称	参 数 设 置
AlwaysHonorConstraints	默认值为 bounds，该值保证每一步迭代结果均满足所有的边界约束，若值设置为 none 则无此要求
FinDiffType	用于估计梯度有限差分方法。参数值可以设置为 forward（默认值）或者 central。其中 central 需要两倍的函数评价次数，但是数值更为准确 算法在使用有限差分近似时，将尽量满足边界约束，例如，算法有可能采用后向差分以避免评价一个在边界之外的函数点。然而，当控制参数 AlwaysHonorConstraints 的值为 none 时，使用 central 差分形式可能导致边界外的函数点

续表

参数名称	参数设置
HessFcn	用户提供的计算 Hessian 矩阵的函数句柄，仅当控制参数 Hessian 的值为 user-supplied 时有效
Hessian	设置 fmincon 计算 Hessian 矩阵的方式，可选的参数值为：bfgs（默认值）、fin-diff-grads、lbfgs、{lbfgs,Positive Integer}、user-supplied
HessMult	计算 Hessian 矩阵和向量乘积的句柄，仅当控制参数 Hessian 的值为 user-supplied 时有效
InitBarrierParam	初始障碍函数的参数值，默认值为 0.1
InitTrustRegionRadius	置信域的初始半径，默认值为 $\sqrt{n}$，其中 n 为设计变量的维数
MaxProjCGIter	投影共轭梯度迭代次数的终止误差限（终止准则），该迭代为一个内部迭代，非算法的迭代次数，默认值为 2×（设计变量的个数–等式约束的个数）
ObjectiveLimit	目标函数的下边界终止准则（误差限），为一个标量，当目标函数值小于 ObjectiveLimit 且该次迭代结果为可行解时，该次迭代终止。默认值为 -1×10^{20}
ScaleProblem	当参数值为 obj-and-constr（默认值）时，算法将对所有的约束和目标函数进行归一化处理，参数值为 none 则不处理
SubproblemAlgorithm	确定迭代步长的计算方式。默认值 ldl-factorization 通常比共轭梯度 cg 速度快。但在处理大型规模的优化问题，且 Hessian 矩阵以密集矩阵的形式表达时，cg 可能更具优势
TolProjCG	投影共轭梯度算法的终止误差限（终止准则），该算法用于内部迭代。默认值为 0.01
TolProjCGAbs	投影梯度算法的绝对误差终止误差限（终止准则），默认值为 1×10^{-10}

3. 命令详解

（1）x = fmincon(fun,x0,A,b)

该调用格式以 x0 为初始点求解具有线性不等式约束的最优化问题：

$$\begin{cases}\min & f(\boldsymbol{x})\\ \text{s.t.} & \boldsymbol{A}\boldsymbol{x}\leqslant \boldsymbol{b}\end{cases}$$

其中，x0 可以为标量、向量或者矩阵。

（2）x = fmincon(fun,x0,A,b,Aeq,beq)

该调用格式以 x0 为初始点求解具有线性不等式约束和线性等式约束的最优化问题：

$$\begin{cases}\min & f(\boldsymbol{x})\\ \text{s.t.} & \boldsymbol{A}\boldsymbol{x}\leqslant \boldsymbol{b}\\ & \boldsymbol{A}_{\text{eq}}\boldsymbol{x}=\boldsymbol{b}_{\text{eq}}\end{cases}$$

如果没有不等式约束，可以设置 A=[]且 b=[]。

（3）x = fmincon(fun,x0,A,b,Aeq,beq,lb,ub)

该调用格式以 x0 为初始点求解具有线性不等式约束和线性等式约束，且对设计变量有边界约束的最优化问题：

$$\begin{cases}\min & f(\boldsymbol{x})\\ \text{s.t.} & \boldsymbol{A}\boldsymbol{x}\leqslant \boldsymbol{b}\\ & \boldsymbol{A}_{\text{eq}}\boldsymbol{x}=\boldsymbol{b}_{\text{eq}}\\ & \mathbf{lb}\leqslant \boldsymbol{x}\leqslant \mathbf{ub}\end{cases}$$

即在调用格式（2）的基础上增加了边界约束 **lb**≤$\boldsymbol{x}$≤**ub**。如果最优化问题中无等式约束，则可以设置 Aeq = []且 beq = []。如果对于设计变量 x_i 无下界约束，则可以设置 lb(i) = –Inf；同理，如果对于设计变量 x_i 无上界约束，则可以设置 ub(i) = Inf。

（4）x = fmincon(fun,x0,A,b,Aeq,beq,lb,ub,nonlcon)

该调用格式以 x0 为初始点求解具有线性不等式约束、线性等式约束、边界约束和非线性约束的最优化问题：

$$\begin{cases}\min & f(\boldsymbol{x}) \\ \text{s.t.} & c(\boldsymbol{x}) \leqslant 0 \\ & c_{\text{eq}}(\boldsymbol{x}) = 0 \\ & \boldsymbol{A}\boldsymbol{x} \leqslant \boldsymbol{b} \\ & \boldsymbol{A}_{\text{eq}}\boldsymbol{x} = \boldsymbol{b}_{\text{eq}} \\ & \mathbf{lb} \leqslant \boldsymbol{x} \leqslant \mathbf{ub}\end{cases}$$

其中，非线性不等式约束$c(\boldsymbol{x})$和非线性等式约束$c_{\text{eq}}(\boldsymbol{x})$在 nonlcon 中进行独立描述，且必须具有$c(\boldsymbol{x}) \leqslant 0$、$c_{\text{eq}}(\boldsymbol{x}) = 0$的形式。如果最优化问题无边界约束，则可以相应设置 **lb**=[]或者 **ub** =[]。

（5）x = fmincon(fun,x0,A,b,Aeq,beq,lb,ub,nonlcon,options)

按照指定的控制参数进行最优化问题的求解，其问题形式与（4）相同。如果在最优化问题中无非线性约束，则可以设置 nonlcon = []。

（6）[x,fval] = fmincon(...)

返回目标函数在解 x 处的目标函数值

（7）[x,fval,exitflag] = fmincon(...)

在优化结束之时返回算法终止的状态指示结构变量 exitflag。

（8）[x,fval,exitflag,output] = fmincon(...)

在优化计算结束之时返回结构变量 output。

（9）[x,fval,exitflag,output,lambda] = fmincon(...)

在优化结束之时返回解 x 处的拉格朗日乘子结构变量 lambda。

（10）[x,fval,exitflag,output,lambda,grad] = fmincon(...)

在优化计算结束之时返回目标函数在解 x 处的梯度向量。

（11）[x,fval,exitflag,output,lambda,grad,hessian] = fmincon(...)

在优化计算结束之时返回目标函数在解 x 处的 Hessian 矩阵。

需要注意的是，函数 fmincon 基于梯度信息求解非线性规划问题。一般而言，需要目标函数和约束函数均为连续函数且连续一阶可微。

对于 fmincon 中使用的基于牛顿映射的置信域算法，它不允许设计变量的上、下界相等，如果对于某个设计变量有 lb(i)==ub(i)，则 fmincon 会返回错误信息：

```
Equal upper and lower bounds not permitted in this
large-scale method.
Use equality constraints and the medium-scale
method instead.
```

在 fmincon 中有两种传递 Hessian 的方法，对于不同的算法将采用不同的传递方式。对于置信域算法，由于无非线性约束，其拉格朗日乘子函数的 Hessian 矩阵与目标函数的 Hessian 矩阵形式相同，故只需通过目标函数的第三个输出函数进行传递；但对于内点算法，拉格朗日乘子函数包含了非线性约束函数的拉格朗日乘子形式，故需要建立独立的函数文件对 x 处的拉格朗日乘子函数及拉格朗日乘子结构变量 lambda 进行描述。

【例 6-24】 求解下述最优化问题：

$$\begin{cases} \min & f(\boldsymbol{x}) = -x_1 x_2 x_3 \\ \text{s.t.} & -x_1 - 2x_2 - 2x_3 \leqslant 0 \\ & x_1 + 2x_2 + 2x_3 \leqslant 72 \end{cases}$$

由于该最优化问题的目标函数为设计变量的非线性函数且具有线性不等式约束，故该问题是含有线性不等式约束的非线性规划问题。

首先建立 M-函数文件 myfun.m 定义最优化问题的目标函数：

```
function f = myfun(x)
f = -x(1) * x(2) * x(3);
```

然后设置求解的初始点 x0 = [10; 10; 10]，调用 fmincon 函数进行求解，求解的代码和结果为：

```
x0 = [10; 10; 10];    % 设置求解的初始点
A=[-1 -2 -2;1 2 2];
b=[0;72];
[x,fval,exitflag] = fmincon(@myfun,x0,A,b)
Warning: Trust-region-reflective method does not currently solve this
        type of problem,
 using active-set (line search) instead.
> In fmincon at 439
Local minimum possible. Constraints satisfied.
fmincon stopped because the predicted change in the objective function
is less than the default value of the function tolerance and constraints
were satisfied to within the default value of the constraint tolerance.
<stopping criteria details>
Active inequalities (to within options.TolCon = 1e-006):
  lower      upper      ineqlin   ineqnonlin
                           2
x =
   24.0000
   12.0000
   12.0000
fval =
```

```
  -3.4560e+003
exitflag =
    5
```

【例 6-25】 求解下述最优化问题：

$$\begin{cases}\min & f(\boldsymbol{x}) = \mathrm{e}^{x_1}\left(4x_1^2 + 2x_2^2 + 4x_1x_2 + 2x_2 + 1\right) \\ \text{s.t.} & x_1x_2 - x_1 - x_2 + \dfrac{3}{2} \leqslant 0 \\ & x_1x_2 \geqslant -10\end{cases}$$

该例和上例的不同之处在于，该问题的约束均为非线性约束，故不能在命令行直接对非线性约束进行描述，我们需要建立一个独立的 M-函数文件来描述最优化问题的非线性约束，该函数需要返回所有的非线性约束函数在 x 处的函数值。需要特别注意的是，约束的形式必须转换成为“≤”的形式。

故求解过程中，首先建立 M-函数文件 objfun.m 定义目标函数：

```
function f = objfun(x)
f = exp(x(1))*(4*x(1)^2 + 2*x(2)^2 + 4*x(1)*x(2) + 2*x(2) + 1);
```

然后需要建立一个描述约束条件的 M-函数文件 confun.m 来定义该问题的非线性约束：

```
function [c,ceq] =confun(x)
% 非线性不等式约束
c = [1.5+x(1)*x(2)-x(1)-x(2);-x(1)*x(2)-10];
% 非线性等式约束
ceq=[];
```

最后将上述已经定义好的目标函数和约束条件传递给函数 fmincon 进行该非线性规划问题的求解：

```
% 设置求解过程中的初始点 x0
x0=[-1,1];
% 选择使用有效集算法
options=optimset('Algorithm','active-set');
[x,fval]=fmincon(@objfun,x0,[],[],[],[],[],[],@confun,options)
Local minimum found that satisfies the constraints.
Optimization completed because the objective function is non-decreasing in
feasible directions, to within the default value of the function tolerance,
and constraints were satisfied to within the default value of the constraint tolerance.
<stopping criteria details>

Active inequalities (to within options.TolCon = 1e-006):
  lower      upper     ineqlin   ineqnonlin
                                     1
                                     2
```

```
x =
   -9.5474    1.0474
```

【例 6-26】 在上例中加上边界约束求解如下最优化问题：

$$\begin{cases} \min & f(\boldsymbol{x}) = \mathrm{e}^{x_1}\left(4x_1^2 + 2x_2^2 + 4x_1x_2 + 2x_2 + 1\right) \\ \text{s.t.} & x_1x_2 - x_1 - x_2 + \dfrac{3}{2} \leqslant 0 \\ & x_1x_2 \geqslant -10 \\ & x_1, x_2 \geqslant 0 \end{cases}$$

该问题的求解和上例类似，只不过添加了边界约束，故在求解过程中，定义目标函数 myfun.m 不需要改变，只需要在求解最优化问题的主函数代码中添加输入参数 lb 和 ub，同时在向 fmincon 传递相关参数时增加 lb 和 ub 即可。其求解代码和结果如下。

定义目标函数的 M-函数文件 myfun.m：

```
function f = objfun(x)
f = exp(x(1))*(4*x(1)^2 + 2*x(2)^2 + 4*x(1)*x(2) + 2*x(2) + 1);
```

求解最优化问题的代码及其结果：

```
% 设置求解过程中的初始点 x0
x0 = [-1,1];
% 设置下边界
lb = [0,0];
% 无上边界，故设置 ub=[]
ub = [];
% 选择使用有效集算法
options = optimset('Algorithm','active-set');
[x,fval] = fmincon(@objfun,x0,[],[],[],[],lb,ub,@confun,options)
Local minimum found that satisfies the constraints.
Optimization completed because the objective function is non-decreasing in
feasible directions, to within the default value of the function tolerance,
and constraints were satisfied to within the default value of the constraint tolerance.
<stopping criteria details>
Active inequalities (to within options.TolCon = 1e-006):
  lower      upper     ineqlin   ineqnonlin
    1                                1

x =
         0    1.5000
fval =
    8.5000
```

通常 fmincon 在其中等规模算法中使用有限差分近似数值计算目标函数的梯度。在此过程中一般给系统的每一个变量一个微小扰动，以计算函数和约束的偏导数。另外，用户还可以根据需要以解析函数的形式给出计算目标函数和约束式的偏导数的计算公式，这种方法一般更为准确和高效。

同样针对【例 6-25】中的问题，我们可以知道，约束函数可以表示为如下分量的形式，然后分别对其求偏导：

$$c_1(\boldsymbol{x}) = x_1x_2 - x_1 - x_2 + \frac{3}{2};\ c_2(\boldsymbol{x}) = -x_1x_2 - 10$$

在上述设定下，目标函数的梯度向量和约束函数的偏导数分别为：

$$\nabla f = \begin{bmatrix} \mathrm{e}^{x_1}\left(4x_1^2 + 2x_2^2 + 4x_1x_2 + 2x_2 + 1\right) + \mathrm{e}^{x_1}\left(8x_1 + 4x_2\right) \\ \mathrm{e}^{x_1}\left(4x_1 + 4x_2 + 2\right) \end{bmatrix}$$

$$\begin{bmatrix} \dfrac{\partial c_1}{\partial x_1} & \dfrac{\partial c_2}{\partial x_1} \\ \dfrac{\partial c_1}{\partial x_2} & \dfrac{\partial c_2}{\partial x_2} \end{bmatrix} = \begin{bmatrix} x_2 - 1 & -x_2 \\ x_1 - 1 & -x_1 \end{bmatrix}$$

【例 6-27】 自定义梯度和 Hessian 矩阵的计算公式，求解【例 6-25】中的最优化问题。

首先建立 M-函数文件 objfungrad.m 定义目标函数，同时在文件中给出目标函数的梯度：

```
function [f,G] = objfungrad(x)
f = exp(x(1))*(4*x(1)^2+2*x(2)^2+4*x(1)*x(2)+2*x(2)+1);
% 目标函数的梯度向量
if nargout  > 1
   G = [ f + exp(x(1)) * (8*x(1) + 4*x(2)), exp(x(1))*(4*x(1)+4*x(2)+2)];
end
```

然后建立 M-函数文件 confungrad.m 定义约束函数和约束函数的偏导数：

```
function [c,ceq,DC,DCeq] = confungrad(x)
% 非线性不等式约束 s
c(1) = 1.5 + x(1) * x(2) - x(1) - x(2);
c(2) = -x(1) * x(2)-10;
% 由于无非线性等式约束，故设置 ceq=[]
ceq=[];
% 非线性约束函数的偏导数
if nargout > 2
   DC= [x(2)-1, -x(2); x(1)-1, -x(1)];
   DCeq = [];
end
```

由于在 objfungrad.m 中提供了目标函数梯度向量的解析表达形式，同时在 confungrad.m 中给出了约束函数偏导数的解析形式，因此如果要在 fmincon 的求解过程中使用这些信息，就必须设置控制参数 GradObj 和 GradConstr 的值为 on，即

```
options = optimset(options,'GradObj','on','GradConstr','on');
```

如果不对上述参数进行设置，则 fmincon 将不使用这些解析形式来计算目标函数的梯度向量和约束函数的偏导数。

在本例中，取消对设计变量的边界约束，即设置 lb 和 ub 均为[]。之后调用 fmincon 进行优化求解：

```
% 初始点
x0 = [-1,1];
options = optimset('Algorithm','active-set');
% 设置'GradObj'和'GradConstr'的值为'on'，使得 fmincon 函数使用解析形式的偏导数
options = optimset(options,'GradObj','on','GradConstr','on');
% 无设计变量的边界约束
lb = [ ]; ub = [ ];
[x,fval] = fmincon(@objfungrad,x0,[],[],[],[],lb,ub,@confungrad,options)
x =
   -9.5474    1.0474
fval =
    0.0236
```

【例 6-28】 在【例 6-27】中添加非线性等式约束，求解如下最优化问题：

$$\begin{cases} \min & f(\boldsymbol{x}) = \mathrm{e}^{x_1}\left(4x_1^2 + 2x_2^2 + 4x_1x_2 + 2x_2 + 1\right) \\ \text{s.t.} & x_1^2 + x_2 - 1 = 0 \\ & x_1x_2 \geqslant -10 \end{cases}$$

该例中描述目标函数的 M-函数文件 objfun.m 为：

```
function f = objfun(x)
f = exp(x(1))*(4*x(1)^2+2*x(2)^2+4*x(1)*x(2)+2*x(2)+1);
```

然后建立描述非线性等式约束和非线性不等式约束的 M-函数文件 confuneq.m 如下：

```
function [c, ceq] = confuneq(x)
% 非线性不等式约束
c = -x(1)*x(2) - 10;
% 非线性等式约束
ceq = x(1)^2 + x(2) - 1;
```

最后在命令行或者主文件中调用 fmincon 来求解该非线性规划问题：

```
x0 = [-1,1];
options = optimset('Algorithm','active-set');
[x,fval] = fmincon(@objfun,x0,[],[],[],[],[],[],@confuneq,options)
x =
   -0.7529    0.4332
fval =
    1.5093
```

【例 6-29】 利用 fmincon 内点算法求解下列最优化问题：

$$\begin{cases} \min & f(\boldsymbol{x}) = 10x_1^3 + x_1x_2^2 + x_3\left(x_1^2 + x_2^2\right) \\ \text{s.t.} & \sqrt{x_1^2 + x_2^2} - x_3 - 10 \leqslant 0 \\ & \sqrt{x_1^2 + x_2^2} + x_3 - 3 \leqslant 0 \end{cases}$$

内点算法可以将 Hessian 矩阵的解析形式作为一个输入参数。

首先建立 M-函数文件 bigtoleft.m 描述最优化问题的目标函数，并在文件中给出其梯度向量。在这个问题中，我们可得：

$$c_1(\boldsymbol{x}) = \sqrt{x_1^2 + x_2^2} - x_3 - 10;\ c_2(\boldsymbol{x}) = \sqrt{x_1^2 + x_2^2} + x_3 - 3$$

```
function [f gradf] = bigtoleft(x)
f=10*x(1)^3+x(1)*x(2)^2+x(3)*(x(1)^2+x(2)^2);
if nargout > 1
   gradf=[30*x(1)^2+x(2)^2+2*x(3)*x(1); 2*x(1)*x(2)+2*x(3)*x(2);
         (x(1)^2+x(2)^2)];
end
```

然后建立 M-函数文件 twocone.m 描述最优化问题的非线性约束，该函数返回 4 个参数，分别为非线性不等式约束函数、非线性等式约束函数、不等式约束函数的偏导数和等式约束函数的偏导数。则如果要在目标函数中返回约束函数的梯度向量，根据约束函数的表达式可得：

$$\frac{\partial c_1}{\partial x_1} = \frac{x_1}{\sqrt{x_1^2 + x_2^2}},\ \frac{\partial c_1}{\partial x_2} = \frac{x_2}{\sqrt{x_1^2 + x_2^2}},\ \frac{\partial c_1}{\partial x_3} = -1,\ \frac{\partial c_2}{\partial x_1} = \frac{x_1}{\sqrt{x_1^2 + x_2^2}},\ \frac{\partial c_2}{\partial x_2} = \frac{x_2}{\sqrt{x_1^2 + x_2^2}},\ \frac{\partial c_2}{\partial x_3} = 1$$

如果定义 $r = \sqrt{x_1^2 + x_2^2}$，约束函数的梯度向量可以表示为矩阵形式：

$$\nabla c(\boldsymbol{x}) = \begin{bmatrix} \dfrac{\partial c_1}{\partial x_1} & \dfrac{\partial c_2}{\partial x_1} \\ \dfrac{\partial c_1}{\partial x_2} & \dfrac{\partial c_2}{\partial x_2} \\ \dfrac{\partial c_1}{\partial x_3} & \dfrac{\partial c_2}{\partial x_3} \end{bmatrix} = \begin{bmatrix} \dfrac{x_1}{r} & \dfrac{x_1}{r} \\ \dfrac{x_2}{r} & \dfrac{x_2}{r} \\ -1 & 1 \end{bmatrix}$$

于是描述非线性约束的 M-函数文件 twocone.m 为：

```
function [c ceq gradc gradceq] = twocone(x)
ceq = [];
r = sqrt(x(1)^2 + x(2)^2);
c = [-10+r-x(3); x(3)-3+r];
if nargout > 2
   gradceq = [];
   gradc = [x(1)/r,x(1)/r; x(2)/r,x(2)/r; -1,1];
end
```

由于在本例中，我们将使用拉格朗日乘子函数的 Hessian 矩阵，其定义可以表述为如下形式：

$$\nabla_{xx}^2 L(\boldsymbol{x},\lambda)=\nabla^2 f(\boldsymbol{x})+\sum\lambda_i\nabla^2 c_i(\boldsymbol{x})+\sum\lambda_i\nabla^2 ceq_i(\boldsymbol{x})$$

下面由上述表达式的各个组成部分讲解如何计算$\nabla_{xx}^2 L(\boldsymbol{x},\lambda)$。

由目标函数的表达式可知其 Hessian 矩阵为：

$$\nabla^2 f(\boldsymbol{x})=\begin{bmatrix}60x_1+2x_3 & 2x_2 & 2x_1\\ 2x_2 & 2x_1+2x_3 & 2x_2\\ 2x_1 & 2x_2 & 0\end{bmatrix}$$

由于$ceq_i(\boldsymbol{x})=0$，故要得到拉格朗日乘子函数的 Hessian 矩阵，关键是要计算$\nabla^2 c_i(\boldsymbol{x})$，根据约束函数的表达式可知：

$$\frac{\partial^2 c_1}{\partial x_1^2}=\frac{x_2^2}{r^3},\ \frac{\partial^2 c_1}{\partial x_1\partial x_2}=\frac{-x_1x_2}{r^3},\ \frac{\partial^2 c_1}{\partial x_1\partial x_3}=0$$

$$\frac{\partial^2 c_1}{\partial x_1\partial x_2}=\frac{-x_1x_2}{r^3},\ \frac{\partial^2 c_1}{\partial x_2^2}=\frac{x_1^2}{r^3},\ \frac{\partial^2 c_1}{\partial x_2\partial x_3}=0$$

$$\frac{\partial^2 c_1}{\partial x_1\partial x_3}=0,\ \frac{\partial^2 c_1}{\partial x_2\partial x_3}=0,\ \frac{\partial^2 c_1}{\partial x_3^2}=0$$

同理可以计算$c_2(\boldsymbol{x})$的 Hessian 矩阵的值，发现$\nabla^2 c_1(\boldsymbol{x})$和$\nabla^2 c_2(\boldsymbol{x})$结果相同，故假设为$\nabla^2 c_1(\boldsymbol{x})=\nabla^2 c_2(\boldsymbol{x})=\boldsymbol{H}$，可得$\boldsymbol{H}$的计算公式为：

$$\boldsymbol{H}=\begin{bmatrix}\frac{x_2^2}{r^3} & \frac{-x_1x_2}{r^3} & 0\\ \frac{-x_1x_2}{r^3} & \frac{x_1^2}{r^3} & 0\\ 0 & 0 & 0\end{bmatrix}$$

故

$$\sum\lambda_i\nabla^2 c_i(\boldsymbol{x})=\lambda_1\boldsymbol{H}+\lambda_2\boldsymbol{H}$$

于是建立 M-函数文件 hessinterior.m 计算 x 处含有拉格朗日乘子函数的 Hessian 矩阵如下：

```
function h = hessinterior(x,lambda)
% 目标函数的 Hessian 矩阵的解析形式
h = [60*x(1)+2*x(3),2*x(2),2*x(1);
    2*x(2),2*(x(1)+x(3)),2*x(2);
    2*x(1),2*x(2),0];
r = sqrt(x(1)^2+x(2)^2);
rinv3 = 1/r^3;
% 非线性约束函数 c(1)和 c(2)的 Hessian 矩阵
hessc = [(x(2))^2*rinv3,-x(1)*x(2)*rinv3,0;
    -x(1)*x(2)*rinv3,x(1)^2*rinv3,0;
    0,0,0];
h = h + lambda.ineqnonlin(1)*hessc + lambda.ineqnonlin(2)*hessc;
```

之后设置初始点和控制参数，调用 fmincon 求解最优化问题。需要注意的是，由于我们提供了拉格朗日乘子函数的 Hessian 矩阵信息，故需要设置控制参数'HessFcn'函数句柄的值，即@hessinterior：

```
options = optimset('Algorithm','interior-point', 'Display','iter',
        'GradObj','on','GradConstr','on',...
          'Hessian','user-supplied','HessFcn',@hessinterior);
[x fval mflag output]=fmincon(@bigtoleft,[-1,-1,-1],[],[],[],[],[],[],
                @twocone,options)
```

运行结果如下：

```
                                First-order    Norm of
Iter F-count       f(x)  Feasibility  optimality       step
  0     1  -1.300000e+001  0.000e+000  3.067e+001
  1     2  -2.011543e+002  0.000e+000  1.739e+002  1.677e+000
  2     3  -1.270471e+003  9.844e-002  3.378e+002  2.410e+000
  3     4  -2.881667e+003  1.937e-002  1.079e+002  2.206e+000
  4     5  -2.931003e+003  2.798e-002  5.813e+000  6.006e-001
  5     6  -2.894085e+003  0.000e+000  2.352e-002  2.800e-002
  6     7  -2.894125e+003  0.000e+000  5.981e-005  3.048e-005
Local minimum found that satisfies the constraints.

Optimization completed because the objective function is non-decreasing in
feasible directions, to within the default value of the function tolerance,
and constraints were satisfied to within the default value of the constraint tolerance.
x =
   -6.5000   -0.0000   -3.5000
fval =
 -2.8941e+003
mflag =
     1
output =
         iterations: 6
          funcCount: 7
    constrviolation: 0
           stepsize: 3.0479e-005
          algorithm: 'interior-point'
      firstorderopt: 5.9812e-005
       cgiterations: 3
            message: [1x834 char]
```

通过比较可以发现，上述算法迭代 6 步收敛，如果不使用 Hessian 矩阵信息，fmincon 需要迭代 9 步才收敛。

```
options = optimset('Algorithm','interior-point','Display','iter',
        'GradObj','on','GradConstr','on');
[x fval mflag output]=fmincon(@bigtoleft,[-1,-1,-1],[],[],[],[],[],[],
                @twocone,options)
                                        First-order      Norm of
Iter F-count         f(x)  Feasibility  optimality        step
  0     1  -1.300000e+001   0.000e+000  3.067e+001
  1     2  -7.259551e+003   2.495e+000  2.414e+003  8.344e+000
  2     3  -7.361301e+003   2.529e+000  2.767e+001  5.253e-002
  3     4  -2.978165e+003   9.392e-002  1.069e+003  2.462e+000
  4     8  -3.033486e+003   1.050e-001  8.282e+002  6.749e-001
  5     9  -2.893740e+003   0.000e+000  4.186e+001  1.053e-001
  6    10  -2.894074e+003   0.000e+000  2.637e-001  3.565e-004
  7    11  -2.894124e+003   0.000e+000  2.340e-001  1.680e-004
  8    12  -2.894125e+003   2.830e-008  1.180e-001  6.374e-004
  9    13  -2.894125e+003   2.939e-008  1.423e-004  6.484e-004
Local minimum found that satisfies the constraints.
Optimization completed because the objective function is non-decreasing in
feasible directions, to within the default value of the function tolerance,
and constraints were satisfied to within the default value of the constraint tolerance.
x =
   -6.5000   -0.0000   -3.5000
fval =
 -2.8941e+003
mflag =
     1
output =
         iterations: 9
          funcCount: 13
    constrviolation: 2.9391e-008
           stepsize: 6.4842e-004
          algorithm: 'interior-point'
      firstorderopt: 1.4235e-004
       cgiterations: 0
            message: [1x834 char]
```

6.8 综合实例

下面结合非线性规划的建模方法和 MATLAB 求解方法，给出几个典型的非线性规划求解的实例供读者参考。

6.8.1 商品最优存储方法

【例 6-30】 商品最优存储方法。

有一个供销公司，为了节约成本，减少开支，希望尽量节省商品的库存空间，但同时又强调库存的商品能够满足客户的需求。

为简化问题的描述，假设该公司只销售甲、乙两种商品，假设甲用 1 表示，乙用 2 表示，其各种符号表示的意义如表 6-18 所示，其中供给率指公司供给客户的速度。

表 6-18 各种符号表示意义表

x_i	第 i 种商品的存储量
a_i	第 i 种商品的价格
b_i	第 i 种商品的供给率
h_i	第 i 种商品每单位的存储费用
t_i	第 i 种商品每单位的存储空间
T	总存储公式

对于某种商品，根据历史数据得到其成本可以表示为：$f_i=\left(\frac{a_ib_i}{x_i}+\frac{h_ix_i}{2}\right)$

于是该最优化问题的目标函数为两种商品成本的总和，即

$$f(x_1,x_2)=f_1+f_2=\left(\frac{a_1b_1}{x_1}+\frac{h_1x_1}{2}\right)+\left(\frac{a_2b_2}{x_2}+\frac{h_2x_2}{2}\right)$$

考虑到商品的存储，由于第 i 种商品的存储量为 x_i，且第 i 种商品每单位的存储空间为 t_i，故某商品所占用的存储空间可以表示为 $T_i=t_ix_i$。为了节省存储空间，假定所能提供的存储空间为 T，则两种商品总的存储量不得高于 T，表达成约束的形式即为 $T_1+T_2=t_1x_1+t_2x_2\leqslant T$。

由历史数据得到的经验公式为：

$$\begin{cases}\min \quad f(\boldsymbol{x})=\left(\dfrac{a_1b_1}{x_1}+\dfrac{h_1x_1}{2}\right)+\left(\dfrac{a_2b_2}{x_2}+\dfrac{h_2x_2}{2}\right)\\ \text{s.t.} \quad g(\boldsymbol{x})=t_1x_1+t_2x_2\leqslant T\\ \qquad\ x_1,x_2\geqslant 0\end{cases}$$

由公司的数据，可得甲、乙两种商品对应的参数值如表 6-19 所示。

表 6-19 甲、乙两种商品对应的参数值

	a_i	b_i	h_i	t_i
甲商品	9	3	0.5	2
乙商品	4	5	0.2	4

且已知总存储空间$T=24$。

故将相关的参数代入问题中，可得最优化问题为：

$$\begin{cases} \min & f(\boldsymbol{x})=\left(\dfrac{27}{x_1}+0.25x_1\right)+\left(\dfrac{20}{x_2}+0.10x_2\right) \\ \text{s.t.} & g(\boldsymbol{x})=2x_1+4x_2 \leqslant 24 \\ & x_1,x_2 \geqslant 0 \end{cases}$$

用 MATLAB 求解时需要先定义最优化问题的目标函数 objfun.m，如下所示：

```
function f=objfun(x)
f=27/x(1)+0.25*x(1)+20/x(2)+0.10*x(2);
```

由于该问题存在一个不等式约束，故定义最优化问题的约束函数 confun.m 如下：

```
function [c,ceq]=confun(x)
c=[2*x(1)+4*x(2)-24];
ceq=[];
```

最后设置寻优的初始点 x0 为[0;0]，并利用内点算法来求解该最优化问题，同时注意到对设计变量的非负约束，编写求解代码和运行结果如下：

```
x0=[0;0];
lb=[0;0]
ub=[Inf;Inf];
options=optimset('Algorithm','interior-point');
[x,fval,exitflag]=fmincon(@objfun,x0,[],[],[],[],lb,ub,@confun,options)
```

运行结果为：

```
Local minimum found that satisfies the constraints.
Optimization completed because the objective function is non-decreasing in
feasible directions, to within the default value of the function tolerance,
and constraints were satisfied to within the default value of the constraint tolerance.
<stopping criteria details>
x =
    5.0968
    3.4516
fval =
   12.7112
exitflag =
     1
output =
         iterations: 9
          funcCount: 30
    constrviolation: 0
           stepsize: 2.5384e-006
```

```
        algorithm: 'interior-point'
    firstorderopt: 1.1336e-007
     cgiterations: 0
          message: [1x834 char]
```

上面的方法采用的是有限差分的形式来近似梯度信息，如果直接提供目标函数和约束函数的梯度，则首先在 objfungrad.m 中定义目标函数和目标函数的梯度如下：

```
function [f,G]=objfungrad(x)
% 目标函数
f=27/x(1)+0.25*x(1)+20/x(2)+0.10*x(2);
if nargout>1
%目标函数的梯度
   G=[-27/x(1)^2+0.25;-20/x(2)^2+0.1];
end
```

然后在 confungrad.m 中定义约束函数和约束函数的梯度如下：

```
function [c,ceq,DC,DCeq]=confungrad(x)
c=[2*x(1)+4*x(2)-24];
ceq=[];
if nargout>2
   DC=[2;4]
   DCeq=[];
end
```

由于在目标函数和约束函数中均已定义了其梯度的解析形式，故在求解最优化问题的文件中需要将优化过程中的控制参数 GradObj 和 GradConstr 设置为'on'，求解代码如下：

```
x0=[0;0];
lb=[0;0];
ub=[Inf;Inf];
options = optimset('Algorithm','interior-point','GradObj','on',
          'GradConstr','on');
[x,fval,exitflag,output]=fmincon(@objfungrad,x0,[],[],[],[],lb,ub,
@confungrad,options)
```

运行结果为：

```
Local minimum found that satisfies the constraints.
Optimization completed because the objective function is non-decreasing in
feasible directions, to within the default value of the function tolerance,
and constraints were satisfied to within the default value of the constraint
tolerance.
<stopping criteria details>
```

```
x =
    5.0968
    3.4516
fval =
   12.7112
exitflag =
     1
output =
         iterations: 9
          funcCount: 10
    constrviolation: 0
           stepsize: 2.5582e-006
          algorithm: 'interior-point'
      firstorderopt: 4.1256e-008
       cgiterations: 0
            message: [1x834 char]
```

由运行结果的输出信息可知，在这个问题中，如果用户在求解过程中提供了目标函数和约束函数的梯度信息，则其迭代次数相同，但是函数评价的次数明显降低。

6.8.2 产销量的最佳安排

【例 6-31】 产销量的最佳安排。

某厂生产一种产品，有甲、乙两个牌号，讨论在产销平衡的情况下如何确定各自的产量，使总利润最大。所谓产销平衡是指工厂的产量等于市场上的销量。

符号说明：

$f(x_1,x_2)$ 表示总利润；

p_1,q_1,x_1 分别表示甲的价格、成本、销量；

p_2,q_2,x_2 分别表示乙的价格、成本、销量；

$a_{ij},b_i,\lambda_i,c_i\ (i,j=1,2)$ 是待定系数。

在这个问题的求解过程中，首先根据经济学知识作一些基本假设：

假设 1——价格与销量成线性关系

利润既取决于销量和价格，也依赖于产量和成本。按照市场规律，甲的价格 p_1 会随其销量 x_1 的增长而降低，同时乙的销量 x_2 的增长也会使甲的价格有稍微的下降，可以简单地假设价格与销量呈线性关系。

该假设用数学语言描述即为：$p_1=b_1-a_{11}x_1-a_{12}x_2$，其中 $b_1,a_{11},a_{12}>0$

由于甲的销量对甲的价格有直接影响，而乙的销量对甲的价格为间接影响，故可以合理地假设销量前的系数满足如下关系：$a_{11}>a_{12}$

同理：$p_2=b_2-a_{21}x_1-a_{22}x_2$；$b_2,a_{21},a_{22}>0$；$a_{22}>a_{21}$

假设 2——成本与产量成负指数关系

甲的成本随其产量的增长而降低，且有一个渐进值，可以假设为负指数关系，用数学形式表达为$q_1 = r_1 e^{-\lambda_1 x_1} + c_1$，其中$r_1, \lambda_1, c_1 > 0$。同理：$q_2 = r_2 e^{-\lambda_2 x_2} + c_2$；$r_2, \lambda_2, c_2 > 0$。

由问题中的符号说明，可知总利润为：$f(x_1, x_2) = (p_1 - q_1)x_1 + (p_2 - q_2)x_2$

若根据大量的统计数据，求出系数：

$$b_1 = 100, a_{11} = 1, a_{12} = 0.1;\quad b_2 = 280, a_{21} = 0.2, a_{22} = 2$$

$$r_1 = 30, \lambda_1 = 0.015, c_1 = 20;\quad r_2 = 100, \lambda_2 = 0.02, c_2 = 30$$

则问题转化为无约束优化问题：求甲、乙两个牌号的产量x_1, x_2，使总利润f最大。

我们首先为该问题确定一个初始解，并从该初始解处开始寻优。为简化模型，先忽略成本，并令$a_{12} = 0, a_{21} = 0$，问题转化为求下面函数的极值：

$$f_1 = (b_1 - a_{11}x_1)x_1 + (b_2 - a_{22}x_2)x_2$$

显然其解为$x_1 = b_1/(2a_{11}) = 50,\ x_2 = (b_2/2a_{22}) = 70$，我们把它作为原问题的初始值。

用 MATALB 求解该非线性无约束的最优化问题，首先需要建立描述目标函数的 M-文件 objfun.m：

```
function f=objfun(x)
f1=((100-x(1)-0.1*x(2))-(30*exp(-0.015*x(1))+20))*x(1);
f2=((280-0.2*x(1)- 2*x(2))-(100*exp(-0.02*x(2))+30))*x(2);
f=-y1-y2;
```

然后调用 fminunc 求解该最优化问题，设定初始点为[50,70]：

```
x0=[50,70];
[x,fval,exitflag]=fminunc(@objfun,x0)
```

运行结果为：

```
Warning: Gradient must be provided for trust-region method;
  using line-search method instead.
> In fminunc at 356
  In Untitled at 2
Local minimum found.
Optimization completed because the size of the gradient is less than
the default value of the function tolerance.
<stopping criteria details>
x =
   23.9025   62.4977
fval =
 -6.4135e+003
exitflag =
     1
```

由运行结果可知，当甲的产量为 23.902 5、乙的产量为 62.497 7 时，最大利润为 6 413.5。

6.9 本章小结

本章主要讨论的是非线性规划问题的建模及其求解。本章在给出几个典型的整数规划问题之后，总结了非线性规划的数学模型，之后介绍了非线性规划的基本理论，重点在于非线性规划的极值条件，并在此基础上，分类给出了无约束非线性规划和有约束非线性规划的多种算法，同时详细讲解了如何使用 MATLAB 优化工具箱中的多个函数求解相应的非线性规划问题。通过本章的学习，读者应掌握如下知识点：

（1）非线性规划问题的建模方法，包括一维的问题和多维的问题；

（2）非线性规划问题的极值条件，重点是 K-T 条件；

（3）一维搜索的试探法和插值法的原理和实施方法；

（4）多维无约束非线性规划的相关算法，如最速下降法、牛顿法、共轭方向法、Powell 算法的原理和迭代方法；

（5）多维约束非线性规划的相关算法，如拉格朗日乘子法、序列无约束极小化法、近似规划法的原理和迭代方法；

（6）MATLAB 中求解非线性规划的函数 fminbnd、fminunc、fminsearch 和 fmincon 的使用方法。

习　题

1．求解下列非线性规划问题

（1）$\min\ f(x)=(x-3)^2-1,\ x\in[0,5]$

（2）$\min\ x_1^2+2x_2^2-2x_1x_2+2x_2+2$

（3）$\min\ f(x)=(x_1+10x_2)^2+5(x_3-x_4)^2+(x_2-2x_3)^4+(x_1-x_4)^4$

（4）$$\begin{cases}\min & f=-x_1-2x_2+\dfrac{1}{2}x_1^2+\dfrac{1}{2}x_2^2\\ \text{s.t.} & 2x_1+3x_2\leqslant 6\\ & x_1+4x_2\leqslant 5\\ & x_1,x_2\geqslant 0\end{cases}$$

（5）$$\begin{cases}\min f(x)=x_1{}^2+x_2{}^2+8\\ \text{s.t.}\ \ x_1{}^2-x_2\geqslant 0\\ \quad -x_1-x_2^2+2=0\\ \quad x_1,x_2\geqslant 0\end{cases}$$

（6）$$\begin{cases}\min & f(x)=(x-1)^2+(x_1-x_2)^2+(x_3-1)^2+(x_4-1)^4+(x_5-1)^6\\ \text{s.t.} & x_1^2x_4+\sin(x_4-x_1)-2\sqrt{2}=0\\ & x_2+x_3^4x_4^2-8-\sqrt{2}=0\end{cases}$$

（7）$\begin{cases} \min \quad f(x)=\sum_{i=1}^{10}\left[\ln^2(x_i-2)+\ln^2(10-x_i)-\left(\prod_{i=1}^{10}x_i\right)^2\right] \\ \text{s.t.} \quad 2.001 \leqslant x_i \leqslant 9.999,\ i=1,2,\cdots,10 \end{cases}$

2．供应与选址问题

某公司有6个建筑工地要开工，每个工地的位置（用平面坐标系 a, b 表示，距离单位：km）及水泥日用量 d（t）由表6-20给出。目前有两个临时料场位于 $A(5,1), B(2,7)$，日储量各有20t。假设从料场到工地之间均有直线道路相连。

（1）试制订每天的供应计划，即从 A, B 两料场分别向各工地运送多少吨水泥，使总的吨千米数最小；

（2）为了进一步减少吨千米数，打算舍弃两个临时料场，改建两个新的，日储量各为20t，问应建在何处？节省的吨千米数有多大？

表6-20 工地位置（a, b）及水泥日用量 d

	1	2	3	4	5	6
a	1.25	8.75	0.5	5.75	3	7.25
b	1.25	0.75	4.75	5	6.5	7.25
d	3	5	4	7	6	11

3．生产计划问题

某厂向用户提供发动机，合同规定，第一、二、三季度末分别交货40台、60台、80台，每季度的生产费用为 $f(x)=ax+bx^2$（元），其中 x 是该季度生产的台数。若交货后有剩余，可用于下季度交货，但需支付存储费，每台每季度 c 元。

已知工厂每季度最大生产能力为100台，第一季度开始时无存货，设 a=50、b=0.2、c=4，问工厂应如何安排生产计划，才能既满足合同又使总费用最低？讨论 a、b、c 变化对计划的影响，并作出合理的解释。

4．基金管理问题

一基金管理人的工作是，每天将现有的美元、英镑、马克、日元4种货币按当天汇率相互兑换，使在满足需要的条件下，按美元计算的价值最高。

设某天的汇率、现有货币和当天需求如表6-21所示。

表6-21 货币需求

	美元	英镑	马克	日元	现有量×10^8	需求量×10^8
美元	1	0.589 28	1.743	138.3	8	6
英镑	1.697	1	2.957 9	234.7	1	3
马克	0.573 72	0.338 08	1	79.346	8	1
日元	0.007 233	0.004 26	0.012 6	1	0	10

问该天基金管理人应如何操作（“按美元计算的价值”指兑入、兑出汇率的平均值，如

1 英镑相当于$\dfrac{1.697+(1/0.589\,28)}{2}$=1.696 993 美元）？

5．组合投资问题

现有 50 万元基金用于投资三种股票 A、B、C：A 每股年期望收益 5 元（标准差 2 元），目前市价 20 元；B 每股年期望收益 8 元（标准差 6 元），目前市价 25 元；C 每股年期望收益 10 元（标准差 10 元），目前市价 30 元；股票 A、B 收益的相关系数为 5/24；股票 A、C 收益的相关系数为–0.5；股票 B、C 收益的相关系数为－0.25。假设：基金不一定要用完（不用不计利息或贬值），风险通常用收益的方差或标准差衡量。

（1）期望今年得到至少 20%的投资回报，应如何投资？

（2）投资回报率与风险的关系如何？

6．飞行管理问题

在约 10 000m 高空的某边长 160km 的正方形区域内，经常有若干架飞机作水平飞行。区域内每架飞机的位置和速度向量均由计算机记录其数据，以便进行飞行管理。当一架欲进入该区域的飞机到达区域边缘时，记录其数据后，要立即计算并判断是否会与区域内的飞机发生碰撞。如果会碰撞，则应计算如何调整各架（包括新进入的）飞机飞行的方向角，以避免碰撞。现假定条件如下：

（1）不碰撞的标准为任意两架飞机的距离大于 8km；

（2）飞机飞行方向角调整的幅度不应超过 30°；

（3）所有飞机飞行速度均为每小时 800km；

（4）进入该区域的飞机在到达区域边缘时，与区域内飞机的距离应在 60km 以上；

（5）最多需考虑 6 架飞机；

（6）不必考虑飞机离开此区域后的状况。

请对这个避免碰撞的飞行管理问题建立数学模型，列出计算步骤，对以下数据进行计算（方向角误差不超过 0.01°），要求飞机飞行方向角调整的幅度尽量小。

设该区域 4 个顶点的坐标为(0,0)，(160,0)，(160,160)，(0,160)。记录数据如表 6-22 所示。

表 6-22　飞行管理问题记录数据表

飞机编号	横坐标 x	纵坐标 y	方向角/°
1	150	140	243
2	85	85	236
3	150	155	220.5
4	145	50	159
5	130	150	230
新进入	0	0	52

注：方向角指飞行方向与 x 轴正向的夹角。

试根据实际应用背景对你的模型进行评价与推广。

提示：$(x_i(t)-x_j(t))^2+(y_i(t)-y_j(t))^2>64$；$1\leqslant i\leqslant n-1$，$i+1\leqslant j\leqslant n$，$0\leqslant t\leqslant \min\{T_i,T_j\}$

其中 n 为飞机的总架数，$(x_i(t),y_i(t))$ 为 t 时刻第 i 架飞机的坐标，T_i,T_j 分别表示第 i,j 架飞机飞出正方形区域边界的时刻。这里：

$$x_i(t)=x_i(0)+vt\cos\theta_i\,,\quad y_i(t)=y_i(0)+vt\sin\theta_i\,,\quad i=1,2,\cdots,n$$

$$\theta_i=\theta_i^0+\Delta\theta_i\,,\quad |\Delta\theta_i|\leqslant\frac{\pi}{6}\,,\quad i=1,2,\cdots,n$$

其中 v 为飞机的速度，θ_i^0,θ_i 分别为第 i 架飞机的初始方向角和调整后的方向角。

令

$$l_{i,j}=(x_i(t)-x_j(t))^2+(y_i(t)-y_j(t))^2-64=at^2+bt+c$$

其中

$$a=4v^2\sin^2\frac{\theta_i-\theta_j}{2},$$

$$b=2v[(x_i(0)-x_j(0))+(y_i(0)-y_j(0))(\sin\theta_i-\sin\theta_j)]$$

$$c=(x_i(0)-x_j(0))^2+(y_i(0)-y_j(0))^2-64$$

则两架飞机不碰撞的条件是 $b^2-4ac<0$。

第7章 二次规划

二次规划是指目标函数为二次函数、约束条件是线性等式或线性不等式的最优化问题，它是非线性规划中最简单且研究得最成熟的一类问题，也是可以通过有限次迭代求得精确解的一类问题。本章在给出二次规划问题的数学模型之后，重点介绍二次规划的求解算法。

7.1 二次规划问题的数学模型

二次规划可以表述成如下标准形式：

$$\begin{cases} \min \quad f(\boldsymbol{x})=\dfrac{1}{2}\boldsymbol{x}^{\mathrm{T}}\boldsymbol{H}\boldsymbol{x}+\boldsymbol{c}^{\mathrm{T}}\boldsymbol{x} \\ \text{s.t.} \quad \boldsymbol{A}\boldsymbol{x}\geqslant \boldsymbol{b} \end{cases} \tag{7-1}$$

其中，$\boldsymbol{H}\in R^{n\times n}$为$n$阶实对称矩阵，$\boldsymbol{A}$为$m\times n$维矩阵，$\boldsymbol{c}$为$n$维列向量，$\boldsymbol{b}$为$m$维列向量。问题（7-1）即为二次规划问题（Quadratic Programming，QP）。

特别的，当$\boldsymbol{H}$正定时，目标函数为凸函数，线性约束下可行域又是凸集，式（7-1）称为凸二次规划。凸二次规划是一种最简单的非线性规划，且具有如下性质：

（1）K-T 条件不仅是最优解的必要条件，而且是充分条件；

（2）局部最优解就是全局最优解。

下面探讨二次规划的求解。首先给出求解等式约束下的二次规划问题的算法，之后分析不等式约束下的二次规划的几种算法。

7.2 等式约束的二次规划问题

等式约束的二次规划问题可以表示为：

$$\begin{cases} \min \quad f(\boldsymbol{x})=\dfrac{1}{2}\boldsymbol{x}^{\mathrm{T}}\boldsymbol{H}\boldsymbol{x}+\boldsymbol{c}^{\mathrm{T}}\boldsymbol{x} \\ \text{s.t.} \quad \boldsymbol{A}\boldsymbol{x}=\boldsymbol{b} \end{cases} \tag{7-2}$$

其中，$\boldsymbol{H}$为n维对称阵，$\boldsymbol{A}$为$m\times n$维矩阵，$\boldsymbol{c}$为n维列向量，$\boldsymbol{b}$为m维列向量。我们不妨假设$\operatorname{rank}(\boldsymbol{A})=m<n$，下面介绍求解等式约束下二次规划问题（7-2）的两种方法。

7.2.1 直接消去法

求解问题（7-2）最简单又最直接的方法就是利用约束来消去部分变量，从而把问题转化成无约束问题，这一方法称为直接消去法。

将 $\boldsymbol{A}$ 分解成 $\boldsymbol{A}=(\boldsymbol{B},\boldsymbol{N})$，其中 $\boldsymbol{B}$ 为基矩阵，相应地将 $\boldsymbol{x},\boldsymbol{c},\boldsymbol{H}$ 作如下分块：

$$\boldsymbol{x}=\begin{bmatrix}\boldsymbol{x}_B\\ \boldsymbol{x}_N\end{bmatrix},\ \boldsymbol{c}=\begin{bmatrix}\boldsymbol{c}_B\\ \boldsymbol{c}_N\end{bmatrix},\ \boldsymbol{H}=\begin{bmatrix}\boldsymbol{H}_{11} & \boldsymbol{H}_{12}\\ \boldsymbol{H}_{21} & \boldsymbol{H}_{22}\end{bmatrix}$$

其中，$\boldsymbol{H}_{11}$ 为 $m\times m$ 维矩阵。这样，问题（7-2）的约束条件变为：$\boldsymbol{B}\boldsymbol{x}_B+\boldsymbol{N}\boldsymbol{x}_N=\boldsymbol{b}$

即

$$\boldsymbol{x}_B=\boldsymbol{B}^{-1}\boldsymbol{b}-\boldsymbol{B}^{-1}\boldsymbol{N}\boldsymbol{x}_N \tag{7-3}$$

将式（7-3）代入 $f(\boldsymbol{x})$ 中就得到与问题（7-2）等价的无约束问题：

$$\min\ \varphi(\boldsymbol{x}_N)=\frac{1}{2}\boldsymbol{x}_N^{\mathrm{T}}\hat{\boldsymbol{H}}_2\boldsymbol{x}_N+\hat{\boldsymbol{c}}_N^{\mathrm{T}}\boldsymbol{x}_N \tag{7-4}$$

其中，

$$\hat{\boldsymbol{H}}_2=\boldsymbol{H}_{22}-\boldsymbol{H}_{21}\boldsymbol{B}^{-1}\boldsymbol{N}-\boldsymbol{N}^{\mathrm{T}}\left(\boldsymbol{B}^{-1}\right)^{\mathrm{T}}\boldsymbol{H}_{12}+\boldsymbol{N}^{\mathrm{T}}\left(\boldsymbol{B}^{-1}\right)^{\mathrm{T}}\boldsymbol{H}_{11}\boldsymbol{B}^{-1}\boldsymbol{N}$$

$$\hat{\boldsymbol{c}}_N=\boldsymbol{c}_N-\boldsymbol{N}^{\mathrm{T}}\left(\boldsymbol{B}^{-1}\right)^{\mathrm{T}}\boldsymbol{c}_B+\left(\boldsymbol{H}_{21}-\boldsymbol{N}^{\mathrm{T}}\left(\boldsymbol{B}^{-1}\right)^{\mathrm{T}}\boldsymbol{H}_{11}\right)\boldsymbol{B}^{-1}\boldsymbol{b}$$

如果 $\hat{\boldsymbol{H}}_2$ 正定，则问题（7-4）的最优解为：

$$\boldsymbol{x}_N^*=-\hat{\boldsymbol{H}}_2^{-1}\hat{\boldsymbol{c}}_N \tag{7-5}$$

此时，问题（7-2）的解为：

$$\boldsymbol{x}^*=\begin{bmatrix}\boldsymbol{x}_B^*\\ \boldsymbol{x}_N^*\end{bmatrix}=\begin{bmatrix}\boldsymbol{B}^{-1}\boldsymbol{b}\\ 0\end{bmatrix}+\begin{bmatrix}\boldsymbol{B}^{-1}\boldsymbol{N}\\ -\boldsymbol{I}\end{bmatrix}\hat{\boldsymbol{H}}_2^{-1}\hat{\boldsymbol{c}}_N$$

记点 $\boldsymbol{x}^*$ 处的拉格朗日乘子为 $\boldsymbol{\lambda}^*$，则有：$\boldsymbol{A}^T\boldsymbol{\lambda}^*=\nabla f\left(\boldsymbol{x}^*\right)=\boldsymbol{H}\boldsymbol{x}^*+\boldsymbol{c}$

故知：

$$\boldsymbol{\lambda}^*=\left(\boldsymbol{B}^{-1}\right)^{\mathrm{T}}\left(\boldsymbol{H}_{11}\boldsymbol{x}_B^*+\boldsymbol{H}_{12}\boldsymbol{x}_N^*+\boldsymbol{c}_B\right)$$

如果 $\hat{\boldsymbol{H}}_2$ 半正定且问题（7-4）无下界，或者 $\hat{\boldsymbol{H}}_2$ 有负特征值，则不难证明问题（7-2）不存在有限解。

【例 7-1】 求解二次规划问题：

$$\begin{cases}\min & f(x)=x_1^2+x_2^2+x_3^2\\ \text{s.t.} & x_1+2x_2-x_3=4\\ & x_1-x_2+x_3=-2\end{cases} \tag{7-6}$$

首先将约束写成如下形式：

$$\begin{cases}x_1+2x_2=4+x_3\\ x_1-x_2=-2-x_3\end{cases} \tag{7-7}$$

由（7-7）通过高斯消元法可得：

$$\begin{cases} x_1 = -\dfrac{1}{3}x_3 \\ x_2 = 2 + \dfrac{2}{3}x_3 \end{cases} \tag{7-8}$$

将（7-8）代入 $f(\boldsymbol{x})$ 中可得到等价的无约束问题：

$$\min \varphi(x_3) = \frac{14}{9}x_3^2 + \frac{8}{3}x_3 + 4$$

其中按照标准形式可知 $\hat{\boldsymbol{H}}_2 = \left(\dfrac{28}{9}\right)$，显然为正定，故求其极值只需令其梯度为 0，即

$$\nabla\varphi(x_3) = \frac{28}{9}x_3 + \frac{8}{3} = 0$$

故可求得 $x_3^* = -\dfrac{6}{7}$，代入（7-8）可得 $x_1^* = \dfrac{2}{7}$，$x_2^* = \dfrac{10}{7}$。

于是问题（7-6）的唯一最优解为：

$$\boldsymbol{x}^* = (x_1^*, x_2^*, x_3^*)^{\mathrm{T}} = \left(\frac{2}{7}, \frac{10}{7}, -\frac{6}{7}\right)^{\mathrm{T}}$$

再利用 $\boldsymbol{A}^{\mathrm{T}}\boldsymbol{\lambda}^* = \nabla f(\boldsymbol{x}^*) = \boldsymbol{H}\boldsymbol{x}^* + \boldsymbol{c}$，即

$$\begin{bmatrix} 1 & 1 \\ 2 & -1 \\ -1 & 1 \end{bmatrix} \begin{bmatrix} \lambda_1^* \\ \lambda_2^* \end{bmatrix} = \begin{bmatrix} 2 & 0 & 0 \\ 0 & 2 & 0 \\ 0 & 0 & 2 \end{bmatrix} \begin{bmatrix} \dfrac{2}{7} \\ \dfrac{10}{7} \\ -\dfrac{6}{7} \end{bmatrix}$$

可以求得：$\lambda_1^* = \dfrac{8}{7}, \lambda_2^* = -\dfrac{4}{7}$

直接消去法思想简单明了，使用方便，不足之处是 $\boldsymbol{B}$ 可能接近一个奇异方阵，从而引起最优解 $\boldsymbol{x}^*$ 的数值不稳定。

7.2.2 拉格朗日乘子法

求解问题（7-2）的另一种方法是拉格朗日乘子法。问题（7-2）的拉格朗日乘子函数为：

$$L(\boldsymbol{x}, \boldsymbol{\lambda}) = \frac{1}{2}\boldsymbol{x}^{\mathrm{T}}\boldsymbol{H}\boldsymbol{x} + \boldsymbol{c}^{\mathrm{T}}\boldsymbol{x} - \boldsymbol{\lambda}^{\mathrm{T}}(\boldsymbol{A}\boldsymbol{x} - \boldsymbol{b}) \tag{7-9}$$

令

$$\begin{cases} \nabla_{\boldsymbol{x}} L(\boldsymbol{x}, \boldsymbol{\lambda}) = 0 \\ \nabla_{\boldsymbol{\lambda}} L(\boldsymbol{x}, \boldsymbol{\lambda}) = 0 \end{cases} \tag{7-10}$$

可以得到 K-T 条件：

$$\begin{cases}Hx+c-A^{\mathrm{T}}\lambda=0\\Ax-b=0\end{cases}\tag{7-11}$$

若将式（7-11）写成矩阵形式，有

$$\begin{bmatrix}H & -A^{\mathrm{T}}\\-A & 0\end{bmatrix}\begin{bmatrix}x\\\lambda\end{bmatrix}=-\begin{bmatrix}c\\b\end{bmatrix}\tag{7-12}$$

式（7-12）中的系数矩阵$\begin{bmatrix}H & -A^{\mathrm{T}}\\-A & 0\end{bmatrix}$称为拉格朗日矩阵，它是对称的但不一定是正定的。

如果上述拉格朗日矩阵可逆，则可以表示为：

$$\begin{bmatrix}H & -A^{\mathrm{T}}\\-A & 0\end{bmatrix}^{-1}=\begin{bmatrix}Q & -R\\-R^{\mathrm{T}} & G\end{bmatrix}\tag{7-13}$$

从而由式（7-12）可得问题（7-2）的最优解为：

$$\begin{cases}x^*=-Qc+Rb\\\lambda^*=R^{\mathrm{T}}c-Gb\end{cases}\tag{7-14}$$

当H^{-1}存在时，由式（7-13）可得Q,R,G的表达式为：

$$\begin{cases}Q=H^{-1}-H^{-1}A^{\mathrm{T}}\left(AH^{-1}A^{\mathrm{T}}\right)^{-1}AH^{-1}\\R=H^{-1}A^{\mathrm{T}}\left(AH^{-1}A^{\mathrm{T}}\right)^{-1}\\G=-\left(AH^{-1}A^{\mathrm{T}}\right)^{-1}\end{cases}$$

下面给出x^*和λ^*的另一种表达式。

设$x^{(0)}$是问题（7-2）的任一可行解，即$x^{(0)}$满足关系式$Ax^{(0)}=b$，则在$x^{(0)}$处目标函数的梯度可以表示为：$\nabla f\left(x^{(0)}\right)=Hx^{(0)}+c$。

则式（7-14）可以写为：

$$\begin{cases}x^*=x^{(0)}-Q\nabla f\left(x^{(0)}\right)\\\lambda^*=R^{\mathrm{T}}\nabla f\left(x^{(0)}\right)\end{cases}\tag{7-15}$$

【例7-2】　用拉格朗日乘子法求解问题：

$$\begin{cases}\min & x_1^2+2x_2^2+x_3^2-2x_1x_2+x_3\\\text{s.t.} & x_1+x_2+x_3=4\\ & 2x_1-x_2+x_3=2\end{cases}\tag{7-16}$$

由问题可得如下矩阵表述：

$$H=\begin{bmatrix}2 & -2 & 0\\-2 & 4 & 0\\0 & 0 & 2\end{bmatrix},\ c=\begin{bmatrix}0\\0\\1\end{bmatrix},\ A=\begin{bmatrix}1 & 1 & 1\\2 & -1 & 1\end{bmatrix},\ b=\begin{bmatrix}4\\2\end{bmatrix}$$

显然，矩阵H可逆且：

$$H^{-1}=\begin{bmatrix}2 & -2 & 0\\ -2 & 4 & 0\\ 0 & 0 & 2\end{bmatrix}^{-1}=\begin{bmatrix}1 & \frac{1}{2} & 0\\ \frac{1}{2} & \frac{1}{2} & 0\\ 0 & 0 & \frac{1}{2}\end{bmatrix}$$

因此，按照上述条件，可得 Q,R,G 分别为：

$$Q=\frac{4}{11}\begin{bmatrix}\frac{1}{2} & \frac{1}{4} & -\frac{3}{4}\\ \frac{1}{4} & \frac{1}{8} & -\frac{3}{8}\\ -\frac{3}{4} & -\frac{3}{8} & \frac{9}{8}\end{bmatrix},\ R=\frac{4}{11}\begin{bmatrix}\frac{3}{4} & \frac{3}{4}\\ \frac{7}{4} & -1\\ \frac{1}{4} & \frac{1}{4}\end{bmatrix},\ G=-\frac{4}{11}\begin{bmatrix}3 & -\frac{5}{2}\\ -\frac{5}{2} & 3\end{bmatrix}$$

根据结论式（7-14），可得问题（7-16）的最优解为：

$$x^*=-Qc+Rb=\left(\frac{21}{11},\frac{43}{22},\frac{3}{22}\right)^{\mathrm{T}}$$

7.3 有效集方法

对于线性约束非线性规划问题，一类很一般的方法是可行点有效集方法。这一名称反映了该方法的两个重要性质：

首先，所有迭代点都是可行点。

其次，每次迭代都利用当前点的有效约束集来定义搜索方向，并通过线性搜索来确定步长。

对于二次规划问题，由于其目标函数的特殊结构，使得这一普遍方法可以更有效地实现。限于篇幅，我们只讨论 Hessian 矩阵为正定时的二次凸规划问题的求解。

先考虑具有不等式约束的二次凸规划问题：

$$\begin{cases}\min & f(x)=\frac{1}{2}x^{\mathrm{T}}Hx+c^{\mathrm{T}}x\\ \text{s.t.} & Ax\geqslant b\end{cases}\tag{7-17}$$

其中，H 为 n 阶对称正定矩阵，c 为 n 维列向量，b 为 m 维列向量，A 为 $m\times n$ 维矩阵。同时，不妨假设 $\operatorname{rank}(A)=m$。

运用有效集算法的关键是在每次迭代中，都以已知的可行点为起点，把在该点有效的约束作为等式约束，而把在该点无效的约束暂时去掉不考虑，在新的约束条件下极小化目标函数，求得新的比较好的可行点后，再重复以上步骤。这样，可把问题转化为有限个仅带等式约束的二次凸规划问题来求解。

具体分析如下。

设在第 k 次迭代中，已知可行点 $x^{(k)}$，在该点有效的约束指标集用 I_k 表示。这时需要求解等式约束问题：

$$\begin{cases}\min & f(\boldsymbol{x}) \\ \text{s.t.} & \boldsymbol{a}_i^{\mathrm{T}}\boldsymbol{x}=b_i, i\in I_k\end{cases} \tag{7-18}$$

其中，$\boldsymbol{a}_i$ 是矩阵 $\boldsymbol{A}^{\mathrm{T}}$ 的第 i 列元素构成的 n 维向量。

为方便起见，现将坐标原点移至 $\boldsymbol{x}^{(k)}$ 处，令 $\boldsymbol{d}^{(k)}=\boldsymbol{x}-\boldsymbol{x}^{(k)}$，则

$$\begin{aligned}f(\boldsymbol{x}) &= \frac{1}{2}\left(\boldsymbol{d}^{(k)}+\boldsymbol{x}^{(k)}\right)^{\mathrm{T}}\boldsymbol{H}\left(\boldsymbol{d}_k+\boldsymbol{x}^{(k)}\right)+\boldsymbol{c}^{\mathrm{T}}\left(\boldsymbol{d}^{(k)}+\boldsymbol{x}^{(k)}\right) \\ &= \frac{1}{2}\left(\boldsymbol{d}^{(k)}\right)^{\mathrm{T}}\boldsymbol{H}\boldsymbol{d}^{(k)}+\left(\boldsymbol{d}^{(k)}\right)^{\mathrm{T}}\boldsymbol{H}\boldsymbol{d}^{(k)}+\frac{1}{2}\left(\boldsymbol{x}^{(k)}\right)^{\mathrm{T}}\boldsymbol{H}\boldsymbol{x}^{(k)}+\boldsymbol{c}^{\mathrm{T}}\boldsymbol{d}^{(k)}+\boldsymbol{c}^{\mathrm{T}}\boldsymbol{x}^{(k)} \\ &= \frac{1}{2}\left(\boldsymbol{d}^{(k)}\right)^{\mathrm{T}}\boldsymbol{H}\boldsymbol{d}^{(k)}+\nabla f\left(\boldsymbol{x}^{(k)}\right)^{\mathrm{T}}\boldsymbol{d}^{(k)}+f\left(\boldsymbol{x}^{(k)}\right)\end{aligned}$$

于是问题（7-18）转化为求校正量 $\boldsymbol{d}_k$ 的问题：

$$\begin{cases}\min & \frac{1}{2}\left(\boldsymbol{d}^{(k)}\right)^{\mathrm{T}}\boldsymbol{H}\boldsymbol{d}^{(k)}+\nabla f\left(\boldsymbol{x}_k\right)^{\mathrm{T}}\boldsymbol{d}^{(k)} \\ \text{s.t.} & \boldsymbol{a}_i^{\mathrm{T}}\boldsymbol{d}^{(k)}=0, i\in I_k\end{cases} \tag{7-19}$$

则可用求解等式约束二次规划问题的方法求解问题（7-19），其最优解仍然记为 $\boldsymbol{d}_k$，根据不同的情形，采取下列相应的步骤。

（1）若 $\boldsymbol{x}^{(k)}+\boldsymbol{d}^{(k)}$ 是可行点且 $\boldsymbol{d}^{(k)}\neq 0$，则在第 $k+1$ 次迭代中，取迭代点为：

$$\boldsymbol{x}^{(k+1)}=\boldsymbol{x}^{(k)}+\boldsymbol{d}^{(k)}$$

（2）若 $\boldsymbol{x}^{(k)}+\boldsymbol{d}^{(k)}$ 不是可行点，则取搜索方向为 $\boldsymbol{d}^{(k)}$，并令：

$$\boldsymbol{x}^{(k+1)}=\boldsymbol{x}^{(k)}+\lambda_k\boldsymbol{d}^{(k)}$$

其中，λ_k 为步长。按照保持可行性的要求，步长 λ_k 的取值应使得对于任意 $i\notin I_k$，均有如下关系式成立：

$$\boldsymbol{a}_i^{\mathrm{T}}\left(\boldsymbol{x}^{(k)}+\lambda_k\boldsymbol{d}^{(k)}\right)\geqslant b_i \tag{7-20}$$

由于 $\boldsymbol{x}^{(k)}$ 是可行点，$\boldsymbol{a}_i^{\mathrm{T}}\boldsymbol{x}^{(k)}\geqslant b_i$，因此当 $\boldsymbol{a}_i^{\mathrm{T}}\boldsymbol{d}^{(k)}\geqslant 0$ 时，对于任意的非负数 λ_k，式（7-20）总能成立；当 $\boldsymbol{a}_i^{\mathrm{T}}\boldsymbol{d}^{(k)}<0$ 时，只要取正数：

$$\lambda_k\leqslant\min\left\{\frac{b_i-\boldsymbol{a}_i^{\mathrm{T}}\boldsymbol{x}^{(k)}}{\boldsymbol{a}_i^{\mathrm{T}}\boldsymbol{d}^{(k)}}\middle| i\notin I_k, \boldsymbol{a}_i^{\mathrm{T}}\boldsymbol{d}^{(k)}<0\right\} \tag{7-21}$$

则对于每个 $i\notin I_k$，式（7-20）总能成立。

为了在第 k 次迭代中得到较好的可行点，应当进一步取：

$$\lambda_k=\min\left\{1,\hat{\lambda}_k\right\}$$

其中，$\hat{\lambda}_k$ 为式（7-21）中的右端项。若存在 $p\notin I_k$，使得：

$$\lambda_k=\frac{b_p-\boldsymbol{a}_p^{\mathrm{T}}\boldsymbol{x}^{(k)}}{\boldsymbol{a}_p^{\mathrm{T}}\boldsymbol{d}^{(k)}}<1$$

则在点 $\boldsymbol{x}_{k+1}$ 处有：$\boldsymbol{a}_p^{\mathrm{T}}\boldsymbol{x}^{(k+1)}=\boldsymbol{a}_p^{\mathrm{T}}\left(\boldsymbol{x}^{(k)}+\lambda_k\boldsymbol{d}^{(k)}\right)=b_p$

这说明，在点 $\boldsymbol{x}^{(k+1)}$ 处，$\boldsymbol{a}_p^{\mathrm{T}}\boldsymbol{x}^{(k+1)}=\boldsymbol{a}_p^{\mathrm{T}}\boldsymbol{d}\geqslant b_p$ 为有效的约束。因此应当把指标 p 加入点 $\boldsymbol{x}^{(k+1)}$

处的有效约束指标集 I_{k+1} 中，即令 $I_{k+1}=I_k\cup\{p\}$。

（3）若 $\boldsymbol{d}^{(k)}=0$，则 $\boldsymbol{x}^{(k)}$ 是问题（7-18）的最优解。

下面需要进一步判断 $\boldsymbol{x}^{(k)}$ 是否为问题（7-17）的最优解。为此需要用公式（7-15）计算出所有有效约束的拉格朗日乘子 $\lambda_i^{(k)}, i\in I_k$，则有如下结论：

- 如果 $\lambda_i^{(k)}\geqslant 0, i\in I_k$，则 $\boldsymbol{x}^{(k)}$ 是问题（7-17）的 K-T 点，又由于问题（7-17）为凸规划，故 $\boldsymbol{x}^{(k)}$ 就是问题（7-17）的最优解；
- 如果存在 $q\in I_k$，使得 $\lambda_q^{(k)}<0$，则 $\boldsymbol{x}^{(k)}$ 不可能是问题（7-17）的最优解，因为可以验证当 $\lambda_q^{(k)}<0$ 时，在点 $\boldsymbol{x}^{(k)}$ 处存在可行下降方向，因此，取 $\lambda_r^{(k)}=\min\left\{\lambda_i^{(k)}\middle| i\in I_k\right\}$，同时令 $I_{k+1}=I_k\setminus\{r\}$，再求解问题（7-19）。

根据上述分析，有效集算法的迭代步骤为：

（1）选取初始数据，给定初始可行点 $\boldsymbol{x}^{(1)}$，相应的有效约束指标集为 I_0，令 $k=1$。

（2）求解等式约束问题。设问题（7-19）的最优解为 $\boldsymbol{d}^{(k)}$，若 $\boldsymbol{d}^{(k)}=0$，则转（4）；否则，令 $\lambda_k=\min\{1,\hat{\lambda}_k\}$；$\boldsymbol{x}^{(k+1)}=\boldsymbol{x}^{(k)}+\lambda_k\boldsymbol{d}_k$，然后计算 $\nabla f\left(\boldsymbol{x}^{(k+1)}\right)$，转（3）。

（3）修改有效约束指标集。若 $\lambda_k<1$，则令 $I_{k+1}=I_k\cup\{p\}$，$k=k+1$，转（2）；若 $\lambda_k=1$，则令 $k=k+1$，转（4）。

（4）检查是否满足终止准则。用式（7-15）计算得出的所有有效约束对应的拉格朗日乘子 $\lambda_i^{(k)}, i\in I_k$，记 $\lambda_r^{(k)}=\min\left\{\lambda_i^{(k)}\middle| i\in I_k\right\}$。

若 $\lambda_r^{(k)}\geqslant 0$，则迭代终止，$\boldsymbol{x}^{(k)}$ 为问题（7-17）的最优解；否则，从 I_k 中删除指标 r，转（2）。

如果问题（7-17）中还含有等式约束，只需对上述算法稍加修改即可。

【例 7-3】 用有效集方法求解下列二次凸规划问题：

$$\begin{cases}\min \quad f\left(\boldsymbol{x}\right)=x_1^2-x_1x_2+2x_2^2-x_1-10x_2\\ \text{s.t.}\quad -3x_1-2x_2\geqslant -6\\ \qquad\quad x_1\geqslant 0\\ \qquad\quad x_1\geqslant 0\end{cases} \tag{7-22}$$

根据所给条件易知：$\boldsymbol{H}=\begin{bmatrix}2 & -1\\ -1 & 4\end{bmatrix}$，$\boldsymbol{c}=\begin{bmatrix}-1\\ -10\end{bmatrix}$

取初始可行点为 $\boldsymbol{x}^{(1)}=\left(0,0\right)^{\mathrm{T}}$，相应的有效的约束指标集 $I_1=\{2,3\}$，求解关于校正量 $\boldsymbol{d}^{(1)}$ 的等式约束二次规划问题：

$$\begin{cases}\min \quad \left(d_1^{(1)}\right)^2-d_1^{(1)}d_2^{(1)}+2\left(d_2^{(1)}\right)^2-d_1^{(1)}-10d_2^{(1)}\\ \text{s.t.}\quad d_1^{(1)}=0\\ \qquad\quad d_2^{(1)}=0\end{cases} \tag{7-23}$$

易知，问题（7-23）的最优解为：$\boldsymbol{d}^{(1)}=\left(d_1^{(1)},d_2^{(1)}\right)^{\mathrm{T}}=\left(0,0\right)^{\mathrm{T}}$

下面判断 $\boldsymbol{x}^{(1)}$ 是否为问题（7-22）的最优解，方法是计算拉格朗日乘子。

由 $I_1=\{2,3\}$ 可知：$\boldsymbol{A}=\begin{bmatrix}1&0\\0&1\end{bmatrix}, \boldsymbol{b}=\begin{bmatrix}0\\0\end{bmatrix}$

由式（7-15）可以求出相应的拉格朗日乘子的值为 $\lambda_2^{(1)}=-1,\ \lambda_3^{(1)}=-10$，故 $\boldsymbol{x}^{(1)}$ 不是问题（7-22）的最优解。

于是将 $\lambda_3^{(1)}$ 对应的问题（7-22）中的第 3 个约束的指标从 I_1 中去掉，即 $I_1=\{2\}$，再求解问题（7-24）：

$$\begin{cases}\min & \left(d_1^{(1)}\right)^2-d_1^{(1)}d_2^{(1)}+2\left(d_2^{(1)}\right)^2-d_1^{(1)}-10d_2^{(1)}\\ \text{s.t.} & d_1^{(1)}=0\end{cases}\tag{7-24}$$

上述问题的最优解为：$\boldsymbol{d}^{(1)}=\left(d_1^{(1)},d_2^{(1)}\right)^{\mathrm{T}}=\left(0,\dfrac{5}{2}\right)^{\mathrm{T}}$

由 $\hat{\lambda}_1$ 的相应的表达式，可得 $\hat{\lambda}_1=\dfrac{6}{5}$，于是有：$\lambda_1=\min\left\{1,\hat{\lambda}_1\right\}=\min\left\{1,\dfrac{6}{5}\right\}=1$

令 $\boldsymbol{x}^{(2)}=\boldsymbol{x}^{(1)}+\lambda_1\boldsymbol{d}^{(1)}=\begin{bmatrix}0\\0\end{bmatrix}+1\cdot\begin{bmatrix}0\\\frac{5}{2}\end{bmatrix}=\begin{bmatrix}0\\\frac{5}{2}\end{bmatrix}$，则可以求出函数 $f(\boldsymbol{x})$ 在 $\boldsymbol{x}^{(2)}$ 处的梯度为：

$$\nabla f\left(\boldsymbol{x}^{(2)}\right)=\left(-\frac{7}{2},0\right)^{\mathrm{T}}$$

由于 $\lambda_1=1$，故置 $I_2=\{2\}$，并计算相应的拉格朗日乘子，此时有 $\boldsymbol{A}=(1,0), \boldsymbol{b}=0$，故按照公式（7-15）可得 $\lambda_2^{(2)}=-7/2$，所以 $\boldsymbol{x}^{(2)}$ 也不是问题（7-22）的最优解。

继续从 I_2 中删除指标 2，此时 $I_2=\varnothing$，则问题变为：

$$\min\ \left(d_1^{(2)}\right)^2-d_1^{(2)}d_2^{(2)}+2\left(d_2^{(2)}\right)^2-d_1^{(2)}-10d_2^{(2)}\tag{7-25}$$

求解问题（7-25）可知最优解为 $\boldsymbol{d}^{(2)}=\left(d_1^{(2)},d_2^{(2)}\right)^{\mathrm{T}}=(2,\ 1/2)^{\mathrm{T}}$，此时 $\hat{\lambda}_2=1/7$，于是可以确定：$\lambda_2=\min\{1,\hat{\lambda}_2\}=\min\{1,\ 1/7\}=1/7$

再令 $\boldsymbol{x}^{(3)}=\boldsymbol{x}^{(2)}+\lambda_2\boldsymbol{d}^{(2)}=[2/7\quad 18/7]^{\mathrm{T}}$，求出函数 $f(\boldsymbol{x})$ 在 $\boldsymbol{x}^{(3)}$ 处的梯度为 $\nabla f\left(\boldsymbol{x}^{(3)}\right)=(-3,0)^{\mathrm{T}}$，此时有效约束的指标集 $I_3=\{1\}$，再求解问题：

$$\begin{cases}\min & \left(d_1^{(3)}\right)^2-d_1^{(3)}d_2^{(3)}+2\left(d_2^{(3)}\right)^2-d_1^{(3)}-10d_2^{(3)}\\ \text{s.t.} & -3d_1^{(3)}-2d_2^{(3)}=0\end{cases}\tag{7-26}$$

求解问题（7-26）可知最优解为：$\boldsymbol{d}^{(3)}=\left(d_1^{(3)},d_2^{(3)}\right)^{\mathrm{T}}=(3/14,-9/28)^{\mathrm{T}}$

此时 $\hat{\lambda}_3=8$，于是可以确定：$\lambda_3=\min\left\{1,\hat{\lambda}_3\right\}=\min\{1,8\}=1$

令 $\boldsymbol{x}^{(4)}=\boldsymbol{x}^{(3)}+\lambda_3\boldsymbol{d}^{(3)}=[1/2,\ 9/4]^{\mathrm{T}}$，$f(\boldsymbol{x})$ 在 $\boldsymbol{x}^{(4)}$ 处的梯度为：$\nabla f\left(\boldsymbol{x}^{(4)}\right)=(-9/4,-3/2)^{\mathrm{T}}$

在点 $\boldsymbol{x}^{(4)}$ 处的有效约束指标集 $I_4=\{1\}$，由公式（7-15）计算得出 $\lambda_1^{(4)}=3/4>0$，因此 $\boldsymbol{x}^{(4)}=[1/2,\ 9/4]^{\mathrm{T}}$ 即为问题（7-22）的最优解。

上述算法的收敛性由如下定理保证。

定理 7-1 在有效集算法中，记 A_k 为第 k 次迭代中对应于有效约束的 A 的子矩阵，若在每次迭代中，A_k 都是满秩的，且 $\lambda_k \neq 0$，则算法必在有限步收敛到问题（7-17）的最优解。

7.4 Wolfe 算法

单纯形法对于求解线性规划问题是一个很有用的方法。对于二次凸规划问题，当我们检验其 K-T 条件时，单纯形法的适应性是显然的。本节将要介绍的 Wolfe 算法就是试图将线性规划中的单纯形法推广到一般的二次凸规划问题中。

$$\begin{cases} \min & f(\boldsymbol{x}) = \dfrac{1}{2}\boldsymbol{x}^{\mathrm{T}}\boldsymbol{H}\boldsymbol{x} + \boldsymbol{c}^{\mathrm{T}}\boldsymbol{x} \\ \text{s.t.} & \boldsymbol{A}\boldsymbol{x} \geqslant \boldsymbol{b} \\ & \boldsymbol{x} \geqslant 0 \end{cases} \tag{7-27}$$

其中，$\boldsymbol{H}$ 为 n 阶对称半正定矩阵，$\boldsymbol{c}$ 为 n 维列向量，$\boldsymbol{b}$ 为 m 维列向量，$\boldsymbol{A}$ 为 $m \times n$ 维矩阵。同时不妨假设 $\text{rank}(\boldsymbol{A}) = m$。

首先研究一下问题（7-27）的最优性条件，其最优解 $\boldsymbol{x}^*$ 为 K-T 点，即存在 $\boldsymbol{v}^*, \boldsymbol{u}^*$ 满足式（7-28）：

$$\begin{cases} \boldsymbol{H}\boldsymbol{x}^* - \boldsymbol{A}^{\mathrm{T}}\boldsymbol{v}^* - \boldsymbol{u}^* = -\boldsymbol{c} \\ \boldsymbol{A}\boldsymbol{x}^* = \boldsymbol{b} \\ (\boldsymbol{u}^*)^{\mathrm{T}}\boldsymbol{x}^* = 0 \\ \boldsymbol{u}^*, \boldsymbol{x}^* \geqslant 0 \end{cases} \tag{7-28}$$

若把式（7-28）中的非线性部分 $(\boldsymbol{u}^*)^{\mathrm{T}}\boldsymbol{x}^*$ 作为目标函数，式（7-28）中的线性部分作为约束条件，则可得到具有线性约束的非线性最优化问题：

$$\begin{cases} \min & \boldsymbol{u}^{\mathrm{T}}\boldsymbol{x} \\ \text{s.t.} & \boldsymbol{H}\boldsymbol{x} - \boldsymbol{A}^{\mathrm{T}}\boldsymbol{v} - \boldsymbol{u} = -\boldsymbol{c} \\ & \boldsymbol{A}\boldsymbol{x} = \boldsymbol{b} \\ & \boldsymbol{u}, \boldsymbol{x} \geqslant 0 \end{cases} \tag{7-29}$$

设 $\boldsymbol{y}^* = \begin{bmatrix} \boldsymbol{x}^* \\ \boldsymbol{v}^* \\ \boldsymbol{u}^* \end{bmatrix}$ 是问题(7-29)的最优解，如果满足 $(\boldsymbol{u}^*)^{\mathrm{T}}\boldsymbol{x}^* = 0$，则其中的 $\boldsymbol{x}^*$ 必为问题(7-27)的最优解。因此，问题归结为求解问题（7-29）的最优解。

为了使所有变量均具有非负限制，令 $\boldsymbol{v} = \boldsymbol{v}^+ - \boldsymbol{v}^-$，于是问题（7-29）中的前两个约束条件变为：

$$\begin{bmatrix} \boldsymbol{A} & 0 & 0 & 0 \\ \boldsymbol{H} & -\boldsymbol{A}^{\mathrm{T}} & \boldsymbol{A}^{\mathrm{T}} & -\boldsymbol{I}_n \end{bmatrix} \begin{bmatrix} \boldsymbol{x} \\ \boldsymbol{v}^+ \\ \boldsymbol{v}^- \\ \boldsymbol{u} \end{bmatrix} = \begin{bmatrix} \boldsymbol{b} \\ -\boldsymbol{c} \end{bmatrix} \tag{7-30}$$

非负约束条件为：$\boldsymbol{x}, \boldsymbol{v}^+, \boldsymbol{v}^-, \boldsymbol{u} \geqslant 0$

要得出问题（7-29）的最优解，首先要得出在上式条件下满足式（7-30）的基本解，为此引入人工变量 $\boldsymbol{y}$，具体的求解步骤为如下。

（1）用单纯形法求得满足下述条件的解：

$$\begin{cases} \boldsymbol{Ax} = \boldsymbol{b} \\ \boldsymbol{x} \geqslant 0 \end{cases}$$

记所得解的基变量为 $\boldsymbol{x}_B$，非基变量为 $\boldsymbol{x}_N = 0$。

（2）确定对角阵 $\boldsymbol{E} = \left(\Delta_j \delta_{ij}\right)$，其中 Δ_j 为 1 或者–1，δ_{ij} 为 0 或者 1，由下式确定：

$$\delta_{ij} = \begin{cases} 1 & i = j \\ 0 & i \neq j \end{cases}$$

其意义是，在式（7-30）中引入人工变量 $\boldsymbol{y}$ 后得到：

$$\begin{bmatrix} \boldsymbol{A} & 0 & 0 & 0 & 0 \\ \boldsymbol{H} & -\boldsymbol{A}^{\mathrm{T}} & \boldsymbol{A}^{\mathrm{T}} & -\boldsymbol{I}_n & \boldsymbol{E} \end{bmatrix} \begin{bmatrix} \boldsymbol{x} \\ \boldsymbol{v}^+ \\ \boldsymbol{v}^- \\ \boldsymbol{u} \\ \boldsymbol{y} \end{bmatrix} = \begin{bmatrix} \boldsymbol{b} \\ -\boldsymbol{c} \end{bmatrix} \tag{7-31}$$

且当 $\boldsymbol{x}$ 用（1）中求得的解代入时，若能满足：

$$\boldsymbol{v}^+ = \boldsymbol{v}^- = \boldsymbol{u} = 0$$

则必有 $\boldsymbol{y} \geqslant 0$。

记(1)中 $\boldsymbol{A}$ 的分解为 $\boldsymbol{A} = (\boldsymbol{B}, \boldsymbol{N})$，其中 $\boldsymbol{B}$ 为可行基，相应的，将 $\boldsymbol{H}$ 分解为 $\boldsymbol{H} = (\boldsymbol{H}_B, \boldsymbol{H}_N)$，则 $\boldsymbol{E}$ 应当满足：

$$\boldsymbol{H}_B \boldsymbol{x}_B + \boldsymbol{E}\boldsymbol{y} = -\boldsymbol{c} \tag{7-32}$$

且其中人工变量 $\boldsymbol{y} = \left(y_1, y_2, \cdots, y_n\right)^{\mathrm{T}}$ 非负。

设 $\boldsymbol{H}_B$ 中的列向量依次为 $\boldsymbol{q}_1, \boldsymbol{q}_2, \cdots, \boldsymbol{q}_m$，则式（7-32）等价于：

$$\Delta_j y_j = -\left(c_j + \boldsymbol{q}_j^{\mathrm{T}} \boldsymbol{x}_B\right) \quad j = 1, 2, \cdots, n$$

因此，$\boldsymbol{E}$ 中 Δ_j，$j = 1, 2, \cdots, n$ 的选取规则为：

$$\Delta_j = \begin{cases} -1 & c_j + \boldsymbol{q}_j^{\mathrm{T}} \boldsymbol{x}_B > 0 \\ 1 & c_j + \boldsymbol{q}_j^{\mathrm{T}} \boldsymbol{x}_B \leqslant 0 \end{cases}$$

（3）进一步考虑如下约束：

$$\boldsymbol{x}, \boldsymbol{v}^+, \boldsymbol{v}^-, \boldsymbol{u}, \boldsymbol{y} \geqslant 0; \ \boldsymbol{u}^{\mathrm{T}} \boldsymbol{x} = 0 \tag{7-33}$$

则问题转化为在约束式（7-31）和式（7-33）的条件下极小化线性目标函数 $\sum_{i=1}^{n} y_i$。

对于上述线性规划问题，可采用单纯形法求解。但必须注意，进行换基迭代时，要求 $\boldsymbol{u}^{\mathrm{T}}\boldsymbol{x}=0$，即当某个 $x_j>0$ 时，u_j 不允许进入基变量。旋转变换直到 $\sum_{i=1}^{n} y_i=0$ 时结束，此时得到的 $\boldsymbol{x}^*$ 即为二次凸规划问题（7-27）的最优解。

【例 7-4】 用 Wolfe 算法求解二次凸规划问题：

$$\begin{cases}\min & f(\boldsymbol{x})=-2x_1-x_2+x_1^2 \\ \text{s.t.} & 2x_1+3x_2+x_3=6 \\ & 2x_1+x_2+x_4=4 \\ & x_i\geqslant 0,\ i=1,2,3,4\end{cases}$$

由所给问题，可以确定求解过程中的相关矩阵为：

$$\boldsymbol{H}=\begin{bmatrix}2&0&0&0\\0&0&0&0\\0&0&0&0\\0&0&0&0\end{bmatrix},\ \boldsymbol{c}=\begin{bmatrix}-2\\-1\\0\\0\end{bmatrix},\ \boldsymbol{A}=\begin{bmatrix}2&3&1&0\\2&2&2&0\end{bmatrix},\ \boldsymbol{b}=\begin{bmatrix}6\\4\end{bmatrix}$$

首先确定满足 $\begin{cases}\boldsymbol{Ax}=\boldsymbol{b}\\ \boldsymbol{x}\geqslant 0\end{cases}$ 的一个解，我们可以取初始解为：$\boldsymbol{x}=\left(\dfrac{3}{2},1,0,0\right)^{\mathrm{T}}$

下一步确定 $\boldsymbol{E}=\left(\Delta_j\delta_{ij}\right)$。由于：

$$\boldsymbol{c}+\boldsymbol{H_B x_B}=\begin{bmatrix}-2\\-1\\0\\0\end{bmatrix}+\begin{bmatrix}2&0\\0&0\\0&0\\0&0\end{bmatrix}\begin{bmatrix}\dfrac{3}{2}\\1\end{bmatrix}=\begin{bmatrix}1\\-1\\0\\0\end{bmatrix}$$

故可确定相应的 Δ_j 的值为 $\Delta_1=-1,\Delta_2=\Delta_3=\Delta_4=1$，故得：

$$\boldsymbol{E}=\begin{bmatrix}-1&0&0&0\\0&1&0&0\\0&0&1&0\\0&0&0&1\end{bmatrix}$$

下面即是要在约束式（7-31）和式（7-33）的条件下极小化线性目标函数 $\sum_{i=1}^{n} y_i$，经过单纯形迭代，可知目标函数的极值和相应的最优解为：

$$f=\sum_{i=1}^{n} y_i=0;\ \boldsymbol{x}^*=\left(\frac{2}{3},\frac{14}{9},0,\frac{10}{9}\right)^{\mathrm{T}}$$

在求解的过程中有如下结论：

如果问题（7-27）中的二次目标函数的 Hessian 矩阵 $\boldsymbol{H}$ 是正定的，则用 Wolfe 算法可以求得其最优解，即在条件 $\boldsymbol{u}^{\mathrm{T}}\boldsymbol{x}=0$ 下用单纯形法求解问题：

$$\min\left\{\sum_{i=1}^{n} y_i \,\middle|\, \text{满足式（7-31）和式（7-33）}\right\}$$

则必能使得$\sum_{i=1}^{n} y_i$达到零值。

一般来说，当$\boldsymbol{H}$是半正定阵时，Wolfe算法有失败的可能。这时，可将主对角线上的元素作微小扰动，以$\boldsymbol{H}+\varepsilon \boldsymbol{I}$（$\varepsilon$为很小的正数）取代$\boldsymbol{H}$后，再利用Wolfe算法。

7.5 Lemke 算法

上一节介绍的Wolfe算法是最早出现的利用单纯形法求解二次规划的方法，本节将要介绍的Lemke算法是利用单纯形法求解二次规划的另一种方法。其基本思想是：把线性规划中的单纯形法加以适当修改，再用来求二次规划的K-T点。

考虑如下二次规划问题：

$$\begin{cases} \min \quad f(\boldsymbol{x})=\dfrac{1}{2}\boldsymbol{x}^{\mathrm{T}}\boldsymbol{H}\boldsymbol{x}+\boldsymbol{c}^{\mathrm{T}}\boldsymbol{x} \\ \text{s.t.} \quad \boldsymbol{A}\boldsymbol{x}\geqslant \boldsymbol{b} \\ \qquad \boldsymbol{x}\geqslant 0 \end{cases} \tag{7-34}$$

其中，$\boldsymbol{H}$为n阶对称矩阵，$\boldsymbol{c}$为n维列向量，$\boldsymbol{b}$为m维列向量，$\boldsymbol{A}$为$m\times n$维矩阵。同时不妨假设$\operatorname{rank}(\boldsymbol{A})=m$。

引入乘子$\boldsymbol{u},\boldsymbol{v}$，定义拉格朗日函数$L(\boldsymbol{x},\boldsymbol{u},\boldsymbol{v})=f(\boldsymbol{x})-\boldsymbol{u}^{\mathrm{T}}(\boldsymbol{A}\boldsymbol{x}-\boldsymbol{b})-\boldsymbol{v}^{\mathrm{T}}\boldsymbol{x}$；再引入松弛向量$\boldsymbol{y}\geqslant 0$，使得$\boldsymbol{A}\boldsymbol{x}-\boldsymbol{y}=\boldsymbol{b}$；这样问题（7-34）的K-T条件为：

$$\begin{cases} \boldsymbol{H}\boldsymbol{x}-\boldsymbol{A}^{\mathrm{T}}\boldsymbol{u}-\boldsymbol{v}=-\boldsymbol{c} \\ \boldsymbol{y}-\boldsymbol{A}\boldsymbol{x}=-\boldsymbol{b} \\ \boldsymbol{v}^{\mathrm{T}}\boldsymbol{x}=0 \\ \boldsymbol{y}^{\mathrm{T}}\boldsymbol{u}=0 \\ \boldsymbol{u},\boldsymbol{v},\boldsymbol{x},\boldsymbol{y}\geqslant 0 \end{cases} \tag{7-35}$$

用矩阵形式表达即为：

$$\begin{cases} \boldsymbol{w}-\boldsymbol{M}\boldsymbol{z}=\hat{\boldsymbol{b}} \\ \boldsymbol{w},\boldsymbol{z}\geqslant 0 \end{cases} \tag{7-36}$$

以及：

$$\boldsymbol{w}^{\mathrm{T}}\boldsymbol{z}=0 \tag{7-37}$$

其中各矩阵代表：

$$\boldsymbol{w}=\begin{bmatrix}\boldsymbol{v}\\ \boldsymbol{y}\end{bmatrix},\ \boldsymbol{z}=\begin{bmatrix}\boldsymbol{x}\\ \boldsymbol{u}\end{bmatrix},\ \boldsymbol{M}=\begin{bmatrix}\boldsymbol{H} & -\boldsymbol{A}^{\mathrm{T}}\\ \boldsymbol{A} & 0\end{bmatrix},\ \hat{\boldsymbol{b}}=\begin{bmatrix}\boldsymbol{c}\\ -\boldsymbol{b}\end{bmatrix}$$

经过分析可知，$\boldsymbol{w},\boldsymbol{z},\hat{\boldsymbol{b}}$均为$m+n$维向量，$\boldsymbol{M}$为$m+n$阶矩阵。

我们定义满足式（7-36）和式（7-37）的解$[\boldsymbol{w}\quad \boldsymbol{z}]^{\mathrm{T}}$的问题为线性互补问题，其中式（7-37）称为互补条件。显然，式（7-37）等价于：

$$w_i z_i=0 \quad i=1,2,\cdots,m+n \tag{7-38}$$

设$[\boldsymbol{w} \quad \boldsymbol{z}]^{\mathrm{T}}$是线性互补问题的一个解，则由式（7-38）可知，其$2(m+n)$个分量中至少有$m+n$个分量等于零，且每个互补变量对(w_i,z_i)中至少有一个变量取值为零。因此，我们给出互补基本可行解的概念。

定义 7-1 （互补基本可行解） 设$[\boldsymbol{w} \quad \boldsymbol{z}]^{\mathrm{T}}$是问题（7-36）的一个基本可行解，且每个互补变量对(w_i,z_i) $(i=1,2,\cdots,m+n)$中只有一个变量是基变量，则称$[\boldsymbol{w} \quad \boldsymbol{z}]^{\mathrm{T}}$是线性互补问题（7-36）和（7-38）的一个互补基本可行解，简称 CBF 解。

这样，求二次规划 K-T 点的问题就转化为求线性互补问题的 CBF 解。下面介绍求 CBF 解的 Lemke 算法。分两种情况讨论：

（1）若$\hat{\boldsymbol{b}} \geqslant 0$，则$\begin{bmatrix}\boldsymbol{w}\\ \boldsymbol{z}\end{bmatrix}=\begin{bmatrix}\hat{\boldsymbol{b}}\\ 0\end{bmatrix}$就是一个 CBF 解；

（2）否则，引入人工变量z_0，使得式（7-36）变为：

$$\begin{cases}\boldsymbol{w}-\boldsymbol{Mz}-z_0\boldsymbol{e}=\hat{\boldsymbol{b}}\\ w_j,z_0,z_j \geqslant 0 \quad j=1,2,\cdots,m+n\end{cases} \tag{7-39}$$

其中，$\boldsymbol{e}=(1,1,\cdots,1)^{\mathrm{T}} \in R^{m+n}$。

显然，如果$[\boldsymbol{w} \quad \boldsymbol{z} \quad z_0]^{\mathrm{T}}$是线性互补问题（7-38）和（7-39）的可行解且$z_0=0$，则$[\boldsymbol{w} \quad \boldsymbol{z}]^{\mathrm{T}}$就是所求的 CBF 解。

为叙述方便起见，我们先引入准互补基本可行解的概念。

定义 7-2 （准互补基本可行解） 设$[\boldsymbol{w} \quad \boldsymbol{z} \quad z_0]^{\mathrm{T}}$是线性互补问题（7-38）和（7-39）的可行解，且满足如下条件：

（1）$[\boldsymbol{w} \quad \boldsymbol{z} \quad z_0]^{\mathrm{T}}$是（7-39）的基本可行解；

（2）存在$s \in \{1,2,\cdots,m+n\}$使得w_s和z_s都不是基变量；

（3）每个互补变量对(w_j,z_j) $(j=1,2,\cdots,m+n, j \neq s)$中恰有一个变量是基变量且$z_0$是基变量。

则称$[\boldsymbol{w} \quad \boldsymbol{z} \quad z_0]^{\mathrm{T}}$为线性互补问题（7-38）和（7-39）的准互补基本可行解，简称 ACBF 解。

下面继续探讨如何用单纯形法求问题的 ACBF 解。

首先，若令：

$$z_0=\max\{-\hat{b}_j \big| j=1,2,\cdots,m+n\}=-\hat{b}_s>0$$

则$[\boldsymbol{w} \quad \boldsymbol{z} \quad z_0]^{\mathrm{T}}$是一个 ACBF 解，其中$w_j\,(j \neq s)$和$z_0$是基变量，其余变量为非基变量。

以上述$[\boldsymbol{w} \quad \boldsymbol{z} \quad z_0]^{\mathrm{T}}$为初始解，用单纯形法求新的 ACBF 解，争取通过这种方法迫使z_0成为非基变量。为了保持解的可行性，选择枢点元素时要求遵守下面两条规则：

（1）按照单纯形法中的规则确定出基变量；

（2）若w_j或者z_j为出基变量，则z_j或者w_j为进基变量。

这样将实现从一个 ACBF 解到另一个 ACBF 解的转换，直至得到一个 ACBF 解即z_0变成非基变量，或者得出由约束（7-38）和（7-39）所定义的可行域无界的结论。

求 CBF 解的 Lemke 算法的步骤为：

（1）若$\hat{\boldsymbol{b}} \geqslant 0$，则算法终止，停止计算，$\begin{bmatrix} \boldsymbol{w} \\ \boldsymbol{z} \end{bmatrix} = \begin{bmatrix} \hat{\boldsymbol{b}} \\ 0 \end{bmatrix}$是一个 CBF 解；否则，用表格形式表示出式（7-39）中的第一个约束，记为$-\hat{b}_s = \max\{-\hat{b}_j \mid j = 1,2,\cdots,m+n\}$。

取第s行为枢点行，z_0所在的列为枢点列，将z_0换入基变量取代w_s，对初始表进行换基之后得到新表，并令$y_s = z_s$，转（2）。

（2）设现行表中变量y_s即变量z_s下面的列为$\boldsymbol{d}_s$，如果$\boldsymbol{d}_s \leqslant 0$，则算法终止，停止计算，得到问题（7-39）的可行域的极方向；否则，按照单纯形法规则确定指标r，使得：

$$\frac{p_r}{d_r^{(s)}} = \min\left\{ \frac{p_j}{d_j^{(s)}} \middle| d_j^{(s)} > 0 \quad j = 1,2,\cdots,m+n \right\}$$

其中，p_j代表当前表格中右端第j个元素，即第j个基变量的当前值；$d_j^{(s)}$为向量$\boldsymbol{d}_s$的第j个分量。若第r行对应的基变量为z_0，则转（4）；否则，转（3）。

（3）这时第r行的基变量为w_l或$z_l\left(l \neq s\right)$，将该基变量作为出基变量，y_s作为进基变量，进行变换后得新表。若出基变量是w_l，则令$y_s = z_l$；若出基变量是z_l，则令$y_s = w_l$，转（2）。

（4）这时，变量y_s进基，变量z_0出基，进行变换后，所得新表中z_0为非基变量，故停止计算，得到一个 CBF 解。

【例 7-5】 用 Lemke 算法求解如下问题：

$$\begin{cases} \min \quad f\left(\boldsymbol{x}\right) = x_1^2 - x_1 x_2 + 2x_2^2 - x_1 - 10x_2 \\ \text{s.t.} \quad -3x_1 - 2x_2 \geqslant -6 \\ \qquad x_1 \geqslant 0 \\ \qquad x_1 \geqslant 0 \end{cases} \tag{7-40}$$

由上述问题易知求解问题中的各矩阵表达为：

$$\boldsymbol{H} = \begin{bmatrix} 2 & -1 \\ -1 & 4 \end{bmatrix},\ \boldsymbol{c} = \begin{bmatrix} -1 \\ -10 \end{bmatrix},\ \boldsymbol{A} = \left(-3,-2\right),\ \boldsymbol{b} = -6$$

$$\boldsymbol{M} = \begin{bmatrix} \boldsymbol{H} & -\boldsymbol{A}^{\mathrm{T}} \\ \boldsymbol{A} & 0 \end{bmatrix} = \begin{bmatrix} 2 & -1 & 3 \\ -1 & 4 & 2 \\ -3 & -2 & 0 \end{bmatrix},\ \hat{\boldsymbol{b}} = \begin{bmatrix} \boldsymbol{c} \\ -\boldsymbol{b} \end{bmatrix} = \begin{bmatrix} -1 \\ -10 \\ 6 \end{bmatrix}$$

于是得到相应的线性互补问题为：

$$\begin{cases} w_1 - 2x_1 + x_2 - 3u = -1 \\ w_2 + x_1 - 4x_2 - 2u = -10 \\ w_3 + 3x_1 + 2x_2 = 6 \\ w_i, x_j, u \geqslant 0,\ i = 1,2,3;\ j = 1,2 \\ w_1 x_1 = w_2 x_2 = w_3 u = 0 \end{cases} \tag{7-41}$$

引入人工变量z_0，建立表 7-1。

表 7-1　初始单纯形表

	w_1	w_2	w_3	x_1	x_2	x_3	z_0	
w_1	1	0	0	−2	1	−3	−1	−1
w_2	0	1	0	1	−4	−2	(−1)	−10
w_3	0	0	1	3	2	0	−1	6

在表 7-1 中，因为 $\max\left\{-\hat{b}_i \middle| 1\leqslant i\leqslant 3\right\}=10=-\hat{b}_2$，故选择 w_2 出基而 z_0 进基，经过变换得到表 7-2。

表 7-2　迭代一次后的单纯形表

	w_1	w_2	w_3	x_1	x_2	x_3	z_0	
w_1	1	−1	0	−3	(5)	−1	0	9
z_0	0	−1	0	−1	4	2	1	10
w_3	0	−1	1	2	6	2	0	16

在表 7-2 中，令 $y_s=z_2=x_2$，则由对应列所组成的向量 $\boldsymbol{d}_s=(5,4,6)^{\mathrm{T}}$ 并不满足小于零的条件，故而由：

$$\frac{p_r}{d_r^{(s)}}=\min\left\{\frac{9}{5},\frac{10}{4},\frac{16}{6}\right\}=\frac{9}{5}=\frac{p_1}{d_1^{(s)}}$$

可知 $r=1$，所以选择第一行的基变量 w_1 出基，$y_s=x_2$ 进基，变换后得到表 7-3。

表 7-3　迭代二次后的单纯形表

	w_1	w_2	w_3	x_1	x_2	x_3	z_0	
x_2	$\frac{1}{5}$	$-\frac{1}{5}$	0	$-\frac{3}{5}$	1	$-\frac{1}{5}$	0	$\frac{9}{5}$
z_0	$-\frac{4}{5}$	$\frac{1}{5}$	0	$\frac{7}{5}$	0	$\frac{14}{5}$	1	$\frac{14}{5}$
w_3	$-\frac{6}{5}$	$-\frac{1}{5}$	1	$\left(\frac{28}{5}\right)$	0	$\frac{16}{5}$	0	$\frac{26}{5}$

在表 7-3 中，令 $y_s=z_1=x_1$，此时 $r=3$，故选择第三行的基变量 w_3 出基，$y_s=x_1$ 进基，变换后得到表 7-4。

表 7-4　迭代三次后的单纯形表

	w_1	w_2	w_3	x_1	x_2	x_3	z_0	
x_2	$\frac{1}{14}$	$-\frac{5}{28}$	$\frac{3}{28}$	0	1	$\frac{1}{7}$	0	$\frac{33}{14}$
z_0	$-\frac{1}{2}$	$-\frac{1}{4}$	$-\frac{1}{4}$	0	0	(2)	1	$\frac{3}{2}$
x_1	$-\frac{3}{14}$	$\frac{1}{28}$	$\frac{5}{28}$	1	0	$\frac{4}{7}$	0	$\frac{13}{14}$

在表 7-4 中，令 $y_s = z_3 = u$，此时 $r = 2$，选择第二行的基变量 z_0 出基，$y_s = u$ 进基，变换后得到表 7-5。

表 7-5 迭代四次后的单纯形表

	w_1	w_2	w_3	x_1	x_2	x_3	z_0	
x_2	$\frac{3}{28}$	$-\frac{9}{56}$	$\frac{7}{56}$	0	1	0	$\frac{1}{14}$	$\frac{9}{4}$
u	$-\frac{1}{4}$	$-\frac{1}{8}$	$\frac{1}{8}$	0	0	1	$\frac{1}{2}$	$\frac{3}{4}$
x_1	$-\frac{1}{14}$	$\frac{3}{28}$	$\frac{1}{4}$	1	0	0	$-\frac{2}{7}$	$\frac{1}{2}$

此时，z_0 为非基变量，$z_0 = 0$，即得到线性互补问题（7-41）的 CBF 解为：

$$(w_1, w_2, w_3, x_1, x_2, u)^{\mathrm{T}} = \left(0,0,0,\frac{1}{2},\frac{9}{4},\frac{3}{4}\right)^{\mathrm{T}}$$

故二次规划问题（7-40）的 K-T 点为：

$$(x_1, x_2)^{\mathrm{T}} = \left(\frac{1}{2},\frac{9}{4}\right)^{\mathrm{T}}$$

又由于问题（7-40）为凸规划问题，因此 K-T 点就是最优解。

由 Lemke 算法的迭代过程可以看出，尽管 Lemke 算法和线性规划的单纯形法相当类似，但是其在换基原则上显得更为简单。

7.6 二次规划问题的 MATLAB 求解

如果非线性规划的目标函数为自变量的二次函数，约束条件均为线性函数，则该最优化问题被称为二次规划。在 MATLAB 中专门提供了用于求解二次规划问题的 quadprog 函数，用于求解如下形式的最优化问题：

$$\begin{cases} \min & f(\boldsymbol{x}) = \dfrac{1}{2}\boldsymbol{x}^{\mathrm{T}}\boldsymbol{H}\boldsymbol{x} + \boldsymbol{c}^{\mathrm{T}}\boldsymbol{x} \\ \text{s.t.} & \boldsymbol{A}\boldsymbol{x} \leqslant \boldsymbol{b} \\ & \boldsymbol{A}_{\mathrm{eq}}\boldsymbol{x} \leqslant \boldsymbol{b}_{\mathrm{eq}} \\ & \boldsymbol{lb} \leqslant \boldsymbol{x} \leqslant \boldsymbol{ub} \end{cases}$$

MATLAB 在求解二次规划的优化问题时如果只有等式约束，或者当优化问题只有上界和下界，而没有线性不等式或等式约束时，采用基于内部反射牛顿法的子空间置信域法；MATLAB 的求解函数 quadprog 在求解中型规模的优化问题时，采用有效集算法，它是一种投影法，通过求解线性规划问题来求得问题的初始可行解。且我们可以设置相关的参数，详细分析 MATLAB 的迭代过程，以求理论和实际相对应，分析算法的可行性和有效性。

下面对上述函数调用过程中涉及的输入参数和输出参数做一个详细的讲解。

7.6.1 输入参数和输出参数

函数 quadprog 中的输入参数和以前所介绍的线性规划、整数规划等问题的求解参数类似，含义基本相同，故在此不再赘述，输出参数的含义可能有所不同，将参数 exitflag、lambda 和 output 所包含的属性及其含义列于表 7-6、表 7-7 和表 7-8 中。

表 7-6 参数 exitflag 的物理意义

取 值	物 理 意 义
1	收敛于解 x
3	目标函数值的变化小于函数计算终止的误差限 TolFun x 的变化小于 x 处的误差限 TolX
4	收敛于局部极小点
0	已经达到最大迭代次数限制 options.MaxIter
–2	问题不可行
–3	问题无界
–4	当前搜索方向不是目标函数的下降方向
–7	搜索方向的变化太小

表 7-7 参数 lambda 所包含的属性及其含义

属 性 名 称	属 性 含 义
lower	下边界处的拉格朗日乘子
upper	上边界处的拉格朗日乘子
ineqlin	线性不等式约束的拉格朗日乘子
eqlin	线性等式约束的拉格朗日乘子

表 7-8 参数 output 所包含的属性及其意义

属 性 名 称	属 性 含 义
output.iterations	优化过程中的实际迭代次数
output.algorithm	优化过程中所采用的具体算法
output.firstorderopt	一阶最优测度（仅对大型规模算法有效）
output.cgiterations	PCG 迭代的次数（仅对大型规模算法有效）
output.message	退出信息

7.6.2 控制参数设置

在使用函数 quadprog 求解二次规划问题时，可以对相关参数进行设置，使函数按照指定优化设置进行迭代。在 quadprog 函数中提供了中型规模算法和大型规模算法，在设置控制参数时，对这些参数也要区别对待，例如，有些参数是仅针对中型规模算法的，有些参数是仅针对大型规模算法的，有些参数是两者共有的。

quadprog 函数提供的通用参数的设置方法如表 7-9 所示。

表 7-9 quadprog 函数中的通用控制参数设置

Diagnostics	设置是否显示诊断信息，值为 on 或者 off（默认值）
LargeScale	值为 on（默认值）时采用大型规模算法，值为 off 时采用中型规模算法 如果二次规划问题只有边界约束，而没有线性等式约束或者线性不等式约束，默认算法为大型规模算法 如果二次规划问题只有线性等式约束，而没有边界约束或者线性不等式约束，同时线性等式约束的个数不大于设计变量的维数，则默认算法为大型规模算法 除了以上两种情况以外，优化过程将采用中型规模算法
Display	输出信息级别 off：无输出信息 final（默认值）：显示最终输出信息和默认的退出信息
MaxIter	算法运行中的最大迭代次数，默认值为 200
TypicalX	典型 x 的值，其维数与初始点 x0 相同，默认值为全 1 向量。quadprog 使用 TypicalX 来衡量梯度的有限差分估计

quadprog 函数中仅用于大型规模算法的控制参数的设置方法如表 7-10 所示。

表 7-10 quadprog 函数仅用于大型规模算法的控制参数设置

HessMult	Hessian 乘子函数的函数句柄。对于大型规模算法，该函数计算 H*Y 而并非直接构造 Hessian 矩阵 H。函数的形式如下 W = hmfun(Hinfo,Y) 其中参数 Hinfo 包含计算 H*Y 的矩阵
MaxPCGIter	预处理共轭梯度法（PCG）迭代的最大次数，其默认值为 max(1,floor(设计变量的个数/2))
PrecondBandWidth	PCG 预处理的上带宽，为一个非负整数。在 quadprog 中使用对角形式，默认值为 0，对一些最优化问题而言，增大上带宽可以减少 PCG 迭代的次数。如果设置 PrecondBandWidth 为 Inf，则算法使用 Cholesky 直接分解法来代替共轭梯度。直接分解比共轭梯度运算代价更高，但是可以更好地向最优解收敛
TolFun	函数计算终止的误差限，默认值为 100×eps，Tolfun 作为具有边界约束的二次规划问题的计算终止条件
TolX	最优解 x 处的误差限，默认值为 100×eps，TolPCG 作为仅具有等式约束的二次规划问题的计算终止条件
TolPCG	PCG 迭代的终止误差限，为一个正数，默认值为 0.1

7.6.3 命令详解

（1）x = quadprog(H,c,A,b)

上述调用格式用于求解如下形式的二次规划问题：

$$\begin{cases} \min & f(\boldsymbol{x}) = \dfrac{1}{2}\boldsymbol{x}^{\mathrm{T}}\boldsymbol{H}\boldsymbol{x} + \boldsymbol{c}^{\mathrm{T}}\boldsymbol{x} \\ \text{s.t.} & \boldsymbol{A}\boldsymbol{x} \leqslant \boldsymbol{b} \end{cases}$$

（2）x = quadprog(H,f,A,b,Aeq,beq)

上述调用格式是在（1）的基础之上增加线性等式约束，即求解如下形式的二次规划问题：

$$\begin{cases}\min & f(\boldsymbol{x})=\dfrac{1}{2}\boldsymbol{x}^{\mathrm{T}}\boldsymbol{H}\boldsymbol{x}+\boldsymbol{c}^{\mathrm{T}}\boldsymbol{x}\\ \text{s.t.} & \boldsymbol{A}\boldsymbol{x}\leqslant\boldsymbol{b}\\ & \boldsymbol{A}_{\mathrm{eq}}\boldsymbol{x}\leqslant\boldsymbol{b}_{\mathrm{eq}}\end{cases}$$

如果问题中没有不等式约束，则可以设置 A=[]，b=[]。

（3）x = quadprog(H,f,A,b,Aeq,beq,lb,ub)

上述调用格式是在（2）的基础之上增加了边界约束，即求解如下形式的二次规划问题：

$$\begin{cases}\min & f(\boldsymbol{x})=\dfrac{1}{2}\boldsymbol{x}^{\mathrm{T}}\boldsymbol{H}\boldsymbol{x}+\boldsymbol{c}^{\mathrm{T}}\boldsymbol{x}\\ \text{s.t.} & \boldsymbol{A}\boldsymbol{x}\leqslant\boldsymbol{b}\\ & \boldsymbol{A}_{\mathrm{eq}}\boldsymbol{x}\leqslant\boldsymbol{b}_{\mathrm{eq}}\\ & \mathbf{lb}\leqslant\boldsymbol{x}\leqslant\mathbf{ub}\end{cases}$$

如果问题中没有等式约束，则可以设置 Aeq=[]，beq=[]。

（4）x = quadprog(H,f,A,b,Aeq,beq,lb,ub,x0)

上述调用格式是在（3）的基础之上设置求解问题的初始点为 x0，如果没有边界约束，可以设置 lb=[]，ub=[]。

（5）x = quadprog(H,f,A,b,Aeq,beq,lb,ub,x0,options)

上述调用格式是在求解问题的同时用 options 指定的优化参数进行目标函数的最小化，options 的常用值如表 7-9 和表 7-10 所示，如果不需要设置初始点，可以设置 x0=[]。

（6）[x,fval] = quadprog(...)

返回目标函数在解 x 处的目标函数值。

（7）[x,fval,exitflag] = quadprog(...)

在优化结束之时返回算法终止的状态指示结构变量 exitflag。

（8）[x,fval,exitflag,output] = quadprog(...)

在优化计算结束之时返回结构变量 output。

（9）[x,fval,exitflag,output,lambda] = quadprog(...)

在优化结束之时返回解 x 处的拉格朗日乘子结构变量 lambda。

在设置输入参数的时候需要注意，如果用户指定的边界相互矛盾，则问题输出的解 x 为 x0，相应的函数值为[]。如果初始点 x0 的某分量不能满足边界约束 lb≤x≤ub，则该分量将被重置为边界内的一个值。如果用户未指定求解的初始点 x0，则默认的初始点将被限制在问题定义的边界之内。

根据问题的规模，quadprog 函数可使用以下不同的优化算法。

- 大型规模优化算法：当优化问题只有上界和下界，而没有线性不等式或等式约束时，默认算法为大型算法。或者，如果优化问题中只有线性等式，而没有上界和下界或线性不等式时，默认算法也是大型算法。大型算法是基于内部反射牛顿法的子空间置信域法。该算法的每一次迭代都与用 PCG 法求解大型线性系统得到的近似解有关。

- 中型规模优化算法：quadprog 使用的是有效集算法，它是一种投影法，首先通过求解线性规划问题来求得问题的初始可行解。

在使用 quadprog 求解二次规划问题的过程中需要注意如下几个问题：

（1）如果问题不是严格凸性的，用函数 quadprog 求得的最优解可能是局部最优解。

（2）在求解过程中，用 Aeq 和 Beq 明确地指定等式约束，而不是用 lb 和 ub 指定，则可以得到更好的数值解。

（3）若 x 的分量没有上边界或者下边界，则 quadprog 函数希望将对应的分量设置为 Inf 或者–Inf，而不是赋予一个很大的数或者很小的数。

（4）对于大型规模优化问题，若没有提供初值 x0，或 x0 不是严格可行，则 quadprog 函数会选择一个新的初始可行点。

（5）若为等式约束，且 quadprog 函数发现负曲率，则优化过程终止。

另外，使用该函数时还有下面一些要求：

（1）控制参数 Display 只能选择 off 或者 final，iter 无效。

（2）当问题不定或负定时，常常无解，此时 exitflag 参数将返回一个负值，表示优化过程不收敛。若正定解存在，则 quadprog 函数可能只给出局部极小值，因为问题可能是非凸的。

（3）对于大型规模优化问题，线性等式约束必须是相互独立的，也就是说，Aeq 必须是行满秩的，如果不满足要求，则必须调用中型规模优化算法求解。

7.6.4 综合实例

下面给出用 MATLAB 求解二次规划问题的典型实例。

1. 含不等式约束的二次规划问题

【例 7-6】 求解如下二次规划问题：

$$\begin{cases}\min & f(\boldsymbol{x})=\dfrac{1}{2}x_1^2+x_2^2-x_1x_2-2x_1-6x_2 \\ \text{s.t.} & x_1+x_2\leqslant 2 \\ & -x_1+2x_2\leqslant 2 \\ & 2x_1+x_2\leqslant 3 \\ & x_1,x_2\geqslant 0\end{cases}$$

首先将上述问题转化成 MATLAB 标准型，可知其相关矩阵为：

$$\boldsymbol{H}=\begin{bmatrix}1 & -1\\ -1 & 2\end{bmatrix},\ \boldsymbol{c}=\begin{bmatrix}-2\\ -6\end{bmatrix}$$

于是调用 quadprog 求解该问题的代码为：

```
H=[1 -1;-1 2];
c=[-2;-6];
A=[1 1;-1 2;2 1];
```

```
b=[2;2;3];
lb=zeros(2,1);
[x,fval,exitflag]=quadprog(H,c,A,b,[],[],lb)
```

运行结果如下：

```
Warning: Large-scale method does not currently solve this problem
formulation,
using medium-scale method instead.
> In quadprog at 263
  In Untitled at 6
Optimization terminated.
x =
    0.6667
    1.3333
fval =
   -8.2222
exitflag =
     1
```

即当 $x_1 = 0.666\,7, x_2 = 1.333\,3$ 时，目标函数的最小值为–8.222 2。

2. 含边界约束的大型规模二次规划问题

【例 7-7】 解较大规模的有边界约束的二次规划问题。

最小化大规模的二次规划问题，该问题存储于 MAT-文件 qpbox1.mat 中，为一个正定的二次规划问题，其中 Hessian 矩阵是三对角阵，同时对设计变量由上界和下界约束。

首先读取 qpbox1.mat 文件，获取最优化问题的 Hessian 矩阵，并定义目标函数和边界约束条件：

```
load qpbox1   % 获取 Hessian 矩阵的值
lb = zeros(400,1); lb(400) = -inf;
ub = 0.9*ones(400,1); ub(400) = inf;
f = zeros(400,1); f([1 400]) = -2;
```

然后设置求解的初始点 x0，调用二次规划函数 quadprog 求解该最优化问题。

```
xstart = 0.5*ones(400,1);
[x,fval,exitflag,output] = ...
        quadprog(H,f,[],[],[],[],lb,ub,xstart);
```

则可得问题的最优解，以及算法结束状态指示结构变量和输出结构变量。

```
exitflag =
     3
output =
       iterations: 19
```

```
        algorithm: 'large-scale: reflective trust-region'
   firstorderopt: 1.0761e-005
    cgiterations: 1640
          message: [1x206 char]
```

从结果中可以看出，优化过程进行了 19 次迭代收敛于解 x，其中大量的 CG 迭代显示线性搜索的计算量很大。为了降低这方面的代价，可以设置参数 MaxPCGIter 来限制每次迭代中所使用的 CG 迭代的次数，其默认值为最优化问题维数的一半，由于该最优化问题设计变量的维数为 400，故默认的 CG 迭代次数限制为 200 次。继续降低该数值，假定设置其为 50，则求解的代码和结果如下：

```
optio7ns = optimset('MaxPCGIter',50);
[x,fval,exitflag,output] = ...
        quadprog(H,f,[],[],[],[],lb,ub,xstart,options);
```

由下述结果发现，该策略使得算法迭代 36 次之后收敛于解 x，其中 CG 迭代次数为 1 547，比前一种求解策略有所降低。

```
exitflag =
     3
output =
        iterations: 36
         algorithm: 'large-scale: reflective trust-region'
    firstorderopt: 2.3821e-005
     cgiterations: 1547
          message: [1x206 char]
```

另一种策略是将控制参数 PrecondBandWidth 的值设为 inf，相应的代码如下：

```
options7 = optimset('PrecondBandWidth',inf);
[x,fval,exitflag,output] = ...
        quadprog(H,f,[],[],[],[],lb,ub,xstart,options);
```

则此时由运行结果可以发现，迭代次数已经降低到了 10。

```
exitflag =
     3
output =
        iterations: 10
         algorithm: 'large-scale: reflective trust-region'
    firstorderopt: 1.0366e-006
     cgiterations: 0
          message: [1x206 char]
```

我们注意到，采用上述方法虽然可以减少迭代的次数，但是每次迭代的时间将会增加，所以必须根据不同的问题在两者之间寻找一个平衡点。

7.7 本章小结

本章主要研究一类特殊的非线性规划——二次规划的理论与算法。主要介绍了等式约束下和不等式约束下的二次规划问题的求解方法，并且详细讲述了如何利用 MATLAB 优化工具箱求解二次规划问题。通过本章的学习，读者应掌握如下知识点：

（1）二次规划的数学模型；

（2）求解等式约束下二次规划问题的直接消去法和拉格朗日乘子法；

（3）求解一般二次规划问题的有效集算法；

（4）利用单纯形方法求解二次规划问题的 Wolfe 算法和 Lemeke 算法；

（5）利用 MATLAB 求解二次规划的 quadprog 函数的使用方法。

习　题

1．求解二次规划问题

（1）$\begin{cases} \max & f(\boldsymbol{x}) = x_1 x_2 + 3 \\ \text{s.t.} & x_1 + x_2 = 0 \end{cases}$

（2）$\begin{cases} \min & f(\boldsymbol{x}) = x_1^2 + x_2^2 + x_3^2 + 1 \\ \text{s.t.} & x_1 + 2x_2 - x_3 = 4 \end{cases}$

（3）$\begin{cases} \max & f(\boldsymbol{x}) = 2x_1 + 3x_2 + 4x_1^2 + 2x_1 x_2 + x_2^2 \\ \text{s.t.} & x_1 - x_2 \geqslant 0 \\ & x_1 + x_2 \leqslant 4 \\ & x_1 \leqslant 3 \end{cases}$

（4）$\begin{cases} \max & f(\boldsymbol{x}) = 8x_1 + 10x_2 - x_1^2 - x_2^2 \\ \text{s.t.} & 3x_1 + 2x_2 \leqslant 6 \\ & x_1, x_2 \geqslant 0 \end{cases}$

2．某投资者对三种风险资产感兴趣，这三种资产收益率的均值为 0.06、0.12 和 0.09，协方差矩阵为：

$$\boldsymbol{H} = \begin{bmatrix} 0.2 & 0.3 & -0.01 \\ 0.3 & 2.4 & 0.5 \\ -0.01 & 0.5 & 1.1 \end{bmatrix}$$

试为之构造风险最小的投资组合，使得预期收益率 r_p=0.08,0.10,0.11 或 0.115。

3．五种证券的平均收益率为 0.16、0.11、0.08、0.13 和–0.02，样本协方差矩阵为：

$$H = \begin{bmatrix} 0.56 & 0.11 & 0.09 & 0.08 & 0.13 \\ 0.11 & 0.32 & 0.2 & 0.14 & 0.11 \\ 0.09 & 0.2 & 0.22 & 0.13 & 0.12 \\ 0.08 & 0.14 & 0.13 & 0.48 & 0.11 \\ 0.13 & 0.11 & 0.12 & 0.11 & 0.24 \end{bmatrix}$$

交易成本为：

$$c_i\left(x_i\right) = 0.002x_i + 0.002\left(1-\mathrm{e}^{-x_i}\right) \quad i = 1,2,\cdots,5$$

要求构造一个证券组合，使得预期收益率为 10%且风险尽可能小。

4．某投资者持有 A、B、C 三种资产分别为 20%、30%和 50%，另外他还对资产 D 感兴趣，这 4 种资产收益率的均值分别为 3.5%、8%、6.25%和 9%，协方差矩阵为：

$$H = \begin{bmatrix} 0.195 & 0.225 & 0.255 & 0.315 \\ 0.225 & 0.725 & 0.49 & 0.755 \\ 0.255 & 0.49 & 0.42125 & 0.5875 \\ 0.315 & 0.755 & 0.5875 & 0.86 \end{bmatrix}$$

此投资者希望构造一个净投资额为零的投资组合，使得预期收益率至少为 3.2%，他还希望仅对资产 A 卖空，但卖空的比例不超过现有总资产的 10%，试为之构造一个方差风险最小的投资组合。

第 8 章 多目标规划

前面所述的最优化问题，无论线性规划、整数规划还是非线性规划，其目标函数都只有一个。但在实际问题中，衡量一个设计方案的好坏往往不止一个标准，常常要考虑多个目标。这就向我们提出了一个多指标最优化问题，我们把在这样的背景下建立起来的最优化称为多目标规划问题。本章主要介绍解决上述问题的多目标规划方法的一些基本概念与求解方法。

8.1 多目标规划问题的数学模型

多目标规划法（Goal Programming，GP）是最优化理论和方法中的一个重要分支，它是在线性规划的基础上，为解决多目标决策问题而发展起来的一种数学方法。其概念和数学模型是由 A. Charnes 和 W. W. Cooper 在 1961 年提出的，经过 Ijiri、Sang. M. Lee 等人的改进，并逐步发展和成熟，它在经济管理与规划、人力资源管理、政府管理、大型工程的最优化等重要问题上都有广泛的应用。

为了引入目标规划的数学模型，首先来看几个典型的实例。

【例 8-1】 木梁设计问题。

用直径为 1（单位长）的圆木制成截面为矩形的梁。为使质量最轻、强度最大，问截面的宽和高应取何尺寸？

假设矩形截面的宽和高分别为 x_1 和 x_2，则根据几何知识可得：$x_1^2+x_2^2=1$

且此时木梁的截面面积为 x_1x_2。同时根据材料力学的知识，木梁的强度取决于截面矩量 $x_1x_2^2/6$，故若要使得质量最轻，实际上目标即为横截面积最小，又要强度最大，故目标为截面矩量最大，于是容易列出如下数学模型：

$$\begin{cases}\min & f_1(\boldsymbol{x})=x_1x_2 \\ \max & f_2(\boldsymbol{x})=\dfrac{1}{6}x_1x_2^2 \\ & x_1^2+x_2^2=1 \\ & x_1,x_2\geqslant 0\end{cases}$$

【例 8-2】 工厂采购问题。

某工厂需要采购某种生产原料，该原料市场上有 A 和 B 两种，单价分别为 2 元/kg 和 1.5 元/kg。现要求所花的总费用不超过 300 元，购得的原料总质量不少于 120kg，其中 A 原料不得少于 60kg。问如何确定最佳采购方案，花最少的钱采购最多数量的原料？

设 A、B 分别采购 x_1、x_2 kg，于是该次采购总的花费为 $f_1(\boldsymbol{x})=2x_1+1.5x_2$，所得原料总

量为 $f_2(\boldsymbol{x})=x_1+x_2$，则求解的目标是使得花最少的钱买最多的原料，即最小化 $f_1(\boldsymbol{x})$ 的同时最大化 $f_2(\boldsymbol{x})$。

同时要满足所花的总费用不得超过 300 元，原料的总质量不得少于 120kg，A 原料不得少于 60kg，于是得到约束条件为：$x_1+x_2\geqslant 120$; $2x_1+1.5x_2\leqslant 300$; $x_1\geqslant 60$

又考虑到购买的数量必须满足非负的条件，由于对 x_1 已经有相应的约束条件，故只需添加对 x_2 的非负约束即可。

综合以上分析，得到最优化数学模型如下：

$$\begin{cases}\min \quad f_1(\boldsymbol{x})=2x_1+1.5x_2\\ \max \quad f_2(\boldsymbol{x})=x_1+x_2\\ \qquad\quad x_1+x_2\geqslant 120\\ \qquad\quad 2x_1+1.5x_2\leqslant 300\\ \qquad\quad x_1\geqslant 60\\ \qquad\quad x_2\geqslant 0\end{cases}$$

【例 8-3】 生产计划问题。

某工厂生产 A_1、A_2 和 A_3 三种产品以满足市场的需要，该厂每周生产的时间为 40h，且规定每周的能耗不得超过 20t 标准煤，其数据表如表 8-1 所示。现在的问题是，每周生产三种产品各多少小时，才能使得该厂的利润最多而能源消耗最少？

表 8-1 产品生产销售数据表

产　品	生产效率（m/h）	利润（元/m）	最大销量（m/周）	能耗（t/1 000m）
A_1	20	500	700	24
A_2	25	400	800	26
A_3	15	600	500	28

假设该厂每周生产三种产品的小时数分别为 x_1,x_2,x_3，则根据各种产品的单位利润得到其总利润 $f_1(\boldsymbol{x})$ 为：$f_1(\boldsymbol{x})=500x_1+400x_2+600x_3$

根据各个产品的生产效率，可得生产 A_1、A_2 和 A_3 的生产数量分别为：

$$q_{A_1}=20x_1;\quad q_{A_2}=25x_2;\quad q_{A_3}=15x_3$$

故在生产过程中产生的能耗可以表达为：$f_2(\boldsymbol{x})=0.48x_1+0.65x_2+0.42x_3$

则根据最优化问题的目标，需要使利润最多且能耗最少，即在极大化 $f_1(\boldsymbol{x})$ 的同时极小化 $f_2(\boldsymbol{x})$。

再由约束条件，该厂每周的生产时间为 40h，故：$x_1+x_2+x_3\leqslant 40$。

且需要满足能耗不得超过 20t 标准煤：$0.48x_1+0.65x_2+0.42x_3\leqslant 20$。

上面是对生产过程的约束，再考虑销售过程，由于数据表中给出了三种产品每周的最大销量，故必须限制生产数量小于最大销量才能使成本最低，即满足约束条件：

$$q_{A_1}=20x_1\leqslant 700;\ q_{A_2}=25x_2\leqslant 800;\ q_{A_3}=15x_3\leqslant 500$$

同时考虑到生产时间的非负性，总结得到该问题的数学模型为：

$$\begin{cases}\max & f_1(\boldsymbol{x})=500x_1+400x_2+600x_3\\ \min & f_2(\boldsymbol{x})=0.48x_1+0.65x_2+0.42x_3\\ \text{s.t.} & x_1+x_2+x_3\leqslant 40\\ & 0.48x_1+0.65x_2+0.42x_3\leqslant 20\\ & 20x_1\leqslant 700\\ & 25x_2\leqslant 800\\ & 15x_3\leqslant 500\\ & x_1,x_2,x_3\geqslant 0\end{cases}$$

可见，上面三个例题的模型均是包含两个目标的线性规划问题，称为多目标线性规划问题。注意到极大化目标函数可以转化为极小化的相反数，所以，上述问题可以归结为标准形式：

$$\begin{cases}\text{V-min} & \boldsymbol{F}(\boldsymbol{x})\\ \text{s.t.} & g_i(\boldsymbol{x})\geqslant 0\ \ (i=1,2,\cdots,m)\\ & h_i(\boldsymbol{x})=0\ \ (i=1,2,\cdots,l)\end{cases}\tag{8-1}$$

其中：$\boldsymbol{x}=[x_1\ \ x_2\ \ \cdots\ \ x_n]^{\mathrm{T}}$；$\boldsymbol{F}(\boldsymbol{x})=[f_1(\boldsymbol{x})\ \ f_2(\boldsymbol{x})\ \ \cdots\ \ f_p(\boldsymbol{x})], p\geqslant 2$。

令 $R=\{\boldsymbol{x}\,|\,g_i(\boldsymbol{x})\leqslant 0, i=1,2,\cdots,m; h_i(\boldsymbol{x})=0, i=1,2,\cdots,l\}$，则称 R 为问题的可行域，V-min $\boldsymbol{F}(\boldsymbol{x})$ 指的是对向量形式的 p 个目标函数求最小，且目标函数 $\boldsymbol{F}(\boldsymbol{x})$ 和约束函数 $g_i(\boldsymbol{x})$、$h_i(\boldsymbol{x})$ 可以是线性函数也可以是非线性函数。

多目标规划问题域线性规划和非线性规划问题的主要区别就在于，它所追求的目标不止一个，而是多个。

在许多实际问题中，各个目标的量纲一般都是不同的，所以有必要将每个目标事先进行规范化。例如，对第 j 个带量纲的目标 $F_j(\boldsymbol{x})$，可令 $f_j(\boldsymbol{x})=F_j(\boldsymbol{x})/F_j$，其中 $F_j=\min\limits_{x\in R}F_j(\boldsymbol{x})$，这样 $f_j(\boldsymbol{x})$ 就是规范化的目标了。

8.2 多目标规划问题的解集和象集

为了研究多目标规划问题，首先需要了解多目标规划中的解集和象集，并在此基础上对多目标规划问题进行分析和求解。

8.2.1 多目标规划的解集

对单目标规划来说，给定任意两个可行解 $\boldsymbol{x}_1,\boldsymbol{x}_2\in R$，通过比较它们的目标函数值 $f(\boldsymbol{x}_1)$ 和 $f(\boldsymbol{x}_2)$ 就可以确定哪个更优。这是因为 $f(\boldsymbol{x}_1)$ 和 $f(\boldsymbol{x}_2)$ 都是具体的数值，两个数总可以通过比较其大小来确定解的优劣。但是对于多目标规划而言，给定任意两个可行解 $\boldsymbol{x}_1,\boldsymbol{x}_2\in R$，通过 $\boldsymbol{F}(\boldsymbol{x}_1)$ 和 $\boldsymbol{F}(\boldsymbol{x}_2)$ 往往无法比较其优劣，因为目标函数 $\boldsymbol{F}(\boldsymbol{x}_1)$ 和 $\boldsymbol{F}(\boldsymbol{x}_2)$ 均为向量，故可能

不存在$\boldsymbol{F}(\boldsymbol{x}_1)$和$\boldsymbol{F}(\boldsymbol{x}_2)$之间的大小关系，既无大于等于关系，也无小于等于关系。

例如，我们首先直观地看一个多目标规划的图解实例，假设问题的目标为求函数f_1和f_2的极小值，如图8-1所示。

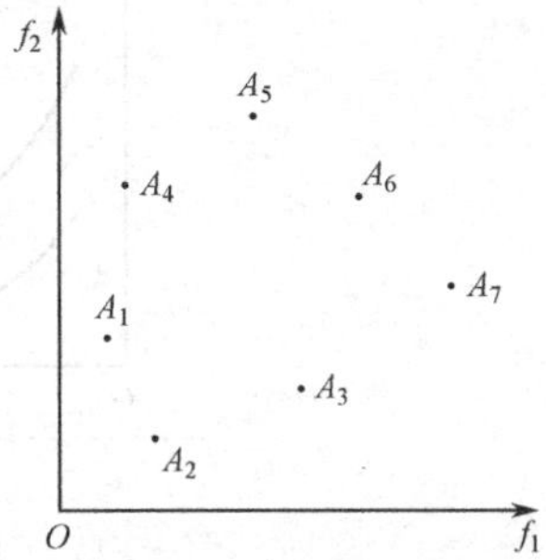

图8-1 多目标规划的有效解

就方案A_1和A_2来说，有$f_1(A_1)<f_1(A_2)$且$f_2(A_1)>f_2(A_2)$，因此无法确定这两个方案的优与劣。而对于方案A_2和A_3而言，有$f_1(A_2)<f_1(A_3)$且$f_2(A_2)<f_2(A_3)$，所以显然A_2比A_3好。同样，A_1比A_4好，A_3比A_7好，A_4比A_5好。

对于前面分析的方案A_1和A_2，由于无法确定其优劣，而且又没有比它们更好的其他方案，所以它们被称为多目标规划问题的有效解（或者非劣解），其余方案都称为劣解。所有非劣解构成的集合称为非劣解集。

1. 多目标规划中的几种解集

对于多目标规划问题，由于可能出现两个解或者多个解之间无法进行精确比较而确定哪个为最好的情况，因而对多目标规划问题的"最优解"需要重新定义。为了方便起见，首先引入几个向量不等式的符号。

假设两个向量$\boldsymbol{x}=[x_1 \quad x_2 \quad \cdots \quad x_n]^{\mathrm{T}}$；$\boldsymbol{y}=[y_1 \quad y_2 \quad \cdots \quad y_n]^{\mathrm{T}}$，则有如下关系：

（1）$\boldsymbol{x}=\boldsymbol{y}$的含义为，$x_i=y_i\ (i=1,2,\cdots,n)$；

（2）$\boldsymbol{x}<\boldsymbol{y}$的含义为，$x_i<y_i\ (i=1,2,\cdots,n)$；

（3）$\boldsymbol{x}\leqq\boldsymbol{y}$的含义为，$x_i\leqslant y_i\ (i=1,2,\cdots,n)$，即两个向量可以相等；

（4）$\boldsymbol{x}\leqslant\boldsymbol{y}$的含义为，$x_i\leqslant y_i\ (i=1,2,\cdots,n)$且至少存在一个$i_0$使得$x_{i_0}<y_{i_0}$，它和（3）的不同之处就在于，两个向量不能相等。

下面讨论仅含有不等式约束的多目标规划问题：

$$\begin{cases}\text{V-min} & \boldsymbol{F}(\boldsymbol{x}) \\ \text{s.t.} & g_i(\boldsymbol{x})\geqslant 0\ \ (i=1,2,\cdots,m)\end{cases} \tag{8-2}$$

则其可行域为：$R=\{\boldsymbol{x}\mid g_i(\boldsymbol{x})\leqslant 0, i=1,2,\cdots,m\}$。

下面给出几种不同"最优解"的定义。

定义8-1 （绝对最优解）设$\boldsymbol{x}^*\in R$，如果对于$\forall\boldsymbol{x}\in R$均有$\boldsymbol{F}(\boldsymbol{x}^*)\leqslant\boldsymbol{F}(\boldsymbol{x})$，则称$\boldsymbol{x}^*$为多目标规划问题的绝对最优解。

多目标规划问题的绝对最优解的全体可以记为R_{ab}^*，其含义为：该最优解与任意一个可行解都是可以进行比较的。例如，图8-2就是当$n=1, p=2$时的绝对最优解的示意图。

多目标规划问题的绝对最优解一般情况下是不存在的。事实上，如果把多目标规划中的每个目标函数看成是单目标规划问题的目标函数，即分别考虑p个单目标规划问题$\min f_i(\boldsymbol{x}), \boldsymbol{x}\in R, i=1,2,\cdots,n$，则这$p$个单目标规划问题的公共最优解才是多目标规划问题的绝对最优解。如果这p个单目标规划问题没有公共最优解，则多目标规划问题就没有绝对最优解。这种情况的多目标规划问题是大量的，尤其是目标函数较多时，所有这些单目标规划问题一般都不可能有公共最优解。因此，还需考虑其他意义下的“最优解”。

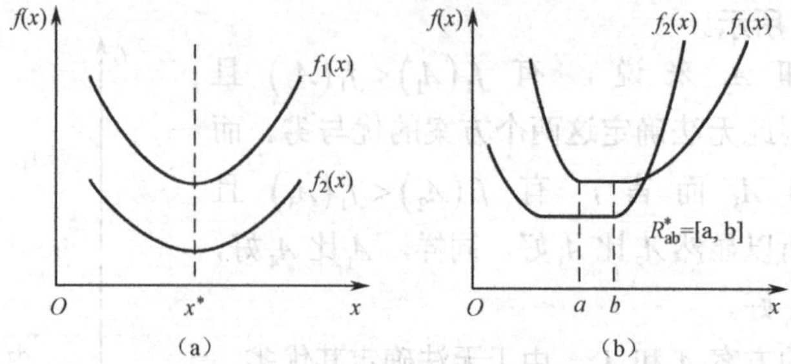

图 8-2　多目标规划的绝对最优解示意图

定义 8-2　（有效解）设 $\boldsymbol{x}^* \in R$，如果不存在 $\boldsymbol{x} \in R$ 使得 $\boldsymbol{F}(\boldsymbol{x}) \leqslant \boldsymbol{F}(\boldsymbol{x}^*)$ 成立，则称 $\boldsymbol{x}^*$ 为多目标规划问题的有效解。

多目标规划问题的有效解的全体记为 R_{e}^*，有效解的含义是：在所有的可行解中找不到比它好的可行解。当 $n=1, p=2$ 时有效解的直观几何意义如图 8-3（a）所示，其有效解的集合 $R_{\mathrm{e}}^* = [a,b]$。

定义 8-3　（弱有效解）设 $\boldsymbol{x}^* \in R$，如果不存在 $\boldsymbol{x} \in R$ 使得 $\boldsymbol{F}(\boldsymbol{x}) < \boldsymbol{F}(\boldsymbol{x}^*)$ 成立，则称 $\boldsymbol{x}^*$ 为多目标规划问题的弱有效解。

多目标规划问题的弱有效解的全体记为 R_{we}^*，弱有效解的含义是：在所有的可行解中找不到比它严格好的可行解。当 $n=1, p=2$ 时弱有效解的直观几何意义如图 8-3（b）所示，$R_{\mathrm{we}}^* = [a,b]$，$R_{\mathrm{e}}^* = [c,d]$。

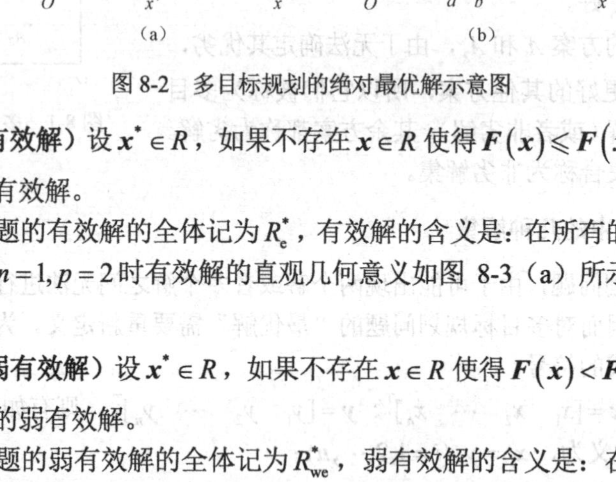

图 8-3　有效解与弱有效解示意图

2．解集的性质

如果用 R_i^* 表示单目标规划 $P_i : \min\limits_{x \in R} f_i(\boldsymbol{x})$ 的全局最优解集合，则多目标规划问题的解集合 R_{ab}^*、R_{e}^*、R_{we}^*、R_i^* 和 R 之间存在如下关系：

定理 8-1　（解集之间的关系）

（1）若 $\bigcap\limits_{i=1}^{p} R_i^* \neq \varnothing$，则 $R_{\mathrm{ab}}^* = \bigcap\limits_{i=1}^{p} R_i^*$；

（2）$R_e^* \subseteq R_{we}^* \subseteq R$；

（3）$R_i^* \subseteq R_{we}^*\ (i=1,2,\cdots,p)$；

（4）$R_{ab}^* \subseteq R_e^*$；

（5）若 $R_{ab}^* \neq \varnothing$，则 $\bigcup_{i=1}^{p} R_i^* = R_{we}^*$，$\bigcap_{i=1}^{p} R_i^* = R_e^* = R_{ab}^*$；

（6）若 $\boldsymbol{F}(\boldsymbol{x})$ 中每个 $f_i(\boldsymbol{x})$ 都是严格凸函数，R 是凸集，则 $R_e^* = R_{we}^*$。

8.2.2 多目标规划的象集

考虑多目标规划问题：

$$\begin{cases} \text{V-min} & \boldsymbol{F}(\boldsymbol{x}) \\ \text{s.t.} & g_i(\boldsymbol{x}) \geqslant 0\ \ (i=1,2,\cdots,m) \end{cases} \tag{8-3}$$

则其可行域为：$R = \{\boldsymbol{x} \mid g_i(\boldsymbol{x}) \leqslant 0, i=1,2,\cdots,m\}$

则根据上述模型，任意给定一个可行解 $\bar{\boldsymbol{x}} \in R$，其对应的目标函数值 $\boldsymbol{F}(\bar{\boldsymbol{x}})$ 是一个 p 维的向量。即有 $\bar{\boldsymbol{x}} \in R \subset R^n$，$\boldsymbol{F}(\bar{\boldsymbol{x}}) = [f_1(\boldsymbol{x})\ \ f_2(\boldsymbol{x})\ \ \cdots\ \ f_p(\boldsymbol{x})]^{\mathrm{T}} \in R^p$。

定义 8-4 （象集和原象） 设 $\boldsymbol{F}(R)$ 表示可行域 R 中所有 $\boldsymbol{x}$ 对应的 p 维向量 $\boldsymbol{F}(\boldsymbol{x})$ 的全体，即 $\boldsymbol{F}(R) = \{\boldsymbol{F}(\boldsymbol{x}) \mid \boldsymbol{x} \in R\}$，如果把 $\boldsymbol{F}(\boldsymbol{x})$ 看做由约束集合 R 到 R^p 的映射，则 $\boldsymbol{F}(R)$ 称为象集或者目标空间，R 称为原象或策略空间。

对 $\forall \bar{\boldsymbol{x}} \in R$，必有 $\boldsymbol{F}(\bar{\boldsymbol{x}}) \in \boldsymbol{F}(R)$；反之，对 $\forall \bar{\boldsymbol{F}} \in \boldsymbol{F}(R)$，必有 $\exists \bar{\boldsymbol{x}} \in R$ 使得 $\boldsymbol{F}(\bar{\boldsymbol{x}}) = \bar{\boldsymbol{F}}$，即象集 $\boldsymbol{F}(R)$ 中的每一个象点，至少有一个 R 中的元素与之对应，但这种对应不一定是“一对一”的。

类似于约束集中的有效解和弱有效解，下面定义象集 $\boldsymbol{F}(R)$ 中的有效点和弱有效点。

定义 8-5 （有效点） 设 $\bar{\boldsymbol{F}} \in \boldsymbol{F}(R)$，如果不存在 $\boldsymbol{F} \in \boldsymbol{F}(R)$ 使得 $\boldsymbol{F} \leqslant \bar{\boldsymbol{F}}$ 成立，则称 $\boldsymbol{F}$ 为象集 $\boldsymbol{F}(R)$ 的有效点，有效点的全体记做 $\boldsymbol{F}_e^*$。

定义 8-6 （弱有效点） 设 $\bar{\boldsymbol{F}} \in \boldsymbol{F}(R)$，如果不存在 $\boldsymbol{F} \in \boldsymbol{F}(R)$ 使得 $\boldsymbol{F} < \bar{\boldsymbol{F}}$ 成立，则称 $\boldsymbol{F}$ 为象集 $\boldsymbol{F}(R)$ 的弱有效点，弱有效点的全体记做 $\boldsymbol{F}_{we}^*$。

根据上述定义显然有：$\boldsymbol{F}_e^* \subseteq \boldsymbol{F}_{we}^*$

研究象集的作用在于：

（1）求出了 $\boldsymbol{F}(R)$ 中的有效点和弱有效点，就可以确定多目标规划问题的有效解和弱有效解；

（2）对象集 $\boldsymbol{F}(R)$ 的研究可以提供一些解多目标规划的方法；

（3）可以从几何上（如 $p=2$ 时）对一些常用的解法加以解释。

有效解和有效点、弱有效解和弱有效点之间有如下的关系。

定理 8-2 若已知象集 $\boldsymbol{F}(R)$ 的有效点集 $\boldsymbol{F}_e^*$，则多目标规划问题的有效解集 R_e^* 可以表示为：

$$R_{\mathrm{e}}^{*}=\bigcup_{\bar{F}\in F_{\mathrm{e}}^{*}}\left\{\bar{x}\mid F(\bar{x})=\bar{F},x\in R\right\}$$

类似的，我们可以得到：

定理 8-3 若已知象集 $F(R)$ 的有弱效点集 F_{we}^{*}，则多目标规划问题的弱有效解集 R_{we}^{*} 可以表示为：

$$R_{\mathrm{we}}^{*}=\bigcup_{\bar{F}\in F_{\mathrm{we}}^{*}}\left\{\bar{x}\mid F(\bar{x})=\bar{F},x\in R\right\}$$

这两个定理说明，$F(R)$ 的有效点和弱有效点的原象分别为多目标规划问题的有效解和弱有效解。

8.3 处理多目标规划的方法

8.3.1 约束法

约束法又称主要目标法，在多目标规划问题中各个目标的重要程度往往是不相同的，约束法的基本思想是：在多目标规划问题中，根据问题的实际情况，确定一个目标为主要目标，而把其余目标作为次要目标，并根据决策者的经验给次要目标选取一定的界限值，这样就可以把次要目标作为约束来处理，排除出目标组，从而将原有多目标规划问题转化为一个在新的约束下，求主要目标的单目标最优化问题。

假设在 p 个目标中，$f_1(x)$ 为主要目标，而对应于其余 $(p-1)$ 个目标函数 $f_i(x)$ 均可以确定其允许的边界值：

$$a_i \leqslant f_i(x) \leqslant b_i \quad i=2,3,\cdots,p$$

这样就可以将这 $(p-1)$ 个目标函数当做最优化问题的约束来处理，于是多目标规划问题转化为单目标规划问题，即 SP 问题：

$$\begin{cases}\min & f_1(x)\\ \text{s.t.} & g_i(x)\geqslant 0\ \ (i=1,2,\cdots,m)\\ & a_j\leqslant f_j(x)\leqslant b_j\ (j=2,3,\cdots,p)\end{cases} \tag{8-4}$$

问题（8-4）的可行域为 $R'=\left\{x\mid g_i(x)\geqslant 0,i=1,2,\cdots,m;a_j\leqslant f_j(x)\leqslant b_j,j=2,3,\cdots,p\right\}$。

用单目标规划的方法求解上述问题，则可以将其最优解作为多目标规划问题的解，于是有下述定理：

定理 8-4 SP 问题（8-4）的全局最优解 x^* 一定是多目标规划问题的弱有效解。

定理 8-4 说明将 SP 的全局最优解作为多目标规划的解的合理性。

对于凸规划问题则有如下定理：

定理 8-5 如果主要目标 $f_1(x)$ 为严格的凸函数，可行域 R' 为凸集，则 SP 的最优解是多目标规划问题的有效解。

8.3.2 评价函数法

求解多目标规划问题时，还有一种常见的方法就是评价函数法，其基本思想是将多目标规划问题转化为一个单目标规划问题来求解，而且该单目标规划问题的目标函数是用多目标问题的各个目标函数构造出来的，称为评价函数。例如，若原多目标规划问题的目标函数为 $\boldsymbol{F}(\boldsymbol{x})$，则可以通过各种不同的方式构造评价函数 $h(\boldsymbol{F}(\boldsymbol{x}))$，然后求解如下问题：

$$\begin{cases}\min & h(\boldsymbol{F}(\boldsymbol{x})) \\ \text{s.t.} & \boldsymbol{x} \in R\end{cases} \tag{8-5}$$

求解问题（8-5）之后，可以用上述问题的最优解 $\boldsymbol{x}^*$ 作为多目标规划问题的最优解。正是由于可以用不同的方法来构造评价函数，因此有各种不同的评价函数方法，下面介绍几种常用的方法。

1．理想点法

在问题（8-2）中，我们首先分别求解 p 个单目标规划问题：

$$\begin{cases}\min & f_i(\boldsymbol{x}) \ (i=1,2,\cdots,p) \\ \text{s.t.} & g_j(\boldsymbol{x}) \geqslant 0 \ (j=1,2,\cdots,m)\end{cases} \tag{8-6}$$

令各个问题的最优解为 $\boldsymbol{x}_i^* \ (i=1,2,\cdots,p)$，而其目标函数值可以表示为：

$$f_i^* = \min_{\boldsymbol{x}\in R} f_i(\boldsymbol{x}) \quad i=1,2,\cdots,p$$

其中 $R=\{\boldsymbol{x} \mid g_j(\boldsymbol{x}) \geqslant 0 \ (j=1,2,\cdots,m)\}$。

一般来说，不可能所有的 $\boldsymbol{x}_i^* \ (i=1,2,\cdots,p)$ 均相同，故其最优值 $f_i^* \ (i=1,2,\cdots,p)$ 组成的向量 $\boldsymbol{F}^0=[f_1^* \quad f_2^* \quad \cdots \quad f_p^*]^{\mathrm{T}}$ 并不属于多目标规划的象集，即

$$\boldsymbol{F}^0=[f_1^* \quad f_2^* \quad \cdots \quad f_p^*]^{\mathrm{T}} \notin F(R)$$

所以 $\boldsymbol{F}^0=[f_1^* \quad f_2^* \quad \cdots \quad f_p^*]^{\mathrm{T}}$ 是一个几乎不可能达到的理想点。

那么，理想点法就是在多目标规划的可行域 R 中找到一点 $\boldsymbol{x}^*$，使其对应的 $\boldsymbol{F}(\boldsymbol{x}^*)$ 与理想点 $\boldsymbol{F}^0$ 最为接近，即当已知理想点 $\boldsymbol{F}^0$ 时，在目标空间 R^p 中适当引进某种度量标准来确定 $\boldsymbol{F}(\boldsymbol{x}^*)$ 和 $\boldsymbol{F}^0$ 之间的距离，并在这个度量标准的意义下，使得多目标规划问题集合 R 上某点 $\boldsymbol{x}^*$ 的目标函数 $\boldsymbol{F}(\boldsymbol{x}^*)$ 与理想点 $\boldsymbol{F}^0$ 之间的“距离”尽可能小。

而距离的度量可以利用向量的某种模 $\|\bullet\|$，当我们给模 $\|\bullet\|$ 赋予不同的意义时，便可以得到不同的理想点法。

下面介绍最短距离理想点法，这种方法是将 $\|\bullet\|$ 取为 R^p 中的 $\|\bullet\|_2$ 的形式，即构造如下的单目标规划问题：

$$\min_{\boldsymbol{x}\in R} h(\boldsymbol{F}(\boldsymbol{x})) = \|\boldsymbol{F}(\boldsymbol{x})-\boldsymbol{F}^0\|_2 = \sqrt{\sum_{i=1}^{p}\left(f_i(\boldsymbol{x})-f_i^*\right)^2} \tag{8-7}$$

这里的评价函数$h\left(\boldsymbol{F}(\boldsymbol{x})\right)$是$\boldsymbol{F}(\boldsymbol{x})$到$\boldsymbol{F}^0$的距离。当然也可以采用其他评价函数的方式，例如，更一般地将式（8-7）进行推广，得到评价函数为：

$$h\left(\boldsymbol{F}(\boldsymbol{x})\right)=\left(\sum_{i=1}^{p}\left(f_i(\boldsymbol{x})-f_i^*\right)^q\right)^{\frac{1}{q}}\quad q\geqslant 1\text{且取整数值}$$

或者是如下形式：

$$h\left(\boldsymbol{F}(\boldsymbol{x})\right)=\max_{1\leqslant i\leqslant p}\left|f_i(\boldsymbol{x})-f_i^*\right| \tag{8-8}$$

2．平方和加权法

下一类方法就是基于权重的方法，故在介绍此类方法之前首先给出权的概念。

定义 8-7 （权系数）如果p个非负实数$\lambda_1,\lambda_2,\cdots,\lambda_p$满足其和为 1，则称$\boldsymbol{\lambda}=[\lambda_1,\lambda_2,\cdots,\lambda_p]^{\mathrm{T}}$为一组权向量，或者将$\lambda_1,\lambda_2,\cdots,\lambda_p$称为一组权系数。

若所有的权系数$\lambda_i>0, i=1,2,\cdots,p$，则称这组权系数为正权，正权的全体可以记为：

$$\Lambda^{2+}=\left\{\lambda\left|\lambda_i>0, i=1,2,\cdots,p;\sum_{i=1}^{p}\lambda_i=1\right.\right\}$$

若所有的权系数$\lambda_i\geqslant 0, i=1,2,\cdots,p$，则称这组权系数为非负权，非负权的全体可以记为：

$$\Lambda^{+}=\left\{\lambda\left|\lambda_i\geqslant 0, i=1,2,\cdots,p;\sum_{i=1}^{p}\lambda_i=1\right.\right\}$$

上述对权向量和权系数的定义适用于下面所介绍的各种加权和的方法。

先求出各个单目标规划问题（8-6）的一个尽可能好的下界$f_1^0,f_2^0,\cdots,f_p^0$，即满足：

$$\min_{\boldsymbol{x}\in R} f_i(\boldsymbol{x})\geqslant f_i^0\quad i=1,2,\cdots,p$$

然后构造评价函数：

$$h(\boldsymbol{x})=h\left(\boldsymbol{F}(\boldsymbol{x})\right)=\sum_{i=1}^{p}\lambda_i\left(f_i(\boldsymbol{x})-f_i^0\right)^2 \tag{8-9}$$

一般情况下，权系数λ_i的值由各目标函数$f_i(\boldsymbol{x})$的重要程度给出。

用平方和加权法求解如下单目标规划问题：

$$\min_{\boldsymbol{x}\in R} h\left(\boldsymbol{F}(\boldsymbol{x})\right)=\sum_{i=1}^{p}\lambda_i\left(f_i(\boldsymbol{x})-f_i^0\right)^2 \tag{8-10}$$

将其最优解作为多目标规划的解。

3．线性加权和法

线性加权和法是一种最常用的方法，而且在理论上有重要意义，该方法是按照p个目标$f_i(\boldsymbol{x}), i=1,2,\cdots,p$的重要程度，分别乘以一组权系数$\lambda_i\ (i=1,2,\cdots,p)$，然后相加作为目标函数，再对此目标函数在多目标规划问题的约束集合R上求最优解，即构造如下单目标规划问题：

$$\min_{\boldsymbol{x}\in R} h\left(\boldsymbol{F}(\boldsymbol{x})\right)=\sum_{i=1}^{p}\lambda_i f_i(\boldsymbol{x})=\boldsymbol{\lambda}^{\mathrm{T}}\boldsymbol{F}(\boldsymbol{x}) \tag{8-11}$$

求此单目标规划问题的最优解，并把它叫做多目标规划问题在线性加权意义下的最优解，且该问题中的$\boldsymbol{\lambda}=[\lambda_1,\lambda_2,\cdots,\lambda_p]^{\mathrm{T}}\in\Lambda^{+}$或者$\Lambda^{2}$。下面直观地描述一下线性加权和法的几何意义。

设 p=2，则多目标规划问题具有两个目标函数f_1,f_2，取$\overline{\boldsymbol{\lambda}}=\left[\overline{\lambda}_1\quad\overline{\lambda}_2\right]^{\mathrm{T}}\in\Lambda^{2+}$，如图8-4所示，目标函数的等值线$\overline{\lambda}_1f_1+\overline{\lambda}_2f_2=C$是一条直线，求$\min\boldsymbol{\lambda}^{\mathrm{T}}\boldsymbol{F}=\overline{\lambda}_1f+\overline{\lambda}_2f_2,\ \boldsymbol{F}\in\boldsymbol{F}(R)$的过程就是在$\boldsymbol{F}(R)$中找一点，使得$\boldsymbol{\lambda}^{\mathrm{T}}\boldsymbol{F}=C$取最小值$C=\overline{\boldsymbol{\lambda}}^{\mathrm{T}}\overline{\boldsymbol{F}}$。从图上可以看出，$\overline{\boldsymbol{F}}=[\overline{f}_1\quad\overline{f}_2]^{\mathrm{T}}$是目标函数$\overline{\boldsymbol{\lambda}}^{\mathrm{T}}\boldsymbol{F}$的等值线与$\boldsymbol{F}(R)$在左下角的切点，即$\boldsymbol{F}(R)$的有效点。对应于$\overline{\boldsymbol{F}}$，存在$\overline{\boldsymbol{x}}\in R$使得$\overline{\boldsymbol{F}}=\boldsymbol{F}(\overline{\boldsymbol{x}})$，则$\overline{\boldsymbol{x}}$为多目标规划问题的有效解。当$\overline{\boldsymbol{\lambda}}\in\Lambda^{+}$时，$\overline{\boldsymbol{x}}$可能是弱有效解。

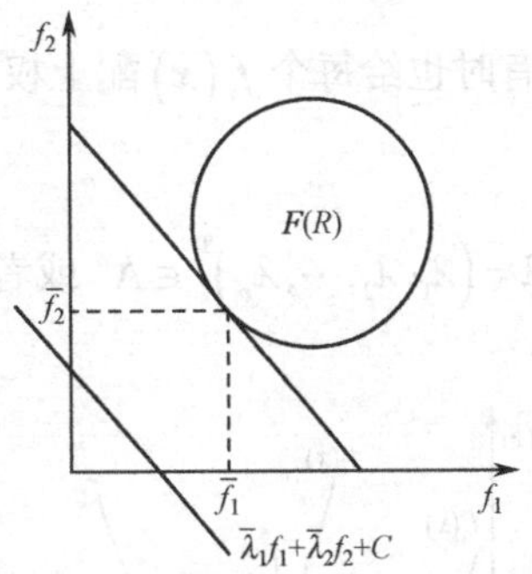

图8-4 线性加权和法示意图

4．乘除法

假如我们的目标可以分为两组：一组要求$f_1(\boldsymbol{x}),f_2(\boldsymbol{x}),\cdots,f_k(\boldsymbol{x})$的值越小越好；另一组要求$f_{k+1}(\boldsymbol{x}),f_{k+2}(\boldsymbol{x}),\cdots,f_p(\boldsymbol{x})$的值越大越好。而且对于任意的$\boldsymbol{x}\in R$，均满足函数值非负的条件$f_i(\boldsymbol{x})>0,i=1,2,\cdots,p$，此时可以令：

$$\overline{f}_i(\boldsymbol{x})=\begin{cases}f_i(\boldsymbol{x}) & i=1,2,\cdots,k\\ \dfrac{1}{f_i(\boldsymbol{x})} & i=k+1,k+2,\cdots,p\end{cases}\tag{8-12}$$

这样就可以把多目标规划问题统一为：$\min\limits_{x\in R}\boldsymbol{F}(\boldsymbol{x})=\left(\overline{f}_1(\boldsymbol{x}),\overline{f}_2(\boldsymbol{x}),\cdots,\overline{f}_p(\boldsymbol{x})\right)^{\mathrm{T}}$

乘除法就是构造如下目标函数：

$$\min_{x\in R}h(\boldsymbol{F}(\boldsymbol{x}))=\prod_{i=1}^{k}\overline{f}_i(\boldsymbol{x})=\frac{\prod\limits_{i=1}^{k}f_i(\boldsymbol{x})}{\prod\limits_{i=k+1}^{p}f_i(\boldsymbol{x})}=\frac{f_1(\boldsymbol{x})\cdot f_2(\boldsymbol{x})\cdot\ldots\cdot f_k(\boldsymbol{x})}{f_{k+1}(\boldsymbol{x})\cdot f_{k+2}(\boldsymbol{x})\cdot\ldots\cdot f_p(\boldsymbol{x})}\tag{8-13}$$

则多目标规划问题已经转化为单目标规划问题。

在乘除法中是把求最大的目标作为分母，把求最小的目标作为分子，如此化为单目标问题后再求最小。

5．极大极小法

在对策论中，人们经常遇到这样的问题：在最不利的条件下如何寻求最有利的策略？因此，求解极小化的多目标规划，也就是要在R中求出各个目标函数的最大值中的最小值。这就是极大极小法的基本思想。

基于上述基本思想，极大极小法是构造如下的评价函数：

$$h(\boldsymbol{F}(\boldsymbol{x}))=\max_{1\leqslant i\leqslant p}\{f_i(\boldsymbol{x})\}\tag{8-14}$$

从而求解下述单目标规划问题 P 的最优解：

$$\min_{x\in R} h(\boldsymbol{F}(\boldsymbol{x}))=\max_{1\leqslant i\leqslant p}\{f_i(\boldsymbol{x})\} \tag{8-15}$$

有时也给每个 $f_i(\boldsymbol{x})$ 配上权系数 λ_i，即考虑如下问题：

$$\min_{x\in R} h(\boldsymbol{F}(\boldsymbol{x}))=\max_{1\leqslant i\leqslant p}\{\lambda_i f_i(\boldsymbol{x})\} \tag{8-16}$$

其中 $\boldsymbol{\lambda}=(\lambda_1,\lambda_2,\cdots,\lambda_p)^{\mathrm{T}}\in\Lambda^+$ 或者 Λ^{2+}。

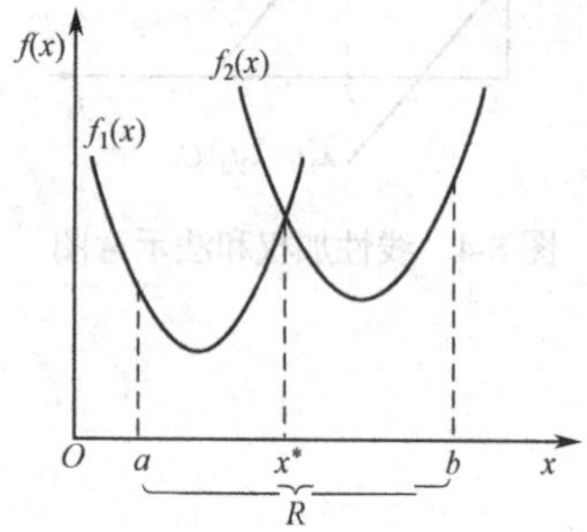

图 8-5　极大极小法的几何意义示意图

当 $n=1,p=2$ 时极大极小法的几何意义如图 8-5 所示，x 是 $h(\boldsymbol{F}(\boldsymbol{x}))$ 在 R 中的极小点。

通常可以通过增加一个变量 t 和 p 个约束的方法，将式（8-15）所述的问题 P 转化成为式（8-17）所示单目标规划问题 P'：

$$\begin{cases}\min & t\\ \text{s.t.} & f_j(\boldsymbol{x})\leqslant t \quad \boldsymbol{x}\in R,\ j=1,2,\cdots,p\end{cases} \tag{8-17}$$

其思想是将 $f_j(\boldsymbol{x})$ 的最大值看成变量 t，然后再求 t 的最小值。

可以证明，问题 P 和问题 P' 等价。

6．评价函数法的有关结论

以上我们借助于不同形式的评价函数 $h(\boldsymbol{F}(\boldsymbol{x}))$ 将多目标规划问题转化为单目标规划问题。现在将要讨论：上述问题的最优解在什么条件之下才是多目标规划问题的有效解或弱有效解？为此，给出两个定义：

定义 8-8　如果对于 $\forall \boldsymbol{F},\boldsymbol{F}'\in R^p$，当满足 $\boldsymbol{F}\leqslant\boldsymbol{F}'$ 时均满足 $h(\boldsymbol{F})<h(\boldsymbol{F}')$，则 $h(\boldsymbol{F})$ 称为 $\boldsymbol{F}$ 的严格单调增函数。

定义 8-9　如果对于 $\forall \boldsymbol{F},\boldsymbol{F}'\in R^p$，当满足 $\boldsymbol{F}<\boldsymbol{F}'$ 时均满足 $h(\boldsymbol{F})<h(\boldsymbol{F}')$，则 $h(\boldsymbol{F})$ 称为 $\boldsymbol{F}$ 的单调增函数。

在上述定义下，转化后的单目标规划问题是多目标规划问题的有效解或者弱有效解的条件由下面两个定理描述：

定理 8-6　若 $h(\boldsymbol{F}(\boldsymbol{x}))$ 是 $\boldsymbol{F}(\boldsymbol{x})$ 的严格单调增函数，则转化后的单目标规划问题的最优解是多目标规划问题的有效解。

定理 8-7　若 $h(\boldsymbol{F}(\boldsymbol{x}))$ 是 $\boldsymbol{F}(\boldsymbol{x})$ 的单调增函数，则转化后的单目标规划问题的最优解是多目标规划问题的弱有效解。

可以证明，评价函数法中所给的评价函数都是严格单调增函数或单调增函数，因而其最优解是多目标规划问题的有效解或弱有效解。

8.3.3　功效系数法

我们知道，多目标规划的任意一个可行解 $\boldsymbol{x}\in R$，对每个目标 $f_i(\boldsymbol{x})$ 的相应值是有好有坏的。一个 $\boldsymbol{x}\in R$ 对某个 $f_i(\boldsymbol{x})$ 的相应值的好坏程度，称为 $\boldsymbol{x}$ 对 $f_i(\boldsymbol{x})$ 的功效。

为了便于对每个 $\boldsymbol{x}\in R$ 比较它对某个 $f_i(\boldsymbol{x})$ 的功效大小，可将以 $f_i(\boldsymbol{x})$ 作一个函数变换 $d_i\left(f_i(\boldsymbol{x})\right)$，即令 $d_i=d_i\left(f_i(\boldsymbol{x})\right),\boldsymbol{x}\in R,i=1,2,\cdots,p$。并规定：对 $f_i(\boldsymbol{x})$ 产生功效最好的 $\boldsymbol{x}$，评分为 $d_i=1$；功效最坏的 $\boldsymbol{x}$，评分为 $d_i=0$；对不是最好也不是最坏的中间状态，评分为 $0<d_i<1$。换句话说，我们用一个值在 0 与 1 之间的功效函数 $d_i\left(f_i(\boldsymbol{x})\right),\boldsymbol{x}\in R$ 来反映 $f_i(\boldsymbol{x})$ 的好坏。下面介绍最常用的两种评分方法：线性型和指数型。

1．线性功效系数法

这种方法是用功效最好与最坏的两点之间的直线来反映功效程度的，考虑如下的多目标规划问题：

$$\begin{cases}\min\quad \left(f_1(\boldsymbol{x}),f_2(\boldsymbol{x}),\cdots,f_k(\boldsymbol{x})\right)^{\mathrm{T}}\\ \max\quad \left(f_{k+1}(\boldsymbol{x}),f_{k+2}(\boldsymbol{x}),\cdots,f_p(\boldsymbol{x})\right)^{\mathrm{T}}\\ \text{s.t.}\quad \boldsymbol{x}\in R\end{cases}\tag{8-18}$$

求出 $f_i(\boldsymbol{x})$ 的最大值和最小值：$\min\limits_{\boldsymbol{x}\in R} f_i(\boldsymbol{x})=\underline{f_i},i=1,2,\cdots,p;\ \max\limits_{\boldsymbol{x}\in R} f_i(\boldsymbol{x})=\overline{f_i},i=1,2,\cdots,p$。

（1）由于当 $i=1,2,\cdots,k$ 时，$f_i(\boldsymbol{x})$ 要求越小越好，故可取：

$$d_i=d_i\left(f_i(\boldsymbol{x})\right)=\begin{cases}1 & f=\underline{f_i}\\ 0 & f=\overline{f_i}\\ 1-\dfrac{f_i(\boldsymbol{x})-\underline{f_i}}{\overline{f_i}-\underline{f_i}} & \underline{f_i}<f<\overline{f_i}\end{cases}\tag{8-19}$$

式（8-19）中选取 $1-\dfrac{f_i(\boldsymbol{x})-\underline{f_i}}{\overline{f_i}-\underline{f_i}}$ 作为函数值，主要是因为过两点 $\left(\underline{f_i},1\right)$ 和 $\left(\overline{f_i},0\right)$ 可作一条直线，其方程为：

$$\frac{f_i(\boldsymbol{x})-\underline{f_i}}{\overline{f_i}-\underline{f_i}}=\frac{d_i\left(f_i(\boldsymbol{x})\right)-1}{0-1}\quad i=1,2,\cdots,k\tag{8-20}$$

由式（8-20）得 $d_i\left(f_i(\boldsymbol{x})\right)=1-\dfrac{f_i(\boldsymbol{x})-\underline{f_i}}{\overline{f_i}-\underline{f_i}},i=1,2,\cdots,k$，$d_i\left(f_i(\boldsymbol{x})\right)$ 的图形，如图 8-6 所示。

显然，越靠近 $\left(\underline{f_i},1\right)$ 的功效越好，越靠近 $\left(\overline{f_i},0\right)$ 的功效越坏，所以 $d_i\left(f_i(\boldsymbol{x})\right)$ 便可以反映诸 $f_i(\boldsymbol{x}),i=1,2,\cdots,k$ 越小越好。

（2）由于当 $i=k+1,k+2,\cdots,p$ 时，要求 $f_i(\boldsymbol{x})$ 越大越好，故可取：

$$d_i = d_i\left(f_i\left(\boldsymbol{x}\right)\right) = \begin{cases} 1 & f = \overline{f}_i \\ 0 & f = \underline{f}_i \\ \dfrac{f_i\left(\boldsymbol{x}\right) - \underline{f}_i}{\overline{f}_i - \underline{f}_i} & \underline{f}_i < f < \overline{f}_i \end{cases} \tag{8-21}$$

式（8-21）中选取 $\dfrac{f_i\left(\boldsymbol{x}\right) - \underline{f}_i}{\overline{f}_i - \underline{f}_i}$ 作为函数值，主要是因为过两点 $\left(\underline{f}_i,0\right)$ 和 $\left(\overline{f}_i,1\right)$ 可作一条直线，其方程为：

$$\frac{f_i\left(\boldsymbol{x}\right) - \underline{f}_i}{\overline{f}_i - \underline{f}_i} = \frac{d_i\left(f_i\left(\boldsymbol{x}\right)\right) - 0}{1 - 0} \quad i = k+1, k+2, \cdots, p \tag{8-22}$$

于是可得 $d_i\left(f_i\left(\boldsymbol{x}\right)\right) = \dfrac{f_i\left(\boldsymbol{x}\right) - \underline{f}_i}{\overline{f}_i - \underline{f}_i}, i = k+1, k+2, \cdots, p$，$d_i\left(f_i\left(\boldsymbol{x}\right)\right)$ 的图形，如图 8-7 所示。

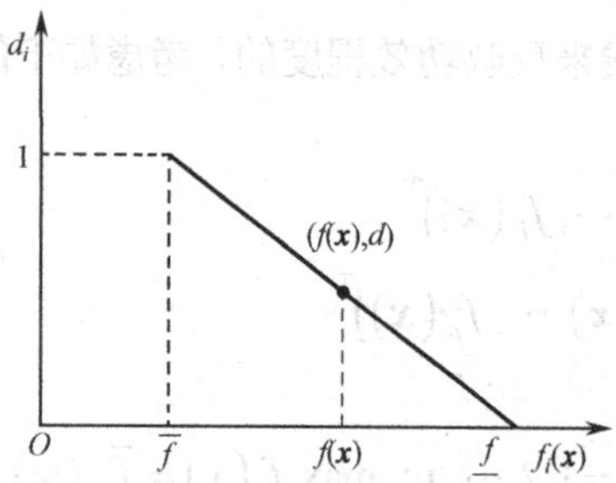

图 8-6　求目标函数极小值时的线性功效系数法示意图

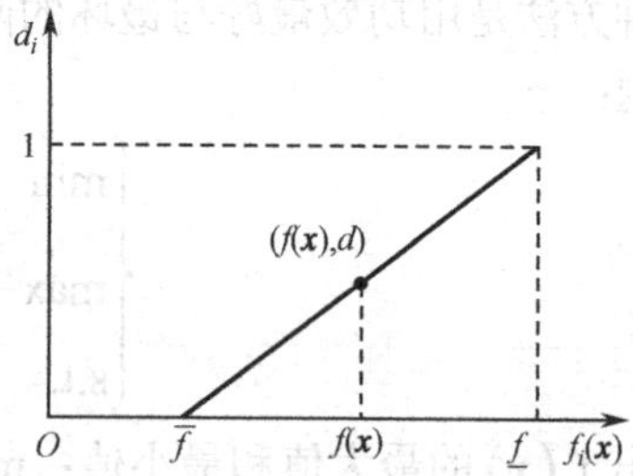

图 8-7　求目标函数极大值时的线性功效系数法示意图

由（1）和（2）可知，对所有的 $f_i\left(\boldsymbol{x}\right), i = 1,2,\cdots,p$ 均给出了相应的功效系数 $d_i\left(f_i\left(\boldsymbol{x}\right)\right)$，用（1）和（2）所推导出的 $d_i\left(f_i\left(\boldsymbol{x}\right)\right)$ 的公式中，当诸 $d_i\left(f_i\left(\boldsymbol{x}\right)\right) \approx 1$ 时便可以同时保证前 k 个目标越小越好，而后 $p-k$ 个目标越大越好。

为了求解一个实际问题，我们不会寻求目标函数功效最坏的解 $\boldsymbol{x}$，即我们不会求使得 $d_i = 0, i = 1,2,\cdots,p$ 的解，因此不妨假设 $d_i > 0$，对于 $\forall \boldsymbol{x} \in R, i = 1,2,\cdots,p$，作其几何平均数：

$$h\left(\boldsymbol{F}\left(\boldsymbol{x}\right)\right) = \left(\prod_{i=1}^{p} d_i\left(f_i\left(\boldsymbol{x}\right)\right)\right)^{\frac{1}{p}} \tag{8-23}$$

称 $h\left(\boldsymbol{F}\left(\boldsymbol{x}\right)\right)$ 为功效函数，并以单目标规划式（8-24）的最优解作为多目标规划的解：

$$\max_{\boldsymbol{x} \in R} h\left(\boldsymbol{F}\left(\boldsymbol{x}\right)\right) \tag{8-24}$$

对于上述解法有如下定理：

定理 8-8　设 $d_i\left(f_i\left(\boldsymbol{x}\right)\right) > 0$ 对于 $\forall \boldsymbol{x} \in R, i = 1,2,\cdots,p$，若 $\boldsymbol{x}^*$ 是式（8-24）的最优解，则 $\boldsymbol{x}^*$ 必为多目标规划问题（8-18）的有效解。

2. 指数功效系数法

线性型功效系数法实际上是把功效系数取做线性函数，当我们把功效系数取做指数函数时，便得到指数型功效系数法。

仍考虑式（8-18）所示形式的多目标规划问题。

由于指数函数的几何特征与直线不同，因为指数函数最大值的$d_i\left(\overline{f_i}\right)\neq 0$，而是趋近于0，故无法像线性型功效系数法那样利用$f_i\left(\boldsymbol{x}\right)$的最小值$\underline{f_i}$和最大值$\overline{f_i}$来定义$d_i\left(f_i\left(\boldsymbol{x}\right)\right)$，而是利用估计出的$f_i\left(\boldsymbol{x}\right)$的不合格值$f_i^0$（或称为不满意值）和勉强合格值$f_i^1$（或称为最低满意值）来定义$d_i\left(f_i\left(\boldsymbol{x}\right)\right)$。

（1）对于越大越好的$f_i\left(\boldsymbol{x}\right), i=k+1,k+2,\cdots,p$，考虑如下的指数型功效系数：

$$d_i=d_i\left(f_i\left(\boldsymbol{x}\right)\right)=\mathrm{e}^{-\mathrm{e}^{-b_0-b_1 f_i(\boldsymbol{x})}} \quad i=k+1,k+2,\cdots,p \tag{8-25}$$

其中b_0及$b_1>0$，为待定的常数，其图形如图8-8所示。

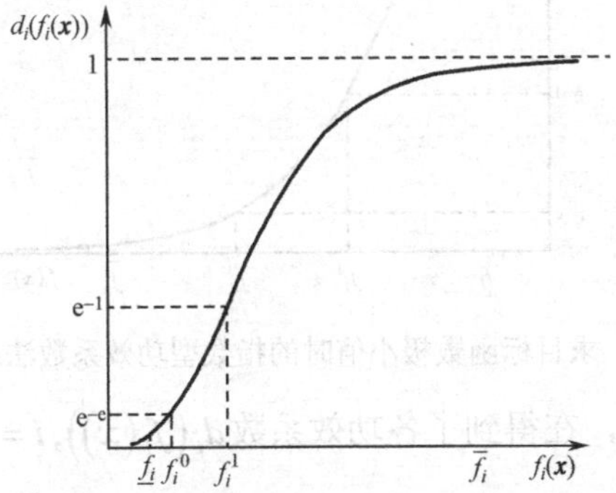

图8-8 求目标函数极大值时的指数型功效系数法示意图

可见，$d_i\left(f_i\left(\boldsymbol{x}\right)\right), i=1,2,\cdots,p$是$f_i\left(\boldsymbol{x}\right)$的严格单调增函数，而且当$f_i\left(\boldsymbol{x}\right)$充分大时，$d_i\left(f_i\left(\boldsymbol{x}\right)\right)\to 1$。

为了确定b_0和b_1，规定$d_i^1=d_i\left(f_i^1\right)=\mathrm{e}^{-1}\approx 0.37;\ d_i^0=d_i\left(f_i^0\right)=\mathrm{e}^{-\mathrm{e}}\approx 0.07$，可以得到：

$$\begin{cases}\mathrm{e}^{-1}=\mathrm{e}^{-\mathrm{e}^{-\left(b_0+b_1 f_i^1\right)}}\\ \mathrm{e}^{-\mathrm{e}}=\mathrm{e}^{-\mathrm{e}^{-\left(b_0+b_1 f_i^0\right)}}\end{cases} \tag{8-26}$$

由此可得：

$$\begin{cases}b_0+b_1 f_i^1=0\\ b_0+b_1 f_i^0=1\end{cases} \tag{8-27}$$

解方程组（8-27）得：

$$\begin{cases}b_0=\dfrac{f_i^1}{f_i^0-f_i^1}\\ b_1=-\dfrac{1}{f_i^0-f_i^1}\end{cases}$$

从而有：

$$d_i\left(f_i(\boldsymbol{x})\right)=\exp\left(-\exp\left(\frac{f_i(\boldsymbol{x})-f_i^1}{f_i^0-f_i^1}\right)\right)\quad i=k+1,k+2,\cdots,p \tag{8-28}$$

（2）对于越小越好的 $f_i(\boldsymbol{x}),i=1,2,\cdots,k$，可以类似地求得：

$$d_i\left(f_i(\boldsymbol{x})\right)=1-\exp\left(-\exp\left(\frac{f_i(\boldsymbol{x})-f_i^1}{f_i^0-f_i^1}\right)\right)\quad i=1,2,\cdots,k \tag{8-29}$$

这时，d_i 的图形如图 8-9 所示。图中，d_i 是 $f_i(\boldsymbol{x})$ 的严格单调减函数，而且当 $f_i(\boldsymbol{x})$ 充分小时，$d_i\left(f_i(\boldsymbol{x})\right)\to1$。

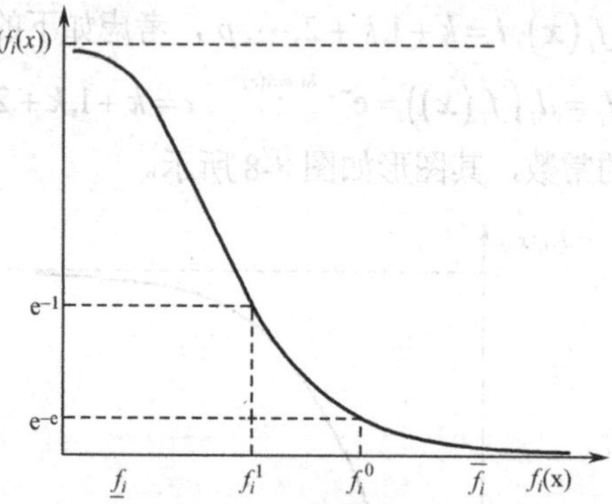

图 8-9　求目标函数极小值时的指数型功效系数法示意图

类似线性型功效系数法，在得到了各功效系数 $d_i\left(f_i(\boldsymbol{x})\right),i=1,2,\cdots,p$ 之后，构造单目标规划问题：

$$\max_{x\in R} h\left(\boldsymbol{F}(\boldsymbol{x})\right) \tag{8-30}$$

$$h\left(\boldsymbol{F}(\boldsymbol{x})\right)=\left(\prod_{i=1}^{p}d_i\left(f_i(\boldsymbol{x})\right)\right)^{\frac{1}{p}} \tag{8-31}$$

同样可以证明，问题（8-30）的最优解为多目标规划问题（8-18）的有效解。

最后指出，功效系数法显然也适用于统一的极小化模型，只需要在相应的评价函数中取 $k=p$ 即可。

8.3.4　多目标规划的 MATLAB 求解

由于多目标规划中的求解涉及的方法非常多，故在 MATLAB 中可以利用不同的函数进行求解。例如，在评价函数法中我们所得最后的评价函数为一个线性函数，且约束条件也为线性函数，则可以利用 MATLAB 优化工具箱中提供的 linprog 函数进行求解；如果得到的评价函数为非线性函数，则可以利用 MATLAB 优化工具箱中提供的 fmincon 函数进行求解；如果采用极大极小法进行求解，则可以利用 MATLAB 优化工具箱中提供的 fminimax 函数进行求解。下面就结合前面各小节中所分析的几种方法，讲解典型多目标规划问题的 MATLAB 求解方法。

【例 8-4】　利用理想点法求解：

$$\begin{cases} \min & f_1(\boldsymbol{x}) = 2x_1 - 3x_2 \\ \min & f_2(\boldsymbol{x}) = -5x_1 - 3x_2 \\ \text{s.t.} & 3x_1 + 2x_2 \leqslant 12 \\ & x_1 + x_2 \leqslant 8 \\ & x_1, x_2 \geqslant 0 \end{cases}$$

首先根据评价函数法中的理想点法的理论基础，按照理想点法的求解思路分别对两个单目标规划问题(P_1)和(P_2)进行求解：

$$(P_1)\begin{cases} \min & f_1(\boldsymbol{x}) = 2x_1 - 3x_2 \\ \text{s.t.} & 3x_1 + 2x_2 \leqslant 12 \\ & x_1 + x_2 \leqslant 8 \\ & x_1, x_2 \geqslant 0 \end{cases}$$

求解该线性规划的 MATLAB 的代码和相应的运行结果为：

```
c=[2;-3];
A=[3 2;1 1];
b=[12;8]
lb=[0;0]
[x,fval]=linprog(c,A,b,[],[],lb,[])
Optimization terminated.
x =
    0.0000
    6.0000
fval =
  -18.0000
```

于是可知，当$\boldsymbol{x}_1 = (0,6)^{\mathrm{T}}$时，单目标线性规划$(P_1)$的最优函数值为$f_1^* = -18$。

$$(P_2)\begin{cases} \min & f_2(\boldsymbol{x}) = -5x_1 - 3x_2 \\ \text{s.t.} & 3x_1 + 2x_2 \leqslant 12 \\ & x_1 + x_2 \leqslant 8 \\ & x_1, x_2 \geqslant 0 \end{cases}$$

求解该线性规划的 MATLAB 的代码和相应的运行结果为：

```
c=[-5;-3];
A=[3 2;1 1];
b=[12;8]
lb=[0;0]
[x,fval]=linprog(c,A,b,[],[],lb,[])
Optimization terminated.
x =
    4.0000
```

```
    0.0000
fval =
-20.0000
```

于是可知，当 $\boldsymbol{x}_2=(4,0)^{\mathrm{T}}$ 时，单目标线性规划 (P_2) 的最优函数值为 $f_2^*=-20$。

由上述两个单目标线性规划的求解结果可知 $\boldsymbol{x}_1 \neq \boldsymbol{x}_2$，因此 $(f_1^*,f_2^*)=(-18,-20)$ 是一个不可能达到的理想点，则构造如下评价函数：

$$\min_{x\in R} h(f(\boldsymbol{x}))=\sqrt{(f_1(\boldsymbol{x})+18)^2+(f_2(\boldsymbol{x})+20)^2}=\sqrt{(2x_1-3x_2+18)^2+(5x_1+3x_2-20)^2}$$

构造描述该评价函数的 M-函数文件 objfun.m 如下：

```
function f=objfun(x)
f=sqrt((2*x(1)-3*x(2)+18)^2+(5*x(1)+3*x(2)-20)^2);
```

然后用非线性规划的方式求解上述问题，其代码为：

```
A=[3 2;1 1];
b=[12;8];
lb=[0;0];
x0=[0;0];
[x,fval,exitflag]=fmincon(@objfun,x0,A,b,[],[],lb,[])
```

得到相应的运行结果为：

```
Warning: Trust-region-reflective method does not currently solve this
type of problem,
 using active-set (line search) instead.
> In fmincon at 439
  In Untitled2 at 5
Local minimum possible. Constraints satisfied.
fmincon stopped because the predicted change in the objective function
is less than the default value of the function tolerance and constraints
were satisfied to within the default value of the constraint tolerance.
<stopping criteria details>
Active inequalities (to within options.TolCon = 1e-006):
  lower      upper     ineqlin    ineqnonlin
                          1
x =
    0.0235
    5.9647
fval =
    1.9941
exitflag =
    5
```

由运行结果可知，在该评价函数标准之下，问题的最优解为 $\boldsymbol{x}^* = (0.0235, 5.9647)^{\mathrm{T}}$。

此时，各目标函数的取值为 $f_1(\boldsymbol{x}^*) = -17.847\,1, f_2(\boldsymbol{x}^*) = -18.011\,8$。它与理想点 $(f_1^*, f_2^*) = (-18, -20)$ 在评价函数标准下的最小距离为 1.994 1。

【例 8-5】 利用评价函数中的线性加权和法求解如下多目标规划问题：

$$\begin{cases} \min & f_1(\boldsymbol{x}) = x_1^2 + x_2^2 + x_3^2 \\ \min & f_1(\boldsymbol{x}) = x_1^2 + 2x_2^2 + 3x_3^2 \\ \text{s.t.} & x_1 + x_2 + x_3 = 3 \\ & x_1, x_2, x_3 \geqslant 0 \end{cases}$$

其中，权系数为 $\lambda_1 = 0.8, \lambda_2 = 0.2$。

建立线性加权和法的评价函数为：$\min h(\boldsymbol{F}(\boldsymbol{x})) = \lambda_1 (x_1^2 + x_2^2 + x_3^2) + \lambda_2 (x_1^2 + 2x_2^2 + 3x_3^2)$

将相应的权系数代入上式即整理出目标函数 $f(\boldsymbol{x})$ 为：$f(\boldsymbol{x}) = x_1^2 + 1.2x_2^2 + 1.4x_3^2$

于是建立目标函数的 M-函数文件 objfun.m 如下：

```
function f=objfun(x)
f=x(1)^2+1.2*x(2)^2+1.4*x(3)^2;
```

由于目标函数为非线性函数且具有线性等式约束和边界约束，因而我们调用 MATLAB 中求解非线性规划的 fmincon 函数对此问题进行求解，同时注意如果只考虑第一个目标函数，由这种特殊形式，即当设计变量的和为一个定值，需要求其平方和的最小值时，最优解必然是当这几个设计变量的值相等时取得，于是可以将这个解设为问题的初始点，开始迭代。故求解该问题的代码为：

```
Aeq=[1 1 1];
beq=[3];
lb=[0;0;0];
x0=[1;1;1];
[x,fval]=fmincon(@objfun,x0,[],[],Aeq,beq,lb,[] )
```

运行结果为：

```
Warning: Trust-region-reflective method does not currently solve this type of
problem,
 using active-set (line search) instead.
> In fmincon at 439
  In Untitled at 5
Local minimum possible. Constraints satisfied.

fmincon stopped because the predicted change in the objective function
is less than the default value of the function tolerance and constraints
were satisfied to within the default value of the constraint tolerance.
<stopping criteria details>
```

```
x =
    1.1776
    0.9812
    0.8412
fval =
    3.5327
```

上述结果说明，问题的最优解为：

$$x^* = \begin{bmatrix} x_1^* \\ x_2^* \\ x_3^* \end{bmatrix} = \begin{bmatrix} 1.1776 \\ 0.9812 \\ 0.8412 \end{bmatrix},\ f\left(x^*\right) = 3.5327$$

我们在求解多目标规划问题时，可以采用评价函数法中的极大极小法，而 MATLAB 也为这种方法提供了专门的求解函数 fminimax。在讲解这方面的例题之前，首先介绍一下 MATLAB 优化工具箱中所提供的极大极小法的求解函数 fminimax。

极大极小法问题的 MATLAB 标准形式为：

$$\begin{cases} \min\limits_{x} & \max\limits_{i} f_i(\boldsymbol{x}) \\ \text{s.t.} & \boldsymbol{c}(\boldsymbol{x}) \leqslant 0 \\ & \boldsymbol{c}_{\text{eq}}(\boldsymbol{x}) = 0 \\ & \boldsymbol{A}\boldsymbol{x} \leqslant \boldsymbol{b} \\ & \boldsymbol{A}_{\text{eq}}\boldsymbol{x} = \boldsymbol{b}_{\text{eq}} \\ & \mathbf{lb} \leqslant \boldsymbol{x} \leqslant \mathbf{ub} \end{cases}$$

函数 fminimax 的调用方式和其他的最优化函数类似，其中所涉及的输入参数和输出参数的含义与非线性规划的求解函数 fmincon 类似，使用方法也基本相同，细节问题读者可以参考 MATLAB 的帮助文件。

【例 8-6】 求解最大最小问题：

$$\begin{cases} \min\limits_{x} & \max\limits_{i} f_i(\boldsymbol{x}) \\ & f_1(\boldsymbol{x}) = 2x_1^2 + x_2^2 - 48x_1 - 40x_2 + 304 \\ & f_2(\boldsymbol{x}) = -x_1^2 - 3x_2^2 \\ & f_3(\boldsymbol{x}) = x_1 + 3x_2 - 18 \\ & f_4(\boldsymbol{x}) = -x_1 - x_2 \\ & f_5(\boldsymbol{x}) = x_1 + x_2 - 8 \end{cases}$$

首先建立描述目标函数的 M-函数文件 objfun.m，注意到一共有 5 个目标函数，所求目标为这 5 个函数最大值中的最小值，代码如下：

```
function f = objfun(x)
f(1)= 2*x(1)^2+x(2)^2-48*x(1)-40*x(2)+304;
f(2)= -x(1)^2 - 3*x(2)^2;
f(3)= x(1) + 3*x(2) -18;
f(4)= -x(1)- x(2);
```

```
f(5)= x(1) + x(2) - 8;
```

然后设置求解的初始点为 x0=[0;0]，调用 fminimax 求解该问题的代码为：

```
x0 = [0; 0];
[x,fval,maxfval] = fminimax(@objfun,x0)
```

运行结果为：

```
Local minimum possible. Constraints satisfied.
fminimax stopped because the predicted change in the objective function
is less than the default value of the function tolerance and constraints
were satisfied to within the default value of the constraint tolerance.
<stopping criteria details>
Active inequalities (to within options.TolCon = 1e-006):
 lower     upper    ineqlin   ineqnonlin
                                1
                                5
x =
    4.0000
    4.0000
fval =

    0.0000  -64.0006   -1.9999   -8.0000   -0.0000
maxfval =
  2.6897e-008
```

上述结果说明，当 $x_1=4, x_2=4$ 时，目标函数 $f_i(\boldsymbol{x}), i=1,2,\cdots,5$ 的最大值达到最小，这一组的函数值为 0.000 0，-64.000 6，-1.999 9，-8.000 0，-0.000 0，于是最大值为 0。

【例 8-7】 利用极大极小法求解【例 8-5】中的问题：

$$\begin{cases}\min & f_1(\boldsymbol{x})=x_1^2+x_2^2+x_3^2\\ \min & f_1(\boldsymbol{x})=x_1^2+2x_2^2+3x_3^2\\ \text{s.t.} & x_1+x_2+x_3=3\\ & x_1,x_2,x_3\geqslant 0\end{cases}$$

根据极大极小法评价函数的建立方法 $\min\limits_{x\in R} h\left(\boldsymbol{F}(\boldsymbol{x})\right)=\max\limits_{1\leqslant i\leqslant p}\left\{\lambda_i f_i(\boldsymbol{x})\right\}$，仍然选择与上例相同的权值，故可知极大极小法的两个目标函数为：

$$\begin{cases}f_1(\boldsymbol{x})=0.8\left(x_1^2+x_2^2+x_3^2\right)\\ f_1(\boldsymbol{x})=0.2\left(x_1^2+2x_2^2+3x_3^2\right)\end{cases}$$

于是在 MATLAB 中建立描述目标函数的 M-函数文件 objfun.m 如下：

```
function f=objfun(x)
f(1)=0.8*(x(1)^2+x(2)^2+x(3)^2);
```

```
f(2)=0.2*(x(1)^2+2*x(2)^2+3*x(3)^2);
```

之后调用 fminimax 函数进行求解，同样设置初始点为[1;1;1]，代码为：

```
Aeq=[1 1 1];
beq=[3];
lb=[0;0;0];
x0=[1;1;1];
[x,fval]=fminimax(@objfun,x0,[],[],Aeq,beq,lb,[] )
```

运行结果为：

```
Local minimum possible. Constraints satisfied.
fminimax stopped because the size of the current search direction is less than
twice the default value of the step size tolerance and constraints were
satisfied to within the default value of the constraint tolerance.
<stopping criteria details>
Active inequalities (to within options.TolCon = 1e-006):
  lower      upper     ineqlin   ineqnonlin
                                     1
x =
    1.0000
    1.0000
    1.0000
fval =
    2.4000    1.2000
```

上述结果说明，该问题的最优解为 $\boldsymbol{x}^* = [1\ 1\ 1]^{\mathrm{T}}$，可见极大极小法与前面的线性加权和法所求得的结果不同，这主要是因为所采取的评价标准不同，即评价函数形式不同。在实际应用中，我们应当按照实际的需求采用合适的评价函数，这样才能取得较为可行的结果。

8.4 线性目标规划

线性目标规划也是解决多目标数学规划的一种方法，它是在线性规划基础上发展起来的。这种方法的基本思想是：对每一个目标函数，预先给定一个期望值，在现有的约束条件下，这组期望值也许能够达到，也许达不到。决策者的任务是求出尽可能接近这组预定期望值的解。

为了讨论目标规划的概念，必须对线性规划比较熟悉，故先复习一下线性规划。下面看一个例子。

【例 8-8】 生产计划的安排。

某工厂生产甲、乙两种产品以满足市场的需要，生产这两种产品需要消耗 A、B 两种原料，其有关的数据如表 8-2 所示。

表 8-2 工厂生产数据表

	原料 A 消耗 /（t/t）	原料 B 消耗 /（t/t）	售价 /（元/t）
产品甲	1.0	2.0	15 000
产品乙	1.0	1.0	11 000

已知原料 A、B 的购入价分别为 3 000 元/t 及 2 000 元/t，除原料费以外的其他固定费用（包括工资、折旧费、管理费等）为每月 300 000 元。若原料 A、B 的供应量分别为每月 60t 及 90t，而根据已经签订的销售合同，每月至少应生产产品甲、产品乙的量分别为 20t 及 25t，则应当如何安排月生产计划以使得利润最大化？

当我们用线性规划解决此问题时，可以假设产品甲和产品乙的产量分别为 x_1 t 和 x_2 t，则需要消耗原料 A 为 (x_1+x_2) t，B 为 $(2x_1+x_2)$ t，于是购买原材料所需费用为：$c=3\,000(x_1+x_2)+2\,000(2x_1+x_2)=7\,000x_1+5\,000x_2$

销售这些产品所获得的总收入为：$I=15\,000x_1+11\,000x_2$

于是以利润 f 为目标函数，考虑到固定费用，可以表达如下：

$$f=15\,000x_1+11\,000x_2-(7\,000x_1+5\,000x_2)-300\,000=8\,000x_1+6\,000x_2-300\,000$$

再看该问题的约束条件，由供应量约束可得：$x_1+x_2\leqslant 60;\ 2x_1+x_2\leqslant 90$

同时根据合同约束，需要满足：$x_1\leqslant 20;\ x_2\leqslant 25$

于是，最优化问题可以归结为：

$$\begin{cases}\max & f(\boldsymbol{x})=8\,000x_1+6\,000x_2-300\,000\\ \text{s.t.} & x_1+x_2\leqslant 60\\ & 2x_1+x_2\leqslant 90\\ & x_1\geqslant 20\\ & x_2\geqslant 25\end{cases}$$

可以利用单纯形法求解上述问题，结果为当 $x_1=30, x_2=30$，即两种产品的产量均为 30t 时，工厂所获得的最大利润为 $f=120\,000$。

上述使用的线性规划方法虽然是最优化理论与方法中发展得最完善、应用面最广的方法，但存在着一些不足，例如，线性规划难以妥善处理多目标问题。线性规划在处理多目标问题时通常采用给各个目标赋予不同权重的办法，但如何将决策者定性的判断转化为定量的权重则是一个十分困难的问题。即使可以求出各个目标的权重，但当各个目标的量纲不同时（例如，不同的目标会分别用金额、人数、时间等来表示），也难以用赋予权重的办法将它们归并到一个目标函数中；其次是线性规划在求解的过程中缺乏必要的灵活性。当线性规划中的某个约束无法满足时，线性规划无解，如在【例 8-8】中，如果将产品甲的合同约束改为 40t，产品乙的合同约束改为 15t，则问题无解。然而，线性目标规划的约束条件却有较大的灵活性。这是因为可以在线性目标规划的每个约束条件中引入一对正、负偏差变量，通过偏差变量可以表达条件是否可以被满足，是过紧还是过松，差多少或剩余多少。

目标规划是线性规划的修正和发展。目标规划能够处理带有多个子目标的单目标决策问题，也能处理带有多个子目标的多目标决策问题。其主要概念包括以下几个方面。

首先，在每个约束条件中引入正、负偏差变量，使硬约束变成软约束。这样操作时可以避免在线性规划中常会出现的“无可行解”情况，增加决策的灵活性，大大增加了求得可行解的机会。

其次，将距各个目标值的偏差总和最小作为目标函数，便于处理多目标问题。在这个过程中，将线性规划中各个约束条件的右端约束项作为目标值，而将偏离各个目标值的偏差总和最小作为目标函数，这就使得目标函数中只包含偏差变量，而由于每个目标最多只有两个偏差变量，其中不必要的一个偏差变量还可不进入目标函数中，且目标数要比设计变量数少得多，故非常便于处理多目标问题。

在上述目标函数设定的基础上，线性目标规划用划分优先级的方法来处理多个目标的相对重要性，能更好地适应决策者的判断，而非在线性规划中必须给出定量判断的权重。此外，用划分优先级的方法还可以减少设计变量之间的量纲不一致问题的发生。

最后，线性目标规划通过变量定界的方法来解决多解问题。在线性目标规划中设计变量的数目往往大大超过目标的数目，也常大于约束条件的数目，这样在求解时就容易产生多解问题。线性目标规划可要求决策者对偏差变量定界，即定出允许其变动的范围，从而可以通过灵敏度分析来解决多解问题。多目标决策就是要在这些目标中建立优先次序，分清主次轻重，使得只有在较高级目标被满足或不能再改进之后，才考虑较低级目标。当然，如果决策者能够决定这些目标的优先次序，而且所有的目标和约束都是线性的，这样的多目标决策就能用目标规划解决。

为了说明线性目标规划的上述特点，同时让读者对目标规划有一个直观的认识，我们可将【例 8-8】中的问题修改为如下的问题。

【例 8-9】 用线性目标规划求解【例 8-8】。

某工厂生产甲、乙两种产品以满足市场的需要，生产这两种产品需要消耗 A、B 两种原料，其有关的数据如表 8-3 所示。

表 8-3 工厂生产数据表

	原料 A 消耗 /（t/t）	原料 B 消耗 /（t/t）	售价 /（元/t）
产品甲	1.0	2.0	15 000
产品乙	1.0	1.0	11 000

已知原料 A、B 的购入价分别为 3 000 元/t 及 2 000 元/t，除原料费以外的其他固定费用（包括工资、折旧费、管理费等）为每月 300 000 元。若原料 A、B 的库存量分别为 60t 及 90t，产品乙的订货合同为 40t。经过大家探讨，制订了工厂的销售计划，计划认为销售的目标如下：

（1）先达到 120 000 元的利润目标；

（2）完成订货合同；

（3）充分利用库存原料，不够时可以添购。

在上述目标描述下，利润目标和订货合同是否可以完成？原料是否够用，是否需要添置？

解：当用线性目标规划来解此问题时，首先应当确定共有达到利润指标、完成定货合同及充分利用库存这 3 个目标，并用 d^+ 和 d^- 分别表示其正、负偏差变量，然后按照要求确定这 3 个目标的优先顺序，分为 3 个优先级。

设利润的偏差为 d_1^- 和 d_1^+，则可以得到关于利润的约束条件为：

$$8\,000x_1+6\,000x_2-300\,000+d_1^- - d_1^+ =120\,000$$

同样，设产品乙的订货约束偏差变量为 d_2^-,d_2^+，原料 A 库存的偏差变量为 d_3^-,d_3^+，原料 B 库存的偏差变量为 d_4^-,d_4^+，则得到相应的约束条件为：

$$x_2+d_2^- - d_2^+ =40;\ x_1+x_2+d_3^- - d_3^+ =60;\ 2x_1+x_2+d_4^- - d_4^+ =90$$

然后在求解过程中将目标定为 3 个优先级，则目标函数可以表示为：

$$f=p_1\left(d_1^-+d_1^+\right)+p_2\left(d_2^-\right)+p_3\left(d_3^-+d_4^-\right)$$

总结上述分析，可得该目标规划问题的数学表达为：

$$\begin{cases}\min \quad f=p_1\left(d_1^-+d_1^+\right)+p_2\left(d_2^-\right)+p_3\left(d_3^-+d_4^-\right)\\ \text{s.t.} \quad 8\,000x_1+6\,000x_2-300\,000+d_1^- - d_1^+ =120\,000\\ \qquad x_2+d_2^- - d_2^+ =40\\ \qquad x_1+x_2+d_3^- - d_3^+ =60\\ \qquad 2x_1+x_2+d_4^- - d_4^+ =90\\ \qquad x_i,d_j^-,d_j^+ \geqslant 0,\ i=1,2;\ j=1,2,3,4\end{cases}$$

求解可得：$x_1=22.5,x_2=40$，同时分析各偏差变量可知：

（1）$d_1^-=d_1^+=0$，即恰好完成利润目标；

（2）$d_2^-=d_2^+=0$，即恰好完成订货合同；

（3）$d_3^-=0,d_3^+=2.5$，即需要购进 A 原料 2.5t；

（4）$d_4^-=5,d_4^+=0$，即原料 B 剩余 5t。

在有上述一个直观认识的基础上，我们通过对几个实例的详细分析来得出线性目标规划的数学模型。

8.4.1 线性目标规划的数学模型

在实际的决策分析中应用目标规划最困难的是建立其模型，即将实际决策问题描述为管理科学模型，它是成功应用目标规划解决实际问题的关键与前提。

下面结合实际例子来说明建立目标规划的方法，指出一些基本概念。

【例 8-10】 最佳生产计划问题。

某工厂计划生产甲、乙两种产品，此两种产品需要在 A、B、C、D 四种不同的设备上进行加工，加工台时及四种设备的日台时能力如表 8-4 所示。

表 8-4 加工产品所需台时及设备的日台时能力

	设备 A	设备 B	设备 C	设备 D
产品甲	2	1	4	0
产品乙	2	2	0	4
日台时能力	12	8	16	12

现已知每生产一件产品，甲、乙分别可获利润为 2 元、3 元。则工厂应决定如何安排生产，使得在计划期内的总利润最大？如果现在工厂经营的目标不仅是追求利润最大，而是要同时考虑如下几个目标：

（1）若单纯追求利润最大可得最大利润为 14 万元，工厂从实践中认识到在不考虑附加条件下才能使利润指标达到 14 万元。所以这是个偏高的指标，经决策后决定把最大利润 14 万元降到 12 万元，但又力求超过一些。

（2）从市场信息反馈得知，随着购买力的提高，对甲、乙两种产品的需求增加且比例大致是 1:1。

（3）四台设备的能力并非没有一点机动余地，如设备 B 不必充分利用而必要时可以加班运转，当然希望加班的时间尽可能少；而设备 A 既要充分利用，又要尽可能不加班。

工厂要尽可能地把经营目标与上述三个目标靠拢，这显然是三个目标的多目标线性规划。如果单纯追求利润最大化，则就是熟悉的线性规划问题；如果需要同时考虑三个目标，则需要采用目标规划的方法，引入特殊的变量来求解。在【例 8-2】中我们已经提及了偏差变量、目标规划的目标函数等，下面对这些概念进行详细的分析。

1）偏差变量

编差变量表明实际数值与超出或未达到目标值的差距，用下列符号表示。

d^+：超出目标值的偏差

d^-：未达到目标值的偏差

注意，偏差变量需要满足如下关系式：$d^+ \cdot d^- = 0$，即 d^+, d^- 两者中必有一个为零。事实上，当实际值超出规定目标值时，则有 $d^+ > 0$ 且 $d^- = 0$；当实际值未达到规定目标值时，则 $d^- > 0$ 且 $d^+ = 0$；当实际值与规定目标值一致时，则 $d^+ = d^- = 0$，故恒有 $d^+ \cdot d^- = 0$。

这样，对多目标规划问题的诸多目标函数可以建立起目标函数方程，如下所示：

$$\boldsymbol{Cx} + \boldsymbol{D}^- - \boldsymbol{D}^+ = \boldsymbol{E}$$

其中

$$\boldsymbol{D}^- = \begin{bmatrix} d_1^- \\ \vdots \\ d_l^- \end{bmatrix}, \ \boldsymbol{D}^+ = \begin{bmatrix} d_1^+ \\ \vdots \\ d_l^+ \end{bmatrix}, \ \boldsymbol{E} = \begin{bmatrix} e_1 \\ \vdots \\ e_l \end{bmatrix}$$

$\boldsymbol{E}$ 是一个期望值向量，在【例 8-10】中 $e_1 = 12$，线性规划的目标函数变成目标函数方程：

$$2x_1 + 3x_2 + d_1^- - d_1^+ = 12$$

线性规划问题的目标函数在线性目标规划中只是成为问题要达到的目标之一，即成为一个目标约束。引入了目标函数的期望值与正、负偏差变量 d^+、d^- 之后，原来的目标函数变成约束条件的一部分，这正是线性目标规划的一个特征。

值得注意的是，经过这样处理之后，约束条件（目标）都允许在一定范围内“伸缩”，即约束集合是松弛的。当目标与约束集之间互不相容时（即无可行域），也能找到一组“最优解”，这是在另一种意义下的最优解，它允许“最优值”与预定目标存在偏离，但是偏离量尽量满足优化要求。

2）系统约束与目标约束

系统约束是指对某种资源的使用加以严格限制的约束。在【例 8-3】中设四种设备中 C、

D 设备属于上级部门设备，工厂无权超额使用，则这种约束称为系统约束（刚性约束）；目标约束是指对某种资源的使用可由决策者的目标加以限制的约束。在【例 8-3】中设备 A、B 属于工厂设备，可根据目标需要加班使用，这种有机动余地的约束称为目标约束（柔性约束）。

建立了这两个概念后，则【例 8-10】中约束条件的构成如下，设

d_1^-：实际利润不足目标函数期望值 12 万元的偏差；

d_1^+：实际利润超过目标函数期望值 12 万元的偏差。

则原线性规划的目标函数对应于目标规划中的一个目标约束：

$$2x_1+3x_2+d_1^- - d_1^+ = 12$$

如引入：

d_2^-：甲产品 x_1 少于乙产品 x_2 的偏差；

d_2^+：甲产品 x_1 多于乙产品 x_2 的偏差。

则工厂需要达到的目标（2）对应了目标规划中的另一个目标约束：

$$x_1 - x_2 + d_2^- - d_2^+ = 0$$

类似的，对于需要达成的三个目标，可以建立如下约束条件，注意其中没有偏差变量的不等式为系统约束，即刚性约束，决策者无法改变；而具有偏差的不等式约束为目标约束，即柔性约束，可以根据决策者的需要进行修正。

$$\begin{cases} 2x_1+3x_2+d_1^- - d_1^+ = 12 \\ x_1 - x_2 + d_2^- - d_2^+ = 0 \\ 4x_1 \leqslant 16 \\ 4x_2 \leqslant 12 \\ 2x_1+2x_2+d_3^- - d_3^+ = 12 \\ x_1+2x_2+d_4^- - d_4^+ = 8 \end{cases}$$

3）目标规划中的目标函数（达成函数）

多目标规划中的各个目标函数在通过引入偏差变量而列入约束条件后，则在目标规划中的目标函数就是要使各目标函数值最接近各自的期望值，即要使得偏差达到最小值。这是一个关于偏差变量达最小的单一的综合性目标，从而可将一个多目标规划转化为一个单目标规划。目标规划中的达成函数是偏差变量的函数，反映了各目标得以实现的程度。对偏差变量的运用要根据各个目标的不同要求而确定，一般有以下三种情况。

- 若要求尽可能准确地实现第 i 个目标的期望值，则应要求相应的正、负偏差变量 d_i^+ 和 d_i^- 尽可能小，故应将 d_i^+ 和 d_i^- 列入达成函数之中：$\min\left(d_i^+ + d_i^-\right)$
- 若要求第 i 个目标允许超过其期望值，但又要尽可能地避免低于其期望值，则应要求相应的负偏差变量 d_i^- 尽可能小，故应将 d_i^- 列入达成函数之中：$\min\left(d_i^-\right)$
- 若要求第 i 个目标允许低于其期望值，但又要尽可能地避免超过其期望值，则应要求相应的正偏差变量 d_i^+ 尽可能小，故应将 d_i^+ 列入达成函数之中：$\min\left(d_i^+\right)$

一般而言，将各个需要极小化的偏差变量相加便得到该目标规划问题的达成函数。在【例 8-10】中：

- 对目标（1）而言，希望达到 12 万元但又希望尽可能超过 12 万元，所以应有如下目标函数：$\min\left(d_1^-\right)$
- 对目标（2）而言，希望甲、乙产品的产量尽可能接近 1:1，也就是不希望出现 $d_2^+=0,d_2^->0$ 和 $d_2^+>0,d_2^-=0$ 的情况，即希望 d_2^+ 和 d_2^- 均尽可能小，所以目标函数应有：$\min\left(d_2^++d_2^-\right)$
- 对目标（3）而言，希望设备 B 尽量不加班或少加班，也就是不希望出现 $d_4^-=0$，而寄希望于 d_4^+ 尽可能小，所以应有：$\min\left(d_4^+\right)$
- 同样是针对目标（3），对设备 A 既要充分利用，又要尽量不加班，既不希望出现 $d_3^+=0,d_3^->0$ 也不希望出现 $d_3^+>0,d_3^-=0$，所以应有：$\min\left(d_3^++d_3^-\right)$

综合以上讨论，可以得到【例 8-10】的达成函数为：

$$\min f=d_1^-+d_2^++d_2^-+d_3^++d_3^-+d_4^+$$

4）达成函数的优先级与权系数

在上面得出的达成函数中，d_i^+ 或 d_i^-，$i=1,2,3,4$ 的系数均为 1，形式上看所有偏差变量在数值上具有同等的意义，也就是说 d_1^- 减少 1 元与 d_2^- 或者 d_3^- 减少 1 元有相同的目标价值；d_2^+ 增加 1 元与 d_3^+ 或者 d_4^+ 增加 1 元有相同的目标价值，所求的仅仅是它们之和的最小。而实际上 d_i^+ 和 d_i^- 各自完全可以赋予不同的含义。例如，d_1^- 减少 1 元可以认为相当于 d_2^- 减少 2 元或相当于 d_3^- 减少 4 元。

为反映这一点，必须给这些偏差变量以适当的权系数。注意到在现实的决策环境中各个目标的重要程度是不可能完全一致的，决策者总要运用他的判断能力分析各个目标的重要性，给出其轻重缓急，而目标规划法又允许我们可以根据目标的重要程度给予每个目标以不同的优先等级。这样，低级的目标只有在高级的目标完成之后才顺序考虑。以后我们将会看到，在相同的条件之下，对于不同的权系数与不同的优先等级会得出完全不同的最优方案。

（1）优先等级

设目标分成 k 个等级，分别用优先因子 $p_1,p_2,\cdots,p_k$ 表示，并且规定各优先因子必须满足如下不等式：$p_k\geqslant p_{k+1},k=1,2,\cdots$

目标的优先等级是个定性的概念，不同的优先等级无法从数量上加以衡量比较。优先因子 p_i 可以理解成仅仅是一种符号，用来区别各个目标的重要程度；又可以理解成一种权系数。

（2）权系数

权系数即达成函数中各目标偏差变量的系数。权系数是一种可以用数量来衡量的指标，对属于同一优先等级的不同目标可按其重要程度分别给予不同的权系数来反映各目标的差异。

有了优先等级和权系数之后，所建立起来的目标规划也称为字典序（优先级）线性目标规划。

在【例 8-10】中，假定该厂作出如下判断：把目标（1）列为第一优先级，记为 p_1；把目标（2）列为第二优先级，记为 p_2；把目标（3）列为第三优先级，记为 p_3，并在 p_3 中假设设备 A 的重要性比设备 B 的重要性大 3 倍。从而得到【例 8-10】问题的线性目标规划的数学模型如下：

$$
\begin{cases}
\min & f = p_1 d_1^- + p_2\left(d_2^+ + d_2^-\right) + p_3\left(3\left(d_3^+ + d_3^-\right) + d_4^+\right) \\
\text{s.t.} & 2x_1 + 3x_2 + d_1^- - d_1^+ = 12 \\
& x_1 - x_2 + d_2^- - d_2^+ = 0 \\
& 4x_1 \leqslant 16 \\
& 4x_2 \leqslant 12 \\
& 2x_1 + 2x_2 + d_3^- - d_3^+ = 12 \\
& x_1 + 2x_2 + d_4^- - d_4^+ = 8 \\
& x_i, d_j^+, d_j^- \geqslant 0,\ i = 1,2;\ j = 1,2,3,4
\end{cases}
$$

从此例中可看出，线性目标规划比线性规划灵活，适用于现实中动态变化的多个目标，而且还带有从属目标的规划问题。决策者可根据变化通过调整优先等级和权系数来求出不同方案，以适应问题的变化。目标规划中的目标值、优先等级、权系数的确定依赖于决策者的判断，还带有很大的随机性和模糊性，不易定出一个绝对的数值，同时也正是这个特点给予了决策者可供选择的余地。

一般线性目标规划的数学模型为：

$$
\begin{cases}
\min & f = \sum\limits_{i=1}^{k} p_i \sum\limits_{j=1}^{m} \left(f_{ij}^- d_j^- + f_{ij}^+ d_j^+\right) \\
\text{s.t.} & \sum\limits_{j=1}^{n} a_{ij} x_j \leqslant b_i \quad i = 1,2,\cdots,l \\
& \sum\limits_{j=1}^{n} c_{ij} x_j + d_i^- - d_i^- = e_i \quad i = 1,2,\cdots,m \\
& x_j \geqslant 0 \quad j = 1,2,\cdots,n \\
& d_i^-, d_i^+ \geqslant 0 \quad i = 1,2,\cdots,m
\end{cases}
$$

式中各个符号代表的意义如下。

x_j：多目标规划问题的设计变量；

a_{ij}：系统约束的系数；

c_{ij}：目标约束的系数；

b_i：第 i 个约束的右端常数；

e_i：第 i 个目标的期望值；

p_i：目标的优先级别（优先因子）；

f_{ij}^+：p_i 级目标中 d_i^+ 的系数；

f_{ij}^-：p_i 级目标中 d_i^- 的系数；

d_i^+, d_i^-：偏差变量。

这是一个有 n 个设计变量、m 个目标、$2m$ 个偏差变量、l 个约束条件的线性目标规划。

上述问题中的这些变量和系数在目标规划中均起着各自的作用。例如，f_{ij}^+ 与 f_{ij}^- 反映了同一级别下各偏差变量间的相互关系。一般比较重要的偏差变量应赋予较大的权系数。

利用向量和矩阵符号，目标规划可以写成如下形式：

$$\begin{cases}\min & f = p\left(F^- \cdot D^- + F^+ \cdot D^+\right) \\ \text{s.t.} & Ax \leqslant B \\ & Cx + D^- - D^+ = E \\ & x, D^-, D^+ \geqslant 0\end{cases}$$

式中，$p=(p_1,p_2,\cdots,p_k)$，$F^-=\left(f_{ij}^-\right)_{k\times m}$，$F^+=\left(f_{ij}^+\right)_{k\times m}$，$A=\left(a_{ij}\right)_{l\times n}$，$B=\left(b_i\right)_{l\times 1}$，$C=\left(c_{ij}\right)_{m\times n}$，$D^-=\left(d_i^-\right)_{m\times 1}$，$D^+=\left(d_i^+\right)_{m\times 1}$，$E=\left(e_i\right)_{m\times 1}$。

建立一个实际问题的线性目标规划模型的一般步骤如下。

（1）由实际问题建立具有 m 个目标的线性规划模型。

（2）将多目标线性规划模型化为目标规划模型：

- 由实际问题对第 i 个目标给予适当的期望值 $e_i, i=1,2,\cdots,m$；
- 对第 i 个目标引进偏差变量 d_i^-, d_i^+，建立目标约束方程并将其列入原约束条件中；
- 若原约束条件中有互相矛盾的方程，则对它们同样引入 d_i^-, d_i^+，更一般的做法是对所有的约束方程均引入 d_i^-, d_i^+；
- 确定 k 个目标的优先级别 $p_i, i=1,2,\cdots,k$，以及权系数 f_{ij}^+, f_{ij}^-；
- 建立达成函数 $\min f$。

完成这些步骤后就建立了具有一般形式的字典序或优先级的线性目标规划。但是注意到模型的建立是灵活的，所以不一定要完全严格按上述一般步骤进行。下面给出一个目标规划的建模实例。

【例 8-11】 唱片商问题。

某大学城一家唱片商店有 5 位全时售货员和 4 位半时售货员。全时售货员每月工作 160 小时，半时售货员每月工作 80 小时。根据过去的工作记录，全时售货员每小时销售唱片 5 张，平均每小时工资 6 元，加班工资每小时 9 元；半时售货员每小时销售唱片 2 张，平均工资每小时 4 元，加班工资每小时 4 元。

现在预测下月唱片销售量为 5 500 张，商店每周开门营业 6 天，所以可能要加班。售出每张唱片得到利润 3 元。

商店经理认为，保持稳定的就业水平加上必要的加班，比不加班但就业水平不稳定要好。但是全时售货员如果加班过多，就会因为疲劳过度而造成效率下降，因此每月加班不准超过 100 小时。

由此，商店经理建立了下列目标。

p_1：月唱片销售量达 5 500 张；

p_2：限制全时售货员加班时间不超过 100 小时；

p_3：保持全体售货员充分就业，但对全时售货员要比对半时售货员加倍优先考虑；

p_4：尽量减少加班时间。但对两种售货员区别对待，优先因子视他们对利润的贡献而定。

现在，根据商店经理的 4 个目标和优先权结构，建立目标规划模型。

1）销售目标约束

完成 5 500 张销售目标是全时和半时售货员全部工作时间及其生产率（即每小时销售量）

的函数。

设计如下变量。

x_1：全体全时售货员下月的工作时间（小时）；

x_2：全体半时售货员下月的工作时间（小时）；

d_1^-：达不到销售目标的负偏差；

d_1^+：超过销售目标的正偏差。

由于制定的目标为销售量 5 500 张，于是该约束可以表达为：$5x_1+2x_2+d_1^- -d_1^+=5\,500$

2）正常工作时间约束

销售时间由两种售货员的正常工作时数和人数所决定。因 x_1 代表全时售货员全体下月工作时数，又因有 5 个全时售货员，故正常的每月工作时数为 5×160=800 小时，半时工作的售货员的每月工作时数为 4×80=320 小时。

设计如下偏差变量。

d_2^-：全体全时售货员下月的停工时间；

d_2^+：全体全时售货员下月的加班时间；

d_3^-：全体半时售货员下月的停工时间；

d_3^+：全体半时售货员下月的加班时间。

则有约束条件：$x_1+d_2^- -d_2^+=800$; $x_2+d_3^- -d_3^+=320$

3）加班时间限制

目标规划为要达到某一目标，必须使其偏差变量达到最小。假如没有，则需要进一步引进新的约束条件。在本例中，第二个目标是给全时售货员的加班时间一个限制，不超过 100 小时。在前面的约束中我们不能得到一个偏差变量使之满足这个目标，所以必须引进新的约束条件，故把全时售货员加班时间列为第四个目标。关于全时售货员的加班有两个不同目标。限制全时售货员的加班时数不超过 100 小时。为此引进下面的约束条件。

由于 d_2^+ 代表全体全时售货员下月的（实际）加班时间，于是设计如下偏差变量。

d_{21}^-：全体全时售货员下月加班不足 100 小时的负偏差；

d_{21}^+：全体全时售货员下月加班超过 100 小时的正偏差。

则有约束条件：$d_2^+ +d_{21}^- -d_{21}^-=100$

因为实际的加班时数可能超过也可能等于或少于 100 小时，故引进对 100 小时的正、负偏差变量。因而有一个偏差变量 d_{21}^+，使之达到极小以实现第二个目标。应该指出的是，上面的约束条件可以用不同的方式表示出来，即在正常工作的约束条件的右端加上 100：$x_1+d_4^- -d_4^+=900$

根据优先等级的约定可以得到以下信息。

p_1：d_1^-；

p_2：d_{21}^+；

p_3：$2d_2^- +d_3^-$，除了保持全体售货员充分就业，还加倍优先考虑全时售货员；

p_4：$3d_3^+ +d_2^+$。

确定 p_4 表达形式的理由是：全时售货员和半时售货员每小时生产率的比是 5:2，而每小时的加班费分别是 9 元和 4 元。于是有：全时售货员每加班 1 小时，卖出 5 张唱片的总利润为 15 元，扣去加班费 9 元，则商店得利润 15–9=6 元；半时售货员每加班 1 小时，卖出 2 张唱片的总利润为 6 元，扣去加班费 4 元，商店得利润 6–4=2 元。因此，全时和半时售货员加班 1 小时所获得利润的比为 3:1，故权因子之比为 $d_2^+ : d_3^+ = 1:3$。

所以，这个问题的目标规划模型为：

$$
\begin{cases}
\min \quad f = p_1 d_1^- + p_2 d_{21}^+ + p_3\left(2d_2^- + d_3^-\right) + p_4\left(3d_3^+ + d_2^+\right) \\
\text{s.t.} \quad 5x_1 + 2x_2 + d_1^- - d_1^+ = 5\,500 \\
\qquad x_1 + d_2^- - d_2^+ = 800 \\
\qquad x_2 + d_3^- - d_3^+ = 320 \\
\qquad d_2^+ + d_{21}^- - d_{21}^+ = 100 \\
\qquad x_i, d_j^+, d_j^-, d_{21}^-, d_{21}^+ \geqslant 0,\ i = 1,2;\ j = 1,2,3
\end{cases}
$$

8.4.2 线性目标规划的求解方法

目标规划的解为实际问题的系统处理提供了可以作为决策基础的有用信息，它的解是在满足给定目标集合的条件下寻找最大限度的可能性，当然它必须符合决策环境和决策者对于目标所给的优先结构。下面介绍三种求解目标规划模型的基本方法。

1. 线性目标规划的序列法

线性目标规划序列（序子）法的基本思想是依达成函数中各目标的优先级别 p_i，顺序将目标规划模型分解为一系列单一的线性规划模型，用传统的单纯形方法逐一完成其求解过程。在求解过程中进基变量、出基变量及枢点元素的选择原则与线性规划的单纯形法相同，不同的是要以不影响较高级目标的达成值为前提选择较低级目标的达成值，如此反复迭代，直至进行到最低级目标的达成函数达最优为止。

下面给出此算法的具体计算步骤。

（1）令 $i=1$（i 表示正在考虑的优先级别，且设共有 k 个级别），建立仅含有 p_1 级目标的线性规划模型：

$$
\begin{cases}
\min \quad f_1 = f_1\left(\boldsymbol{D}^+, \boldsymbol{D}^-\right) \\
\text{s.t.} \quad \displaystyle\sum_{j=1}^{n} a_{ij} x_j \leqslant b_i \quad i = 1,2,\cdots,l \\
\qquad \displaystyle\sum_{j=1}^{n} c_{ij} x_j + d_i^- - d_i^+ = e_i,\ i \in p_1 \\
\qquad \boldsymbol{x}, \boldsymbol{D}^+, \boldsymbol{D}^- \geqslant 0
\end{cases}
$$

这里，$i \in p_1$ 指的是仅考虑与 p_1 级目标有关的约束条件，f_1 是指仅考虑 p_1 级目标的有关目标函数。

(2)用单纯形方法或其他适合求解的方法求解此线性规划模型，得到问题 $f_1 = f_1\left(\boldsymbol{D}^+, \boldsymbol{D}^-\right)$ 的最优解 f_i^*， f_i^* 即为原目标规划中 p_i 级目标所能达到的最优值。

（3）置 $i = i+1$，若 $i > k$ 则转（5），否则转（4）。

（4）建立相应于下一个优先级别 p_i 的单目标线性规划模型：

$$\begin{cases} \min \quad f_i = f_i\left(\boldsymbol{D}^+, \boldsymbol{D}^-\right) \\ \text{s.t.} \quad \sum_{j=1}^{n} c_{ij} x_j + d_i^- - d_i^+ = e_i \quad i \in p_1 \cup p_2 \cdots \cup p_i \\ \qquad f_s\left(\boldsymbol{D}^+, \boldsymbol{D}^-\right) = f_s^* \quad s = 1,2,\cdots,i-1 \\ \qquad \boldsymbol{x}, \boldsymbol{D}^+, \boldsymbol{D}^- \geqslant 0 \end{cases}$$

这里，$i \in p_1 \cup p_2 \cdots \cup p_i$ 是指在考虑下一级目标的最优值时必须同时考虑上一级目标相应的约束条件，并且还需考虑增加约束条件 $f_s\left(\boldsymbol{D}^+, \boldsymbol{D}^-\right) = f_s^*$，这样可保证在优化较低级目标时不会退化或破坏已得的较高级目标的最优值 f_s^*。

（5）最后一个单目标线性规划模型的解是原目标规划模型的解，并且如下向量：

$$\boldsymbol{f}^* = \left(f_1^*, f_2^*, \cdots, f_k^*\right)$$

也反映了各目标实现的程度，又称达成向量。

【例 8-12】 求解如下目标规划问题：

$$\begin{cases} \min \quad f = p_1 d_3^- + p_2 d_4^- + p_3\left(0.18 d_1^+ + 0.3 d_2^+\right) \\ \text{s.t.} \quad 2x_1 + x_2 + d_1^- - d_1^+ = 20\,000 \\ \qquad 2x_1 + 3x_2 + d_2^- - d_2^+ = 36\,000 \\ \qquad x_1 + x_2 + d_3^- - d_3^+ = 16\,000 \\ \qquad 3x_1 + 4x_2 + d_4^- - d_4^+ = 55\,000 \\ \qquad x_i, d_j^+, d_j^- \geqslant 0, \ i = 1,2; \ j = 1,2,3,4 \end{cases}$$

第一步，计算 p_1 等级目标的最优解。

（1）建立由 p_1 等级目标构成的单一目标线性规划模型如下：

$$\begin{cases} \min \quad f = p_1 d_3^- \\ \text{s.t.} \quad x_1 + x_2 + d_3^- - d_3^+ = 16\,000 \\ \qquad x_1, x_2, d_3^-, d_3^+ \geqslant 0 \end{cases}$$

（2）用单纯形法求解。

将上述规划模型的目标函数变换为 $\min f_1 = d_3^-$，用线性规划的方法求解，得到两个最优解：

一个最优解是 $x_1 = 16\,000, x_2 = 0, d_3^- = d_3^+ = 0$；

另一个最优解是 $x_2 = 16\,000, x_1 = 0, d_3^- = d_3^+ = 0$。

于是得到最优目标函数值 $f_1^* = 0$。

由最优目标函数值知道，因为 $d_3^- = 0$，故 p_1 优先目标已经达到最优。

由于 $d_3^- - d_3^+ = 0$，表明 $d_3^- + d_3^+ = 0$，所以，在后面其他优先等级目标对应的线性规划模型中，只有加上 $d_3^- + d_3^+ = 0$ 的约束，才能保证求解时不影响 p_1 等级目标已经得到的最优目标函数值，由于 $d_3^-, d_3^+ \geqslant 0$，故这个约束实际上就等价于 $d_3^- = d_3^+ = 0$。

第二步，计算 p_2 等级目标的最优解。

（1）建立由 p_2 等级目标构成的单一目标线性规划模型如下：

$$\begin{cases} \min \quad f = p_2 d_4^- \\ \text{s.t.} \quad x_1 + x_2 + d_3^- - d_3^+ = 16\,000 \\ \qquad d_3^- + d_3^+ = 0 \\ \qquad 3x_1 + 4x_2 + d_4^- - d_4^+ = 55\,000 \\ \qquad x_i, d_j^+, d_j^- \geqslant 0,\ i = 1,2;\ j = 3,4 \end{cases}$$

其中，约束条件 1 是 p_1 目标的目标约束；约束条件 2 是 p_1 目标达到最优时该目标方程中设计变量的值，该约束用于保证在求解当前 p_2 目标最优值时，p_1 目标的最优值不被改变；新增加的约束条件 3 是对应于 p_2 等级目标的目标约束。

（2）用单纯形法求解。

将上述规划模型的目标函数变换为 $\min f_2 = d_4^-$，用线性规划的方法求解，得到最优解 $x_1 = 9\,000, x_2 = 7\,000, d_3^- = d_3^+ = d_4^- = d_4^+ = 0$，于是得到最优目标函数值 $f_2^* = 0$。

由最优目标函数值知道，因为 $d_4^- = 0$，故 p_2 优先目标已经达到最优。

由于 $d_4^- = d_4^+ = 0$，表明 $d_4^- + d_4^+ = 0$，所以，在后面其他优先等级目标对应的线性规划模型中，只有加上 $d_4^- + d_4^+ = 0$ 和 $d_3^- + d_3^+ = 0$ 的约束，才能保证求解时不影响 p_1 等级目标和 p_2 等级目标已经得到的最优目标函数值。

第三步，计算 p_3 等级目标的最优解。

（1）建立由 p_3 等级目标构成的单一目标线性规划模型如下：

$$\begin{cases} \min \quad f = p_3 \left(0.18 d_1^+ + 0.3 d_2^+\right) \\ \text{s.t.} \quad x_1 + x_2 + d_3^- - d_3^+ = 16\,000 \\ \qquad d_3^- + d_3^+ = 0 \\ \qquad 3x_1 + 4x_2 + d_4^- - d_4^+ = 55\,000 \\ \qquad d_4^- + d_4^+ = 0 \\ \qquad 2x_1 + x_2 + d_1^- - d_1^+ = 20\,000 \\ \qquad 2x_1 + 3x_2 + d_2^- - d_2^+ = 36\,000 \\ \qquad x_i, d_j^+, d_j^- \geqslant 0,\ i = 1,2;\ j = 1,2,3,4 \end{cases}$$

其中，约束条件 1 和约束条件 3 分别是 p_1 目标和 p_2 目标的目标约束；约束条件 2 和约束条件 4 分别是 p_1 目标和 p_2 目标达到最优时该目标方程中设计变量的值。这 4 个约束条件的加入用于保证在求解当前 p_3 目标最优值时，p_1 目标和 p_2 目标的最优值不被改变。新增加的约束条件 5 和约束条件 6 是对应于 p_3 等级目标的目标约束。

（2）用单纯形法求解。

将上述规划模型的目标函数变换为 $\min f_3 = 0.18 d_1^+ + 0.3 d_2^+$，用线性规划的方法求解，得到最优解为 $x_1 = 9\,000, x_2 = 7\,000, d_1^+ = 5\,000, d_2^+ = 3\,000, d_3^- = d_3^+ = d_4^- = d_4^+ = 0$，于是得到最优

目标函数值 $f_3^* = 1\ 800$。

正如前面的方法所述，最终的这个线性规划模型的最优解就是原来的目标规划问题的最优解。因为最后的这个线性规划数学模型中已经包含 p_1 目标和 p_2 目标的目标约束以及它们的最优解信息，所以保证了求解过程中 p_1 目标和 p_2 目标的最优目标函数值不受影响。

因此，原目标规划问题的最优达成向量是 $\boldsymbol{f}^* = (0,0,1800)$。

2．线性目标规划的多阶段法

（1）令 $i=1$，将所有系统约束 $\boldsymbol{Ax} \leqslant \boldsymbol{b}$、目标约束 $\boldsymbol{Cx}+\boldsymbol{D}^- - \boldsymbol{D}^+ = \boldsymbol{E}$，以及 p_1 等级的目标 $p_1(\boldsymbol{D}^-,\boldsymbol{D}^+)$ 填入单纯形表中。为方便起见，可将 p_1 等级的目标列在单纯形表的下方，用线性规划的单纯形法求出其最优解（i 表示当前正在处理的那个优先等级目标的序号，假设目标规划问题有 k 个优先等级目标）。

（2）置 $i=i+1$，若 $i>k$，则转（7），否则转（3）。

（3）将 p_i 等级的目标 $p_i(\boldsymbol{D}^-,\boldsymbol{D}^+)$ 列入上述单纯形表的最下方，用消去法变换 p_i 等级的目标行，使该行上对应于基变量的元素转换为零，得到以 p_i 等级目标作为目标函数的初始单纯形表。然后，把 p_i 等级的目标行作为 p_i 等级的检验数行看待。

（4）最优性检验。检验 p_i 等级目标检验数行中的每个元素，选绝对值最大的负元素记为 R_{ij}（表示是 p_i 等级目标第 j 列的检验数）。然后在同一列中判别比 p_i 等级更优先的那些目标行中对应的检验数 $R_{1j},R_{2j},\cdots,R_{i-1,j}$，如果这些检验数均不为正数（保证较高级目标的最优性所必需），则记此列为 j，确定第 j 列所对应的变量将作为选定的进基变量。若找不到这样的 R_{ij}，则表明 p_i 等级的目标已经达到最优，转回（2）；否则，转（5）。

如果有几个检验数具有相同的绝对值最大的负数，并且在各对应列中较高级目标行的检验数也均无正数，则最大元素 R_{ij} 的选取是任意的，可以在这几个相同检验数的列中任选一列作为 j 列。

在这一步中有一个消列原则，当某一优先等级的目标达到最优时，单纯形表的检验数行中，任一正检数（对于极小化模型而言）的非基变量以及对应的列可以从该问题中消去（即从单纯形表中消去），即可令这些非基变量的取值始终为零，以保证前面优先等级目标的最优目标值不被破坏。

（5）确定进基变量和出基变量。要确定的进基变量是（4）中选择的 j 列对应的设计变量，出基变量按照线性规划中单纯形法的最小比值原则确定。

（6）进行换基运算，得到新的单纯形表，返回（4）。

（7）计算终止。最终的单纯形表即为目标规划问题的最终单纯形表，同时也可以得到目标规划问题的满意解和最优达成向量。

【例 8-13】 通过目标规划的多阶段法求解【例 8-12】中的问题。

（1）建立只包含 p_1 等级目标的初始单纯形表，如表 8-5 所示。

表 8-5　p_1 等级目标的初始单纯形表

c_j			0	0	0	$0.18p_3$	0	$0.3p_3$	p_1	0	p_2	0
$\boldsymbol{C_B}$	$\boldsymbol{x_B}$	$\boldsymbol{b}$	x_1	x_2	d_1^-	d_1^+	d_2^-	d_2^+	d_3^-	d_3^+	d_4^-	d_4^+
0	d_1^-	20 000	2	1	1	−1	0	0	0	0	0	0
0	d_2^-	36 000	2	3	0	0	1	−1	0	0	0	0
p_1	d_3^-	16 000	1	1	0	0	0	0	1	−1	0	0
p_2	d_4^-	55 000	3	4	0	0	0	0	0	0	1	−1
p_1		0	0	0	0	0	0	0	1	0	0	0

该表由 d_1^-,d_2^-,d_3^-,d_4^- 组成初始基向量，由于 d_3^- 为基变量，而 p_1 行的 d_3^- 列不为零，所以要进行一次迭代变换，得到如表 8-6 所示的初始基本可行解单纯形表。

表 8-6　p_1 等级目标的初始基本可行解单纯形表

c_j			0	0	0	$0.18p_3$	0	$0.3p_3$	p_1	0	p_2	0
$\boldsymbol{C_B}$	$\boldsymbol{x_B}$	$\boldsymbol{b}$	x_1	x_2	d_1^-	d_1^+	d_2^-	d_2^+	d_3^-	d_3^+	d_4^-	d_4^+
0	d_1^-	20 000	2	1	1	−1	0	0	0	0	0	0
0	d_2^-	36 000	2	3	0	0	1	−1	0	0	0	0
p_1	d_3^-	16 000	1	1	0	0	0	0	1	−1	0	0
p_2	d_4^-	55 000	3	4	0	0	0	0	0	0	1	−1
p_1			−1	−1	0	0	0	0	0	1	0	0

由于 p_1 检验数行存在负的检验数，所以该基本可行解还不是目标的最优解，经过 3 次迭代，得到如表 8-7 所示的最优单纯形表。

表 8-7　p_1 等级目标的最优单纯形表

c_j			0	0	0	$0.18p_3$	0	$0.3p_3$	p_1	0	p_2	0
$\boldsymbol{C_B}$	$\boldsymbol{x_B}$	$\boldsymbol{b}$	x_1	x_2	d_1^-	d_1^+	d_2^-	d_2^+	d_3^-	d_3^+	d_4^-	d_4^+
0	x_1	12 000	1	0	0	0	−1	1	3	−3	0	0
0	x_2	4 000	0	1	0	0	1	−1	−2	2	0	0
$0.18p_3$	d_1^+	8 000	0	0	−1	1	−1	1	4	−4	0	0
p_2	d_4^-	3 000	0	0	0	0	−1	1	−1	1	1	−1
p_1		0	0	0	0	0	0	0	1	0	0	0

从表 8-7 中检验数 p_1 行对应于 **b** 列的值（0）可以看出，p_1 等级目标已经达到最优，最优目标函数值 $\min\ f_1^* = d_3^- = 0$ 。

最优解是：$x_1 = 12\,000$ ，$x_2 = 4\,000$ ，$d_1^+ = 8\,000$ ，$d_4^- = 3\,000$ ，其他设计变量均为 0。

由于 d_3^- 的检验数为 1（非负），根据（4）中选择进基变量的规则，d_3^- 在其后其他目标优化迭代时，不能够再进基，以保持 f_1^* 不被改变。所以，可将 d_3^- 这一列从当前最优单纯形表中删去，以保证在考虑 p_2 等级目标及更低等级目标进行迭代运算时不破坏 p_1 等级目标的最优性。

（2）将 p_2 等级目标加入表 8-7 的底部，如表 8-8 所示。

表 8-8 包含 p_2 等级目标的初始单纯形表

	c_j		0	0	0	$0.18p_3$	0	$0.3p_3$	0	p_2	0
C_B	x_B	b	x_1	x_2	d_1^-	d_1^+	d_2^-	d_2^+	d_3^+	d_4^-	d_4^+
0	x_1	12 000	1	0	0	0	−1	1	−3	0	0
0	x_2	4 000	0	1	0	0	1	−1	2	0	0
$0.18p_3$	d_1^+	8 000	0	0	−1	1	−1	1	−4	0	0
p_2	d_4^-	3 000	0	0	0	0	−1	1	1	1	−1
p_1		0	0	0	0	0	0	0	0	0	0
p_2		0	0	0	0	0	0	0	0	1	0

由于 d_4^- 是基变量，而 p_2 对应于 d_4^- 的检验数不为零，所以，要进行一次迭代变换，得到如表 8-9 所示的以 p_2 等级目标为目标函数的初始基本可行解单纯形表。

表 8-9 包含 p_2 等级目标的初始基本可行解单纯形表

	c_j		0	0	0	$0.18p_3$	0	$0.3p_3$	0	p_2	0
C_B	x_B	b	x_1	x_2	d_1^-	d_1^+	d_2^-	d_2^+	d_3^+	d_4^-	d_4^+
0	x_1	12 000	1	0	0	0	−1	1	−3	0	0
0	x_2	4 000	0	1	0	0	1	−1	2	0	0
$0.18p_3$	d_1^+	8 000	0	0	−1	1	−1	1	−4	0	0
p_2	d_4	3 000	0	0	0	0	−1	1	1	1	−1
p_1		0	0	0	0	0	0	0	0	0	0
p_2		−3 000	0	0	0	0	1	−1	−1	0	1

经过一次迭代，得到如表 8-10 所示的单纯形表。

表 8-10 包含 p_2 等级目标的最优基本可行解单纯形表

	c_j		0	0	0	$0.18p_3$	0	$0.3p_3$	0	p_2	0
C_B	x_B	b	x_1	x_2	d_1^-	d_1^+	d_2^-	d_2^+	d_3	d_4^-	d_4^+
0	x_1	9 000	1	0	0	0	−1	1	−4	−1	1
0	x_2	7 000	0	1	0	0	0	0	3	1	−1
$0.18p_3$	d_1^+	5 000	0	0	−1	1	0	0	−5	−1	1
$0.3p_3$	d_2^+	3 000	0	0	0	0	−1	1	1	1	−1
p_1		0	0	0	0	0	0	0	0	0	0
p_2		0	0	0	0	0	0	0	0	1	0

从表 8-10 中检验数 p_2 行对应于 **b** 列的值（0）可以看出，p_2 等级目标已经达到最优，最优目标函数值 $\min f_2^* = d_4^- = 0$。

最优解是：$x_1 = 9\,000$，$x_2 = 7\,000$，$d_1^+ = 5\,000$，$d_2^+ = 3\,000$，其他设计变量为 0（均为非基变量）。

由于 d_4^- 的检验数为 1（非负），根据（4）中选择进基变量的规则，d_4^- 在其后其他目标优化迭代时，不能够再进基，以保持 f_2^* 不被改变。所以，可以将 d_4^- 这一列从当前最优单纯形表中删去，以保证在考虑 p_3 等级目标进行迭代运算时不破坏 p_2 等级目标的最优性。

（3）将 p_3 等级目标加入表 8-10 的底部，再将 p_3 检验数行中对应于基变量的非 0 的检验数转化为 0，得到如表 8-11 所示的以 p_3 等级目标为目标函数的初始基本可行解单纯形表。

表 8-11　包含 p_3 等级目标的初始基本可行解单纯形表

	c_j		0	0	0	$0.18p_3$	0	$0.3p_3$	0	0
C_B	x_B	b	x_1	x_2	d_1^-	d_1^+	d_2^-	d_2^+	d_3^+	d_4^+
0	x_1	9 000	1	0	0	0	0	0	−4	1
0	x_2	7 000	0	1	0	0	0	0	3	−1
$0.18p_3$	d_1^+	5 000	0	0	−1	1	0	0	−5	1
$0.3p_3$	d_2^+	3 000	0	0	0	0	−1	1	1	−1
p_1		0	0	0	0	0	0	0	0	0
p_2		0	0	0	0	0	0	0	0	0
p_3		−1 800	0	0	0.18	0	0.3	0	10	2

由表 8-11 可知，p_3 目标已经达到最优。

最优解是 $x_1 = 9\,000$，$x_2 = 7\,000$，$d_1^+ = 5\,000$，$d_2^+ = 3\,000$，其他设计变量为 0。

最优目标函数值 $f_3^* = 0.18d_1^+ + 0.3d_2^+ = 1\,800$。

由前面的求解步骤可知，当最低等级的目标达到最优时，原目标规划问题就达到最优。因为最后的单纯形表中已经体现了保护较高级别所有目标最优性的特点，根据本方法的求解原则，在考虑当前等级目标进行迭代运算时并不破坏较高等级目标的最优性。所以，最后的单纯形表即为目标规划问题最优基本可行解的单纯形表。这时的最优解就是原目标规划问题的满意解。将此最优解代入原目标规划的目标方程中即可得到相应各目标的目标函数值，从而可以得到最优达成向量为 $\boldsymbol{f}^* = (0,0,1800)$。

3. 线性目标规划的单纯形法

目标规划单纯形法的基本思想是：把目标优先等级 p_i 理解为一种特殊意义下的正常数，用权重系数及优先等级 $f_{ik}p_i$ 去取代线性规划中的成本系数 c_j，将 k 个目标级别的检验数行一次性顺序安排在单纯形表下方，按照特定的规则确定进基变量，从而目标规划问题可以理解为一个标准的线性规划问题。然后，按照线性规划的单纯形法求出其最优解。单纯形算法中这种视 p_i 为正常数的思想在目标规划的对偶理论、灵敏度分析等讨论中得到广泛的应用。

（1）视 p_i，$i=1,2,\cdots,k$ 为正常数，建立目标规划问题的初始单纯形表，见表 8-12。

表 8-12 目标规划单纯形法的初始单纯形表

c_j			0	0	…	0	$f_{ij}p_i$							
C_B	x_B	b	x_1	x_2	…	x_n	d_1^-	d_2^-	…	d_m^-	d_1^+	d_2^+	…	d_m^-
$f_{ij}p_i$							1	0	…	0	−1	0	…	0
		b_i		a_{ij}			0	1	…	0	0	−1	…	
				c_{ij}			⋮	⋮	…	⋮	⋮	⋮	⋱	⋮
		e_i					0	0	…	1	0	0	…	−1
p_1							0	0	…	0				
p_2		$-C_BB^{-1}b$		$y_{ej}=c_j-C_BB^{-1}\overline{p}_j$			0	0	…	0		$y_{0j}=c_j-C_BB^{-1}\overline{p}_j$		
⋮							⋮	⋮	⋱	⋮				
p_k							0	0	…	0				

其中，$\overline{p}_j$ 为第 j 个原始列向量。

表 8-12 中第一行 c_j 是达成函数中目标的优先等级和权重系数，这里视它们为正常数；该表的中部是基变量与非基变量的技术系数；表的下半部是检验数矩阵，它由各个优先等级构成，原则上是从最高级别开始顺序向下排列，基变量的检验数为零，非基变量的检验数 $c_j-C_BB^{-1}\overline{p}_j$ 将在（2）给出。

（2）最优性检验。从上往下（从最高优先等级的目标开始）检查检验数行的值。若检验数的值全部为零，则表明全部目标均已实现最优（这是最理想的情况），迭代终止。

按照各目标函数的优先等级依次计算各目标的值：

$$f_i=-C_BB^{-1}b$$

若有 $f_i=-C_BB^{-1}b$ 的某一值不为零（$f_i\neq 0$），则表明 p_i 等级的目标尚未达到最优，需要再检查这一行的检验数，优先处理目标函数优先等级较高的行。如果这一行有负的检验数，则再检查它上面的行（较高优先等级目标的行）的对应列中是否有正的检验数（不是负数，也不是零），若无正的检验数，则说明尚未达到最优，还可以继续改进，即可以确定该列对应的变量为当前的进基变量，转到（3）；若有正的检验数，则说明这一等级目标尚未达到最优，但较高等级的目标已达到最优，为不破坏较高等级目标已存在的最优性，必须放弃此列作为进基变量的选择，再尝试在这一行找其他负的检验数，进行判别。

循环进行，直至找不到可以使目标得以继续改进的检验数为止。只有到那时，得到的解才是原目标规划问题的最优解，届时迭代运算终止。

（3）确定进基变量。将（2）中确定的列对应的变量作为进基变量。

（4）确定出基变量。选择的原则是按照线性规划的最小比值原则，即选择当前约束右端数值与进基变量列对应元素之比的最小正比值所在行作为主行，该主行对应的基变量就是选中的出基变量。

（5）换基迭代。以确定的主元素为中心进行换基运算，得出新的基本可行解和新的单纯形表。然后，转（2）。

表 8-12 中，y_{ej} 是原始设计变量中非基变量的检验数，y_{0j} 是偏差变量中非基变量的检验数，都可以从表格中直接计算得到；c_j 是视 p_i 为任意正常数后达成函数中各目标的系数，y_j

是当前第 j 个向量，$y_j = B^{-1}\overline{p}_j$，$\overline{p}_j$ 为第 j 个原始列向量。

【例 8-14】 通过目标规划的单纯形法求解【例 8-12】中的问题。

首先按照表 8-12 的形式建立初始单纯形表，如表 8-13 所示。

表 8-13 初始单纯形表

c_j			0	0	0	0	p_1	p_2	$0.18p_3$	$0.3p_3$	p_2	0
C_B	x_B	b	x_1	x_2	d_1^-	d_2^-	d_3^-	d_4^-	d_1^+	d_2^+	d_3^+	d_4^+
0	d_1^-	20 000	2	1	1	0	0	0	–1	0	0	0
0	d_2^-	36 000	2	3	0	1	0	0	0	–1	0	0
p_1	d_3^-	16 000	1	1	0	0	1	0	0	0	–1	0
p_2	d_4^-	55 000	3	4	0	0	0	1	0	0	0	–1
p_1		0	0	0	0	0	1	0	0	0	0	0
p_2		0	0	0	0	0	0	1	0	0	0	0
p_3		0	0	0	0	0	0	0	0.18	0.3	0	0

由于 d_3^-, d_4^- 是基变量，所以，首先需要将 p_1 检验数行对应于 d_3^- 的 1 通过转换消成 0，再将 p_2 检验数行对应于 d_4^- 的 1 通过转换消成 0，得到如表 8-14 所示的初始基本可行解单纯形表。

表 8-14 基本可行解单纯形表（1）

c_j			0	0	0	0	p_1	p_2	$0.18p_3$	$0.3p_3$	p_2	0
C_B	x_B	b	x_1	x_2	d_1^-	d_2^-	d_3^-	d_4^-	d_1^+	d_2^+	d_3^+	d_4^+
0	d_1^-	20 000	2	1	1	0	0	0	–1	0	0	0
0	d_2^-	36 000	2	3	0	1	0	0	0	–1	0	0
p_1	d_3^-	16 000	1	1	0	0	1	0	0	0	–1	0
p_2	d_4^-	55 000	3	4	0	0	0	1	0	0	0	–1
p_1		–16 000	–1	–1	0	0	1	0	0	0	1	0
p_2		–55 000	–3	–4	0	0	0	0	0	0	0	1
p_3		0	0	0	0	0	0	0	0.18	0.3	0	0

根据目标规划单纯形法（2）的最优性检验规则可知，x_1 和 x_2 都可以被选择作为进基变量来改进目标的最优值。这里，选择 x_1 作为进基变量，按照（4）的最小比值原则确定 d_1^- 作为出基变量，迭代计算后得到如表 8-15 所示的基本可行解单纯形表。

表 8-15 基本可行解单纯形表（2）

c_j			0	0	0	0	p_1	p_2	$0.18p_3$	$0.3p_3$	p_2	0
C_B	x_B	b	x_1	x_2	d_1^-	d_2^-	d_3^-	d_4^-	d_1^+	d_2^+	d_3^+	d_4^+
0	x_1	10 000	1	0.5	0.5	0	0	0	–0.5	0	0	0
0	d_2^-	16 000	0	2	–1	1	0	0	1	–1	0	0
p_1	d_3^-	6 000	0	0.5	–0.5	0	1	0	0.5	0	–1	0
p_2	d_4^-	25 000	0	2.5	–1.5	0	0	1	1.5	0	0	–1
p_1		–6 000	0	–0.5	0.5	0	0	0	–0.5	0	1	0
p_2		–25 000	0	–2.5	1.5	0	0	0	–1.5	0	0	1
p_3		0	0	0	0	0	0	0	0.18	0.3	0	0

通过检验可知，变量 x_2 和 d_1^+ 符合进基变量条件。这里，选择 x_2 作为进基变量，按照（4）的最小比值原则确定 d_2^- 为出基变量，经过迭代运算，得到如表 8-16 所示的计算结果。

表 8-16　基本可行解单纯形表（3）

c_j			0	0	0	0	p_1	p_2	$0.18p_3$	$0.3p_3$	p_2	0
C_B	x_B	b	x_1	x_2	d_1^-	d_2^-	d_3^-	d_4^-	d_1^+	d_2^+	d_3^+	d_4^+
0	x_1	6 000	1	0	0.75	−0.25	0	0	−0.75	0.25	0	0
0	x_2	8 000	0	1	−0.5	0.5	0	0	0.5	−0.25	0	0
p_1	d_3^-	2 000	0	0	−0.25	−0.25	1	0	0.25	0.25	−1	0
p_2	d_4^-	5 000	0	0	−0.25	−1.25	0	1	0.25	1.25	0	−1
p_1		−2 000	0	0	0.25	0.25	0	0	−0.25	−0.25	1	0
p_2		−5 000	0	0	0.25	1.25	0	0	−0.25	−1.25	0	1
p_3		0	0	0	0	0	0	0	0.18	0.3	0	0

通过检验可知，变量 d_1^+ 和 d_2^+ 符合进基变量条件。这里，选择 d_1^+ 作为进基变量，按照（4）的最小比值原则确定 d_3^- 为出基变量，经过迭代运算，得到如表 8-17 所示的计算结果。

表 8-17　基本可行解单纯形表（4）

c_j			0	0	0	0	p_1	p_2	$0.18p_3$	$0.3p_3$	p_2	0
C_B	x_B	b	x_1	x_2	d_1^-	d_2^-	d_3^-	d_4^-	d_1^+	d_2^+	d_3^+	d_4^+
0	x_1	12 000	1	0	0	−1	3	0	0	1	−3	0
0	x_2	4 000	0	1	0	1	-2	0	0	−1	2	0
$0.18p_3$	d_1^+	8 000	0	0	−1	−1	4	0	1	1	−4	0
p_2	d_4^-	3 000	0	0	0	−1	−1	1	0	1	1	−1
p_1		0	0	0	0	0	1	0	0	0	0	0
p_2		−3 000	0	0	0	1	1	0	0	−1	−1	1
p_3		−1 440	0	0	0.18	0.18	−0.72	0	0	0.12	0.72	0

在表 8-17 中，又有两个变量 d_2^+ 和 d_3^+ 满足进基条件。这里，选择变量 d_2^+ 作为进基变量，按照规则，确定变量 d_4^- 为出基变量，迭代后得到如表 8-18 所示的新的单纯形表。

表 8-18　最优基本可行解单纯形表

c_j			0	0	0	0	p_1	p_2	$0.18p_3$	$0.3p_3$	p_2	0
C_B	x_B	b	x_1	x_2	d_1^-	d_2^-	d_3^-	d_4^-	d_1^+	d_2^+	d_3^+	d_4^+
0	x_1	9 000	1	0	0	0	4	−1	0	0	−4	1
0	x_2	7 000	0	1	0	0	−3	1	0	0	3	−1
$0.18p_3$	d_1^+	5 000	0	0	−1	0	5	−1	1	0	−5	1
$0.3p_3$	d_2^+	3 000	0	0	0	−1	−1	1	0	1	1	−1
p_1		0	0	0	0	0	1	0	0	0	0	0
p_2		0	0	0	0	0	0	1	0	0	0	0
p_3		−1 800	0	0	0.18	0.3	−0.6	−0.12	0	0	0.6	0.12

根据目标规划单纯形法（2）的规则可知，表 8-18 中已经没有可以进基的变量，原目标规划的最优解已经得到，至此，整个迭代和计算过程结束。

第一优先目标已经达到最优，$f_1^*=0$；

第二优先目标也已经达到最优，$f_2^*=0$；

第三优先目标没有完全实现，$f_3^*=1800$。

达成向量 $\boldsymbol{f}^*=(0,0,1800)$，在最终单纯形表 8-18 中，它们体现在表的下方左边 p_1,p_2,p_3 对应于 $\boldsymbol{b}$ 列的数值。满意解为：

$$x_1=9\,000,x_2=7\,000;\quad d_1^-=d_2^-=d_3^-=d_4^-=0,d_1^+=5\,000,d_2^+=3\,000,d_3^+=d_4^+=0$$

8.4.3 线性目标规划的 MATLAB 求解

MATLAB 优化工具箱中提供了求解多目标规划问题的函数 fgoalattain，针对本节的线性目标规划问题，可以利用该函数进行求解。同时还可以将线性目标规划问题推广至一般的多目标规划问题，调用此函数进行求解。

MATLAB 所定义的多目标规划的标准形式为：

$$\begin{cases}\min\limits_{x,\gamma} & \gamma \\ \text{s.t.} & \boldsymbol{f}(\boldsymbol{x})-\boldsymbol{weight}\cdot\gamma\leqslant\boldsymbol{goal} \\ & \boldsymbol{c}(\boldsymbol{x})\leqslant 0 \\ & \boldsymbol{c}_{\text{eq}}(\boldsymbol{x})=0 \\ & \boldsymbol{A}\boldsymbol{x}\leqslant\boldsymbol{b} \\ & \boldsymbol{A}_{\text{eq}}\boldsymbol{x}=\boldsymbol{b}_{\text{eq}} \\ & \mathbf{lb}\leqslant\boldsymbol{x}\leqslant\mathbf{ub}\end{cases}$$

其中，$\boldsymbol{x}$、$\mathbf{weight}$、$\mathbf{goal}$、$\boldsymbol{b}$、$\boldsymbol{b}_{\text{eq}}$、$\mathbf{lb}$、$\mathbf{ub}$ 为相应维数的向量；$\boldsymbol{A}$、$\boldsymbol{A}_{\text{eq}}$ 为矩阵；$\boldsymbol{c}(\boldsymbol{x})$、$\boldsymbol{c}_{\text{eq}}(\boldsymbol{x})$、$\boldsymbol{f}(\boldsymbol{x})$ 为返回向量的函数，它们可以是线性函数，也可以是非线性函数。

函数 fgoalattain 的调用格式为：

```
x = fgoalattain(fun,x0,goal,weight)
x = fgoalattain(fun,x0,goal,weight,A,b)
x = fgoalattain(fun,x0,goal,weight,A,b,Aeq,beq)
x = fgoalattain(fun,x0,goal,weight,A,b,Aeq,beq,lb,ub)
x = fgoalattain(fun,x0,goal,weight,A,b,Aeq,beq,lb,ub,nonlcon)
x = fgoalattain(fun,x0,goal,weight,A,b,Aeq,beq,lb,ub,nonlcon,... options)
x = fgoalattain(problem)
[x,fval] = fgoalattain(...)
[x,fval,attainfactor] = fgoalattain(...)
[x,fval,attainfactor,exitflag] = fgoalattain(...)
[x,fval,attainfactor,exitflag,output] = fgoalattain(...)
[x,fval,attainfactor,exitflag,output,lambda] = fgoalattain(...)
```

下面对 fgoalattain 函数中涉及的输入参数和输出参数作一个介绍。

1．输入参数和输出参数

在函数 fgoalattain 的输入参数中，fun 为目标函数，x0 是求解的初始值，goal 是目标函数的期望值，nonlcon 是非线性约束函数，weight 是目标权重。

1）fun

输入参数之一 fun 为需要最小化的目标函数，在 fun 函数中需要输入设计变量 x，它是一个列向量，结果返回 x 处的目标函数值。fun 可以是一个在 M-函数中定义的函数句柄，例如：

```
x = fgoalattain(@myfun,x0,goal,weight)
```

M-函数文件 myfun.m 必须有下面的形式：

```
function f = myfun(x)
f = ...          % 目标函数
```

fun 还可以是匿名函数句柄和字符串，例如：

```
x = fgoalattain(@(x)sin(x.*x),x0,goal,weight);
```

如果用户定的 ***x*** 和 *f* 为矩阵，MATLAB 会用线性索引的方式以列的方式将矩阵转化为向量。例如，将矩阵 ***A*** 转换为向量：

```
A = [2 6 9; 4 2 8; 3 5 1]
A =
    2    6    9
    4    2    8
    3    5    1
```

实际上内存中的存储为：

```
2, 4, 3, 6, 2, 5, 9, 8, 1
```

如果希望目标函数值能够尽可能接近设定的期望值，也就是说目的是准确达到，而非大于也非小于，可以使用 optimset 设置控制参数 GoalsExactAchieve 的值为相应的目标函数的序号。需要注意的是，这类目标函数必须安排在参数 fun 返回的函数向量 ***F*** 的最前面。

如果函数一阶可微，则该函数具有梯度向量，如果此时优化参数 GradObj 的值为 on，设置方法为：

```
options = optimset('GradObj','on')
```

则 fun 必须在函数的第二个输出参数中返回函数在 x 处的梯度向量 g。

2）goal

输入参数中的 goal 变量是指希望目标函数达到的向量值。该向量的长度与 fun 函数返回的目标数 *f* 相等。fgoalattain 函数试图通过最小化向量 *f* 中的值来达到 goal 参数给定的目标。

3）nonlcon

输入参数中的 nonlcon 参数代表多目标规划中的约束函数，它包括了不等式约束 c(x)≤0 和等式约束 ceq(x)=0，它实际上是计算在 x 处约束函数的值。nonlcon 必须是函数句柄，如可以是以 M-函数文件的形式出现或者以匿名函数的形式出现，例如：

```
x = fgoalattain(@(x)sin(x.*x),x0,goal,weight);
```

其中 mycon.m 是一个 M-函数文件形式：

```
function [c,ceq] = mycon(x)
c = ...        % 计算 x 处非线性不等式约束函数的值
ceq = ...      % 计算 x 处非线性等式约束函数的值
```

如果约束函数存在梯度向量，同时通过如下方法设置控制参数 GradConstr 的值为 on：

```
options = optimset('GradConstr','on')
```

则 nonlcon 必须在第三个和第四个输出参数返回相应的梯度值，即不等式约束函数的梯度值 GC 和等式约束函数的梯度值 GCeq。

需要注意的是，只有当设置了控制参数 GradObj 的值为 on 时，将控制参数 GradConstr 的值设置为 on 才有效；同时，由于优化工具箱只接受 double 型数据的输入，故用户提供的目标函数和非线性约束函数必须返回 double 型数据。

4）weight

输入参数中的 weight 变量为权重向量，可以控制低于或超过 fgoalattain 函数指定目标的相对程度。当 goal 的值是非零值时，则算法为了保证有效的目标值超过或低于的比例相当，将权重函数设置为 abs（goal）。需要注意的是，如果将 weight 向量中的任一元素设置为零，则算法将把对应的目标约束当做硬约束来处理，另一种设置硬约束的方式是通过参数 nonlcon 来设置相应的约束。

当设置 weight 为不同的数值时，fgoalattain 将对目标函数采取不同的处理方式：

（1）当权重 weight 设置为正时，fgoalattain 函数试图使目标函数值小于期望值；

（2）当权重 weight 设置为负时，fgoalattain 函数试图使目标函数值大于期望值；

（3）当需要目标函数值尽可能等于期望值时，应设置控制参数 GoalsExactAchieve 的值为相应的目标函数的序号。需要注意的是，这类目标函数必须安排在参数 fun 返回的函数向量 $\boldsymbol{F}$ 的最前面。

当然，输入参数还包括优化控制参数 options，其具体的设置将在控制参数设置一节中给出。

输出参数中包含 attainfactor、exitflag、lambda 和 output，下面做简要的介绍。

5）attainfactor

输出参数 attainfactor 指明了目标达到的情况。当 attainfactor 为负时，说明目标函数值溢出期望值 goal；当 attainfactor 为正时，说明目标函数值未达到期望值。

attainfactor 参数包含了最优解处的 γ 值，若 γ 值为负，则表明目标溢出。

6）exitflag

优化终止状态指示结构变量 exitflag 的属性值及其对应的物理意义如表 8-19 所示。

表 8-19　参数 exitflag 的物理意义

取　值	物 理 意 义
1	收敛于解 x 处
4	搜索方向向量的模长小于指定值，且约束破坏小于 options.TolCon

续表

取　值	物 理 意 义
5	搜索方向上偏导数的模长小于指定值，且约束破坏小于 options.TolCon
0	已经达到最大迭代次数限制 options.MaxIter 或者已经达到函数评价次数的最大允许值 options.FunEvals
–1	算法被输出函数终止
–2	无可行解

其他输出参数如 lambda 和 output 与 fmincon 等优化函数类似，此处不再赘述。

2．控制参数设置

用户可以同 optimset 来设置 fgoalattain 函数在求解多目标规划问题时使用的优化控制参数，其主要参数的设置方法如表 8-20 所示。

表 8-20　fgoalattain 中的主要控制参数设置

参 数 名 称	参 数 设 置
DerivativeCheck	比较有限差分法的梯度信息和用户提供的目标函数的梯度信息，值为 on 或者 off（默认值）
Diagnostics	设置是否显示诊断信息，值为 on 或者 off（默认值）
DiffMaxChange	变量有限差分法梯度的最大变化值，为一个正数，默认值为 0.1
DiffMinChange	变量有限差分法梯度的最小变化值，为一个正数，默认值为 1×10^{-8}
FinDiffType	用于估计梯度有限差分方法，参数值可以设置为 forward（默认值）或者 central。其中 central 需要两倍的函数评价次数，但是数值更为准确
Display	输出信息级别 off：无输出信息 iter：显示每一次迭代的输出信息，并显示默认退出信息 iter-detailed：显示每一次迭代的输出信息，并显示技术退出信息
Display	notify：仅当目标函数不收敛时显示输出信息和默认的退出信息 notify-detailed：仅当目标函数不收敛时显示输出信息和技术退出信息 final（默认值）：显示最终输出信息和默认的退出信息 final-detailed：显示最终输出信息和技术退出信息
FunValCheck	检查目标函数值是否合法。当参数值为 on 时，若目标函数值为一个复数、Inf 或者 NaN，则返回错误信息；当参数值为 off（默认值）时，不返回该错误信息
GoalsExactAchieve	指定需要与期望值 goal 相等的目标函数 fun 的序号，该目标函数需要在 f 返回函数向量的最前面，默认值为 0
GradConstr	用户定义的非线性约束函数的梯度。如果值为 on，则要求目标函数返回 4 个输出参数，其中第三个和第四个参数为非线性不等式约束函数和非线性等式约束函数的梯度信息。如果值为 off（默认值），则使用有限差分近似计算梯度信息，且基于牛顿映射的置信域算法不处理任何非线性约束
GradObj	用户定义的目标函数的梯度向量，如果参数值为 on，则 fmincon 使用用户定义的目标函数梯度向量；如果参数值为 off（默认值），则使用有限差分来估计函数的梯度；如果使用基于牛顿映射的置信域算法，用户必须提供梯度向量且设置 GradObj 的值为 on
MaxFunEvals	目标函数评价的最大允许次数，对于有效集算法，默认值为 100×设计变量的个数
MaxIter	算法运行中的最大迭代次数，默认值为 400

续表

参数名称	参数设置
MaxSQPIter	SQP 迭代的最大允许次数，默认值为 10×max（设计变量的个数，不等式约束的个数，边界约束的个数）
MeritFunction	如果值为 multiobj（默认值），则使用目标达到法或者极大极小法求解；如果值为 singleobj，则调用 fmincon 求解
OutputFcn	在优化计算的过程中按用户要求指定在一次迭代中需要调用的一个或者多个函数，函数形式可以是函数句柄，或者以元胞数组形式出现的函数句柄，默认值为[]
PlotFcns	在算法执行过程中按照不同的标准绘制优化进程，可以是预定义的方案或者用户自定义的方案。默认值为[]，设置值为 @optimplotx：绘制迭代过程中的当前点 @optimplotfunccount：绘制函数评价次数 @optimplotfval：绘制目标函数值 @optimplotstepsize：绘制步长值 @optimplotfirstorderopt：绘制一阶最优测度
RelLineSrchBnd	设置优化搜索时 x 的变化满足|Δx（i）|≤relLineSrchBnd · max（|x（i）|,|typicalx（i）|）。该参数是为了避免优化求解时 x 的步长变化太大，默认值为[]
RelLineSrchBndDuration	设定控制参数 RelLineSrchBnd 生效的迭代次数，默认值为 1
TolCon	约束函数破坏值计算误差限，默认值为 1×10^{-6}
TolConSQP	SQP 迭代中所允许的约束偏离的误差限，默认值为 1×10^{-6}
TolFun	函数计算终止的误差限，对于大型规模算法其默认值为 1×10^{-6}
TolX	最优解 x 处的误差限，默认值为 1×10^{-6}
TypicalX	典型 x 的值，其维数与初始点 x0 相同，默认值为全 1 向量。fminunc 使用 TypicalX 来衡量梯度的有限差分估计
UseParallel	如果值为 always，则用并行算法估计梯度值；如果值为 never（默认值）则不使用

3. 命令详解

根据函数 fgoalattain 的调用格式，详细讲解其用法如下。

（1）x = fgoalattain(fun,x0,goal,weight)

从初始点 x0 开始搜索多目标规划问题的最优解 x，尽量使得 fun 中所指定的各目标函数达到 goal 所指定的目标值。其中参数 fun 为目标函数向量，参数 goal 为设定的期望值，参数 weight 为指定权重。

（2）x = fgoalattain(fun,x0,goal,weight,A,b)

在（1）的基础上增加了线性不等式约束 Ax≤b 之后进行多目标规划问题的求解。

（3）x = fgoalattain(fun,x0,goal,weight,A,b,Aeq,beq)

在（2）的基础上继续增加线性等式约束 Aeq · x=beq 之后进行多目标规划问题的求解。如果问题中并不存在线性不等式约束，则可以设置 A=[]且 b=[]。

（4）x = fgoalattain(fun,x0,goal,weight,A,b,Aeq,beq,lb,ub)

在（3）的基础上增加对设计变量的边界约束，使得设计变量的值满足 lb≤x≤ub。

（5）x = fgoalattain(fun,x0,goal,weight,A,b,Aeq,beq,lb,ub,nonlcon)

在（4）的基础上增加非线性约束 nonlcon，其中包含了非线性不等式约束 c(x)≤0 和非线性等式约束 ceq(x)=0。如果问题中无边界约束，则可以设置 lb=[]且 ub=[]。

（6）x = fgoalattain(fun,x0,goal,weight,A,b,Aeq,beq,lb,ub,nonlcon,options)

按照指定的控制参数 options 对（5）进行优化，可以通过 optimset 对 options 的值进行设定。

（7）[x,fval] = fgoalattain(...)

在优化结束之时返回解 x 处的目标函数值。

（8）[x,fval,attainfactor] = fgoalattain(...)

在优化结束之时返回指明目标达到的情况的参数 attainfactor。

（9）[x,fval,attainfactor,exitflag] = fgoalattain(...)

在优化结束之时返回算法终止的状态指示结构变量 exitflag。

（10）[x,fval,attainfactor,exitflag,output] = fgoalattain(...)

在优化结束之时返回输出结构变量 output。

（11）[x,fval,attainfactor,exitflag,output,lambda] = fgoalattain(...)

在优化结束之时返回解 x 处的拉格朗日乘子结构变量 lambda。

【例 8-15】 考虑二输入二输出的不稳定系统，我们的要求是设计输出反馈控制器，使闭环系统满足一定的要求。对此问题我们假设其状态变量 $\boldsymbol{x}(t)$ 由如下方程描述：

$$\begin{cases}\dfrac{\mathrm{d}\boldsymbol{x}}{\mathrm{d}t}=\boldsymbol{A}\boldsymbol{x}(t)+\boldsymbol{B}\boldsymbol{u}(t)\\ \boldsymbol{y}(t)=\boldsymbol{C}\boldsymbol{x}(t)\end{cases}$$

其中，$\boldsymbol{u}(t)$ 为系统的控制量，$\boldsymbol{y}(t)$ 为系统的输出。其中各系数矩阵在 MATLAB 中可以表达为：

```
A = [ -0.5  0  0;  0  -2  10;  0  1  -2 ];
B = [ 1  0;  -2  2;  0  1 ];
C = [ 1  0  0;  0  0  1 ];
```

假设采用比例控制，设定系统的控制量为 $\boldsymbol{u}(t)=\boldsymbol{K}\boldsymbol{y}(t)$，于是状态方程变为：

$$\dot{\boldsymbol{x}}(t)=\boldsymbol{A}\boldsymbol{x}(t)+\boldsymbol{B}\boldsymbol{u}(t)=\boldsymbol{A}\boldsymbol{x}(t)+\boldsymbol{B}\boldsymbol{K}\boldsymbol{C}\boldsymbol{x}(t)=(\boldsymbol{A}+\boldsymbol{B}\boldsymbol{K}\boldsymbol{C})\boldsymbol{x}(t)$$

首先确定优化设计的目标为求取适当的矩阵 $\boldsymbol{K}$，使得该系统具有如下性质：

（1）矩阵 $(\boldsymbol{A}+\boldsymbol{B}\boldsymbol{K}\boldsymbol{C})$ 的特征值的实部小于 $[-5,-3,-1]$，这个方法在控制论中被称为极点配置法。

（2）矩阵 $\boldsymbol{K}$ 的所有元素均在区间 $[-4,4]$ 之内，即 $\mathrm{abs}(\boldsymbol{K})\leqslant 4$。

为了实现该优化方案，我们采取如下步骤，在代码中也作相应的注释：

➢ 首先设定该问题的期望目标值即为条件（1）中期望配置的矩阵 $(\boldsymbol{A}+\boldsymbol{B}\boldsymbol{K}\boldsymbol{C})$ 的极点 $[-5,-3,-1]$；
➢ 设置权重向量为期望目标值的绝对值，以保证有效的目标值超过或低于的比例相当；
➢ 同时初始化输出反馈控制器的矩阵 $\boldsymbol{K}$ 的初始值和矩阵 $\boldsymbol{K}$ 各元素的上、下界；
➢ 为了观察求解过程，设置控制参数 Display 的值为 iter，以查看每一步迭代的输出。

```
goal = [-5, -3, -1];                              %设置期望目标值
weight = abs(goal);                               %设置目标权重
K0 = [ -1 -1; -1 -1];                             %设置矩阵 K 的初始值 K0
lb = repmat(-4,size(K0) );                        %设置 K 的下界
ub = repmat(4,size(K0) );                         %设置 K 的上界
options = optimset('Display','iter');             %设置显示每一步的迭代结果
```

在构造目标函数时，我们设定目标函数返回的是闭环系统的特征值向量，该目标函数需要调用其他的参数 $\boldsymbol{A},\boldsymbol{B},\boldsymbol{C}$，因而最好的方式是采用匿名函数的方式建立多目标函数 eigfun，然后调用 fgoalattain 函数进行求解：

```
eigfun = @(K) sort(eig(A+B*K*C));
[K,fval,attainfactor,exitflag] = ...
    Fgoalattain(eigfun,K0,goal,weight,[],[],[],[],lb,ub,[],options);
```

运行结果如下：

```
Local minimum possible. Constraints satisfied.
fgoalattain stopped because the size of the current search direction is less than
twice the default value of the step size tolerance and constraints were
satisfied to within the default value of the constraint tolerance.
<stopping criteria details>
Active inequalities (to within options.TolCon = 1e-006):
  lower      upper     ineqlin   ineqnonlin
    1                               1
    2                               2
    4

                 Attainment   Max      Line search    Directional
Iter F-count factor   constraint steplength derivative  Procedure
    0    6       0      1.88521
    1   12   1.031     0.02998      1          0.745
    2   18   0.3525    0.06863      1         -0.613
    3   24   -0.1706   0.1071       1         -0.223    Hessian modified
    4   30   -0.2236   0.06654      1         -0.234    Hessian modified twice
    5   36   -0.3568   0.007894     1         -0.0812
    6   42   -0.3645   0.000145     1         -0.164    Hessian modified
    7   48   -0.3645   0            1         -0.00515  Hessian modified
    8   54   -0.3675   0.0001549    1         -0.00812  Hessian modified twice
    9   60   -0.3889   0.008326     1         -0.0075   Hessian modified
   10   66   -0.3862   0            1          0.00568
   11   72   -0.3863   4.193e-013   1         -0.998    Hessian modified twice
```

```
Local minimum possible. Constraints satisfied.
fgoalattain stopped because the size of the current search direction is less than
twice the default value of the step size tolerance and constraints were
satisfied to within the default value of the constraint tolerance.
<stopping criteria details>
Active inequalities (to within options.TolCon = 1e-006):
  lower      upper     ineqlin   ineqnonlin
    1                              1
    2                              2
    4
K =
   -4.0000   -0.2564
   -4.0000   -4.0000
fval =
   -6.9313
   -4.1588
   -1.4099
attainfactor =
   -0.3863
exitflag =
     4
```

由迭代结果可以知道，算法终止是因为在当前搜索方向上的步长小于预定的数值，即默认步长误差限的两倍，同时也满足了约束条件。

根据结果分析，反馈矩阵的值为：$\boldsymbol{K}=\begin{bmatrix}4.0000 & -0.2564\\ -4.0000 & -4.0000\end{bmatrix}$

经过此配置以后，闭环系统的特征值向量为：

$$\text{eig}\left(\boldsymbol{A}+\boldsymbol{BKC}\right)=\left(-6.9313,-4.1588,-1.4099\right)^{\mathrm{T}}$$

因而满足均在对应极点$[-5,-3,-1]$的左侧。因为在此设置权重的值为期望目标值的绝对值，也就是说期望结果中目标函数的值高于或者低于期望值的比例相当。

由于 attainfactor 指明的是目标函数的达到情况，当其值为正时，说明有未达到期望目标的情况；而其值为负时，说明溢出目标期望值。在此，attainfactor 的值为负，说明溢出期望目标。

8.5 综合实例

【例 8-16】 求解【例 8-1】中的多目标规划问题：

$$\begin{cases} \min & f_1(\boldsymbol{x}) = x_1x_2 \\ \max & f_2(\boldsymbol{x}) = \dfrac{1}{6}x_1x_2^2 \\ & x_1^2 + x_2^2 = 1 \\ & x_1, x_2 \geqslant 0 \end{cases}$$

很显然，在满足$x_1^2 + x_2^2 = 1$的前提下，函数$f_1(\boldsymbol{x}) = x_1x_2$的最小值为$f_1^* = 0$，且当$x_1 = 0$或者$x_2 = 0$时取得；但是又根据要使$f_2'(\boldsymbol{x}) = -x_1x_2^2/6$达到最大，即$f_2'(\boldsymbol{x}) = -x_1x_2^2/6$达到最小，所以要在两者之间取一个折中，即完成一个多目标规划。

于是首先建立 M-函数文件 objfun.m 来定义多目标规划问题的目标函数：

```
function f=objfun(x)
f(1)=x(1)*x(2);
f(2)=-1/6*x(1)*x(2)^2;
```

由于问题中存在一个非线性的等式约束，所以建立约束函数的 M-函数文件 confun.m 来描述问题中的非线性约束：

```
function [c,ceq]=confun(x)
c=[]
ceq=[x(1)^2+x(2)^2-1];
```

设置求解的初始点 x0=[1;1]，然后在设定目标 goal 时，我们考虑函数$f_1(\boldsymbol{x})$和$f_2'(\boldsymbol{x})$均要尽量小，于是取其 goal 为 0 和–1，均为无法达到的数值，在此前提下进行问题的优化，选择权值向量 weight=[1;1]，然后调用 fgoalattain 求解该问题，代码为：

```
x0=[1;1];
lb=[0;0];
goal=[0;-1];
weight=[1;1];
[x,fval,attainfactor] = fgoalattain(@objfun,x0,goal,weight,[],[],[],
[],lb,[],@confun)
```

运行结果为：

```
Local minimum possible. Constraints satisfied.
fgoalattain stopped because the size of the current search direction is less than
twice the default value of the step size tolerance and constraints were
satisfied to within the default value of the constraint tolerance.
<stopping criteria details>
Active inequalities (to within options.TolCon = 1e-006):
  lower      upper     ineqlin   ineqnonlin
                                     2
x =
    0.5774
```

```
    0.8165
fval =
    0.4714   -0.0642
attainfactor =
    0.9358
```

于是在当前目标函数和权值向量的选择情况下，最优解为 $x^*=(0.5774,0.8165)^T$。

由于我们选择 goal 时即设置了目标函数所不能达到的值，故 attainfactor 的值为正，即说明并未达到预计的目标。但这并不是说明问题无可行解，而是在求解过程中设定的目标过于苛刻，这只是为了取目标函数的折中，因为在原问题中并没有明确说明目标函数需要达到的具体数值。

当然我们可以知道，当 goal 和 weight 选择不同的数值时，问题的解也不同，具体的差异读者可以在代码中进行修改和比较便可得出。

【例 8-17】 求解【例 8-2】中的多目标规划问题：

$$\begin{cases}\min & f_1(x)=2x_1+1.5x_2 \\ \max & f_2(x)=x_1+x_2 \\ & x_1+x_2\geqslant 120 \\ & 2x_1+1.5x_2\leqslant 300 \\ & x_1\geqslant 60 \\ & x_2\geqslant 0\end{cases}$$

在这个问题中，我们看到前两个约束实际上就是对目标函数的目标约束，目标函数一个为求极大，一个为求极小，将其均转换成求极小，建立 M-函数文件 objfun.m 如下：

```
function f=objfun(x)
f(1)=2*x(1)+1.5*x(2);
f(2)=-x(1)-x(2);
```

根据约束中的目标约束，可以设置 goal 为$[300;-120]$，再加入对设计变量的边界约束，同时权重选择为 goal 的绝对值，可得求解代码为：

```
x0=[0;0];
lb=[60;0];
goal=[300;-120];
weight=abs(goal);
[x,fval,attainfactor]=
fgoalattain(@objfun,x0,goal,weight,A,b,[],[],lb,[])
```

相应的运行结果为：

```
Local minimum possible. Constraints satisfied.
fgoalattain stopped because the predicted change in the objective function
is less than the default value of the function tolerance and constraints
were satisfied to within the default value of the constraint tolerance.
```

```
<stopping criteria details>
Active inequalities (to within options.TolCon = 1e-006):
  lower      upper     ineqlin   ineqnonlin
                                      1
                                      2
x =
   98.8232
   38.8240
fval =
  255.8823 -137.6471
attainfactor =
   -0.1471
```

于是在上述期望目标和权重选择之下，问题的最优解为 $x^*=(98.8232,38.8240)^T$。

参数 attainfactor 的值为负，说明已经溢出预期的目标函数值，满足原问题的要求。

【例 8-18】 求解【例 8-3】中的多目标规划问题：

$$
\begin{cases}
\max & f_1(\boldsymbol{x})=500x_1+400x_2+600x_3 \\
\min & f_2(\boldsymbol{x})=0.48x_1+0.65x_2+0.42x_3 \\
\text{s.t.} & x_1+x_2+x_3\leqslant 40 \\
 & 0.48x_1+0.65x_2+0.42x_3\leqslant 20 \\
 & 20x_1\leqslant 700 \\
 & 25x_2\leqslant 800 \\
 & 15x_3\leqslant 500 \\
 & x_1,x_2,x_3\geqslant 0
\end{cases}
$$

在这个问题中，目标函数一个为求极大，一个为求极小，将其均转换成求极小，建立 M-函数文件 objfun.m 如下：

```
function f=objfun(x)
f(1)=-500*x(1)-400*x(2)-600*x(3);
f(2)=0.48*x(1)+0.65*x(2)+0.42*x(3);
```

然后设定求解的期望目标 goal，约束条件 2 即是函数 $f_2(\boldsymbol{x})$ 的目标约束，而对于函数 $f_1(\boldsymbol{x})$ 的目标约束，可以作一个简单的估计，将 $f_2(\boldsymbol{x})$ 乘以 1 500 以后的数值显然要大于 $f_1(\boldsymbol{x})$，而 $f_1(\boldsymbol{x})$ 的期望目标必须小于 20，故 $f_2(\boldsymbol{x})$ 的值显然小于 30 000，所以取 $f_1(\boldsymbol{x})$ 的期望目标为 30 000。这个值是不能达到的，希望在求解过程中可以尽量接近该数值，于是设置求解的初始点为 x0=[0;0;0]，期望目标 goal=[-30000;20]，权重为期望目标的绝对值，然后再根据相应的约束确定 A 和 b，调用 fgoalattain 求解该多目标规划问题，代码为：

```
x0=[0;0;0];
lb=[0;0;0];
goal=[-30000;20];
```

```
weight=abs(goal);
A=[1 1 1;20 0 0;0 25 0;0 0 15];
b=[40;700;800;500];
[x,fval,attainfactor] = fgoalattain(@objfun,x0,goal,weight,A,b,[],[],lb,[])
```

运行结果为：

```
Local minimum possible. Constraints satisfied.
fgoalattain stopped because the size of the current search direction is less than
twice the default value of the step size tolerance and constraints were
satisfied to within the default value of the constraint tolerance.
<stopping criteria details>
Active inequalities (to within options.TolCon = 1e-006):
  lower      upper     ineqlin   ineqnonlin
    2                    1          1
                         4
x =
    6.6667
    0.0000
   33.3333
fval =
  1.0e+004 *
   -2.3333    0.0017
attainfactor =
    0.2222
```

由上述结果可知，问题的最优解为$\boldsymbol{x}^{*}=(6.6667,0.0000,33.3333)^{\mathrm{T}}$，此时函数$f_1(\boldsymbol{x})$的值为 23 333，函数$f_2(\boldsymbol{x})$的值为 17。attainfactor 的值为负，因为实际上$-f_1(\boldsymbol{x})$的值并没有小于预期的-30 000，这也是我们之前分析过的。

8.6 本章小结

本章主要讨论的是多目标规划问题的建模及其求解。多目标规划不同于单目标规划，它具有多个需要权衡的目标函数，本章主要分析了对多个目标的处理方式和求解方法，同时详细讲解了这些方法在 MATLAB 中如何实现。通过本章的学习，读者应掌握如下知识点：

（1）多目标问题的建模方法，这是本章的重点；

（2）多目标规划问题中解集和象集的概念，这是在单目标规划问题中所没有的；

（3）处理多目标规划问题的约束法、评价函数法和功效系数法的原理及其 MATLAB 实现；

（4）线性目标规划的建模方法；

（5）多目标规划的 MATLAB 的求解函数 fgoalattain 的使用方法。

习　题

1．生产计划问题

一个企业需要用同一种原材料生产甲、乙两种产品，它们的单位产品所需要的原材料数量及所耗费的加工时间各不相同，从而获得的利润也不相同，如表 8-21 所示。则该企业应如何安排生产计划，才能使获得的利润达到最大？

表 8-21　生产计划数据表

产品/资源	甲	乙	可利用的资源总量
原材料钢/吨	2	3	100
加工时间/小时	4	2	120
单位利润/百元	6	4	

该厂提出如下目标：

（1）利润达到 280 百元；

（2）钢材不超过 100 吨，工时不超过 120 小时。

2．产品加工问题

某车间有 A、B 两条设备相同的生产线，它们生产同一种产品。A 生产线每小时可制造两件产品，B 生产线每小时可制造 1.5 件产品。如果每周正常工作时数为 45 小时，要求制订完成下列目标的生产计划：

（1）生产量达到 210 件/周；

（2）A 生产线加班时间限制在 15 小时内；

（3）充分利用工时指标，并根据 A、B 产量的比例确定重要性。

3．电器公司问题

某电器公司经营的唱机和录音机均由车间 A、B 流水作业组装，数据见表 8-22。要求按以下目标制订月生产计划：

（1）库存费用不超过 4 600 元；

（2）每月销售唱机不少于 80 台；

（3）不使 A、B 车间停工（权数由生产费用确定）；

（4）A 车间加班时间限制在 20 小时内；

（5）每月销售录音机为 100 台；

（6）两车间加班时数总和要尽可能小（权数由生产费用确定）。

表 8-22　电器公司生产计划问题数据表

项目品种	工时消耗 /（时/台）		库存费用 /（元/台月）	利润 /（元/台）
	A	B		
唱机	2	1	50	250

续表

项目品种	工时消耗 /（时/台）		库存费用 /（元/台月）	利润 /（元/台）
	A	B		
录音机	1	3	30	150
总工时/月	180	200		
生产费用/时	100	50		

4．投资问题

某企业拟生产 A 和 B 两种产品，其生产投资费用分别为 2 100 元/t 和 4 800 元/t。A、B 两种产品的利润分别为 3 600 元/t 和 6 500 元/t。A、B 产品每月的最大生产能力分别为 5t 和 8t；市场对这两种产品总量的需求每月不少于 9t。试问该企业应该如何安排生产计划，才能既满足市场需求，又节约投资，而且使生产利润达到最大?

5．投资问题

某企业拟用 1 000 万元投资 A、B 两个项目的技术改造。设 x_1、x_2 分别表示分配给 A、B 项目的投资（万元）。据估计，投资项目 A、B 的年收益分别为投资的 60%和 70%；但投资风险损失 P 与总投资和单项投资均有关系：

$$P=0.001x_1^2+0.002x_2^2+0.001x_1x_2$$

据市场调查显示，A 项目的投资前景好于 B 项目，因此希望 A 项目的投资额不小于 B 项目。试问应该如何在 A、B 两个项目之间分配投资，才能既使年利润最大，又使风险损失最小？

第9章 图与网络优化

图与网络优化理论是近几十年最优化学领域发展非常活跃的分支之一，大量的最优化问题都可以抽象为网络模型来加以描述和求解。图与网络优化理论具有适应性很强的建模能力，对实际问题的描述直观且易于计算机实现，我们可以利用其理论将一些复杂问题分解或者转化成一系列能够用有效方法求解的子问题，因而成为管理科学、计算机科学、通信理论、自动控制、系统工程与运筹学，以及军事科学等学科领域中的一种重要的数学方法和工具。

本章首先介绍图与网络理论的有关概念和性质，然后研究路与流的有关算法并讨论可以利用图的覆盖与控制、最短路、最大流及最小费用流的知识来解决的实际问题。

9.1 引言

图论是专门研究图的理论的一门数学分支，其发展大体可划分为三个阶段。

第一阶段是从 18 世纪中叶到 19 世纪中叶，处于萌芽阶段，这一时期的研究成果与“数学游戏”有着密切的联系。例如，最有代表性的瑞士著名数学家欧拉于 1736 年提出的哥尼斯堡“七桥问题”。

东普鲁士的哥尼斯城堡有一条河流过，河中有两个小岛，如图 9-1（a）所示，岛与岸及岛与岛之间共有七座桥相连。问题是这样描述的：一个人能否从一个地方出发，通过每座桥一次且仅通过一次，最后回到出发点？

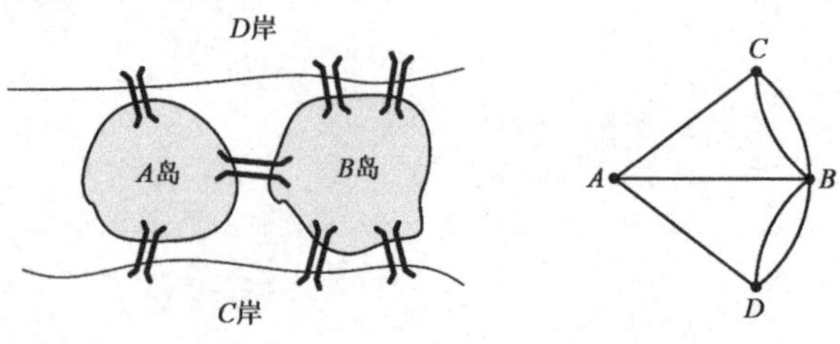

（a）　（b）

图 9-1　七桥问题

欧拉将两岸及两岛用 A、B、C、D 四个节点来表示，把桥表示成连接对应顶点之间的边，于是可以得到一个由节点与边组成的图，如图 9-2（b）所示。问题也可归结为图形的一笔画问题，即能否从某一点开始一笔画出这个图形，最后回到起点，而不重复？从直观上不难发现，为了要回到原来的地方，必须从一条边进入，从另一条边出去，只有一进一出，才能保证一笔画不重复。这就要求与每个点相关联的边数均为偶数。从图 9-2（b）可以看到，该图所有的点均不与偶数条边相关联，所以“七桥问题”无解。欧拉正是因为巧妙地给出了这个问题的答案，从而奠定了图论的基础。

图论发展的第二阶段是从 19 世纪中叶到 20 世纪中叶。这时，图论问题大量出现，如 Hamilton 问题、地图染色的四色问题及可平面性问题等。同时，也出现了用图解决实际问题，如 Cayley 把树应用在化学领域，用于计数烷 C_nH_{2n+2} 的同分异构物，Kirchhoff 为了给出电网络方程而引进了“树”的概念。哈密尔顿则于 1859 年提出“周游世界”游戏，用图论的术语，就是如何找出一个连通图中的生成圈。

第三阶段是 20 世纪中叶以后，借助飞速发展的计算机科学，图论广泛应用于科学研究、工程设计、通信科学、建筑学、生物遗传学、心理学、经济学、社会学等领域中。许多实际网络，如运输网、电话网、电力网等，可以直观地用图加以描述和分析。特别是 Ford 和 Fulkerson 建立的网络流理论，与线性规划、动态规划等优化理论和方法相互渗透，促进了图论在实际问题中的应用。

9.2　基本概念

图与网络优化所研究的问题内容广泛，如最短路径问题、最大流问题、最小费用流问题和匹配问题等都是图与网络的基本问题。这些问题都很容易用图形的形式直观地描述和表达，数学上把这种与图相关的结构称为网络，与图和网络相关的最优化问题就是网络最优化或称网络优化问题。由于多数网络优化问题是以网络上的流（flow）为研究对象，因此网络优化又常常被称为网络流或网络流规划等。

9.2.1　图的基本概念

本章所说的图和一般的几何图形或函数图形完全不同，在这里，把一个事物（或现象）用一个点来表示，称为顶点（或简称为点）；把事物和事物之间（或现象和现象之间）的某种联系用一条线连接起来，称为边。由一些点和边组成的集合便称为一个图。我们可以通过对图的研究来了解事物（或现象）之间的内在联系。

1. 图的定义及有关术语

直观地说，图是由一些点和连接这些点的若干线段组成的，这些点称为图的顶点，这些线段称为图的边，下面用集合的形式来定义图。

定义 9-1　（图）　称如下二元组为图 G：

$$G=\left(V(G),E(G)\right)$$

式中，$V(G)=\{v_1,v_2,\cdots,v_p\}$ 称为顶点集，V 中元素的个数称为图 G 的顶点数；图 G 的顶点个数又被称为图的阶，只有一个顶点的图称为平凡图；$E(G)=\{e_1,e_2,\cdots,e_q\}$ 称为边集，E 中元素的个数称为图 G 的边数。在不致混淆的情况，可以将顶点集和边集简记为 V 和 E，图可简记为 $G=(V,E)$。V 和 E 都是有限集的图称为有限图；否则称为无限图。本章只讨论有限图的问题。

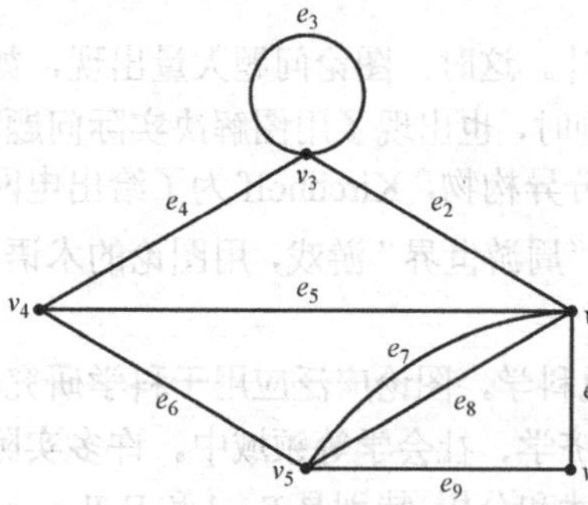

图 9-2 无向图

例如，在图 9-2 所示的图 G 中，顶点集 $V=\{v_1,v_2,\cdots,v_5\}$，边集 $E=\{e_1,e_2,\cdots,e_9\}$。

下面根据图的定义延伸出一些其他概念。

1）空图与非空图

若边集是空集，即 $E(G)=\varnothing$，则称该图为空图；否则称其为非空图。

2）端点与关联边

在定义 9-1 中，$e_1,e_2,\cdots,e_q$ 为联系各个顶点的边，每一条边 e_l 对应一对顶点，即

$$\forall e_l\in E,\ \ e_l=(v_i,v_j)\ ；其中 v_i,v_j\in V$$

称 v_i,v_j 为边 e_l 的端点，称边 e_l 为 v_i 和 v_j 的关联边。例如，选取图 9-2 中的某些顶点和边，可以表示为：$e_1=(v_1,v_2)=(v_2,v_1)$；$e_2=(v_2,v_3)=(v_3,v_2)$。

若 V 中某顶点和 E 中的任何边均不关联，则称该顶点为孤立点。若 V 中某顶点仅与 E 中的一条边相关联，则称该点为悬挂点。

3）相邻点和相邻边

同一条边 e_l 的两个端点 v_i 和 v_j 称为相邻点，简称邻点；有公共端点的两条边称为相邻边，简称邻边。

4）多重图与简单图

在图的一般定义中，并没有限定不同顶点对之间的联系必须用同一条边表示，也没有限定一条边必须联系不同顶点。即同一对顶点可以由不同条边相连，一条边也可以联系同一顶点。

若边的两个端点相同，则称其为环，例如，图 9-2 中的 $e_3=(v_3,v_3)$ 即为一个环。

以相同顶点为两端的多条边，称为多重边或者平行边，之后我们还会给出有向图的概念，对于有向图，多重边的节点顺序也要相同。连接同一对顶点的边的条数称为边的重数，若图 G 中存在重数大于 1 的边，则称 G 为多重图。在图 9-2 中，连接顶点 v_2 和 v_5 的边有 e_7 和 e_8 两条，故该图为多重图。

没有环的图称为无环图，既没有环也没有重边的图称为简单图。

5）图的同构

图论中的图是不按比例尺画的，点的位置及边的长短、形状都具有随意性，只要能正确地描述事物及其相互关系即可。

设有两个图 $G_1=(V_1,E_1)$ 和 $G_2=(V_2,E_2)$，它们的顶点集间有一一对应的关系，且使得边之间有如下的关系：设 $u_1\leftrightarrow u_2, v_1\leftrightarrow v_2; u_1,v_1\in V_1; u_2,v_2\in V_2$，若 $(u_1,v_1)\in E_1$，则 $(u_2,v_2)\in E_2$，且 $(u_1,v_1)\in E_1$ 的重数和 $(u_2,v_2)\in E_2$ 的重数相同，这种对应称为同构。易知同构关系是图之间的一个等价关系，故通常将同构的图看成是相同的。

例如，图 9-3（a）、（b）从表面上看是两个不同的图，但是仔细观察不难发现，这两个图不仅顶点的个数相同，而且顶点和边的关系也相同。事实上按照定义，这两个图存在如下对应关系：

顶点：$v_1 \leftrightarrow v_1', v_2 \leftrightarrow v_2', v_3 \leftrightarrow v_3', v_4 \leftrightarrow v_4'$

边：$e_1 \leftrightarrow e_1', e_2 \leftrightarrow e_2', e_3 \leftrightarrow e_3', e_4 \leftrightarrow e_4', e_5 \leftrightarrow e_5', e_6 \leftrightarrow e_6'$

故两图是同构的，即相同。

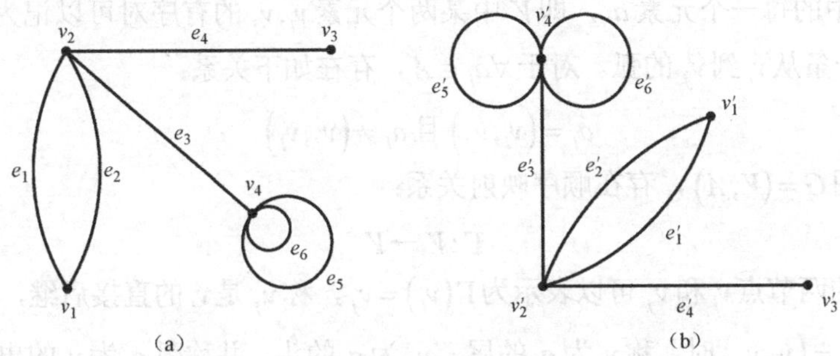

图 9-3　图的同构

6）完全图

每一对不同的顶点之间均有一条边相连的简单图称为完全图。对于完全图有如下结论：n 阶完全图共有 $C_n^2 = n(n+1)/2$ 条边。

7）二部图

定义 9-2　（二部图）　图 $G=(V,E)$ 的顶点集 V 可以分为两个非空子集 V_1, V_2，满足：

$$V_1 \bigcup V_2 = V,\ V_1 \bigcap V_2 = \varnothing$$

并且使得每条边的两个端点必有一个端点属于 V_1，另一个端点属于 V_2，则称 G 为二部图（偶图）。二部图也可以记为 $G=(V_1,V_2,E)$。

例如，图 9-4 即为二部图，由 V 分为的两个非空子集为：$V_1=\{v_1,v_2\}$，$V_2=\{v_3,v_4\}$。

8）有向图与无向图

如果对于 $\forall v_i, v_j \in V$，均有 $(v_i,v_j)=(v_j,v_i)$，即说明 E 中的元素 e_l 可以由 V 中的无序元素对来表示，则图中的边不具有方向性，称该图为无向图；否则对于该图有 $(v_i,v_j)\neq(v_j,v_i)$，也就是说图中的边具有方向性，(v_i,v_j) 是一个有序对，称该图为有向图，如图 9-5 所示。对于有向图有如下集合定义。

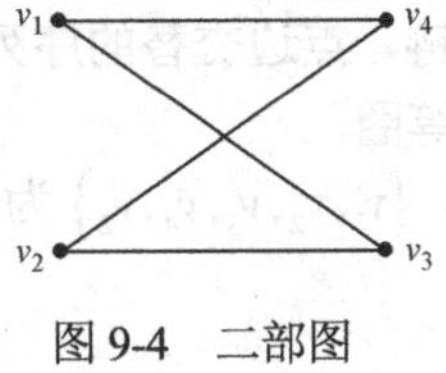

图 9-4　二部图

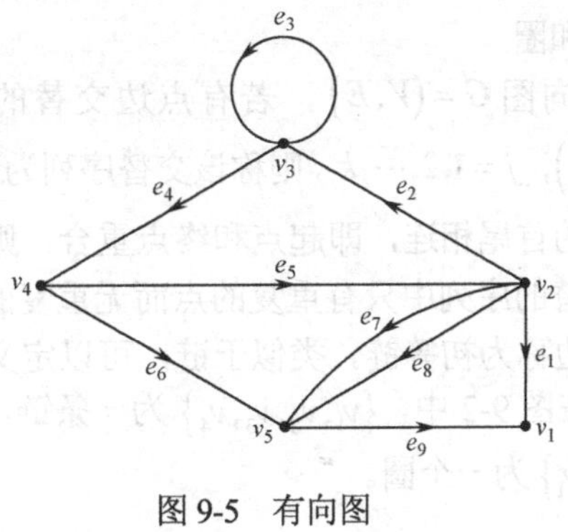

图 9-5　有向图

定义 9-3 （有向图） 称如下二元组为有向图 G：

$$G=(V,A)$$

$V=\{v_1,v_2,\cdots,v_p\}$ 称为图 G 的顶点集，通常称有向图的边为弧，$A=\{a_1,a_2,\cdots,a_q\}$ 称为图 G 的弧集，A 中的每一个元素 a_l，即 V 中某两个元素 v_i,v_j 的有序对可以记为 $a_l=(v_i,v_j)$，被称为该图的一条从 v_i 到 v_j 的弧。对于 $\forall a_l\in A$，存在如下关系：

$$a_l=(v_i,v_j)\text{ 且 }a_l\neq(v_j,v_i)$$

对于有向图 $G=(V,A)$，存在顺序映射关系：

$$\Gamma:V\to V$$

边 (v_i,v_j) 的两节点 v_i 和 v_j 可以表示为 $\Gamma(v_i)=v_j$，称 v_j 是 v_i 的直接后继，而 v_i 是 v_j 的直接先导。当弧 $a_l=(v_i,v_j)$ 时，称 v_i 为 a_l 的尾，v_j 为 a_l 的头，并称弧 a_l 为 v_i 的出弧，为 v_j 的入弧。

9）顶点的度

设 $v\in V(G)$，G 中与 v 关联的边数（每个环算做两条边）称为点 v 的度，记做 $\deg(v)$，简记为 $d(v)$。例如，图 9-2 中与点 v_1 相关联的边为 e_1,e_9，故 $d(v_1)=2$，与点 v_3 相关联的边为 e_2,e_3,e_4，且环边 e_3 需要计算两次，故 $d(v_3)=4$。

对于有向图，度可以分为出度和入度，进入节点 v 的弧数称为入度，记为 $d^-(v)$，而离开节点 v 的弧数称为出度，记为 $d^+(v)$，且满足 $d(v)=d^+(v)+d^-(v)$。例如，在图 9-5 中，$d^+(v_2)=4$，$d^-(v_2)=1$。

若 $d(v)$ 是奇数，称 v 是奇顶点；若 $d(v)$ 是偶数，称 v 是偶顶点。则根据前面介绍的概念，悬挂点的度为 1，孤立点的度为 0。

关于顶点的度，有如下结论。

定理 9-1 在图 $G=G(V,E)$ 中，所有顶点的度数之和为边数的两倍，即

$$\sum_{v\in V}d(v)=2|E|$$

其中 $|E|$ 表示 E 中元素的个数。

定理 9-2 任意一个图的奇顶点的个数是偶数。

10）链和圈

对于无向图 $G=(V,E)$，若有点边交替的序列 $\{v_{i0},e_{i1},v_{i1},e_{i2},v_{i2},\cdots,e_{ik},v_{ik}\}$ 可以使得边 $e_{ij}=(v_{i,j-1},v_{ij})$，$j=1,2,\cdots,k$，则称该交替序列为连接 v_{i0} 和 v_{ik} 的一条链，简记为 $\{v_{i0},v_{i1},\cdots,v_{ik}\}$；如果一条链的首尾相连，即起点和终点重合，则称为圈。

点边交替的序列中只有重复的点而无重复的边称为简单链，点边交替的序列中没有重复的点和重复边称为初等链。类似于链，可以定义简单圈、初等圈。

例如，在图 9-2 中，$\{v_1,v_2,v_3,v_4\}$ 为一条链，且为初等链，$\{v_1,v_2,v_3,v_4,v_2\}$ 为一条简单链，$\{v_1,v_2,v_4,v_5,v_1\}$ 为一个圈。

11）路和回路

在有向图 $G=(V,A)$ 中，对于连接 v_{i0} 和 v_{ik} 的一条链 $\{v_{i0},v_{i1},\cdots,v_{ik}\}$，如果链上每一条弧的箭线方向与链行进方向一致，称链 $\{v_{i0},v_{i1},\cdots,v_{ik}\}$ 为一条以 v_{i0} 为起点、以 v_{ik} 为终点的路。如果又有 $v_{i0}=v_{ik}$，则称为回路。

对于无向图和有向图，链的概念是一致的。但对路和回路，要求路和回路中边的方向一致。例如，在图 9-2 中，$\{v_2,v_3,v_4,v_5,v_1\}$ 为一条路，$\{v_3,v_4,v_2,v_3\}$ 为一条回路。

12）连通图

任意两点之间至少有一条链直接连起来相通的图称为连通图，否则称为非连通图。连通图中不存在任何孤立点。任何一个不连通图都可以分为若干连通子图，每一个称为原图的一个分图。若图的任意两点之间均有边相联系，则称该图为强连通图。

图 9-2 即为一个连通图，但不是强连通图。

13）子图

定义 9-4 （子图） 假设对图的表述为 $G_1=(V_1,E_1),G=(V,E)$，则有如下定义：

（1）若满足 $V_1\subseteq V,E_1\subseteq E$，则称 G_1 为 G 的子图，记为 $G_1\subseteq G$；

（2）若满足 $G_1\subseteq G$ 且 $G_1\neq G$，则称 G_1 为 G 的真子图，记为 $G_1\subset G$；

（3）若满足 $G_1\subseteq G$ 且 $V_1=V$，则称 G_1 为 G 的生成子图。

子图在描述图的性质和局部结构中有着重要的作用。例如，在图 9-6 中，（b）和（c）都是（a）的子图，且（c）为（a）的生成子图

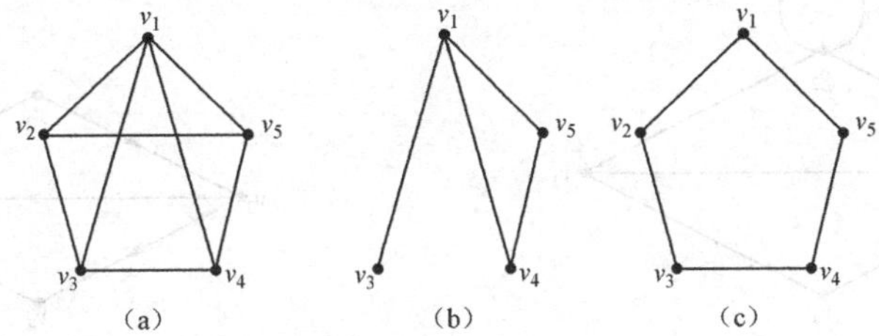

图 9-6 子图

2. 图和网络的矩阵表述

以上所讨论的图仅涉及以顶点代表的研究对象及以线代表的各顶点之间的关系，但在实际应用问题中仅有这些研究对象和关系是远远不够的，因为实际问题往往还需要对这些线加以定量的描述。例如，在交通网络图上，除了要描述代表各城市的顶点之间是否存在公路、铁路、空运或水运线路外，还需了解这些线路的长度、通过能力、单位运价等，这些数值统称为权值。一般情况下，假设 $G=G(V,E)$ 为一个连通图，若图 G 中各边 e_i 都赋值为一个实数 $w(e_i)$，称为边 e_i 的权，则称这种图为赋权图，也可以称为一个网络，记为 $G=G(V,E,W)$。有向图上各弧赋权之后称为有向赋权图，该网络也可以称为有向网络。赋权图在解决实际问题中十分有效，根据不同的情况可以赋不同的权值，权可以表示距离、时间等。

通过上面的探讨，图的概念十分直观和形象，但是不容易计算，特别不容易在计算机上进行计算。一个有效的解决办法是将图表示成矩阵形式，通常采用的矩阵是邻接矩阵、边长

邻接矩阵、弧长矩阵和关联矩阵。

1）邻接矩阵

用邻接矩阵 A_G 表示无向图 G 时，a_{ij} 定义为：$a_{ij}=\begin{cases}1 & 若顶点v_i和v_j相邻\\0 & 若顶点v_i和v_j不相邻\end{cases}$

用邻接矩阵 A_D 表示有向图 D 时，a_{ij} 定义为：$a_{ij}=\begin{cases}1 & 若存在自顶点v_i射向v_j的弧\\0 & 若不存在自顶点v_i射向v_j的弧\end{cases}$

$$A_G=\begin{bmatrix}0&1&1&1\\1&1&1&0\\1&1&0&1\\1&0&1&0\end{bmatrix}\begin{matrix}v_1\\v_2\\v_3\\v_4\end{matrix}\quad(\text{列依次为 }v_1\ v_2\ v_3\ v_4)$$

$$A_D=\begin{bmatrix}0&0&0&1\\1&0&1&0\\1&0&0&1\\0&0&0&0\end{bmatrix}\begin{matrix}v_1\\v_2\\v_3\\v_4\end{matrix}\quad(\text{列依次为 }v_1\ v_2\ v_3\ v_4)$$

图 9-7 和图 9-8 分别表示无向图和有向图的邻接矩阵。

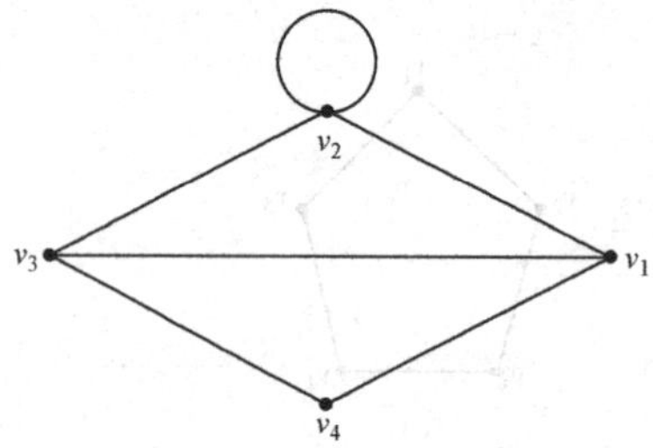

图 9-7　无向图的邻接矩阵

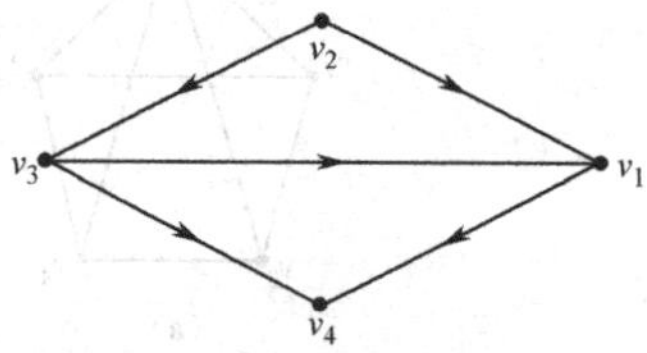

图 9-8　有向图的邻接矩阵

前面已经讲过赋权图的概念，在图的各边有一个数量指标，表示这条边的权，通常可以代表距离、单价、通过能力等，那么如果以边长代替邻接矩阵中的元素，则可以得到边长邻接矩阵，如图 9-9 所示。

$$A_G=\begin{bmatrix}0&3&5&4\\3&4&2&\infty\\5&2&0&6\\4&\infty&6&0\end{bmatrix}\begin{matrix}v_1\\v_2\\v_3\\v_4\end{matrix}\quad(\text{列依次为 }v_1\ v_2\ v_3\ v_4)$$

其中∞表示两顶点之间无边直接相连。

对有向图的弧可以用弧长矩阵来表示，如图 9-10 所示。

$$\boldsymbol{A}_D=\begin{array}{c}\begin{array}{ccccc} v_1 & v_2 & v_3 & v_4 & v_5 \end{array}\\ \begin{bmatrix} 0 & 2 & \infty & \infty & 1 \\ 2 & 0 & \infty & 4 & \infty \\ \infty & 1 & 0 & 2 & \infty \\ \infty & \infty & \infty & 0 & \infty \\ 2 & 3 & \infty & 6 & 0 \end{bmatrix}\end{array}\begin{array}{c} \\ v_1 \\ v_2 \\ v_3 \\ v_4 \\ v_5 \end{array}$$

其中∞表示两点之间没有弧连接。

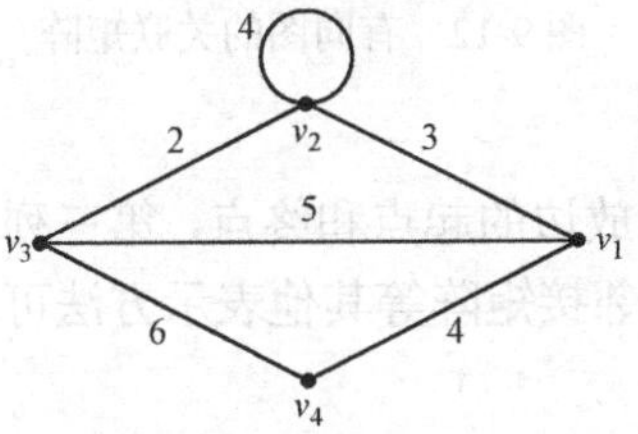

图 9-9　边长邻接矩阵

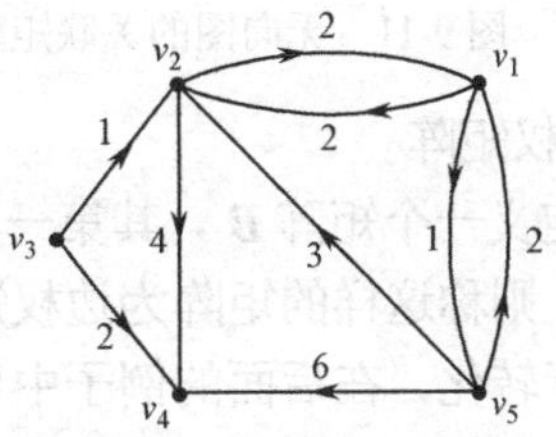

图 9-10　弧长矩阵

2）关联矩阵

关联矩阵也称连接距阵，用来描述顶点和边（或弧）的连接状态。关联矩阵 S 的元素 s_{ij} 在表述无向图和有向图时分别定义如下。

用关联矩阵 $\boldsymbol{S}_G$ 表示无向图 G 时，s_{ij} 定义为：$s_{ij}=\begin{cases}1 & 若边 e_j 和顶点 v_i 相邻\\ 0 & 若边 e_j 和顶点 v_i 不相邻\end{cases}$

用关联矩阵 $\boldsymbol{S}_D$ 表示无向图 G 时，s_{ij} 定义为：

$$s_{ij}=\begin{cases}1 & 若弧 a_j 自顶点 v_i 射出\\ -1 & 若弧 a_j 向顶点 v_i 射入\\ 0 & 若弧 a_j 与顶点 v_i 不关联\end{cases}$$

$$\boldsymbol{S}_G=\begin{array}{c}\begin{array}{cccccc} e_1 & e_2 & e_3 & e_4 & e_5 & e_6 \end{array}\\ \begin{bmatrix} 1 & 0 & 0 & 1 & 0 & 1 \\ 1 & 1 & 1 & 0 & 0 & 0 \\ 0 & 0 & 1 & 1 & 1 & 0 \\ 0 & 0 & 0 & 0 & 1 & 1 \end{bmatrix}\end{array}\begin{array}{c} \\ v_1 \\ v_2 \\ v_3 \\ v_4 \end{array}$$

$$\boldsymbol{S}_D=\begin{array}{c}\begin{array}{ccccc} a_1 & a_2 & a_3 & a_4 & a_5 \end{array}\\ \begin{bmatrix} -1 & 0 & 0 & 1 & -1 \\ 1 & 1 & 0 & 0 & 0 \\ 0 & -1 & 1 & 0 & 1 \\ 0 & 0 & -1 & -1 & 0 \end{bmatrix}\end{array}\begin{array}{c} \\ v_1 \\ v_2 \\ v_3 \\ v_4 \end{array}$$

图 9-11 和图 9-12 分别表示无向图和有向图的关联矩阵。

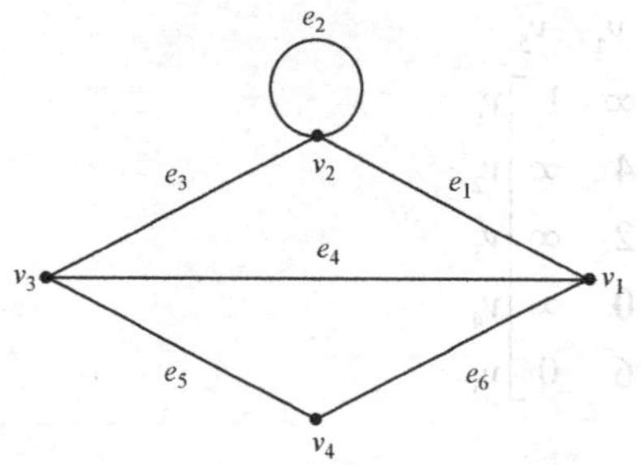

图 9-11　无向图的关联矩阵

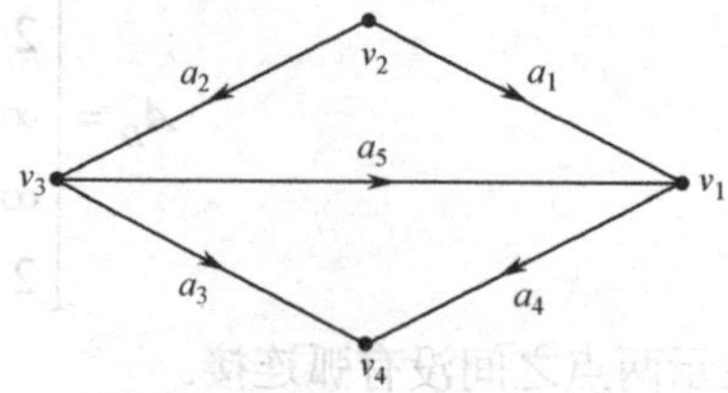

图 9-12　有向图的关联矩阵

3）边权矩阵

如果定义一个矩阵 $\boldsymbol{B}$，其第一列和第二列分别存放边的起点和终点，第三列存放各条边上的权值，则称这样的矩阵为边权矩阵。边权矩阵和邻接矩阵等其他表示方法可以利用一定的算法进行转化，在后面的例子中可以看到。

9.2.2　树的基本概念

定义 9-5　（树） 如果图 G 是一个无圈的无向连通图，则称图 G 为树，记做 T。树中的边称为树枝。

树的性质如下：

（1）在图中任意两点之间必有一条而且只有一条通路。

（2）在图中划去一条边，则图不连通。

（3）在图中不相邻的两个顶点之间加一条边，可得一个且仅得一个圈。

（4）图中边数有 $n_e = p-1$（p 为顶点数）。

定义 9-6　（生成树） 如果图 T 是 G 的一个生成子图，而且 T 又是一棵树，则称图 T 为一棵生成树。

定理 9-3　图 G 有生成树的充分必要条件为图是连通图。

下面在树的概念的基础上，给出最小生成树的定义，并给出求最小生成树的几个算法。

定义 9-7　（最小生成树） 设 $T=(V,E_1)$ 是赋权图 $G=(V,E)$ 的一棵生成树，称 T 中全部边上的权数之和为生成树的权，记为 $w(T)$，即 $w(T)=\sum\limits_{e\in E_1} w(e)$。

如果生成树 T^* 的权 $w(T^*)$ 是 G 的所有生成树的权中最小者，则称 T^* 是 G 的最小生成树，简称为最小树，即 $w(T^*)=\sum\limits_{T}\min\{w(T)\}$，式中取遍 G 的所有生成树 T。

1．最小生成树算法

下面介绍最小树的两种算法：Kruskal 算法（或避圈法）和破圈法。

1）Kruskal 算法（避圈法）

（1）选择边 e_1，使得 $w(e_1)$ 尽可能小；

（2）若已选定边 $e_1,e_2,\cdots,e_i$，则从 $E\setminus\{e_1,e_2,\cdots,e_i\}$ 中选取 e_{i+1}，使得：

① $G\left[\{e_1,e_2,\cdots,e_{i+1}\}\right]$ 为无圈图；

② $w(e_{i+1})$ 是满足①的尽可能小的权。

（3）当第（2）步不能继续执行时，则停止。

定理 9-4 由 Kruskal 算法构造的任何生成树 $T^*=G\left[\{e_1,e_2,\cdots,e_{v-1}\}\right]$ 都是最小树。

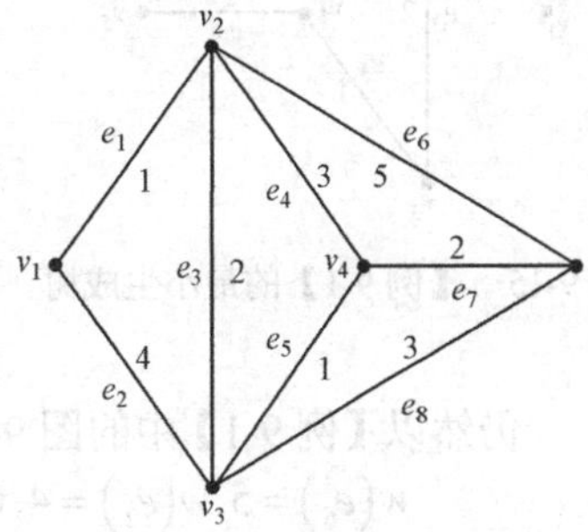

图 9-13 【例 9-1】的图示

【例 9-1】 求图 9-13 所示的最小生成树。

在图 9-13 中，遍历该图的所有边，有

$$\min\{w(e_1),w(e_2),\cdots,w(e_8)\}=w(e_1)=w(e_5)=1$$

故权值最小的边有 e_1,e_5，从中任取一条 e_1，如图 9-14（a）所示，此时在 $E\setminus\{e_1\}$ 中有：

$$\min\{w(e_2),\cdots,w(e_8)\}=w(e_5)=1$$

选取权值最小的边 e_5，如图 9-14(b)所示，此时在 $E\setminus\{e_1,e_5\}$ 中有：

$$\min\{w(e_2),w(e_3),w(e_4),w(e_6),w(e_7),w(e_8)\}=w(e_3)=w(e_7)=2$$

权值最小边有 e_3,e_7，从中选任取一条边 e_3，如图 9-14（c）所示，此时在 $E\setminus\{e_1,e_5,e_3\}$ 中有：

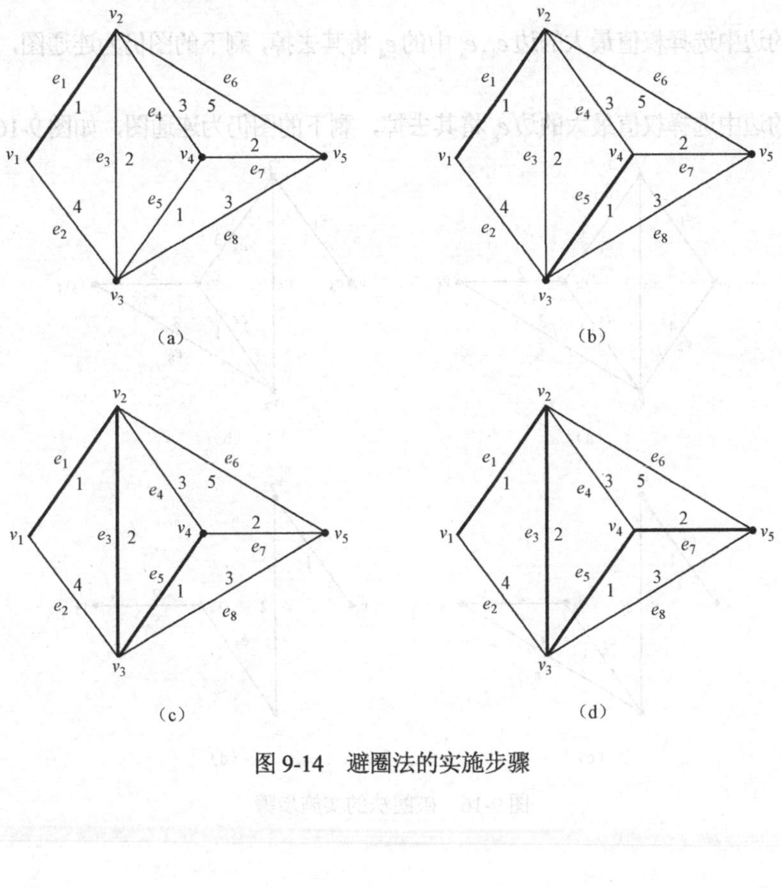

图 9-14 避圈法的实施步骤

$$\min\{w(e_2),w(e_4),w(e_6),w(e_7),w(e_8)\}=w(e_7)=2$$

选取权值最小的边e_7，如图 9-14（d）所示，此时在$E\setminus\{e_1,e_5,e_3,e_7\}$中有：

$$\min\{w(e_2),w(e_4),w(e_6),w(e_8)\}=w(e_4)=w(e_8)=3$$

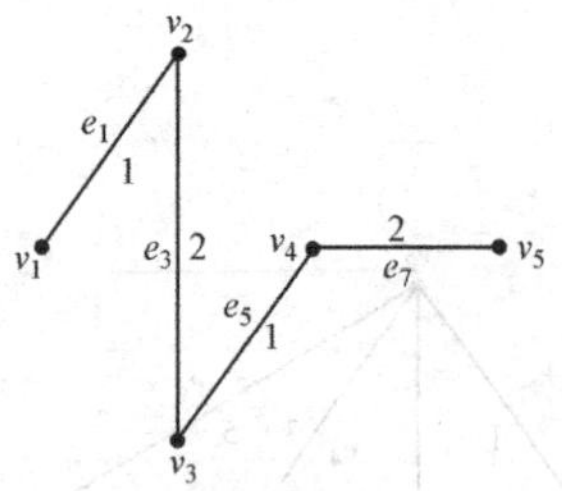

图 9-15　【例 9-1】的最小生成树

权值最小的边有e_4,e_8，但是不难发现，如果选择e_4,e_8中任一条边都会与已选边构成圈，所以算法终止，得到该图的一个最小生成树，如图 9-15 所示。

2）破圈法

破圈法实际上也可以表述为：任取一个圈，从圈中去掉一条权最大的边（如果有两条或两条以上的边都是权最大的边，则任意去掉其中一条），在余下的图中，重复这个步骤，直到得到一个不含圈的图为止，这时的图便是最小树。

仍然以【例 9-1】中的图 9-13 进行分析，首先将各边的权值按照递减的顺序排列，由于：

$$w(e_6)=5,w(e_2)=4,w(e_4)=w(e_8)=3,w(e_3)=w(e_7)=2,w(e_1)=w(e_5)=1$$

则在选择圈的时候可以以此作为参考。

下面由图 9-16 介绍破圈法的实施步骤。

首先选择权值最大的边$e_6=5$将其去掉，剩下的图仍为连通图，如图 9-16（a）所示。

在剩下的边中选择权值最大的边$e_2=4$将其去掉，剩下的图仍为连通图，如图 9-16（b）所示。

在剩下的边中选择权值最大的边e_4,e_8中的e_4将其去掉，剩下的图仍为连通图，如图 9-16（c）所示。

在剩下的边中选择权值最大的边e_8将其去掉，剩下的图仍为连通图，如图 9-16（d）所示。

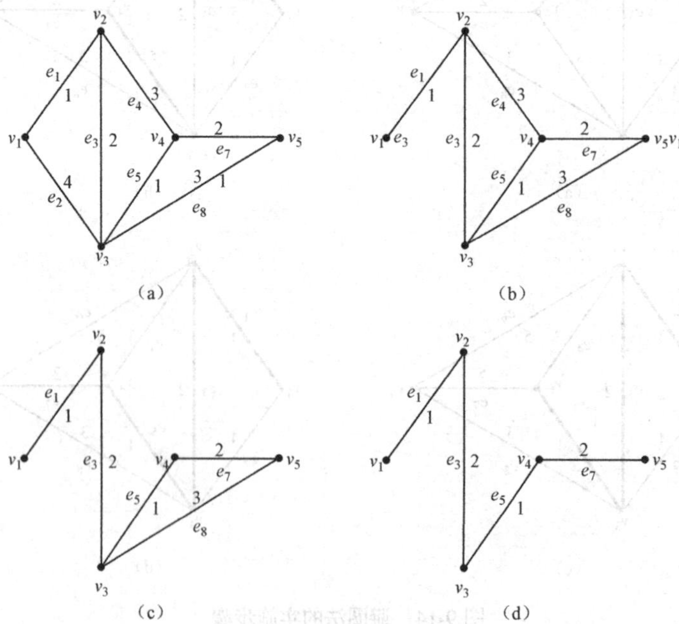

图 9-16　破圈法的实施步骤

在剩下的边中无论选择权值最大的边 e_3, e_7 中的哪一条边，都会导致图不连通，故算法终止，得到该图的最小生成树，如图 9-17 所示。

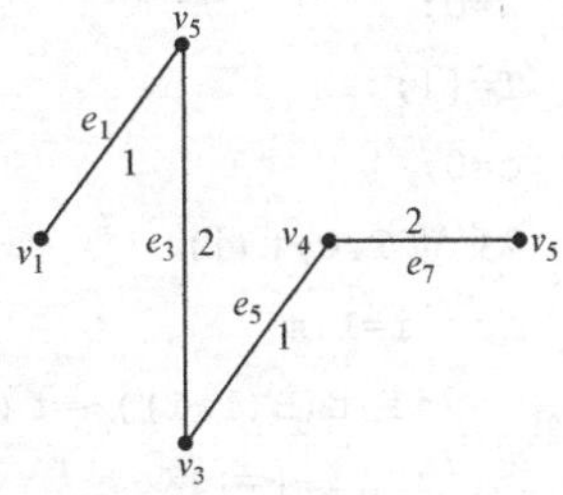

图 9-17 利用破圈法得到的最小生成树

2．最小生成树的 MATLAB 求解

根据上面对最小生成树算法的描述，我们可以给出一个 Kruskal 避圈法的 MATLAB 计算。

该算法的输入参数为连通图的边权矩阵 $b(i,j)$，注意在边权矩阵的定义中顶点以自然数为序，即编号应为 1、2……，算法的输出参数为最小生成树的边集合 $\boldsymbol{T}$、最小生成树的邻接矩阵 v 和最小生成树的权。其中边集合 $\boldsymbol{T}$ 的第一行和第二行分别代表边的两个端点。例如，如果集合 $\boldsymbol{T}$ 可以表示如下：

$$\boldsymbol{T}=\begin{bmatrix}1 & 3 & 2 & 4\\ 2 & 4 & 3 & 5\end{bmatrix}$$

则说明边集合为 $E=\{(v_1,v_2),(v_3,v_4)(v_2,v_3)(v_4,v_5)\}$。

最小生成树的邻接矩阵可以由 $\boldsymbol{T}$ 重构出来，因为如果 $\boldsymbol{T}$ 如上所述，则可知，对应矩阵 $\boldsymbol{T}$ 每一列的两个顶点 (v_i,v_j)，在邻接矩阵中有 $v(i,j)=1, v(j,i)=1$，而不在 $\boldsymbol{T}$ 中表示出的边的值即为零。这样就可由 T 得出最小生成树的邻接矩阵。

最小生成树的权即为选出的边的权值之和。

根据上述分析，可知算法实现如下：

```
%Kruskal 算法
%b——图的边权矩阵
%T——最小生成树的边集合
%v——最小生成树的邻接矩阵
%c——最小生成树的权
%j——迭代的次数
%k——已经被选入生成树的边数

function [T,v,c]=kruskal(b)
%根据边权矩阵求出图的边数
m=size(b,1);
%根据边权矩阵求出图的顶点数，注意此处顶点的标号需要以自然数为序
n=max(b(1:2*m));
%整理边权矩阵，让其按照权值由小到大的次序重新排列
[B,index]=sortrows(b,3);
B=B';
%数据的初始化
```

```
t=1:n;
k=0;
T=[];
c=0;
%更新T,c,t(i)
for i=1:m
    if t(B(1,i))~=t(B(2,i))                    %判断第 i 条边是否与树中的边形成圈
       k=k+1;
       T(1:2,k)=B(1:2,i);
       c=c+B(3,i);
       tmin=min(B(1,i),B(2,i));
       tmax=max(B(1,i),B(2,i));
       for j=1:n
           if t(j)==tmax
              t(j)=min(tmin,t(tmin));
           end
       end
    end
    if k==n-1
       break;
    end
end
%根据最小生成树的边集合构造邻接矩阵
v=zeros(n);
k=size(T,2);
for i=1:k
   v(T(2*i-1),T(2*i))=1;
   v(T(2*i),T(2*i-1))=1;
end
```

利用该代码求解【例 9-1】，输入数据和运行结果如下：

```
>> b=[1 2 1;1 3 4;2 3 2;2 4 3;2 5 5;3 4 1;3 5 3;4 5 2]
b =
     1     2     1
     1     3     4
     2     3     2
     2     4     3
     2     5     5
     3     4     1
     3     5     3
```

```
    4     5     2
>> [T,v,c]=kruskal(b)
T =
    1     3     2     4
    2     4     3     5
v =
    0     1     0     0     0
    1     0     1     0     0
    0     1     0     1     0
    0     0     1     0     1
    0     0     0     1     0
c =
    6
```

结果说明，最小生成树的边集合为$E=\{(v_1,v_2),(v_3,v_4)(v_2,v_3)(v_4,v_5)\}$，最小生成树的权为 6，这和前面【例 9-1】的计算结果相同。

9.3 最短路径问题

在实际生活中经常可以遇到最短路径问题，该类问题又可以分为两种形式：两个指定顶点之间的最短路径和任意两个顶点间的最短路径。下面就这两类问题进行探讨。

9.3.1 两个指定顶点之间的最短路径

在分析两个指定顶点之间的最短路径问题时，可以根据不同的情况采用不同的算法，在此详细介绍 Dijkstra 最短路径算法并简要介绍 Ford 算法。

1．Dijkstra 算法

Dijkstra 算法是求解最短路径问题的有效算法，这一算法可以用来求G中两个指定点v_i到v_j的最短路经，也可以求G中某一特定点到其他各顶点的最短路径。

首先假设图的表述为：

$$G=(V,E,W)$$

其中顶点集$V=\{v_1,v_2,\cdots,v_p\}$，即顶点的个数$|V|=p$。w_{ij}表示边(v_i,v_j)的权，且需要满足非负条件$w_{ij}\geqslant 0$。如果$(v_i,v_j)\notin E$，则令$w_{ij}=\infty$。我们的问题即为求G中v_1到其他各顶点的最短路径。用$d(v_j)$表示从v_1到v_j的只允许经过已选出顶点的最短路径的权值。

相应的算法步骤如下。

（1）将问题初始化，令

$$d(v_1)=0，\ d(v_j)=w_{1j}\ (j=2,3,\cdots,n)，\ S=\{v_1\}，\ R=V\setminus S=\{v_2,v_3,\cdots,v_p\}$$

（2）在 R 中寻找一个顶点 v_k，使得：

$$d(v_k)=\min_{v_j\in R}\{d(v_j)\}$$

置 $S=S\bigcup\{v_k\}$，$R=V\setminus S$。若 $R=\varnothing$，则算法终止，否则转（3）。

（3）修正 $d(v_j)$，对 R 中的每个 v_j，令

$$d(v_j)=\min\{d(v_j),d(v_k)+w_{kj}\}$$

转（2）。

这个算法经过 $|V|-1$ 次循环之后，所有顶点都被选出，$d(v_j)\ (j=1,2,\cdots,p)$ 的终值给出了从顶点 v_1 到其余各顶点 $v_j\ (j=2,3,\cdots,p)$ 的最短路径的长度，反向追踪即可得到最短路径。

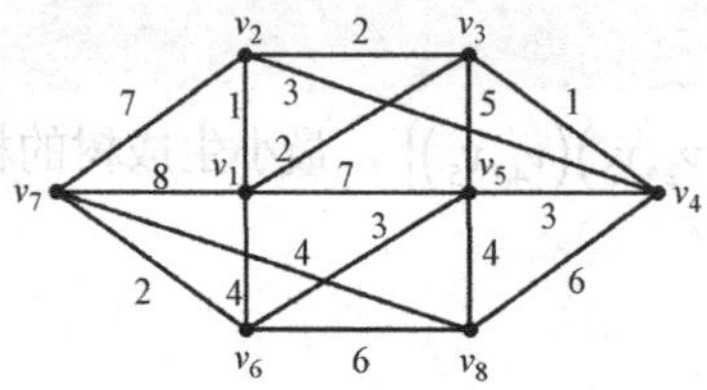

图 9-18　无向图的 Dijkstra 算法

【例 9-2】　旅行家问题。

最短路径问题是一个实际应用背景很强的问题，可以用于城市网络、输电网络、运输网络等情况。现在假设有一个旅行家，他居住在城市 v_1，计划游览附近的若干城市，假设这些城市网络可以用图 9-18 来表示，现在他首先要估算从 v_1 出发到各城市的最少花费，然后确定行程。如何利用 Dijkstra 算法来解决他的问题呢？即如何求解 v_1 到各顶点的最短距离？

首先可以写出图 G 的带权邻接矩阵：

$$\boldsymbol{W}=\begin{bmatrix}0&1&2&\infty&7&4&8&\infty\\1&0&2&5&\infty&\infty&7&\infty\\2&2&0&1&5&\infty&\infty&\infty\\\infty&5&1&0&3&\infty&\infty&6\\7&\infty&5&3&0&3&\infty&4\\4&\infty&\infty&\infty&3&0&2&6\\8&7&\infty&\infty&\infty&2&0&4\\\infty&\infty&\infty&6&4&6&4&0\end{bmatrix}$$

则相应的权值 w_{ij} 即是 $\boldsymbol{W}$ 的第 i 行、第 j 列的元素。由于 G 是无向图，可见 $\boldsymbol{W}$ 为对称阵。

（1）令 $d(v_1)=0$，$d(v_j)=w_{1j}\ (j=2,3,\cdots,n)$，则有：$S=\{v_1\},R=\{v_2,v_3,\cdots,v_8\}$。

（2）$d\{v_k\}=\min\limits_{v_j\in R}\{d(v_j)\}=d(v_2)=1$，则有：$S=\{v_1,v_2\},R=\{v_3,\cdots,v_8\}$。

（3）修正 $d(v_j),v_j\in R$，则有公式：$d(v_j)=\min\{d(v_j),d(v_2)+w_{2j}\}$。

根据上述公式得到各 $d(v_j)$ 为：

$$d(v_3)=\min\{d(v_3),d(v_2)+w_{23}\}=\min\{2,1+2\}=2$$

$$d(v_4)=\min\{d(v_4),d(v_2)+w_{24}\}=\min\{+\infty,1+3\}=4$$

$$d(v_5)=\min\{d(v_5),d(v_2)+w_{25}\}=\min\{7,1+\infty\}=7$$
$$d(v_6)=\min\{d(v_6),d(v_2)+w_{26}\}=\min\{4,1+2\}=4$$
$$d(v_7)=\min\{d(v_7),d(v_2)+w_{27}\}=\min\{8,1+7\}=8$$
$$d(v_8)=\min\{d(v_8),d(v_2)+w_{28}\}=\min\{+\infty,1+\infty\}=+\infty$$

继续转（2），即按照下面的循环计算：

$d\{v_k\}=\min_{v_j\in R}\{d(v_j)\}=d(v_3)=2$，则有：$S=\{v_1,v_2,v_3\},R=\{v_4,v_5,\cdots,v_8\}$

修正$d(v_j),v_j\in R$，则有公式：$d(v_j)=\min\{d(v_j),d(v_3)+w_{3j}\}$

$$d(v_4)=\min\{d(v_4),d(v_3)+w_{34}\}=\min\{4,2+1\}=3$$
$$d(v_5)=\min\{d(v_5),d(v_3)+w_{35}\}=\min\{7,2+5\}=7$$
$$d(v_6)=\min\{d(v_6),d(v_3)+w_{36}\}=\min\{4,2+\infty\}=4$$
$$d(v_7)=\min\{d(v_7),d(v_3)+w_{37}\}=\min\{8,2+\infty\}=8$$
$$d(v_8)=\min\{d(v_8),d(v_3)+w_{38}\}=\min\{+\infty,2+\infty\}=+\infty$$

$d\{v_k\}=\min_{v_j\in R}\{d(v_j)\}=d(v_4)=3$，则有：$S=\{v_1,v_2,v_3,v_4\},R=\{v_5,v_6,\cdots,v_8\}$

修正$d(v_j),v_j\in R$，则有公式：$d(v_j)=\min\{d(v_j),d(v_4)+w_{4j}\}$

$$d(v_5)=\min\{d(v_5),d(v_4)+w_{45}\}=\min\{7,3+3\}=6$$
$$d(v_6)=\min\{d(v_6),d(v_4)+w_{46}\}=\min\{4,3+\infty\}=4$$
$$d(v_7)=\min\{d(v_7),d(v_4)+w_{47}\}=\min\{8,3+\infty\}=8$$
$$d(v_8)=\min\{d(v_8),d(v_4)+w_{48}\}=\min\{+\infty,3+6\}=9$$

$d\{v_k\}=\min_{v_j\in R}\{d(v_j)\}=d(v_6)=4$，则有：$S=\{v_1,v_2,v_3,v_4,v_6\},R=\{v_5,v_7,v_8\}$

修正$d(v_j),v_j\in R$，则有公式：$d(v_j)=\min\{d(v_j),d(v_6)+w_{6j}\}$

$$d(v_5)=\min\{d(v_5),d(v_6)+w_{65}\}=\min\{6,4+3\}=6$$
$$d(v_7)=\min\{d(v_7),d(v_6)+w_{67}\}=\min\{8,4+2\}=6$$
$$d(v_8)=\min\{d(v_8),d(v_6)+w_{68}\}=\min\{9,6+4\}=9$$

$d\{v_k\}=\min_{v_j\in R}\{d(v_j)\}=d(v_5)=6$，则有：$S=\{v_1,v_2,v_3,v_4,v_5,v_6\},R=\{v_7,v_8\}$

修正$d(v_j),v_j\in R$，则有公式：$d(v_j)=\min\{d(v_j),d(v_5)+w_{5j}\}$

$$d(v_7)=\min\{d(v_7),d(v_5)+w_{57}\}=\min\{6,6+\infty\}=6$$
$$d(v_8)=\min\{d(v_8),d(v_5)+w_{58}\}=\min\{9,6+4\}=9$$

$d\{v_k\}=\min_{v_j\in R}\{d(v_j)\}=d(v_7)=6$，则有：$S=\{v_1,v_2,\cdots,v_7\},R=\{v_8\}$

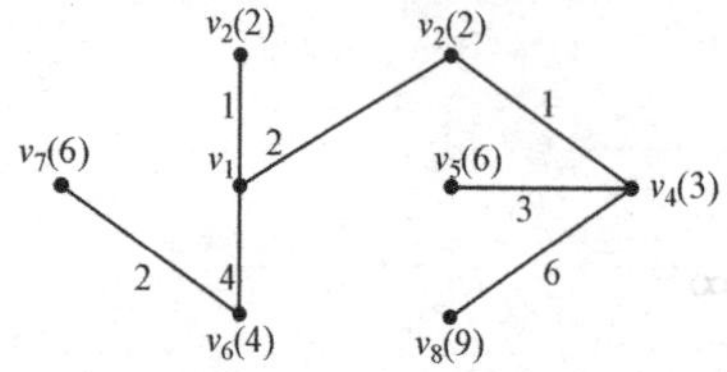

图 9-19　Dijkstra 算法的计算结果示意图

然后进行反向追踪，得到 v_1 到各顶点的路径，最后的 $d\left(v_j\right)$ 即为 v_1 到 v_j 最短路径的长度，并得到示意图 9-19。

图中括号里的数字即表示 v_1 到该顶点的最短路径的长度。这样就得到了从城市 v_1 到其他各城市的最短路径及其花费，旅行家可以据此进行旅游计划的设计了。

2. Ford 算法

对于类似于【例 9-2】中的问题，可用 Dijkstra 算法求解，也可用动态规划的方法求解。但在有些问题中，有时会出现权为负值的情况，此时，这两种方法都不能使用。这里介绍 Ford 算法。所谓 Ford 算法，只要对 Dijkstra 算法做两点改变即可。

（1）对 Dijkstra 算法步骤（3）修正 $d\left(v_j\right)$ 应用于所有顶点，而不只对 R 中的顶点，因而，对 S 中的顶点和 R 中的顶点一样，其数值都可以继续减少。

（2）仅当 $R=\varnothing$，且 Dijkstra 算法步骤（3）修正 $d\left(v_j\right)$ 不能使任一顶点上指定的数值减少，算法才终止。

注意：当一个图包含总长度为负值的回路（负回路）时，Ford 算法可能失败，此时，这个回路可重复无限多次而产生所得路的长度为负无穷。当不能肯定所考虑的图是否有负回路时，不管怎样，先应用 Ford 算法，但要记下每个顶点确定为 $d\left(v_k\right)$ 的次数。当任何一个顶点确实为 $d\left(v_k\right)$ 达到 $|V|$ 次时，算法应终止，此时图中包含负回路；否则，Ford 算法进行有限次后终止，并得到正确结果。

9.3.2　任意两个顶点之间的最短路径

计算赋权图中各对顶点之间的最短路径，显然可以调用 Dijkstra 算法。具体方法是：每次以不同的顶点作为起点，用 Dijkstra 算法求出从该起点到其余顶点的最短路径，反复执行 n 次这样的操作，即可得到从每一个顶点到其他顶点的最短路径。这种算法的时间复杂度为 $O(n^3)$。第二种解决这一问题的方法是由 Floyd R W 提出的算法，称为 Floyd 算法。

本节主要介绍：求距离矩阵的方法；求路径矩阵的方法；查找最短路路径的方法。

设图可以表示为 $G=\left(V,E,W\right)$，其顶点集合为 $V=\left\{v_1,v_2,\cdots,v_p\right\}$，即顶点的个数 $|V|=p$。w_{ij} 表示边 $\left(v_i,v_j\right)$ 的权，且需要满足非负条件 $w_{ij}\geqslant 0$。如果 $\left(v_i,v_j\right)\notin E$，则令 $w_{ij}=\infty$。我们的问题即为求 G 中任意两个顶点之间的最短路径。

Floyd 算法的基本思想是在图的带权邻接矩阵中用插入顶点的方法，递推依次构造出 p 个矩阵 $\boldsymbol{D}_1,\boldsymbol{D}_2,\cdots,\boldsymbol{D}_p$，其中引入符号 $d_{ij}^{(k)}$ 表示从顶点 v_i 到顶点 v_j 的路径上所经过的顶点序号不大于 k 的最短路径长度，k 代表迭代的次数。这样使得最后得到的矩阵 $\boldsymbol{D}_p$ 称为图的距离矩阵，同时也求出插入点矩阵以得到两点间的最短路径。

1）求距离矩阵的方法

（1）首先写出赋权图 G 的带权邻接矩阵 $\boldsymbol{W}$，把它作为距离矩阵的初值，即

$$\boldsymbol{D}_0=\left(d_{ij}^{(0)}\right)_{p\times p}=\left(w_{ij}\right)_{p\times p}=\boldsymbol{W}$$

（2）对 $k=1,2,\cdots,p$ 计算：

$$\boldsymbol{D}_k=\left(d_{ij}^{(k)}\right)_{p\times p}$$

其中 $d_{ij}^{(k)}$ 表示从 v_i 到 v_j 且中间点仅为 $v_1,v_2,\cdots,v_k$ 的 k 个点的所有路径中最短路的长度，其求取方法为 $d_{ij}^{(k)}=\min\{d_{ij}^{(k-1)},d_{ik}^{(k-1)}+d_{kj}^{(k-1)}\}$。于是，$\boldsymbol{D}_p=(d_{ij}^{(p)})_{p\times p}$ 中元素 $d_{ij}^{(p)}$ 就是从 v_i 到 v_j 的路径中间可插入任何顶点的路径中最短路的长度，即 $\boldsymbol{D}^{(p)}$ 就是所求距离矩阵。

2）求路径矩阵的方法

在建立距离矩阵的同时可建立路径矩阵 $\boldsymbol{R}$。

设 $\boldsymbol{R}_k=\left(r_{ij}^{(k)}\right)_{p\times p}$，这里 $r_{ij}^{(k)}$ 的含义是从 v_i 到 v_j 的最短路要经过点号为 $r_{ij}^{(k)}$ 的点。

算法开始设置初始值为：$\boldsymbol{R}_0=(r_{ij}^{(0)})_{p\times p}$，$r_{ij}^{(0)}=j$。

迭代到第 k 步：

$$r_{ij}^{(k)}=\begin{cases}k & d_{ij}^{(k-1)}>d_{ik}^{(k-1)}+d_{kj}^{(k-1)}\\ r_{ij}^{(k-1)} & \text{否则}\end{cases}$$

即由 $\boldsymbol{D}_{k-1}$ 到 $\boldsymbol{D}_k$ 迭代，若某个元素改变（变小），则由 $\boldsymbol{R}_{k-1}$ 到 $\boldsymbol{R}_k$ 的迭代中，相应元素改为 k，表示到第 k 次迭代，从 v_i 到 v_j 的最短路过点 v_k 比过原有中间点更短。在求得 $\boldsymbol{D}_p$ 时求得 $\boldsymbol{R}_p$，可由 $\boldsymbol{R}_p$ 来查找任何点对之间最短路的路径。

3）查找最短路的路径的方法

若 $r_{ij}^{(p)}=a_1$，则点 v_{a_1} 是点 v_i 到点 v_j 的最短路的中间点。然后用同样的方法再分头查找。若

（1）向点 v_i 追溯得：$r_{ia_1}^{(p)}=a_2,r_{ia_2}^{(p)}=a_3,\cdots,r_{ia_k}^{(p)}=a_k$。

（2）向点 v_j 追溯得：$r_{a_1j}^{(p)}=b_1,r_{b_1j}^{(p)}=b_2,\cdots,r_{b_mj}^{(p)}=j$。

则由点 v_i 到 v_j 的最短路的路径为：$\{v_i,v_{a_k},\cdots,v_{a_2},v_{a_1},v_{b_1},v_{b_2},\cdots,v_{b_m},v_j\}$。

Floyd 算法描述：求任意两顶点间的最短路。

首先引入符号 $d(i,j)$ 代表 i 到 j 的距离，$r(i,j)$ 代表 i 到 j 之间的插入点。算法的输入为带权邻接矩阵 $\boldsymbol{W}=\left(w(i,j)\right)_{p\times p}$。

（1）初始化：对 $\forall i,j$，设置 $d(i,j)=w(i,j)\ r(i,j)=j$，令 $k=1$。

（2）更新 $d(i,j),\ r(i,j)$。

对 $\forall i,j$，若 $d(i,k)+d(k,j)<d(i,j)$，则令 $d(i,j)=d(i,k)+d(k,j)$，$r(i,j)=k$。

（3）判断终止条件：若 $k=p$，则算法终止；否则 $k=k+1$，转（2）。

【例 9-3】　公交车线路设计问题。

现有一张城市地图如图 9-20 所示，图中的顶点

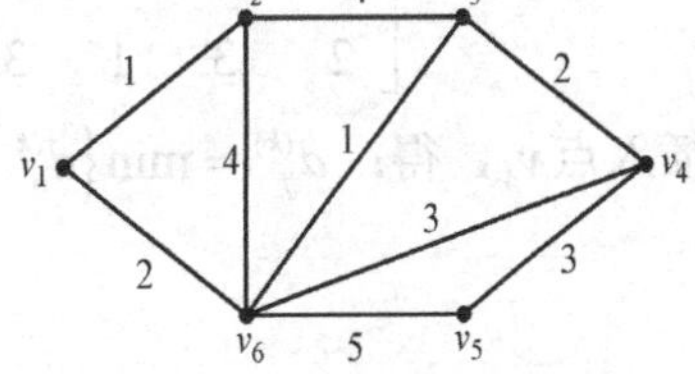

图 9-20　【例 9-3】示意图

为城市，边代表两个城市间的连通关系，边上的权即为距离。现在的任务是，为每一对可达的城市间设计一条公共汽车线路，要求线路的长度在所有可能的方案里是最短的。

很显然，这个问题可以抽象为求连通图中任意两个顶点之间的最短距离，根据 Floyd 算法的步骤对该问题求解如下：

$$\boldsymbol{D}_0=\begin{bmatrix}0&1&\infty&\infty&\infty&2\\1&0&4&\infty&\infty&4\\\infty&4&0&2&\infty&1\\\infty&\infty&2&0&3&3\\\infty&\infty&\infty&3&0&5\\2&4&1&3&5&0\end{bmatrix},\quad \boldsymbol{R}_0=\begin{bmatrix}1&2&3&4&5&6\\1&2&3&4&5&6\\1&2&3&4&5&6\\1&2&3&4&5&6\\1&2&3&4&5&6\\1&2&3&4&5&6\end{bmatrix}$$

插入点 v_1，得：$d_{ij}^{(k)}=\min\left\{d_{ij}^{(k-1)},d_{ik}^{(k-1)}+d_{kj}^{(k-1)}\right\}$。

$$\boldsymbol{D}_1=\begin{bmatrix}0&1&\infty&\infty&\infty&2\\1&0&4&\infty&\infty&(3)\\\infty&4&0&2&\infty&1\\\infty&\infty&2&0&3&3\\\infty&\infty&\infty&3&0&5\\2&(3)&1&3&5&0\end{bmatrix},\quad \boldsymbol{R}_1=\begin{bmatrix}1&2&3&4&5&6\\1&2&3&4&5&(1)\\1&2&3&4&5&6\\1&2&3&4&5&6\\1&2&3&4&5&6\\1&(1)&3&4&5&6\end{bmatrix}$$

插入点 v_2，得：$d_{ij}^{(k)}=\min\left\{d_{ij}^{(k-1)},d_{ik}^{(k-1)}+d_{kj}^{(k-1)}\right\}$。

$$\boldsymbol{D}_2=\begin{bmatrix}0&1&(5)&\infty&\infty&2\\1&0&4&\infty&\infty&3\\(5)&4&0&2&\infty&1\\\infty&\infty&2&0&3&3\\\infty&\infty&\infty&3&0&5\\2&3&1&3&5&0\end{bmatrix},\quad \boldsymbol{R}_2=\begin{bmatrix}1&2&(2)&4&5&6\\1&2&3&4&5&1\\(2)&2&3&4&5&6\\1&2&3&4&5&6\\1&2&3&4&5&6\\1&1&3&4&5&6\end{bmatrix}$$

矩阵中带()的项为经迭代比较以后有变化的元素。

插入点 v_3，得：$d_{ij}^{(k)}=\min\left\{d_{ij}^{(k-1)},d_{ik}^{(k-1)}+d_{kj}^{(k-1)}\right\}$。

$$\boldsymbol{D}^{(3)}=\begin{bmatrix}0&1&5&(7)&\infty&2\\1&0&4&(6)&\infty&3\\5&4&0&2&\infty&1\\(7)&(6)&2&0&3&3\\\infty&\infty&\infty&3&0&5\\2&3&1&3&5&0\end{bmatrix},\quad \boldsymbol{R}^{(3)}=\begin{bmatrix}1&2&2&(3)&5&6\\1&2&3&(3)&5&1\\2&2&3&4&5&6\\(3)&(3)&3&4&5&6\\1&2&3&4&5&6\\1&1&3&4&5&6\end{bmatrix}$$

插入点 v_4，得：$d_{ij}^{(k)}=\min\left\{d_{ij}^{(k-1)},d_{ik}^{(k-1)}+d_{kj}^{(k-1)}\right\}$。

$$
\boldsymbol{D}^{(4)}=\begin{bmatrix} 0 & 1 & 5 & 7 & (10) & 2 \\ 1 & 0 & 4 & 6 & (9) & 3 \\ 5 & 4 & 0 & 2 & (5) & 1 \\ 7 & 6 & 2 & 0 & 3 & 3 \\ (10) & (9) & (5) & 3 & 0 & 5 \\ 2 & 3 & 1 & 3 & 5 & 0 \end{bmatrix},\quad \boldsymbol{R}^{(4)}=\begin{bmatrix} 1 & 2 & 2 & 3 & (4) & 6 \\ 1 & 2 & 3 & 3 & (4) & 1 \\ 2 & 2 & 3 & 4 & (4) & 6 \\ 3 & 3 & 3 & 4 & 5 & 6 \\ (4) & (4) & (4) & 4 & 5 & 6 \\ 1 & 1 & 3 & 4 & 5 & 6 \end{bmatrix}
$$

插入点 v_5，得：$\boldsymbol{D}^{(5)}=\boldsymbol{D}^{(4)},\ \boldsymbol{R}^{(5)}=\boldsymbol{R}^{(4)}$。

插入点 v_6，得：$d_{ij}^{(k)}=\min\left\{d_{ij}^{(k-1)}, d_{ik}^{(k-1)}+d_{kj}^{(k-1)}\right\}$。

$$
\boldsymbol{D}^{(6)}=\begin{bmatrix} 0 & 1 & (3) & (5) & (7) & 2 \\ 1 & 0 & 4 & 6 & (8) & 3 \\ (3) & 4 & 0 & 2 & 5 & 1 \\ (5) & 6 & 2 & 0 & 3 & 3 \\ (7) & (8) & 5 & 3 & 0 & 5 \\ 2 & 3 & 1 & 3 & 5 & 0 \end{bmatrix},\quad \boldsymbol{R}^{(6)}=\begin{bmatrix} 1 & 2 & (6) & (6) & (6) & 6 \\ 1 & 2 & 3 & 3 & (6) & 1 \\ (6) & 2 & 3 & 4 & 4 & 6 \\ (6) & 3 & 3 & 4 & 5 & 6 \\ (6) & (6) & 4 & 4 & 5 & 6 \\ 1 & 1 & 3 & 4 & 5 & 6 \end{bmatrix}
$$

则上面的结果可以利用回溯法知道任意两点之间的最短距离。例如，在公交设计中确定城市 v_2 和 v_5 之间的线路时，可以由 $d_{52}^{(6)}=8$ 知道 v_5 和 v_2 之间的最短路为 8。其间所经过的城市则由下面方法获得：

$\boldsymbol{R}_{52}^{(6)}=6$，由 v_6 向 v_5 追溯：$\boldsymbol{R}_{56}^{(6)}=6$。由 v_6 向 v_2 追溯：$\boldsymbol{R}_{62}^{(6)}=1,\ \boldsymbol{R}_{12}^{(6)}=2$。

所以从 v_5 到 v_2 的最短路径为 $v_5\to v_6\to v_1\to v_2$。

9.3.3　最短路径问题的 MATLAB 求解

我们可以根据上述理论分析编写相应的 MATLAB 函数文件，对具体问题进行求解。下面给出最短路径算法的几个 MATLAB 实现，以供读者参考。

1．Dijkstra 算法

根据 9.3.1 节的算法描述，在 Matlab Central 上给出由 Yi Wang 编写的求解最短路径的 Dijkstra 算法，其输入参数为起点 pathS、终点 pathE 及图的邻接矩阵 transmat，输出参数为最短路径 r_path 及最短路径的权和 r_cost。

```
function [r_path, r_cost] = dijkstra(pathS, pathE, transmat)
% The Dijkstra's algorithm, Implemented by Yi Wang, 2005
%   pathS: 所求最短路径的起点
%   pathE: 所求最短路径的终点
%   transmat: 图的转移矩阵或者邻接矩阵，应为方阵
if ( size(transmat,1) ~= size(transmat,2))
  error( 'detect_cycles:Dijkstra_SC', ...
       'transmat has different width and heights' );
```

```
end

% 初始化:
%  noOfNode——图中的顶点数
%  parent(i)——节点 i 的父节点
%  distance(i)——从起点 pathS 的最短路径的长度
%  queue——图的广度遍历
noOfNode = size(transmat, 1);

for i = 1:noOfNode
  parent(i) = 0;
  distance(i) = Inf;
end
queue = [];

% Start from pathS
%
for i=1:noOfNode
  if transmat(pathS, i)~=Inf
    distance(i) = transmat(pathS, i);
    parent(i)   = pathS;
    queue       = [queue i];
  end
end

% 对图进行广度遍历
while length(queue) ~= 0
  hopS  = queue(1);
  queue = queue(2:end);

  for hopE = 1:noOfNode
    if distance(hopE) > distance(hopS) + transmat(hopS,hopE)
      distance(hopE) = distance(hopS) + transmat(hopS,hopE);
      parent(hopE)   = hopS;
      queue          = [queue hopE];
    end
  end

end
```

```
% 回溯进行最短路径的查找
r_path = [pathE];
i = parent(pathE);

while i~=pathS && i~=0
  r_path = [i r_path];
  i      = parent(i);
end

if i==pathS
  r_path = [i r_path];
else
  r_path = []
end

% 返回最短路径的权和
r_cost = distance(pathE);
```

用该程序对【例 9-2】进行求解，输入数据和运行结果如下：

```
W=[0 1 2 Inf 7 4 8 Inf ;
   1 0 2 5 Inf Inf 7 Inf ;
   2 2 0 1 5 Inf Inf Inf;
   Inf 5 1 0 3 Inf Inf 6 ;
   7 Inf 5 3 0 3 Inf 4 ;
   4 Inf Inf Inf 3 0 2 6;
   8 7 Inf Inf Inf 2 0 4;
   Inf Inf Inf 6 4 6 4 0];
>> [r_path, r_cost] = dijkstra(1, 5, W)
r_path =
    1    3    4    5
>> [r_path, r_cost] = dijkstra(1, 7, W)
r_path =
    1    6    7
r_cost =

    6
```

对照理论分析出来的最短路径图 9-19，可见与【例 9-2】结果相同。

2．Floyd 算法

根据 9.3.2 节的算法描述，可以用 MATLAB 实现该算法如下，M-函数文件 floydSPR.m 的输入参数为图的邻接矩阵，输出参数即为算法描述中的距离矩阵 D 和最短路径矩阵 R。

```
%floydSPR 算法
%a——赋权邻接矩阵
%D——距离矩阵
%R——最短路径矩阵
%By GreenSim Group
function [D,R]=floydSPR(a)
n=size(a,1);
D=a;
R=zeros(n,n);
for i=1:n
    for j=1:n
        if D(i,j)~=inf
            R(i,j)=j;
        end
    end
end
for k=1:n
    for i=1:n
        for j=1:n
            if D(i,k)+D(k,j)<D(i,j)
                D(i,j)=D(i,k)+D(k,j);
                R(i,j)=R(i,k);
            end
        end
    end
end
```

则用此算法求解【例 9-3】可得如下结果：

```
>> a=[0 1 inf inf inf 2;
1 0 4 inf inf 4;
inf 4 0 2 inf 1;
inf inf 2 0 3 3;
inf inf inf 3 0 5;
2 4 1 3 5 0];
>> [D,R]=floydSPR(a)
D =
```

```
        0     1     3     5     7     2
        1     0     4     6     8     3
        3     4     0     2     5     1
        5     6     2     0     3     3
        7     8     5     3     0     5
        2     3     1     3     5     0
   R =
        1     2     6     6     6     6
        1     2     3     3     1     1
        6     2     3     4     4     6
        6     3     3     4     5     6
        6     6     4     4     5     6
        1     1     3     4     5     6
```

9.4　网络最大流问题

网络最大流问题是网络的另一个基本问题。

许多系统包含了流量问题。例如，交通系统中有车流量，控制系统中有信息流，金融系统中有现金流，供水系统中有水流，等等。本节讨论的网络流问题即为下述形式：假定网络中每条弧的流量不能超过给定的容量限制，求从一个给定的发点到一个收点，该网络运送的物流的最大流量，一个特例是求网络中从一个节点到另一个节点的路线问题。

9.4.1　基本概念与基本定理

1. 网络与流

定义 9-8　（网络）　给定一个有向图$D=(V,A)$，V为顶点集，E为弧集。在V中指定一点v_s，称为发点（也可称为源点），指定另一点v_t，称为收点（也可称为汇点），其余点均称为中间点。对于任意弧$(v_i,v_j)\in A$，对应有$c(v_i,v_j)\geqslant 0$，或者可以简写为$c_{ij}\geqslant 0$，该值称为弧的容量。通常把这样的D称为一个网络，记为：

$$D=(V,A,C)$$

定义 9-9　（流）　所谓网络上的流，是指定义在弧集A上的一个函数$f=\{f(v_i,v_j)\}$，并称$f(v_i,v_j)$为弧(v_i,v_j)上的流量，简记为f_{ij}。

2. 可行流与最大流问题

定义 9-10　（可行流）　满足下述条件的流f称为可行流：

（1）容量限制条件（对弧的限制条件）：

对每一弧 $(v_i,v_j)\in A$ 满足下述容量限制条件：$0\leqslant f_{ij}\leqslant c_{ij}$

（2）平衡条件（对发点、收点和中间点的限制条件）：

对中间点 v_i（非发点也非收点）满足：流入量=流出量，即对于 $\forall i,(i\neq s,t)$，有

$$\sum_{(v_i,v_j)\in A} f_{ij}-\sum_{(v_j,v_i)\in A} f_{ji}=0$$

对于发点 v_s，定义：$\sum\limits_{(v_s,v_j)\in A} f_{sj}-\sum\limits_{(v_j,v_s)\in A} f_{js}=v(f)$

于是对于收点 v_t：$\sum\limits_{(v_t,v_j)\in A} f_{tj}-\sum\limits_{(v_j,v_t)\in A} f_{jt}=-v(f)$

式中所定义的 $v(f)$ 称为这个可行流 f 的流量，即发点的净输出量或者收点的净输入量。

可行流总是存在的，例如，令所有弧的流量 $f_{ij}=0$，就得到了一个可行流，这个流被称为零流，其流量 $v(f)=0$。

定义 9-11 （最大流问题） 最大流问题就是求一个流 f_{ij} 使其流量 $v(f)$ 达到最大，并且满足可行流的限制条件，用数学模型表述即为：

$$\begin{cases}\max \quad v(f)\\ \text{s.t.}\quad 0\leqslant f_{ij}\leqslant c_{ij}\\ \sum f_{ij}-\sum f_{ji}=\begin{cases}v(f) & i=s\\ 0 & i\neq s,t\\ -v(f) & i=t\end{cases}\end{cases}$$

由该模型可以看出，最大流问题实际上是一类特殊的线性规划问题，自然可以用线性规划的方法对其进行求解。但是鉴于最大流问题有其图的表述形式，故可以利用图的特殊性寻求比单纯形法更为简单和直观的方法。

3. 增广链

对可行流 $f=\{f_{ij}\}$，把网络中使得 $f_{ij}=c_{ij}$ 的弧称为饱和弧，使得 $f_{ij}<c_{ij}$ 的弧称为非饱和弧；把 $f_{ij}=0$ 的弧称为零流弧，$f_{ij}>0$ 的弧称为非零流弧。

对于链的方向，有如下概念：若 μ 是网络中连接发点 v_s 和收点 v_t 的一条链，定义链的方向是从 v_s 到 v_t。则链上的弧可以分为两类：一类是弧的方向与链的方向一致，称为前向弧，前向弧的全体记为 μ^+；另一类是弧的方向与链的方向相反，称为后向弧，后向弧的全体记为 μ^-。

定义 9-12 （增广链） 设 f 是一个可行流，μ 是从 v_s 到 v_t 的一条链，若 μ 满足下列条件，则称为（关于可行流 f 的）一条增广链。在弧 $(v_i,v_j)\in\mu^+$ 上，$0\leqslant f_{ij}<c_{ij}$，即前向弧 μ^+ 中的每一条弧均为非饱和弧。

在弧 $(v_i,v_j)\in\mu^-$ 上，$0<f_{ij}\leqslant c_{ij}$，即后向弧 μ^- 中的每一条弧均为非零流弧。

可以看出，沿着增广链 μ 去调整链上各弧的流量，可以使网络的流量增大，这也是求网络最大流的理论基础。

4. 割集与割容量

一个网络由于各弧容量 c_{ij} 配置得不合适，结果有的地方能通过较大流量，而有的地方能通过的流量却较小。小的地方就限制了最大流的上限值，称为网络流的“瓶颈”。因此，研究从发点到收点的流的路径中哪些弧容量起了调节最大流量的作用，就具有现实意义。割集就是研究上述问题的一种工具。

定义 9-13 （割集） 连通图 G 的割集 S 是这样一个边集：在连通图 G 中去掉 S 的所有边后，G 变成两个互不连通的分离图；去掉 S 中的部分边后，图 G 仍然是连通的。显然，一个连通图的割集可能不止一个。

例如，图 9-21 就可以作出三个割集，分别为：

$$S_1=\{e_1,e_2,e_3\};\ S_2=\{e_2,e_3,e_4,e_6\};\ S_3=\{e_6,e_7\}$$

但是 $\{e_3,e_5,e_7\}$、$\{e_2,e_3,e_4\}$、$\{e_3,e_5,e_6,e_7\}$ 就不是割集。

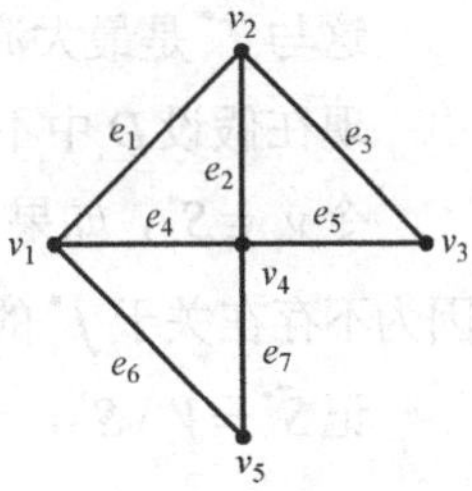

图 9-21 割集示意图

则在上述定义的基础上，可以定义分离 v_s 和 v_t 的割集和割容量。

给定网络 $D=(V,A,C)$，把顶点集 V 分割成两个非空集合 S 和 $\overline{S}$，其中集合 S 包含发点 v_s，集合 $\overline{S}$ 包含收点 v_t，即可以表示为：

$$\begin{cases} S\cup\overline{S}=V \\ S\cap\overline{S}=\varnothing \\ v_s\in S,v_t\in\overline{S} \end{cases}$$

则把弧集 $(S,\overline{S})=\left\{(v_i,v_j)\middle|v_i\in S,v_j\in\overline{S},(v_i,v_j)\in A\right\}$，即起点属于 S、终点属于 $\overline{S}$ 的弧的集合称为网络 D 中分离 v_s 和 v_t 的一个割集。割集 $(S,\overline{S})$ 中所有弧的容量之和称为这个割集的容量（简称为割量），记为 $C(S,\overline{S})$，即

$$C(S,\overline{S})=\sum_{(v_i,v_j)\in(S,\overline{S})}c_{ij}$$

显然，若把某一割集的所有弧从网络中去掉，则从 v_s 到 v_t 便不存在路。所以从直观的角度说，割集就是从 v_s 到 v_t 的必经之路。不难看出，任何一个可行流的流量 $v(f)$ 都不会超过任一割集的割容量，即 $v(f)\leqslant C(S,\overline{S})$。

显然，若对某一可行流 f^*，网络中有一割集 $C(S^*,\overline{S}^*)$ 使 $v(f^*)=C(S^*,\overline{S}^*)$，则 f^* 必为最大流，$v(f^*)$ 就是最大流量，而 $(S^*,\overline{S}^*)$ 必定是所有割集中容量最小的一个，即最小割集。

下面给出关于最大流的一个判定定理，并说明为何满足 $v(f^*)=C(S^*,\overline{S}^*)$ 的流 f^* 必为最大流。

当容量网络流中存在增广链，就意味着流量还可增大，即当前流非最大流。这是因为，正向非饱和弧允许增加流量；为了维护流量平衡，后向弧必须允许减少流量。这时，提示我们可以利用增广链上调整给定的当前流，以求最大流。若可行流 f 中不存在增广链，则它就不能调整增大，即可断定 f 就是最大流 f^*。由此可得下述结论：

定理 9-5 可行流 f^* 是最大流，当且仅当不存在关于 f^* 的增广链。

证明：若 f^* 为最大流，设 D 中存在关于 f^* 的增广链 μ，则令：

$$\delta^+ = \min_{(v_i,v_j)\in\mu^+}\left(c_{ij} - f_{ij}^*\right);\ \delta^- = \min_{(v_i,v_j)\in\mu^-} f_{ij}^*$$

取 $\delta = \min\{\delta^+,\delta^-\}$，由增广链的定义可知 $\delta > 0$，于是调整可行流如下：

$$f_{ij}' = \begin{cases} f_{ij}^* + \delta & (v_i,v_j)\in\mu^+ \\ f_{ij}^* - \delta & (v_i,v_j)\in\mu^- \\ f_{ij}^* & (v_i,v_j)\notin\mu \end{cases}$$

不难得到 $f' = \left\{f_{ij}'\right\}$ 为一可行流，其流量为 $v(f') = v\left(f^*\right) + \delta > v\left(f^*\right)$。

这与 f^* 是最大流相矛盾，故定理成立。

现在假设 D 中不存在关于 f^* 的增广链，证明 f^* 是最大流。利用下面的方法来定义 S^*。

令 $v_s \in S^*$，如果 $v_i \in S^*$，且 $f_{ij}^* < c_{ij}$，则令 $v_j \in S^*$；如果 $v_i \in S^*$，且 $f_{ji}^* > 0$，则令 $v_j \in S^*$，因为不存在关于 f^* 的增广链，所以 $v_t \notin S^*$。

记 $\overline{S}^* = V \setminus S^*$，于是得到一个割集 $\left(S^*,\overline{S}^*\right)$，显然必有：

$$f_{ij}^* = \begin{cases} c_{ij} & (v_i,v_j)\in\left(S^*,\overline{S}^*\right) \\ 0 & (v_i,v_j)\in\left(\overline{S}^*,S^*\right) \end{cases}$$

所以 $v\left(f^*\right) = C\left(S^*,\overline{S}^*\right)$，于是 f^* 必是最大流，定理得证。

由上述证明可见，如果 f^* 是最大流，则网络中必然存在一个割集 $\left(S,\overline{S}\right)$，使得：

$$v\left(f^*\right) = C\left(S^*,\overline{S}^*\right)$$

于是，有如下重要定理：

定理 9-6 （最大流－最小割定理） 任一网络 D 中，从 v_s 到 v_t 的最大流的流量等于分离 v_s、v_t 的最小割集容量。

9.4.2 最大流问题的求解

如果把网络中的各边看成各种粗细不同的管道，则最小割集的容量就相当于流过管道中最细管道部分的总和。因此，能够流过管道的最大流量必须受到最细管道部分的限制，必须小于或者等于流过最细管道部分的总容量。

当然，利用列举所有割集及求出相应割容量的办法来寻找最大流的流量是可以的，这种方法称为割集枚举法。但是，在复杂、大型网络中它不是一种简单的方法，容易遗漏出错，故需要探求求解此类问题的方法。

1．Ford-Fulkerson 算法

定理 9-5 为我们提供了寻求网络中最大流的一个方法，如果给了一个可行流 f，只需判断 D 中有无关于 f 的增广链，如果没有增广链，即得到最大流。而利用定理 9-5 后半部分证

明中定义 S^* 的方法，可以根据 v_t 是否属于 S^* 来判断 D 中有无关于 f 的增广链。

实际计算时，可以采用福特－富克逊方法（Ford-Fulkerson），实践证明是简单可行的方法。其基本思想是：从网络 D 的任一个可行流 f 出发，在 D 中找到一条 f –增广链 P_1，并对可行流 f 进行增广，即在增广链 P_1 上增加流量。然后从 D 中找到一条 f –增广链 P_2，再对 f 进行增广，这样继续进行下去，直到在 D 中找不到增广链为止，于是便得到 D 的最大流 f 。Ford-Fulkserson 算法是用给顶点标号的方法来定义 S^* 的。在标号的过程中，有标号的顶点表示是 S^* 中的点，没有标号的点表示不是 S^* 中的点。一旦 v_t 有了标号则表明找到了一条增广链；如果标号过程进行不下去，而 v_t 尚未标号，则说明不存在增广链，于是得到最大流，而且同时也得到了一个最小割集。

需要提及的是，在标号过程中，网络中的点分为标号点和未标号点，而标号点又分为已检查和未检查两种。每个标号点的标号包含两部分：第一标号表明它是从哪一点得到的，以便于找出增广链；第二个标号是为了确定增广链的调整量 δ 而设置的。

Ford-Fulkserson 算法具体的实施步骤包括初始化、标号过程和调整过程。

（1）先在网络上任意找到一个可行流 f，其流量为 $v(f)$，在弧上标注 (c_{ij}, f_{ij})。如果在问题中没有给定 f，则从零流开始。

（2）在发点 v_s 处标号 $(-,+\infty)$，这时 v_s 是标号而未检查的点，其余点均为未标号点；

（3）取一个标号而未检查的点 v_i，对一切未标号而与 v_i 关联的点 v_j 进行检查，以确定是否对 v_j 进行标号。其标号原则为：

- 若前向弧 (v_i, v_j) 为非饱和弧，即 $f_{ij} < c_{ij}$，则给点 v_j 标号 (i^+, δ_j)，v_j 成为标号而未检查的点；否则点 v_j 不予标号。
- 若后向弧 (v_i, v_j) 为非零流弧，即 $f_{ji} > 0$，则给点 v_j 标号 (i^-, δ_j)，v_j 成为标号而未检查的点；否则点 v_j 不予标号。

在上述标号过程中，$i^{\pm}$ 表示此标号点的紧前点为 v_i，“+”说明经前向弧到达 v_j，“−”说明经后向弧到达 v_j 。

为了保证调整后流的可行性，上述标号过程中的调整量 δ_j 可以计算如下：

- 在前向弧 (v_i, v_j) 上，当 $f_{ij} < c_{ij}$ 时，$\delta_j = \min\{\delta_i, c_{ij} - f_{ij}\}$；
- 在后向弧 (v_i, v_j) 上，当 $f_{ji} > 0$ 时，$\delta_j = \min\{\delta_i, f_{ji}\}$。

此时 v_j 称为已标号而未检查的点，v_i 称为已标号而且已检查的点。

（4）重复上述步骤，一旦 v_t 被标号，则说明找到一条 v_s 到 v_t 的增广链。进一步确定该增广链的反向追踪过程为：

若 v_t 的第一个标号为 k^+（或者 k^-），则弧 $(v_k, v_t) \in \mu$（或者弧 $(v_t, v_k) \in \mu$）。检查 v_k 的第一个标号，若为 i^+（或者 i^-），则 $(v_i, v_k) \in \mu$（或 $(v_k, v_i) \in \mu$）。再检查 v_i 的第一个标号，依次下去，直到 v_s 。被找出的弧构成了增广链 μ 。这样就确定了流量的调整路线，于是从收点 v_t 开始，反向对增广链上的弧 (v_i, v_j) 的流量 f_{ij} 进行调整，当标号为 (i^+, δ_j) 时，在 (v_i, v_j) 上

增加流量δ_t，当标号为$\left(i^-,\delta_j\right)$时，在$\left(v_j,v_i\right)$上减少流量$\delta_t$。即构造：

$$f'_{ij}=\begin{cases} f^*_{ij}+\delta_t & \left(v_i,v_j\right)\in\mu^+ \\ f^*_{ij}-\delta_t & \left(v_i,v_j\right)\in\mu^- \\ f^*_{ij} & \left(v_i,v_j\right)\notin\mu \end{cases}$$

然后去掉所有标号，对新的可行流$f'=\left\{f'_{ij}\right\}$，重新进入标号过程。

（5）重复上述步骤中的（2）（3）（4），若所有标号都已检查过，而v_t尚未标号，则算法结束，此时已经标号的点集即为S^*，其余的点构成的集合即为$\bar{S}^*$，则$\left(S^*,\bar{S}^*\right)$就是最小割集，$C\left(S^*,\bar{S}^*\right)$就是最小割容量，即最大流量。

【例 9-4】 如图 9-22 所示是连接某产品产地v_s和销地v_t的交通图。弧$\left(v_i,v_j\right)$表示从v_i到v_j的运输线，括号内的第一个数字表示这条运输线的最大通过能力c_{ij}，括号内的第二个数字表示该弧上的实际流f_{ij}。现要求制订一个运输方案，使从v_s运到v_t的产品数量最多。

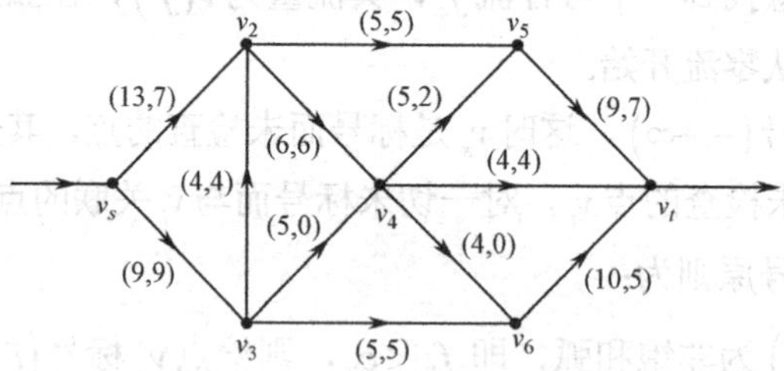

图 9-22 【例 9-4】网络图

分析该问题，可以将其抽象为用 Ford 算法求网络图 9-22 中的最大流量的问题。分析条件之后给出求解步骤如下。

（1）图已经给出了流量$v\left(f\right)=16$的一个可行流。

（2）标号。

① 在发点v_s处标号$\left(-,+\infty\right)$。

② 检查v_s。

在弧$\left(v_s,v_2\right)$上，$f_{s2}=7$，$c_{s2}=13$，$f_{s2}<c_{s2}$，则v_2标号为$\left(s^+,\delta_2\right)$，其中$\delta_2=\min\left\{+\infty,13-7\right\}=6$，故$v_2$标号为$\left(s^+,6\right)$；

在弧$\left(v_s,v_3\right)$上，$f_{s3}=c_{s3}=9$，所以在顶点v_3处不予标号。

③ 检查v_2。

在弧$\left(v_3,v_2\right)$上，$f_{32}=4>0$，则v_3标号为$\left(2^-,\delta_3\right)$，其中$\delta_3=\min\left\{6,4\right\}=4$，故$v_3$标号为$\left(2^-,4\right)$；

在弧$\left(v_2,v_4\right)$上，$f_{24}=c_{24}=6$，所以在顶点v_4处不予标号；

在弧$\left(v_2,v_5\right)$上，$f_{25}=c_{25}=5$，所以在顶点v_5处不予标号。

④ 检查v_3。

在弧 (v_3,v_4) 上，$f_{34}=0$，$c_{34}=5$，$f_{34}<c_{34}$，则 v_4 标号为 $(3^+,\delta_4)$，其中 $\delta_4=\min\{4,5-0\}=4$，故 v_4 标号为 $(3^+,4)$；

在弧 (v_3,v_6) 上，$f_{36}=c_{36}=6$，所以在顶点 v_6 处不予标号。

⑤ 检查 v_4。

在弧 (v_4,v_5) 上，$f_{45}=2$，$c_{45}=5$，$f_{45}<c_{45}$，则 v_5 标号为 $(4^+,\delta_5)$，其中 $\delta_5=\min\{4,5-2\}=3$，故 v_5 标号为 $(4^+,3)$；

在弧 (v_4,v_t) 上，$f_{4t}=c_{4t}=4$，所以在收点 v_t 处不予标号；

在弧 (v_4,v_6) 上，$f_{46}=0$，$c_{46}=4$，$f_{46}<c_{46}$，则 v_6 标号为 $(4^+,\delta_6)$，其中 $\delta_6=\min\{4,4-0\}=4$，故 v_6 标号为 $(4^+,4)$。

⑥ 检查 v_5。

在弧 (v_5,v_t) 上，$f_{5t}=7$，$c_{5t}=9$，$f_{5t}<c_{5t}$，则 v_t 标号为 $(5^+,\delta_t)$，其中 $\delta_t=\min\{3,9-7\}=2$，故 v_t 标号为 $(5^+,2)$，由于 v_t 已经被标号，于是找到一条增广链。

⑦ 检查 v_6。

在弧 (v_6,v_t) 上，$f_{6t}=5$，$c_{6t}=10$，$f_{6t}<c_{6t}$，则 v_t 标号为 $(6^+,\delta_t)$，其中 $\delta_t=\min\{4,10-5\}=4$，故 v_t 标号为 $(6^+,4)$，由于 v_t 已经被标号，于是找到一条增广链。

由于从 v_5 出发和从 v_6 出发均有一条增广链，此时可以任取一个作为点 v_t 处的标号。当然，取标号中 δ_t 较大者作为点 v_t 的标号为好，因为在接下来的流量调整时，可获得较大的流量调整量，以减少调整的次数。故最终选择 v_t 标号为 $(6^+,4)$，有 $\delta_t=4$。

（3）调整流量。

根据图 9-22 中的标号得出流量的调整路线为 $v_t\leftarrow v_6\leftarrow v_4\leftarrow v_3\leftarrow v_2\leftarrow v_s$，其中前向弧和后向弧的集合为 $\mu^+=\{(v_s,v_2),(v_3,v_4),(v_4,v_6),(v_6,v_t)\}$；$\mu^-=\{(v_3,v_2)\}$。

于是流量调整的公式为：

$$f'_{ij}=\begin{cases} f_{ij}+4 & (v_i,v_j)\in\mu^+ \\ f_{ij}-4 & (v_i,v_j)\in\mu^- \\ f_{ij} & (v_i,v_j)\notin\mu \end{cases}$$

调整的结果如图 9-23 所示。

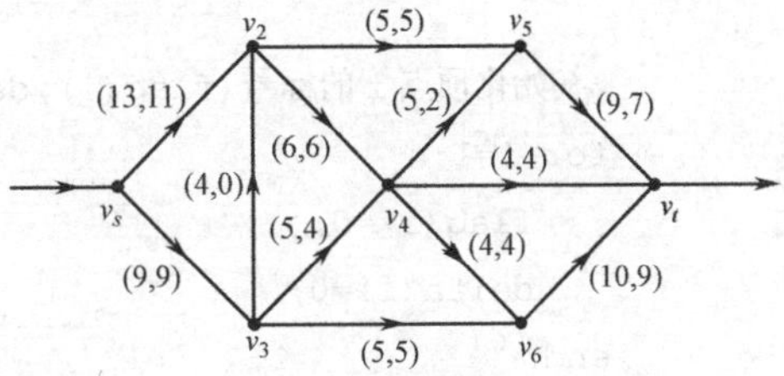

图 9-23 调整结果图

（4）对流量调整后的网络图 9-23 再次进行标号和流量调整。

① 在发点 v_s 处标号 $(-,+\infty)$。

② 检查 v_s。

在弧 (v_s,v_2) 上，$f_{s2}=11$，$c_{s2}=13$，$f_{s2}<c_{s2}$，则 v_2 标号为 (s^+,δ_2)，其中 $\delta_2=\min\{+\infty,13-11\}=2$，故 v_2 标号为 $(s^+,2)$；

在弧 (v_s,v_3) 上，$f_{s3}=c_{s3}=9$，所以在顶点 v_3 处不予标号。

③ 检查v_2。

在弧(v_3,v_2)上，$f_{32}=0$，所以在顶点v_3处不予标号；

在弧(v_2,v_4)上，$f_{24}=c_{24}=6$，所以在顶点v_4处不予标号；

在弧(v_2,v_5)上，$f_{25}=c_{25}=5$，所以在顶点v_5处不予标号。

根据上述分析，由于顶点v_3,v_4,v_5均不可标号，因此收点v_t也不可能被标号，即已经不存在能够进行流量调整的增广链，于是图 9-23 即是由发点v_s到收点v_t的最大流量网络图。由图可知最大流量$v(f)=20$，即最大货物的运送量为 20。

此时$S^*=(v_s,v_2)$，$\bar{S}^*=(v_3,v_4,v_5,v_6,v_t)$，于是$C(S^*,\bar{S}^*)$为网络图的最小割集，其容量为$C(S^*,\bar{S}^*)=c_{23}+c_{24}+c_{25}=9+5+6=20$。

可见最小割容量等于最大流流量。

2．最大流问题的 MATLAB 求解

```
%求最大流的函数 function [f,wf,flag]=maxflow(C)
%f——最大流
%wf——最大流量
%flag——标号，由此可得最小割，被标号的为一组，未被标号的为一组

function [f_star,wf,flag]=maxflow(C)
n=size(C,1);

%取初始可行流 f 为零流
for i=1:n
    for(j=1:n)
        f(i,j)=0;
    end;
end

%初始化顶点 i 的标号(flag(i),delta(i))
for i=1:n
    flag(i)=0;
    delta(i)=0;
end

while(1)
    %给发点 vs 标号，以"n+1"代替"-"
    %这时 vs 是标号而未检查的点，其余点均为未标号点
    Flag(1)=n+1;
    Delta(1)=Inf;
```

```
While(1)
    %标号过程，label=1 说明过程中未标号，label=0 说明过程中已标号
    label=1;
    for i=1:n
        %选择一个已标号的点 vi 进行检查
        if(flag(i))
            %对一切未标号而与 vi 关联的点 vj 进行检查，以确定是否对 vj 进行标号
            for j=1:n
                if (C(i,j)~=0|C(j,i)~=0) %判断 vj 与 vi 是否关联
                    %对未标号的点 vj，当(vi,vj)为非饱和弧时
                    if(flag(j)==0&f(i,j)<C(i,j))
                        flag(j)=i;
                        delta(j)=C(i,j)-f(i,j);
                        label=0;
                        delta(j)=min(delta(j),delta(i));
                    %对未标号的点 vj，当(vj,vi)为非零流弧时
                    elseif(flag(j)==0&(C(i,j)~=0|C(j,i)~=0)&f(j,i)>0)
                        flag(j)=-i;
                        delta(j)=f(j,i);
                        label=0;
                        delta(j)=min(delta(j),delta(i));
                    end;
                end;
            end;
        end;
    end
    %如果收点 vt 已被标号或者过程中的中间点已经无法标号，则终止标号过程
    if(flag(n)|label)
        break;
    end;
end
%收点 vt 未被标号，f 已是最大流，算法终止
if(label)
    break;
end

%确定调整量，deltat 表示调整量
deltat=delta(n);
t=n;
```

```
        %进入调整过程
        while(1)
            if(flag(t)>0)
                f(flag(t),t)=f(flag(t),t)+deltat; %前向弧调整
            elseif(flag(t)<0)
                f(flag(t),t)=f(flag(t),t)-deltat; %后向弧调整
            end
            %当 t 的标号为 vs 时，终止调整过程
            if(flag(t)==1)
                for i=1:n
                    flag(i)=0;
                    delta(i)=0;
                end;
                break;
            end
            %继续调整前一段弧上的流 f
            t=flag(t);
        end;
    end;
    wf=0;
    f_star=f;

    %计算最大流量
    for j=1:n
        wf=wf+f(1,j);
    end
```

用该程序求解【例 9-4】的输入数据和运行结果如下：

```
    >> C=[0 13 9 0 0 0 0;
    0 0 0 6 5 0 0;
    0 4 0 5 0 5 0;
    0 0 0 0 5 4 4;
    0 0 0 0 0 0 9;
    0 0 0 0 0 0 10;
    0 0 0 0 0 0 0];
    >> [f,flow,flag]=maxflow(C)
    f =
         0    11     9     0     0     0     0
         0     0     0     6     5     0     0
         0     0     0     4     0     5     0
```

```
         0     0     0     0     4     2     4
         0     0     0     0     0     0     9
         0     0     0     0     0     0     7
         0     0     0     0     0     0     0
    flow =
         20
    flag =
         8     1     0     0     0     0     0
```

可知最大流量为 20，且在 flag 变量中仅有 v_s, v_2 被标号，故有：

$$S^* = (v_s, v_2), \quad \overline{S}^* = (v_3, v_4, v_5, v_6, v_t)$$

于是 $C(S^*, \overline{S}^*)$ 为网络图的最小割集，运行结果与理论分析一致。

9.5 最小费用最大流

在 9.4 节我们研究了网络中的最大流问题。在实际生活中，涉及“流”的问题时，常常在考虑流量的同时还有费用的相关因素。下面介绍的最小费用最大流问题就是此类问题之一。

9.5.1 基本概念

给定网络表述为 $D = (V, A, C)$，其中在网络 D 上的每一条弧 $(v_i, v_j) \in A$ 上，除了给出其容量 c_{ij} 以外，还给出了 (v_i, v_j) 上单位流量的费用 $p(v_i, v_j) \geqslant 0$，简记为 p_{ij}。所谓最小费用最大流问题就是要求一个最大流 f，使得流的总输送费用：

$$p(f) = \sum_{(v_i, v_j) \in A} p_{ij} f_{ij}$$

取最小值。

由 9.4 节的结论可知，寻求最大流的方法是从某个可行流 f 出发，利用标号的方法找到关于这个流的一条增广链 μ，并且沿着 μ 调整 f 得到新的可行流 f'，然后继续试图寻求关于 f' 的增广链，如此反复进行直到寻找到最大流。现在，要寻求最小费用最大流，首先考虑，当沿着一条关于可行流 f 的增广链 μ，以单位调整量 $\delta = 1$ 调整 f，得到新的可行流 f'，此时必然有 $v(f') = v(f) + 1$，那么继续探究此时，$p(f')$ 比 $p(f)$ 增加多少，于是列下式：

$$p(f') - p(f) = \left(\sum_{\mu^+} p_{ij} (f'_{ij} - f_{ij}) - \sum_{\mu^-} p_{ij} (f'_{ij} - f_{ij}) \right) = \sum_{\mu^+} p_{ij} - \sum_{\mu^-} p_{ij}$$

称 $\sum_{\mu^+} p_{ij} - \sum_{\mu^-} p_{ij}$ 为这条增广链 μ 的“费用”。

9.5.2 最小费用最大流问题的求解

可以证明，如果 f 是流量为 $v(f)$ 的所有可行流中费用最小者，而 μ 是关于 f 的所有增广链中费用最小的增广链，那么沿着 μ 去调整 f 得到的可行流 f'，就是流量为 $v(f')$ 的所有可行流中的最小费用流。这样，当 f' 是最大流时，它就是我们所要求的最小费用最大流了。

注意，由于 $p_{ij} \geqslant 0$，所以 $f=0$ 必然是流量为 0 的最小费用流。这样，总可以从 $f=0$ 开始。通常，设已知 f 是流量 $v(f)$ 的最小费用流，余下的问题就是如何寻求关于 f 的最小费用增广链。为此，构造一个赋权有向图 $W(f)$，它的顶点是原网络 D 的顶点，而把 D 中的每一条弧 (v_i,v_j) 变成两个相反方向的弧 (v_i,v_j) 和 (v_j,v_i)，并且定义 $W(f)$ 中弧的权值 w_{ij} 为：

$$w_{ij}=\begin{cases}p_{ij} & f_{ij}<c_{ij}\\ +\infty & f_{ij}=c_{ij}\end{cases}$$

$$w_{ij}=\begin{cases}-p_{ij} & f_{ij}>0\\ +\infty & f_{ij}=0\end{cases}$$

其中长度为 $+\infty$ 的弧可以从 $W(f)$ 中略去。

于是在网络 D 中寻求关于 f 的最小费用增广链就等价于在赋权有向图 $W(f)$ 中寻求从 v_s 到 v_t 的最短路。因此有如下算法：

（1）确定初始可行流 $f^{(0)}=0$，令 $k=0$；

（2）记经 k 次调整得到的最小费用流为 $f^{(k)}$，构造赋权有向图 $W\left(f^{(k)}\right)$；

（3）在 $W\left(f^{(k)}\right)$ 中寻找 v_s 到 v_t 的最短路，若不存在最短路（即最短路权是∞），则 $f^{(k)}$ 就是最小费用最大流，若存在最短路，则此最短路即为原网络 D 中相应的增广链 μ，转入（4）。

（4）在增广链 μ 上对 $f^{(k)}$ 按下式进行调整，调整量 δ 为：

$$\delta=\min\left\{\min_{\mu^+}\left(c_{ij}-f_{ij}^{(k)}\right),\min_{\mu^-}\left(f_{ij}^{(k)}\right)\right\}$$

令

$$f_{ij}^{(k+1)}=\begin{cases}f_{ij}^{(k)}+\delta & \left(v_i,v_j\right)\in\mu^+\\ f_{ij}^{(k)}-\delta & \left(v_i,v_j\right)\in\mu^-\\ f_{ij}^{(k)} & \left(v_i,v_j\right)\notin\mu\end{cases}$$

于是得新的可行流 $f^{(k+1)}$，令 $k=k+1$，返回（2）。

【例 9-5】 运输方案问题。

图 9-24 为一公路网，v_s 是仓库所在地，即物资运送的起点，v_t 是某一工地，即物资运送的终点，每条弧旁的两个数字 $\left(p_{ij},c_{ij}\right)$ 分别表示某段时间内每吨物资通过该段路的费用和通过该段路的物资的最大吨数。现在的问题是设计一个从

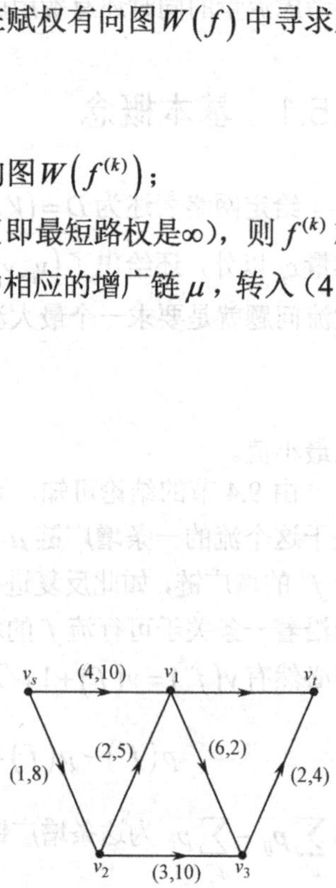

图 9-24 【例 9-5】网络图

v_s 到 v_t 的输送量最大且费用最小的运输方案。

（1）取初始可行流为零流，即 $f^{(0)}=0$；

（2）构造赋权有向图 $W\left(f^{(0)}\right)$，并求出从 v_s 到 v_t 的最短路，如图 9-25（a）所示，其中粗线即为最短路；

（3）在原网络中，与这条最短路相对应的增广链为 $\mu=\left(v_s,v_2,v_1,v_t\right)$；

（4）在 $\mu=\left(v_s,v_2,v_1,v_t\right)$ 上进行调整，调整量 $\delta=5$，于是得可行流 $f^{(1)}$ 如图 9-25（b）所示；

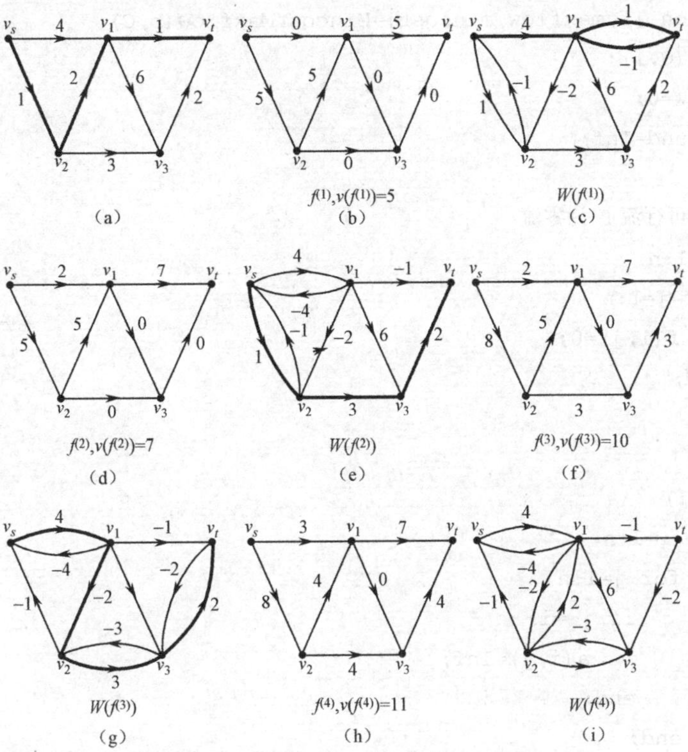

图 9-25 【例 9-5】求解示意图

（5）按照上述算法，依次得到 $f^{(1)},f^{(2)},f^{(3)},f^{(4)}$，流量依次为 5, 7, 10, 11；构造相应的赋权有向图为 $W\left(f^{(1)}\right),W\left(f^{(2)}\right),W\left(f^{(3)}\right),W\left(f^{(4)}\right)$。

注意到图 9-25（f）所示的 $W\left(f^{(4)}\right)$ 中，已经不存在从 v_s 到 v_t 的最短路，所以 $f^{(4)}$ 为最小费用最大流。相应的：

$$p\left(f^{(4)}\right)=55$$

即运输方案如 $f^{(4)}$ 所示，此时，最低的费用为 55。

9.5.3 最小费用最大流的 MATLAB 求解

我们可以编写最小费用最大流的 M-函数文件如下，其中输入参数为弧容量矩阵 C 和弧上单位流量的费用矩阵 b；输出参数 f 为最小费用最大流，maxflow 为最大流的流量，mincost 为该最小费用最大流的费用。

```
%最小费用最大流函数[f,maxflow,mincost]=MincostMaxflow(b,C)
%f——最小费用最大流
%maxflow——最小费用最大流量
%mincost——最小费用
%pre_bound——表示预定的流量值
function [f,maxflow,mincost]=MincostMaxflow(b,C)
n=size(C,1);
maxflow=0;
pre_bound=Inf;

%取初始可行流 f 为零流
for i=1:n
    for j=1:n
        f(i,j)=0;
    end;
end

while(1)
    for i=1:n
        for j=1:n
            if j~=i
                a(i,j)=Inf;
            end;
        end;
    end

    %构造有向赋权图
    for i=1:n
        for j=1:n
            if(C(i,j)>0&f(i,j)==0)
                a(i,j)=b(i,j);
            elseif(C(i,j)>0&f(i,j)==C(i,j))
                a(j,i)=-b(i,j);
            elseif(C(i,j)>0)a(i,j)=b(i,j);
                a(j,i)=-b(i,j);
            end;
        end;
```

```
end

%用 Ford 算法求最短路，赋初值
for i=2:n
    p(i)=Inf;
    s(i)=i;
end

%求有向赋权图中 vs 到 vt 的最短路
for k=1:n
    pd=1;
    for i=2:n
        for j=1:n
            if(p(i)>p(j)+a(j,i))
                p(i)=p(j)+a(j,i);
                s(i)=j;
                pd=0;
            end;
        end;
    end;
    if(pd)
        break;
    end;
end %求最短路的 Ford 算法结束

if(p(n)==Inf)
    break;
end %不存在 vs 到 vt 的最短路，算法终止。注意在求最小费用最大流时构造有向赋权图
    %中不会含负权回路，所以不会出现 k=n

%进入调整过程，deltat 表示调整量
deltat=Inf;
t=n;

while(1) %计算调整量
    if(a(s(t),t)>0)
        dvtt=C(s(t),t)-f(s(t),t); %前向弧调整量
    elseif(a(s(t),t)<0)
        dvtt=f(t,s(t));end %后向弧调整量
    if(dcltat>dvtt)deltat=dvtt;end
```

```
            if(s(t)==1)break;end %当 t 的标号为 vs 时，终止计算调整量
            t=s(t);
        end %继续调整前一段弧上的流 f
        pd=0;
        %如果最大流量大于或等于预定的流量值
        if(maxflow+deltat>=pre_bound)
            deltat=pre_bound-maxflow;
            pd=1;
        end
        t=n;

        %调整过程
        while(1)
            if(a(s(t),t)>0)
                f(s(t),t)=f(s(t),t)+deltat; %前向弧调整
            elseif(a(s(t),t)<0)
                f(t,s(t))=f(t,s(t))-deltat; %后向弧调整
            end

            %当 t 的标号为 vs 时，终止调整过程
            if(s(t)==1)
                break;
            end
            t=s(t);
        end

        %如果最大流量达到预定的流量值
        if(pd)
            break;
        end

        %计算最大流量
        maxflow=0;
        for j=1:n
            maxflow=maxflow+f(1,j);
        end;
    end

    %计算最小费用
    mincost=0;
```

```
for(i=1:n)
    for(j=1:n)
        mincost=mincost+b(i,j)*f(i,j);
    end;
end
```

例如，求解【例 9-5】，可以输入如下代码求得结果：

```
>> C=[0 10 8 0 0;
0 0 0 2 7;
0 5 0 10 0;
0 0 0 0 4;
0 0 0 0 0];

b=[0 4 1 0 0;
0 0 0 6 1;
0 2 0 3 0;
0 0 0 0 2;
0 0 0 0 0];

>> [f,maxflow,mincost]=MincostMaxflow(b,C)
f =
    0     3     8     0     0
    0     0     0     0     7
    0     4     0     4     0
    0     0     0     0     4
    0     0     0     0     0
maxflow =
    11
mincost =
    55
```

即最小费用最大流的流量为 11，费用为 55，与理论分析一致。

9.6　本章小结

本章介绍了图与网络优化中的基本概念及如何使用图与网络模型求解最小生成树、最短路径、最大流问题、最小费用最大流问题，这在我们经常遇到的公路网、通信网、线路网等方面有着重要的意义。通过本章的学习，读者应掌握以下知识点：

（1）图与网络的基本概念，重点是图与网络的矩阵表述；

（2）最小生成树的概念求解算法，包括避圈法和破圈法；

（3）最短路径的求解算法，包括 Dijkstra 算法和 Floyd 算法；

（4）最大流问题的求解算法，主要是 Ford-Fulkerson 算法；

（5）最小费用最大流的求解算法；

（6）各图与网络问题的 MATLAB 求解方法，可以参考书中给出的例子自行编写相关程序。

习　题

1．设备购买问题

某公司使用一种设备，此设备在一定年限内随时间推移逐渐损坏。保留此设备的时间越长，每年的维修费就越多。现假设该公司在第一年开始时必须购置一台此设备，假设使用此设备的时间为 5 年，设备的购买费和维修费分别如表 9-1 和表 9-2 所示。

表 9-1　第 1 年到第 5 年的购买价格（单位：万元）

年　号	1	2	3	4	5
价　格	20	20	22	22	23

表 9-2　不同使用年限设备的维修费（单位：万元）

使用年限	0	1	2	3	4
维修费	5	7	12	18	25

问：公司应在哪一年购买一台新设备，使维修费和新设备的购置费的总和最小？

2．旅游路线问题

从北京（Pe）乘飞机到东京（T）、纽约（N）、墨西哥城（M）、伦敦（L）、巴黎（Pa）5 城市旅游，每城市恰好去一次再回北京，应如何安排旅游路线，使旅程最短？各城市之间的航线距离如表 9-3 所示。

表 9-3　各城市之间的航线距离

	L	M	N	Pa	Pe	T
L		56	35	21	51	60
M	56		21	57	78	70
N	35	21		36	68	68
Pa	21	57	36		51	61
Pe	51	78	68	51		13
T	60	70	68	61	13	

3．机票购买问题

某公司在 6 个城市 $c_1,c_2,\cdots,c_6$ 中有分公司，从 c_i 到 c_j 的直接航程票价记在下述矩阵的 (i,j) 位置上（∞表示无直接航路）。请帮助该公司设计一张城市 c_1 到其他城市间的票价最便宜的路线图。

$$\begin{bmatrix} 0 & 50 & \infty & 40 & 25 & 10 \\ 50 & 0 & 15 & 20 & \infty & 25 \\ \infty & 15 & 0 & 10 & 20 & \infty \\ 40 & 20 & 10 & 0 & 10 & 25 \\ 25 & \infty & 20 & 10 & 0 & 55 \\ 10 & 25 & \infty & 25 & 55 & 0 \end{bmatrix}$$

4．垃圾站问题

某地区有 3 个城镇，各城镇每天产生的垃圾运往该地区的 4 个垃圾处理场处理，现考虑各城镇到各处理场的道路对各城镇垃圾外运的影响，假设各城镇每日产生的垃圾量、各处理场的日处理能力及各条道路（可供运垃圾部分）的容量（其中容量为 0 表示无直接道路）如表 9-4 所示，试用网络流方法分析目前的道路状况能否使所有垃圾都运到处理场得到处理，如果不能，应首先拓宽哪条路？请画出相应的网络图。

表 9-4　各处理场的日处理能力及各条道路的容量

处理场城镇	1	2	3	4	垃圾量
1	30	20	10	0	50
2	0	0	20	40	70
3	50	40	20	30	80
处理量	60	40	90	30	

5．最小费用最大流问题

求如图 9-26 所示的最小费用最大流。图中，括号中的两个数字分别代表 c_{ij} 和 p_{ij}。

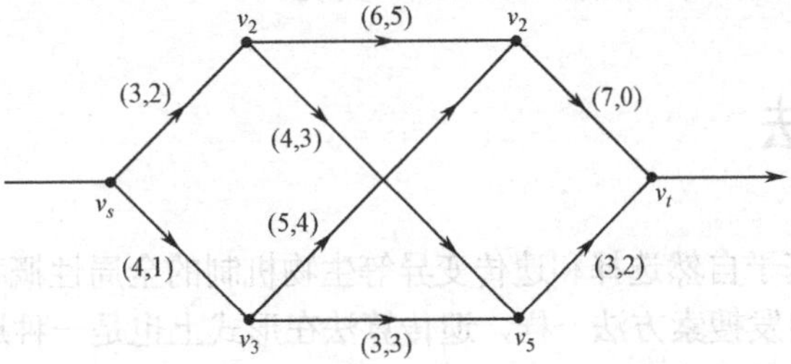

图 9-26　最小费用最大流问题示意图

第 10 章　现代智能优化算法简介

本章简要介绍用于求解较为复杂优化问题的现代智能优化算法，与前面各章介绍的常用优化算法相比较，它们具有如下的特点：第一，不一定需要满足目标函数和约束函数的可解析性，对于目标函数而言，有时甚至不要求其具有显式表达式，只需要在所计算的点处提供相应的函数值；第二，对于约束变量可以取离散值，比如整数值，或取某些特殊值；第三，在通常情况下，这些算法能够求解全局最优点。

10.1　引言

现代优化算法包括禁忌搜索（Tabu search）、模拟退火（Simulated annealing）、遗传算法（Genetic algorithms）等，这些算法涉及生物进化、人工智能、数学和物理科学、神经系统和统计力学等概念，都是以一定的直观基础而构造的算法，称为启发式算法。启发式算法的兴起与计算复杂性理论的形成有密切的联系，当人们不满足常规算法求解复杂问题时，现代智能优化算法开始体现其作用。现代智能优化算法自 20 世纪 80 年代初兴起，至今发展迅速，这些算法同人工智能、计算机科学和运筹学迅速融合，促进了复杂优化问题的分析和解决。下面简要介绍这些算法的基本理论及 MATLAB 实现。

10.2　遗传算法

遗传算法是一种基于自然选择和遗传变异等生物机制的全局性概率搜索算法。与基于导数的解析方法和其他启发搜索方法一样，遗传算法在形式上也是一种迭代方法，它与传统的优化算法有许多不同之处，其最主要的特点体现在以下几个方面：

（1）遗传算法直接以适应度作为搜索信息，求解问题时，搜索过程不受优化函数连续性的约束，无须导数或其他辅助信息。

（2）遗传算法具有很高的并行性，可以同时搜索解空间的多个区域搜索信息，从而降低算法陷入局部最优解的可能性。

（3）遗传算法具有很强的鲁棒性，在待求解问题为非连续、多峰及有噪声的情况下，它能够以很大的可能性收敛到最优解或近似最优解。

（4）遗传算法具有较高的可扩充性，它易于与其他领域的知识或算法相结合来求解特定问题。

（5）遗传算法的基本思想简单，具有良好的可操作性和简单性。

（6）遗传算法具有较强的智能性，可以用来解决复杂的非结构化问题。

10.2.1 概述

在遗传算法中，染色体对应的是数据或数组，通常是由一维的串结构数据来表现的。串上各个位置对应基因，而各位置上的值对应基因的取值。基因组成的串就是染色体，或者称为基因型个体（individuals）。一定数量的个体组成群体（population）。群体中个体的数目称为群体的大小（population size），也叫群体规模。而各个体对环境的适应程度称为适应度（fitness）。

遗传算法的流程图如图 10-1 所示。

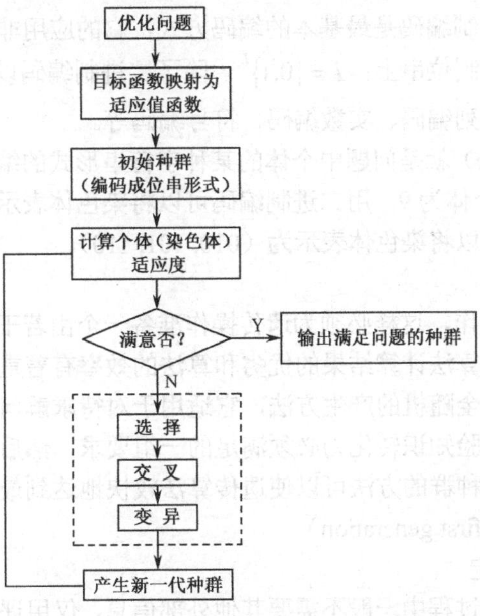

图 10-1 遗传算法的处理流程示意图

遗传算法首先将问题的每个可能的解按某种形式进行编码，编码后的解称为染色体（个体）。随机选取 N 个染色体构成初始种群，再根据预定的评价函数对每个染色体计算适应度，使得性能较好的染色体具有较高的适应度。选择适应度高的染色体进行复制，通过遗传算子选择、交叉（重组）、变异，来产生一群新的更适应环境的染色体，形成新的种群。这样一代一代不断繁殖、进化，通过这一过程使后代种群比前代种群更加适应环境，末代种群中的最优个体经过解码，作为问题的最优解或近似最优解。

10.2.2 基本要素

遗传算法中包含如下 5 个基本要素：问题编码；初始群体的设定；适应度函数的设计；遗传操作设计；控制参数设定（主要是指群体大小和使用遗传操作的概率等）。上述这 5 个要素构成了遗传算法的核心内容。

1）问题编码

遗传算法不能直接处理问题空间的参数，而只能处理以基因码串形式表示的个体。因此，要使用遗传算法，就必须把优化问题的解的参数形式转换成基因码串的表示形式，这一转换操作称为编码。一般来说，由于遗传算法计算过程的鲁棒性，它对编码的要求并不苛刻，但编码的策略对于遗传算子，尤其是对交叉和变异算子的功能和设计有很大的影响，设计时应斟酌确定。

问题的编码一般应满足以下三个规则。

（1）完备性：原问题空间中的所有点（可行解）都能成为编码后的点。

（2）健全性：编码后的空间中的点能对应原问题空间所有的点。

（3）非冗余性：编码前后空间的点一一对应。

在实际操作中，二进制编码是最基本的编码方式，它的应用非常广泛，常用的二进制编码方式是基于确定的二进制位串上：$I=\{0,1\}^L$。除了二进制编码以外，还有各种其他的编码形式，如格雷码编码、序列编码、实数编码、符号编码等。

染色体（chromosome）就是问题中个体的某种字符串形式的编码表示。字符串中的字符称为基因（gene）。如果个体为 9，用二进制编码可以将染色体表示为 1001，如果个体为（2, 5, 6），则用二进制编码可以将染色体表示为（010, 101, 110）。

2）初始群体的设定

遗传算法是群体型操作，这样必须为遗传操作准备一个由若干初始解组成的初始群体。初始种群的好坏对于遗传算法计算结果的优劣和算法的效率有着重要影响。产生初始种群通常有两种方法：一种是完全随机的产生方法，它适用于对待求解问题的解无任何先验知识的情况；另一种是把某些先验知识转化为必须满足的一组要求，然后在满足这些要求的解中随机地选取。这种选择初始种群的方法可以使遗传算法较快地达到最优解。初始群体也称为进化的初始代，即第一代（first generation）。

3）适应度函数的确定

遗传算法在搜索进化过程中一般不需要其他外部信息，仅用评估函数值来评估个体或解的优劣，并作为以后遗传操作的依据。评估函数值又称为适应度。适应度函数的设计一般要满足三个条件。

（1）解析性质：连续、非负。

（2）合理性：要求适应度函数设计应尽可能简单。

（3）近似量小：适应度函数对某一类具体问题应尽可能通用。

适应度函数是根据目标函数确定的。遗传算法常常将目标函数直接作为适应度函数，但由于在执行选择操作时，它要按与个体适应度成正比的概率来决定当前群体中每个个体遗传到下一代群体中的概率，要正确计算此概率，要求所有个体的适应度函数值必须非负。而一般目标函数有正有负，且和适应度之间的关系也是多种多样的，所以实际操作时，常常将目标函数适当作一些处理，具体为：

（1）直接将待求解的目标函数转化为适应度函数。即：若目标函数为最大化问题，则 $\mathrm{Fit}(f(x))=f(x)$；若目标函数为最小化问题，则 $\mathrm{Fit}(f(x))=-f(x)$。

（2）将待求解的目标函数做适当处理后再转化为适应度函数。

若目标函数为最大化问题，则

$$\mathrm{Fit}\left(f\left(x\right)\right)=\begin{cases}f\left(x\right)-c_{\min} & f\left(x\right)>c_{\min}\\ 0 & \text{其他}\end{cases}$$

式中 $c_{\min}$ 为 $f\left(x\right)$ 的最小估计值。

若目标函数为最小化问题，则

$$\mathrm{Fit}\left(f\left(x\right)\right)=\begin{cases}c_{\max}-f\left(x\right) & f\left(x\right)<c_{\max}\\ 0 & \text{其他}\end{cases}$$

式中 $c_{\max}$ 为 $f\left(x\right)$ 的最大估计值。

因此，存在目标函数到适应度函数的映射形式，一般映射形式为：

$$\phi(\alpha)=\delta\left(f\left(\tau(\alpha)\right)\right)$$

其中，α 为个体；τ 为个体的译码函数；f 为具体求解问题的表达式；δ 为变换函数，δ 的作用是确保适应度为正，并且最好的个体其适应度最大。

适应度函数的选取至关重要，它直接影响到算法的收敛速度即最终能否找到最优解。函数优化问题可直接将函数本身作为评价函数。而对于复杂系统的评价函数一般不那么直观，往往需要研究者自己构造出能对解的性能进行评价的函数。

为了使遗传算法有效地工作，必须保持种群内位串的多样性和位串之间的竞争机制。如果将遗传算法的运行分为开始、中间和结束三个阶段，在开始阶段中，若一个规模不太大的种群内有少数非凡的个体（适应度很高的位串），通常的选择方法，这些个体会被大量繁殖，在种群中占有大的比重，这样就会减少种群的多样性，导致过早收敛，从而可能丢失一些有意义的搜索点或最优点，而陷入局部最优。在结束阶段，即使种群内保持了很大的多样性，但若所有或大多数个体都有很高的适应度，从而种群平均适应度和最大适应度相差无几，则平均适应度附近的个体和具有最高适应度的个体，被选中的机会几乎相同，这样选择就成了一个近乎随机的步骤，适应度的作用就会消失，从而使搜索性能得不到明显改进。因此，有必要对种群内各位串的适应度进行有效的调整，既不能相差太大，又要拉开档次，强化位串之间的竞争性。最常见的调整方法是线性定标法。

线性定标法的原理为：设原适应度函数为 f，定标后适应度函数为 f'，则线性定标表达式为 $f'=af+b$。式中，系数 a,b 必须满足下述两个条件：

- 原适应度平均值等于定标后的适应度平均值，保证在以后的选择处理中平均每个个体可贡献一个期待的子孙。
- 定标后的适应度函数的最大值 $f_{\max}$ 要等于原适应度函数的平均值的指定倍数，控制原适应度最大的个体可贡献的子孙的数目。

10.2.3　遗传算子

遗传算法的执行过程中，每一代有许多不同的染色体同时存在，这些染色体中哪个保留（生存）、哪个淘汰（死亡）是根据它们对环境的适应能力决定的，适应性强的有更多的机会保留下来。适应性强弱是通过计算个体适应度函数 $f\left(x\right)$ 的值来判别的，适应度函数 $f\left(x\right)$ 的构成与目标函数有密切关系，往往是目标函数的变种。主要的遗传算子有如下几种。

1. 选择算子

选择算子又称复制算子或繁殖算子。

选择是从种群中选择生命力强的染色体产生新种群的过程。依据每个染色体的适应度大小，适应度越大，被选中的概率就越大，其子孙在下一代产生的个数就越多。

选择操作是建立在群体中个体的适应度评估基础上的，目前常用的选择算子有以下几种。

1）适应度比例法

适应度比例法是目前遗传算法中最常用的选择方法。它也叫赌轮或蒙特卡罗（Monte-Carlo）选择。在该方法中，各个个体的选择概率和其适应度成比例。

设群体大小为n，其中个体i的适应度值为f_i，则i被选择的概率p_{si}为：

$$p_{si}=\frac{f_i}{\sum_{j=1}^{M}f_j}$$

显然，概率p_{si}反映了个体i的适应度在整个群体的个体适应度总和中所占的比例。个体适应度越大，其被选择的概率就越高。按上式计算出群体中各个个体的选择概率后，就可以决定哪些个体被选出。

2）期望值方法

（1）计算群体中每个个体在下一代生存的期望数目，即

$$M=\frac{f_i}{\bar{f}}=\frac{f_i}{\sum f_i/n}$$

（2）若某个体被选中并要参与配对和交叉，则它在下一代中的生存期望数目减去 0.5；若不参与配对和交叉，则该个体的生存期望数目减去 1。

（3）在上一步的两种情况中，若一个个体的期望值小于零，则该个体不参与选择。

对比实验表明，采用期望值法的性能高于其他两种方法的性能。

3）比例排列法

将比例法和排列法结合起来的比例排列法，即当群体中某个染色体的适应度远远大于其他染色体的适应度或群体中每个染色体的适应度相似时，按排列法进行后代选择，而在一般情形下采用比例法进行后代选择。这样既能利用两种方法各自的优点，又弥补了两种方法各自的缺点。

选择-复制算子的通常操作为：对于一个规模为N的种群S，按每个染色体$x_i\in S$的选择概率$P(x_i)$所决定的选中机会，分N次从S中随机选定N个染色体，并进行复制。这里选择概率$P(x_i)$的计算公式可以使用前面所讲到的适应度比例法来确定：

$$P(x_i)=\frac{f(x_i)}{\sum_{j=1}^{N}f(x_j)}$$

2. 交叉算子

交叉算子又称重组算子或配对算子。

当许多染色体相同或者后代的染色体与上一代没有多大差别时，可通过染色体重组来产生新一代染色体。染色体重组是分两个步骤进行的：

首先，在新复制的群体中随机选取两个个体；然后，沿着这两个个体（字符串）随机地取一个位置，二者互换从该位置起的末尾部分。

交叉算子是遗传算法区别于其他进化算法的独有特征。它是模仿自然界有性繁殖的基因重组过程，其作用在于将原有的优良基因遗传到下一代种群中，生成新个体。交叉算子不仅具有优化功能，而且是产生新个体的主要手段，保证了种群的多样性。

常用的交叉算子包括单点交叉、两点交叉、多点交叉、均匀交叉等形式。单点交叉算子破坏个体性状较小，使得有效模式受到破坏的概率较小，但它生成一些有效模式的概率也较小，故不利于抑制遗传算法的早熟现象；多点交叉随着交叉点数的增多，个体的结构被破坏的可能性也逐渐增大，这样很可能会破坏掉一些好的模式，所以使用时要慎重。

在交叉过程中的具体实施方法为互换两个染色体某些位上的基因。例如，设染色体 $s_1 = 01001011, s_2 = 10010101$，交换其后 4 位基因，即

```
0100 ¦ 1011      1001 ¦ 0101
        ╲          ╱
         ╲        ╱
          ╳──────
0100 ¦ 0101      1001 ¦ 1011
```

则得到 $s_1' = 01000101, s_2' = 10011011$，可以看做原染色体 s_1, s_2 的子代染色体。

3. 变异算子

变异算子模拟了自然界中生物进化过程中个体的基因突变现象，从而改变染色体的结构和物理性状。它是指将个体编码串中的某些基因位上的基因值用该基因位上的其他等位基因来替换，从而产生新的个体。在遗传运算过程中，当交叉操作产生的后代适应度值不再进化，且没有达到最优时，意味着算法陷入了早熟。早熟的根源在于有效基因的缺损，变异算子在一定程度上克服了这种情况，它可以改善遗传算法的局部搜索能力，增加种群的多样性。常见的变异算子包括位点变异、插入变异、对换变异、边界变异、非均匀变异和高斯变异等形式。

变异操作就是改变染色体某个（些）位上的基因。例如，设染色体 $s = 11001101$，将其第三位上的 0 变为 1，即 $s = 11001101 \rightarrow 11101101 = s'$。$s'$ 也可以看做原染色体 s 的子代染色体。

10.2.4　遗传算法的基本步骤

根据前面对遗传算法基本理论的分析，可以知道遗传算法在应用过程中需要调整的相关参数为：

- 种群规模；
- 最大迭代代数；
- 交叉率（crossover rate），就是参加交叉运算的染色体个数占全体染色体总数的比例，记为 P_c，取值范围一般为 0.4～0.99；
- 变异率（mutation rate），是指发生变异的基因位数所占全体染色体基因总位数的比例，记为 P_m，取值范围一般为 0.000 1～0.1。

基本的遗传算法通过对某一代种群经过对生物基因的复制、变换和变异，产生新一代种群。再重复此过程，直到群体或最优点的性能达到满意程度。遗传算法的基本步骤为：

（1）选择问题的一个编码方式，在搜索空间U上定义一个适应度函数$f(x)$，给定种群规模N，交叉率P_c和变异率P_m，代数T。

（2）随机产生U中的N个个体$s_1,s_2,\cdots,s_N$，组成初始种群$S(1)=\{s_1,s_2,\cdots,s_N\}$，置代数计数器$t=1$。

（3）计算S中的每一个个体s_i的适应度函数$f_i=f(s_i)$。

（4）若满足算法终止规则，则算法停止，取S中适应度最大的个体作为所求结果，否则，计算概率：

$$P(s_i)=\frac{f_i}{\sum_{j=1}^{N}f_j}\quad i=1,2,\cdots,N$$

并按照上述选择概率分布所决定的选中机会，每次从S中随机选定 1 个个体并将其染色体复制，共做N次，然后将复制所得的N个染色体组成群体S_1。

（5）按交叉率P_c所决定的参加交叉的染色体数c，从S_1中随机确定c个染色体，配对进行交叉操作，并用产生的新染色体代替原染色体，得群体S_2。

（6）按变异率P_m所决定的变异次数m，从S_2中随机确定m个染色体，分别进行变异操作，并用产生的新染色体代替原染色体，得群体S_3。

（7）将群体S_3作为新一代种群，即用S_3代替S，$t=t+1$，转步骤（3）。

下面用一个实例来说明用遗传算法求解最优化问题的方法和具体的迭代步骤。

【例 10-1】 利用遗传算法求解区间[0, 31]上的二次函数$y=x^2$的最大值，如图 10-2 所示。

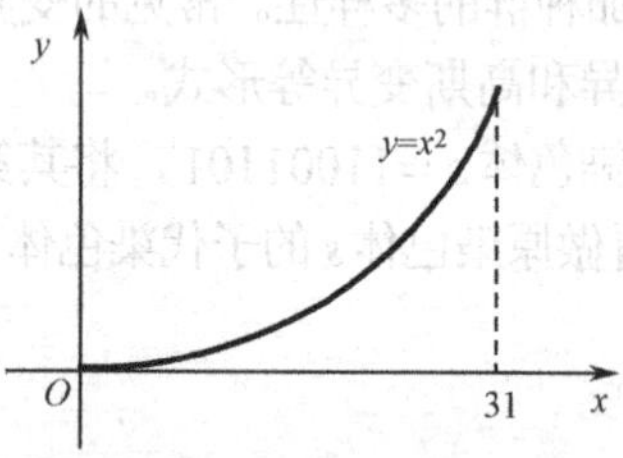

图 10-2　目标函数示意图

原问题可转化为在区间[0, 31]中搜索能使y取最大值的点a的问题。那么，[0, 31]中的点x就是个体，函数值$f(x)$恰好就可以作为x的适应度，区间[0, 31]就是一个（解）空间。这样，只要能给出个体x的适当染色体编码，该问题就可以用遗传算法来解决。

我们采用二进制形式来解决编码问题，即将某个变量值代表的个体表示为一个$\{0,1\}$二进制串。串的长度取决于求解的精度，例如，假设解空间为[−1, 2]，求解精度为保留 6 位小数，由于解空间[−1, 2]的长度为 3，则必须将该区间分为 3×10^6 等份。因为 $2^{21}<3\times10^6<2^{22}$，所以编码所用的二进制串至少需要 22 位。

根据上述分析，求解步骤为：

（1）采用 5 位二进制数编码染色体，将种群规模设定为 4，取下列个体组成初始种群S_1：$s_1=13(01101), s_2=24(11000), s_3=8(01000), s_4=19(10011)$。

（2）定义适应度函数为目标函数$f(x)=x^2$。

（3）计算各代种群中各个体的适应度，并对其染色体进行遗传操作，直到适应度最高的个体，即 31（11111）出现为止。迭代的过程为：

- 首先计算种群 S_1 中各个体 s_i 的适应度 $f\left(s_i\right)$ 如下：

$$f(s_1)=f(13)=13^2=169 \quad f(s_2)=f(24)=24^2=576$$
$$f(s_3)=f(8)=8^2=64 \quad f(s_4)=f(19)=19^2=\ 61$$

- 再计算种群 S_1 中各个体的选择概率 $P(x_i)=\dfrac{f(x_i)}{\sum\limits_{j=1}^{N}f(x_j)}$ 如下：

$$P(s_1)=P(13)=0.14 \quad P(s_2)=P(24)=0.49$$
$$P(s_3)=P(8)=0.06 \quad P(s_4)=P(19)=0.31$$

- 按照赌轮选择法来确定选中概率。

赌轮选择法的示意图如图 10-3 所示，在算法中赌轮选择法可用下面的子过程来模拟：

① 在[0, 1]区间内产生一个均匀分布的随机数 r。

② 若 $r\leqslant q_1$，则染色体 x_1 被选中。

③ 若 $q_{k-1}<r\leqslant q_k(2\leqslant k\leqslant N)$，则染色体 x_k 被选中。

其中的 q_i 称为染色体 $x_i(i=1,2,\cdots,n)$ 的积累概率，其计算公式为：

$$q_i=\sum_{j=1}^{i}P\left(x_j\right)$$

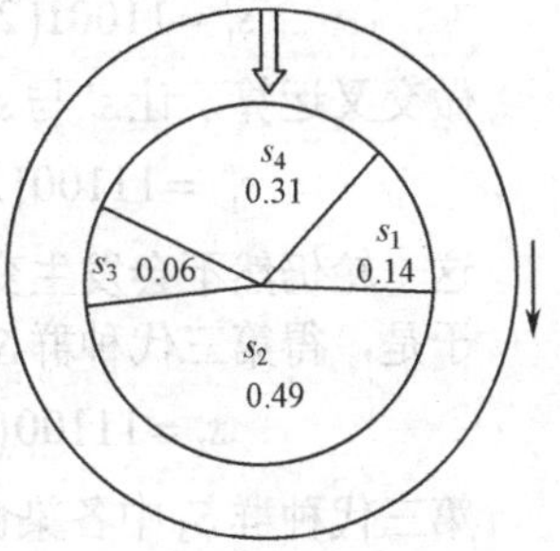

图 10-3 赌轮选择法

- 选择–复制。

设从区间[0, 1]中产生 4 个随机数如下：

$$r_1=0.450126, r_2=0.110347, r_3=0.572496, r_4=0.98503$$

于是，经复制得群体：

$$s_1'=11000(24), s_2'=01101(13), s_3'=11000(24), s_4'\ =10011(19)$$

- 交叉。

设交叉率 $P_c=100\%$，即 S_1 中的全体染色体都参加交叉运算。设 s_1' 与 s_2' 配对，s_3' 与 s_4' 配对。分别交换后两位基因，得新染色体：

$$s_1''=11001(25), s_2''=01100(12), s_3''=11011(27), s_4''=10000(16)$$

- 变异。

设变异率 $P_m=0.001$。这样，群体 S_1 中共有 5×4×0.001=0.02 位基因可以变异。0.02 位显然不足 1 位，所以本轮遗传操作不做变异。

于是，得到第二代种群 S_2：

$$s_1=11001(25), s_2=01100(12), s_3=11011(27), s_4=10000(16)$$

第二代种群 S_2 中各染色体的情况如表 10-1 所示。

表 10-1　第二代种群 S_2 中各染色体的情况

染 色 体	适 应 度	选 择 概 率	积 累 概 率	估计的选中次数
s_1=11001	625	0.36	0.36	1
s_2=01100	144	0.08	0.44	0
s_3=11011	729	0.41	0.85	2
s_4=10000	256	0.15	1.00	1

然后再循环使用“选择-复制—交叉—变异的操作，直到最优解出现，则下一步就是对第二代种群进行相关操作。

假设这一轮选择-复制操作中，种群 S_2 中的 4 个染色体都被选中，则得到群体：

$$s_1'=11001(25), s_2'= 01100(12), s_3'=11011(27), s_4'= 10000(16)$$

做交叉运算，让 s_1' 与 s_2'，s_3' 与 s_4' 分别交换后三位基因，得：

$$s_1''=11100(28), s_2''= 01001(9), s_3''=11000(24), s_4''=10011(19)$$

这一轮仍然不会发生变异。

于是，得第三代种群 S_3：

$$s_1=11100(28), s_2=01001(9), s_3=11000(24), s_4=10011(19)$$

第三代种群 S_3 中各染色体的情况如表 10-2 所示。

表 10-2　第三代种群 S_3 中各染色体的情况

染 色 体	适 应 度	选 择 概 率	积 累 概 率	估计的选中次数
s_1=11100	784	0.44	0.44	2
s_2=01001	81	0.04	0.48	0
s_3=11000	576	0.32	0.80	1
s_4=10011	361	0.20	1.00	1

设这一轮的选择-复制结果为：

$$s_1'=11100(28), s_2'=11100(28), s_3'=11000(24), s_4'=10011(19)$$

做交叉运算，让 s_1' 与 s_4'、s_2' 与 s_3' 分别交换后两位基因，得

$$s_1''=11111(31), s_2''=11100(28), s_3''=11000(24), s_4''=10000(16)$$

这一轮仍然不会发生变异。

于是，得第四代种群 S_4：

$$s_1=11111(31), s_2=11100(28), s_3=11000(24), s_4=10000(16)$$

显然，在这一代种群中已经出现了适应度最高的染色体 $s_1=11111$。于是，遗传操作终止，将染色体“11111”作为最终结果输出。

然后，将染色体“11111”解码为表现型，即得所求的最优解 31。将 31 代入函数 $y=x^2$ 中，可得原问题的解，即函数 $y=x^2$ 的最大值为 961。

算法的迭代结果变化如图 10-4 所示。

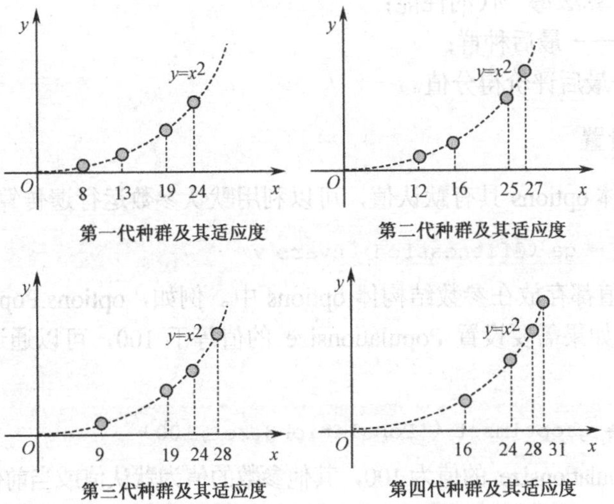

图 10-4 各代种群及其适应度迭代结果的变化

10.2.5 遗传算法的 MATLAB 实现

MATLAB 中遗传算法的主函数为 ga，该函数的功能为利用遗传算法求函数的极小点。调用方法为：

```
x = ga (fitnessfcn,nvars)
x = ga (fitnessfcn,nvars,A,b)
x = ga (fitnessfcn,nvars,A,b,Aeq,beq)
x = ga (fitnessfcn,nvars,A,b,Aeq,beq,LB,UB)
x = ga (fitnessfcn,nvars,A,b,Aeq,beq,LB,UB,nonlcon)
x = ga (fitnessfcn,nvars,A,b,Aeq,beq,LB,UB,nonlcon,options)
[x,fval] = ga (...)
[x,fval,exitflag] = ga (...)
```

1. 输入参数和输出参数

遗传算法工具箱中的 ga 的输入参数有@fitnessfcn、nvars 和 options，它们分别代表的意义为：

- @fitnessfun——计算适应度函数的 M 文件的函数句柄；
- nvars——适应度函数中的变量个数；
- options——优化参数结构体。

输出参数主要有 x、fval、exitflag、output、population 和 scores，分别代表的意义为：

- x——返回的最终点；
- fval——适应度函数在 x 点的值；
- exitflag——优化终止时的状态指示结构变量，说明优化算法停止的原因；

- output——算法每一代的性能；
- population——最后种群；
- scores——最后评价得分值。

2. 控制参数设置

输入参数结构体 options 具有默认值，可以利用默认参数运行遗传算法，调用语句如下：

```
[x fval] = ga (@fitnessfcn, nvars )
```

每一个参数的值都存放在参数结构体 options 中。例如，options.Populationsize 在结构体中的默认值为 20，如果需要设置 Populationsize 的值等于 100，可以通过下面的语句进行修改：

```
options = gaoptimset ('PopulationSize',100)
```

这样，参数 Populationsize 的值为 100，其他参数的值为默认值或当前值。此时，再输入：

```
ga (@fitnessfun, nvars, options)
```

函数 ga 将以种群中个体为 100 运行遗传算法。

在讲述上述方法之后，我们给出遗传算法中常用的参数及其设置方法，如表 10-3 所示。用户可以根据对具体优化问题的分析选择合适的参数进行优化问题的迭代求解，并通过改变不同参数的值分析算法的结果和性能。

表 10-3 函数 ga 的优化控制参数设置方法

参数名称	含义	参数值设置
CreationFcn	建立初始种群的函数句柄	@gacreationuniform（创建具有均匀分布的随机初始种群）或@gacreationlinearfeasible（默认值）
CrossoverFcn	子代交叉的函数句柄	@crossoverheuristic @crossoverintermediate @crossoversinglepoint @crossovertwopoint @crossoverarithmetic @crossoverscattered（默认值）
CrossoverFraction	交叉概率，不包含由 CrossoverFcn 产生的精英子代	为一个正数，默认值为 0.8
EliteCount	在当前这一代种群中指定保证在下一代存活的精英个体数目	为一个正整数，默认值为 2
FitnessLimit	如果适应度函数的值达到 FitnessLimit 的值，则算法停止	为一个实数，默认值为-Inf
TimeLimint	优化算法运行时间限制	为一个正实数，默认值为 Inf
FitnessScalingFcn	衡量适应度函数值的函数句柄	@fitscalingshiftlinear @fitscalingprop @fitscalingtop @fitscalingrank（默认值）
Generations	算法执行的最大的迭代次数	为一个正整数，默认值为 100
InitialPopulation	初始种群	为一个矩阵，默认值为[]
InitialScores	初始适应度函数的评价得分值	为一个列向量，默认值为[]
MigrationDirection	迁移方向	both 或者 forward（默认值）

续表

参 数 名 称	含 义	参数值设置
MigrationFraction	从一个子种群到另一个子种群的迁移概率	为一个 0~1 之间的实数，默认值为 0.2
MutationFcn	产生变异子代的函数句柄	@mutationuniform @mutationadaptfeasible @mutationgaussian（默认值）
OutputFcns	ga 在每次迭代中调用的函数	@gaoutputgen 或[]（默认值）
PopInitRange	设定在初始种群中染色体的取值范围	矩阵或者向量，默认值为[0;1]
PopulationSize	种群的数量	为一个正整数，默认值为 20
PopulationType	说明种群中数据元素类型的字符串	bitstring、custom 或 doubleVector（默认值）
SelectionFcn	选择函数句柄，用以选择进行交叉和变异的父代	@selectionremainder @selectionuniform @selectionroulette @selectiontournament @selectionstochunif（默认值）
StallGenLimit	代数停滞限制，当目标函数在随后的 StallGenLimit 代之后没有改善，则算法停止	为一个正整数，默认值为 50
StallTimeLimit	适应度停滞限制，当目标函数在 StallTimeLimit 时间之后无改善，则算法停止	为一个正实数，默认值为 Inf
TimeLimit	算法在运行 TimeLimit 时间以后停止	为一个正实数，默认值为 Inf
TolCon	用以确定非线性约束的可行性	为一个正实数，默认值为 1e-6
TolFun	算法一直运行直到适应度函数超过 StallGenLimit 的累积变化小于 TolFun	为一个正实数，默认值为 1e-6
UseParallel	是否用并行算法计算种群的适应度函数	always 或 never（默认值）
Vectorized	用以表征适应度函数是否被矢量化	on 或 off（默认值）

3．命令详解

（1）x = ga(fitnessfcn,nvars)

搜索目标函数，也就是适应度函数 fitnessfcn 的一个局部无约束极小值点 x。nvars 为适应度函数的维数，即设计变量的个数。目标函数 fitnessfcn 的输入为 1×nvars 维的矩阵，输出为 x 处的标量值。

（2）x = ga(fitnessfcn,nvars,A,b)

搜索函数 fitnessfcn 在满足线性不等式约束 $Ax \leqslant b$ 时的一个局部极小值点 x。fitnessfcn 的定义与（1）中相同。

（3）x = ga(fitnessfcn,nvars,A,b,Aeq,beq)

搜索函数 fitnessfcn 在满足线性不等式约束 $Ax \leqslant b$ 和线性等式约束 $Aeqx = beq$ 时的一个局部极小值点 x，如果不存在线性不等式约束，则可以设置 A=[]和 b=[]。

（4）x = ga(fitnessfcn,nvars,A,b,Aeq,beq,LB,UB)

在（3）的基础上设置设计变量的边界 LB 和 UB，再进行问题的求解。如果某个边界约束不存在，则可以设置其值为空[]，如果无界则可以设置为 Inf 或者-Inf。

（5）x = ga(fitnessfcn,nvars,A,b,Aeq,beq,LB,UB,nonlcon)

设置优化过程中的非线性约束 nonlcon。约束函数 nonlcon 的输入为设计变量 x，输出为向量 C 和 Ceq，分别代表优化问题中的非线性不等式约束和非线性等式约束。ga 则在非线性约束 $C(x) \leqslant 0$ 和 $Ceq(x)=0$ 的前提下对问题进行求解。

（6）x = ga(fitnessfcn,nvars,A,b,Aeq,beq,LB,UB,nonlcon,options)

利用设定的优化参数对最优化问题进行求解，这些具体参数值可以通过 gaoptimset 设定。

（7）[x,fval] = ga(...)

返回适应度函数在最小点 x 处的值。

（8）[x,fval,exitflag] = ga(...)

返回 exitflag 值，描述函数计算的退出条件。

（9）[x,fval,exitflag,output] = ga(...)

在优化计算结束之时返回结构变量 output，代表算法每一代的性能。

（10）[x,fval,exitflag,output,population] = ga(...)

返回矩阵 population，其行代表最终种群。

（11）[x,fval,exitflag,output,population,scores] = ga(...)

返回最终种群的 scores 值。

4．优化实例

【例 10-2】 利用遗传算法求解如下非线性规划问题：

$$\begin{cases} \min & f(\mathbf{x}) = p_1x_1^2 + x_2^2 - x_1x_2 - 2x_1 - p_2x_2 \\ \text{s.t.} & x_1 + x_2 \leqslant 2 \\ & -x_1 + 2x_2 \leqslant 2 \\ & 2x_1 + x_2 \leqslant 3 \\ & x_1 \geqslant 0, x_2 \geqslant 0 \end{cases}$$

首先建立描述目标函数的 M-函数文件 lincontest6.m 如下所示：

```
function y = lincontest6(x)
%LINCONTEST6 A quadratic objective function (from Optimization Toolbox)

% Copyright 2003-2007 The MathWorks, Inc.
% $Revision: 1.3.4.1 $  $Date: 2007/06/14 05:06:33 $

p1=0.5;
p2=6.0;
y = p1*x(1)^2 + x(2)^2 -x(1)*x(2) -2*x(1) - p2*x(2);

%Derivative of the function above
% dy = [(2*p1*x(1) - x(2) -2); (2*x(2) -x(1) -p2)];
```

然后调用遗传算法工具箱中的 ga 函数对该函数的最小点进行求解，具体的代码和运行结果如下：

```
A = [1 1; -1 2; 2 1];
b = [2; 2; 3];
lb = zeros(2,1);
```

```
[x,fval,exitflag] = ga(@lincontest6, 2,A,b,[],[],lb)

Optimization terminated:
average change in the fitness value less than options.TolFun.

x =
   0.7794   1.2205
fval =
   -8.03916
exitflag =
1
```

【例 10-3】　求函数 $\text{Ras}(x)=20+x_1^2+x_2^2-10(\cos 2\pi x_1+\cos 2\pi x_2)$ 的全局极小值点。

Rastrigin 函数具有许多局部最小值。然而，该函数只有一个全局最小值，出现在[0,0]点处，函数在该点的值为 0。Rastrigin 函数的值均大于 0。局部最小点距离原点越远，该点的函数值越大。Rastrigin 函数是最常用于遗传算法测试的函数之一，因为它有许多局部最小点，使得使用标准的、基于梯度的查找全局最小值的方法十分困难。

在此利用 MATLAB 中的遗传算法工具箱对其进行求解，在求解的过程中需要设置一系列有关遗传算法的参数，设定 $-5\leqslant x_1,x_2\leqslant 5$。参数设置为：种群大小=500，交叉率=0.85，变异率=0.15，最大代数=500，其他参数使用默认值。

首先编写 Rastrigin 函数的 M-函数文件 rastrigin.m：

```
function f = rastrigin(x)
f = 20+x(1)^2 +x(2)^2-10*(cos(2*pi*x(1) )+cos(2*pi* x(2) ) );
```

然后按照分析设定相应的参数值，并调用 ga 函数进行求解，代码和运行结果如下：

```
fitnessFunction = @ rastrigin;
nvars = 2 ;
options = gaoptimset;
options = gaoptimset(options,'PopulationSize',500);
options = gaoptimset(options,'PopInitRange',[-5,5;-5,5] );
options = gaoptimset(options,'CrossoverFraction',0.85);
options = gaoptimset(options,'MigrationFraction',0.15);
options = gaoptimset(options,'Generations',500);
[x,fval,exitflag]= ga(fitnessFunction,nvars,options)

Optimization terminated: average change in the fitness value less than
options.TolFun.
x =
  1.0e-003 *
   -0.3527   -0.3016
```

```
fval =
  4.2721e-005
exitflag =
    1
```

对程序运行多次之后，发现每次都能收敛在[0,0]附近，而不会落入局部极小值点。这个例子说明如果选取恰当的函数值，遗传算法不仅不会陷入局部最优点，而且具有较快的收敛速度和较高的收敛精度。

【例 10-4】　利用遗传算法求解如下约束非线性规划问题：

$$\begin{cases}\min & f(x)=100\left(x_1^2-x_2\right)^2+\left(1-x_1\right)^2 \\ \text{s.t.} & x_1x_2+x_1-x_2+1.5\leqslant 0 \\ & 10-x_1x_2\leqslant 0 \\ & 0\leqslant x_1\leqslant 1 \\ & 0\leqslant x_2\leqslant 13\end{cases}$$

首先建立描述目标函数的 M-函数文件 simple_fitness.m 如下：

```
function y = simple_fitness(x)
y = 100*(x(1)^2 - x(2) )^2 + (1 - x(1) )^2;
```

然后建立描述最优化问题非线性约束的 M-函数文件 simple_constraint.m，其中包含问题中的两个非线性不等式约束：

```
function [c, ceq] = simple_constraint(x)
c = [1.5 + x(1)*x(2) + x(1) - x(2); -x(1)*x(2) + 10];
ceq = [];
```

之后使用遗传算法工具箱中的函数 ga 对问题进行求解。注意到该问题中含有两个设计变量，故设置 nvars=2。设置设计变量的上、下界及非线性约束后，调用 ga 求解的代码和运行结果如下：

```
ObjectiveFunction = @simple_fitness;
nvars = 2;              %设计变量的个数
LB = [0 0];             %设计变量的下界
UB = [1 13];            %设计变量的上界
ConstraintFunction = @simple_constraint;
[x,fval] = ga(ObjectiveFunction,nvars,[],[],[],[],LB,UB,ConstraintFunction)
Optimization terminated: average change in the fitness value less than
options.TolFun and constraint violation is less than options.TolCon.

x =
    0.8122   12.3122
fval =
  1.3578e+004
```

可见，问题的最优解为[0.8122,12.3122]，且此时最优函数值为 13 578。

10.3 模拟退火算法

模拟退火算法（Simulate Anneal Arithmetic，SAA）是一种通用随机搜索算法，是局部搜索算法的扩展，用来在一个大的搜寻空间内找寻命题的最优解。它的早期思想是在 1953 年由 Metropolis 提出来的，之后由Kirkpatrick S., Gelatt C. D.和Vecchi M. P.在 1983 年成功应用于组合优化。而V. Č erný在 1985 年也独立发明此算法。

模拟退火算法是针对组合优化提出的，其目的在于：

（1）为具有 NP 复杂性的问题提供有效的近似求解算法；

（2）克服优化过程陷入局部极小；

（3）克服初值依赖性。

模拟退火算法的基本思想出于物理退火过程，因此我们通过比较物理退火和模拟退火来介绍模拟退火的基本思想。

10.3.1 模拟退火算法的基本思想

模拟退火来自冶金学的专有名词退火。具体的退火过程为：当加热固体到一定温度后，它的所有分子在状态空间自由运动，随着温度的逐渐下降，分子停留在不同的状态，分子运动逐渐趋于有序，最后以一定的结构排列。这种由高温向低温逐渐降温的过程称为退火。退火过程中系统的熵值不断减小，系统能量随温度的降低趋于最小值。固体退火过程与优化问题之间存在着类似性。Kirkpatrick S 等人把 Metropolis 等人对用固体在恒定问题下达到热平衡过程的模拟引入到优化过程中。即如果：

$$\Delta f = f\left(x\left(t+\Delta t\right)\right) - f\left(x\right) \leqslant 0 \ \left(\Delta t \geqslant 0\right)$$

则接受新状态，否则按概率 $P\left(\Delta f\right) = \mathrm{e}^{-\Delta f/T}$ 接受新状态。$T = T\left(t\right)$ 为一个随时间 t 增加而下降的参变量，相当于退火过程中的温度。这种利用优化问题求解与物理系统退火过程的相似性，使用 Metropolis 算法，适当控制温度的下降过程，实现模拟退火，从而达到求解全局优化问题的随机性方法称为“模拟退火算法”。

模拟退火算法在搜索策略上引入了适当的随机因素和物理系统退火过程的自然机理，使得在迭代过程中出现可以接受使目标函数值变“好”的试探点，也可以以一定的概率接受使目标函数值变“差”的试探点，接受概率随着温度的下降逐渐减小。这样避免了搜索过程陷入局部最优解，有利于提高求得全局最优解的可靠性。因此，模拟退火算法具有实用范围广、求得全局最优解的可靠性高、算法简单、便于实现等优点。

10.3.2 模拟退火的算法步骤

模拟退火将热力学的理论套用到统计学上，将搜寻空间内的每一点想象成空气内的分子；分子的能量，就是它本身的动能；而搜寻空间内的每一点，也像空气分子一样带有“能量”，以表示该点对命题的合适程度。演算法先以搜寻空间内一个任意点作起始，每一步先选择一个“邻居”，然后再计算从现有位置到达“邻居”的概率。模拟退火算法可以分解为解空间、目标函数和初始解三部分。

（1）初始化：初始温度T_0（充分大），初始解状态$\boldsymbol{x}$（是算法迭代的起点），每个T值的迭代次数L。

（2）对$k=1,2,\cdots,L$执行第（3）步至第（6）步。

（3）产生新解$\boldsymbol{x}'$。

（4）计算增量$\Delta f=f(\boldsymbol{x}')-f(\boldsymbol{x})$，其中$f(\boldsymbol{x})$为评价函数。

（5）若$\Delta f<0$，则接受$\boldsymbol{x}'$作为新的当前解，并用做下一次模拟退火的初始点；否则计算新点的接受概率$P(\Delta f)=\mathrm{e}^{-\Delta f/KT}$，产生[0,1]区间上的均匀分布的伪随机数$r$。如果$P(\Delta f)>r$则接受$\boldsymbol{x}'$作为新的当前解，并用做下一次模拟退火的初始点，否则放弃新点仍取原来的点作为下一次模拟的初始点。

（6）如果满足终止条件则输出当前解作为最优解，结束程序。终止条件通常取为连续若干个新解都没有被接受时终止算法。

（7）T逐渐减小，且$T\to 0$，然后转第（2）步。

算法对应的算法流程图如图10-5所示。

模拟退火算法新解的产生和接受可分为如下4个步骤。

第一步，由一个产生函数从当前解产生一个位于解空间的新解。为便于后续的计算和接受，减少算法耗时，通常选择由当前新解经过简单地变换即可产生新解的方法，如对构成新解的全部或部分元素进行置换、互换等。注意到产生新解的变换方法决定了当前新解的邻域结构，因而对冷却进度表的选取有一定的影响。

第二步，计算与新解所对应的目标函数差。因为目标函数差仅由变换部分产生，所以目标函数差的计算最好按增量计算。事实表明，对大多数应用而言，这是计算目标函数差的最快方法。

第三步，判断新解是否被接受。判断的依据是一个接受准则，最常用的接受准则是Metropolis准则：若$\Delta f<0$则接受$\boldsymbol{x}'$作为新的当前解$\boldsymbol{x}$；否则以概率$\mathrm{e}^{-\Delta t'/T}$接受$\boldsymbol{x}'$作为新的当前解$\boldsymbol{x}$。

第四步，当新解被确定接受时，用新解代替当前解。这只需将当前解中对应于产生新解时的变换部分予以实现，同时修正目标函数值即可。此时，当前解实现了一次迭代。可在此基础上开始下一轮试验。而当新解被判定为舍弃时，则在原当前解的基础上继续下一轮试验。

在算法的具体实施过程中，模拟退火算法用一组冷却进度表参数来控制算法的进程，使算法在控制参数（随算法进程递减）“降温”并趋于零时，最终求得组合优化问题的相对全局最优解。冷却进度表参数包括控制参数t的初始值t_0、衰减函数、终止准则及Markov链长度L_k，优化问题的一个解i及其目标函数$f(i)$分别与固体的一个微观状态i及其能量E_i相对应。令控制参数t担当固体退火过程中温度T的角色，对t的每一个取值，采用Metropolis接受准则，持续进行“产生新解—判断—接受或舍弃”的迭代过程，最终达到该温度下的“平衡点”。其算法步骤为：

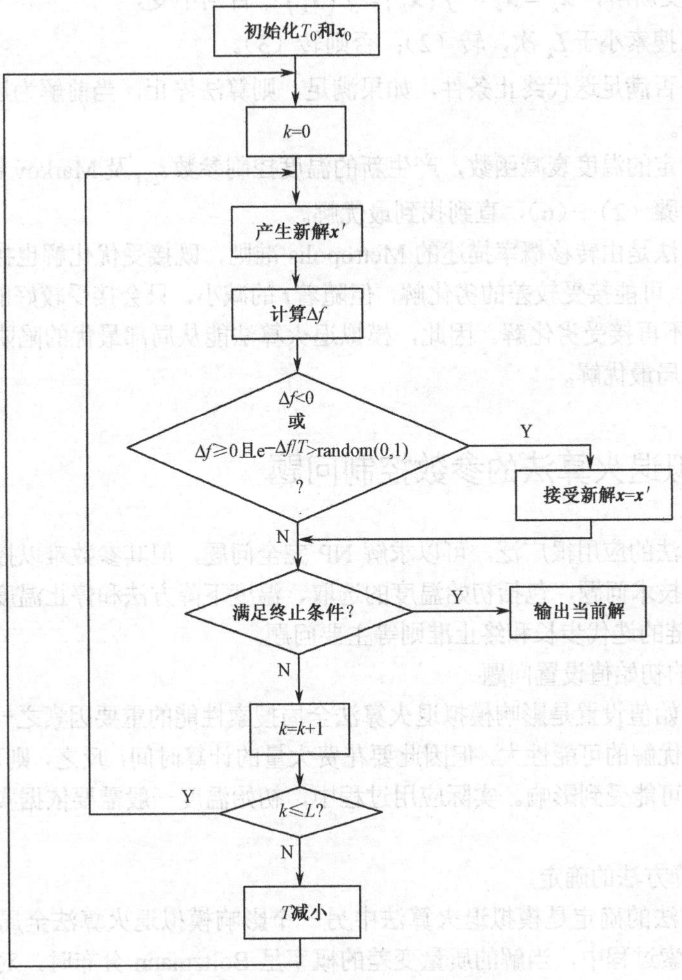

图 10-5 模拟退火算法的算法流程图

（1）给定冷却进度表参数及其迭代初始解 $\boldsymbol{x}_0$ 和 $f\left(\boldsymbol{x}_0\right)$。

（2）参数 $t=t_k$ 时作 L_k 次试探搜索。

根据当前解 $\boldsymbol{x}_k$ 产生一个随机量，如果是连续变量，则产生一个随机向量 $\boldsymbol{z}_k$；如果是离散变量，则产生一个随机偏变量 $\boldsymbol{q}'$。得到 $\boldsymbol{x}_k$ 邻域的新的试探点 $\boldsymbol{x}_k'$：

$$\boldsymbol{x}_k'=\begin{cases}\boldsymbol{x}_k+\boldsymbol{z}_k & \text{连续变量}\\ \boldsymbol{X}\left(\boldsymbol{q}+\boldsymbol{q}'\right) & \text{离散变量}\end{cases}$$

其中，$\boldsymbol{X}$ 为离散变量的取值序列，$\boldsymbol{q}$ 为当前解的离散位置。

（3）产生一个在（0, 1）上均匀分布的随机数 η，计算出在给定当前迭代点 $\boldsymbol{x}_k$ 和温度 t_k 下与 Metropolis 接受准则相对应的转移概率 P，有

$$P=\begin{cases}1 & f\left(\boldsymbol{x}_k'\right)\leqslant f\left(\boldsymbol{x}_k\right)\\ \mathrm{e}^{\frac{f(\boldsymbol{x}_k)-f(\boldsymbol{x}_k')}{t_k}} & f\left(\boldsymbol{x}_k'\right)>f\left(\boldsymbol{x}_k\right)\end{cases}$$

若$\eta \leqslant P$，则接受新解，$x_k = x'_k$，$f(x_k) = f(x'_k)$；否则不变。

（4）试探点搜索小于L_k次，转（2）；否则转（3）。

（5）检查是否满足迭代终止条件，如果满足，则算法停止，当前解为近似全局最优解；否则转步骤（6）。

（6）根据给定的温度衰减函数，产生新的温度控制参数t_{k+1}及 Markov 链的长度L_{k+1}；

（7）重复步骤（2）～（6），直到找到最优解。

模拟退火算法是由转移概率描述的 Metropolis 准则，既接受优化解也接受劣化解。算法开始时t值较大，可能接受较差的劣化解，但随着t的减小，只会接受较好的劣化解；最后在t值趋于零时，不再接受劣化解。因此，模拟退火算法能从局部最优的陷阱中跳出来，以较大的概率获得全局最优解。

10.3.3　模拟退火算法的参数控制问题

模拟退火算法的应用很广泛，可以求解 NP 完全问题，但其参数难以控制。下面讨论算法实现中的一些技术问题，包括初始温度的选取、温度下降方法和停止温度的确定，以及每个温度 Markov 链的迭代步长和终止准则等主要问题。

1）温度T的初始值设置问题

温度T的初始值设置是影响模拟退火算法全局搜索性能的重要因素之一。初始温度高，则搜索到全局最优解的可能性大，但因此要花费大量的计算时间；反之，则可节约计算时间，但全局搜索性能可能受到影响。实际应用过程中，初始温度一般需要依据实验结果进行若干次调整。

2）温度下降方法的确定

温度下降方法的确定是模拟退火算法中另一个影响模拟退火算法全局搜索性能的重要因素。在邻域搜索过程中，当解的质量变差的概率呈 Boltzmann 分布时，对数降温方式可以使模拟退火算法收敛于全局最优解，即$t(k) = K/\ln(1+k)$，其中K为正的常数，t为降温次数。

但是当解的质量变差的概率呈 Cauchy 分布时，下述降温方式可以使模拟退火算法收敛于全局最优解，即$t(k) = K/(1+k)$。

在实际问题的应用中，通常采用两种非常直观的下降方法，一种是每一步温度以相同的比率下降，即$t_{k+1} = \alpha t_k$，其中$k \geqslant 0$，$0 < \alpha < 1$，为降温系数，α越接近 1 温度下降越慢。由于这种方法简单易行，应用很广。

另一种是每一步温度以相同的长度下降，即$t_{k+1} = t_0(N-k)/N$，其中t_0为初始温度，N为温度下降的总次数。这一下降方法的优点是易于操作，且可以简单地控制温度下降的总步数。

3）每个温度迭代长度的确定

每个温度迭代长度也是影响模拟退火算法全局搜索性能的重要因素，在实际计算中要根据问题的特点确定合理的迭代长度，常用的方法有如下几种。

（1）固定迭代步数

这种方法很简单，就是在每个温度确定相同的迭代步数，步数的选取同实际问题的大小有关，一般采用与邻域大小直接相关的规则。

（2）由接受和拒绝的比率来控制迭代步数

在温度高时，每个状态被接受的概率基本相同，几乎所有状态都被接受，这时可以使同一温度的迭代步数尽量得少。当温度逐渐降低以后，越来越多的状态被拒绝，为避免过早地陷入局部最优，可以相应地增加迭代的步数。

一般常用的方法是给定一个充分的步长上限 U 和一个接受次数上限 W，当某一温度的实际接受次数等于 W 时，在此温度下不再迭代而使温度下降，否则继续迭代到上限步数 U。

另一种方法是再给定一个接受比率 r 和一个迭代步长下限 V，每个温度至少迭代 V 步，当迭代步数超过 V 步时，如果同一温度迭代被接受次数同总次数的比率不小于 r，则不再迭代而使温度下降，否则继续迭代到上限步数 U。当然，也可以用拒绝次数为指标得到一些类似的控制迭代步数的规则。

另外，还有概率控制法等其他方法。

4）算法的终止准则

模拟退火算法的终止规则主要采用一些比较直观的方法，如下所示。

（1）零度法

模拟退火算法的最终温度为零，所以常给定一个比较小的正数 ε，当温度 $t_k \leqslant \varepsilon$ 时，算法终止，表示达到了最低温度。

（2）循环总数控制法

这种方法是设总的温度下降次数为一个定值 N，当温度迭代次数达到 N 时，算法终止。这一原则可分为两类：一类是整个算法的总迭代次数为一个定值，另一类是温度下降次数为一个定值。

（3）基于不改进规则的控制法

这种方法是指在一个温度和给定的迭代次数内没有改进当前的局部最优解，则算法终止。

（4）接受概率控制法

模拟退火算法的基本思想是跳出局部最优解，如果在较高温度时没能跳出局部最优解，在较低温度时能跳出局部最优解的可能性也更小，所以就给定一个比较小的数 p，在一个温度和给定的迭代步数内，除当前局部最优解外，其他状态接受概率都小于 p 时，算法终止。

另外，还有一些算法终止准则，如邻域法、Lundy 和 Mess 方法、Aarts 和 VanLaarhoven 法等。

下面以 TSP 问题为例，介绍模拟退火算法求解组合优化问题的一个实现方案。

【例 10-5】 TSP 问题的模拟退火求解策略。

TSP 问题（Travelling Salesman Problem）即旅行商问题是数学领域中的著名问题之一。假设有一个旅行商人要拜访 n 个城市，假设这 n 个城市两两之间均可到达，且可以用距离来量化，现在的问题是：他必须选择所要走的路径，路径的限制是每个城市只能拜访一次，而且最后要回到原来出发的城市。路径的选择目标是要求得的路径路程为所有路径之中的最小值。

TSP 问题最简单的求解方法是枚举法。它的解是多维的、多局部极值的、趋于无穷大的复杂解的空间，搜索空间是 n 个点的所有排列的集合，此种问题属于 NP-Complete 的问题，所以旅行商问题大多集中在启发式解法。下面介绍如何使用模拟退火算法来解决 TSP 问题。

（1）编码选择

TSP 的编码策略上要有近邻编码、次序编码、二进制编码、矩阵编码、边编码和路径编码等。近邻编码必须考虑解的合法性；次序编码不利于全局优化；二进制编码不自然，且需附加修正算子来保证解的合法性；矩阵编码存储量很大；边编码处理复杂。基于此，路径编码是描述 TSP 解的最常用的一种策略。

所谓路径编码，即直接采用城市在路径中的位置来构造用于优化的状态，如路径 5-4-1-7-9-8-6-2-3 对应的路径编码为（5 4 1 7 9 8 6 2 3）。这种编码形式自然直观，易于加入启发式信息，也有利于优化操作的设计。

（2）模拟退火新状态产生函数的设计

对于基于路径编码的模拟退火新状态产生函数操作，可将其设计为：

- 互换操作（SWAP），即将原状态随机交换两个城市的位置；
- 逆序操作（INV），即将原状态中两个不同随机位置中的城市逆序；
- 插入操作（INS），即随机选择某个点插入到随机位置。

譬如状态为（5 4 1 7 9 8 6 2 3），两个随机位置为 2、6，则

互换操作后的结果为（5 8 1 7 9 4 6 2 3）；

逆序操作后的结果为（5 8 9 7 1 4 6 2 3）；

插入操作后的结果为（5 8 4 1 7 9 6 2 3）。

对于对称 TSP，两种其子对中的影响可归纳为以下三种情况：

- 若所选择的两位置相邻，则三种操作均改变三条边；
- 若所选择的两位置间隔一个点，则插入操作改变三条边，交换操作和逆序操作改变两条边；
- 若所选择的两位置间隔两个或两个以上的点，则交换操作改变四条边，逆序操作改变一条边。

由于表示 TSP 解的编码串很长，若算子中的随机性满足均匀分布，则上述第二种情况发生的概率最大。此时，交换操作更有利于算法的大范围探索，逆序操作则更有利于算法的小范围迁移。

（3）新状态接受函数的设计

新状态接受函数是算法产生概率突变能力的关键，能够在分布机制指导下避免局部极小。结合基于交换操作的状态产生函数，为了使搜索过程具有克服陷入局部极小的能力，并满足模拟退火算法的对称条件，下列准则是作为接受新状态条件的最常用方案：

$$\min\left\{1, \mathrm{e}^{-\Delta/t}\right\} > \mathrm{random}[0,1]$$

其中 Δ 为新、旧状态的目标函数值之差，t 为“温度”。

（4）初温和初始状态

最常用且可理解的初温确定方案是：首先随机产生一组状态，确定两两状态间的最大目标函数值之差 $\Delta_{\max}$，然后由式 $t_0 = -\Delta_{\max} / \ln p_r$ 计算出初温 t_0 其中 p_r 为初始接受概率，理论上应当接近于 1，实际设计时也可取 0.1。

理论上，初始状态可以随机选取，但为了提高优化效率，不妨采用启发式算法快速得到一个解，并以此为模拟退火的初始状态。

（5）温度下降函数的设计

理论上，温度应以很慢的速度下降，如对数的倒数方式，但为了避免过于冗长的搜索过程，较好地兼顾优化质量和时间性能，指数退温函数是最常用的退温策略，即 $t_k = \alpha t_{k-1}$，其中 α 为降温速率。

（6）温度修改准则和算法终止准则的设计

为适应算法性能的动态变化，较好地兼顾算法的优化性能和时间性能，可采用阈值法设计的“温度修改”和“算法终止”准则。也即，若优化过程中得到的最佳优化值连续 20 代进化保持不变，则进行退温；若最佳优化值连续 20 次退温仍保持不变，则终止搜索过程，以此优化恒为算法的优化结果。

下面通过一个编程实例来讲解如何利用模拟退火算法解决最优化问题。

【例 10-6】 使用模拟退火法求函数 $f(x,y) = 5\sin(xy) + x^2 + y^2$ 的最小值。

根据题意，模拟退火算法的相关优化参数为：初始温度 100，为了较好地兼顾优化质量和时间性能，采用指数退温策略，即使 $t_k = \alpha t_{k-1}$，且衰减参数为 0.95，求解过程中 Markov 的长度为 10 000，Metropolis 的步长为 0.02。结束条件为根据上一个最优解与最新的一个最优解之差小于某个容差。首先定义描述目标函数的 M-函数文件 ObjectFunction.m 如下：

```
function f=ObjectFunction(x,y)
f = 5.0 * sin(x*y) + x*x + y*y;
```

然后根据前面对模拟退火算法具体步骤的分析，使用 Metropolis 接受准则模拟求解该问题的 MATLAB 代码为：

```
% 模拟退火法求函数 f(x,y) = 5sin(xy) + x^2 + y^2 的最小值
% 结束条件为两次最优解之差小于某小量
% PreX,NextX;             prior and next value of x
% PreY,NextY;             prior and next value of y
% PreBestX, PreBestY;     上一个最优解
% BestX,BestY;            最终解
% MarkovLength            马可夫链长度
% DecayScale              衰减参数
% StepFactor              步长因子
% Temperature             初始温度
% Tolerance               容差
% AcceptPoints            Metropolis 过程中总接受点
% XMAX,YMAX               搜索的最大区间

%区间设置
XMAX = 4;YMAX = 4;
% 冷却表参数设置
MarkovLength = 10000;
DecayScale = 0.95;
```

```
    StepFactor = 0.02;
    Temperature = 100;
    Tolerance = 1e-6;
    AcceptPoints = 0.0;

    PreX = -XMAX * rand();
    PreY = -YMAX * rand();
    BestX = PreX;
    PreBestX = BestX;
    BestY = PreY;
    PreBestY = BestY;

    %每迭代一次退火一次，直到满足迭代条件为止
    Temperature = DecayScale*Temperature;

    %控制 while 至少迭代一次
    times=1;

    while( times<2 ||(abs( ObjectFunction( BestX,BestY)-ObjectFunction (PreBestX,
    PreBestY)) > Tolerance));
        %在当前温度 T 下迭代的次数为 Markov 链的长度
        for i=1:MarkovLength
            %1) 在此点附近随机选下一点
            NextX = PreX + StepFactor*XMAX*(rand-0.5);
            NextY = PreY + StepFactor*YMAX*(rand-0.5);

            while ( ~(NextX >= -XMAX && NextX <= XMAX && NextY >= -YMAX &&
            NextY <= YMAX))
                NextX = PreX + StepFactor*XMAX*(rand-0.5);
                NextY = PreY + StepFactor*YMAX*(rand-0.5);
            end
            %(2) 判断是否为全局最优解
            if (ObjectFunction(BestX,BestY) > ObjectFunction(NextX,NextY))
                %保留上一个最优解
                PreBestX =BestX;
                PreBestY = BestY;
                %此为新的最优解
                BestX=NextX;
                BestY=NextY;
            end
```

```
            %(3) Metropolis 模拟退火过程
            if (ObjectFunction(PreX,PreY) - ObjectFunction(NextX,NextY) > 0)
                %接受，此处 lastPoint 即下一个迭代的点以新接受的点开始
                PreX=NextX;
                PreY=NextY;
                AcceptPoints=AcceptPoints+1;
            else
                change = -1 * ( ObjectFunction(NextX,NextY) - ObjectFunction(PreX,PreY))
                / Temperature ;
                if exp(change) > rand()
                    PreX=NextX;
                    PreY=NextY;
                    AcceptPoints=AcceptPoints+1;
                end
                %不接受，保存原解
            end
        end
        times=times+1;
    end

    %显示最优解和在最优解处的目标函数值
    BestX
    BestY
    ObjectFunction(BestX,BestY)
```

运行该程序，可以得到该问题的最优解为：

```
    BestX =
        1.0770

    BestY =
       -1.0762

    ans =
       -2.2640
```

即目标函数的一个极小点为（1.077 0, −1.076 2），在该点的目标函数值为−2.264 0。

10.3.4　模拟退火的 MATLAB 工具箱求解

在 MATLAB 中提供了使用模拟退火算法解决无约束或边界约束最优化问题的求解函数

simulannealbnd，其调用格式为：

```
x = simulannealbnd (fun,x0)
x = simulannealbnd (fun,x0,lb,ub)
x = simulannealbnd (fun,x0,lb,ub,options)
[x,fval] = simulannealbnd (...)
[x,fval,exitflag] = simulannealbnd (...)
[x,fval,exitflag,output] = simulannealbnd (fun,...)
```

该函数的输入参数有 fun、x0、lb、ub 和 options，这和以前遇到的优化函数的输入参数类似，fun 为目标函数句柄，x0 为求解最优化问题的初始值，而 lb 和 ub 为设计变量的边界，options 是存储优化控制参数的结构体变量。

输出参数有 x、fval、exitflag 和 output，x 是搜索到的最优点，fval 是目标函数在最优点的最优值，exitflag 是优化结束时的状态指示变量，说明算法终止的原因，output 是输出结构变量。其中 exitflag 的属性值及其代表的意义如表 10-4 所示。

表 10-4 exitflag 各属性值及其所代表的意义

属 性 值	所代表的意义
1	在执行 options.StallInterLimit 次迭代之后，目标函数的平均变化小于 options.TolFun.
5	达到目标函数的最小期望值
0	超过目标函数的最大评价次数或者最大迭代次数
–1	优化过程被输出函数或者绘图函数终止
–2	未搜索到可行点
5	超过时间限制

下面对函数 simulannealbnd 的用法做一个解释。

（1）x = simulannealbnd(fun,x0)

从初始点 x0 开始寻找目标函数 fun 的局部极小点 x，x0 可以是标量或者向量。

（2）x = simulannealbnd(fun,x0,lb,ub)

在调用格式（1）的基础上增加边界约束 lb 和 ub，使得设计变量满足关系 lb≤x≤ub。如果问题中无边界约束，则可以设置 lb 和 ub 这两个参数为空矩阵。如果对于设计变量 x_i 无下界约束，则可以设置 lb(i) = –Inf; 同理，如果对于设计变量 x_i 无上界约束，则可以设置 ub(i) = Inf。

（3）x = simulannealbnd(fun,x0,lb,ub,options)

按照指定的控制参数进行最优化问题的求解，可以通过 saoptimset 来设置这些参数的值，其中可以设置的参数如表 10-5 所示。

表 10-5 函数 simulannealbnd 的优化参数设置

参 数 名 称	用 法	设 置 方 法
AnnealingFcn	算法产生新点的函数句柄	@annealingboltz @annealingfast（默认值）
TemperatureFcn	更新温度策略的函数句柄	@temperatureboltz @temperaturefast @temperatureexp（默认值）

续表

参数名称	用 法	设置方法
AcceptanceFcn	确定新点是否能被接受	@acceptancethresh @acceptancesa（默认值）
TolFun	函数值计算终止限	为一个正实数，默认值为 1e-6
StallIterLimit	适应度函数在当前点迭代该值所示次数后变化小于 Tol.fun，则算法停滞	为一个正整数，默认值为 500×numberofvariables
MaxFunEvals	最大目标函数评价次数	为一个正整数，默认值为 3 000×numberofvariables
TimeLimit	算法运行的最大时间	为一个正实数，默认值为 Inf
MaxIter	算法运行的最大迭代次数	为一个正整数，默认值为 Inf
ObjectiveLimit	目标函数的最小期望值	为一个标量，默认值为–Inf
InitialTemperature	温度的初始值	为一个正整数，默认值为 100
ReannealInterval	退火间隔	为一个正整数，默认值为 100
DataType	设计变量的数据类型	custom 或 double（默认值）

下面结合一个案例来解释 simulannealbnd 函数的用法。

【例 10-7】 求解 De Jong 第五函数的最小点。该函数是具有许多局部极小点的二维函数，可以通过 MATLAB 提供的函数 dejong5fcn.m 来查看该函数：

```
function scores = dejong5fcn(xin)
%DEJONG5FCN Compute DeJongs fifth function.

%  Copyright 2003-2007 The MathWorks, Inc.
%  $Revision: 1.2.6.4 $  $Date: 2008/04/06 19:14:31 $


a =[-32, -16, 0, 16, 32, -32, -16, 0, 16, 32, -32, -16,
0, 16, 32 -32, -16, 0, 16, 32, -32, -16, 0, 16, 32;
-32, -32, -32, -32, -32, -16, -16, -16, -16, -16, 0,
0, 0, 0, 0, 16, 16, 16, 16, 16, 32, 32, 32, 32, 32 ];

if(nargin == 0)
   plotobjective(@dejong5fcn,65.536 * [-1 1; -1 1] );
   return
end

scores = zeros(size(xin,1),1);
for i = 1:size(xin,1)
   p = xin(i,: );
   p = max(-65.536,min(65.536,p));
   k = 0.002;
   for j = 1:25
      k = k + 1 /(j + (p(1) - a(1,j))^6 + (p(2) - a(2,j)) ^ 6);
```

```
        end
        scores(i) = 1/k;
    end.
```

如果在 MATLAB 的命令行中输入命令>>dejong5fcn，则可以绘制出函数图像，如图 10-6 所示。

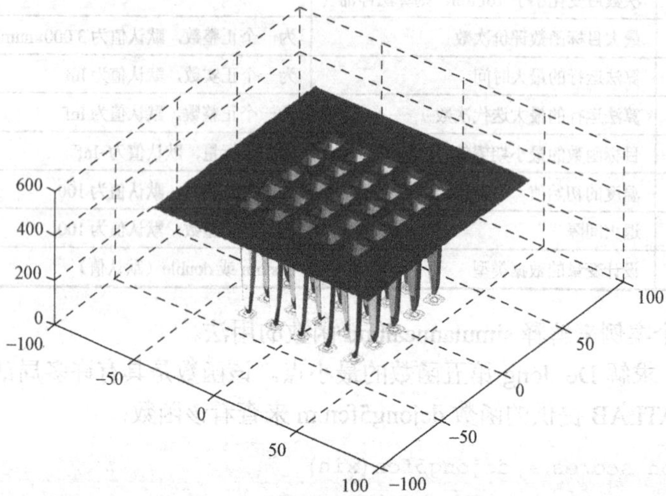

图 10-6　dejong5fcn 函数图

首先在无约束的前提下求解该函数的极小值点，在此过程中设置迭代求解的初始点为 x0=[0 0]，代码和运行结果为：

```
x0 = [0 0];
[x,fval] = simulannealbnd(@dejong5fcn,x0)

Optimization terminated: change in best function value less than options.TolFun.
x =
    0.0392  -31.9700
fval =
    2.9821
```

此时找到一个局部极小值点，为[0.039 2, -31.970 0]，函数极小值为 2.982 1。

进一步，在问题中加入对设计变量的边界约束，即设置两个设计变量均在[-64,64]的范围内，此时有 lb = [-64 -64]且 ub = [64 64]，于是求解的代码和运行结果如下：

```
x0 = [0 0];
lb = [-64 -64];
ub = [64 64];
[x,fval] = simulannealbnd(@dejong5fcn,x0,lb,ub)

Optimization terminated: change in best function value less than options.TolFun.
```

```
x =
    -31.9652  -32.0286
fval =
     0.9980
```

此时找到函数的一个局部极小值点，为[-31.965 2, -32.028 6]，函数极小值为 0.998 0。

10.4 禁忌搜索

禁忌搜索（tabu search）算法是局部邻域搜索算法的推广，是人工智能在组合优化算法中的一个成功应用。Glover 在 1986 年首次提出这一概念，进而形成一套完整算法。禁忌搜索算法的特点是采用了禁忌技术，所谓禁忌就是禁止重复前面的工作。为了回避局部邻城搜索陷入局部最优的主要不足，禁忌搜索算法用一个禁忌表记录下已经到达过的局部最优点，在下一次搜索中，利用禁忌表中的信息不再或有选择地搜索这些点，以此来跳出局部最优点。禁忌搜索算法是一种人工智能算法。

10.4.1 局部邻域搜索简介

组合优化是通过对数学方法的研究寻找离散事件的最优编排、分组、次序或筛选等，是运筹学中的一个经典并且重要的分支，所研究问题涉及信息技术、经济管理、工业工程、交通运输、通信网络等诸多领域。在此假设所要解决的组合优化问题的数学模型为：

$$\begin{cases}\min & f(\boldsymbol{x}) \\ \text{s.t.} & g(\boldsymbol{x}) \geqslant 0 \\ & \boldsymbol{x} \in D\end{cases}$$

其中，$f(\boldsymbol{x})$为目标函数，$g(\boldsymbol{x})$为约束函数，$\boldsymbol{x}$为设计变量，D表示有限个离散点组成的集合。

因此，一个组合最优化问题可用三参数(D,F,f)表示，其中D表示设计变量的定义域，F表示可行解区域$F=\{\boldsymbol{x}|g(\boldsymbol{x})\geqslant 0,\boldsymbol{x}\in D\}$，$F$中任何一个元素称为该问题的可行解，$f$表示目标函数，满足$f(\boldsymbol{x}^*)=\min\{f(\boldsymbol{x})|\boldsymbol{x}\in F\}$的可行解$\boldsymbol{x}^*$称为该问题的最优解。组合优化问题的特点是可行解集合为有限点集。由直观可知，除非可行域为空集，只要将D中的有限个点逐一判别是否满足约束和比较目标值的大小，一定可以求得该问题的最优解。但是由于状态空间规模的巨大，不可能对其进行完全的遍历，下面在给出邻域概念的基础上介绍一个可行的简单邻域搜索策略。

定义 10-1 （邻域） 对于组合最优化问题(D,F,f)，D上的一点到D的子集的一个映射$N:\boldsymbol{x}\in D\to N(\boldsymbol{x})\in 2^D$，称为一个邻域映射，其中$2^D$表示$D$的所有子集组成的集合，$N(\boldsymbol{x})$称为$\boldsymbol{x}$的邻域，$\boldsymbol{x}'\in N(\boldsymbol{x})$称为$\boldsymbol{x}$的一个邻居。

以 TSP 问题为例，其一种表示法为：

$$D = F = \left\{ \boldsymbol{x} = (i_1, i_2, \cdots, i_n) \middle| i_1, i_2, \cdots, i_n \text{是}1,2,\cdots,n\text{的一个排列} \right\}$$

于是可以定义邻域映射为将 $\boldsymbol{x}$ 中的两个元素进行交换，如 4 个城市的 TSP 问题，如果 $\boldsymbol{x} = (1,2,3,4)$，则有 $N(\boldsymbol{x}) = \{(2,1,3,4),(3,2,1,4),(4,2,3,1),(1,3,2,4),(1,4,3,2),(1,2,4,3)\}$。

在上述前提下，局部搜索的步骤可以表达如下：

（1）选定一个初始可行解 $\boldsymbol{x}^{(0)}$，记录当前的最优解 $\boldsymbol{x}^{\text{best}} = \boldsymbol{x}^{(0)}$，令 $P = N(\boldsymbol{x}^{\text{best}})$。

（2）当 $P = \varnothing$，或满足其他停止运算准则时，输出计算结果，停止计算。否则从 $N(\boldsymbol{x}^{\text{best}})$ 中选出一个集合 S，得到 S 中的最优解 $\boldsymbol{x}^{\text{now}}$，若满足 $f(\boldsymbol{x}^{\text{now}}) < f(\boldsymbol{x}^{\text{best}})$，则 $\boldsymbol{x}^{\text{best}} = \boldsymbol{x}^{\text{now}}$，$P = N(\boldsymbol{x}^{\text{best}})$；否则 $P = P - S$，重复步骤（2）。

局部邻域搜索是基于贪婪算法思想，在当前解的邻域进行持续的搜索，虽然算法比较通用且容易理解、实现，但是搜索的性能完全依赖于邻域结构和初始解的选择，尤其容易陷入局部极小值，而无法保证全局最优。针对局部邻域搜索，为了跳出局部最优的限制，可以采用禁忌搜索尽量避免迂回搜索。禁忌搜索是一种人工智能算法，是局部搜索算法的扩展，它的一个重要思想是标记已得到的局部最优解，并在进一步的迭代中避开这些局部最优解，下面讲解禁忌搜索算法如何避开和记忆这些点。

10.4.2 禁忌搜索的基本原理

禁忌搜索算法是人工智能同局部邻域搜索算法的结合，沿袭了邻域搜索的邻域构造，增加了一个禁忌表。邻域连通条件是禁忌搜索可以达到全局最优解的一个必要条件。邻域的构造非常重要，一旦邻域映射无法保证连通性，则无论禁忌表构造得多么巧妙，都可能出现从某些点开始计算无法达到全局最优解。禁忌搜索涉及邻域（neighborhood）、禁忌表（tabu list）、禁忌长度（tabu length）、候选解（candidate）、特赦准则（aspiration criterion）等概念。

简单禁忌搜索算法的基本思想是：给定一个当前解（初始解）和一种邻域，然后在当前解的邻域中确定若干候选解；若最佳候选解对应的目标值优于“best so far”状态，则忽视其禁忌特性，用其替代当前解和“best so far”状态，并将相应的对象加入禁忌表，同时修改禁忌表中各对象的任期；若不存在上述候选解，则在候选解中选择非禁忌的最佳状态为新的当前解，而无视它与当前解的优劣，同时将相应的对象加入禁忌表，并修改禁忌表中各对象的任期。如此重复上述迭代搜索过程，直至满足停止准则。算法步骤可描述如下：

（1）给定算法参数，随机产生初始解 x，置禁忌表为空。

（2）判断算法终止条件是否满足，若是，则结束算法并输出优化结果；否则，继续以下步骤。

（3）利用当前解 $\boldsymbol{x}$ 的邻域函数产生其所有（或若干）邻域解，并从中确定若干候选解。

（4）对候选解判断特赦准则是否满足？若成立，则用满足特赦准则的最佳状态 $\boldsymbol{x}'$ 替代 $\boldsymbol{x}$ 成为新的当前解，即 $\boldsymbol{x} = \boldsymbol{x}'$，并用与 $\boldsymbol{x}'$ 对应的禁忌对象替换最早进入禁忌表的禁忌对象，同时用 $\boldsymbol{x}'$ 替换“best so far”状态，然后转步骤（2）；否则，继续以下步骤。

（5）判断候选解对应的各对象的禁忌属性，选择候选解集中非禁忌对象对应的最佳状态为新的当前解，同时用与之对应的禁忌对象替换最早进入禁忌表的禁忌对象元素。转步骤(2)。

禁忌搜索直观的算法流程图如图 10-7 所示。

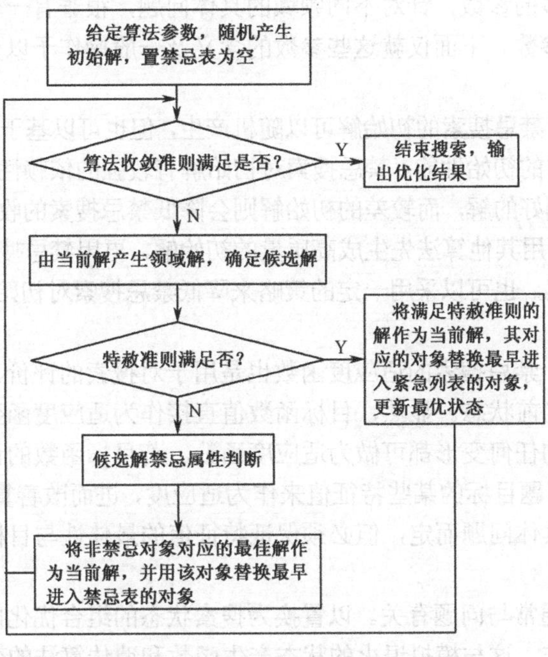

图 10-7 禁忌搜索的算法流程图

可以明显地看到，邻域函数、禁忌搜索、禁忌表和特赦准则，构成了禁忌搜索算法的关键。其中，邻域函数沿用局部邻域搜索的思想，用于实现邻域搜索；禁忌表和禁忌对象的设置，体现了算法避免迂回搜索的特点；特赦准则则是对优良状态的奖励，它是对禁忌策略的一种放松。需要指出的是，上述算法仅是一种简单的禁忌搜索框架，对各关键环节复杂和多样化的设计可构造出各种禁忌搜索算法。同时，算法流程中的禁忌对象，可以是搜索状态，也可以是特定搜索操作，甚至是搜索目标值等。

该算法可简单地表示为：

（1）选定一个初始解 $\boldsymbol{x}^{\text{now}}$，置禁忌表 $H=\varnothing$。

（2）若满足终止规则，则终止计算；否则，在 $\boldsymbol{x}^{\text{now}}$ 的邻域 $N\left(H,\boldsymbol{x}^{\text{now}}\right)$ 中选出满足禁忌要求的候选集 $\text{Can}\_N\left(\boldsymbol{x}^{\text{now}}\right)$，在 $\text{Can}\_N\left(\boldsymbol{x}^{\text{now}}\right)$ 中选一个评价值最佳的解 $\boldsymbol{x}^{\text{next}}$，令 $\boldsymbol{x}^{\text{now}}=\boldsymbol{x}^{\text{next}}$，更新历史记录 H，重复（2）。

禁忌搜索算法的主要特点是：

➢ 在搜索过程中可以接受劣解，因此具有较强的“爬山”能力。

➢ 新解不是在当前解的邻域中随机产生，而或是优于“best so far”的解，或是非禁忌的最佳解，因此选取优良解的概率远远大于其他解。

10.4.3 禁忌搜索的关键技术

一般而言要设计一个禁忌搜索算法，需要确定算法的以下环节：初始解和适应度函数、邻域结构和禁忌对象、候选解选择、禁忌表及其长度、特赦准则、集中搜索和分散策略、终止准则。面对如此众多的参数，针对不同领域的具体问题，很难有一套比较完善的或非常严格的步骤来确定这些参数。下面仅就这些参数的含义及一般操作予以介绍。

1）初始解的设置

与遗传算法类似，禁忌搜索的初始解可以随机产生，但也可以基于问题信息借助一些启发式方法产生以保证一定的初始性能。禁忌搜索对初始解有较强的依赖性，好的初始解可使禁忌搜索在解空间中搜索到好的解，而较差的初始解则会降低禁忌搜索的收敛速度。一般来讲，求解某个具体问题时，可用其他算法先生成高质量的初始解，再用禁忌搜索进行求解，以提高搜索的质量和效率。当然，也可以采用一定的策略来降低禁忌搜索对初始解的敏感性。

2）适应度函数

类似于遗传算法，禁忌搜索的适应度函数也是用于对搜索的评价，进而结合禁忌准则和特赦准则来选取新的当前状态。显然，目标函数值直接作为适应度函数是比较容易理解的做法。当然，目标函数的任何变形都可做为适应度函数。若目标函数的计算比较困难或耗时较多，此时可采用反映问题目标的某些特征值来作为适应度，进而改善算法的时间性能。当然，选取何种特征值要视具体问题而定，但必须保证特征值的最佳性与目标函数的最优性一致。

3）邻域结构

邻域结构的设计通常与问题有关。以置换为搜索状态的组合优化问题，常用的方法是互换、插入、逆序等操作，这与模拟退火的状态产生函数和遗传算法的变异操作相同，而应用的操作自然可成为算法中的禁忌对象。当然，不同的操作将导致邻域解个数及其变化情况的不同，对搜索质量和效率有一定的影响，但目前尚无一般定论。

4）禁忌对象

所谓禁忌对象就是被置入禁忌表中的那些变化元素，而禁忌的目的则是为了尽量避免迂回搜索而多搜索一些解空间中的其他地方。归纳而言，禁忌对象通常可选取状态本身或状态分量或适应度的变化等。

5）候选解的选择

首先需要确定的是候选解的数量，然后确定最佳候选解的选取。原则上应当作到对当前解的邻域解的遍历，但选取过多将造成较大的计算量，而选取较少则容易早熟收敛。例如，当问题规模较大时，当前解的邻域解数量将很大，而考虑到邻域搜索的效率，通常仅取当前解邻域解集中的一个子集作为候选解集。因此可以确定性地或随机性地在部分邻域中选取候选解，具体数据大小则可视问题特征和对算法的要求而定。

至于最佳候选解的选取，一般的做法是选择候选解集中满足特赦准则或非禁忌的最优状态。对于置换问题，状态的最优性可以简单地依据目标函数值来确定，对于一些目标复杂的问题，则可以借助设计者规定的适应度函数来确定。

6）禁忌表及禁忌长度

禁忌表是针对禁忌对象所设计的一种结构，被置入表中的元素就是禁忌对象。禁忌对象通常可选取状态本身或状态分量或适应度的变化等。禁忌表长度是算法中的关键参数。

所谓禁忌长度，即禁忌对象在不考虑特赦准则情况下不允许被选取的最大次数。通俗地说，可视为禁忌对象在禁忌表中的任期。对象只有当其任期为零时才被解禁。禁忌长度的选取与问题特性、研究经验有关，它决定了算法的计算复杂性。

一方面，禁忌长度可以是定常不变的，或者固定为与问题规模相关的一个量，如此实现很方便、简单，也很有效；另一方面，禁忌长度也可以是动态变化的。如根据搜索性能和问题特征设定禁忌长度的变化区间，而禁忌长度则可按某种规则或公式在这个区间内变化，当然，这个变化区间的大小也可随搜索性能的变化而变化。

一般而言，当算法的性能动态下降较大时，说明算法当前的搜索能力比较强，也可能当前解附近极小解形成的“波谷”较深，从而可设置较大的禁忌长度来延续当前的搜索进程，并避免陷入局部极小。大量研究表明，禁忌长度的动态设置方式比静态设置方式具有更好的性能和鲁棒性，而更为合理高效的设置方式还有待进一步研究。

7）特赦准则

在禁忌搜索算法中，可能会出现候选解全部被禁忌，或者存在一个优于“best so far”状态的禁忌候选解，此时特赦准则将某些状态解禁，以实现更高效的优化性能。特赦准则的常用方式如下。

（1）基于适应度的原则。全局形式（最常用的方式）：某个禁忌候选解的适应度优于“best so far”状态，则解禁此候选解为当前状态和新的“best so far”状态。区域形式：将搜索空间分成若干个子区域，若某个禁忌候选解的适应度优于它所在区域的“best so far”状态，则解禁此候选解为当前状态和相应区域的新“best so far”状态。该准则可直观理解为算法搜索到了一个更好的解。

（2）基于搜索方向的准则。若禁忌对象上次被禁忌时使得适应度有所改善，并且目前该禁忌对象对应的候选解的适应度优于当前解，则对该禁忌对象解禁。该准则可直观理解为算法正按有效的搜索途径进行。

（3）基于最小错误的准则。若候选解均被禁忌，且不存在优于“best so far”状态的候选解，则对候选解集中最佳的候选解进行解禁，以继续搜索。该准则可直观理解为对算法死锁的简单处理。

（4）基于影响力的准则。在搜索过程中不同对象的变化对适应度的影响有所不同，有的很大，有的很小，而这种影响力可作为一种属性与禁忌长度和适应度来共同构造特赦准则。直观的理解是，解禁一个影响力大的禁忌对象，有助于在以后的搜索中得到更好的解。

8）集中性与多样性搜索策略

集中性搜索策略用于加强对优良解的邻域的进一步搜索，简单的处理手段可以是在一定步数的迭代后基于最佳状态重新进行初始化，并对其邻域进行再次搜索。因为在大多数情况下，重新初始化后的邻域空间与上一次的邻域空间是不一样的，当然也有一部分邻域空间可能是重叠的。多样性搜索策略则用于拓宽搜索区域尤其是未知区域，简单的处理手段可以是对算法的重新随机初始化，或者根据频率信息对一些已知对象进行惩罚。集中性与多样性搜索策略对整个算法性能的影响相当大，本文在第 4 章中就这一问题进行了较为深入的研究，提出了一种自适应的集中性与多样性搜索策略，取得了较为满意的效果。

9）终止准则

与模拟退火和遗传算法一样，禁忌搜索也需要一个终止准则来结束算法的搜索进程，而严格理论意义上的收敛条件，即在禁忌长度充分大的条件下实现状态空间的遍历，这显然是不切合实际的，因此实际设计算法时通常采用近似的收敛准则。常用的方法有：

（1）给定最大迭代步数。

（2）设定某个对象的最大禁忌频率，即若某个状态、适应度或对换等对象的禁忌频率超过某一阈值时，终止算法，其中也包括最佳适应度连续若干步保持不变的情况。

（3）设定适应度的偏离幅度，即首先由估界算法估计问题的下界，一旦算法中最佳适应度与下界的偏离值小于某规定幅度，则终止搜索。

10.4.4 禁忌搜索的 MATLAB 实现

【例 10-8】 TSP 问题的禁忌搜索求解。

前面已经提及了 TSP 问题的描述，下面用 MATLAB 来实现用禁忌搜索算法解决 TSP 问题。

在这个例子中，采用一个经典的测试数据，即各个城市用相应的坐标来表示，其坐标值具体为（0.400 0, 0.443 9）、（0.243 9, 0.146 3）、（0.170 7, 0.229 3）、（0.229 3, 0.761 0）、（0.517 1, 0.941 4）、（0.873 2, 0.653 6）、（0.687 8, 0.521 9）、（0.848 8, 0.360 9）、（0.668 3, 0.253 6）、（0.6195, 0.263 4）。于是根据相应的坐标来确定城市之间的距离。

```
%tabu search to solve the TSP Problem
%by Zhaokai,zkcsu@126.com
%Information School of Central South University
%2006-06
%revised by LiMing
%2010-02-11

% city_coordinates=[0.4 0.4439;0.2439 0.1463;0.1707 0.2293;0.2293 0.761;
% 0.5171 0.9414; 0.8732 0.6536;0.6878 0.5219;0.8488 0.3609;
% 0.6683 0.2536;0.6195 0.2634];%10 cities d'=2.691

function TSP(City_Coordinates)

m=size(City_Coordinates,1);

%距离矩阵，初始 distance_list(i,j)代表城市 i 和城市 j 之间的距离
Distance_List=zeros(m);
for i=1:m
    for j=1:m
        Distance_List(i,j)=((City_Coordinates(i,1)-City_Coordinates(j,1))^2+...
        (City_Coordinates(i,2)-City_Coordinates(j,2))^2)^0.5;
    end
end

CityNum=m;
```

```
Tabu_list=zeros(CityNum);                %禁忌表（tabu list）
Reserved_Solution_Num=10 ;               %保留 Reserved_Solution_Num 个最好候选解
bsf=Inf;                                 %设置最优路径的初始值为 Inf
tabu_length=ceil(CityNum^0.5);           %禁忌长度（tabu length）
Candidate_Num=40;                        %候选解（candidate），取值不大于 n*(n-1)/2
                                         （全部邻域解个数）

S0=randperm(CityNum);                    %随机生成初始解序列
S=S0;
BSF=S0;                                  %设置初始最优路径
Si=zeros(Candidate_Num,CityNum);
StopL=80*CityNum;                        %最大迭代次数

p=1;

%算法终止规则为：程序运行超过给定最大迭代次数
while (p<StopL)
    if Candidate_Num>CityNum*(CityNum)/2
        disp('候选解个数需满足不大于 n*(n-1)/2(全部领域解个数)！');
        break;
    end

    ArrS(p)=TotalDistance(Distance_List,S);

%该部分程序生成候选解的随机交换位置矩阵，每一行代表一个候选解中
%两个需要交换的位置的编号
    i=1;
    A=zeros(Candidate_Num,2);
    while i<=Candidate_Num
        M=CityNum*rand(1,2);             %随机产生元素值取值范围为[0,10]的二维行向量
        M=ceil(M);
        if M(1)~=M(2)
            m1=max(M(1),M(2));
            m2=min(M(1),M(2));
            A(i,1)=m1;A(i,2)=m2;         %设置矩阵 A 在该行元素的第一个值为较大的值，
                                         %第二个值为较小的值
            if i==1                      %如果是第一次迭代则标记 isdel=0
                isdel=0;
            else
                for j=1:i-1              %逐行进行比较
```

```
%发现两行元素相同，即交换的位置完全相同，则标记 isdel=1，
%且退出该层循环
                if A(i,1)==A(j,1)&&A(i,2)==A(j,2)
                    isdel=1;
                    break;
                else
                    isdel=0;             %否则标记 isdel=0
                end
            end
        end
        if ~isdel
            i=i+1;
        else
            i=i;
        end
    else
        i=i;
    end
end

%该部分为挑选出需要保留的解，即该层搜索中找到的距离最短的
%Reserved_Solution_Num 个解
CL=Inf*ones(Reserved_Solution_Num,4);
for i=1:Candidate_Num
    Si(i,:)=S;                          %设置候选解的每一行 S 为初始随机序列
    Si(i,[A(i,1),A(i,2)] )=S( [A(i,2),A(i,1)] ); %交换第 i 行的两个位置的数据
                                        %位置的编号由 A 产生
    %计算第 i 个候选解的总距离值
    TotalDistance(i)=TotalDistance(Distance_List,Si(i,: ));

    %如果候选解的序号小于保留解的总数，则直接记录这些候选解
    if i<=Reserved_Solution_Num
        CL(i,1)=i;                    %第 i 个候选解
        %记录候选解的总距离值
    CL(i,2)=TotalDistance(i);
    %记录交换城市编号值，解序列第 A(i,1) 个元素的值，即城市编号
        CL(i,3)=S(A(i,1));
        %解序列第 A(i,2) 个元素的值，即城市编号
        CL(i,4)=S(A(i,2));
    else
```

```
        %如果候选解的序号大于保留解的总数，则将该候选解与已经保留的解的距
        %离值进行比较，确定是否保留该候选解而去掉某已经保留的解
         for j=1:Reserved_Solution_Num
            if TotalDistance(i)<CL(j,2)
               CL(j,2)=TotalDistance(i);
               CL(j,1)=i;
               CL(j,3)=S(A(i,1));
               CL(j,4)=S(A(i,2));
               break;
            end
         end
      end
   end

   %特赦准则（aspiration criterion）
   %寻找 Reserved_Solution_Num 个保留解中的最优解
   current_bsf=CL(1,2);
   record_i=1;                          %最优解的序号为 record_i
   for i=2:Reserved_Solution_Num
      if CL(i,2)<current_bsf
         current_bsf=CL(i,2);
         record_i=i;
      end
   end

   if CL(record_i,2)<bsf                %保留解中的最优解小于当前的最短距离 bsf
      bsf=CL(record_i,2);
      S=Si(CL(record_i,1),: );
      BSF=S;                            %则记录保留解中最优解的路径
      for m=1:CityNum
         for n=1:CityNum
            if Tabu_list(m,n)~=0
            Tabu_list(m,n)=Tabu_list(m,n)-1;
            end
         end
      end
      Tabu_list(CL(record_i,3),CL(record_i,4))=tabu_length; %禁忌表设置
   else
      for i=1:Reserved_Solution_Num
         if Tabu_list(CL(i,3),CL(i,4))==0
```

```
                S=Si(CL(i,1),: );
            for m=1:CityNum
                for n=1:CityNum
                    if Tabu_list(m,n)~=0
                        Tabu_list(m,n)=Tabu_list(m,n)-1;
                    end
                end
            end
            Tabu_list(CL(i,3),CL(i,4))=tabu_length;             %禁忌表设置
            break;
            end
        end
    end

    p=p+1;
    Arrbsf(p)=bsf;
end
BestShortcut=BSF                    %搜索到的最优解的城市序列
TheMinDistance=bsf                  %搜索到的最优解的总距离值
end

%求取一个城市序列的距离值函数，例如,[3 1 2]即是 3→1→2→3 的总距离
function TotalDistance=TotalDistance(Distance_List,s)
DistanV=0;
n=size(s,2);
for i=1: (n-1)
    DistanV=DistanV+Distance_List(s(i),s(i+1));
end
DistanV=DistanV+Distance_List(s(n),s(1));
TotalDistance=DistanV;
end
```

调用该程序对 10 个城市的 TSP 问题进行求解，可得结果为：

```
>>  city_coordinates=[0.4 0.4439;0.2439 0.1463;0.1707 0.2293;0.2293 0.761;
0.5171 0.9414; 0.8732 0.6536;0.6878 0.5219;0.8488 0.3609;
0.6683 0.2536;0.6195 0.2634];%10 cities d'=2.691
BestShortcut =
    6     5     4     1     3     2    10     9     8     7
TheMinDistance =
    2.6907
```

根据结果可知，最短的路径是[6,5,4,1,3,2,10,9,8,7]，其距离值为 2.690 7。其实，由于不同的初始解，可能使得算法运行结果的第一个城市的序号不同，但是只要相邻的关系一样，则结果实际上是一样的。比如，有可能另外一个运行结果为[8,7,6,5,4,1,3,2,10,9]，则其左右相邻关系相同，且距离值也为 2.690 7。

10.5　本章小结

本章简要介绍了遗传算法、模拟退火算法、禁忌搜索算法等现代智能优化算法的基本理论和实现技术，经过本章的学习，读者应掌握如下知识点：

（1）遗传算法中遗传算子及算法的基本步骤和 MATLAB 实现；

（2）模拟退火算法的基本思想、算法步骤、控制参数的设置和 MATLAB 实现；

（3）禁忌搜索算法的基本原理、关键技术和 MATLAB 实现。

第11章 综合案例

在前面的章节中介绍了各种优化方法，针对实际的优化问题，首先需要对问题的条件和要求进行分析，采用适当的方法建立适当的模型，然后依据模型的信息选择相应的优化方法进行求解和验证。因而如何建模和选择恰当的方法是解决实际问题的关键。本章综合前面章节所讲过的诸多优化方法，结合生活和生产，给出各种优化方法的实际应用。

11.1 线性规划——农业改造问题

在我国，要实现农民生活水平的提高，使土地增产增收，则必须进行改造。而在农村基础设施的改造中，需要考虑的因素有农作物的种类、土地的类型、农田水利条件的等级、植物在不同生长期对水的需求量、是否需要修理主河道、是否有必要修建水库，对国家投资额的使用情况，国家对该地区的供电量有没有一定限额等。在本节中，我们就上述问题进行简化和抽象，利用线性规划的方法来求解一个具有典型因素影响的农业改造问题。

11.1.1 农业改造问题的建模

为了建立农业改造问题的数学模型，首先需要引入一些假设以便于问题的分析，这些假设包括：

（1）农田改造和水库的修建均可以在年初完成，并且在本年度就能投入使用；

（2）在规划期内，地表水可利用量保持不变，同时为了建模的稳定性考虑，简化模型的复杂度，在此暂不考虑自然灾害对土地产量的影响；

（3）国家可提供农业用电量在规划期内不发生变化；

（4）假设农作物有 m 种；

（5）规划期为 n 年；

（6）有 k 条主河道可治理，如果需要治理则所有主河道均治理，否则均不治理；

（7）国家在规划初期就完成对该地区的投资。

在上述假设的基础之上，给出求解该问题时的符号说明。

A_{i1}：第 i 种土地未改造时的面积 $(i=1,2,3)$。

R_1：改造土地的最大投资额。

R_2：总耗电量的上限。

R_3：可利用地表水的上限。

R_4：兴建排涝设施的总的土地面积。

N_i：当地对第 i 种粮食的需求及国家征收的总量的下限。

M：修水库的投资额。

Q：治理 k 条主河道的总费用。

v_i：治理第 i 条主河道的费用。

B：超额生产粮食向国家交售每吨可加的价（单位：元）。

g：农田改造后的总利润。

S_{ij}：将土地类型 i 改造成类型 j 的面积（单位：万亩）。

h_{ij}：将土地类型 i 改造成类型 j 的单价。

f_{ij}：改造后第 i 种农作物在第 j 类地所占面积。

K_j：第 j 种改造措施下改造抗旱的面积。

P_j：第 j 种改造措施下改造排涝的面积。

对不同土地类型的不同改造措施，假设改造措施有将第 3 种土地改造成第 1 种土地，将第 2 种土地改造成第 1 种土地，将第 3 种土地改造成第 2 种土地（农作物种类 $i=1,2,\cdots,m$，改造措施 $j=1,2,3$），则有如下关系：

$A_{11} \rightarrow A_{11}+S_{31}+S_{21}$，第一种改造措施下土地的总面积。

$A_{21} \rightarrow A_{21}+S_{32}-S_{21}$，第二种改造措施下土地的总面积。

$A_{31} \rightarrow A_{31}-S_{31}-S_{32}$，第三种改造措施下土地的总面积。

第 i 种农作物在第 j 种改造措施下：

a_{ij}：抗旱平均每亩增加的收益（单位：元）。

b_{ij}：排涝平均每亩增加的收益（单位：元）。

c_{ij}：产值（单位：吨/亩）。

d_{ij}：总耗电量（单位：度/亩）。

e_{ij}：全生长期用水量（单位：方/亩）。

于是由上面的符号和假设给出农业改造中的各种关系表达式。

（1）由土地面积，针对所有农作物在第 j 类土地面积之和等于改造后的第 j 类面积，有关系式：

$$\sum_{i=1}^{m} f_{i1} = A_{11}+S_{31}+S_{21}$$

$$\sum_{i=1}^{m} f_{i2} = A_{21}-S_{21}+S_{32}$$

$$\sum_{i=1}^{m} f_{i3} = A_{31}-S_{31}-S_{32}$$

（2）由改造土地费用的关系式：$S_{31}h_{31}+S_{21}h_{21}+S_{32}h_{32} \leqslant R_1$

（3）由各类型农作物生产耗电有一个上限 R_2，从而有关系式：$\sum_{i=1}^{m}\sum_{j=1}^{3} d_{ij}f_{ij} \leqslant R_2$

（4）地区地表水资源可利用量有一个上限 R_3，进而有关系式：$\sum_{i=1}^{m}\sum_{j=1}^{3}e_{ij}f_{ij}\leqslant R_3$

（5）对于实际问题而言，对于排涝工程的投资是有限的，因此总排涝面积有一个最大值 R_4，得关系式：$\sum_{j=1}^{m}P_j\leqslant R_4$

（6）地区对第 i 种粮食的需求量及国家征购指标有一个下限 N_i，从而有关系式：

$$\sum_{j=1}^{3}c_{ij}f_{ij}\geqslant N_i$$

（7）在讨论治理主河道方面，由于有 k 条主河道，有些主河道可治理也可不治理，因此可以引入一个 0-1 变量：

$$C=\begin{cases}0 & \text{代表不治理}\\ 1 & \text{代表要治理}\end{cases}$$

进而得关系式：$Q=\sum_{i=1}^{k}Cv_i$

（8）由抗旱、排涝增加的收益：$\sum_{i=1}^{m}\sum_{j=1}^{3}\left(a_{ij}+b_{ij}\right)f_{ij}$

超额粮食所增加的收益：$\sum_{i=1}^{m}\left(\sum_{j=1}^{3}c_{ij}f_{ij}-N_i\right)\times B$

修建抗旱设施的费用：$m\sum_{j=1}^{3}K_j$

修建排涝设施的费用：$V\sum_{j=1}^{3}P_j$

改造农田的费用：$S_{31}h_{31}+S_{21}h_{21}+S_{32}h_{32}$

利润目标函数：

$$f=\sum_{i=1}^{m}\sum_{j=1}^{3}\left(a_{ij}+b_{ij}\right)f_{ij}+\sum_{i=1}^{m}\left(\sum_{j=1}^{3}c_{ij}f_{ij}-N_i\right)\times B-m\sum_{j=1}^{3}K_j-V\sum_{j=1}^{3}P_j-M-Q$$

经过上述分析，将利润目标函数和相应的约束综合起来，可以将例题归结为一个线性规划问题，其数学模型可以表示如下：

$$
\begin{cases}
\max \quad f=\sum_{i=1}^{m}\sum_{j=1}^{3}\left(a_{ij}+b_{ij}\right)f_{ij}+\sum_{i=1}^{m}\left(\sum_{j=1}^{3}c_{ij}f_{ij}-N_i\right)\times B-m\sum_{j=1}^{3}K_j-V\sum_{j=1}^{3}P_j-M-Q \\
\text{s.t.} \quad \sum_{i=1}^{m}f_{i1}=A_{11}+S_{31}+S_{21} \\
\sum_{i=1}^{m}f_{i2}=A_{21}-S_{21}+S_{32} \\
\sum_{i=1}^{m}f_{i3}=A_{31}-S_{31}-S_{32} \\
S_{31}h_{31}+S_{21}h_{21}+S_{32}h_{32}\leqslant R_1 \\
\sum_{i=1}^{m}\sum_{j=1}^{3}d_{ij}f_{ij}\leqslant R_2 \\
\sum_{i=1}^{m}\sum_{j=1}^{3}e_{ij}f_{ij}\leqslant R_3 \\
\sum_{j=1}^{m}P_j\leqslant R_4 \\
\sum_{j=1}^{3}c_{ij}f_{ij}\geqslant N_i \\
C=\begin{cases}0\\1\end{cases} \\
Q=\sum_{i=1}^{k}Cv_i
\end{cases}
$$

11.1.2　农业改造问题的求解

根据上述模型的分析，针对具体的问题就可以列出相应的求解模型。例如，某地区拥有的土地情况如表 11-1 所示。

表 11-1　某地区拥有的土地情况

类　型	农 田 条 件	现有面积（万亩）	单产（万吨/万亩）	生产耗电（百万度/万亩）	净产值（百万元/万亩）
I	无抗旱，无排涝	6.0	0.075	0.0	1.5
II	无抗旱，有排涝	2.5	0.1	0.15	2.0
III	有抗旱，无排涝	1.0	0.09	0.2	1.8
IV	有抗旱，有排涝	0.5	0.125	0.25	2.5

地方政府新农村建设项目中计划兴建抗旱排涝设施。兴建抗旱设施每万亩需投资 100 万元，若再建排涝设施则必须先治理该流域的主河道，主河道治理投资需 300 万元。主河道治理后可再使 4.5 万亩土地能够搞排涝工程，每万亩需投资 50 万元。政府在规划期内可筹集资金 1 000 万元，国家对该地区每年可供农业用电 2.5 百万度，当地对粮食需求量

及国家征购任务总计为 0.8 万吨，超额生产粮食向国家交售每吨可加价 100 元，规划期为 5 年。现在的问题是，应该如何确立农田基本建设规划，使该地区在规划期内净产值最大？

该事例是一个典型的农田改造问题，其中也包括水利设施配套工程建设、国家的投资等，对于没有出现的变量，用“0”代替，可以根据上述所给的模型来解决。

对于上述模型，将一些未知数用事例中的数据代替，比如假设农作物为 1 种；土地类型有 4 种；主河道为 1 条，并且治理费用是固定的；无须修建水库，等等。若不修建排涝工程，要发挥最大的经济效益，只有将无抗旱的农田改造为能抗旱的农田，即改造措施里面只有将土地类型 1 改造为土地类型 3，将土地类型 2 改造为土地类型 4，改造的面积分别用 S_{13} 和 S_{24} 表示。在这个假设下，假设改造后的各类土地类型 i 的面积用变量 A_i 来表示，于是有如下表达式：

$$A_1 = 6.0 - S_{13};\ A_2 = 2.5 - S_{24};\ A_3 = 1.0 + S_{13};\ A_4 = 0.5 + S_{24}$$

改造农田的投资为：$R_1 = 100s_{13} + 100s_{24} \leqslant 1000$

国家对该地区的用电限制关系式：$R_2 = 0.15A_2 + 0.2A_3 + 0.25A_4 \leqslant 2.5$

当地对粮食需求量及国家征购任务总计为 0.8 万吨，粮食产量的表达式为：

$$W = 0.075A_1 + 0.1A_2 + 0.09A_3 + 0.125A_4 \geqslant 0.8 = N_1$$

由于规划期为 5 年，故 5 年里由粮食的总产量所获得的利润 $5P$ 减去投资额 R_1 即是所得到的净利润 f，我们所要达到的目标是这个净利润得到最大，于是目标函数可以表达为：

$$f = 5P - R_1 = 150A_1 + 200A_2 + 180A_3 + 250A_4 + 100(W - 0.8) - R_1$$

则在不修建排涝工程的前提下建立如下线性规划模型：

$$\begin{cases} \max & f = 5\left(150A_1 + 200A_2 + 180A_3 + 250A_4 + 100(W - 0.8)\right) - R_1 \\ \text{s.t.} & A_1 = 6.0 - S_{13} \\ & A_2 = 2.5 - S_{24} \\ & A_3 = 1.0 + S_{13} \\ & A_4 = 0.5 + S_{24} \\ & 0 \leqslant R_1 = 100s_{13} + 100s_{24} \leqslant 1000 \\ & 0.15A_2 + 0.2A_3 + 0.25A_4 \leqslant 2.5 \\ & W = 0.075A_1 + 0.1A_2 + 0.09A_3 + 0.125A_4 \geqslant 0.8 \\ & 0 \leqslant S_{13} \leqslant 6 \\ & 0 \leqslant S_{24} \leqslant 2.5 \end{cases}$$

为了方便 MATLAB 的求解，将上面的数学模型写成 MATLAB 求解线性规划的函数 linprog 的标准形式，其中将 A_1～A_4 用 x_1～x_4 表示，将 S_{13}, S_{24} 分别用 x_5 和 x_6 表示，且由于目标函数中有一个常数项–400，将其放置于目标函数值之外，求解完毕之后再加入到目标函数值中，于是得到如下标准型：

$$
\begin{cases}
\min & f=-787.5x_1-1050x_2-945x_3-1312.5x_4+100x_5+100x_6 \\
\text{s.t.} & x_1+x_5=6.0 \\
 & x_2+x_6=2.5 \\
 & x_3-x_5=1.0 \\
 & x_4-x_6=0.5 \\
 & -x_5-x_6\leqslant 0 \\
 & x_5+x_6\leqslant 10 \\
 & 0.15x_2+0.2x_3+0.25x_4\leqslant 2.5 \\
 & -0.075x_1-0.1x_2-0.09x_3-0.125x_4\leqslant -0.8 \\
 & 0\leqslant x_5\leqslant 6 \\
 & 0\leqslant x_6\leqslant 2.5
\end{cases}
$$

求解上述线性规划问题的 MATLAB 代码和运行结果如下：

```
%设置目标函数
f=[-5*157.5;-5*210;-5*189;-5*262.5;100;100];
%设置等式约束
Aeq=[1 0 0 0  1 0;
     0 1 0 0  0 1;
     0 0 1 0 -1 0;
     0 0 0 1 0 -1];
 beq=[6;2.5;1;0.5];
%设置不等式约束
 A=[0 0 0 0 -1 -1;
   0 0 0 0 1 1;
   0 0.15 0.2 0.25 0 0;
   -0.075 -0.1 -0.09 -0.125 0 0];
%设置设计变量的边界
b=[0;10;2.5;-0.8];
lb=[0 0 0 0 0 0];
ub=[Inf;Inf;Inf;Inf;6;2.5];
%调用 linprog 进行求解
[x,fval]=linprog(f,A,b,Aeq,beq,lb,ub)
x =
    0.0000
    0.0000
    7.0000
    3.0000
    6.0000
    2.5000
```

```
fval =
  -9.7025e+003
```

根据上述结果，可以知道当所有的土地均进行改造，即将 6 万亩土地 1 转换成土地 3，把 2.5 万亩土地 2 转换成土地 4，所获得的净利润最大。由于前面没有考虑常数项–400，所以实际的净利润应当为 fval–400，即 9 702.5–400=9 302.5 万元。

11.2 整数规划——组件配套问题

某机械产品需要由三个工厂开工一起生产后组装完成。每件机械产品需要 4 个组件 1 和 3 个组件 2。生产这两种组件需要消耗 A 和 B 两种原材料，已知这两种原材料的供应量分别为 400kg 和 600kg。

由于三个工厂的生产条件和拥有的设备工艺条件不同，每个工厂生产组件的能力和原材料的消耗也不尽相同，且每个工厂开工一次都是配套生产一定数量的组件 1 和组件 2，具体的数据如表 11-2 所示。

表 11-2 各工厂生产能力和消耗原材料的数据表

	每个工厂消耗原材料的数量/kg		每个工厂各组件的生产能力/件数	
	A 材料	B 材料	组件 1	组件 2
工厂 I	9	7	8	6
工厂 II	6	10	7	9
工厂 III	4	9	9	5

现在的最优化问题是，这三个工厂应当如何安排生产，才能使该产品的配套数达到最大？

11.2.1 组件配套问题的建模

设 x_1、x_2 和 x_3 是三个工厂分别开工的次数，将其作为该问题的设计变量。由于每个工厂开工一次都是配套生产，故每次开工消耗的原材料一定，且生产的组件数也是一定的。在这个假设的前提之下，可以得出该问题的目标函数和约束条件。

因为原材料的总量是有限的，根据工厂的开工次数，可得工厂 I 将消耗 A 材料 $9x_1$，工厂 II 将消耗 A 材料 $6x_2$，工厂III将消耗 A 材料 $4x_3$，故有约束条件：

$$9x_1+6x_2+4x_3 \leqslant 400$$

同理，对于材料 B 的总量约束条件可以表达为：$7x_1+10x_2+9x_3 \leqslant 600$

然后再来分析三个工厂零件生产的情况，三个工厂生产的组件 1 的数量分别为 $8x_1$、$7x_2$ 和 $9x_3$，故组件 1 的总数为：$Q_1=8x_1+7x_2+9x_3$

同理，组件 2 的总数为：$Q_2=6x_1+9x_2+5x_3$

下一步是分析目标函数，该问题要求的不是生产的各种组件总数最多，而是要求产品的配套数量最大，即能组成的机械产品数目最多。问题中已经给出了该种机械产品中两种组件的配比为 4:3，故组件 1 所能成套的数目 T_1 满足约束条件：$T_1 \leqslant \frac{Q_1}{4} = \frac{8x_1 + 7x_2 + 9x_3}{4}$

同理，组件 2 所能成套的数目 T_2 满足约束条件：$T_2 \leqslant \frac{Q_2}{3} = \frac{6x_1 + 9x_2 + 5x_3}{3}$

因而，所能组成的成品机械的数目 f 应该为 T_1 和 T_2 中的较小值，即：$f = \min(T_1, T_2)$

那么，求解的目标即是使得 f 尽可能大。可以看出，这种形式并不是有关设计变量的线性函数，需要对其进行转化，此时可以令一个人工设计变量等于目标函数值，则有：$x_4 = \min(T_1, T_2)$

在该假设下，一定满足关系式：$T_1 \geqslant x_4$ 且 $T_2 \geqslant x_4$

结合约束关系，对 T_1 的约束可以表示为：$x_4 \leqslant T_1 \leqslant \frac{Q_1}{4} = \frac{8x_1 + 7x_2 + 9x_3}{4}$

同理，对 T_2 的约束可以表示为：$x_4 \leqslant T_2 \leqslant \frac{Q_2}{3} = \frac{6x_1 + 9x_2 + 5x_3}{3}$

对 T_1 的上述关系进行整理，可以得到关系：$-8x_1 - 7x_2 - 9x_3 + 4x_4 \leqslant 0$

同理，对 T_2 也可以得到不等式关系：$-6x_1 - 9x_2 - 5x_3 + 3x_4 \leqslant 0$

上面两个式子即为由组件的配比数得到的关于组件数目的约束条件，此时问题的目标就是如何使得 x_4 取到最大值。由于开工的次数一定是一个非负整数，故也是一个约束条件，决定了该问题是一个纯整数规划问题。结合前面给出的原材料的约束，可以得到如下的数学模型：

$$
\begin{cases}
\max & f = x_4 \\
\text{s.t.} & 9x_1 + 6x_2 + 4x_3 \leqslant 400 \\
& 7x_1 + 10x_2 + 9x_3 \leqslant 600 \\
& -8x_1 - 7x_2 - 9x_3 + 4x_4 \leqslant 0 \\
& -6x_1 - 9x_2 - 5x_3 + 3x_4 \leqslant 0 \\
& x_i \geqslant 0 \text{且取整数值}\ (i = 1,2,3,4)
\end{cases}
$$

11.2.2　组件配套问题的求解

使用 5.4.1 节中给出的 MATLAB 函数对此问题进行求解，代码和运行结果如下：

```
%目标函数所对应的设计变量的系数，为转化为极小，取原目标函数的相反数
f=[0;0;0;-1];
%不等式约束
A=[ 9  6  4 0;
    7 10  9 0;
   -8 -7 -9 4;
   -6 -9 -5 3];
```

```
b=[400;600;0;0];
%边界约束，由于无上界，故设置 ub=[Inf;Inf;Inf;Inf];
lb=[0;0;0;0];
ub=[Inf;Inf;Inf;Inf];
%所有变量均为整数变量，故将所有序号组成向量 M
M=[1;2;3;4];
%判定为整数的误差限
Tol=1e-8;
%求最优解 x 和目标函数值 fval，并返回状态指示
[x,fval,exitflag]=intprog(f,A,b,[],[],lb,ub,M,Tol)
%最优解向量 x
x =
    18
    15
    36
   141
%在最优解 x 处，原目标函数值的相反数
fval =
 -141.0000
%算法终止指示变量，说明问题收敛到了最优解 x
exitflag =
     1
```

由此可知，工厂Ⅰ、Ⅱ和Ⅲ需要分别开工 18、15 和 36 次，这样所能生产出来的成套的机械产品为 141 件。

11.3 非线性规划——广告问题

某玩具批发公司欲以每件 20 元的价格购进一批玩具并销售出去。

一般来说随着玩具售价的提高，预期销售量将会减少，公司对此进行了估算，相关的数据见表 11-3。

为了尽快收回资金并获得较多的赢利，玩具公司准备投入一定的资金用于玩具的广告。实际证明，在投放玩具广告后，销售量将有一个增长，可由销售增长因子来表示。依据以往的销售经验，投入的广告费与销售增长因子的关系如表 11-4 所示。

现在的问题是，玩具公司应当采取怎样的营销策略，使得预期的利润最大？

表 11-3　售价和预期销售量之间的关系

售价/元	20	25	30	35	40	45	50	55	60
预期销售量/千件	4.1	3.8	3.4	3.2	2.9	2.8	2.5	2.2	2

表 11-4　广告费和销售增长因子之间的关系

广告费/万元	0	1	2	3	4	5	6	7
销售增长因子	1.0	1.4	1.7	1.85	1.95	2.00	1.95	1.80

11.3.1　广告问题的建模

设 x 表示售价（元），y 表示预期销售量（千件），z 表示广告费（元），k 表示销售增长因子。投入广告费后，实际销售量记为 s，获得的利润记为 p（元）。由表 11-3 易见，预期销售量 y 随着售价 x 的增加而单调下降，而销售增长因子 k 在开始时随着广告费 z 的增加而增加，在广告费 z 等于 50 000 元时达到最大值，然后在广告费增加时反而有所回落，为此可用 MATLAB 画出散点图，大致确定其关系形式。

1）售价和预期销售量关系散点图（见图 11-1）

```
x1=[20 25 30 35 40 45 50 55 60];
y1=[4.1 3.8 3.4 3.2 2.9 2.8 2.5 2.2 2];
plot(x1,y1,'.')
```

2）广告费和销售增长因子关系散点图（见图 11-2）

```
x2=[0 1 2 3 4 5 6 7]
y2=[1.0 1.4 1.7 1.85 1.95 2.00 1.95 1.80]
plot(x2,y2,'.')
```

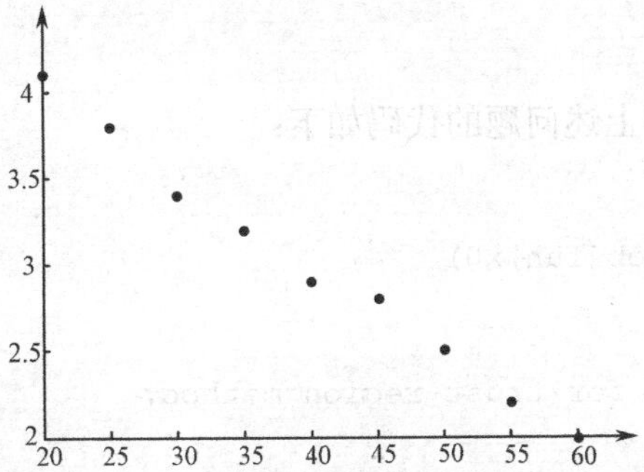

图 11-1　售价和预期销售量关系散点图

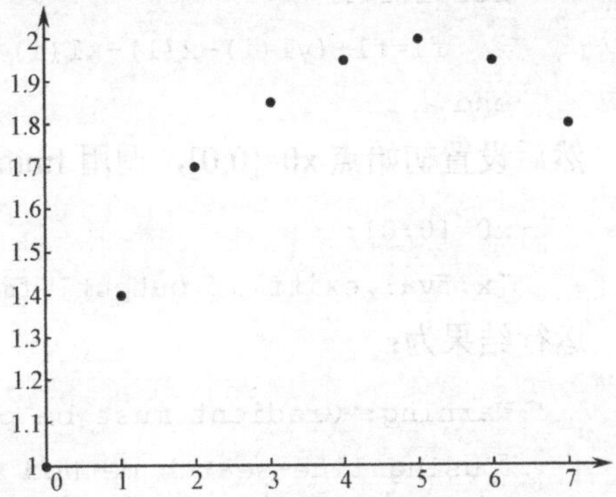

图 11-2　广告费和销售增长因子关系散点图

从图 11-1 和图 11-2 易见，售价 x 与预期销售量 y 近似于一条直线，广告费 z 与销售增长因子 k 近似于一条二次曲线。为此可令其形式为 $y(x)=a+bx;\ k(z)=c+dz+ez^2$，其中系数 a,b,c,d,e 是待定参数。

首先来确定各参数的值并确定两个函数关系式，方法是将拟合问题转化成无约束的非线性规划问题。

1）确定 $y(x)=a+bx$

在 MATLAB 中有直接的拟合函数进行求解，但是在此，我们利用最优化的方式求解。

例如，对于线性函数 $y(x)=a+bx$，每取一个离散点的 x_i 值，在直线上就有一个对应的函数值 $y(x_i)=a+bx_i$，则拟合直线上该点 $(x_i, y(x_i))$ 和相应的散点 (x_i, y_i) 的距离可以用其距离的平方来度量，即

$$d=\left(y(x_i)-y_i\right)^2$$

特别要注意的是，$y(x_i)$ 是根据拟合直线计算出来的纵坐标的值，而 y_i 是给定的散点的纵坐标的值。

那么使用所有对应点之间的距离的平方和作为曲线拟合效果的度量标准，即需要确定 a,b 的值，使得距离的平方和达到最小，于是建立目标函数：

$$f_1(a,b)=\sum_{i=1}^{9}\left(y(x_i)-y_i\right)^2$$

将逐个点的值代入上述目标函数中，可得目标函数的形式为：

$$f_1(a,b)=(a+20b-4.1)^2+(a+25b-3.8)^2+\cdots+(a+60b-2)^2$$

我们的求解目标是使得 $f_1(a,b)$ 达到最小，问题转化成无约束的非线性规划问题。使用 fminunc 函数求解该问题，首先建立 M-函数文件 objfun.m 描述目标函数的表达式，用 x(1) 表示 a，x(2)表示 b，文件如下：

```
function f1=objfun(x)
x1=[20 25 30 35 40 45 50 55 60];
y1=[4.1 3.8 3.4 3.2 2.9 2.8 2.5 2.2 2];
f1=0;
for i=1:9
   f1=f1+(y1(i)-x(1)-x1(i)*x(2))^2;
end
```

然后设置初始点 x0=[0;0]，调用 fminunc 求解上述问题的代码如下：

```
x0=[0;0];
[x,fval,exitflaf,output]=fminunc(@objfun,x0)
```

运行结果为：

```
Warning: Gradient must be provided for trust-region method;
  using line-search method instead.
> In fminunc at 356
  In Untitled at 2
Local minimum found.
Optimization completed because the size of the gradient is less than
the default value of the function tolerance.
<stopping criteria details>
x =
   5.042233933724519
  -0.051333550441576
```

```
fval =
   0.036222222375400
exitflaf =
    1
output =
       iterations: 7
        funcCount: 39
         stepsize: 1
    firstorderopt: 0.001291311345994
        algorithm: 'medium-scale: Quasi-Newton line search'
          message: [1x468 char]
```

由上述结果可知：$y(x)=5042.22-51.3333x$

2）确定 $k(z)=c+dz+ez^2$

同样，定义目标函数为：$f_2(c,d,e)=\sum_{i=1}^{9}\left(k(x_i)-k_i\right)^2$

首先建立 M-函数文件 objfun.m 描述目标函数的表达式，其中用 x（1）表示 c，x(2) 表示 d，x(3)表示 e。注意，如果以元为单位进行计算，由于自变量和目标函数值差异太大，影响优化结果，故先采用万元为单位进行拟合，然后再进行转化。

则定义目标函数的 M-函数文件 objfun.m 如下所示：

```
function f2=objfun(x)
x2=[0 1 2 3 4 5 6 7]
y2=[1.0 1.4 1.7 1.85 1.95 2.00 1.95 1.80]
f2=0;
for i=1:8
    f2=f2+(y2(i)-x(1)-x2(i)*x(2)-x2(i)^2*x(3))^2;
end
```

设定初始点为 x0=[0;0;0]，调用 fminunc 求解：

```
x0=[0;0;0];
[x,fval,exitflag,output]=fminunc(@objfun,x0)
```

运行结果如下：

```
Local minimum found.
Optimization completed because the size of the gradient is less than
the default value of the function tolerance.
<stopping criteria details>
x =
   1.018751676551543
   0.409224576895899
  -0.042559298590728
```

```
fval =
   0.002514880960967
exitflag =
    1
output =
        iterations: 21
         funcCount: 100
          stepsize: 1
     firstorderopt: 2.409113221801817e-005
         algorithm: 'medium-scale: Quasi-Newton line search'
           message: [1x468 char]
```

由运行结果可知，以万元为形式的拟合公式为：

$$k'(z)=1.01875+0.40922z'-0.0425593z'^2$$

换成以元为单位，即将自变量作一个代换：$z=10000z'$

拟合公式即为：$k(z)=1.01875+4.09226\times10^{-5}z-4.25595\times10^{-10}z^2$

在确定了拟合曲线之后，根据所给条件建立原最优化问题的数学模型。

投入广告费后，实际销售量 s 等于预期销售量 y 乘以销售增长因子 k，即：$s=ky$

根据题意，玩具的售价为 x，实际销售量为 s，故销售过程中的总收入可以表示为：$I=xs=xky$

销售出去的玩具的总成本为单位玩具的进价与实际销售量的积：$c=20s=20ky$

考虑利润还要在收入中减去广告的费用 z，故在销售过程中所获得的利润可以表示为：$P=I-c-z=xky-20ky-z=ky(x-20)-z$

因 y 是 x 的函数，k 是 z 的函数，故将其代入可得：

$$P=\left(1.01875+4.09226\times10^{-5}z-4.25593\times10^{-10}z^2\right)(5042.22-51.3333x)(x-20)-z$$

在这个问题中，只有对设计变量的非负要求，即

$$\begin{cases}\max & P\\ \text{s.t.} & x,z\geqslant 0\end{cases}$$

由 MATLAB 求解的是极小化目标函数的问题，所以定义 $f=-P$，即问题变为：

$$\begin{cases}\min & f\\ \text{s.t.} & x,z\geqslant 0\end{cases}$$

11.3.2 广告问题的求解

建立 M-函数文件 objfun.m 描述最优化问题的目标函数如下：

```
function p=objfun(x)
p=-((1.01875+4.09226*1e-5*x(2)-4.25593*1e-10*x(2)^2)*(5042.22-51.3333*x(1))...
    *(x(1)-20)-x(2) );
```

由于该玩具的进价为 20 元，且最高售价为 60 元，故将售价的初始值设为 40 元，再考虑广告费，广告费最低为 0 元，最高为 70 000 元，故将广告费的初始值设为 35 000 元，于是求解的初始点为 x0=[40;35000]；由非负约束条件，将设计变量的下界值设为 lb=[0;0]。调用 fmincon 函数求解该最优化问题的代码为：

```
x0=[40;35000];
lb=[0;0];
options=optimset('Tolfun',1e-12);
[x,fval,exitflag,output]=fmincon(@objfun,x0,[],[],[],[],lb,[],[],options)
```

运行结果为：

```
Local minimum found that satisfies the constraints.
Optimization completed because the objective function is non-decreasing in
feasible directions, to within the selected value of the function tolerance,
and constraints were satisfied to within the default value of the constraint tolerance.
<stopping criteria details>
No active inequalities.
x =
  1.0e+004 *
   0.005911256386632
   3.311673433906398
fval =
   -1.166557210696641e+005
exitflag =
     1
output =
         iterations: 10
          funcCount: 44
       lssteplength: 0.250000000000000
           stepsize: 2.154947213116842e-005
          algorithm: 'medium-scale: SQP, Quasi-Newton, line-search'
      firstorderopt: 0
      constrviolation: -59.112563866321452
            message: [1x838 char]
```

由上述运行结果可知，该玩具销售商应当将这款玩具定价为 59.1 元，且投资 33 113 元用于玩具的广告，此时预计最高利润为 11 666 元。

11.4 多目标规划——投资问题

这是一道全国大学生数学建模竞赛题。假设市场上有 n 种资产，如股票、债券等可以供投资者选择，某公司有数额为 M 的一笔相当大的资金可用做一个时期的投资。通过财务人员对 S_i 种资产进行评估，大概可以估算出在这一时期内购买资产 S_i 的平均收益率为 r_i，并预测出购买 S_i 的损失率为 q_i。考虑到投资越分散，总的风险越小，公司决定当用这笔资金购买若干种资产时，总体风险可用所投资的 S_i 中的最大一个风险来度量。

购买 S_i 要付交易费，费率为 p_i，并且当购买额不超过给定值 u_i 时，交易费按购买 u_i 计算（不买当然无须付费）。另外，假定同期银行存款利率是 r_0，且既无交易费又无风险（r_0 =5%）。

已知 $n=4$ 时的相关数据如表 11-5 所示。

表 11-5 投资各种资产的参数值

S_i	r_i(%)	q_i(%)	p_i(%)	u_i(元)
S_1	28	2.5	1	103
S_2	21	1.5	2	198
S_3	23	5.5	4.5	52
S_4	25	2.6	6.5	40

试为该公司设计一种投资组合方案，即用给定的资金 M，有选择地购买若干种资产或存银行生息，使净收益尽可能大，而总体风险尽可能小。

11.4.1 投资问题的建模

为了建立数学模型，首先对模型进行一些必要的假设及符号说明。

1）模型的假设

（1）在一个时期内所给出的 r_i、 q_i、 p_i 保持不变。

（2）在一个时期内所购买的各种资产（如股票、证券等）不进行买卖交易，即在买入后不再卖出。

（3）每种投资是否收益是相互独立的。

（4）在投资过程中，无论盈利与否必须先付交易费。

2）符号说明

M（元）：公司现有投资总金额。

S_i $(i=0,1,\cdots,n)$：欲购买的第 i 种资产种类（其中 $i=0$ 表示存入银行）。

x_i $(i=0,1,\cdots,n)$：公司购买 S_i 的金额。

r_i $(i=0,1,\cdots,n)$：公司购买 S_i 的平均收益率。

q_i $(i=0,1,\cdots,n)$：公司购买 S_i 的平均损失率。

p_i $(i=0,1,\cdots,n)$：公司购买 S_i 超过 u_i 时所付交易费率。

下面来建立模型。设购买 S_i 的金额为 x_i，所付的交易费为 $c_i(x_i)$，则

$$c_i(x_i)=\begin{cases}0 & x_i=0\\ p_iu_i & 0<x_i<u_i\ (i=1,2,\cdots,n)\\ p_ix_i & x_i\geqslant u_i\\ c_0(x_0)=0 & \end{cases}$$

由于投资额 M 相当大，所以总可以假定对每个 S_i 的投资 $x_i \geqslant u_i$。这时上面的公式可简化为：$c_i(x_i)=p_i x_i \quad (i=0,1,\cdots,n)$

对 S_i 投资的净收益为：$R_i(x_i)=r_i x_i - c_i(x_i)=(r_i-p_i)x_i$

对 S_i 的风险为：$Q_i(x_i)=q_i x_i$

对 S_i 投资所需资金为投资金额 x_i 与所需的手续费 $c_i(x_i)$ 之和，即

$$f_i(x_i)=x_i+c_i(x_i)=(1+p_i)x_i$$

当购买 S_i 的金额为 $x_i \ (i=0,1,\cdots,n)$ 时，投资组合 $\boldsymbol{x}=(x_0,x_1,\cdots,x_n)$ 的净收益总额为：

$$R(x)=\sum_{i=0}^{n} R_i(x_i)$$

整体风险为：$Q(x)=\max\limits_{1\leqslant i\leqslant n} Q_i(x_i)=\max\limits_{1\leqslant i\leqslant n} q_i(x_i)$

资金约束为：$\sum\limits_{i=0}^{n} f_i(x_i)=M$

根据题目要求，以净收益总额 $R(x)$ 最大而整体风险 $Q(x)$ 最小为目标，建立模型如下：

$$\begin{cases} \min & \left(-\sum\limits_{i=0}^{n}(r_i-p_i)x_i,\ \max(q_i x_i)\right) \\ \text{s.t.} & \sum\limits_{i=0}^{n}(1+p_i)x_i=M \\ & x_i \geqslant 0 \quad i=1,2,\cdots,n \end{cases}$$

很显然，这是一个多目标规划问题。

11.4.2　投资问题的求解

在此采用主要目标法对该问题进行求解，即根据问题的实际情况，确定一个目标为主要目标，而把其余目标作为次要目标，并且根据经验，选取一定的界限值。这样就可以把次要目标作为约束来处理，将原来的多目标问题转化为一个在新的约束下的单目标最优化问题。

在上述例子中如果以收益为主要目标，则可以固定风险水平，给定风险一个界限 a，将问题转化成求最大风险不超过 a 时的最大收益，即下面的线性规划模型：

$$\begin{cases} \max & \sum\limits_{i=0}^{n}(r_i-p_i)x_i \\ \text{s.t.} & q_i x_i \leqslant Ma \ \ (i=1,2,\cdots,n) \\ & \sum\limits_{i=0}^{n}(1+p_i)x_i=M \\ & x_i \geqslant 0 \quad i=1,2,\cdots,n \end{cases} \tag{11-1}$$

若投资者希望总盈利至少达到水平 K 以上，则可以在风险最小的情况下寻找相应的投资组合，从而将原模型转化为下列线性规划模型进行求解：

$$\begin{cases}\min\limits_{x} & \left(\max\limits_{i}\left(q_i x_i\right)\right) \\ \text{s.t.} & \sum\limits_{i=0}^{n}\left(r_i - p_i\right)x_i \geqslant K \\ & \sum\limits_{i=0}^{n}\left(1+p_i\right)x_i = M \\ & x_i \geqslant 0 \quad i=1,2,\cdots,n\end{cases} \tag{11-2}$$

根据上面的分析，利用主要目标法建立该问题的多目标规划模型，进而转化成线性规划模型，下面利用 MATLAB 对此问题进行求解并进行投资分析。

将 $n=4$ 时的数据代入模型（11-1）中，可以得到 MATLAB 的标准型为：

$$\begin{cases}\min & f=-0.05x_0-0.27x_1-0.19x_2-0.185x_3-0.185x_4 \\ \text{s.t.} & x_0+1.01x_1+1.02x_2+1.045x_3+1.065x_4=1 \\ & 0.025x_1 \leqslant a \\ & 0.015x_2 \leqslant a \\ & 0.055x_3 \leqslant a \\ & 0.026x_4 \leqslant a \\ & x_i \geqslant 0 \quad i=1,2,3,4\end{cases}$$

由于 a 是任意给定的风险度，因而实际上没有一个选择的准则，不同的投资者可能有自身不同的判断，因而使得 a 的取值不同。在求解的过程中不妨用试探的方法，从 $a=0$ 开始，以步长 $\Delta a=0.001$ 进行搜索，通过实验来分析和总结风险度 a 和收益 Q 之间的数量关系。相应的 MATLAB 代码如下：

```
clear
i=1;
a(i)=0;
x=cell(1,101);
while(1.1-a(i))>1
   i=i+1;
   a(i)=a(i-1)+0.001;
   f=[-0.05 -0.27 -0.19 -0.185 -0.185];
   Aeq=[1 1.01 1.02 1.045 1.065];
   beq=[1];
   A=[0 0.025 0 0 0;
      0 0 0.015 0 0;
      0 0 0 0.055 0;
      0 0 0 0 0.026];
  b=[a(i);a(i);a(i);a(i)];
   lb=[0;0;0;0;0];
   [y,fval(i)]=linprog(f,A,b,Aeq,beq,lb,[] );
   x{i}=y;
```

```
    Q(i)=-fval(i);
  end
  plot(a,Q,'.');
  xlabel('a');
  ylabel('Q');
```

于是可得风险度与收益关系图及其局部放大图分别如图 11-3 和图 11-4 所示。

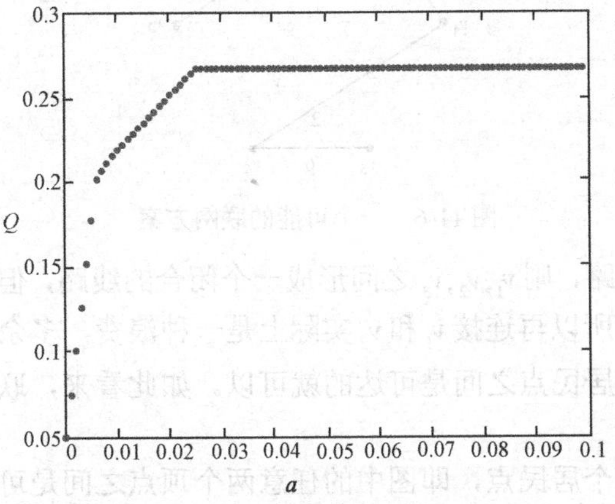

图 11-3 风险度与收益关系图

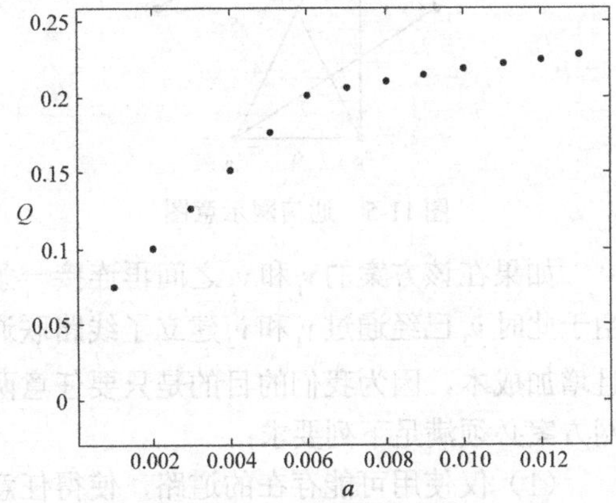

图 11-4 图 11-3 的局部放大图

模型（11-1）的结果图分析如下。

（1）由图可知，收益随风险增大而增大，也就是说，风险越大，收益也越大。

（2）由数据表可以看出，投资越分散，投资者承担的风险越小。这与实际情况相符，也就是说，冒险的投资者会出现集中投资的情况，保守的投资者则尽量分散投资。

（3）曲线上的任一点都表示该风险水平的最大可能收益和该收益要求的最小风险。投资者应根据对不同风险的承受能力，选择该风险水平下的最优投资组合。

（4）由局部放大图 11-4 可以看出，在 $a(7)=0.006\,0$ 附近有一个转折点。在这一点左边，风险增加很小时，利润增长很快；在这一点右边，风险增加很大时，利润增长很缓慢。所以对于风险和收益没有特殊偏好的投资者来说，应该选择曲线该转折点作为最优投资组合，大约是 $a(7)=0.006\,0$，$Q^*=Q(7)=0.2019$，所对应投资方案为：

$$\boldsymbol{x}=[0, 0.2400, 0.4000, 0.1091, 0.2212]^{\mathrm{T}}$$

11.5 图与网络优化——通信网问题

如图 11-5 所示，图中每条边代表两居民点之间的道路，数字代表路的长度，现在要在这 6 个居民点之间设置通信网线路，以保证 6 个居民点之间的联络。如果已知设置通信线路的代价与相应的道路长度成正比，则应当如何设置该通信网，使得联网的代价最低？

11.5.1 通信网问题的建模

图 11-6 是一种建立通信网络的方案，该方案可以使得所有的居民点之间都能建立起联系。

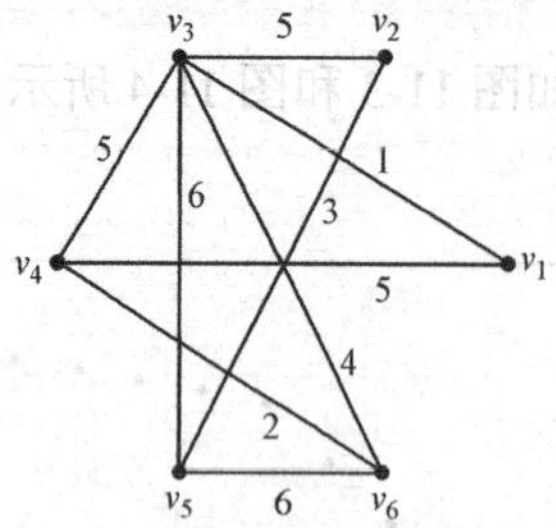

图 11-5 通信网示意图

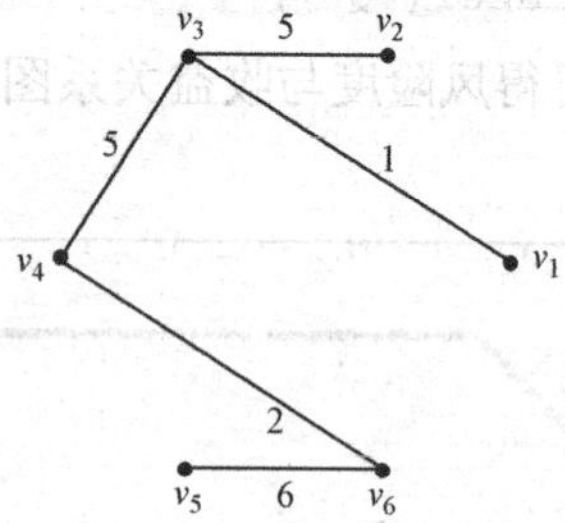

图 11-6 一个可能的联网方案

如果在该方案的 v_1 和 v_2 之间再连接一条线路，则 v_1, v_2, v_3 之间形成一个闭合的线路，但由于此时 v_3 已经通过 v_1 和 v_2 建立了线路联通，所以再连接 v_1 和 v_2 实际上是一种浪费，多余且增加成本，因为我们的目的是只要任意两个居民点之间是可达的就可以。如此看来，联网方案必须满足下列要求：

（1）仅使用可能存在的道路，使得任意两个居民点，即图中的任意两个顶点之间是可达的；

（2）建立的通信网不能存在回路。

根据上述要求，实际上就是找到一个没有回路的连通图。回顾在第 9 章中介绍的树的概念，如果图 G 是一个无圈的无向连通图，则称图 G 为树，同时如果图 T 是 G 的一个生成子图，而且 T 又是一棵树，则称图 T 为一棵生成树。那么这个问题实际上就可以抽象为寻找该图的一棵生成树，又因为需要使联网的代价最低，而联网的代价和道路的长度成正比，于是联网的代价可以转化为生成树的权，例如上面给出的方案的联网代价即为 19。现在要使代价最低，即生成树的权最小，根据树中的概念，即寻找该图的一棵最小生成树。至此，分析了该问题的模型，即最小生成树问题。

11.5.2 通信网问题的求解

在此采用第 9 章中介绍过的最小生成树的 Kruskal 算法求出该赋权图的最小生成树，并以此建立通信网的方案。

下面是 Kruskal 算法的 MATLAB 实现，在此使用的是赋权图的边权矩阵表示。回顾一下边权矩阵，每一列的第一个元素代表一个顶点的编号，第二个元素代表与第一个顶点相连的另一个顶点的编号，第三个元素代表这两个顶点之间边的权值，于是可以得到图 11-5 的边权矩阵为：

$$b=\begin{bmatrix}1&3&1\\1&4&5\\2&3&5\\2&5&3\\3&4&5\\3&5&6\\3&6&4\\4&6&2\\5&6&6\end{bmatrix}$$

下面就是利用赋权图的边权矩阵求其最小生成树的 Kruskal 算法的 MATLAB 代码，只需将上述矩阵 b 作为输入，便可以得到最小生成树的边集合 T 、最小生成树的邻接矩阵表述 v 和问题的最小代价 c 。

```
%Kruskal 算法
%b——图的边权矩阵
%T——最小生成树的边集合
%v——最小生成树的邻接矩阵
%c——最小生成树的权
%j——迭代的次数
%k——已经被选入生成树的边数

function [T,v,c]=kruskal(b)
%根据边权矩阵求出图的边数
m=size(b,1);
%根据边权矩阵求出图的顶点数，注意此处顶点的标号需要以自然数为序
n=max(b(1:2*m));
%整理边权矩阵，让其按照权值由小到大的次序重新排列
[B,index]=sortrows(b,3);
B=B';
%数据的初始化
t=1:n;
k=0;
T=[];
c=0;
%更新 T,c,t(i)
for i=1:m
    if t(B(1,i))~=t(B(2,i))  %判断第 i 条边是否与树中的边形成圈
        k=k+1;
        T(1:2,k)=B(1:2,i);
```

```
            c=c+B(3,i);
            tmin=min(t(B(1,i)),t(B(2,i)));
            tmax=max(t(B(1,i)),t(B(2,i)));
            for j=1:n
                if t(j)==tmax
                    t(j)=min(tmin,t(tmin));
                end
            end
        end
        if k==n-1
            break;
        end
    end

    %根据最小生成树的边集合构造邻接矩阵
    v=zeros(n);
    k=size(T,2);
    for i=1:k
        v(T(2*i-1),T(2*i))=1;
        v(T(2*i),T(2*i-1))=1;
    end
```

将边权矩阵 b 作为参数输入，求解该问题的结果为:

```
>> b=[1 3 1;1 4 5;2 3 5;2 5 3;3 4 5;3 5 6;3 6 4;4 6 2;5 6 6]
b =
     1     3     1
     1     4     5
     2     3     5
     2     5     3
     3     4     5
     3     5     6
     3     6     4
     4     6     2
     5     6     6
>> [T,v,c]=kruskal(b)
T =
     1     4     2     3     2
     3     6     5     6     3
v =
     0     0     1     0     0     0
```

```
      0    0    1    0    1    0
      1    1    0    0    0    1
      0    0    0    0    0    1
      0    1    0    0    0    0
      0    0    1    1    0    0
  c =
     15
```

根据上述运行结果，该赋权图的最小生成树的边集合为：

$$T=\{(v_1,v_3),(v_4,v_6),(v_2,v_5),(v_3,v_6),(v_2,v_3)\}$$

则根据此结果画出该图的最小生成树如图 11-7 所示，即代价最小的通信网联网方案，由 c 的值可知该联网方案的最小代价为 15。

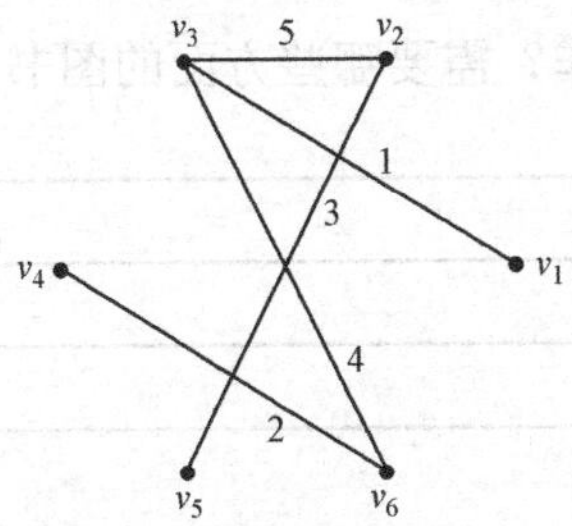

图 11-7　通信网方案设计图

读者调查及投稿

1．您觉得这本书怎么样？有什么不足？还能有什么改进？

2．您在什么行业？从事什么工作？需要哪些方面的图书？

3．您有无写作意向？愿意编写哪方面的图书？

4．其他：

说明：

针对以上调查项目，可通过电子邮件直接联系：bjcwk@163.com　　联系人：陈编辑

欢迎您的反馈和投稿！

电子工业出版社